“十三五”国家重点出版物出版规划项目

世界名校名家基础教育系列

北京市高等教育精品教材

数学规划及其应用

范玉妹　徐　尔　
赵金玲　胡毅庆　编著

机械工业出版社

本书主要论述了线性规划、整数规划、非线性规划、多目标规划和动态规划等内容，并介绍了一些成功的应用实例和计算机应用过程．为便于自学，各章后都附有习题．

本书可作为高等院校工科专业本科生及研究生的教学用书，也可供从事最优化研究与应用、现代技术和管理的科技人员参考．

图书在版编目（CIP）数据

数学规划及其应用/范玉妹等编著．—北京：机械工业出版社，2017.12（2023.8 重印）

“十三五”国家重点出版物出版规划项目　世界名校名家基础教育系列

ISBN 978-7-111-58567-1

Ⅰ.①数…　Ⅱ.①范…　Ⅲ.①数学规划-高等学校-教材　Ⅳ.①O221

中国版本图书馆 CIP 数据核字（2017）第 292659 号

机械工业出版社（北京市百万庄大街 22 号　邮政编码 100037）
策划编辑：汤　嘉　责任编辑：汤　嘉
责任校对：王　延　封面设计：鞠　杨
责任印制：刘　媛
涿州市般润文化传播有限公司印刷
2023 年 8 月第 1 版第 4 次印刷
184mm×260mm · 23.25 印张 · 565 千字
标准书号：ISBN 978-7-111-58567-1
定价：59.80 元

电话服务
客服电话：010-88361066
010-88379833
010-68326294

网络服务
机　工　官　网：www.cmpbook.com
机　工　官　博：weibo.com/cmp1952
金　书　网：www.golden-book.com
机工教育服务网：www.cmpedu.com

Preface

前　言

数学规划是运筹学的一个重要组成部分，它是近几十年里发展起来的一门新兴学科. 随着电子计算机的普及与发展，它在自然科学、社会科学、工程技术和现代管理中得到了广泛的应用，日益受到人们的重视.

本书分7章论述了数学规划的主要内容：线性规划、对偶理论、整数规划、无约束最优化问题、约束最优化问题、多目标规划、动态规划，最后一章则介绍了数学规划的一些成功应用实例. 本书是编者在为大学本科生和研究生讲授“运筹学”课程近20年的教学基础上经过修改和补充完成的.

我们在编写本书时力求深入浅出，通俗易懂，并列举了大量的实例. 只要具有高等数学、线性代数知识的读者都可以读懂. 在取材上，着重介绍了数学规划的基本理论和基本方法，并注意了这些理论和方法的应用. 对于一些较复杂的数学推导及证明，做了适量的删减. 在计算方法方面，着重介绍了适用面较广、使用方便、具有实效的方法，并力求反映先进成果. 鉴于目前计算机已成为运筹学应用中不可缺少的工具，本书特别注意对各种算法都给出了计算框图和算法步骤，使其更具实用的价值. 本书每章后面都附有习题，便于自学.

本书可作为大专院校工科各专业的教材，也可以作为研究生的教学参考书.

在本书出版之际，谨向曾经给予我们帮助指导的邓乃扬、诸梅芳教授表示衷心谢意.

由于编者水平所限，书中错误或不妥之处在所难免，敬请广大读者给予批评指正.

编　者

Contents

目 录

第 2 章　对偶理论

第 3 章　整数规划

第 4 章　无约束最优化问题

第 5 章 约束最优化问题

第 6 章 多目标规划

第7章　动态规划

第8章　应用实例及计算机应用举例

部分习题答案

参考文献

第0章

绪　　论

任何一门科学都不是突然诞生的，运筹学也不例外．运筹学问题和朴素的运筹思想可追溯到古代，它和人类实践活动的各种决策并存，可以说自从有了人类，社会运筹学就已经存在．但作为一个标记，应该说直到20世纪，并延续到20世纪30年代末和40年代初，在烽火硝烟的战争中，才正式诞生了运筹学．我国运筹学和系统工程的老前辈、中国工程院院士许国志教授指出，运筹学有三个来源："军事、管理、经济"．这是一个非常科学的概括．下面对运筹学早期发展中若干有代表性的工作作一简略介绍，这对学习本门课程是有益的．

0.1　运筹学的三个来源

0.1.1　军事

军事是运筹学的发源地之一，事实上，运筹学（Operational Research，简称OR）的原意就叫作"作战研究"．我国古代的孙武就被美国军事学会在1984年出版的一本关于系统分析和模型的书中称为世界上第一个军事运筹学的实践家，孙武在他著名的《孙子兵法》中关于质的论断，渗透着深刻的量的分析，他指出："知之者胜，不知者不胜""知彼知己，百战不殆；不知彼而知己，一胜一负；不知彼不知己，每战必殆"．这些著名的论断都蕴涵着朴素的运筹学思想．又比如家喻户晓的田忌赛马、围魏救赵、行军运粮等，都是我国早期的军事运筹问题和运筹学思想的例子．同样，在国外，运筹学思想也可追溯到很早以前．比如，阿基米德、列奥纳多·达·芬奇、伽利略都研究过作战问题，特别值得一提的是以下几个典型的代表性的工作．

0.1.1.1　*兰彻斯特方程*

F. W. 兰彻斯特（1868~1946年）是一位学识渊博的英国学者，他在流体力学、作战模拟等领域都做出了出色的贡献．19世纪90年代初，他研究飞行理论，1894年发表了关于飞行机翼产生升力的机理及相应计算方法的著名论文．1916年，他的名著《战争中的飞行器，第四种武器的问世》在伦敦出版．这本名著中汇集了他对飞机运行和空战方面的一系列研究，敏锐地抓住了飞机的出现及对作战方式带来的影响．这一重要的问题当时尚处在朦胧状态而未被重视，而他却对此作了精辟的、超前的论述．所以，美国军事学会认为，运筹学的发展从一开始就与兰彻斯特的名字联系在一起了．该学会在约翰·霍普金斯大学建立了以兰彻斯特命名的奖学金，每年颁发一次，专门用来奖励最优秀的运筹学论文的作者．兰彻斯特进行的研究与所获成果中，一个基本特征是使用数量化方法．在"作战研究"的某些领域使用数量化方法进行分析的难度是很大的，但兰彻斯特却在这方面做了许多出色的工作，其代表性的成果之一就是作战分析中（优势、火力和胜负的动态关系）著名的兰彻斯特方程以及兰彻斯特对"纳尔逊秘诀"的分析．应该说，不仅是其结果，而且还包括其理念与方法论所产生的影响，至今仍有很大的价值.

0.1.1.2 鲍德西（Bawdsey）雷达站的研究

20世纪30年代，德国内部民族沙文主义及纳粹主义日渐抬头，以希特勒为首的纳粹势力夺取了政权，开始为以战争扩充版图，以武力称霸世界的构思做战争准备. 当时欧洲上空战云密布，有远见的英国海军大臣丘吉尔认为英德之战不可避免，所以反对当时的主政者的“绥靖”政策，他在自己的权力范围内做着迎战德国的准备，其中最重要、最有成效之一者就是英国本土的防空准备：1935年，英国科学家沃森·瓦特（R. Watson. Wart）发明了雷达，丘吉尔敏锐地意识到它的重要意义，并下令在英国东海岸的Bawdsey建立了一个秘密的雷达站. 当时，德国已拥有一支强大的空军，起飞17分钟即可到达英国. 在如此短的时间内，如何预防及做好拦截，甚至在本土之外或海上拦截德机，就成为一大难题，而雷达技术帮助了英国，因为即使在当时的演习中已经可以探测到160公里之外的飞机，但空防中仍有许多漏洞. 于是在1939年，以曼彻斯特大学物理学家、英国战斗机司令部文学顾问、战后获诺贝尔奖的P. M. S. Blackett教授（布莱克特）为首，组织了一个小组，代号为“Blackett马戏团”，专门就改进空防系统进行研究. 这个小组成员包括三名心理学家、两名数学家、两名应用数学家、一名天文物理学家、一名普通物理学家、一名海军军官和一名陆军军官、一名测量人员，他们在研究中设计了将雷达信息传送给指挥系统及武器系统的最佳方式、雷达与防空武器的最佳配置等一系列的方案，从而大大提高了英国本土防空能力，在以后不久的对抗德国对英伦三岛的狂轰滥炸中发挥了极大的作用. 二战史专家评论说，如果没有这项技术和研究，英国就不可能赢得这场战争. “Blackett马戏团”是世界上第一个运筹学小组，在他们就此项研究所写的秘密报告中，使用了“Operational Research”一词. 意指“作战研究”或“运用研究”，所以后人就以此作为运筹学的命名. 应该说，Bawdsey雷达站的研究是运筹学的发祥和典范，因为此项研究的巨大实际价值、明确的目标、整体化的思想、数量化的分析、多学科的协同、最优化的结果以及简明朴素的表达，都展示了运筹学的本色与特色，是让人难以忘怀的.

0.1.1.3 Blackett（布莱克特）备忘录

1941年12月，Blackett以其巨大的声望，应盟国政府的要求写了一份题为“Scientists at the Operational Level”（作战位置上的科学家）的简短备忘录，建议在各大指挥部建立运筹学小组. 这个建议迅速被采纳. 据不完全统计，第二次世界大战期间，仅在英国、美国和加拿大，参加运筹学工作的科学家就超过700名. 1943年5月，Blackett写了第二份备忘录，题为“关于运筹学方法论某些方面的说明”，他写道：“运筹学的一个明显的特征，正如目前所实践的那样，是它具有或应该有强烈的实际性质. 它的目的是帮助找出一些方法，以改进正在进行中的或计划在未来进行的作战的效率. 为了达到这一目的，要研究过去的作战来明确事实，要得出一些理论来解释事实，最后，利用这些事实和理论对未来的作战作出预测”. 这些运筹学的早期的思想至今仍然有效.

0.1.1.4 大西洋战役

美国投入第二次世界大战后，吸收了大量科学家协助作战指挥. 1942年，美国大西洋舰队反潜战官员W. D. Baker（贝卡）舰长请求建立反潜战运筹组，麻省理工学院的物理学家P. W. Morse（莫尔斯）被请来担任计划与监督 P. W. Morse最出色的工作之一，是打破了德国对英吉利海峡的海上封锁. 1941～1942年，德国潜艇严密封锁了英吉利海峡，企图切断英国的“生命线”. 英国海军数次反封锁均不成功. Morse 小组经过多方实地调查，提出了两条重要的意见：

(1) 将反潜攻击由反潜舰艇投放水雷，改为飞机投放深水炸弹；起爆深度由100米左右改为25米左右，即在德国潜艇下潜时进行攻击，效果最佳.

(2) 运送物质的船队及护航潜艇编队，由小规模多批次改为大规模少批次，这样将减少损失率. 当时已出任英国首相的丘吉尔采纳了Morse小组的意见，最终成功地打破了德国的封锁，并重创了德国潜艇. 由于这项工作，Morse 同时获得了英国及美国战时的最高奖励.

0.1.1.5 英国战斗机中队援法决策

第二次世界大战开始后不久，德国军队突破了法国的马奇诺防线，法军节节败退. 英国为了对抗德国，派遣了十几个战斗机中队在法国国土上空与德国空军作战，其指挥、维护均在法国进行. 由于战斗损失，法国总理要求增援10个战斗机中队，丘吉尔首相决定同意这个请求. 英国运筹人员得知此事后，进行了一项快速研究，其结果表明：在当时的环境下，当损失率、补充率为现行水平时，英国的援法战斗机不出两周就会全部损失掉. 他们以简明的图表和明确的分析结果说服了丘吉尔首相，丘吉尔最终决定：不仅不再增添新的战斗机中队，而且还将在法的英国战斗机撤回大部分，以本土为基地，继续去对抗德国. 事实上，这样的决策，反而使整个局面有了很大的改观.

0.1.1.6 太平洋战争

1943年第二次世界大战期间，美国军队与日本军队在太平洋战区相遇，当时日本军队的指挥官是山本五十六（当年偷袭珍珠港的谋划者），美国军队的指挥官是麦克阿瑟. 交战双方要决策的是：日方须决定应该带着军队走南太平洋的南线还是北线？美方则须决定应该把轰炸机安置在南太平洋的南线还是北线？据情报，北线那边天气不好，不易走，但隐蔽性好些；走南线那边天气好，易走，但隐蔽性比较差. 双方的决策结果是：日方决定带军队走南太平洋的北线，但山本五十六万万没有想到美方则恰好决定把轰炸机安置在南太平洋的北线，所以这次交战日本军队遭到惨败. 这其实是运筹学的对策论中的矩阵对策的一个实际战例.

0.1.2 经济与管理

运筹学的另外两个来源是经济与管理，下面简略地介绍几个代表性的工作.

0.1.2.1 Erlang（埃尔朗）与排队论

19世纪后半叶，电话问世并随即建立为用户服务的电话通信网. 在电话网服务中，基本问题之一是：根据业务量适当配置电话设备，既不要使用户因容量小而过长等待，又不要使电话公司设备投入过大而造成过多空闲. 这是一个需要定量分析才有可能解决的问题. 1909~1920年间，丹麦哥本哈根电话公司的工程师A. K. Erlang陆续发表了关于电话通路数量等方面的分析与计算公式，尤其是1909年的论文《概率与电话通话理论》，开创了排队论——随机运筹学的一个重要分支. Erlang的工作属排队论最早成果的范畴，但方法论正确得当，即他引用了概率论的数学工具作定量描述与分析，并具有系统论的思想，即从整体性来寻求系统的最优化. 据不完全统计，截止到1960年，关于在排队论的486篇应用研究报告中，电话系统有222篇，运输系统有125篇. 在其他领域中，则显示了一个潜在的应用领域——计算机系统.

0.1.2.2 von Neumann（冯·诺伊曼）和对策论

由20世纪20年代开始，学者von Neumann开始了对经济的研究，做了许多开创性工作. 比如，约在1939年，他提出了一个属于宏观经济优化的控制论模型，成为数量经济学的一个经典模型. von Neumann是近代对策论研究的创始人之一，1944年，他与Morgenstern（摩根斯特恩）的名著《对策论与经济行动》一书出版. 书中将经济活动中的冲突作为一种可以量化的问题来处理. 在经济活动中，冲突、协调与平衡问题比比皆是，von Neumann分析了这类问题的特征，解决了一些基本问题，比如：两人零和对策中的最大-最小方法，等. 在第二次世界大战期间，对策论的思想和方法在军事领域占有重要的地位. 还需指出的是，尽管Neumann不幸过早去世（1957年），但他对运筹学的贡献还是很多的. 特别值得一提的是，他领导研制的电子计算机成为运筹学的技术实现的支柱之一；另外，他慧眼识人才，对Dantzig从事的以单纯形法为核心的线性规划研究，最早给予了肯定与扶持，使运筹学中这个重要的分支在第二次世界大战后不久即脱颖而出，当时Dantzig的年龄还不到30岁.

0.1.2.3 Kantorovich（康托罗维奇）与《生产组织与计划中的数学方法》

康托罗维奇是前苏联著名的数理、经济专家，20世纪30年代，他从事了生产组织与管理中的定量化的研究，取得了很多重要的成果. 如运输调度优化、合理下料研究等. 运筹学中著名的运输问题，其解法之一（康罗洛维奇 希区柯克算法）就是以他的名字来命名的. 1939年，他出版了名著《生产组织与计划中的数学方法》，堪称运筹学的先驱著作，其思想与模型均可归入线性规划范畴，尽管当时还未能建立方法论与理论体系，但仍具有很大的开创性，因为它比Dantzig建立的线性规划几乎早了十年. 虽然康托罗维奇的这些工作在当时的苏联被忽视了，但在国际上却获得了很高的评价，1975年，他与T. C. Koopmans（库普曼斯）一起获得了诺贝尔经济学奖.

0.1.3 运筹学分支的重大理论成果

由运筹学作为一门学科开始到20世纪60年代，在近三十年的发展过程中，出现了多方面的理论成果，其中相当部分属于理论奠基成果或重大突破.

1947年，Dantzig提出单纯形法；

1950~1956年，建立线性规划的对偶理论；

1951年，Kuhn Tucker定理奠定了非线性规划的理论基础；

1954年，网络流理论建立；

1955年，创立了随机规划；

1958年，创立了整数规划，求解整数规划的割平面法问世；

1958年，求解动态规划的Bellman原理发表；

1960年，Dantzig Wolfe建立大规模线性规划的分解算法.

上述罗列肯定是不完整的，但这足以看出：

20世纪50年代是运筹学理论体系创立与形成的重要的十年.

60~70年代，运筹学的许多分支相继建立并充实了有效的理论，强化了学科的框架.

70年代末至80年代初，西方运筹学界，特别是美国、德国等发达国家的运筹学界，对运筹学的本质、成就、现状与未来发展展开了颇有声势的讨论，虽然有许多争论、分歧甚至于对立，但其结果是：总结了过去、明确了问题、设计了未来．在争论特指的二十年左右运筹学仍然取得了许多重大理论成果．

80年代属于大系统、多因素和统一算法的阶段．

70年代~80年代后：①线性规划的求解算法的深入探讨：著名的Klee Minty反例，1979年的Khachiyan（哈奇扬）椭球算法，1984年的Karmarkar（卡玛卡）的多项式算法，S. Smale（斯梅尔）关于单纯形法的计算量的结论；②非线性规划的变尺度法的出现（是个激动人心的突破）；③美国运筹学家T. L. Saaty创立了在理论上和应用上都极具生命力的层次分析法（AHP）；④在应用上有在航空航天领域、汽车和机械等行业中广泛采用的“优化设计”和“计算机辅助设计”（CAD）等．

总的来说，运筹学来源于军事、管理和经济，离开了这三个领域，运筹学就会成为无源之本，就会走向歧途，这一点早已被历史所证明．

0.2 运筹学的三个组成部分

任何一门学科都要研究其他学科不研究的一种或几种自然（或社会）现象，它才能独立于科学之林．在运筹学的研究对象中，哪些现象是它独自深入研究的呢？经大量实践证明大致有三类现象：一是机器、工具、设备等如何充分运用的问题，即如何使运用效率达到较高；二是竞争现象，如战争、投资、商品竞争等；三是拥挤现象，如乘公共汽车排队、打电话占线、到商店买东西、飞机着陆、船舶进港等．这三类现象其他学科分支研究得比较少，它们主要是运筹学研究的对象．根据运筹学研究的对象，可以认为运筹学有如下三个组成部分：

（1）运用分析理论．运用分析理论主要包括分配、地址、资源最佳利用、设备最佳运行等．运用分析中常用的数学方法有线性规划、非线性规划、动态规划、网络分析、最优控制等．

（2）竞争理论．竞争理论主要研究各种各样的竞争现象，竞争理论中常用的数学方法有对策论、决策论、统计决策、博弈论等，它们与经济理论有着密切联系．

（3）随机服务理论．随机服务理论（即排队论）主要研究各种各样的竞争现象，比如，计算机多道输入时CPU的运行和程序的排队等都属于随机服务理论，竞争理论中常用的数学方法主要是排队论，排队论在计算机科学和技术、通信网络中都有着大量的应用．

0.3 运筹学解决问题的一种模式

运筹学诞生的直接原因，确实是为作战服务的，早期解决问题的范围仅仅是一些战术问题和军事装备运用的问题．但是，正是因为这些问题的解决，才使运筹学名声大噪．更为重要的是，在实践中形成了运筹学的方法论，其内容逐步形成为系统方法．运筹学方法论的内容非常丰富，涉及唯物辩证法和认识论，归纳起来，最主要的有以下两点．

0.3.1 运筹学解决问题的过程

这里以军事领域较多的费用/效果分析为例，来说明运筹学解决问题的过程．此过程一般为：

(1) 定义系统目标；

(2) 提出可能达此目标的各种系统方案；

(3) 建立系统方案达到目标程度的准则；

(4) 构造：性能评价模型和费用模型；

(5) 对系统进行综合费用/效果分析.

运筹学工作过程是运筹学工作者的基本功，初看起来似乎很简单，但实际做起来还是非常复杂的.

0.3.2 效果度量概念

在实际问题中，任何设备、机器、武器等的运行效果如何，效果如何度量，这是非常重要的. 实际上，效果度量可以给决策者提供重要的信息，可以帮助决策者进行决策. 例如，许多武器装备在使用中往往要涉及作战效果问题，这时首先要研究其衡量指标，即求解效果度量问题. 例如，要解决一架反潜飞机侦察潜艇的效果量度问题，这也就是第二次世界大战中一个非常著名的运筹学问题，其效果量度为：

$$Q = \frac{CA}{NT}$$

式中，C 表示飞机发现潜艇的次数；A 表示飞机侦察的面积；N 表示在区域 A 内潜艇可能有的数目；T 表示侦察的时间.

这一公式有点物理学的味道：飞机反潜侦察效果与发现潜艇次数呈正比；与飞机侦察区域大小呈正比；与飞行时间呈反比；与该区域中敌潜艇数目呈反比. 显然，这是非常合乎事实的，一般在此公式中 N 是很难估计的. 但是利用此公式记录的反潜飞机作战效果的起伏波动，可得知双方战术和装备的变化，这在战争中能起非常大的作用.

0.4 运筹学的范围

运筹学的范围大致可分为：

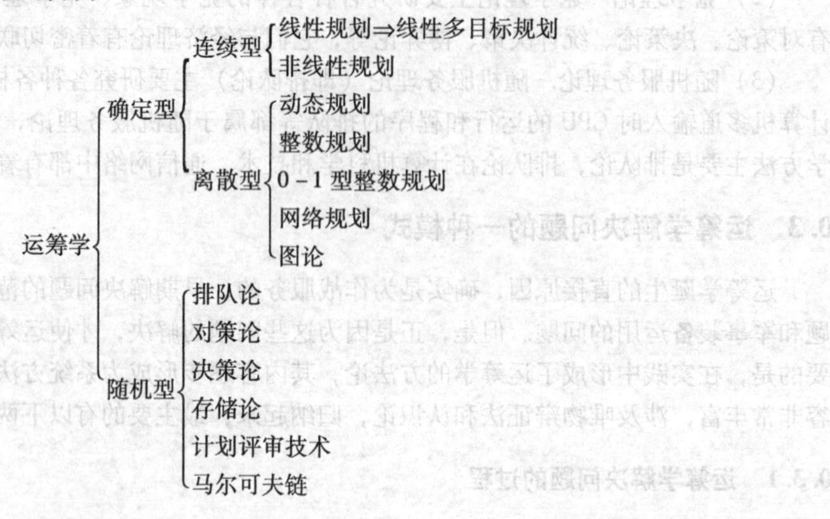

第 1 章

线 性 规 划

线性规划（Linear Programming）是数学规划的一个重要的分支，历史比较悠久，理论比较成熟，方法较为完善. 线性规划思想最早可以追溯到 1939 年，当时的苏联数学家、经济学家 Л. B. Kantorovich（康托罗维奇）在《生产组织与计划中的数学方法》一书中提出了类似线性规划的数学模型，以解决下料问题和运输问题，并给出了“解决乘数法”的求解方法. 然而他们的工作人员当时并不知晓. 由于战争的需要，1941 年美国经济学家 T. C. Koopmans（库普曼斯）独立地研究运输问题，并很快看到了线性规划在经济学中应用的意义. 同年，Hitchcock（希区柯克）也提出了“运输问题”. 由于他们在这方面的突出贡献，康特罗维奇和库普曼斯共同获得了 1975 年的诺贝尔经济学奖. 对线性规划贡献最大的是美国数学家 Dantzig（丹齐格），他在 1947 年提出了求解线性规划的单纯形法，并同时给出了许多有价值的理论，为线性规划奠定了理论基础. 1953 年，丹齐格又提出了改进单纯形法；1954 年，Lemke（莱姆基）提出了对偶单纯形法. 1976 年，R. G. Bland 提出避免出现循环的方法后，线性规划的理论更加完善.

但在 1972 年，V. Klee（克莱）和 G. Minty（明蒂）构造了一个例子，发现单纯形法的迭代次数是指数次运算，不是多项式运算（多项式运算被认为是好算法），这对单纯形法提出了挑战. 1979 年，苏联青年数学家 Khachyian（哈奇扬）提出了一种新算法——椭球算法. 它是一个多项式运算，这一结果在全世界引起了极大轰动，被认为是线性规划理论上的历史突破. 然而在实际计算中，椭球算法的计算量与单纯形法差不多，因此椭球算法并不实用. 1984 年，在美国贝尔实验室工作的印度数学家 N. Karmarkar（卡玛卡）又提出了一个多项式运算——Karmarkar 算法. 该算法本质上属于内点法，不仅在理论上优于单纯形法，而且也显示出对求解大规模实际问题的巨大潜力. 另外，1980 年前后形成的“有效集法”，在理论上与单纯形法是等价的，但解决问题的侧重点不同，因此各有优劣，起着互补的作用. 值得一提的是，尽管如此，丹齐格在 1947 年提出的求解线性规划的单纯形法，仍然是求解线性规划问题最常用的算法.

线性规划所探讨的问题，是在由所提出问题的性质决定的一系列约束条件下，如何把有限的资源进行合理分配，制订出最优实施方案以获得最好的效益.

1.1 线性规划问题的数学模型

1.1.1 实例

［**例 1-1**］ 生产组织与计划问题

某电视机厂生产Ⅰ、Ⅱ、Ⅲ三种型号的电视机. 这三种电视机的市场需要量，每天最少分别为 200 台、250 台、100 台，而该厂每天可利用的工时为 1000 个时间单位，可利用的原材料每天有 2000 个单位. 生产一台不同型号的电视机所需的工时和原材料单位数量如表1-1所示. 问不同型号电视机每天应生产多少台，才能使该厂获得最大利润？

表 1-1 工时和原材料的需要量

型号	原材料	工时	最低需要量/台	利润
Ⅰ	1.0	2.0	200	10
Ⅱ	1.5	1.2	250	14
Ⅲ	4.0	1.0	100	12
可利用量	2000	1000		

令 x_i 为第 i 型（i=Ⅰ，Ⅱ，Ⅲ）电视机每天的生产量.

求利润最大，即求

$$\max S = 10x_1 + 14x_2 + 12x_3$$

根据表 1-1 的已知条件，x_i 应满足如下的约束条件：

$$\text{s.t.}^{㊀}\begin{cases} x_1 + 1.5x_2 + 4x_3 \leqslant 2000 \text{（原材料约束）} \\ 2x_1 + 1.2x_2 + x_3 \leqslant 1000 \text{（工时约束）} \\ x_1 \geqslant 200, x_2 \geqslant 250, x_3 \geqslant 100 \end{cases}$$

[例 1-2] 运输问题

某类物资有 m 个产地，n 个销地. 第 i 个产地的产量为 a_i（i=1，2，…，m）；第 j 个销地的需要量为 b_j（j=1，2，…，n），其中 $\sum_{i=1}^{m} a_i = \sum_{j=1}^{n} b_j$. 设由第 i 个产地到第 j 个销地运送单位物资的运价为 c_{ij}. 问如何制订调运方案，方可既满足供需关系，又使总运费最少？

用双下标变量 x_{ij} 表示由第 i 个产地供给第 j 个销地的物资数量. 由上述问题可归结为如下的数学问题：求一组非负变量 x_{ij}，i=1，2，…，m，j=1，2，…，n，使总运费最小，即

$$\min \sum_{i=1}^{m}\sum_{j=1}^{n} c_{ij}x_{ij}$$

且满足约束条件

$$\text{s.t.}\begin{cases} \sum_{j=1}^{n} x_{ij} = a_i, & i = 1,2,\cdots,m \\ \sum_{i=1}^{m} x_{ij} = b_j, & j = 1,2,\cdots,n \end{cases}$$

[例 1-3] 饮食问题

在保证健康的起码营养条件下，如何确定最经济的饮食？假定在市场上可以买到几种不同的食品，并且第 i 种食品的单位售价是 c_i. 有 m 种基本营养成分，为达到饮食平衡，每个人每天必须至少保证 b_j 个单位的第 j 种营养成分. 假定第 i 种食品的每个单位含有 a_{ji} 个单位的第 j 种营养.

用 x_i 表示在饮食中使用第 i 种食品的单位数. 于是，这个问题就是选择 x_i，i=1，2，…，n，使总成本最小，即

$$\min S = c_1x_1 + c_2x_2 + \cdots + c_nx_n$$

且满足营养要求：

㊀ s.t. 是 subject to 的缩写，意为约束条件.

$$\text{s.t.}\begin{cases}a_{11}x_1+a_{12}x_2+\cdots+a_{1n}x_n\geqslant b_1\\a_{21}x_1+a_{22}x_2+\cdots+a_{2n}x_n\geqslant b_2\\\quad\vdots\\a_{m1}x_1+a_{m2}x_2+\cdots+a_{mn}x_n\geqslant b_m\end{cases}$$

食品数量显然应满足非负条件：

$$x_1\geqslant 0,\ x_2\geqslant 0,\ \cdots,\ x_n\geqslant 0$$

[例1-4] 扩建投资问题

某工厂只生产一种产品，工厂准备分四期扩建以增加生产能力，每期为一年.

已知每生产一个产品需费用 c 元，同时要耗费一个单位的生产能力. 每年生产的产品在下一年年初才有收益，每个产品创收 h 元. 产品的收益用于再生产和扩建投资.

在每年年初扩建生产能力的工程中，有两种方案可以采用：

A 方案：年初每投资 a 元，一年后可增加一个单位生产能力.

B 方案：年初每投资 b 元，两年后可增加一个单位生产能力.

现工厂在第一年年初有资金 D 元、生产能力 R 个单位. 工厂希望在第五年年初具有最多的生产能力，问四年内应如何安排生产和扩建投资计划？试建立线性规划模型.

解 我们引进四组决策变量.

令 x_j 为第 j 年产品的产量；

y_j 为第 j 年积余的资金；

u_j 为第 j 年准备用方案 A 增加的生产能力；

v_j 为第 j 年准备用方案 B 增加的生产能力.

显然，每年安排生产和扩建计划时，应考虑工厂现有资金约束；同时在制订产品产量计划时，还应考虑现有生产能力的约束.

在第一年年初，工厂有资金 D 元和生产能力 R 个单位，故有约束：

$$cx_1+au_1+bv_1+y_1=D$$
$$x_1\leqslant R$$

在第二年年初，工厂具有的资金数为 y_1+hx_1，而生产能力除了原有的 R 个单位外，还应加上第一年使用方案 A 投资而在第二年年初可增加的生产能力 u_1，故有约束：

$$cx_2+au_2+bv_2+y_2=y_1+hx_1$$
$$x_2\leqslant R+u_1$$

在第三年年初工厂的资金数为 y_2+hx_2，考虑到由于第一年采用方案 B 投资而在第三年年初可投入使用的生产能力为 v_1，故第三年年初的生产能力为

$$R+u_1+u_2+v_1$$

故有约束

$$cx_3+au_3+bv_3+y_3=y_2+hx_2$$
$$x_3\leqslant R+u_1+u_2+v_1$$

第四年年初我们不再考虑方案 B 来增加生产能力，所以不再引进变量 v_4. 因此有约束：

$$cx_4+au_4+y_4=y_3+hx_3$$
$$x_4\leqslant R+u_1+u_2+u_3+v_1+v_2$$

在第五年年初工厂具有的生产能力为

$$R + \sum_{j=1}^{4} u_j + \sum_{j=1}^{3} v_j$$

于是，有如下线性规划模型：

$$\max f = \sum_{j=1}^{4} u_j + \sum_{j=1}^{3} v_j + R$$

$$\text{s. t.} \begin{cases} x_1 \leqslant R \\ x_j \leqslant R + \sum_{k=2}^{j} (u_{k-1} + v_{k-2}), j = 2,3,4 \\ cx_1 + au_1 + bv_1 + y_1 = D \\ cx_j + au_j + bv_j + y_j = y_{j-1} + hx_{j-1}, j = 2,3,4 \\ v_0 = 0, v_4 = 0 \\ x_j \geqslant 0, y_j \geqslant 0, u_j \geqslant 0, v_j \geqslant 0, j = 1,2,\cdots,4 \end{cases}$$

1.1.2 线性规划问题的数学形式

容易看出上述三个例子的共同点：它们都是求一组非负变量，这些变量在满足一定的线性约束条件下，使一个线性函数取得极值（极大或极小值），这样的问题称为**线性规划问题**，用（LP）表示. 我们可以把线性规划问题抽象为下列一般的数学模型：求一组变量 x_1，x_2，…，x_n，在约束条件下，

$$\text{s. t.} \begin{cases} a_{11}x_1 + a_{12}x_2 + \cdots + a_{1n}x_n (\geqslant = \leqslant) b_1 \\ a_{21}x_1 + a_{22}x_2 + \cdots + a_{2n}x_n (\geqslant = \leqslant) b_2 \\ \vdots \\ a_{m1}x_1 + a_{m2}x_2 + \cdots + a_{mn}x_n (\geqslant = \leqslant) b_m \\ x_j \geqslant 0, \quad j \in J \subseteq \{1, 2, \cdots, n\} \end{cases}$$

目标函数 $S = c_1x_1 + c_2x_2 + \cdots + c_nx_n$ 达到极大或极小，其中 b_i，c_j 和 a_{ij} 均为实常数，符号（$\geqslant = \leqslant$）表示在三种符号中取一种.

上述线性规划的一般模型，都可以等价地转化成如下形式，称为**标准形式**：

$$\min S = c_1x_1 + c_2x_2 + \cdots + c_nx_n$$

$$\text{s. t.} \begin{cases} a_{11}x_1 + a_{12}x_2 + \cdots + a_{1n}x_n = b_1 \\ a_{21}x_1 + a_{22}x_2 + \cdots + a_{2n}x_n = b_2 \\ \vdots \\ a_{m1}x_1 + a_{m2}x_2 + \cdots + a_{mn}x_n = b_m \\ x_1 \geqslant 0, x_2 \geqslant 0, \cdots, x_n \geqslant 0 \end{cases} \tag{1-1}$$

式中　b_i，c_j，a_{ij}——实常数，且 $b_i \geqslant 0$；

x_j——要求的一组变量.

使用向量和矩阵符号，式（1-1）可以写成如下紧凑的形式：

$$\min S = \boldsymbol{CX}$$

$$\text{s. t.} \begin{cases} \boldsymbol{AX} = \boldsymbol{b} \\ \boldsymbol{X} \geqslant \boldsymbol{0} \end{cases} \tag{1-2}$$

式中，$C=(c_1, c_2, \cdots, c_n)$；$X=(x_1, x_2, \cdots, x_n)^T$；$A=(a_{ij})_{m\times n}$；$b=(b_1, b_2, \cdots, b_m)^T$.

实际的线性规划问题的数学模型，往往不是式（1-1）的标准形式. 但我们用来求解线性规划的单纯形方法，仅仅能解标准形式的线性规划. 因此，下面先讨论将各种不同形式的线性规划模型化为标准形式的方法.

1.1.2.1 将求极大化为求极小

若求 $\max S = CX$，我们知道，CX 的极大等价于 $-CX$ 的极小，故化为：

$$\min(-S) = -CX$$

1.1.2.2 将不等式约束化为等式约束

（1）对于小于等于型不等式

$$a_{i1}x_1 + a_{i2}x_2 + \cdots + a_{in}x_n \leqslant b_i$$

引进新变量 $y_i \geqslant 0$，将不等式化为

$$a_{i1}x_1 + a_{i2}x_2 + \cdots + a_{in}x_n + y_i = b_i$$

其中，y_i 称为**松弛变量**.

（2）对于大于等于型不等式

$$a_{l1}x_1 + a_{l2}x_2 + \cdots + a_{ln}x_n \geqslant b_l$$

引进新变量 $y_l \geqslant 0$，将不等式化为

$$a_{l1}x_1 + a_{l2}x_2 + \cdots + a_{ln}x_n - y_l = b_l$$

其中，y_l 称为**剩余变量**.

1.1.2.3 将自由变量化为非负变量

若在线性规划的数学模型中，有某个变量 x_k 没有非负的要求，则 x_k 称为**自由变量**，通过变换：

$$x_k = x'_k - x''_k,\ x'_k \geqslant 0,\ x''_k \geqslant 0$$

可将一个自由变量化为两个非负变量；或者设法在约束条件和目标函数中消去自由变量.

［**例 1-5**］ 将 $\max S = x_1 + 3x_2 + 4x_3$

$$\text{s.t.}\begin{cases} x_1 + 2x_2 + x_3 \leqslant 5 \\ 2x_1 + 3x_2 + x_3 \geqslant 6 \\ x_2 \geqslant 0,\ x_3 \geqslant 0 \end{cases}$$

化为标准形式.

在这个问题中 x_1 是自由变量，设

$$x_1 = x'_1 - x''_1,\ x'_1 \geqslant 0,\ x''_1 \geqslant 0$$

同时把极大化为极小，第一个约束中引进松弛变量 y_1，第二个约束中引进剩余变量 y_2，则问题化为如下的标准形式：

$$\min(-S) = -x'_1 + x''_1 - 3x_2 - 4x_3$$

$$\text{s.t.}\begin{cases} x'_1 - x''_1 + 2x_2 + x_3 + y_1 = 5 \\ 2x'_1 - 2x''_1 + 3x_2 + x_3 - y_2 = 6 \\ x'_1 \geqslant 0,\ x''_1 \geqslant 0,\ x_2 \geqslant 0,\ x_3 \geqslant 0,\ y_1 \geqslant 0,\ y_2 \geqslant 0 \end{cases}$$

也可以通过消去 x_1，将问题化成如下的标准形式：

$$\min(-S) = -x_2 - 3x_3 + y_1 - 5$$

$$\text{s. t.} \begin{cases} x_2 + x_3 + 2y_1 + y_2 = 4 \\ x_2 \geqslant 0, x_3 \geqslant 0, y_1 \geqslant 0, y_2 \geqslant 0 \end{cases}$$

1.2 基本概念和基本定理

1.2.1 基本概念

考虑线性规划（LP）问题：

$$\min S = \boldsymbol{CX} \tag{1-3}$$

（LP）

$$\text{s. t.} \begin{cases} \boldsymbol{AX} = \boldsymbol{b} & (1\text{-}4) \\ \boldsymbol{X} \geqslant \boldsymbol{0} & (1\text{-}5) \end{cases}$$

定义 1-1 若 $\boldsymbol{X}$ 满足式（1-4）和式（1-5），则 $\boldsymbol{X}$ 称为（LP）的**可行解**，满足式（1-3）的可行解称为（LP）的**最优解**.（LP）的可行解的全体

$$D = \{\boldsymbol{X} \mid \boldsymbol{AX} = \boldsymbol{b}, \boldsymbol{X} \geqslant \boldsymbol{0}\}$$

称为（LP）的**可行域**.

在以后的讨论中，我们都假定 $\boldsymbol{A}$ 的秩为 m（自然 $m \leqslant n$）. 我们从 $\boldsymbol{A}$ 的 n 列中选出 m 个线性无关的列组成一个 m 阶矩阵. 为了表达方便起见，假定选择的是 $\boldsymbol{A}$ 的前 m 列，并且用 $\boldsymbol{B}$ 表示这个矩阵. 于是 $\boldsymbol{B}$ 是非奇异的，称为（LP）的一个**基**. 我们之所以把 $\boldsymbol{B}$ 叫做基，是因为 $\boldsymbol{B}$ 由 m 个线性无关列组成. 这 m 个线性无关的列向量可以作为 m 维空间的一组基. 设 $\boldsymbol{P}_1$，$\boldsymbol{P}_2$，…，$\boldsymbol{P}_n$ 是 $\boldsymbol{A}$ 的列向量，令

$$\boldsymbol{B} = (\boldsymbol{P}_1, \boldsymbol{P}_2, \cdots, \boldsymbol{P}_m)$$

$$\boldsymbol{N} = (\boldsymbol{P}_{m+1}, \boldsymbol{P}_{m+2}, \cdots, \boldsymbol{P}_n)$$

即将 $\boldsymbol{A}$ 分解为

$$\boldsymbol{A} = (\boldsymbol{B}, \boldsymbol{N})$$

相应地把 $\boldsymbol{X}$ 分解为

$$\boldsymbol{X} = \begin{pmatrix} \boldsymbol{X}_B \\ \boldsymbol{X}_N \end{pmatrix}$$

其中

$$\boldsymbol{X}_B = (x_1, x_2, \cdots, x_m)^{\mathrm{T}}$$

$$\boldsymbol{X}_N = (x_{m+1}, x_{m+2}, \cdots, x_n)^{\mathrm{T}}$$

$\boldsymbol{B}$ 的列称为**基列**，$\boldsymbol{X}_B$ 的分量称为**基变量**；$\boldsymbol{N}$ 的列称为**非基列**，$\boldsymbol{X}_N$ 的分量称为**非基变量**.

将式（1-4）改写为

$$\boldsymbol{AX} = (\boldsymbol{B}, \boldsymbol{N}) \begin{pmatrix} \boldsymbol{X}_B \\ \boldsymbol{X}_N \end{pmatrix} = \boldsymbol{BX}_B + \boldsymbol{NX}_N = \boldsymbol{b}$$

由于 $\boldsymbol{B}$ 非奇异，故有

$$\boldsymbol{X}_B = \boldsymbol{B}^{-1}\boldsymbol{b} - \boldsymbol{B}^{-1}\boldsymbol{NX}_N \tag{1-6}$$

即基变量用非基变量线性表示. 若令 $\boldsymbol{X}_N=\mathbf{0}$，得

$$\boldsymbol{X}=\begin{pmatrix}\boldsymbol{X}_B\\ \mathbf{0}\end{pmatrix}=\begin{pmatrix}\boldsymbol{B}^{-1}\boldsymbol{b}\\ \mathbf{0}\end{pmatrix}$$

定义 1-2 $\boldsymbol{X}=\begin{pmatrix}\boldsymbol{B}^{-1}\boldsymbol{b}\\ \mathbf{0}\end{pmatrix}$是式（1-4）的一个解，称为（LP）的关于基 $\boldsymbol{B}$ 的**基本解**. 若 $\boldsymbol{B}^{-1}\boldsymbol{b}\geqslant\mathbf{0}$，称 $\boldsymbol{B}$ 为**可行基**，这时，称 $\boldsymbol{X}=\begin{pmatrix}\boldsymbol{B}^{-1}\boldsymbol{b}\\ \mathbf{0}\end{pmatrix}$为（LP）的关于可行基 $\boldsymbol{B}$ 的**基本可行解**.

相应地将 $\boldsymbol{C}$ 分解为

$$\boldsymbol{C}=(\boldsymbol{C}_B,\boldsymbol{C}_N)$$

其中

$$\boldsymbol{C}_B=(c_1,c_2,\cdots,c_m)$$
$$\boldsymbol{C}_N=(c_{m+1},c_{m+2},\cdots,c_n)$$

注意到式（1-6），目标函数 $S=\boldsymbol{CX}$ 也可以用非基变量线性表示：

$$\begin{aligned}\boldsymbol{CX}&=(\boldsymbol{C}_B,\boldsymbol{C}_N)\begin{pmatrix}\boldsymbol{X}_B\\ \boldsymbol{X}_N\end{pmatrix}\\&=\boldsymbol{C}_B\boldsymbol{X}_B+\boldsymbol{C}_N\boldsymbol{X}_N=\boldsymbol{C}_B(\boldsymbol{B}^{-1}\boldsymbol{b}-\boldsymbol{B}^{-1}\boldsymbol{N}\boldsymbol{X}_N)+\boldsymbol{C}_N\boldsymbol{X}_N\end{aligned}$$

整理得：

$$\boldsymbol{CX}=\boldsymbol{C}_B\boldsymbol{B}^{-1}\boldsymbol{b}+(\boldsymbol{C}_N-\boldsymbol{C}_B\boldsymbol{B}^{-1}\boldsymbol{N})\boldsymbol{X}_N \tag{1-7}$$

定理 1-1 最优性判别定理

对于（LP）的基 $\boldsymbol{B}$，若有 $\boldsymbol{B}^{-1}\boldsymbol{b}\geqslant\mathbf{0}$，且 $\boldsymbol{C}-\boldsymbol{C}_B\boldsymbol{B}^{-1}\boldsymbol{A}\geqslant\mathbf{0}$，则对应于 $\boldsymbol{B}$ 的基本可行解 $\boldsymbol{X}^*=\begin{pmatrix}\boldsymbol{X}_B^*\\ \mathbf{0}\end{pmatrix}$是（LP）的最优解，称为**最优基本可行解**，基 $\boldsymbol{B}$ 称为**最优基**.

证 因 $\boldsymbol{C}-\boldsymbol{C}_B\boldsymbol{B}^{-1}\boldsymbol{A}=(\boldsymbol{C}_B,\ \boldsymbol{C}_N)-\boldsymbol{C}_B\boldsymbol{B}^{-1}(\boldsymbol{B},\ \boldsymbol{N})=(\boldsymbol{C}_B,\ \boldsymbol{C}_N)-(\boldsymbol{C}_B,\ \boldsymbol{C}_B\boldsymbol{B}^{-1}\boldsymbol{N})$
$=(\mathbf{0},\ \boldsymbol{C}_N-\boldsymbol{C}_B\boldsymbol{B}^{-1}\boldsymbol{N})$

故

$$\boldsymbol{C}-\boldsymbol{C}_B\boldsymbol{B}^{-1}\boldsymbol{A}\geqslant\mathbf{0}\Leftrightarrow\boldsymbol{C}_N-\boldsymbol{C}_B\boldsymbol{B}^{-1}\boldsymbol{N}\geqslant\mathbf{0}$$

则对一切可行解 $\boldsymbol{X}$，根据式（1-7），有

$$\boldsymbol{CX}\geqslant\boldsymbol{C}_B\boldsymbol{B}^{-1}\boldsymbol{b}=\boldsymbol{CX}^*$$

因此，$\boldsymbol{X}^*$ 是最优解.

定义 1-3 若在基本解中至少有一个基变量为零，则这个解称为**退化解**.

我们注意到，在非退化的基本解中，基变量可以直接从这个解的非零分量辨认出来；而在退化的基本解中，零值基变量不容易辨认.

1.2.2 基本定理

考虑标准形式的线性规划问题

$$\text{(LP)}\qquad \min S=\boldsymbol{CX}\qquad \text{s. t.}\begin{cases}\boldsymbol{AX}=\boldsymbol{b}\\ \boldsymbol{X}\geqslant\mathbf{0}\end{cases} \tag{1-8}$$

式中 $\boldsymbol{A}$——$m\times n$ 矩阵，$\boldsymbol{A}$ 的秩为 m；

$\boldsymbol{C}$——n 维行向量；

$\boldsymbol{b}$——m 维列向量；

$\boldsymbol{X}$——n 维行向量.

引理 1-1 设 $\boldsymbol{X}$ 是（LP）的一个可行解，若 $\boldsymbol{X}$ 中非零分量所对应的列向量线性无关，则 $\boldsymbol{X}$ 是（LP）的一个基本可行解.

证 用 $\boldsymbol{P}_1$，$\boldsymbol{P}_2$，…，$\boldsymbol{P}_n$ 表示 $\boldsymbol{A}$ 的各列，即

$$\boldsymbol{A}=(\boldsymbol{P}_1,\boldsymbol{P}_2,\cdots,\boldsymbol{P}_n)$$

假定 $\boldsymbol{X}$ 中有 r 个分量大于零，不失一般性，设前 r 个分量大于零，已知它们所对应的列向量线性无关，显然，$r\leqslant m$. 若 $r=m$，则 $\boldsymbol{B}=(\boldsymbol{P}_1,\boldsymbol{P}_2,\cdots,\boldsymbol{P}_m)$ 是（LP）的可行基，故 $\boldsymbol{X}$ 是关于基 $\boldsymbol{B}$ 的基本可行解；若 $r<m$，因为 $\boldsymbol{A}$ 的秩是 m，故可以从 $\boldsymbol{A}$ 中剩下的后 $n-r$ 个列向量中找出 $m-r$ 个列向量，与 $\boldsymbol{P}_1$，$\boldsymbol{P}_2$，…，$\boldsymbol{P}_r$ 一起组成 m 个线性无关的列向量，它们构成（LP）的一个基，对应的变量有 r 个大于零，$m-r$ 个等于零，这就是一个退化的基本可行解.

定理 1-2 基本定理

对于式（1-8）的标准形式线性规划问题：

（1）若存在一个可行解，则必存在一个基本可行解.

（2）若存在一个最优解，则必存在一个最优基本可行解.

证 （1）若存在一个可行解 $\boldsymbol{X}=(x_1,\ x_2,\ \cdots,\ x_n)^{\mathrm{T}}$，于是有

$$x_1\boldsymbol{P}_1+x_2\boldsymbol{P}_2+\cdots+x_n\boldsymbol{P}_n=\boldsymbol{b}$$

假定 $\boldsymbol{X}$ 中有 r 个分量大于零，不失一般性，设前 r 个分量大于零，则上式变为：

$$x_1\boldsymbol{P}_1+x_2\boldsymbol{P}_2+\cdots+x_r\boldsymbol{P}_r=\boldsymbol{b} \tag{1-9}$$

可能有两种情形：$\boldsymbol{P}_1$，$\boldsymbol{P}_2$，…，$\boldsymbol{P}_r$ 可能线性无关，也可能线性相关.

情形 1 若 $\boldsymbol{P}_1$，$\boldsymbol{P}_2$，…，$\boldsymbol{P}_r$ 线性无关，由引理 1-1 知，$\boldsymbol{X}$ 本身就是一个基本可行解.

情形 2 若 $\boldsymbol{P}_1$，$\boldsymbol{P}_2$，…，$\boldsymbol{P}_r$ 线性相关，则存在一组不全为零的常数 δ_1，δ_2，…，δ_r（可以假定它们至少有一个为正），使得

$$\delta_1\boldsymbol{P}_1+\delta_2\boldsymbol{P}_2+\cdots+\delta_r\boldsymbol{P}_r=\boldsymbol{0} \tag{1-10}$$

从式（1-9）减去式（1-10）的 ε 倍，得

$$(x_1-\varepsilon\delta_1)\boldsymbol{P}_1+(x_2-\varepsilon\delta_2)\boldsymbol{P}_2+\cdots+(x_r-\varepsilon\delta_r)\boldsymbol{P}_r=\boldsymbol{b} \tag{1-11}$$

设 $\boldsymbol{\delta}=(\delta_1,\ \delta_2,\cdots,\ \delta_r,\ 0,\ \cdots,\ 0)^{\mathrm{T}}$ 是一个 n 维列向量，则对任意的 ε，

$$\boldsymbol{X}-\varepsilon\boldsymbol{\delta} \tag{1-12}$$

是（LP）式（1-8）的约束方程的解，当 $\varepsilon=0$ 时即为原可行解 $\boldsymbol{X}$. 当 ε 从零开始增加时，式（1-12）的各分量或者增加（对应于 $\delta_i<0$），或保持常数（对应于 $\delta_i=0$），或减少（对应于 $\delta_i>0$）. 由于我们假定至少有一个 δ_i 是正的，所以至少有一个分量随着 ε 的增加而减小. 现在让 ε 增加到一个（可能是多个）分量由正减小到零，令

$$\varepsilon=\min\left\{\frac{x_i}{\delta_i}\middle|\delta_i>0\right\}$$

对于 ε 的这个值，式（1-12）是（LP）式（1-8）的可行解，且至多有 $r-1$ 个正分量. 事实上，若 $\varepsilon=x_s/\delta_s>0$，则

当 $\delta_i \leqslant 0$ 时，$x_i - \varepsilon\delta_i \geqslant x_i \geqslant 0$；

当 $\delta_i > 0$ 时，$x_i - \varepsilon\delta_i = x_i - \frac{x_s}{\delta_s}\delta_i \geqslant x_i - \frac{x_i}{\delta_i}\delta_i = 0$

所以式（1-12）是式（1-8）的可行解. 又

$$x_s - \varepsilon\delta_s = x_s - \frac{x_s}{\delta_s}\delta_s = 0$$

即式（1-12）至多有 $r-1$ 个正分量. 如果式（1-12）的正分量所对应的列向量线性无关，由引理1-1，式（1-12）就是基本可行解. 如果它们线性相关，则可对可行解式（1-12）重复上述过程，消去它的一些正分量，直到新的可行解的正分量所对应的列向量线性无关为止，从而得到基本可行解.

（2）若 $\boldsymbol{X} = (x_1, x_2, \cdots, x_n)^{\mathrm{T}}$ 是一个最优解，同上面（1）的证明一样，假设 $\boldsymbol{X}$ 有 r 个正分量 $x_1, x_2, \cdots, x_r$，仍可分为两种情形.

情形1 当 r 个正分量所对应的列向量线性无关时，由引理1-1，$\boldsymbol{X}$ 就是最优基本可行解.

情形2 当 r 个正分量所对应的列向量线性相关时，证法同（1）一样，但还必须证明，对于任意的 ε，具有更少正分量的新可行解式（1-12）仍然是最优解，从而最后得到的基本可行解是最优的.

事实上，对应于解 $\boldsymbol{X} - \varepsilon\boldsymbol{\delta}$，其目标函数值为

$$\boldsymbol{CX} - \varepsilon\boldsymbol{C\delta} \tag{1-13}$$

如果能证明 $\boldsymbol{C\delta} = 0$，则 $\boldsymbol{X} - \varepsilon\boldsymbol{\delta}$ 仍然是最优解.

假设 $\boldsymbol{C\delta} \neq 0$，对于绝对值足够小的 ε，$\boldsymbol{X} - \varepsilon\boldsymbol{\delta}$ 仍然是可行解，不论 ε 是正的还是负的都是这样. 那么，当 $\boldsymbol{C\delta} < 0$ 时，取 $\varepsilon < 0$；当 $\boldsymbol{C\delta} > 0$ 时，取 $\varepsilon > 0$，这就有 $\boldsymbol{CX} - \varepsilon\boldsymbol{C\delta} < \boldsymbol{CX}$，这与 $\boldsymbol{X}$ 是最优解的假设矛盾，从而证明了 $\boldsymbol{C\delta} = 0$.

其余部分的证明完全类似（1）中的"情形2".

这个定理肯定了线性规划问题（LP）如果有最优解，则一定存在一个最优基本可行解. 也就是说，目标函数的最优值一定可以在某个基本可行解上达到，因而解线性规划问题时，只要在基本可行解上去寻求目标函数的最优值就行了. 因为具有 n 个变量和 m 个约束方程的线性规划问题最多有

$$\binom{n}{m} = \frac{n!}{m!(n-m)!}$$

个基本解（相应于从 n 列中选 m 列的组合数），而基本可行解的个数不会更多，因而最优解的选择只需在有限个数的基本可行解上进行.

1.3 图解法及几何理论

1.3.1 图解法

几何图解法只适用于两个变量的线性规划问题. 使用这种解法，对确定满足约束条件的可行域和找出使目标函数极小（大）的最优解，都比较直观. 该法也有助于几何直观地理解后面将要介绍的单纯形方法.

[例1-6] 用图解法求解

$$\min S=-x_1-2x_2$$
$$\text{s.t.}\begin{cases}-x_1+2x_2\leqslant 4\\3x_1+2x_2\leqslant 12\\x_1\geqslant 0,\ x_2\geqslant 0\end{cases}$$

解 首先画出可行域. 我们把 x_1 和 x_2 看成坐标平面上点的坐标，因为 $x_1\geqslant 0$，$x_2\geqslant 0$，所以可行域在第一象限内. 约束 $-x_1+2x_2\leqslant 4$ 表示以直线 $-x_1+2x_2=4$ 为分界线的半平面，它包含原点. 约束 $3x_1+2x_2\leqslant 12$ 表示以直线 $3x_1+2x_2=12$ 为分界线的半平面，它也包含原点. 图1-1中阴影部分满足所有约束条件，因而是可行域，我们要从中找出最优解.

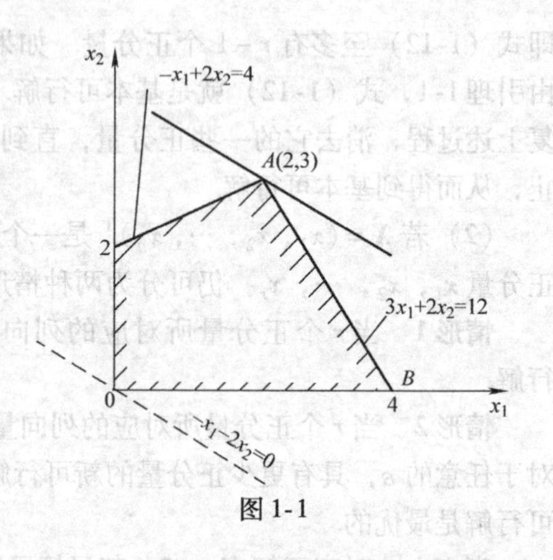

图1-1

目标函数 $S=-x_1-2x_2$ 是 x_1，x_2 的线性函数，要在可行域中找一个最优解，就是要找一个使目标函数最小的可行解. 为此，给定 S 一个值，比如 $S=0$，那么 $-x_1-2x_2=0$ 是坐标平面上一条直线，在这直线上的任何一点都使目标函数取值为0，这样的直线称为**等值线**. 再令 $S=C$，当 C 值逐渐减小时，可作出平行直线族 $-x_1-2x_2=C$. 当等值线平行移动到可行域的边界点 $A(2,3)$ 时，目标函数的值 C 取得它在可行域中的最小值 -8. 所以，$\boldsymbol{X}=(2,3)^{\mathrm{T}}$ 是该问题的最优解. 这里，最优解 A 点是可行域顶点.

[例1-7] 用图解法求解

$$\max S=3x_1+2x_2$$
$$\text{s.t.}\begin{cases}-x_1+2x_2\leqslant 4\\3x_1+2x_2\leqslant 12\\x_1\geqslant 0,x_2\geqslant 0\end{cases}$$

解 该问题的可行域同例1-6，过原点的等值线为 $3x_1+2x_2=0$. 将这条直线往右上方平移，当平移到与可行域的边 AB（见图1-1）重合时，目标函数取得最大值12. 即可行域的顶点 A、B 以及 AB 连线上的所有点都是最优解，该问题有无穷多个最优解.

[例1-8] 用图解法求解

$$\max S=x_1+2x_2$$
$$\text{s.t.}\begin{cases}-x_1+2x_2\leqslant 4\\x_1\geqslant 0,\quad x_2\geqslant 0\end{cases}$$

解 可行域如图1-2所示，是一无界域. 目标函数的等值线 $x_1+2x_2=0$ 可以向右上方无限平行移动，目标函数值无限增加，故无有限最优解.

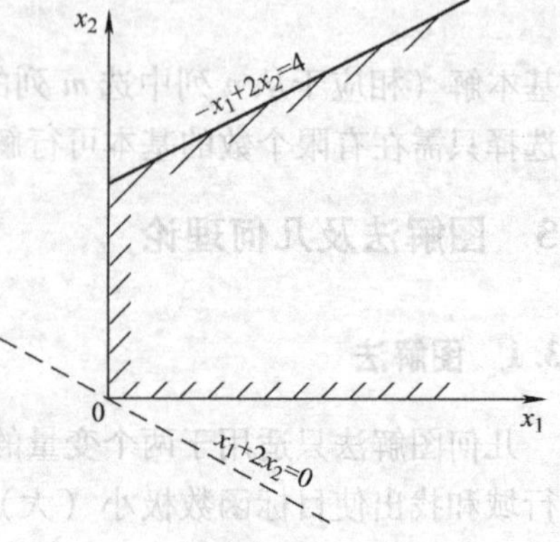

图1-2

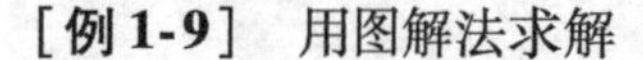
[例1-9] 用图解法求解

$$\min S = x_1 + 3x_2$$
$$\text{s. t.} \begin{cases} x_1 + x_2 \leqslant 1 \\ x_1 + 2x_2 \geqslant 4 \\ x_1 \geqslant 0, x_2 \geqslant 0 \end{cases}$$

解 由图1-3知，可行域为空集. 因此，该问题无可行解.

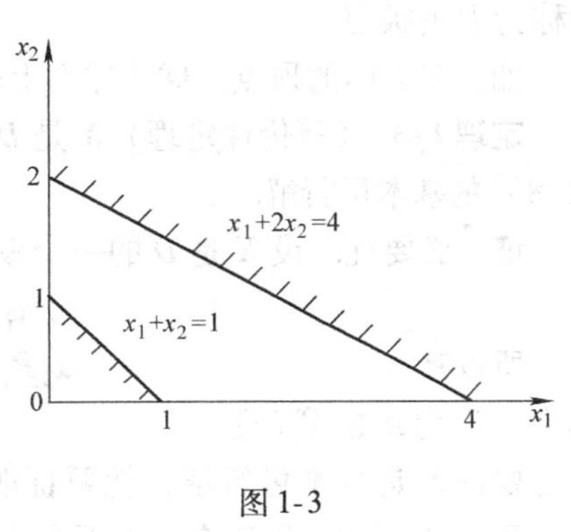

图1-3

综合上述例子的讨论，对于一个线性规划问题：

(1) 可以有唯一最优解（例1-6）；

(2) 可以有无穷多个最优解（例1-7）；

(3) 可以无解（又分无有限最优解，如例1-8，和无可行解，如例1-9）. 而且还请注意，一个线性规划问题只要有最优解，最优解一定可以在可行域的顶点上达到，后面我们还会讨论这个问题.

1.3.2 几何理论

下面我们要在引进凸集概念的基础上证明基本可行解和可行域的顶点的等价性定理，有界凸多面集的分解定理，最后证明目标函数在有界凸多面集的某一顶点上达到最小.

为了介绍凸集，也为了以后的需要，先引进凸组合的概念.

定义1-4 设$\boldsymbol{X}_1$，$\boldsymbol{X}_2$，…，$\boldsymbol{X}_k$是$\mathbf{R}^n$中已知的k个点，若对于某点$\boldsymbol{X} \in \mathbf{R}^n$，存在非负常数$\lambda_1$，$\lambda_2$，…，$\lambda_k$，使得

$$\boldsymbol{X} = \sum_{i=1}^{k} \lambda_i \boldsymbol{X}_i, \quad 且 \sum_{i=1}^{k} \lambda_i = 1$$

则称$\boldsymbol{X}$是$\boldsymbol{X}_1$，$\boldsymbol{X}_2$，…，$\boldsymbol{X}_k$的**凸组合**.

当$k=2$时，即考虑两点$\boldsymbol{X}_1$和$\boldsymbol{X}_2$的凸组合：

$$\boldsymbol{X} = \lambda_1 \boldsymbol{X}_1 + \lambda_2 \boldsymbol{X}_2, \ \lambda_1 \geqslant 0, \ \lambda_2 \geqslant 0, \ \lambda_1 + \lambda_2 = 1$$

把$\lambda_2 = 1 - \lambda_1$代入上式，得：

$$\boldsymbol{X} = \boldsymbol{X}_2 + \lambda_1 (\boldsymbol{X}_1 - \boldsymbol{X}_2), \ 0 \leqslant \lambda_1 \leqslant 1$$

把$\boldsymbol{X}_1$、$\boldsymbol{X}_2$看作向量，从图1-4上看到，当λ_1从0变到1时，$\boldsymbol{X}$由点$\boldsymbol{X}_2$沿$\boldsymbol{X}_1 - \boldsymbol{X}_2$移到$\boldsymbol{X}_1$，即动点$\boldsymbol{X}$在连接$\boldsymbol{X}_1$和$\boldsymbol{X}_2$两点的连线上. 因此，$\boldsymbol{X}_1$和$\boldsymbol{X}_2$的凸组合的全体就是连接$\boldsymbol{X}_1$和$\boldsymbol{X}_2$两点的线段.

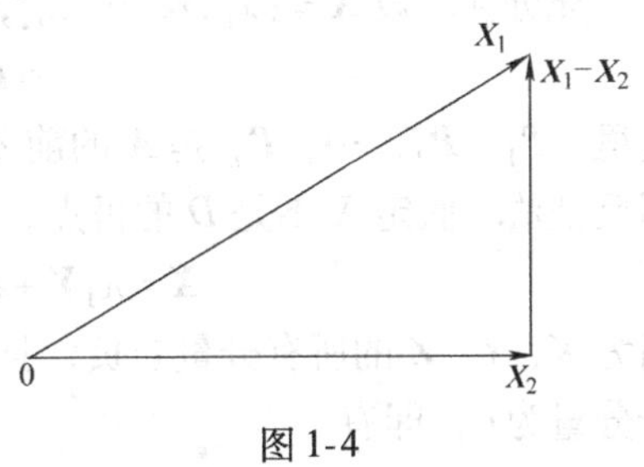

图1-4

定义1-5 设点集$D \subset \mathbf{R}^n$. 如果对于任意两点$\boldsymbol{X}_1$，$\boldsymbol{X}_2 \in D$，它们的凸组合都属于D，则D称为**凸集**.

根据定义1-5，一个集合，如果连接其任意两点的线段都属于该集合，这个集合就是凸集. 如$\mathbf{R}^n$、直线、线段、超平面$a_1x_1 + a_2x_2 + \cdots + a_nx_n = b$、圆、球等都是凸集. 圆环、五角星等都不是凸集.

根据凸集的定义容易验证，任意有限多个凸集的交集也是凸集. 因此，$\mathbf{R}^n$中有限个闭

半空间的交是凸集，这种集合称为**凸多面集**，故凸多面集均可表示成$\{\boldsymbol{X} | \boldsymbol{AX} \leqslant \boldsymbol{b}\}$的形式. 由于一个等式可以等价地写成两个不等式，故式（1-8）的可行域$D = \{\boldsymbol{X} | \boldsymbol{AX} = \boldsymbol{b}, \boldsymbol{X} \geqslant \boldsymbol{0}\}$也是凸多面集.

定义 1-6 设$\boldsymbol{X}$是凸集D中的一点，如果$\boldsymbol{X}$不能表示为D中两个相异点的凸组合，则$\boldsymbol{X}$称为D的极点.

如：多面体的顶点，球体球面上的点都是各自的极点.

定理 1-3 （等价性定理）$\boldsymbol{X}$是$D = \{\boldsymbol{X} | \boldsymbol{AX} = \boldsymbol{b}, \boldsymbol{X} \geqslant \boldsymbol{0}\}$的极点的充分必要条件是$\boldsymbol{X}$为式（1-8）的基本可行解.

证 必要性. 设$\boldsymbol{X}$是D的一个极点. 不失一般性，设$\boldsymbol{X}$的非零分量为前k个，即

$$x_i > 0,\ i = 1, 2, \cdots, k$$

所以有

$$x_1\boldsymbol{P}_1 + x_2\boldsymbol{P}_2 + \cdots + x_k\boldsymbol{P}_k = \boldsymbol{b}$$

其中，$\boldsymbol{P}_i$为$\boldsymbol{A}$的第i列.

要证$\boldsymbol{X}$是基本可行解，就要证明$\boldsymbol{P}_1$，$\boldsymbol{P}_2$，$\cdots$，$\boldsymbol{P}_k$线性无关. 用反证法，设$\boldsymbol{P}_1$，$\boldsymbol{P}_2$，$\cdots$，$\boldsymbol{P}_k$线性相关，则存在一组不全为零的常数δ_1，δ_2，$\cdots$，δ_k，使得

$$\delta_1\boldsymbol{P}_1 + \delta_2\boldsymbol{P}_2 + \cdots + \delta_k\boldsymbol{P}_k = \boldsymbol{0}$$

令$\boldsymbol{\delta} = (\delta_1, \delta_2, \cdots, \delta_k, 0, \cdots, 0)^{\mathrm{T}}$为一$n$维列向量，显然有

$$\boldsymbol{A\delta} = \boldsymbol{0}$$

设

$$\varepsilon = \min\left\{\frac{x_i}{|\delta_i|} \,\middle|\, \delta_i \neq 0\right\}$$

构造

$$\begin{cases} \boldsymbol{X}_1 = \boldsymbol{X} + \varepsilon\boldsymbol{\delta} \\ \boldsymbol{X}_2 = \boldsymbol{X} - \varepsilon\boldsymbol{\delta} \end{cases}$$

由于ε的选取，显然有$\boldsymbol{X}_1 \geqslant \boldsymbol{0}$，$\boldsymbol{X}_2 \geqslant \boldsymbol{0}$，且$\boldsymbol{X}_1 \neq \boldsymbol{X}_2$，由于$\boldsymbol{A\delta} = \boldsymbol{0}$，故$\boldsymbol{X}_1$，$\boldsymbol{X}_2 \in D$，但

$$\boldsymbol{X} = \frac{1}{2}\boldsymbol{X}_1 + \frac{1}{2}\boldsymbol{X}_2$$

这与$\boldsymbol{X}$是D的极点的假设矛盾. 从而证明了$\boldsymbol{P}_1$，$\boldsymbol{P}_2$，$\cdots$，$\boldsymbol{P}_k$线性无关. 由引理 1-1 知，$\boldsymbol{X}$是（LP）式（1-8）的基本可行解.

充分性. 设$\boldsymbol{X} = (x_1, x_2, \cdots, x_m, 0, \cdots, 0)^{\mathrm{T}}$是（LP）式（1-8）的基本可行解，故有

$$x_1\boldsymbol{P}_1 + x_2\boldsymbol{P}_2 + \cdots + x_m\boldsymbol{P}_m = \boldsymbol{b}$$

这里，$\boldsymbol{P}_1$，$\boldsymbol{P}_2$，$\cdots$，$\boldsymbol{P}_m$是$\boldsymbol{A}$的前m列，且线性无关. 为了证明$\boldsymbol{X}$是D的极点，我们还是用反证法. 假定$\boldsymbol{X}$不是D的极点，则它可以表示为D中两个不同点$\boldsymbol{Y}$和$\boldsymbol{Z}$的凸组合：

$$\boldsymbol{X} = \lambda_1\boldsymbol{Y} + \lambda_2\boldsymbol{Z},\ \lambda_1 > 0,\ \lambda_2 > 0,\ \lambda_1 + \lambda_2 = 1$$

因为$\boldsymbol{X}$、$\boldsymbol{Y}$、$\boldsymbol{Z}$的所有分量非负，且$\lambda_1 > 0$，$\lambda_2 > 0$，所以$\boldsymbol{Y}$、$\boldsymbol{Z}$和$\boldsymbol{X}$一样，它们的后$n - m$个分量为 0，即有

$$\boldsymbol{Y} = (y_1, y_2, \cdots, y_m, 0, \cdots, 0)^{\mathrm{T}}$$
$$\boldsymbol{Z} = (z_1, z_2, \cdots, z_m, 0, \cdots, 0)^{\mathrm{T}}$$

从而有

$$y_1\boldsymbol{P}_1 + y_2\boldsymbol{P}_2 + \cdots + y_m\boldsymbol{P}_m = \boldsymbol{b}$$
$$z_1\boldsymbol{P}_1 + z_2\boldsymbol{P}_2 + \cdots + z_m\boldsymbol{P}_m = \boldsymbol{b}$$

两式相减，得：

$$(y_1 - z_1)\boldsymbol{P}_1 + (y_2 - z_2)\boldsymbol{P}_2 + \cdots + (y_m - z_m)\boldsymbol{P}_m = \boldsymbol{0}$$

因为 $\boldsymbol{Y} \neq \boldsymbol{Z}$，所以上式中的系数不全为零，从而得出 $\boldsymbol{P}_1$，$\boldsymbol{P}_2$，…，$\boldsymbol{P}_m$ 线性相关的结论，与已知矛盾. 从而证明了 $\boldsymbol{X}$ 是 D 的极点.

推论1 若凸集 $D = \{\boldsymbol{X} | \boldsymbol{AX} = \boldsymbol{b},\ \boldsymbol{X} \geqslant \boldsymbol{0}\}$ 非空，则它至少有一个极点.

推论2 如果一个线性规划问题有有限的最优解，则必有一个最优解是 D 的极点.

我们还可以进一步证明，D 非空有界时，线性规划的目标函数一定可以在 D 的某一极点上达到最小（即 D 有界时，一定有最优解）. 为了得到这一结论，先证明下列定理.

定理1-4 （有界凸多面集的分解定理）设凸集 $D = \{\boldsymbol{X} | \boldsymbol{AX} = \boldsymbol{b},\ \boldsymbol{X} \geqslant \boldsymbol{0}\}$ 非空有界，则 $\boldsymbol{X} \in D$的充分必要条件是：$\boldsymbol{X}$ 可以表示为 D 的极点的凸组合.

证 充分性，显然.

必要性. 设 $\boldsymbol{X} \in D$，对它的非零分量的个数 k 用归纳法证.

当 $k=1$ 时，设 $x_i > 0$，$x_j = 0$，$j \neq i$，这时 $\boldsymbol{P}_i \neq \boldsymbol{0}$ 显然线性无关，由引理1-1知，$\boldsymbol{X}$ 是基本可行解，即 $\boldsymbol{X}$ 本身是 D 的极点，故定理成立.

设 $k = l > 1$ 时定理成立，要证 $k = l+1$ 时定理也成立. 不失一般性，设 $\boldsymbol{X}$ 的前 $l+1$ 个分量不为零，则有

$$x_1\boldsymbol{P}_1 + x_2\boldsymbol{P}_2 + \cdots + x_{l+1}\boldsymbol{P}_{l+1} = \boldsymbol{b}$$

有两种情况：$\boldsymbol{P}_1$，$\boldsymbol{P}_2$，…，$\boldsymbol{P}_{l+1}$可能线性无关，也可能线性相关.

情形1 若 $\boldsymbol{P}_1$，$\boldsymbol{P}_2$，…，$\boldsymbol{P}_{l+1}$线性无关，由引理1-1知 $\boldsymbol{X}$ 是基本可行解，即是 D 的极点，故定理成立.

情形2 若 $\boldsymbol{P}_1$，$\boldsymbol{P}_2$，…，$\boldsymbol{P}_{l+1}$ 线性相关，则存在一组不全为零的常数 δ_1，δ_2，…，δ_{l+1}，使得

$$\delta_1\boldsymbol{P}_1 + \delta_2\boldsymbol{P}_2 + \cdots + \delta_{l+1}\boldsymbol{P}_{l+1} = \boldsymbol{0}$$

令 $\boldsymbol{\delta} = (\delta_1, \delta_2, \cdots, \delta_{l+1}, 0, \cdots, 0)^{\mathrm{T}}$ 为一 n 维列向量，则有

$$\boldsymbol{A\delta} = \boldsymbol{0}$$

构造两个新解：$\overline{\boldsymbol{X}} = \boldsymbol{X} + \boldsymbol{\varepsilon}_1\boldsymbol{\delta}$，$\widetilde{\boldsymbol{X}} = \boldsymbol{X} - \boldsymbol{\varepsilon}_2\boldsymbol{\delta}$，显然有 $\boldsymbol{A}\,\overline{\boldsymbol{X}} = \boldsymbol{b}$，$\boldsymbol{A}\,\widetilde{\boldsymbol{X}} = \boldsymbol{b}$. 设

$$J_1 = \{j | \delta_j > 0\}$$

$$J_2 = \{j | \delta_j < 0\}$$

可证 J_1、J_2 均不为空集. 因为若 $J_1 = \varnothing$，则 $\delta \leqslant 0$，当 $\varepsilon_2 \to +\infty$ 时$\widetilde{X}$非负，故$\widetilde{\boldsymbol{X}} \in D$，但这时$\widetilde{X} \to \infty$，与 D 有界矛盾. 所以 $J_1 \neq \varnothing$. 类似可证 $J_2 \neq \varnothing$. 取

$$\varepsilon_1 = \min\left\{\frac{x_i}{|\delta_i|}\middle|\delta_i < 0\right\} > 0$$

$$\varepsilon_2 = \min\left\{\frac{x_i}{\delta_i}\middle|\delta_i > 0\right\} > 0$$

这样，$\overline{\boldsymbol{X}}$、$\widetilde{\boldsymbol{X}} \in D$，且均比 $\boldsymbol{X}$ 至少减少了一个非零分量，即$\overline{\boldsymbol{X}}$、$\widetilde{\boldsymbol{X}}$的非零分量的个数$\leqslant l$. 由归纳假设，$\overline{\boldsymbol{X}}$、$\widetilde{\boldsymbol{X}}$均可表示成 D 的极点的凸组合. 而 $\boldsymbol{X}$ 又是$\overline{\boldsymbol{X}}$、$\widetilde{\boldsymbol{X}}$的凸组合：

$$\boldsymbol{X} = \frac{\varepsilon_2}{\varepsilon_1 + \varepsilon_2}\overline{\boldsymbol{X}} + \frac{\varepsilon_1}{\varepsilon_1 + \varepsilon_2}\widetilde{\boldsymbol{X}}$$

易证：凸组合的凸组合仍是凸组合. 故$\boldsymbol{X}$可表示为D的极点的凸组合.

定理 1-5 目标函数$\boldsymbol{CX}$一定可以在非空有界集$D=\{\boldsymbol{X}|\boldsymbol{AX}=\boldsymbol{b},\ \boldsymbol{X}\geqslant\boldsymbol{0}\}$的某一极点处达到最小.

证 设$\boldsymbol{X}_1$，$\boldsymbol{X}_2$，…，$\boldsymbol{X}_r$是D的全部极点，由定理1-4知，对任意的$\boldsymbol{X}\in D$，都有

$$\boldsymbol{X}=\sum_{i=1}^{r}\lambda_i\boldsymbol{X}_i,\ \lambda_i\geqslant 0,\ i=1,2,\cdots,r,\ \sum_{i=1}^{r}\lambda_i=1$$

于是

$$\boldsymbol{CX}=\sum_{i=1}^{r}\lambda_i\boldsymbol{CX}_i$$

令

$$\boldsymbol{CX}_s=\min(\boldsymbol{CX}_i,\ i=1,2,\cdots,r)$$

则

$$\boldsymbol{CX}=\sum_{i=1}^{r}\lambda_i\boldsymbol{CX}_i\geqslant\sum_{i=1}^{r}\lambda_i\boldsymbol{CX}_s=\boldsymbol{CX}_s$$

即$\boldsymbol{CX}$在D的极点$\boldsymbol{X}_s$处达到最小.

1.4 单纯形法

从上两节我们已知线性规划问题的目标函数的最小值（或最大值）一定在基本可行解（即极点）上达到. 所以，在寻找最优解时，只需要考虑基本可行解就够了. 单纯形法的基本思想是从一个基本可行解出发，转移到另一个目标函数值更小的基本可行解. 如此逐次转移下去，当目标函数值不能再减小，即满足最优性条件：$\boldsymbol{C}-\boldsymbol{C_B}\boldsymbol{B}^{-1}\boldsymbol{A}\geqslant\boldsymbol{0}$时，计算结束，得到最优基本可行解.

1.4.1 典式

单纯形法分为两个阶段：第一个阶段求一个初始基本可行解；第二个阶段是从一个基本可行解出发，通过迭代求最优解. 我们先讨论第二阶段. 对应于每一个基本可行解，线性规划都有一个典式，下面我们来讨论它.

考虑标准形式的线性规划：

$$\text{(LP)}\qquad \begin{gathered}\min S=\boldsymbol{CX}\\ \text{s. t.}\begin{cases}\boldsymbol{AX}=\boldsymbol{b}\\ \boldsymbol{X}\geqslant\boldsymbol{0}\end{cases}\end{gathered}$$

其中，$\boldsymbol{A}=(\boldsymbol{P}_1,\boldsymbol{P}_2,\cdots,\boldsymbol{P}_n)$，假设$\boldsymbol{B}=(\boldsymbol{P}_1,\boldsymbol{P}_2,\cdots,\boldsymbol{P}_m)$是可行基，即$\boldsymbol{B}^{-1}\boldsymbol{b}\geqslant\boldsymbol{0}$. 记$\boldsymbol{N}=(\boldsymbol{P}_{m+1},\boldsymbol{P}_{m+2},\cdots,\boldsymbol{P}_n)$，对应$\boldsymbol{B}$、$\boldsymbol{N}$，记$\boldsymbol{X_B}=(x_1,x_2,\cdots,x_m)^{\mathrm{T}}$，$\boldsymbol{X_N}=(x_{m+1},x_{m+2},\cdots,x_n)^{\mathrm{T}}$，则有

$$\boldsymbol{AX}=(\boldsymbol{B},\ \boldsymbol{N})\begin{pmatrix}\boldsymbol{X_B}\\ \boldsymbol{X_N}\end{pmatrix}=\boldsymbol{BX_B}+\boldsymbol{NX_N}=\boldsymbol{b}$$

解出

$$\boldsymbol{X_B}=\boldsymbol{B}^{-1}\boldsymbol{b}-\boldsymbol{B}^{-1}\boldsymbol{NX_N}\tag{1-14}$$

对应于$\boldsymbol{X_B}$、$\boldsymbol{X_N}$，记$\boldsymbol{C_B}=(c_1,c_2,\cdots,c_m)$，$\boldsymbol{C_N}=(c_{m+1},c_{m+2},\cdots,c_n)$，则

$$S=\boldsymbol{CX}=(\boldsymbol{C_B},\ \boldsymbol{C_N})\begin{pmatrix}\boldsymbol{X_B}\\ \boldsymbol{X_N}\end{pmatrix}=\boldsymbol{C_BX_B}+\boldsymbol{C_NX_N}$$

将式（1-14）代入上式右边，得

$$S = C_B B^{-1} b + (C_N - C_B B^{-1} N) X_N \tag{1-15}$$

从而得到与（LP）等价的线性规划：

$$\min S = C_B B^{-1} b + (C_N - C_B B^{-1} N) X_N$$
$$\text{s. t.} \begin{cases} X_B = B^{-1} b - B^{-1} N X_N \\ X_B \geqslant 0,\ X_N \geqslant 0 \end{cases} \tag{1-16}$$

式（1-16）称为（LP）的以 x_1，x_2，…，x_m 为基变量的**典式**. 记为

$$C_B B^{-1} b = y_{00}$$
$$C_N - C_B B^{-1} N = (y_{0m+1}, y_{0m+2}, \cdots, y_{0n})$$
$$B^{-1} N = \begin{pmatrix} y_{1,m+1} & y_{1,m+2} & \cdots & y_{1n} \\ y_{2,m+1} & y_{2,m+2} & \cdots & y_{2n} \\ \vdots & \vdots & & \vdots \\ y_{m,m+1} & y_{m,m+2} & \cdots & y_{mn} \end{pmatrix}$$
$$B^{-1} b = (y_{10}, y_{20}, \cdots, y_{m0})^{\mathrm{T}}$$

代入式（1-16），则（LP）的典式也可写成：

$$\min S = y_{00} + y_{0,m+1} x_{m+1} + y_{0,m+2} x_{m+2} + \cdots + y_{0n} x_n$$
$$\text{s. t.} \begin{cases} x_1 + y_{1,m+1} x_{m+1} + y_{1,m+2} x_{m+2} + \cdots + y_{1n} x_n = y_{10} \\ x_2 + y_{2,m+1} x_{m+1} + y_{2,m+2} x_{m+2} + \cdots + y_{2n} x_n = y_{20} \\ \vdots \\ x_m + y_{m,m+1} x_{m+1} + y_{m,m+2} x_{m+2} + \cdots + y_{mn} x_n = y_{m0} \\ x_j \geqslant 0, j = 1,2,\cdots,n \end{cases} \tag{1-17}$$

下面我们将典式（1-17）写成表格形式（表1-2）.

表1-2 单纯形表

		x_1	x_2	…	x_m	x_{m+1}	x_{m+2}	…	x_n	
	$-y_{00}$	0	0	…	0	$y_{0,m+1}$	$y_{0,m+2}$	…	y_{0n}	←第0行
x_1	y_{10}	1	0	…	0	$y_{1,m+1}$	$y_{1,m+2}$	…	y_{1n}	第1 ~ m行
x_2	y_{20}	0	1	…	0	$y_{2,m+1}$	$y_{2,m+2}$	…	y_{2n}	
⋮	⋮	⋮	⋮		⋮	⋮	⋮		⋮	
x_m	y_{m0}	0	0	…	1	$y_{m,m+1}$	$y_{m,m+2}$	…	y_{mn}	
	↑第0列	第1 ~ n列								

表1-2的第1 ~ m 行对应典式（1-17）的 m 个约束方程，第0列对应于约束方程右端的常数项，第0行对应于目标函数的变形：

$$-y_{00} = -S + y_{0,m+1} x_{m+1} + y_{0,m+2} x_{m+2} + \cdots + y_{0n} x_n$$

只是省去了在迭代中不会变为非基变量的变量 $-S$. 因此，表1-2与典式（1-17）一一对应，称为对应于基 $B = (P_1, P_2, \cdots, P_m)$ 的**单纯形表**.

从式（1-17）可看出，线性规划的典式有下列特点：在每一个等式约束中含有一个且仅含有一个基变量，且基变量用非基变量线性表示. 同样，目标函数也仅用非基变量线性表

示，其中非基变量 x_j 的系数 $y_{0j}=c_j-\boldsymbol{C_B}\boldsymbol{B}^{-1}\boldsymbol{P}_j$ 称为 x_j 的**检验数**或**相对成本系数**．从表 1-2 可看出，每一个基变量的系数列向量是一个单位列向量．该列中唯一的一个 1 所在的位置表示该基变量所在的行数．

1.4.2 迭代原理

在典式（1-17）中，基本可行解是 $\boldsymbol{X}^0=(y_{10},y_{20},\cdots,y_{m0},0,\cdots,0)^{\mathrm{T}}$，对应的目标函数值为 $S=y_{00}$．下面我们要讨论：如何判断 $\boldsymbol{X}^0$ 是否是线性规划（LP）的最优解，如果它不是最优解，如何能使目标函数值进一步下降．

（1）若 $y_{0j}\geqslant 0$，$j=m+1$，…，n．根据最优性判别定理 1-1，$\boldsymbol{X}^0$ 是最优解．

（2）若有某些检验数 y_{0j} 是负的，例如设 $y_{0q}<0$，$m+1\leqslant q\leqslant n$，这时 $\boldsymbol{X}^0$ 不是最优解．因为取 $x_q=\theta>0$，其余非基变量仍取 0，即取 $\boldsymbol{X}^1=(x_1,x_2,\cdots,x_m,0,\cdots,\theta,\cdots,0)^{\mathrm{T}}$，代入式（1-17）的目标函数，得

$$S=y_{00}+y_{0q}\theta<y_{00}$$

即目标函数值可以下降．如果单从目标函数值来看，θ 越大，S 的下降量越大．但 $\boldsymbol{X}^{-1}$ 还必须满足约束条件．将 $\boldsymbol{X}^1$ 代入式（1-17）的约束方程中，得到

$$x_i=y_{i0}-y_{iq}\theta,\quad i=1,2,\cdots,m$$

要使 $\boldsymbol{X}^1$ 可行，就要使

$$x_i=y_{i0}-y_{iq}\theta\geqslant 0,\quad i=1,2,\cdots,m \tag{1-18}$$

下面分两种情况来讨论式（1-18）．

① 若 $y_{iq}\leqslant 0$，$i=1,2,\cdots,m$，由式（1-18）可看出，对任意的 $\theta>0$，式（1-18）都成立．但此时对应的目标函数值

$$S=y_{00}+y_{0q}\theta\rightarrow-\infty,\quad 当\ \theta\rightarrow\infty\ 时$$

即线性规划（LP）无有限最优解．

② 若有某些 $y_{iq}>0$，要使式（1-18）成立，即

$$y_{iq}\theta\leqslant y_{i0},\quad i=1,2,\cdots,m$$

当 $y_{iq}<0$ 时，对任意的 $\theta>0$，上式自然成立．而当 $y_{iq}>0$ 时，θ 必须满足 $\theta\leqslant y_{i0}/y_{iq}$．所以只要取

$$x_q=\theta=\min\{y_{i0}/y_{iq}\mid y_{iq}>0\}=y_{p0}/y_{pq}\geqslant 0$$

则式（1-18）总能成立．

取 $x_q=\theta$ 后，x_q 由非基变量变为基变量．但基本可行解中的基变量只能有 m 个，因此，原基变量中必有一个变为取值为 0 的非基变量，这就是最小比值 $x_q=y_{p0}/y_{pq}$ 中分母 y_{pq} 所在方程（即表 1-2 中 y_{pq} 所在行）中的基变量 x_p 变为 0，即

$$x_p=y_{p0}-y_{pq}x_q=y_{p0}-y_{pq}y_{p0}/y_{pq}=0$$

在这种情况下，由负检验数 y_{0q} 所对应的非基变量 x_q 代替原基变量 x_p 而成为新的基变量，这就是**换基**．我们称 x_q 为**进基**，x_p 为**出基**，其余基变量和非基变量则不变．那么，这个换基运算如何实现呢？即如何求出新的基本可行解所对应的典式即新的单纯形表呢？

最小比值 $x_q=y_{p0}/y_{pq}$ 中的分母 y_{pq} 称为**主元**，主无所在的第 p 行称为**主行**，主元所在的第 q 列称为**主列**．位于第 p 行的基变量 x_p 所对应的列是第 p 个 m 维单位列向量（不包括第0

行的0)，要使 x_q 代替 x_p，就要把 x_q 对应的列 $\boldsymbol{y}_q=(y_{1q}, y_{2q}, \cdots, y_{mq})^{\mathrm{T}}$ 变为第 p 个单位列向量，同时把 x_q 的检验数化为0（即消去目标函数中的新基变量）. 因此，换基运算的实施步骤是：先将主行除以主元 y_{pq} 后得到新的第 p 行，新的第 p 行乘以 $-y_{iq}$ 加到原第 i 行上，所得结果成为新的第 i 行（$i=0, 1, \cdots, m, i\neq p$），所有这些新的结果就是一个新的基本可行解对应的典式（单纯形表）. 这个运算过程就是解线性方程组的消元法（保留第 p 个方程中的 x_q，消去其他方程中的 x_q）.

例如下列典式中

$$\min S=-x_1-3x_2-4x_3 \qquad ⓪_0$$

$$\text{s.t.}\begin{cases}3x_1+2x_2+\ x_3+x_4 \qquad =10 & ①_0\\ -2x_1+3x_2+2x_3 \qquad +x_5=4 & ②_0\\ x_j\geqslant 0,\quad j=1,2,3,4,5\end{cases}$$

有基本可行解：$\boldsymbol{X}^0=(0, 0, 0, 10, 4)^{\mathrm{T}}$，$y_{00}=0$，$y_{03}=-4<0$，$x_3$ 进基，为了使新解可行，求最小比值：

$$\theta=\min\{y_{i0}/y_{i3}\mid y_{i3}>0\}=\min\{10/1, 4/2\}=4/2$$

主元 $y_{23}=2$，第二行为主行，第三列为主列，x_3 代替主行的基变量 x_5 成为新的基变量. 换基过程是：Ⅰ主行$②_0$除以 $y_{23}=2$ 得$②_1$；Ⅱ$②_1\times(-1)+①_0$ 得$①_1$；Ⅲ将$②_1$右边的2移到左边后 $\times 4+⓪_0$ 得$⓪_1$. 即有：

$$\min S=-8-5x_1+3x_2+2x_5 \qquad ⓪_1$$

$$\text{s.t.}\begin{cases}4x_1+\frac{1}{2}x_2 \qquad +x_4-\frac{1}{2}x_5=8 & ①_1\\ -x_1+\frac{3}{2}x_2+x_3 \qquad +\frac{1}{2}x_5=2 & ②_1\\ x_j\geqslant 0,\quad j=1,2,3,4,5\end{cases}$$

从而得到新的基本可行解：$\boldsymbol{X}^{-1}=(0, 0, 2, 8, 0)^{\mathrm{T}}$，它所对应的 $S=-8<y_{00}=0$. 读者自己完成在单纯形表上的换基运算.

1.4.3 计算步骤

设已知（LP）的典式（1-17）所对应的单纯形表为表1-2，基本可行解是：

$$\boldsymbol{X}^0=(y_{10}, y_{20}, \cdots, y_{m0}, 0, \cdots, 0)^{\mathrm{T}}$$

相应的目标函数值 $S=y_{00}$. 综合上述的分析，可得单纯形法的计算步骤：

第一步：设 $\boldsymbol{B}=(\boldsymbol{P}_{J_1}, \boldsymbol{P}_{J_2}, \cdots, \boldsymbol{P}_{J_m})$ 为可行基，这里 $J_1, J_2, \cdots, J_m\in\{1, 2, \cdots, n\}$ 且互异. 若 $y_{0j}\geqslant 0$，对所有 $j=1, 2, \cdots, n$，则得最优解：$x_{J_i}=y_{i0}$，$i=1, 2, \cdots, m$，其余 $x_j=0$，计算终止. 否则，转第二步.

第二步：设 $q=\min\{j\mid y_{0j}<0, j=1, 2, \cdots, n\}$ 即在负检验数的列中记最小的列数为 q，取第 q 列为主列. 若对所有的 $i=1, 2, \cdots, m$，有 $y_{iq}\leqslant 0$，则无有限最优解，计算终止. 否则，转第三步.

第三步：求最小比值 $\theta=\min\{y_{i0}/y_{iq}\mid y_{iq}>0, 1\leqslant i\leqslant m\}$，记 $J_p=\min\{J_i\mid y_{i0}/y_{iq}=\theta\}$，则第 p 行为主行.

第四步：以 y_{pq} 为主元，用换基计算公式

$$y'_{pj} = y_{pj}/y_{pq}, \quad j=0, 1, 2, \cdots, n$$

$$y'_{ij} = y_{ij} - y_{pj}/y_{pq}y_{iq}, \quad i \neq p, j=0, 1, \cdots, n$$

修改单纯形表，即用新基

$$\overline{\boldsymbol{B}} = (\boldsymbol{P}_{J_1}, \cdots, \boldsymbol{P}_{J_{p-1}}, \boldsymbol{P}_q, \boldsymbol{P}_{J_{p+1}}, \cdots, \boldsymbol{P}_{J_m})$$

代替 $\boldsymbol{B}$，得新的基本可行解．返回第一步．

说明 算法第二步中主列的选取是根据所谓“Bland 规则”．这一规则是 Bland 于 1977 年提出来的．在此之前在选取主列时采取所谓“最负检验数”即最小的负检验数所在列为主列（因为这样选取主列能使目标函数值下降快）．在求解线性规划的过程中，如果解是非退化的，则不管用什么规则选取主列，都能用单纯形法求出最优解；但遇有退化解时，采取最负检验数规则选取主列，则单纯形法可能失效．最有名的是由 Beale 1955 年提出的下列反例：

$$\min S = -\frac{3}{4}x_1 + 150x_2 - \frac{1}{50}x_3 + 6x_4$$

$$\text{s. t.} \begin{cases} \dfrac{1}{4}x_1 - 60x_2 - \dfrac{1}{25}x_3 + 9x_4 \leqslant 0 \\ \dfrac{1}{2}x_1 - 90x_2 - \dfrac{1}{50}x_3 + 3x_4 \leqslant 0 \\ x_3 \leqslant 1 \\ x_j \geqslant 0, \ j=1, 2, 3, 4 \end{cases}$$

用单纯形法解此问题时，最小负检验数所在列作为主列，主行按最小比值 θ 相同的几行中其基变量下标最小者选取，则经过六次迭代，单纯形表又恢复为初始单纯形表．迭代中选取主列的顺序是 $\boldsymbol{P}_1 \to \boldsymbol{P}_2 \to \boldsymbol{P}_3 \to \boldsymbol{P}_4 \to \boldsymbol{P}_5 \to \boldsymbol{P}_6 \to \boldsymbol{P}_1$．因此，按这种方式迭代将循环不止，永远得不到最优解．

但在单纯形法中使用 Bland 规则时，必在有限步内求出最优解或肯定无解．即有

定理 1-6 用上述单纯形计算步骤解任何线性规划问题，必在有限步内终止于第一步或第二步．（证略）

计算框图如图 1-5 所示．

［例 1-10］ 解线性规划问题

$$\min S = x_1 - 2x_2 + x_3 - 3x_4$$

$$\text{s. t.} \begin{cases} x_1 + x_2 + 3x_3 + x_4 = 6 \\ -2x_2 + x_3 + x_4 \leqslant 3 \\ -x_2 + 6x_3 - x_4 \leqslant 4 \\ x_j \geqslant 0, \quad j=1, 2, 3, 4 \end{cases}$$

解 先化为标准形式

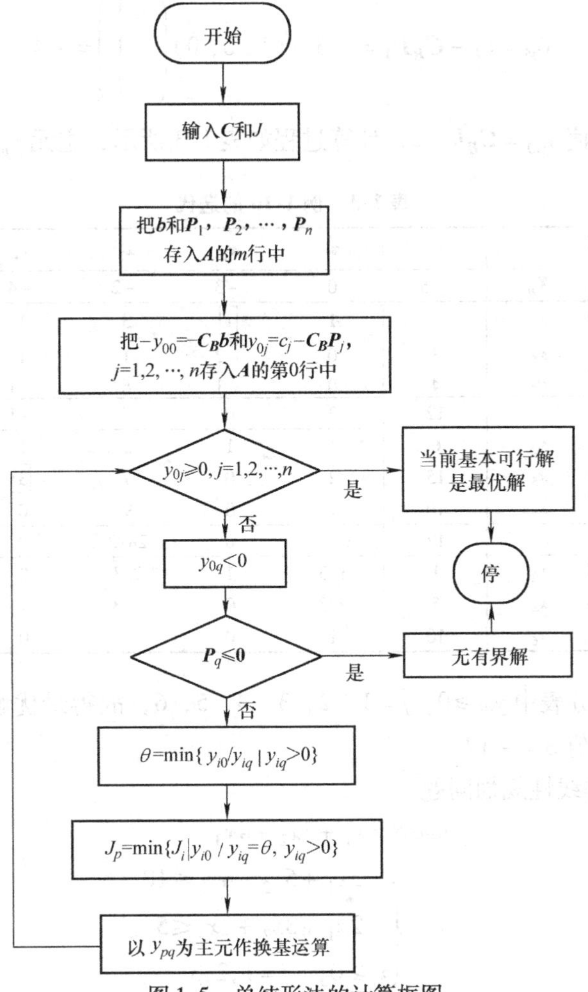

图 1-5　单纯形法的计算框图

$$\min S = x_1 - 2x_2 + x_3 - 3x_4$$

$$\text{s. t.}\begin{cases} x_1 + x_2 + 3x_3 + x_4 = 6 \\ -2x_2 + x_3 + x_4 + x_5 = 3 \\ -x_2 + 6x_3 - x_4 + x_6 = 4 \\ x_j \geqslant 0,\quad j = 1, 2, 3, 4, 5, 6 \end{cases}$$

该问题已有初始可行基 $\boldsymbol{B} = (\boldsymbol{P}_1, \boldsymbol{P}_5, \boldsymbol{P}_6) = \boldsymbol{I}$，基本可行解 $\boldsymbol{X}^0 = (6, 0, 0, 0, 3, 4)^{\mathrm{T}}$，$\boldsymbol{C_B} = (1, 0, 0)$，非基变量 x_2，x_3，x_4 的检验数：

$$y_{02} = c_2 - \boldsymbol{C_B}\boldsymbol{P}_2 = -2 - (1, 0, 0)\begin{pmatrix} 1 \\ -2 \\ -1 \end{pmatrix} = -3$$

$$y_{03} = c_3 - \boldsymbol{C_B}\boldsymbol{P}_3 = 1 - (1, 0, 0)\begin{pmatrix} 3 \\ 1 \\ 6 \end{pmatrix} = -2$$

$$y_{04}=c_4-\boldsymbol{C_B}\boldsymbol{P}_4=-3-(1,0,0)\begin{pmatrix}1\\1\\-1\end{pmatrix}=-4$$

对应的目标函数值 $y_{00}=\boldsymbol{C_B}\boldsymbol{b}=6$，计算过程如表 1-3 所示，主元 y_{pq} 用 $\boxed{y_{pq}}$ 表示.

表 1-3 例 1-10 的迭代

				x_1	x_2	x_3	x_4	x_5	x_6
	$\boldsymbol{C_B}$	$\boldsymbol{X_B}$	−6	0	−3	−2	−4	0	0
分表一	1	x_1	6	1	$\boxed{1}$	3	1	0	0
	0	x_5	3	0	−2	1	1	1	0
	0	x_6	4	0	−1	6	−1	0	1
			12	3	0	7	−1	0	0
分表二	−2	x_2	6	1	1	3	1	0	0
	0	x_5	15	2	0	7	$\boxed{3}$	1	0
	0	x_6	10	1	0	9	0	0	1
			17	11/3	0	28/3	0	1/3	0
分表三	−2	x_2	1	1/3	1	2/3	0	−1/3	0
	−3	x_4	5	2/3	0	7/3	1	1/3	0
	0	x_6	10	1	0	9	0	0	1

在表 1-3 最后一分表中 $y_{0j}\geqslant 0$，$j=1,2,3,4,5,6$，故得最优解 $\boldsymbol{X}^*=(0,1,0,5,0,10)^{\mathrm{T}}$，对应目标函数值 $S=-17$.

[例 1-11] 求解线性规划问题：

$$\max S=x_1+3x_2+4x_3$$
$$\text{s. t.}\begin{cases}3x_1+5x_2-4x_3\leqslant 10\\-2x_1+3x_2+x_3\leqslant 5\\x_j\geqslant 0,\quad j=1,2,3\end{cases}$$

解 先化为标准形

$$\min(-S)=-x_1-3x_2-4x_3$$
$$\text{s. t.}\begin{cases}3x_1+5x_2-4x_3+x_4=10\\-2x_1+3x_2+x_3+x_5=5\\x_j\geqslant 0,\quad j=1,2,3,4,5\end{cases}$$

上述形式已是基变量为 x_4，x_5 的典式. 因为目标函数已由非基变量表示，它们的系数就是其检验数. 计算过程如表 1-4 所示. 在表 1-4 中第二分表的 $y_{03}=-16/3<0$，且 $y_{13}=-4/3<0$，$y_{23}=-5/3<0$，故该问题无有限最优解.

表 1-4 例 1-11 的迭代

			x_1	x_2	x_3	x_4	x_5
		0	−1	−3	−4	0	0
分表一	x_4	10	$\boxed{3}$	5	−4	1	0
	x_5	5	−2	3	1	0	1

（续）

			x_1	x_2	x_3	x_4	x_5
分表二		10/3	0	-4/3	-16/3	1/3	0
	x_1	10/3	1	5/3	-4/3	1/3	0
	x_5	35/3	0	19/3	-5/3	2/3	1

［**例1-12**］ 连续投资问题

某部门在今后五年内考虑给下列项目投资．已知：

项目A，从第一年到第四年每年年初需要投资，并于次年末回收本利115%；

项目B，第三年初需要投资，到第五年末能回收本利125%，但规定最大投资额不超过4万元；

项目C，第二年初需要投资，到第五年末能回收本利140%，但规定最大投资额不超过3万元；

项目D，五年内每年年初可购买公债，于当年末归还，并加利息6%．

该部门现有资金10万元，问应如何确定给这些项目每年的投资额，使到第五年末拥有的资金的本利总额最大？

解 由题意知，五年中每年年初该部门拥有的资金额不是常量．设x_{iA}，x_{iB}，x_{iC}，x_{iD}（$i=1, 2, 3, 4, 5$）分别表示第i年年初给各项目的投资额，列于表1-5.

表1-5 各年投资额

年份		1	2	3	4	5
项目	A	x_{1A}	x_{2A}	x_{3A}	x_{4A}	0
	B	0	0	x_{3B}	0	0
	C	0	x_{2C}	0	0	0
	D	x_{1D}	x_{2D}	x_{3D}	x_{4D}	x_{5D}

部门每年的投资额应等于部门年初所拥有的资金额，下面分年度进行讨论：

第一年，年初拥有资金10万元，所以有

$$x_{1A}+x_{1D}=100000$$

第二年，年初拥有的资金额仅为项目D在第一年期末回收的本息$x_{1D}(1+6\%)$，所以有

$$x_{2A}+x_{2C}+x_{2D}=1.06x_{1D}$$

第三年，年初拥有的资金额为$x_{1A}(1+15\%)+x_{2D}(1+6\%)$，所以有

$$x_{3A}+x_{3B}+x_{3D}=1.15x_{1A}+1.06x_{2D}$$

第四年，年初拥有的资金额为$x_{2A}(1+15\%)+x_{3D}(1+6\%)$，所以有

$$x_{4A}+x_{4D}=1.15x_{2A}+1.06x_{3D}$$

第五年，$x_{5D}=1.15x_{3A}+1.06x_{4D}$

由题设，

$$x_{3B}\leqslant 40000$$
$$x_{2C}\leqslant 30000$$

目标函数为：

$$S=1.15x_{4A}+1.25x_{3B}+1.4x_{2C}+1.06x_{5D}$$

经整理，其数学模型为：

$$\max S = 1.4x_{2C} + 1.25x_{3B} + 1.15x_{4A} + 1.06x_{5D}$$

$$\text{s. t.}\begin{cases} x_{1A} + x_{1D} = 100000 \\ -1.06x_{1D} + x_{2A} + x_{2C} + x_{2D} = 0 \\ 1.15x_{1D} - 1.06x_{2D} + x_{3A} + x_{3B} + x_{3D} = 115000 \\ -1.15x_{2A} - 1.06x_{3D} + x_{4A} + x_{4D} = 0 \\ -1.15x_{3A} - 1.06x_{4D} + x_{5D} = 0 \\ x_{iA} \geqslant 0,\ x_{iB} \geqslant 0,\ x_{iC} \geqslant 0,\ x_{iD} \geqslant 0,\ i = 1,2,3,4,5 \end{cases}$$

初始基变量为：x_{1A}，x_{2C}，x_{3B}，x_{4A}，x_{5D}. 注意还有上界约束：$x_{3B} \leqslant 40000$，$x_{2C} \leqslant 30000$. 用单纯形法求得最优解为：

$x_{1A} = 34783$ 元，$x_{1D} = 65217$ 元，$x_{2C} = 30000$ 元，$x_{2A} = 39130$ 元，$x_{2D} = 0$，$x_{3B} = 40000$ 元，$x_{3A} = 0$，$x_{3D} = 0$，$x_{4D} = 0$，$x_{4A} = 45000$ 元，$x_{5D} = 0$. 到第五年末，该部门拥有资金总额为 143750 元.

1.4.4 两阶段法

前面我们讨论的是单纯形法的第二阶段，即已知线性规划问题的一个基本可行解，求其最优解. 那么，第一个基本可行解如何求得呢？有时可直接求得，如约束条件是如下不等式：

$$\boldsymbol{AX} \leqslant \boldsymbol{b},\quad \boldsymbol{X} \geqslant \boldsymbol{0} \tag{1-19}$$

且 $\boldsymbol{b} \geqslant \boldsymbol{0}$. 加入松弛变量 $\boldsymbol{Y}$（m 维向量），则式（1-19）变为：

$$\boldsymbol{AX} + \boldsymbol{Y} = \boldsymbol{b},\quad \boldsymbol{X} \geqslant \boldsymbol{0},\ \boldsymbol{Y} \geqslant \boldsymbol{0}$$

显然，初始基本可行解直接由上式得到

$$\boldsymbol{Y} = \boldsymbol{b},\quad \boldsymbol{X} = \boldsymbol{0}$$

但一般来说，初始基本可行解不总是这样明显的. 如果没有明显的初始基本可行解，我们可以通过解一个辅助线性规划问题来求原规划问题的一个初始基本可行解，这就是两阶段单纯形法的第一阶段.

标准形线性规划问题的约束条件为

$$\begin{aligned} \boldsymbol{AX} &= \boldsymbol{b} \\ \boldsymbol{X} &\geqslant \boldsymbol{0} \end{aligned} \tag{1-20}$$

式中，$\boldsymbol{b} \geqslant \boldsymbol{0}$. 为了寻求式（1-20）的一个基本可行解，下面研究辅助线性规划问题：

$$\begin{aligned} &\min Z = \sum_{i=1}^{m} y_i \\ &\text{s. t.}\begin{cases} \boldsymbol{AX} + \boldsymbol{Y} = \boldsymbol{b} \\ \boldsymbol{X} \geqslant \boldsymbol{0},\ \boldsymbol{Y} \geqslant \boldsymbol{0} \end{cases} \end{aligned} \tag{1-21}$$

式中，y_i，$i = 1, 2, \cdots, m$ 称为**人工变量**.

式（1-21）有一个基本可行解：

$$\boldsymbol{X} = \boldsymbol{0},\ \boldsymbol{Y} = \boldsymbol{b}$$

对应的单纯形表列于表 1-6.

表1-6 辅助问题的单纯形表

		x_1	x_2	…	x_n	y_1	y_2	…	y_m
	$-\sum_{i=1}^{m} b_i$	$-\sum_{i=1}^{m} a_{i1}$	$-\sum_{i=1}^{m} a_{i2}$	…	$-\sum_{i=1}^{m} a_{in}$	0	0	…	0
y_1	b_1	a_{11}	a_{12}	…	a_{1n}	1	0	…	0
y_2	b_2	a_{21}	a_{22}	…	a_{2n}	0	1	…	0
⋮	⋮	⋮	⋮		⋮	⋮	⋮		⋮
y_m	b_m	a_{m1}	a_{m2}	…	a_{mn}	0	0	…	1

这里 $\boldsymbol{B}=\boldsymbol{I}=\boldsymbol{B}^{-1}$，$\boldsymbol{C_B}=(1,1,\cdots,1)$.

人工变量所对应的列组成一个可行基，称为**人造基**. 从人造基出发，应用单纯形法总可以求得辅助式（1-21）的最优基本可行解，这是因为它的目标函数 $\sum_{i=1}^{m} y_i$ 有下界.

设式（1-21）的最优解为$\begin{pmatrix}\boldsymbol{X}^*\\ \boldsymbol{Y}^*\end{pmatrix}$，则目标函数值 $\sum_{i=1}^{m} y_i^*$ 仅有两种可能：

（1）$\sum_{i=1}^{m} y_i^* > 0$，则式（1-20）无可行解. 因为若式（1-20）有可行解$\overline{\boldsymbol{X}}$，显然，$\overline{\boldsymbol{X}}$和 $\overline{\boldsymbol{Y}}=\boldsymbol{0}$ 是式（1-21）的可行解，且 $\sum_{i=1}^{m} \overline{y}_i = 0 < \sum_{i=1}^{m} y_i^*$. 这与$\begin{pmatrix}\boldsymbol{X}^*\\ \boldsymbol{Y}^*\end{pmatrix}$是式（1-21）的最优解矛盾. 故式（1-20）无可行解.

（2）$\sum_{i=1}^{m} y_i^* = 0$. 因 $y_i^* \geqslant 0$，知 $y_i^*=0$，$i=1, 2, \cdots, m$.

这时又分两种情况：

① 式（1-21）的最优解中，y_i^*，$i=1, 2, \cdots, m$ 都是非基变量，这样便得到式（1-20）的初始基本可行解 $\boldsymbol{X}^*$.

② 式（1-21）的最优解中含有人工变量 y_i^* 是基变量，但已知 $y_i^*=0$，故得到的是式（1-21）的退化解. 这时可以将 $y_i^*=0$ 这个基变量与某个非基变量 x_j^* 交换（只要 $y_{ij}\neq 0$，不管正负都可以作主元），交换后得到式（1-20）的一个退化的初始基本可行解.

综上所述，求解没有明显初始基本可行解的标准形式的线性规划问题（LP）可分如下两个阶段进行：

第一阶段：引进人工变量，构造并求解形如式（1-21）的辅助线性规划问题. 其结果是：或者确定（LP）无可行解；或者求出（LP）的初始可行解.

第二阶段：如果第一阶段求出了（LP）的一个可行基，则在辅助问题（式1-21）的最优单纯形表上删去全部人工列及检验数行，补上（LP）的检验数行即得到（LP）的初始单纯形表，再使用单纯形法求（LP）的最优解.

［**例1-13**］ 求解线性规划问题

$$\min S = 4x_1 + x_2 + x_3$$

$$\text{s. t.}\begin{cases}2x_1 + x_2 + 2x_3 = 4\\ 3x_1 + 3x_2 + x_3 = 3\\ x_j \geqslant 0,\ j=1,2,3\end{cases}$$

解 该问题无明显的基本可行解，故分两阶段进行.

第一阶段，先解辅助线性规划问题

$$\min Z = y_1 + y_2$$

$$\text{s. t.} \begin{cases} 2x_1 + \ x_2 + 2x_3 + y_1 = 4 \\ 3x_1 + 3x_2 + \ x_3 + y_2 = 3 \\ x_j \geqslant 0, \quad j = 1, 2, 3, \quad y_i \geqslant 0, \quad i = 1, 2 \end{cases}$$

求解过程见表 1-7.

表 1-7 第一阶段迭代

			x_1	x_2	x_3	y_1	y_2
		−7	−5	−4	−3	0	0
分表一	y_1	4	2	1	2	1	0
	y_2	3	$\boxed{3}$	3	1	0	1
		−2	0	−1	−4/3	0	5/3
分表二	y_1	2	0	1	$\boxed{4/3}$	1	−2/3
	x_1	1	1	1	1/3	0	1/3
		0	0	0	0	1	1
分表三	x_3	3/2	0	−3/4	1	3/4	−1/2
	x_1	1/2	1	5/4	0	−1/4	1/2

表 1-7 的分表三中，y_1，y_2 已出基，故第一阶段结束.

第二阶段，在表 1-7 的最优表分表三中删去人工列（最后两列）和删去第零行，用原问题的第零行：$-y_{00} = -\boldsymbol{C_B B^{-1} b}$ 代替，可得原问题的初始单纯形表.

先计算出原问题的第零行：$\boldsymbol{B} = (\boldsymbol{P}_3, \boldsymbol{P}_1)$，$\boldsymbol{C_B} = (c_3, c_1) = (1, 4)$，$y_{00} = \boldsymbol{C_B B^{-1} b} = (1, 4)\begin{pmatrix} 3/2 \\ 1/2 \end{pmatrix} = 7/2$，$y_{02} = c_2 - \boldsymbol{C_B B^{-1} P_2} = 1 - (1,4)\begin{pmatrix} -3/4 \\ 5/4 \end{pmatrix} = -13/4$，$y_{01} = y_{03} = 0$，第二阶段计算过程见表 1-8.

表 1-8 第二阶段迭代

			x_1	x_2	x_3
		−7/2	0	−13/4	0
分表一	x_3	3/2	0	−3/4	1
	x_1	1/2	1	$\boxed{5/4}$	0
		−11/5	13/5	0	0
分表二	x_3	9/5	3/5	0	1
	x_2	2/5	4/5	1	0

原问题的最优解：$x_1 = 0$，$x_2 = 2/5$，$x_3 = 9/5$，$S = 11/5$.

［例 1-14］ 求解线性规划问题

$$\min S = x_1 + 2x_2 + 3x_3$$

$$\text{s. t.}\begin{cases} x_1 - 2x_2 + \ \ 4x_3 = 4 \\ 4x_1 - 9x_2 + 14x_3 = 16 \\ x_j \geqslant 0, \quad j = 1,2,3 \end{cases}$$

解 第一阶段，引进人工变量 y_1，y_2，解辅助线性规划问题

$$\min Z = y_1 + y_2$$

$$\text{s. t.}\begin{cases} x_1 - 2x_2 + \ \ 4x_3 + y_1 = 4 \\ 4x_1 - 9x_2 + 14x_3 + y_2 = 16 \\ x_j \geqslant 0, \quad j = 1,2,3; \quad y_i \geqslant 0, \quad i = 1,2 \end{cases}$$

求解过程见表 1-9.

表 1-9 第一阶段迭代

			x_1	x_2	x_3	y_1	y_2
分表一		−20	−5	11	−18	0	0
	y_1	4	[1]	−2	4	1	0
	y_2	16	4	−9	14	0	1
分表二		0	0	1	2	5	0
	x_1	4	1	−2	4	1	0
	y_2	0	0	[−1]	−2	−4	1
分表三		0	0	0	0	1	1
	x_1	4	1	0	8	9	−2
	x_2	0	0	1	2	4	−1

我们注意到，在表 1-9 的分表二中已得辅助问题的最优解，且 $Z=0$. 但人工变量 $y_2=0$ 仍是基变量. 为了使它出基，在 y_2 所在的第二行中的非零元素 −1、−2 均可作为主元；如表中取 −1 为主元，则用 x_2 替换 y_2 为新基变量，使人工变量全部出基，结束了第一阶段.

第二阶段，删去表 1-9 的最后一个分表的后两列及第零行，计算原问题的第零行替换删去的第零行：$\boldsymbol{B}=(\boldsymbol{P}_1, \boldsymbol{P}_2)$，$\boldsymbol{C_B}=(c_1, c_2)=(1,2)$.

$$y_{00} = \boldsymbol{C_B B}^{-1}\boldsymbol{b} = (1,2)\begin{pmatrix}4\\0\end{pmatrix} = 4, y_{03} = c_3 - \boldsymbol{C_B B}^{-1}\boldsymbol{P}_3 = 3 - 1(1,2)\begin{pmatrix}8\\2\end{pmatrix} = -9.$$

第二阶段迭代如表 1-10.

表 1-10 第二阶段迭代

		x_1	x_2	x_3			x_1	x_2	x_3
	−4	0	0	−9		−4	0	9/2	0
x_1	4	1	0	8	x_1	4	1	−4	0
x_2	0	0	1	[2]	x_3	0	0	1/2	1

原问题的最优解为：$x_1=4$，$x_2=0$，$x_3=0$，$S=4$.

1.5 改进单纯形法

1.5.1 基本思想

我们先分析一下单纯形算法. 在整个单纯形表中，我们所关心的是下面的一些数据：

(1) $y_{0j}=c_j-C_BB^{-1}P_j$，$q=\min\{j|y_{0j}<0,1\leqslant j\leqslant n\}$.

(2) $Y_q=B^{-1}P_q=(y_{1q},y_{2q},\cdots,y_{mq})^{\mathrm{T}}$，$X_B=Y_0=B^{-1}b=(y_{10},y_{20},\cdots,y_{m0})^{\mathrm{T}}$.

利用这些数据就能确定进基变量 x_q，最小比值：

$$\theta=\min\{y_{i0}/y_{iq}|y_{iq}>0\}=y_{p0}/y_{pq}$$

从而确定主元 y_{pq}，离基变量 x_{J_p}，从而得到新基$\overline{B}$. 在这些数据中，B^{-1}是关键. 因为只要知道了 B^{-1}，这些数据就可以直接从问题的原始数据（A，b，C）计算出来. 而新基$\overline{B}$的逆$\overline{B}^{-1}$可以由旧基 B 的逆 B^{-1}通过换基运算得到，从而省去了与这些数据无关的列的计算.

下面推导由 B^{-1}求$\overline{B}^{-1}$的方法.

设$B=(P_{J_1},\cdots,P_{J_{p-1}},P_{J_p},P_{J_{p+1}},\cdots,P_{J_m})$，$P_q$ 代替 P_{J_p}得$\overline{B}=(P_{J_1},\cdots,P_{J_{p-1}},P_q,P_{J_{p+1}},\cdots,P_{J_m})$. 记$B_{pq}=B^{-1}\overline{B}=(B^{-1}P_{J_1},\cdots,B^{-1}P_{J_{p-1}},B^{-1}P_q,B^{-1}P_{J_{p+1}},\cdots,B^{-1}P_{J_m})$

$$=\begin{pmatrix}1 & & y_{1q} & & \\ & \ddots & \vdots & & \\ & & 1 & & \\ & & y_{pq} & & \\ & & & 1 & \\ & & \vdots & & \ddots \\ & & y_{mq} & & & 1\end{pmatrix}$$

容易求出 B_{pq}^{-1}：$B_{pq}^{-1}=E_{pq}=\begin{pmatrix}1 & & -y_{1q}/y_{pq} & & \\ & \ddots & \vdots & & \\ & & 1 & & \\ & & 1/y_{pq} & & \\ & & & 1 & \\ & & \vdots & & \ddots \\ & & -y_{mq}/y_{pq} & & & 1\end{pmatrix}$

E_{pq}完全由主列 $B^{-1}P_q=Y_q=(y_{1q},y_{2q},\cdots,y_{mq})^{\mathrm{T}}$ 及主行数 p 确定. 而 $E_{pq}=B_{pq}^{-1}=((B^{-1})\overline{B})^{-1}=\overline{B}^{-1}B$，从而有：

$$\overline{B}^{-1}=E_{pq}B^{-1}$$

即新基的逆$\overline{B}^{-1}$可由旧基逆 B^{-1}左乘矩阵 E_{pq}得到，而一个矩阵左乘矩阵 E_{pq}相当于对该矩阵进行如下的行运算. 如 $Y'_j=E_{pq}Y_j$，即：

$$y'_{pj}=y_{pj}/y_{pq}$$

$$y'_{ij}=y_{ij}-y_{pj}/y_{pq}y_{iq},\ i=1,2,\cdots,m,\ i\neq p$$

因此，$\overline{B}^{-1}=E_{pq}B^{-1}$就是以 y_{pq}为主元对 B^{-1}进行换基运算后得到$\overline{B}^{-1}$. 而一般初始基

$\boldsymbol{B}=\boldsymbol{I}=\boldsymbol{B}^{-1}$，因此很容易求出$\overline{\boldsymbol{B}}^{-1}$.

1.5.2 计算步骤

根据上面的分析，单纯形法可改进如下：

设已知初始数据$\boldsymbol{A}$，$\boldsymbol{b}$，$\boldsymbol{C}$，可行基$\boldsymbol{B}=\boldsymbol{I}=\boldsymbol{B}^{-1}$，$\boldsymbol{X_B}=\boldsymbol{B}^{-1}\boldsymbol{b}=\boldsymbol{b}=\boldsymbol{Y}_0$，称$\boldsymbol{C_B}\boldsymbol{B}^{-1}$**为相应于基$\boldsymbol{B}$的单纯形乘子**，记作$\boldsymbol{\pi}=\boldsymbol{C_B}\boldsymbol{B}^{-1}=\boldsymbol{C_B}$.

第一步，计算现行的检验数$y_{0j}=c_j-\boldsymbol{\pi}\boldsymbol{P}_j$，$1\leqslant j\leqslant n$，若所有$y_{0j}\geqslant 0$，则计算终止，得最优解$\boldsymbol{X_B}=\boldsymbol{B}^{-1}\boldsymbol{b}$，$\boldsymbol{X_N}=\boldsymbol{0}$.

第二步，若$y_{0q}=c_q-\boldsymbol{\pi}\boldsymbol{P}_q<0$（当$j<q$时，$y_{0j}\geqslant 0$），选$\boldsymbol{P}_q$进基，计算$\boldsymbol{P}_q$的现行表达式$\boldsymbol{Y}_q$：$\boldsymbol{Y}_q=\boldsymbol{B}^{-1}\boldsymbol{P}_q=(y_{1q},y_{2q},\cdots,y_{mq})^{\mathrm{T}}$. 若对所有$i=1, 2, \cdots, m$，$y_{iq}\leqslant 0$，计算终止，无解. 否则，转第三步.

第三步，计算最小比值：$\theta=\min\{y_{io}/y_{iq}\mid y_{iq}>0\}$及$J_p=\min\{J_i\mid y_{io}/y_{iq}=\theta\}$.

第四步，以y_{pq}为主元，修改$\boldsymbol{B}^{-1}\boldsymbol{b}$和$\boldsymbol{B}^{-1}$，得$\overline{\boldsymbol{B}}^{-1}\boldsymbol{b}$和$\overline{\boldsymbol{B}}^{-1}$，这时$x_q$进基，$x_{J_p}$出基. 令$\boldsymbol{B}^{-1}=\overline{\boldsymbol{B}}^{-1}$，$\boldsymbol{B}^{-1}\boldsymbol{b}=\overline{\boldsymbol{B}}^{-1}\boldsymbol{b}$，返回第一步.

计算中，我们采用如下的改进单纯形表：

	$-\boldsymbol{\pi b}$	$-\boldsymbol{\pi}$	y_{0q}
$\boldsymbol{X_B}$	$\boldsymbol{B}^{-1}\boldsymbol{b}$	$\boldsymbol{B}^{-1}$	$\boldsymbol{Y}_q$

即在单纯形表中，删去了与换基运算无关的列，而且在$\boldsymbol{B}^{-1}$的上方放置的是$-\boldsymbol{\pi}=-\boldsymbol{C_B}\boldsymbol{B}^{-1}$，与单纯形表中的检验数仅差一个目标函数的对应系数，这是为了第一步的计算而设置的.

[例1-15] 用改进单纯形法求解

$$\max S=2x_1+x_2$$

$$\text{s. t.}\begin{cases}x_1+x_2\leqslant 5\\-x_1+x_2\leqslant 0\\6x_1+2x_2\leqslant 21\\x_1\geqslant 0,x_2\geqslant 0\end{cases}$$

解 先将其化成标准形式：

$$\min(-S)=-2x_1-x_2$$

$$\text{s. t.}\begin{cases}x_1+x_2+x_3=5\\-x_1+x_2+x_4=0\\6x_1+2x_2+x_5=21\\x_j\geqslant 0,\ j=1,2,3,4,5\end{cases}$$

初始数据为

$$\boldsymbol{A}=\begin{pmatrix}1&1&1&0&0\\-1&1&0&1&0\\6&2&0&0&1\end{pmatrix},\ \boldsymbol{b}=\begin{pmatrix}5\\0\\21\end{pmatrix}$$

$$\boldsymbol{C}=(-2,\ -1,\ 0,\ 0,\ 0)$$

初始基 $\boldsymbol{B}=(\boldsymbol{P}_3, \boldsymbol{P}_4, \boldsymbol{P}_5)=\boldsymbol{I}=\boldsymbol{B}^{-1}$，$\boldsymbol{Y}_0=(x_3, x_4, x_5)^{\mathrm{T}}=(5, 0, 21)^{\mathrm{T}}$，$\boldsymbol{C}_{\boldsymbol{B}}=(0, 0, 0)$.

第一次迭代：

（1）$\boldsymbol{\pi}=\boldsymbol{C}_{\boldsymbol{B}}\boldsymbol{B}^{-1}=(0, 0, 0)$，$y_{01}=c_1-\boldsymbol{\pi}\boldsymbol{P}_1=-2-0=-2<0$；

（2）$q=1$，$\boldsymbol{P}_1$ 进基，$\boldsymbol{Y}_1=\boldsymbol{B}^{-1}\boldsymbol{P}_1=(1, -1, 6)^{\mathrm{T}}$；

（3）$\theta=\min\{y_{i0}/y_{i1} \mid y_{i1}>0\}=\min\{5/1, 21/6\}=\dfrac{7}{2}$，主元 $y_{31}=6$，$J_3=5$. $-\boldsymbol{\pi}=\boldsymbol{0}$，在初始表（表1-11）中以 $y_{31}=6$ 为主元换基，x_1 进基，x_5 出基.

由表1-12 可知：

新基
$$\boldsymbol{B}=(\boldsymbol{P}_3, \boldsymbol{P}_4, \boldsymbol{P}_1),\ \boldsymbol{B}^{-1}=\begin{pmatrix}1 & 0 & -1/6\\ 0 & 1 & 1/6\\ 0 & 0 & 1/6\end{pmatrix}$$

$$\boldsymbol{X}_{\boldsymbol{B}}=(3/2, 7/2, 7/2)^{\mathrm{T}},\ \boldsymbol{\pi}=(0, 0, -1/3)$$

表1-11 初始表

	0	0	0	0	−2
x_3	5	1	0	0	1
x_4	0	0	1	0	−1
x_5	21	0	0	1	[6]

→

表1-12

	7	0	0	1/3
x_3	3/2	1	0	−1/6
x_4	7/2	0	1	1/6
x_1	7/2	0	0	1/6

第二次迭代：

（1）$y_{02}=c_2-\boldsymbol{\pi}\boldsymbol{P}_2=-1-(0, 0, -1/3)\begin{pmatrix}1\\1\\2\end{pmatrix}=-1/3<0$；

（2）$q=2$，$\boldsymbol{B}^{-1}\boldsymbol{P}_2=(2/3, 4/3, 1/3)^{\mathrm{T}}$；

（3）$\theta=\min\left\{\dfrac{3}{2}\Big/\dfrac{2}{3}, \dfrac{7}{2}\Big/\dfrac{4}{3}, \dfrac{7}{2}\Big/\dfrac{1}{3}\right\}=\dfrac{9}{4}$，主元 $y_{12}=\dfrac{2}{3}$，$J_1=3$，x_2 进基，x_3 出基，得表1-13.

由表1-14 可知：

新基 $\boldsymbol{B}=(\boldsymbol{P}_2, \boldsymbol{P}_4, \boldsymbol{P}_1)$，因

$$y_{03}=c_3-\boldsymbol{\pi}\boldsymbol{P}_3=0+(1/2, 0, 1/4)\begin{pmatrix}1\\0\\0\end{pmatrix}=\frac{1}{2}>0$$

表1-13

	7	0	0	1/3	−1/3
x_3	3/2	1	0	−1/6	[2/3]
x_4	7/2	0	1	1/6	4/3
x_1	7/2	0	0	1/6	1/3

→

表1-14

	31/4	1/2	0	1/4
x_2	9/4	3/2	0	−1/4
x_4	1/2	−2	1	1/2
x_1	11/4	−1/2	0	1/4

$$y_{05}=0+(1/2,\ 0,\ 1/4)\begin{pmatrix}0\\0\\1\end{pmatrix}=1/4>0$$

计算终止，得最优解：$x_1=11/4$，$x_2=9/4$，$S=31/4$.

习 题 1

1-1 某工厂生产 A、B 两种产品，已知生产每千克产品 A 要用煤 9 吨、电 4 千瓦·时，劳动力 3 个，生产每千克产品 B 要用煤 4 吨，电 5 千瓦·时，劳动力 10 个. 又知每千克产品 A 的产值是 7 万元，每千克 B 的产值是 12 万元. 现在该工厂只有煤 360 吨，电 200 千瓦·时，劳动力 300 个. 问在这种条件下，应该生产产品 A、B 各多少千克才能使产值最高？试建立其数学模型.

1-2 某车间有 A_1、A_2、A_3 三台磨碎机，工作定额都是 500 千克/天. 每天要磨制 B_1 和 B_2 两种工业原料各 600 千克和 700 千克. 又已知各台机器磨碎各种工业原料的加工费（元/千克）如下表所示：

	A_1	A_2	A_3
B_1	1.0	1.2	0.6
B_2	1.4	1.0	0.8

问应如何安排工作任务可使加工费最省. 试建立其数学模型.

1-3 某村有甲、乙、丙三块地，分别是 200 亩、400 亩和 600 亩，计划种植水稻、大豆和玉米三种作物. 要求最低产量分别是 13 万千克、4 万千克和 25 万千克. 根据过去的经验，每块地种植不同作物的亩产如下表所示：

	甲	乙	丙
水稻	700	600	600
大豆	300	350	250
玉米	900	800	700

问应如何制订种植计划可使总产量最高？试建立其数学模型.

1-4 某投资公司在今后 5 年内将考虑给下述四个项目投资. 现已知：

项目一：从第 1 年至第 3 年每年初需要投资，并当年投资第 3 年末才回收本利 210%；

项目二：第 2 年初需要投资到第 5 年末回收本利 175%，但规定最大投资额不超过 A 万元；

项目三：从第 3 年开始每年需要投资，于当年末回收本利 104%；

项目四：在 5 年内年初购买公债，于当年归还，加利息 5%.

该投资公司现有资金 Q 万元，试问应如何对这些项目进行投资，使得在第 5 年末所得资金的本利总额为最大？试建立其数学模型.

1-5 用图解法求解下列线性规划问题：

（1）$\max S=x_1+2x_2$

$$\text{s. t.}\begin{cases}x_1+x_2\leqslant 2\\x_2\leqslant 1\\x_1\geqslant 0,\ x_2\geqslant 0\end{cases}$$

（2）$\min S=2x_1-10x_2$

$$\text{s. t.}\begin{cases}x_1-x_2\geqslant 0\\x_1-5x_2\geqslant -5\\x_1\geqslant 0,\ x_2\geqslant 0\end{cases}$$

(3) $\max S = 10x_1 + 62x_2$

$$\text{s.t.}\begin{cases} x_1 + x_2 \geqslant 1 \\ x_2 \leqslant 5 \\ x_1 \leqslant 6 \\ 7x_1 + 9x_2 \leqslant 63 \\ x_1 \geqslant 0,\ x_2 \geqslant 0 \end{cases}$$

(4) $\min S = x_1 - 2x_2$

$$\text{s.t.}\begin{cases} x_1 + x_2 \geqslant 1 \\ -5x_1 + x_2 \leqslant 0 \\ -x_1 + 5x_2 \geqslant 0 \\ x_1 + 2x_2 \leqslant 4 \\ x_1 \geqslant 0,\ x_2 \geqslant 0 \end{cases}$$

(5) $\max S = 2.5x_1 + x_2$

$$\text{s.t.}\begin{cases} 3x_1 + 5x_2 \leqslant 15 \\ 5x_1 + 2x_2 \leqslant 10 \\ x_1 \geqslant 0,\ x_2 \geqslant 0 \end{cases}$$

(6) $\max S = 2x_1 + 2x_2$

$$\text{s.t.}\begin{cases} x_1 - x_2 \geqslant -1 \\ -0.5x_1 + x_2 \leqslant 2 \\ x_1 \geqslant 0,\ x_2 \geqslant 0 \end{cases}$$

1-6 用单纯形法求解下列线性规划问题：

(1) $\max S = x_1 + x_2 + x_3$

$$\text{s.t.}\begin{cases} -x_1 - 2x_3 \leqslant 5 \\ 2x_1 - 3x_2 + x_3 \leqslant 3 \\ 2x_1 - 5x_2 + 6x_3 \leqslant 5 \\ x_1 \geqslant 0,\ x_2 \geqslant 0,\ x_3 \geqslant 0 \end{cases}$$

(2) $\min S = -x_1 - 3x_2 - 3x_3$

$$\text{s.t.}\begin{cases} 3x_1 + x_2 + 2x_3 + x_5 = 5 \\ x_1 + x_3 + 2x_5 + x_6 = 2 \\ x_1 + 2x_3 + x_4 + 2x_5 = 6 \\ x_j \geqslant 0,\ j = 1,\ 2,\ 3,\ 4,\ 5,\ 6 \end{cases}$$

(3) $\min S = x_1 - x_2 + x_3 + x_4 + x_5 - x_6$

$$\text{s.t.}\begin{cases} x_1 + x_4 + 6x_6 = 9 \\ 3x_1 + x_2 - 4x_3 + 2x_6 = 2 \\ x_1 + 3x_3 + x_5 + 2x_6 = 6 \\ x_j \geqslant 0,\ j = 1,\ 2,\ \cdots,\ 6 \end{cases}$$

1-7 用两阶段法求解下列线性规划：

(1) $\min S = x_1 - x_2 + x_3$

$$\text{s.t.}\begin{cases} x_1 + 2x_2 + 3x_3 = 6 \\ 4x_1 + 5x_2 - 6x_3 = 6 \\ x_1 \geqslant 0,\ x_2 \geqslant 0,\ x_3 \geqslant 0 \end{cases}$$

(2) $\max S = x_1 + x_2$

$$\text{s.t.}\begin{cases} x_1 + x_2 \geqslant 1 \\ x_1 - x_2 \geqslant 0 \\ x_1 \geqslant 0,\ x_2 \geqslant 0 \end{cases}$$

(3) $\min S = 4x_1 + 5x_2 + 6x_3$

$$\text{s.t.}\begin{cases} x_1 + x_2 + x_3 = 5 \\ -6x_1 + 10x_2 + 5x_3 \leqslant 20 \\ 5x_1 - 3x_2 + x_3 \geqslant 15 \\ x_1 \geqslant 0,\ x_2 \geqslant 0,\ x_3 \geqslant 0 \end{cases}$$

1-8 用改进单纯形法求解下列线性规划问题：

(1) $\min S = 5x_1 - 21x_3$

$$\text{s.t.}\begin{cases} x_1 - x_2 + 6x_3 \leqslant 2 \\ x_1 + x_2 + 2x_3 \leqslant 1 \\ x_1 \geqslant 0,\ x_2 \geqslant 0,\ x_3 \geqslant 0 \end{cases}$$

(2) $\min S = -x_1 - x_2$

$$\text{s.t.}\begin{cases} x_1 + 2x_3 + x_4 = 2 \\ x_2 + x_3 + 2x_4 = 4 \\ x_j \geqslant 0,\ j = 1,\ 2,\ 3,\ 4 \end{cases}$$

第2章

对偶理论

1949年塔克（A. W. Tucker）和普林斯顿（Princeton）大学的库恩（H. W. Kuhn）以及布朗大学的盖尔（D. Gale）证明了每一个（LP）都有一个影像，称之为（LP）的对偶规划. 它是（LP）的一个有趣的性质，也可称它为对称问题、影子问题、映射问题. 如果我们把原来的（LP）称为原始问题，则其对称问题就为对偶问题. 原始问题与其对偶问题是同一问题反映出来的两个侧面.

2.1 对偶规划

每一个线性规划问题都对应着一个对偶线性规划问题，二者是从不同的角度描述实质上相同的问题，即根据同样的条件和数据建立不同的数学模型. 其中一个是求某个目标函数的最小值，另一个是求另一个目标函数的最大值，当存在有限的最优解时，两者的最优值相等. 学习对偶规划会加深我们对单纯形法的理解，并导出某些更简单的计算方法.

2.1.1 问题的提出

先看一个具体的例子.

某工厂在计划期内要安排生产甲、乙两种产品，它们需要在 A、B、C、D 四种不同的设备上加工，加工台时数如下：

产品 \ 设备	A	B	C	D
甲	2	1	4	0
乙	2	2	0	4

已知各设备在计划期内有效台时数分别是 12、8、16 和 12. 该厂每生产甲种产品一件和乙种产品一件可得利润分别为 20 元和 30 元. 问应如何安排生产才能获利最大？

设 x_1 和 x_2 分别表示在计划期内产品甲和乙的产量，则其数学模型为：

$$\max S = 20x_1 + 30x_2$$

$$\text{s.t.}\begin{cases} 2x_1 + 2x_2 \leqslant 12 \\ x_1 + 2x_2 \leqslant 8 \\ 4x_1 \leqslant 16 \\ 4x_2 \leqslant 12 \\ x_1 \geqslant 0, \quad x_2 \geqslant 0 \end{cases}$$

对应的对偶问题就是：假设工厂的决策者决定不生产甲、乙两种产品，而将生产设备的有效台时用于接受外加工或出租，他只收加工费或租金. 这时工厂的决策者就要考虑给每台设备的台时如何定价. 设用 y_1、y_2、y_3、y_4 分别表示设备 A、B、C、D 每台时的价格，他在考虑定价时当然要作比较：用设备 A、B、C、D 的台时生产甲种产品每件可得利润 20 元，那么将生产甲种产品一件的各设备的台时用于外加工或出租所得加工费或租金就不应低于 20 元，否则，他宁愿自己生产甲种产品. 所以应满足条件：

$$2y_1 + y_2 + 4y_3 + 0y_4 \geqslant 20$$

同理有

$$2y_1 + 2y_2 + 0y_3 + 4y_4 \geqslant 30$$

因为有市场的调节作用，他的定价在满足前面的条件下尽可能低才能得到其他单位的委托加工或租用. 因此，若把各设备的所有台时都用于外加工或出租，他只能得到其总收入

$$Z = 12y_1 + 8y_2 + 16y_3 + 12y_4$$

的最小值. 综上所述，该问题的数学模型为：

$$\min Z = 12y_1 + 8y_2 + 16y_3 + 12y_4$$

$$\text{s. t.} \begin{cases} 2y_1 + \ \ y_2 + 4y_3 + 0y_4 \geqslant 20 \\ 2y_1 + 2y_2 + 0y_3 + 4y_4 \geqslant 30 \\ y_j \geqslant 0,\ j = 1,2,3,4 \end{cases}$$

2.1.2 对偶规划的定义

从上面的例子可以看出，原问题的数学模型和对偶问题的数学模型是完全对应的. 它们之间只是将约束的系数矩阵转置，不等号反向，一个模型的约束右端项变为另一个模型的目标函数的系数，一个是求目标函数的极大，另一个则是求目标函数的极小.

这样，我们可以通过下面所描述的两个线性规划来定义对偶规划：

定义 2-1 线性规划

$$\min S = \boldsymbol{CX}$$

$$\text{s. t.} \begin{cases} \boldsymbol{AX} \geqslant \boldsymbol{b} \\ \boldsymbol{X} \geqslant \boldsymbol{0} \end{cases}$$

称为**原规划**，用（P）表示，而线性规划

$$\max Z = \boldsymbol{\lambda b}$$

$$\text{s. t.} \begin{cases} \boldsymbol{\lambda A} \leqslant \boldsymbol{C} \\ \boldsymbol{\lambda} \geqslant \boldsymbol{0} \end{cases}$$

称为（P）的**对偶规划**，用（D）表示. 这是对偶关系的对称形式. 其中，$\boldsymbol{A}$ 是 $m \times n$ 矩阵，$\boldsymbol{X}$ 是 n 维列向量，$\boldsymbol{b}$ 是 m 维列向量，$\boldsymbol{C}$ 是 n 维行向量，$\boldsymbol{\lambda}$ 是 m 维行向量. $\boldsymbol{X}$ 是原规划的变向量，$\boldsymbol{\lambda}$ 是对偶规划的变向量.

任一线性规划的对偶规划（D）可以通过化这个规划为上述原规划（P）的形式而得到. 例如，已知标准形式的线性规划：

$$\min S = \boldsymbol{CX}$$

$$\text{s. t.} \begin{cases} \boldsymbol{AX} = \boldsymbol{b} \\ \boldsymbol{X} \geqslant \boldsymbol{0} \end{cases}$$

我们把它写作等价的形式：

$$\min S = \boldsymbol{CX}$$
$$\text{s.t.}\begin{cases}\boldsymbol{AX} \geqslant \boldsymbol{b} \\ -\boldsymbol{AX} \geqslant -\boldsymbol{b} \\ \boldsymbol{X} \geqslant \boldsymbol{0}\end{cases}$$

它是定义 2-1 中原规划的形式. 其系数矩阵为$\begin{pmatrix}\boldsymbol{A} \\ -\boldsymbol{A}\end{pmatrix}$, 右端列向量为$\begin{pmatrix}\boldsymbol{b} \\ -\boldsymbol{b}\end{pmatrix}$, 对偶向量记作 $(\boldsymbol{u}, \boldsymbol{v})$, 其中 $\boldsymbol{u}$、$\boldsymbol{v}$ 都是 m 维行向量, 则其对偶规划为:

$$\max Z = (\boldsymbol{u}, \boldsymbol{v})\begin{pmatrix}\boldsymbol{b} \\ -\boldsymbol{b}\end{pmatrix} = (\boldsymbol{u} - \boldsymbol{v})\boldsymbol{b}$$
$$\text{s.t.}\begin{cases}(\boldsymbol{u} - \boldsymbol{v})\boldsymbol{A} \leqslant \boldsymbol{C} \\ \boldsymbol{u} \geqslant \boldsymbol{0},\ \boldsymbol{v} \geqslant \boldsymbol{0}\end{cases}$$

令 $\boldsymbol{\lambda} = \boldsymbol{u} - \boldsymbol{v}$, 我们可以简化上述表示. 这样, 根据上面的讨论,

$$\min S = \boldsymbol{CX}$$
$$\text{(P)} \qquad \text{s.t.}\begin{cases}\boldsymbol{AX} = \boldsymbol{b} \\ \boldsymbol{X} \geqslant \boldsymbol{0}\end{cases}$$

称为原规划, 而

$$\max Z = \boldsymbol{\lambda b}$$
$$\text{(D)} \qquad \text{s.t.} \quad \boldsymbol{\lambda A} \leqslant \boldsymbol{C}$$

称为对偶规划. 这是对偶关系的非对称形式. 在这种形式中, 对偶向量 $\boldsymbol{\lambda}$ 的分量都是自由变量.

由定义 2-1 和非对称形式的对偶关系, 一般的情况下, 我们可以按照下面的规则来构造给定线性规划的对偶规划:

(1) 把给定规划中约束条件的符号统一写成"⩾"或"=", 目标函数写成求极小;

(2) 给定规划的第 i 个不等式约束, 对应对偶规划的一个非负变量 $\lambda_i \geqslant 0$; 给定规划的第 k 个等式约束, 对应一个自由对偶变量 λ_k;

(3) 给定规划的每个变量 x_j 的约束列向量:

$$\boldsymbol{P}_j = (a_{1j}, a_{2j}, \cdots, a_{mj})^{\mathrm{T}}$$

对应对偶规划的一个约束. 若 $x_j \geqslant 0$, 则约束为不等式:

$$\sum_{i=1}^{m} \lambda_i a_{ij} \leqslant c_j$$

如果 x_j 是自由变量, 则约束为等式:

$$\sum_{i=1}^{m} \lambda_i a_{ij} = c_j$$

其中, c_j 是给定规划的目标函数中 x_j 的系数;

(4) 对偶规划是求目标函数 $\boldsymbol{\lambda b}$ 的极大, 其中 $\boldsymbol{b}$ 是给定规划经整理后的约束右端列向量.

[例 2-1] 原规划为

$$\min S = 2x_1 + 2x_2 + 4x_3$$

$$\text{s. t.} \begin{cases} 2x_1 + 3x_2 + 5x_3 \geqslant 2 \\ 3x_1 + x_2 + 7x_3 = 3 \\ x_1 + 4x_2 + 6x_3 \leqslant 5 \\ x_1 \geqslant 0,\ x_2 \geqslant 0,\ x_3 \text{ 为自由变量} \end{cases}$$

求其对偶规划.

解 按上述规则（1），先把原规划写成所要求的形式：

$$\min S = 2x_1 + 2x_2 + 4x_3$$

$$\text{s. t.} \begin{cases} 2x_1 + 3x_2 + 5x_3 \geqslant 2 \\ 3x_1 + x_2 + 7x_3 = 3 \\ -x_1 - 4x_2 - 6x_3 \geqslant -5 \\ x_1 \geqslant 0,\ x_2 \geqslant 0,\ x_3 \text{ 为自由变量} \end{cases}$$

根据上式原规划，我们把它的数据和变量写在表 2-1 中：表的中间是系数矩阵，右边一列是约束常数列，且根据原约束，在常数前写出不等号或等号，上面一行是原非负或自由变量，最下面一行是原目标函数的系数. 然后根据构造对偶规划的规则在表上写出对偶规划的有关内容：根据原不等式和等式约束，在表的左边写上 $\lambda_1 \geqslant 0$，λ_2，$\lambda_3 \geqslant 0$.

表 2-1

	$x_1 \geqslant 0$	$x_2 \geqslant 0$	x_3	
$\lambda_1 \geqslant 0$	2	3	5	$\geqslant 2$
λ_2	3	1	7	$=3$
$\lambda_3 \geqslant 0$	-1	-4	-6	$\geqslant -5$
	$\leqslant$	$\leqslant$	$=$	
	2	2	4	

根据原非负变量或自由变量，在表的最后一行数的上面分别写出不等号或等号.

根据上述表格，容易写出所求的对偶规划：

$$\max Z = 2\lambda_1 + 3\lambda_2 - 5\lambda_3$$

$$\text{s. t.} \begin{cases} 2\lambda_1 + 3\lambda_2 - \lambda_3 \leqslant 2 \\ 3\lambda_1 + \lambda_2 - 4\lambda_3 \leqslant 2 \\ 5\lambda_1 + 7\lambda_2 - 6\lambda_3 = 4 \\ \lambda_1 \geqslant 0, \lambda_2 \text{ 为自由变量}, \lambda_3 \geqslant 0 \end{cases}$$

2.2 对偶理论

这一节要讨论的是原规划与对偶规划的解之间的关系. 因为我们主要讨论的是标准形式的线性规划，所以我们只就非对称形式的对偶关系进行讨论，即只讨论：

$$\min S = \boldsymbol{CX}$$

$$(\text{P}) \qquad \text{s. t.} \begin{cases} \boldsymbol{AX} = \boldsymbol{b} \\ \boldsymbol{X} \geqslant \boldsymbol{0} \end{cases} \tag{2-1}$$

及其对偶：

$$\max Z = \boldsymbol{\lambda b}$$

$$\text{(D)} \qquad \text{s. t.} \quad \boldsymbol{\lambda A} \leqslant \boldsymbol{C} \qquad (2\text{-}2)$$

对于对称形式的对偶关系，也有和非对称形式的相应结论.

定理 2-1（弱对偶定理）　设 $\boldsymbol{X}$ 和 $\boldsymbol{\lambda}$ 分别是式（2-1）和式（2-2）的可行解，则有 $\boldsymbol{CX} \geqslant \boldsymbol{\lambda b}$.

证　因 $\boldsymbol{\lambda A} \leqslant \boldsymbol{C}$，$\boldsymbol{X} \geqslant \boldsymbol{0}$，故有 $\boldsymbol{\lambda AX} \leqslant \boldsymbol{CX}$，又因 $\boldsymbol{AX} = \boldsymbol{b}$，所以有

$$\boldsymbol{CX} \geqslant \boldsymbol{\lambda b}$$

这一定理告诉我们，上述对偶规划的任一问题的可行解的目标函数值是另一问题的目标函数值的界. 因此有下面的重要推论：

推论　若 $\boldsymbol{X}^0$ 和 $\boldsymbol{\lambda}^0$ 分别是式（2-1）和式（2-2）的可行解，且 $\boldsymbol{CX}^0 = \boldsymbol{\lambda}^0\boldsymbol{b}$，那么 $\boldsymbol{X}^0$ 和 $\boldsymbol{\lambda}^0$ 分别是式（2-1）和式（2-2）的最优解.

证　设 $\boldsymbol{X}$ 是式（2-1）的任一可行解，由定理 2-1 知：

$$\boldsymbol{CX} \geqslant \boldsymbol{\lambda}^0\boldsymbol{b} = \boldsymbol{CX}^0$$

所以，$\boldsymbol{X}^0$ 是式（2-1）的最优解.

同理可证 $\boldsymbol{\lambda}^0$ 是式（2-2）的最优解.

定理 2-2（强对偶定理）　式（2-1）有有限的最优解的充分必要条件是式（2-2）有有限的最优解，且当它们有有限的最优解时，相应的目标函数值相等.

证　必要性：设式（2-1）有最优解 $\boldsymbol{X}^*$，由定理 1-2（基本定理），可设 $\boldsymbol{X}^*$ 是一个基本可行解. 不失一般性，令 $\boldsymbol{X}^* = (x_1^*, x_2^*, \cdots, x_m^*, 0, \cdots, 0)^{\mathrm{T}} = (\boldsymbol{X}_{\boldsymbol{B}}^{*\mathrm{T}}, \boldsymbol{0}^{\mathrm{T}})^{\mathrm{T}}$，对应基为 $\boldsymbol{B} = (\boldsymbol{P}_1, \boldsymbol{P}_2, \cdots, \boldsymbol{P}_m)$，$\boldsymbol{C}_{\boldsymbol{B}} = (c_1, c_2, \cdots, c_m)$，则 $\boldsymbol{X}_{\boldsymbol{B}}^* = \boldsymbol{B}^{-1}\boldsymbol{b}$，由于 $\boldsymbol{X}^*$ 是最优解，故有 $\boldsymbol{C} - \boldsymbol{C}_{\boldsymbol{B}}\boldsymbol{B}^{-1}\boldsymbol{A} \geqslant \boldsymbol{0}$，即：

$$\boldsymbol{C}_{\boldsymbol{B}}\boldsymbol{B}^{-1}\boldsymbol{A} \leqslant \boldsymbol{C}$$

令 $\boldsymbol{\lambda}^* = \boldsymbol{C}_{\boldsymbol{B}}\boldsymbol{B}^{-1}$，则 $\boldsymbol{\lambda}^*$ 是式（2-2）的可行解. 又因：

$$\boldsymbol{\lambda}^*\boldsymbol{b} = \boldsymbol{\lambda}^*\boldsymbol{AX}^* = \boldsymbol{C}_{\boldsymbol{B}}\boldsymbol{B}^{-1}\boldsymbol{A}\begin{pmatrix}\boldsymbol{X}_{\boldsymbol{B}}^* \\ \boldsymbol{0}\end{pmatrix} = \boldsymbol{C}_{\boldsymbol{B}}\boldsymbol{X}_{\boldsymbol{B}}^* = \boldsymbol{CX}^*$$

由定理 2-1 的推论 1，$\boldsymbol{\lambda}^*$ 是式（2-2）的最优解.

充分性：设式（2-2）有有限的最优解. 将式（2-2）作等价转换：

$$\begin{aligned} &\min(-\boldsymbol{\lambda b}) \\ &\text{s. t.} \quad \boldsymbol{\lambda A} \leqslant \boldsymbol{C} \end{aligned} \qquad (2\text{-}3)$$

令 $\boldsymbol{Y}^{\mathrm{T}} = \boldsymbol{C} - \boldsymbol{\lambda A}$，$\boldsymbol{\lambda} = \boldsymbol{u} - \boldsymbol{v}$，$\boldsymbol{u} \geqslant \boldsymbol{0}$，$\boldsymbol{v} \geqslant \boldsymbol{0}$，代入式（2-3），得

$$\begin{aligned} &\min(-\boldsymbol{ub} + \boldsymbol{vb}) \\ &\text{s. t.} \begin{cases} (-\boldsymbol{u} + \boldsymbol{v})\boldsymbol{A} - \boldsymbol{Y}^{\mathrm{T}} = -\boldsymbol{C} \\ \boldsymbol{u} \geqslant \boldsymbol{0},\ \boldsymbol{v} \geqslant \boldsymbol{0},\ \boldsymbol{Y} \geqslant \boldsymbol{0} \end{cases} \end{aligned} \qquad (2\text{-}4)$$

令 $\overline{\boldsymbol{X}} = (\boldsymbol{u}, \boldsymbol{v}, \boldsymbol{Y}^{\mathrm{T}})^{\mathrm{T}}$，$\overline{\boldsymbol{A}} = \begin{pmatrix} -\boldsymbol{A} \\ \boldsymbol{A} \\ -\boldsymbol{I}_n \end{pmatrix}$，$\overline{\boldsymbol{b}} = \begin{pmatrix} -\boldsymbol{b} \\ \boldsymbol{b} \\ \boldsymbol{0} \end{pmatrix}$

其中，$\overline{\boldsymbol{A}}$ 是 $(2m+n) \times n$ 矩阵，$\boldsymbol{I}_n$ 是 n 阶单位矩阵，$\overline{\boldsymbol{b}}$ 是 $2m+n$ 维列向量. 则式（2-4）可写为：

$$
\min \overline{\boldsymbol{b}}^{\mathrm{T}} \overline{\boldsymbol{X}}
$$

$$
\text{s. t.} \begin{cases} \overline{\boldsymbol{A}}^{\mathrm{T}} \overline{\boldsymbol{X}} = -\boldsymbol{C}^{\mathrm{T}} \\ \overline{\boldsymbol{X}} \geqslant \mathbf{0} \end{cases} \tag{2-5}
$$

式（2-2）与式（2-5）等价，所以式（2-5）也有有限的最优解. 但式（2-5）是标准形式的线性规划，它的对偶问题为：

$$
\max \boldsymbol{X}^{\mathrm{T}}(-\boldsymbol{C}^{\mathrm{T}})
$$

$$
\text{s. t.} \quad \boldsymbol{X}^{\mathrm{T}} \overline{\boldsymbol{A}}^{\mathrm{T}} \leqslant \overline{\boldsymbol{b}}^{\mathrm{T}} \tag{2-6}
$$

经整理知，它就是原规划问题式（2-1）. 由式（2-5）有有限的最优解及必要性的证明知，它的对偶问题（式2-6）即式（2-1）有有限的最优解，且相应的目标函数值相等.

从定理2-2的充分性的证明中看到，原规划和对偶规划的地位是可以转换的，即原规划可以写成对偶规划，对偶规划可以写成原规划. 同时还看到，对偶规划的对偶规划是原规划.

推论1 若式（2-1）和式（2-2）中的一个有可行解，但没有有限的最优解，另一个问题无可行解.

推论2 若式（2-1）和式（2-2）同时有可行解，则必同时有有限的最优解，且它们在最优解处的目标函数值相等.

推论3 若 $\boldsymbol{X}^*$ 是式（2-1）的最优基本可行解，$\boldsymbol{B}$ 是对应的最优基，则单纯形乘子 $\boldsymbol{\pi} = \boldsymbol{C}_B \boldsymbol{B}^{-1}$ 是式（2-2）的最优解.

定理2-3（松紧定理） 设 $\boldsymbol{X}^0$、$\boldsymbol{\lambda}^0$ 分别是式（2-1）和式（2-2）的可行解，则 $\boldsymbol{X}^0$、$\boldsymbol{\lambda}^0$ 分别是式（2-1）和式（2-2）的最优解的充分必要条件是：

$$
(\boldsymbol{C} - \boldsymbol{\lambda}^0 \boldsymbol{A}) \boldsymbol{X}^0 = \mathbf{0} \tag{2-7}
$$

证 必要性：设 $\boldsymbol{X}^0$、$\boldsymbol{\lambda}^0$ 分别是式（2-1）和式（2-2）的最优解，由定理2-2的推论2有

$$
\boldsymbol{C}\boldsymbol{X}^0 = \boldsymbol{\lambda}^0 \boldsymbol{b} = \boldsymbol{\lambda}^0 \boldsymbol{A} \boldsymbol{X}^0
$$

移项即得式（2-7）.

充分性：设式（2-7）成立，即有 $\boldsymbol{C}\boldsymbol{X}^0 = \boldsymbol{\lambda}^0 \boldsymbol{A}\boldsymbol{X}^0 = \boldsymbol{\lambda}^0 \boldsymbol{b}$，由定理2-1的推论1知，$\boldsymbol{X}^0$、$\boldsymbol{\lambda}^0$ 分别是式（2-1）和式（2-2）的最优解.

关系式（2-7）称为**松紧关系**，又称**互补松弛条件**. 由于 $\boldsymbol{X}^0 \geqslant \mathbf{0}$，$\boldsymbol{C} - \boldsymbol{\lambda}^0 \boldsymbol{A} \geqslant \mathbf{0}$，故松紧关系等价于：

$$
(c_j - \boldsymbol{\lambda}^0 \boldsymbol{P}_j) x_j^0 = 0,\ j = 1, 2, \cdots, n \tag{2-8}
$$

推论1 若对式（2-1）的最优解 $\boldsymbol{X}^0$，有 $x_j^0 > 0$（j 称为对式（2-1）是**松**的），则对式（2-2）的最优解 $\boldsymbol{\lambda}^0$，有 $\boldsymbol{\lambda}^0 \boldsymbol{P}_j = c_j$（$j$ 称为对式（2-2）是**紧**的）.

推论2 若对式（2-2）的最优解 $\boldsymbol{\lambda}^0$，有 $\boldsymbol{\lambda}^0 \boldsymbol{P}_j < c_j$（$j$ 称为对式（2-2）是**松**的），则对式（2-1）的最优解 $\boldsymbol{X}^0$，有 $x_j^0 = 0$（j 称为对式（2-1）是**紧**的）.

2.3 对偶单纯形法

2.3.1 基本思想

我们知道，单纯形法是从原规划式（2-1）的一个基本可行解出发，不断迭代，在迭代

过程中保持原规划的解的可行性，一旦满足最优性条件，即检验数向量 $\boldsymbol{C}-\boldsymbol{C_B}\boldsymbol{B}^{-1}\boldsymbol{A}\geqslant\boldsymbol{0}$，即 $\boldsymbol{C_B}\boldsymbol{B}^{-1}\boldsymbol{A}\leqslant\boldsymbol{C}$，也就是单纯形乘子 $\boldsymbol{\lambda}=\boldsymbol{C_B}\boldsymbol{B}^{-1}$ 是对偶规划式（2-2）的可行解时，则原规划式（2-1）的可行解就是最优解．由定理2-2的推论3，这时对偶规划式（2-2）的可行解也是它的最优解．这就启发我们去考虑另一种算法：由对偶规划式（2-2）的一个可行解出发（即满足式（2-1）的最优性条件，但式（2-1）的解是不可行的），不断迭代，在迭代过程中保持对偶问题（式2-2）的解为可行，一旦得到原规划式（2-1）的一个可行解时，这个可行解就是原规划式（2-1）的最优解．这就是对偶单纯形法的基本思想（从式（2-1）的基本解（非可行解）出发，最后得到可行解的过程，从几何上看就是从式（2-1）的可行域外走向可行域的顶点的过程）．

对偶单纯形法的出现不仅是出于上述理论上的考虑，而且也有实际的需要．

首先，我们知道单纯形法的第一阶段是为了求得一个基本可行解，而所使用的计算过程与第二阶段中求最优解时一样．因此，有时为求一个初始基本可行解可能要耗费很大的计算量．例如经常出现的一种问题是定义2-1形式的原问题，且 $\boldsymbol{C}$ 的分量非负．对这类问题需引入剩余变量，如果再引入人工变量去求一个初始基本可行解，显然太繁．而采用对偶单纯形法，由于很容易写出对偶问题的一个可行解，就能避免第一阶段的计算．

其次，假如我们采用单纯形法求得了式（2-1）的一个最优解后，还需要解另一个新的规划问题，而这两个问题的差别仅在于约束条件的常数项不同（后面灵敏度分析中会遇到）．这时已求得的解答（单纯形表）就为新问题的对偶问题提供了一个可行解，因而使用对偶单纯形法就能减少计算量．

对偶单纯形法不是去构造一个对偶问题的表，而是在原规划问题的单纯形表上进行对偶处理．从原规划的角度看，对偶单纯形法是在保持单纯表上的第零行的检验数非负的条件下，向实现第零列的常数项的非负性进行迭代．而从对偶问题的角度来看，在迭代过程中始终保持解的可行性，逐步达到最优．

假设已知原规划式（2-1）的一个基 $\boldsymbol{B}$，使得其单纯形乘子 $\boldsymbol{\lambda}=\boldsymbol{C_B}\boldsymbol{B}^{-1}$ 是对偶规划式（2-2）的可行解．在这种情况下，相应于原规划式（2-1）的基本解：$\boldsymbol{X_B}=\boldsymbol{B}^{-1}\boldsymbol{b}$，$\boldsymbol{X_N}=\boldsymbol{0}$ 称为**对偶可行解**（或称为**正则解**，$\boldsymbol{B}$ 称为**正则基**）．若 $\boldsymbol{X_B}\geqslant\boldsymbol{0}$，那么这个解也是原规划式（2-1）的可行解，因而是最优解．

2.3.2 迭代原理

设 $\boldsymbol{B}=(\boldsymbol{P}_{J_1},\boldsymbol{P}_{J_2},\cdots,\boldsymbol{P}_{J_m})$ 是式（2-1）的一个正则基，$\boldsymbol{X_B}$ 及 $x_j=0$, $j\in\{1,2,\cdots,n\}\setminus\{J_1,J_2,\cdots,J_m\}$ 是式（2-1）的正则解．若 $\boldsymbol{X_B}=\boldsymbol{B}^{-1}\boldsymbol{b}\geqslant\boldsymbol{0}$，则 $\boldsymbol{X}$ 是式（2-1）的最优解．$\boldsymbol{\lambda}=\boldsymbol{C_B}\boldsymbol{B}^{-1}$ 是式（2-2）的最优解．

否则，设 $J_r=\min\{J_i\mid x_{J_i}<0,\ 1\leqslant i\leqslant m\}$．因为 $\boldsymbol{X}$ 是式（2-1）的正则解，故有

$$\boldsymbol{\lambda}\boldsymbol{P}_j\leqslant c_j,\ j=1,2,\cdots,n$$

令 $\boldsymbol{u}^i$ 是 $\boldsymbol{B}^{-1}$ 的第 i 个行向量，则有

$$\boldsymbol{u}^i\boldsymbol{P}_{J_j}=\begin{cases}1, & i=j\\0, & i\neq j\end{cases}$$

因此，
$$\boldsymbol{\lambda}\boldsymbol{P}_{J_i}=\boldsymbol{C_B}\boldsymbol{B}^{-1}\boldsymbol{P}_{J_i}=c_{J_i},\ i=1,2\cdots,m$$

$$\lambda P_j \leqslant c_j,\ j \in \{1,2,\cdots,m\} \setminus \{J_1, J_2, \cdots, J_m\}$$

令
$$\bar{\lambda} = \lambda - \varepsilon u^r \tag{2-9}$$

对任意的 $\varepsilon > 0$，有
$$\bar{\lambda} b = \lambda b - \varepsilon u^r b = \lambda b - \varepsilon x_{J_r} > \lambda b \tag{2-10}$$

为了使$\bar{\lambda}$也是式（2-2）的可行解，ε 应取何值？

$$\bar{\lambda} P_{J_i} = \lambda P_{J_i} - \varepsilon u^r P_{J_i} = C_B B^{-1} P_{J_i} - 0 = c_{J_i}$$
$$i \in \{1, 2, \cdots, m\} \setminus \{r\} \tag{2-11}$$
$$\bar{\lambda} P_{J_r} = C_B B^{-1} P_{J_r} - \varepsilon u^r P_{J_r} = c_{J_r} - \varepsilon < c_{J_r} \tag{2-12}$$
$$\bar{\lambda} P_j = C_B B^{-1} P_j - \varepsilon u^r P_j = C_B B^{-1} P_j - \varepsilon y_{r_j} = c_j - (c_j - C_B B^{-1} P_j)$$
$$- \varepsilon y_{r_j},\ j \in \{1, 2, \cdots, n\} \setminus \{J_1, J_2, \cdots, J_m\} \tag{2-13}$$

若对所有的 $j \in \{1,2,\cdots,n\}$，都有 $y_{r_j} \geqslant 0$，由式（2-11）、式（2-12）和式（2-13）可看出，对任意 $\varepsilon > 0$，$\bar{\lambda}$是对偶规划式（2-2）的可行解. 但$\bar{\lambda} b = \lambda b - \varepsilon u^r b = \lambda b - \varepsilon x_{J_r}$，当 $\varepsilon \to \infty$ 时，因 $x_{J_r} < 0$，所以$\bar{\lambda} b = \lambda b - \varepsilon x_{J_r} \to \infty$，即对偶规划式（2-2）无有限的最优解. 由定理 2-2 的推论 1，原问题（式 2-1）无可行解.

若存在 j，使 $y_{r_j} < 0$，对于这样的 j，由式（2-13）可看出，ε 由零逐渐增加时，$\bar{\lambda} P_j$ 将随 ε 增加而增加，我们可以按下式取 ε 的值

$$\varepsilon = \min\{ -y_{0_j} / y_{r_j} \mid y_{r_j} < 0 \} \tag{2-14}$$
$$k = \min\{ j \mid -y_{0_j} / y_{r_j} = \varepsilon, y_{r_j} < 0 \}$$

从而先使一个（或多个）$\bar{\lambda} P_j = c_j$ 的值，亦即使 $-(c_j - C_B B^{-1} P_j) - \varepsilon y_{r_j} = 0$.

这样根据式（2-10）即可由式（2-14）、式（2-9）得到对偶问题（式 2-2）的改进解.

2.3.3 具体计算步骤

第一步，已知 $B = (P_{J_1}, P_{J_2}, \cdots, P_{J_m})$ 是式（2-1）的一个正则基，即 $X_B = B^{-1} b$，$X_N = 0$ 是式（2-1）的对偶可行解.

若 $B^{-1} b \geqslant 0$，则这个解是式（2-1）的最优解，计算终止.

否则，记 $J_r = \min\{ J_i \mid x_{J_i} < 0, 1 \leqslant i \leqslant m \}$.

第二步，若所有的 $y_{rj} \geqslant 0$，$j = 1, 2, \cdots, n$，则对偶问题（式 2-2）无有限最优解，原问题（式 2-1）无可行解. 计算终止.

否则，计算最小比值：$\varepsilon = \min\{ -y_{0_j} / y_{r_j} \mid y_{r_j} < 0 \}$

$$k = \min\{ j \mid -y_{0_j} / y_{r_j} = \varepsilon,\ y_{r_j} < 0 \}$$

第三步，以 y_{r_k}为主元进行迭代，P_k 代替 P_{J_r}形成一新基：

$$\bar{B} = (P_{J_1}, \cdots, P_{J_{r-1}}, P_k, P_{J_{r+1}}, \cdots, P_{J_m})$$

用$\bar{B}$代替 B，$X_{\bar{B}}$代替 X_B，返回第一步.

最后，我们讨论由式（2-1）的最终单纯形表确定其对偶问题（式 2-2）的最优解的方法. 在式（2-1）中，假设 A 阵的后 m 列构成一个单位阵，对应的成本系数为 C_I，用单纯形法解原问题（式 2-1），则每次换基后得到的基逆 B^{-1} 总是出现在 A 中开始为单位矩阵的位置上. 最后单纯形表给出了原问题（式 2-1）的最优解 X^*，则 X^* 对应的最优基的逆

B^{-1}也出现在A中开始是单位矩阵的位置上，即最终表的后m列. 最终表的第零行上，B^{-1}的上方的检验数向量为$C_I - C_B B^{-1} I$. 从而可得式（2-2）的最优解$\lambda^* = C_B B^{-1}$. 如果$C_I = 0$，则最终表B^{-1}上方的那些数的相反数就构成了对偶问题（式2-2）的最优解.

[例2-2] 求解线性规划问题

$$\min S = 3x_1 + 4x_2 + 5x_3$$
$$\text{s.t.}\begin{cases} x_1 + 2x_2 + 3x_3 \geqslant 5 \\ 2x_1 + 2x_2 + x_3 \geqslant 6 \\ x_j \geqslant 0,\ j = 1, 2, 3 \end{cases} \tag{2-15}$$

解 对于这类典型问题（指$C \geqslant 0$，"$\geqslant$"型不等式约束），用对偶单纯形法最方便. 首先，引进剩余变量x_4，x_5，将式（2-15）化为：

$$\min S = 3x_1 + 4x_2 + 5x_3$$
$$\text{s.t.}\begin{cases} x_1 + 2x_2 + 3x_3 - x_4 = 5 \\ 2x_1 + 2x_2 + x_3 - x_5 = 6 \\ x_j \geqslant 0,\quad j = 1,2,3,4,5 \end{cases} \tag{2-16}$$

为得到正则基，再将式（2-16）化为：

$$\min S = 3x_1 + 4x_2 + 5x_3$$
$$\text{s.t.}\begin{cases} -x_1 - 2x_2 - 3x_3 + x_4 = -5 \\ -2x_1 - 2x_2 - x_3 + x_5 = -6 \\ x_j \geqslant 0,\quad j = 1, 2, 3, 4, 5 \end{cases} \tag{2-17}$$

在式（2-17）中，$B = (P_4, P_5) = I$，$X_B = (x_4, x_5)^T = (-5, -6)^T$，$C_B = (0, 0)$，$c_j - C_B B^{-1} P_j = c_j \geqslant 0$，$1 \leqslant j \leqslant 5$，故$X = (0, 0, 0, -5, -6)^T$为式（2-17）的对偶可行解.

$$J_r = \min\{4, 5\} = 4,\ r = 1$$
$$\varepsilon = \min\{-3/-1,\ -4/-2,\ -5/-3\} = 5/3,\ k = 3$$

以$y_{13} = -3$为主元作第一次迭代，如表2-2所示.

表2-2 第一次迭代

			x_1	x_2	x_3	x_4	x_5
分表一		0	3	4	5	0	0
	x_4	−5	−1	−2	[−3]	1	0
	x_5	−6	−2	−2	−1	0	1
分表二		−25/3	4/3	2/3	0	5/3	0
	x_3	5/3	1/3	2/3	1	−1/3	0
	x_5	−13/3	−5/3	[−4/3]	0	−1/3	1

第一次迭代后，$B = (P_3, P_5)$，$J_r = 5$，$r = 2$，最小比值：

$$\varepsilon = \min\{(-4/3)/(-5/3), (-2/3)/(-4/3), (-5/3)/(-1/3)\} = 1/2,\ k = 2$$

以$y_{22} = -4/3$为主元作第二次迭代，如表2-3所示.

表 2-3　第二次迭代

		x_1	x_2	x_3	x_4	x_5
	-63/6	1/2	0	0	3/2	1/2
x_3	-1/2	[-1/2]	0	1	-1/2	1/2
x_2	13/4	5/4	1	0	1/4	-3/4

第二次迭代后，得 $\boldsymbol{B}=(\boldsymbol{P}_3,\ \boldsymbol{P}_2)$，$J_r=3$，$r=1$，最小比值：

$$\varepsilon=\min\{(-1/2)/(-1/2),(-3/2)/(-1/2)\}=1,\ k=1$$

以 $y_{11}=-1/2$ 为主元作第三次迭代，如表 2-4 所示.

表 2-4　第三次迭代

		x_1	x_2	x_3	x_4	x_5
	-11	0	0	1	1	1
x_1	1	1	0	-2	1	-1
x_2	2	0	1	5/2	-1	1/2

第三次迭代后已得式（2-17）的可行解，因而是最优解：$\boldsymbol{X}^*=(1,\ 2,\ 0,\ 0,\ 0)^{\mathrm{T}}$，$S=11$.

式（2-17）的对偶问题：

$$\max Z=-5\lambda_1-6\lambda_2$$

$$\text{s.t.}\begin{cases}-\lambda_1-2\lambda_2\leqslant 3\\ -2\lambda_1-2\lambda_2\leqslant 4\\ -3\lambda_1-\ \lambda_2\leqslant 5\\ \lambda_1\leqslant 0,\ \lambda_2\leqslant 0\end{cases}$$

的最优解可以由最优表的第零行得到：$\boldsymbol{\lambda}^*=(-1,-1)$.

2.3.4　影子价格

仍考虑原问题（2-1）和对偶问题（2-2）.

设 $\boldsymbol{B}=(\boldsymbol{P}_1,\ \boldsymbol{P}_2,\ \cdots,\ \boldsymbol{P}_m)$ 为式（2-1）的最优基，则式（2-1）的最优解为：

$$\boldsymbol{X}^0=\begin{pmatrix}\boldsymbol{X}_{\boldsymbol{B}}^0\\ \boldsymbol{X}_{\boldsymbol{N}}^0\end{pmatrix}=\begin{pmatrix}\boldsymbol{B}^{-1}\boldsymbol{b}\\ \boldsymbol{0}\end{pmatrix}$$

相应的目标函数值为：$S=\boldsymbol{C}\boldsymbol{X}^0=\boldsymbol{C}_{\boldsymbol{B}}\boldsymbol{X}_{\boldsymbol{B}}^0=\boldsymbol{C}_{\boldsymbol{B}}\boldsymbol{B}^{-1}\boldsymbol{b}$. 由定理 2-2 的推论 3，$\boldsymbol{\lambda}^0=\boldsymbol{C}_{\boldsymbol{B}}\boldsymbol{B}^{-1}$ 是式（2-2）的最优解，故：

$$S=\boldsymbol{C}\boldsymbol{X}^0=\lambda_1^0b_1+\lambda_2^0b_2+\cdots+\lambda_m^0b_m \tag{2-18}$$

其中，$\boldsymbol{\lambda}^0=(\lambda_1^0,\ \lambda_2^0,\ \cdots,\ \lambda_m^0)$.

原问题（2-1）的约束可以看做是资源的约束，目标函数的系数可以看做是资源的价格，而目标函数可看做是成本，b_1，b_2，…，b_m 表示资源的拥有量. 如果某个 b_i 值增加一个单位，则由式（2-18）可看出，式（2-1）的目标函数 $S=\boldsymbol{C}\boldsymbol{X}^0$ 的改变量为 λ_i^0，即对问题（2-1）的每个约束而言，对偶问题（2-2）的最优解 λ_i^0 给出了右侧常数项 b_i 增加一个单位时目标函数最优值的纯改变量. 因此，对偶变量称为约束资源的**影子价格**. 它可以用来决定按一定价格获得或出让某种资源是否有利.

下面举例说明.

[**例2-3**] 现有三种食物 A_1、A_2、A_3，各含有两种营养成分 B_1、B_2，每单位食物 A_i 含有 B_j 成分的数量及每种食物的单价由下表给出.

种类		A_1	A_2	A_3	营养成分的需要量
成分	B_1	2	0	4	5
	B_2	2	3	1	4
单价		4	2	3	

问应如何选购食物，既满足对 B_1、B_2 的需要，又使成本最低.

解 设购买 A_i 种食品的数量为 x_i，$i=1$，2，3，则该问题的数学模型为：

$$\min S=4x_1+2x_2+3x_3$$

$$\text{s. t.}\begin{cases}2x_1 \quad\quad\; +4x_3\geqslant 5\\ 2x_1+3x_2+\quad x_3\geqslant 4\\ x_j\geqslant 0,\ j=1,\ 2,\ 3\end{cases}$$

其对偶问题的数学模型为：

$$\max Z=5\lambda_1+4\lambda_2$$

$$\text{s. t.}\begin{cases}2\lambda_1+2\lambda_2\leqslant 4\\ \quad\quad\; 3\lambda_2\leqslant 2\\ 4\lambda_1+\lambda_2\leqslant 3\\ \lambda_1\geqslant 0,\ \lambda_2\geqslant 0\end{cases}$$

对偶问题的经济含义是：λ_i 是营养成分 B_i 的影子价格，$5\lambda_1+4\lambda_2$ 表示含 5 单位 B_1 成分和 4 单位 B_2 成分的营养物的影子价格.

原问题的最优解为：$x_1=0$，$x_2=11/12$，$x_3=5/4$.

对偶问题的最优解为：$\lambda_1=7/12$，$\lambda_2=2/3$.

下面用影子价格对这组解进行解释：

每单位食品 A_1，价格为 4，含 B_1、B_2 的营养成分均为 2. B_1 的影子价格为 $\lambda_1=7/12$，B_2 的影子价格为 $\lambda_2=2/3$. 这样，每单位食品 A_1 的影子价格为：$(7/12)\times 2+(2/3)\times 2=5/2<c_1=4$，即每单位食品 A_1 的影子价格低于原价格 c_1，所以食品 A_1 在要求成本最低的情况下不被采用，即 $x_1=0$.

同理可对 x_2、x_3 作出解释.

与对偶理论在线性规划中的重要性一样，对偶问题的解（简称为对偶解）在线性规划问题的解中也占有重要地位. 理解和掌握对偶解的经济含义是深入学习线性规划和经济学理论的一把钥匙. 下面讨论对偶解和与其相关的检验数的经济含义，以及使用它们进行经济分析的方法.

下面给出线性规划的典式为

$$Z=\boldsymbol{c_B B^{-1} b}+(\boldsymbol{C_N}-\boldsymbol{c_B B^{-1} N})\boldsymbol{X_N} \tag{2-19}$$

目标函数 z 可看成是右边项 $\boldsymbol{b}$ 的函数，即：$Z=Z(\boldsymbol{b})$，对式（2-19）求偏导

$$\partial Z/\partial \boldsymbol{b}=\boldsymbol{C_B B^{-1}}=\boldsymbol{Y} \tag{2-20}$$

因此，对偶解在数学上可解释为右边项 $\boldsymbol{b}$ 的单位改变量引起目标函数 z 的改变量，每一

个约束都对应一个对偶变量，有一个对偶解值.

对偶解的符号可以根据线性规划问题的目标函数和约束的类型确定. 对求极大值的线性规划问题，如果约束是小于等于约束，对偶解取非负值；如果约束是大于等于约束，对偶解取非正值；如果约束是等于型，对偶解的符号无限制，读者可自行判断求极小值问题的对偶解的符号. 一个直观的方法是根据约束右边项增加时目标函数的变化趋势进行判断：目标函数值如果上升，则对偶解的符号为正；目标函数值若下降，则对偶解的符号为负；如果不能判断目标函数变化的趋势，对偶解的符号无限制.

如果把线性规划的约束看成广义资源约束，右边项则代表每种资源的可用量. 对偶解的经济含义是资源的单位改变量引起的目标函数值的改变量. 人们通常用价值量来衡量目标函数值的大小，因此对偶解也具有价值的内涵，通常又被称为影子价格. 影子价格是对偶解的一个十分形象的名称，它既表明对偶解是对系统内部资源的一种客观估价，又表明它是一种虚拟的价格（或价值的映像）而不是真实的价格. 影子价格有以下几个特点：

（1）影子价格是对系统资源的一种最优估价，只有系统达到最优状态时才可能赋予该资源这种价值. 因此，也有人称之为最优价格.

（2）影子价格的取值与系统的价值取向有关，并受系统状态变化的影响. 系统内部资源数量和价格的任何变化都会引起影子价格的变化，从这种意义上讲，它是一种动态的价格体系.

（3）对偶解——影子价格的大小客观地反映资源在系统内的稀缺程度. 如果某资源在系统内供大于求，尽管它有实实在在的市场价格，但它的影子价格为零. 这一事实表明，增加该资源的供应不会引起系统目标的任何变化. 如果某资源是稀缺资源，其影子价格必然大于零. 影子价格越高，资源在系统中越稀缺.

（4）影子价格是一种边际价值，它与经济学中边际成本的概念相同. 因而在经济管理中有十分重要的应用价值. 企业管理者可以根据资源在本企业内影子价格的大小决定企业的经营策略.

然而，对偶解准确的经济意义有时要根据模型构造的方法来确定. 模型构造方法的不同有时会导致对对偶解的不同解释. 我们用一个例子来加以说明.

[例2-4] 某企业生产 A，B 两种产品. A 产品需消耗 2 个单位的原料和 1 小时人工；B 产品需消耗 3 个单位的原料和 2 小时人工. A 产品售价 23 元，B 产品售价 40 元. 该企业每天可用于生产的原料为 25 个单位和 15 小时人工. 每单位原料的采购成本为 5 元，每小时人工的工资为 10 元. 问该企业如何组织生产才能使销售利润最大.

解 可用线性规划求解该问题，但是有两种建模方法.

模型一：目标函数系数直接使用计算好的销售利润，成本数据不直接反映在模型中：

$$\max Z = 3x_1 + 5x_2$$

$$\text{s.t.}\begin{cases}2x_1 + 3x_2 \leqslant 25\\ x_1 + 2x_2 \leqslant 15\\ x_1 \geqslant 0,\ x_2 \geqslant 0\end{cases}$$

该问题的最优解为 $\boldsymbol{X} = (5,\ 5)^{\mathrm{T}}$，$\boldsymbol{Z} = 40$，对偶解为 $\boldsymbol{Y} =\ (1,\ 1)$.

模型二：目标函数使用未经处理的数据，成本数据直接反映在模型中：

$$\max Z = 23x_1 + 40x_2 - 5x_3 - 10x_4$$

$$\text{s. t.}\begin{cases} 2x_1 + 3x_2 - x_3 = 0 \\ x_1 + 2x_2 - x_4 = 0 \\ x_3 \leqslant 25 \\ x_4 \leqslant 15 \\ x_1 \geqslant 0,\ x_2 \geqslant 0,\ x_3 \geqslant 0,\ x_4 \geqslant 0 \end{cases}$$

该问题的最优解为 $\boldsymbol{X}=(5, 5, 25, 15)^{\mathrm{T}}$，$\boldsymbol{Z}=40$，对偶解为 $\boldsymbol{Y}=(6, 11, 1, 1)$.

例 2-4 的两个模型由于建模方法不同，求得的对偶解也不同. 在模型一中，两个资源约束的对偶解值都为 1，它们的经济意义可解释为：每增加单位原料或人工工时的供应，企业可增加 1 元的净利润. 然而，由于该值小于这些资源的成本，它们并不是真正意义上的影子价格. 在模型二中，前两个资源约束的对偶解值 6 和 11 才是真正意义上的影子价格. 约束一的对偶解值 6 表明该原料在系统内的真正价值是 6 元，与其采购成本 5 元相比，每多购入 1 个单位的原料可增加企业净收入 1 元. 这一结论与模型一的结论是一致的. 我们也可以用同样的方法解释第二个约束的对偶解.

一般来讲，如果模型显性地处理所有资源的成本计算（如模型二），则对偶解与影子价格相等，我们可按以下原则考虑企业的经营策略：

（1）如果某资源的影子价格高于市场价格，表明该资源在系统内有获利能力，应买入该资源.

（2）如果某资源的影子价格低于市场价格，表明该资源在系统内无获利能力，留在系统内使用不合算，应卖出该资源.

（3）如果某资源的影子价格等于市场价格，表明该资源在系统内处于平衡状态，既不用买入，也不必卖出.

如果模型隐性处理所有资源的成本（如模型一），则影子价格应等于对偶解与资源的成本之和，如果直接用对偶解指导经营，可按以下原则考虑企业的经营策略：

（1）如果某资源的对偶解大于零，表明该资源在系统内有获利能力，应买入该资源.

（2）如果某资源的对偶解小于零，表明该资源在系统内无获利能力，应卖出该资源.

（3）如果某资源的对偶解等于零，表明该资源在系统内处于平衡状态，既不用买入，也不必卖出.

下面简单介绍一个线性规划的相关检验数的经济含义：

由目标函数的典式 $Z = \boldsymbol{C_B B}^{-1}\boldsymbol{b} + (\boldsymbol{C_N} - \boldsymbol{C_B B}^{-1}\boldsymbol{N})\boldsymbol{X_N}$，同样可把目标函数 Z 看成是非基变量的函数，即：$Z = z(\boldsymbol{X_N})$，求偏导后得

$$\partial \boldsymbol{Z} / \partial \boldsymbol{X_N} = \boldsymbol{C_N} - \boldsymbol{C_B B}^{-1}\boldsymbol{N} = \boldsymbol{\lambda} \tag{2-21}$$

检验数在数学上可解释为非基变量的单位改变量引起目标函数 Z 的改变量. 检验数还可进一步表示为：

$$\boldsymbol{\lambda}_j = c_j - \boldsymbol{C_B B}^{-1} p_j = c_j - \boldsymbol{y} p_j \tag{2-22}$$

由前面我们已知，$\boldsymbol{y}$ 是影子价格，p_j 是 j 种产品对各种资源的消耗系数，则 $\boldsymbol{y}p_j$ 可解释为按影子价格核算的产品成本. 由于 c_j 一般表示产品的销售价格，则检验数是产品价格 c_j 和影子成本 $\boldsymbol{y}p_j$ 的差值. 因此，检验数也可解释为产品对目标函数的边际贡献，即增加该产品的单

位生产量给目标函数带来的贡献.

检验数与每一个变量相对应，当线性规划问题达到最优时，检验数总是小于或等于零(对极大化问题). 这意味着在最优状态下，每个变量对目标函数的边际贡献都小于或等于零. 具体来讲，基变量对应的检验数一定为零，这是因为基变量有自由调整的余地，问题优化的性质总要将基变量对目标函数的边际贡献调整为零. 然而，非基变量的检验数总是小于或等于零. 这意味着这些变量对目标的边际贡献是负的，因此，它们必须取零值才能保证目标函数的最大化.

检验数所代表的边际贡献有和影子价格一样的特点，它是在系统达到最优时对变量的一种估价. 它的取值也受系统状态的影响，并会随系统的变化而变化. 在线性规划中，检验数是和对偶解一样的重要参数，在对系统的分析中发挥重要的作用.

2.4 线性规划问题的灵敏度分析

在前面的线性规划模型中，目标函数系数 c_j，约束系数 a_{ij} 和右端常数项 b_i 都是作为已知常数给出的. 但在实际问题中，由于种种原因，这些数值有时会发生波动. 如原料价格的波动、能源价格的波动从而影响产品的成本；产品投产后由于供求关系的改变，其价格会有波动等. 这些数值的变化对我们已求得的最优解会有什么影响？**灵敏度分析**要研究的是：这些数值在一个什么范围内变化时问题的最优解不变？如果最优解发生变化，如何用最简便的方法求出新的最优解. 下面我们通过一个具体例子来讨论.

[**例 2-5**] 某工厂计划生产三种产品 A_1、A_2、A_3，三种产品每件的收益分别为 2、3 和 1，其生产受下列条件限制：人工为 1，材料为 3，每种产品每件所需人工和材料数如下表：

	A_1	A_2	A_3
人工	1/3	1/3	1/3
材料	1/3	4/3	7/3

试决定最优的生产方案.

解 设 A_1、A_2、A_3 的产量分别为 x_1、x_2、x_3，问题的数学模型为：

$$\max S = 2x_1 + 3x_2 + x_3$$

$$\text{s. t.} \begin{cases} \dfrac{1}{3}x_1 + \dfrac{1}{3}x_2 + \dfrac{1}{3}x_3 \leqslant 1 \\ \dfrac{1}{3}x_1 + \dfrac{4}{3}x_2 + \dfrac{7}{3}x_3 \leqslant 3 \\ x_j \geqslant 0, \quad j = 1, 2, 3 \end{cases}$$

表 2-5 只列出了该问题的初始单纯形表和最优单纯形表.

表 2-5

			x_1	x_2	x_3	x_4	x_5
		0	2	3	1	0	0
初始表	x_4	1	1/3	1/3	1/3	1	0
	x_5	3	1/3	4/3	7/3	0	1
		−8	0	0	−3	−5	−1
最优表	x_1	1	1	0	−1	4	−1
	x_2	2	0	1	2	−1	1

最优解为：$x_1=1$，$x_2=2$，$x_3=0$，$S=8$

最优基为：$\boldsymbol{B}=\begin{pmatrix}1/3 & 1/3\\ 1/3 & 4/3\end{pmatrix}$，$\boldsymbol{B}^{-1}=\begin{pmatrix}4 & -1\\ -1 & 1\end{pmatrix}$

灵敏度分析包括三种：目标函数系数的灵敏度分析；约束右侧常数项的灵敏度分析；约束矩阵的灵敏度分析.

2.4.1 目标函数系数的灵敏度分析

设 c_j 有改变量 Δc_j，而其他参数都不变. 下面分别就 x_j 是基变量和非基变量进行分析.

（1）若 c_j 是非基变量 x_j 的系数. c_j 的改变量 Δc_j 只影响 x_j 的检验数. 设最优表中 x_j 的检验数为：

$$y_{0j}=c_j-\boldsymbol{C_B B}^{-1}\boldsymbol{P}_j\leqslant 0(\text{对求极大})$$

当新检验数：$y'_{0j}=(c_j+\Delta c_j)-\boldsymbol{C_B B}^{-1}\boldsymbol{P}_j=y_{0j}+\Delta c_j\leqslant 0$ 时，即当

$$\Delta c_j\leqslant -y_{0j}$$

时，原最优解不变.

例 2-5 中 x_3 的系数 c_3 有改变量 Δc_3 时，只要

$$\Delta c_3\leqslant -y_{03}=3$$

即产品 A_3 的单位收益 $c_3+\Delta c_3\leqslant 1+3=4$ 时，原最优方案不变，即生产 A_3 是不经济的. 如果产品 A_3 的单位收益大于4，例如增加到6，即 $\Delta c_3=5$ 时

$$y'_{03}=y_{03}+5=-3+5=2>0$$

这时基 $\boldsymbol{B}=(\boldsymbol{P}_1,\boldsymbol{P}_2)$ 不再是最优基，因为生产 A_3 可以进一步提高总收益. 下面以 $c_3+\Delta c_3=6$ 求出最优解. 这时用 $y'_{03}=2$ 代替 $y_{03}=-3$ 后，在原最优表中迭代，如表 2-6 所示.

表 2-6

		x_1	x_2	x_3	x_4	x_5
	-8	0	0	2	-5	-1
x_1	1	1	0	-1	4	-1
x_2	2	0	1	[2]	-1	1
	-10	0	-1	0	-4	-2
x_1	2	1	1/2	0	7/2	$-1/2$
x_3	1	0	1/2	1	$-1/2$	1/2

新的最优基是 $\boldsymbol{B}=(\boldsymbol{P}_1,\boldsymbol{P}_3)$，新的最优解是：$x_1=2$，$x_2=0$，$x_3=1$，$S=10$.

（2）若 c_p（$p=J_r$）是第 r 行的基变量 x_{J_r} 的系数.

当 c_{J_r} 有改变量 Δc_{J_r} 时，则 $\boldsymbol{C_B}$ 发生变化，因而检验数跟着变化. 因基变量的检验数向量 $\boldsymbol{C_B}-\boldsymbol{C_B B}^{-1}\boldsymbol{B}=\boldsymbol{0}$，故只有非基变量的检验数变化. 为了使原最优解不变，就要求非基变量的检验数仍小于等于零，即

$$\begin{aligned}y'_{0j}&=c_j-(\boldsymbol{C_B}+\Delta\boldsymbol{C_B})\boldsymbol{B}^{-1}\boldsymbol{P}_j\\&=c_j-\boldsymbol{C_B B}^{-1}\boldsymbol{P}_j-(0,\cdots,0,\Delta c_{J_r},0,\cdots,0)\boldsymbol{B}^{-1}\boldsymbol{P}_j\\&=y_{0j}-\Delta c_{J_r}y_{rj}\leqslant 0\end{aligned}$$

即要求

$$y_{rj}<0 \text{ 时}, \Delta c_{J_r} \leqslant y_{0j}/y_{rj}$$
$$y_{rj}>0 \text{ 时}, \Delta c_{J_r} \geqslant y_{0j}/y_{rj}$$

其中，y_{rj}是 $\boldsymbol{B}^{-1}\boldsymbol{P}_j$ 的第 r 个分量.

最后得到 c_{J_r}的改变量 Δc_{J_r}的变化范围为：

$$\max\{y_{0j}/y_{rj} \mid y_{rj}>0\} \leqslant \Delta c_{J_r} \leqslant \min\{y_{0j}/y_{rj} \mid y_{rj}<0\}$$

考虑例 2-5，c_1 的改变量 Δc_1，因 $\max\{y_{0j}/y_{1j} \mid y_{1j}>0\} = -5/4$，$\min\{-3/-1, -1/-1\} =1$，

所以

$$-5/4 \leqslant \Delta c_1 \leqslant 1$$

即当 x_1 的系数$\bar{c}_1 = c_1 + \Delta c_1$ 在$[2-5/4, 2+1] = [3/4, 3]$内变化时，所有 $y'_{0j} \leqslant 0$. 故最优解不变.

当$\bar{c}_1$ 越出区间 [3/4, 3] 时，原最优解不再是最优的.

2.4.2 约束右侧常数项 b_i 的灵敏度分析

当 b_r 有改变量 Δb_r，而其他参数不变时，它不影响检验数的值. 因此，只要 $\boldsymbol{X_B} \geqslant \boldsymbol{0}$，则 $\boldsymbol{B}$ 仍然是最优基.

记最优基 $\boldsymbol{B}$ 的逆为

$$\boldsymbol{B}^{-1} = \begin{pmatrix} b_{11} & b_{12} & \cdots & b_{1m} \\ b_{21} & b_{22} & \cdots & b_{2m} \\ \vdots & \vdots & & \vdots \\ b_{m1} & b_{m2} & \cdots & b_{mm} \end{pmatrix}$$

要使

$$\boldsymbol{X_B} = \boldsymbol{B}^{-1}(\boldsymbol{b}+\Delta\boldsymbol{b}) = \boldsymbol{B}^{-1}\boldsymbol{b} + \boldsymbol{B}^{-1}\begin{pmatrix} 0 \\ \vdots \\ \Delta b_r \\ \vdots \\ 0 \end{pmatrix} = \begin{pmatrix} y_{10} \\ y_{20} \\ \vdots \\ y_{m0} \end{pmatrix} + \begin{pmatrix} b_{1r} \\ b_{2r} \\ \vdots \\ b_{mr} \end{pmatrix} \Delta b_r \geqslant 0$$

即

$$b_{ir}\Delta b_r \geqslant -y_{i0},\ i=1, 2, \cdots, m$$

当 $b_{ir}>0$ 时，应使 $\Delta b_r \geqslant -y_{i0}/b_{ir}$；当 $b_{ir}<0$ 时，应使 $\Delta b_r \leqslant -y_{i0}/b_{ir}$. 因此，只要 Δb_r 满足不等式：

$$\max\{-y_{i0}/b_{ir} \mid b_{ir}>0\} \leqslant \Delta b_r \leqslant \min\{-y_{i0}/b_{ir} \mid b_{ir}<0\}$$

则最优基不变.

如例 2-5 中 b_1 为可提供的劳动力数，现在要算出 b_1 在什么范围内变化时，使 $\boldsymbol{B} = (\boldsymbol{P}_1, \boldsymbol{P}_2)$ 仍为最优基.

设 b_1 有改变量 Δb_1. 我们已知 $\boldsymbol{B}^{-1} = \begin{pmatrix} 4 & -1 \\ -1 & 1 \end{pmatrix}$，$\boldsymbol{B}^{-1}\boldsymbol{b} = \begin{pmatrix} 1 \\ 2 \end{pmatrix}$，要使

$$\boldsymbol{X_B} = \boldsymbol{B}^{-1}\boldsymbol{b} + \boldsymbol{B}^{-1}\begin{pmatrix} \Delta b_1 \\ 0 \end{pmatrix} = \begin{pmatrix} 1 \\ 2 \end{pmatrix} + \begin{pmatrix} 4 \\ -1 \end{pmatrix}\Delta b_1 \geqslant 0$$

即使

$$-1/4 \leqslant \Delta b_1 \leqslant 2$$

故当$\bar{b}=b_1+\Delta b_1$在$\left[1-\frac{1}{4},\ 1+2\right]=\left[\frac{3}{4},\ 3\right]$内变化时，$\boldsymbol{B}=(\boldsymbol{P}_1,\ \boldsymbol{P}_2)$仍是最优基. 其最优解为：$\boldsymbol{X}_B=(x_1,x_2)^{\mathrm{T}}=(4\bar{b}_1-3,\ -\bar{b}_1+3)^{\mathrm{T}},x_3=0.\ S=5\bar{b}_1+3$.

当$\bar{b}_1$越出范围$\left[\frac{3}{4},\ 3\right]$时，例如$\bar{b}_1=4$时，会出现什么情况呢？这时，对应于基$\boldsymbol{B}=(\boldsymbol{P}_1,\ \boldsymbol{P}_2)$，$\boldsymbol{X}_B=\begin{pmatrix}4 & -1\\ -1 & 1\end{pmatrix}\begin{pmatrix}4\\3\end{pmatrix}=(13,\ -1)^{\mathrm{T}},S=23$，因为$x_2=-1<0$，$\boldsymbol{B}=(\boldsymbol{P}_1,\ \boldsymbol{P}_2)$不再是可行基. 但所有的检验数不变，故$\boldsymbol{B}$是正则基. 因此将$\boldsymbol{X}_B=(13,\ -1)^{\mathrm{T}}$，$S=23$代入原最优表后，可用对偶单纯形法求新的最优解. 计算过程如表2-7所示.

表2-7

			x_1	x_2	x_3	x_4	x_5
分表一		−23	0	0	−3	−5	−1
	x_1	13	1	0	−1	4	−1
	x_2	−1	0	1	2	[−1]	1
分表二		−18	0	−5	−13	0	−6
	x_1	9	1	4	7	0	3
	x_4	1	0	−1	−2	1	−1

得新的最优解：$\boldsymbol{X}^*=(9,0,0,1,0)^{\mathrm{T}},S=18$.

2.4.3 约束矩阵的灵敏度分析

约束矩阵$\boldsymbol{A}$可以有下面的一些变化：

（1）某个a_{ij}有改变量Δa_{ij}；

（2）增加新的一列（增加一个新的变量）；

（3）增加新的一行（增加一个新的约束）.

下面分别进行讨论：

（1）若在$\boldsymbol{A}$中某个a_{ij}有改变量Δa_{ij}，且它是非基列$\boldsymbol{P}_j$的分量，其他参数不变.

x_j的检验数为：$y_{0j}=c_j-\boldsymbol{C}_B\boldsymbol{B}^{-1}\boldsymbol{P}_j\leqslant 0$. 当$a_{ij}$有改变量$\Delta a_{ij}$后，会使非基变量$x_j$的检验数发生变化. 如果要使原最优解仍是最优的，就要求Δa_{ij}满足：

$$y'_{0j}=c_j-\boldsymbol{C}_B\boldsymbol{B}^{-1}\boldsymbol{P}_j-\boldsymbol{C}_B\boldsymbol{B}^{-1}\begin{pmatrix}0\\ \vdots\\ \Delta a_{ij}\\ \vdots\\ 0\end{pmatrix}=y_{0j}-\boldsymbol{\lambda}\begin{pmatrix}0\\ \vdots\\ \Delta a_{ij}\\ \vdots\\ 0\end{pmatrix}=y_{0j}-\lambda_i\Delta a_{ij}\leqslant 0$$

即：当$\boldsymbol{\lambda}_i>0$时，要求$\Delta a_{ij}\geqslant y_{0j}/\lambda_i$；当$\lambda_i<0$时，要求$\Delta a_{ij}\leqslant y_{0j}/\lambda_i$；反之，如果$\Delta a_{ij}$使$y'_{0j}>0$，则原最优解不是再最优的，就要以$\boldsymbol{P}_j$为主列换基.

如例2-5中a_{13}有改变量Δa_{13}，Δa_{13}满足什么条件时原最优解不变呢？

已知$\boldsymbol{\lambda}=(5,\ 1),\lambda_1>0$，所以要求：$\Delta a_{13}\geqslant y_{03}/\lambda_1=-3/5$，即要求

$$\bar{a}_{13} = a_{13} + \Delta a_{13} \geqslant \frac{1}{3} - \frac{3}{5} = -4/15$$

因所需人工数$\bar{a}_{13}$总是非负，所以$\bar{a}_{13}$要求满足的条件能满足，因此，原最优解不会改变.

（2）增加新的一列（即增加一个新的变量）.

设增加变量x_{n+1}时，对应的目标函数的系数为c_{n+1}. 我们不必用单纯形法从头计算，而只要计算x_{n+1}的检验数$y_{0n+1} = c_{n+1} - \boldsymbol{C_B B}^{-1} \boldsymbol{P}_{n+1}$，如果$y_{0n+1} \leqslant 0$，则原最优解不变.

如例2-5中，考虑增加生产一种新产品A_4，每生产一件产品需1个单位的人工和1个单位的材料. 设A_4的产量为x_6，问单位收益c_6为多少时才有利于A_4的投产，即c_6为何值时$y_{06} > 0$.

$$y_{06} = c_6 - \boldsymbol{C_B B}^{-1} \boldsymbol{P}_6 = c_6 - \boldsymbol{\lambda P}_6 = c_6 - (5, 1)\begin{pmatrix}1\\1\end{pmatrix} = c_6 - 6 > 0$$

即生产新产品A_4每件收益超超6时，生产它才有利. 否则，即$c_6 < 6$时，生产A_4不利，即原最优解不变.

（3）增加新的一行（即增加一个新的约束）.

假设增加一个新的约束：

$$a_{m+11}x_1 + a_{m+12}x_2 + \cdots + a_{m+1n}x_n \leqslant b_{m+1}$$

为了研究它对原最优解的影响，只要验证原最优解是否满足新的约束就行了. 如果满足新约束，表示原最优解仍是最优的，故最优生产方案不会改变. 如果原最优解不满足新的约束条件，则原最优解不再能被接受. 为了寻求新的最优解，在原最优单纯形表中增加新的一行（对应于新约束），新的约束中加松弛变量x_{n+1}，原基列加$\boldsymbol{P}_{n+1}$构成新基（$m+1$阶），然后用对偶单纯形法求新的最优解.

如例2-5中，考虑增加一个约束，就是生产A_1、A_2、A_3三种产品每件所需检验工时分别为1、2、1，设可供检验的时间为b_3，即有

$$x_1 + 2x_2 + x_3 \leqslant b_3$$

问b_3在什么范围内时最优解不变.

原最优解为：$x_1 = 1$，$x_2 = 2$，$x_3 = 0$，代入新约束：

$$1 + 2 \times 2 + 0 = 5 \leqslant b_3$$

当可供检验的时间$b_3 \geqslant 5$时，原最优解不变.

若检验工时$b_3 < 5$，譬如说$b_3 = 4$时，新的约束为：

$$x_1 + 2x_2 + x_3 \leqslant 4$$

加入该约束后，原最优解已不是可行解了. 为了寻求新的最优解，先在新约束中引进松弛变量x_6，即化为：

$$x_1 + 2x_2 + x_3 + x_6 = 4$$

然后将其加到原最优表的第三行. 原表中$\boldsymbol{P}_1$、$\boldsymbol{P}_2$是基列，加进第三行后，为了使（$\boldsymbol{P}_1$，$\boldsymbol{P}_2$，$\boldsymbol{P}_3$）形成单位矩阵，用消去法可消去第三行中x_1、x_2的系数（第一行乘-1，第二行乘-2后均加到第三行上），详见表2-8.

表 2-8

			x_1	x_2	x_3	x_4	x_5	x_6
分表一		-8	0	0	-3	-5	-1	0
	x_1	1	1	0	-1	4	-1	0
	x_2	2	0	1	2	-1	1	0
	x_6	4	1	2	1	0	0	1
分表二		-8	0	0	-3	-5	-1	0
	x_1	1	1	0	-1	4	-1	0
	x_2	2	0	1	2	-1	1	0
	x_6	-1	0	0	-2	-2	[-1]	1
分表三		-7	0	0	-1	-3	0	-1
	x_1	2	1	0	1	6	0	-1
	x_2	1	0	1	0	-3	0	1
	x_5	1	0	0	2	2	1	-1

得新的最优解：$x_1=2$，$x_2=1$，$x_3=0$，$S=7$.

［**例 2-6**］ 已知某工厂计划生产Ⅰ，Ⅱ，Ⅲ三种产品，各产品需要在 A，B，C 设备上加工，有关数据见表 2-9.

表 2-9

	Ⅰ	Ⅱ	Ⅲ	设备有效台时（每月）
A	8	2	10	300
B	10	5	8	400
C	2	13	10	420
单位产品利润/千元	3	2	2.9	

试回答：①如何充分发挥设备能力，使生产盈利最大？②若为了增加产量，可借用别的工厂的设备 B，每月可借用 60 台时，借款 1.8 万元，问借用 B 设备是否合算？③若另有两种新产品Ⅳ，Ⅴ，其中Ⅳ需用设备 A 12 台时，B 5 台时，C 10 台时，单位产品盈利 2.1 千元；新产品Ⅴ需用设备 A 4 台时，B 4 台时，C 12 台时，单位产品盈利 1.87 千元，如 A，B，C 设备台时不增加，分别回答这两种新产品投产在经济上是否合算？④对产品工艺重新进行设计，改进结构，改进后生产每件产品Ⅰ，需用设备 A 9 台时，设备 B 12 台时，设备 C 4 台时，单位产品盈利 4.5 千元，问这对原计划有何影响？

解 设产品Ⅰ，Ⅱ，Ⅲ的产量分别为 x_1，x_2，x_3，其数学模型为

$$\max Z=3x_1+2x_2+2.9x_3$$

$$\text{s.t.}\begin{cases}8x_1+2x_2+10x_3\leqslant 300\\10x_1+5x_2+8x_3\leqslant 400\\2x_1+13x_2+10x_3\leqslant 420\\x_1,x_2,x_3\geqslant 0\end{cases}$$

在上述线性规划问题的约束条件中加入松弛变量 x_4，x_5，x_6 得

$$\max Z=3x_1+2x_2+2.9x_3+0\cdot x_4+0\cdot x_5+0\cdot x_6$$

$$
\text{s. t.}\begin{cases}8x_1+2x_2+10x_3+x_4=300\\10x_1+5x_2+8x_3+x_5=400\\2x_1+13x_2+10x_3+x_6=420\\x_1,x_2,x_3,x_4,x_5,x_6\geqslant 0\end{cases}
$$

列出初始单纯形表，如表2-10所示，并求解.

表2-10

	c_j		3	2	2.9	0	0	0	θ
C_B	X_B	b	x_1	x_2	x_3	x_4	x_5	x_6	
0	x_4	300	[8]	2	10	1	0	0	$\frac{300}{8}$
0	x_5	400	10	5	8	0	1	0	40
0	x_6	420	2	13	10	0	0	1	210
$-Z$	0		3	2	2.9	0	0	0	
3	x_1	$\frac{75}{2}$	1	$\frac{1}{4}$	$\frac{5}{4}$	$\frac{1}{8}$	0	0	150
0	x_5	25	0	$\left[\frac{5}{2}\right]$	$-\frac{9}{2}$	$-\frac{5}{4}$	1	0	10
0	x_6	345	0	$\frac{25}{2}$	$\frac{15}{2}$	$-\frac{1}{4}$	0	1	$\frac{138}{5}$
$-Z$	$-\frac{225}{2}$		0	$\frac{5}{4}$	$\frac{17}{20}$	$-\frac{3}{8}$	0	0	
3	x_1	35	1	0	$\frac{17}{10}$	$\frac{1}{4}$	$-\frac{1}{10}$	0	$\frac{350}{17}$
2	x_2	10	0	1	$-\frac{9}{5}$	$-\frac{1}{2}$	$\frac{2}{5}$	0	—
0	x_6	220	0	0	[30]	6	−5	1	$\frac{22}{3}$
$-Z$	125		0	0	$\frac{7}{5}$	$\frac{1}{4}$	$-\frac{1}{2}$	0	
3	x_1	$\frac{358}{15}$	1	0	0	$-\frac{9}{100}$	$\frac{11}{60}$	$-\frac{17}{300}$	
2	x_2	$\frac{116}{5}$	0	1	0	$-\frac{7}{50}$	$\frac{1}{10}$	$\frac{3}{50}$	
2.9	x_3	$\frac{22}{3}$	0	0	1	$\frac{1}{5}$	$-\frac{1}{6}$	$\frac{1}{30}$	
$-Z$	$-135\frac{4}{15}$		0	0	0	$-\frac{3}{100}$	$-\frac{4}{15}$	$-\frac{7}{150}$	

故原线性规划问题的最优解 $\boldsymbol{X}^*=\left(\frac{358}{15},\frac{116}{5},\frac{22}{3},0,0,0\right)^{\mathrm{T}}$，目标函数最优值 $Z^*=135\frac{4}{15}$.

（1）由单纯形表知：设备B的影子价格为4/15（千元/台时）而借用设备的租金为：$\frac{18}{60}=0.3>\frac{4}{15}$，故借用B设备并不合算.

（2）设Ⅳ及Ⅴ生产的产量分别为 x_7，x_8，则其各自在最终单纯形表对应的列向量：

$$P'_7 = B^{-1}P_7 = \begin{pmatrix} -\frac{9}{100} & \frac{11}{60} & -\frac{17}{300} \\ -\frac{7}{50} & \frac{1}{10} & \frac{3}{50} \\ \frac{1}{5} & -\frac{1}{6} & \frac{1}{30} \end{pmatrix}\begin{pmatrix} 12 \\ 5 \\ 10 \end{pmatrix} = \begin{pmatrix} -\frac{73}{100} \\ -\frac{29}{50} \\ \frac{19}{10} \end{pmatrix}$$

$$\sigma_7 = 2.1 - \left[3 \times \left(-\frac{73}{100}\right) + 2 \times \left(-\frac{29}{50}\right) + 2.9 \times \frac{19}{10}\right]$$

$$= 2.1 + 2.19 + 1.16 - 5.51 = -0.06 < 0$$

故生产产品Ⅳ在经济上不合算.

$$P'_8 = B^{-1}P_8 = \begin{pmatrix} -\frac{9}{100} & \frac{11}{60} & -\frac{17}{300} \\ -\frac{7}{50} & \frac{1}{10} & \frac{3}{50} \\ \frac{1}{5} & -\frac{1}{6} & \frac{1}{30} \end{pmatrix}\begin{pmatrix} 4 \\ 4 \\ 12 \end{pmatrix} = \begin{pmatrix} -\frac{23}{75} \\ \frac{14}{25} \\ \frac{8}{15} \end{pmatrix}$$

$$\sigma'_8 = 1.87 - \left[3 \times \left(-\frac{23}{75}\right) + 2 \times \frac{14}{25} + 2.9 \times \frac{8}{15}\right]$$

$$= 1.87 - 1.75 = 0.12 > 0$$

所以生产产品Ⅴ在经济上合算. 由单纯性表2-11知:

线性规划最优解 $X^* = \left(\frac{107}{4}, \frac{31}{2}, 0, 0, 0, 0, \frac{55}{4}\right)^T$.

表2-11

c_j			3	2	2.9	0	0	0	1.87	θ
C_B	X_B	b	x_1	x_2	x_3	x_4	x_5	x_6	x_8	
3	x_1	$\frac{338}{15}$	1	0	0	$-\frac{9}{100}$	$\frac{11}{60}$	$-\frac{17}{300}$	$-\frac{23}{75}$	-
2	x_2	$\frac{116}{5}$	0	1	0	$-\frac{7}{50}$	$\frac{1}{10}$	$\frac{3}{50}$	$\frac{14}{25}$	$\frac{290}{7}$
2.9	x_3	$\frac{22}{3}$	0	0	1	$\frac{1}{5}$	$-\frac{1}{6}$	$\frac{1}{30}$	$\left[\frac{8}{15}\right]$	$\frac{77}{12}$
$-Z$	$-135\frac{4}{15}$		0	0	0	$-\frac{3}{100}$	$-\frac{4}{15}$	$-\frac{7}{150}$	0.12	
3	x_1	$\frac{107}{4}$	1	0	$\frac{23}{40}$	$\frac{1}{40}$	$\frac{21}{240}$	$-\frac{3}{80}$	0	
2	x_2	$\frac{31}{2}$	0	1	$-\frac{21}{20}$	$-\frac{7}{20}$	$\frac{11}{40}$	$\frac{1}{40}$	0	
1.87	x_8	$\frac{55}{4}$	0	0	$\frac{15}{8}$	$\frac{3}{8}$	$-\frac{5}{16}$	$\frac{1}{16}$	1	
$-Z$	-136.9625		0	0	-1.025	$-\frac{3}{40}$	$-\frac{18.25}{80}$	$-\frac{41.35}{80}$	0	

目标函数最优值 $Z^* = 136.9625$.

(3) 改进后 $c'_1 = 4.5$, $P''_1 = (9, 12, 4)^T$,

$$\sigma'_1 = c'_1 - \boldsymbol{C_B B^{-1} P''}_1 = 4.5 - (3,\ 2,\ 2.9)\begin{pmatrix} \frac{349}{300} \\ \frac{9}{50} \\ -\frac{1}{15} \end{pmatrix} = 0.843 > 0$$，故改进技术后能够带来更多的经济效益.

2.5　运输问题

运输问题是一类具有特殊形式的线性规划问题，是形成最早、应用最成功的一类问题. 本节主要讨论平衡运输问题的解法：表上作业法. 最后介绍产销不平衡的运输问题的解法.

2.5.1　平衡运输问题的数学形式

由例1-2知道，平衡运输问题的一般提法是：设某种货物有 m 个产地 A_1，A_2，…，A_m，每个产地的产量分别是 a_1，a_2，…，a_m；另有 n 个销地 B_1，B_2，…，B_n，每个销地的销量分别是 b_1，b_2，…，b_n. 假定产销平衡，即 $\sum\limits_{i=1}^{m} a_i = \sum\limits_{j=1}^{n} b_j$. 此外，已知由产地 A_i 向销地 B_j 运一单位货物的运价为 c_{ij}. 问应怎样调运货物，才能使总运费最少.

设由产地 A_i 向销地 B_j 运送的货物量是 x_{ij}，问题的数学模型是：求 $\boldsymbol{X} = (x_{11}, x_{12}, \cdots, x_{1n}, x_{21}, x_{22}, \cdots, x_{2n}, \cdots, x_{m1}, x_{m2}, \cdots, x_{mn})^{\mathrm{T}}$，使其满足：

$$\min S = \sum_{i=1}^{m}\sum_{j=1}^{n} c_{ij}x_{ij}$$

$$\text{s.t.}\begin{cases} \sum\limits_{j=1}^{n} x_{ij} = a_i, i = 1,2,\cdots,m \\ \sum\limits_{i=1}^{m} x_{ij} = b_j, j = 1,2,\cdots,n \end{cases} \tag{2-23}$$

$$x_{ij} \geqslant 0,\ i=1,\ 2,\ \cdots,\ m,\ j=1,\ 2,\ \cdots,\ n$$

（1）平衡运输问题一定有最优解

事实上，由条件 $\sum\limits_{i=1}^{m} a_i = \sum\limits_{j=1}^{n} b_j = Q$，则 $x_{ij} = a_i b_j / Q$，$i=1, 2, \cdots, m$，$j=1, 2, \cdots, n$，是式（2-23）的一个可行解. 由基本定理知，式（2-23）一定有基本可行解，用单纯形法解此问题，一定可在有限步后或求出最优解，或确定无有限最优解. 但因 $c_{ij} \geqslant 0$，$S \geqslant 0$，故只能有有限最优解.

（2）式（2-23）的矩阵形式

$$\min S = \boldsymbol{CX}$$

$$\text{s.t.}\begin{cases} \boldsymbol{AX} = \boldsymbol{b} \\ \boldsymbol{X} \geqslant \boldsymbol{0} \end{cases} \tag{2-24}$$

其中，$\boldsymbol{C} = (c_{11}, c_{12}, \cdots, c_{1n}, c_{21}, c_{22}, \cdots, c_{2n}, \cdots, c_{m1}, c_{m2}, \cdots, c_{mn})$ 是一个 mn 维行向量，$\boldsymbol{X} = (x_{11}, x_{12}, \cdots, x_{1n}, x_{21}, x_{22}, \cdots, x_{2n}, \cdots, x_{m1}, x_{m2}, \cdots, x_{mn})^{\mathrm{T}}$ 是一个 mn 维

列向量，$\boldsymbol{b}=(a_1, a_2, \cdots, a_m, b_1, b_2, \cdots, b_n)^{\mathrm{T}}$ 是一个 $m+n$ 维列向量.

$$
\boldsymbol{A}=\begin{pmatrix}
x_{11} & x_{12} & \cdots & x_{1n} & x_{21} & x_{22} & \cdots & x_{2n} & \cdots & x_{m1} & x_{m2} & \cdots & x_{mn} \\
1 & 1 & \cdots & 1 & & & & & & & & & \\
 & & & & 1 & 1 & \cdots & 1 & & & & & \\
 & & & & & & & & \cdots & & & & \\
 & & & & & & & & & 1 & 1 & \cdots & 1 \\
1 & & & & 1 & & & & \ddots & 1 & & & \\
 & 1 & & & & 1 & & & & & 1 & & \\
 & & \ddots & & & & \ddots & & & & & \ddots & \\
 & & & 1 & & & & 1 & & & & & 1
\end{pmatrix}
\begin{matrix} \left.\begin{matrix} \\ \\ \\ \\ \end{matrix}\right\} m\text{行} \\ \left.\begin{matrix} \\ \\ \\ \end{matrix}\right\} n\text{行} \end{matrix}
$$

是一个 $(m+n)\times mn$ 矩阵. 用 $\boldsymbol{P}_{ij}$ 表示 x_{ij} 的系数列向量，则 $\boldsymbol{P}_{ij}=\boldsymbol{e}_i+\boldsymbol{e}_{m+j}$，其中 e_k 为 $m+n$ 维空间的第 k 个标准单位向量.

注意到 $\boldsymbol{A}$ 的前 m 行之和等于它的后 n 行之和，故 $\boldsymbol{A}$ 的秩小于 $m+n$. 又因为 $\boldsymbol{A}$ 的下述 $m+n-1$ 阶子式的行列式：

$$
\begin{array}{r}
 \\
\text{第二至第 } m \text{ 行}\left\{\begin{matrix} \\ \\ \\ \\ \end{matrix}\right. \\
\text{后 } n \text{ 行}\left\{\begin{matrix} \\ \\ \\ \\ \end{matrix}\right.
\end{array}
\begin{vmatrix}
x_{11} & x_{12} & \cdots & x_{1n} & x_{21} & x_{31} & \cdots & x_{m1} \\
 & & & & 1 & & & \\
 & & & & & 1 & & \\
 & & & & & & \ddots & \\
 & & & & & & & 1 \\
1 & & & & 1 & 1 & \cdots & 1 \\
 & 1 & & & & & & \\
 & & \ddots & & & & & \\
 & & & 1 & & & &
\end{vmatrix}
$$

$$
=(-1)^{(m-1)n}\begin{vmatrix}
1 & & 1 & \cdots & 1 \\
 & 1 & & & \\
 & & \ddots & & \\
 & & & \ddots & \\
 & & & & 1
\end{vmatrix}\neq 0
$$

所以 $\boldsymbol{A}$ 的秩为 $m+n-1$.

（3）运输问题（式（2-24））的对偶问题为：

$$
\begin{aligned}
&\max Z=\boldsymbol{\lambda b} \\
&\text{s. t. } \boldsymbol{\lambda A}\leqslant \boldsymbol{C}
\end{aligned}
\tag{2-25}
$$

其中，$\boldsymbol{\lambda}=(u_1, u_2, \cdots, u_m, v_1, v_2, \cdots, v_n)$ 是一个 $m+n$ 维行向量. 或写成下述形式：

$$
\begin{aligned}
&\max Z=\sum_{i=1}^{m} a_i u_i+\sum_{j=1}^{n} b_j v_j \\
&\text{s. t.}\quad u_i+v_j\leqslant c_{ij}, i=1,2,\cdots,m; j=1,2,\cdots,n
\end{aligned}
\tag{2-26}
$$

定理 2-4（最优性判别定理） 设 (x_{ij}^0) 是运输问题（式（2-23））的可行解，(u_i^0, v_j^0) 是对偶问题（式（2-26））的可行解，若它们满足松紧关系：

$$x_{ij}^0(c_{ij}-u_i^0-v_j^0)=0, i=1,2,\cdots,m; j=1,2,\cdots,n$$

则 (x_{ij}^0) 是运输问题（式（2-23））的最优解.

证 由松紧定理 2-3 可直接证明.

2.5.2 平衡运输问题的表上作业法

2.5.2.1 基本可行解的特征

和单纯形法一样，表上作业法也是从一个初始基本可行解出发，通过迭代求出最优解. 我们把运输问题排列成表 2-12 的形式.

表 2-12 运输问题的表格

销地		B_1	B_2	…	B_n	产量
产地	A_1	x_{11} c_{11}	x_{12} c_{12}	…	x_{1n} c_{1n}	a_1
	A_2	x_{21} c_{21}	x_{22} c_{22}	…	x_{2n} c_{2n}	a_2
	⋮	⋮	⋮		⋮	⋮
	A_m	x_{m1} c_{m1}	x_{m2} c_{m2}	…	x_{mn} c_{mn}	a_m
销量		b_1	b_2	…	b_n	

为了研究基本可行解的特征，先引进：

定义 2-2 凡是能排列成

$$x_{i_1j_1}, x_{i_1j_2}, x_{i_2j_2}, x_{i_2j_3}, \cdots, x_{i_sj_s}, x_{i_sj_1}$$

$$(i_1, i_2, \cdots, i_s \text{ 互不相同}, j_1, j_2, \cdots, j_s \text{ 互不相同})$$

形式的变量集称为一个**闭回路**，出现在闭回路中的每个变量称为**闭回路的顶点**.

[例 2-7] 设 $m=3$，$n=4$，$\{x_{11}, x_{12}, x_{22}, x_{24}, x_{34}, x_{31}\}$ 是一个闭回路，把闭回路的顶点标在表上，用线段把相邻两顶点及最后一个顶点和第一个顶点连接起来（这些线段称为闭回路的**边**），它们形成一条封闭折线（见表 2-13）.

表 2-13

	B_1	B_2	B_3	B_4
A_1	x_{11}	x_{12}		
A_2		x_{22}		x_{24}
A_3	x_{31}			x_{34}

闭回路有以下三个几何特征：

(1) 每一个顶点都是“转角点”；

(2) 每一条边不是水平就是垂直的；

(3) 每一行（或列）若有闭回路的顶点，则有且仅有两个.

我们知道，运输问题（式（2-24））的系数矩阵 $\boldsymbol{A}$ 的秩是 $m+n-1$，所以它的基本可行解中包含 $m+n-1$ 个基变量. 究竟怎样的 $m+n-1$ 个变量可以组成基本可行解中的基变量组呢？这就是下面的定理 2-5 要回答的问题.

引理 2-1 m 行 n 列的运输问题的表中，任意 $m+n$ 个变量中一定包含有闭回路.（证略）

定理 2-5 $m+n-1$ 个变量组成基变量组的充要条件是：它不包含闭回路.（证略）

2.5.2.2 *初始基本可行解的求法*

这里，我们只介绍一种常用的方法——最小元素法. 这个方法的基本思想是就近供应，即从单位运价表中最小的运价（称为**最小元素**）开始确定产销关系. 下面结合实例来介绍这种方法.

［**例 2-8**］ 求由表 2-14 给出的运输问题的第一个基本可行解.

表 2-14

销地		B_1	B_2	B_3	B_4	产量
产地	A_1	x_{11} 1.5	x_{12} 2	x_{13} 0.3	x_{14} 3	100
	A_2	x_{21} 7	x_{22} 0.8	x_{23} 1.4	x_{24} 2	80
	A_3	x_{31} 1.2	x_{32} 0.3	x_{33} 2	x_{34} 2.5	50
销量		50	70	80	30	

从表 2-14 中找出最小运价 $c_{13}=c_{32}=0.3$，不妨先从 x_{13} 开始，尽可能给 x_{13} 以较大的值；这表示先将 A_1 的产品供应 B_3，A_1 产 100，B_3 只需 80，所以 $x_{13}=\min(100, 80)=80$. 通常，可以先画好一张空的表格，把相继求出的变量的值填在表上. 我们把已求出的 $x_{13}=80$ 填在表 2-15 的 x_{13} 处，并在 80 的右上方画 * 号. 这时 B_3 的需要量全部满足，故 $x_{23}=x_{33}=0$. 在相应格上打 ×，表示无运输量. A_1 的产量尚余 20，填在第一行的最后一格. 在没有填数和打 × 的位置上找出最小运价 $c_{32}=0.3$，仿上，令 $x_{32}=\min(70, 50)=50$，在表 2-15 的 x_{32} 处填 50 并画 *，x_{31}，x_{34} 处打 ×. 这时 A_3 的产品全部分配完毕，B_2 的需要量尚少 20，填在第二列的最后一行上. 重复上述步骤可以求出 $x_{22}=20$，$x_{11}=20$，$x_{24}=30$，$x_{21}=30$，分别填在表 2-15 上，并在数字右上方画 *，其余各处打 ×. 这样，表 2-15 给出第一个基本可行解：$\boldsymbol{X}=(20, 0, 80, 0, 30, 20, 0, 30, 0, 50, 0, 0)^{\mathrm{T}}$.

表 2-15

销地		B_1	B_2	B_3	B_4	产量		
产地	A_1	20* 1.5	× 2	80* 0.3	× 3	100	20	
	A_2	30* 7	20* 0.8	× 1.4	30* 2	80	60	30
	A_3	× 1.2	50* 0.3	× 2	× 2.5	50		
销量		50	70	80	30			
		30	20					

应用最小元素法时有两点要特别注意：①若填完一个画 * 的数后，它所在行、列的剩余量均为 0，则规定只能在行、列之一的空格内打 ×，不能在该数所在行、列空格内同时打 ×. ②若只剩下最后一行或一列没有填数和打 × 时，规定在每一个空格内只许填数，不许打 ×，即使变量取 0 也只能填 0 并在右上方画 *. 这样做的目的是保证基变量的个数有 $m+$

$n-1$个.

[**例 2-9**] 求由表 2-16 给出的运输问题的第一个基本可行解.

表 2-16

销地		B_1	B_2	B_3	产量
产地	A_1	1^* 1	× 2	0^* 2	1
	A_2	× 3	2^* 1	0^* 3	2
	A_3	× 2	× 3	4^* 1	4
销量		1	2	4	

表 2-16 中最小运价是 $c_{11}=c_{22}=c_{33}=1$，不妨先从 x_{11} 开始填数. 取 $x_{11}=1$，在 x_{11} 处填 1^* 后，第一行、第一列的剩余量均为 0，我们在第一列的 x_{21}、x_{31} 处打×，但不许再在第一行打×. 在剩下的空格处找出最小运价：$c_{22}=c_{33}=1$，令 $x_{22}=2$，在 x_{22} 处填 2^*，这时第二行、第二列的剩余量均为 0，我们在第二列的 x_{12}、x_{32} 处打×，就不许再在第二行打×. 最后在 x_{33} 处填 4^*，这时只剩下最后一列，尽管剩余量为 0，也不许在 x_{13}、x_{23} 处打×，而只能填 0^*（见表 2-16）.

下面我们证明：按上面的规则用最小元素法求得的解确实是基本可行解.

定理 2-6 用最小元素法得到的 (x_{ij}) 是一个基本可行解，画 * 号的数对应的变量都是基变量.

证 由求解的过程知：(x_{ij}) 是一个可行解. 剩下要证：①画 * 号的个数为 $m+n-1$；②这 $m+n-1$ 个画 * 号的数不含闭回路. 从而由定理 2-5 知，这 $m+n-1$ 个变量是基变量，对应的解是基本可行解.

①证明画 * 号的数为 $m+n-1$. 我们每填上一个画 * 号的数，就在此数所在行或列上打×，即每填一个画 * 号的数后，相当于抹去一行或一列，换一句话说，能填数的行、列之和就减少 1. 最后，当表中只有一行或一列时，我们曾规定：只许填数，不许打×. 因此，每填一个画 * 号的数，则能填画 * 号的数的行、列之和总是减少 1，它们的关系归纳为：

能填数的行数 + 列数	已画 * 号的个数
$m+n$	0
$m+n-1$	1
$m+n-2$	2
⋮	⋮
3	$m+n-3$
2	$m+n-2$

在填了 $m+n-2$ 个画 * 号的数之后，还能填数的行、列之和为 2，即只有一行一列也就是一格，这时显然还能填一个画 * 号的数，所以共填了 $m+n-1$ 个画 * 号的数.

②证明这 $m+n-1$ 个画 * 号的数（格）中不包含闭回路. 反证，设含闭回路. 不失一般性，设它们中的四个变量 y_1、y_2、y_3、y_4 构成闭回路.

设填 y_1 处的值时抹去的是行（若抹去的是列，证明完全类似），则 y_2 处的值一定要比 y_1 先填，并且填 y_2 时抹去的一定是列；而这又说明了 y_3 处要比 y_2 处先填，填 y_3 时抹去的一定是行；而这又说明了 y_4 处要比 y_3 处先填，而填 y_4 时抹去的一定是列. 但 y_4 比 y_1 先填，这就得出了矛盾. 因为这样一来，y_1 处根本就不能再填数了. 这就证明了这 $m+n-1$ 个变量不包含闭回路. 定理证毕.

2.5.2.3 基本可行解的转移——位势法

回忆定理2-4，设（x_{ij}^0）是运输问题（式（2-23））的可行解，（u_i^0，v_j^0）是其对偶问题（式（2-26））的可行解，若松紧条件：

$$x_{ij}^0(c_{ij}-u_i^0-v_j^0)=0, i=1,2,\cdots,m; j=1,2,\cdots,n \tag{2-27}$$

成立，则（x_{ij}^0）是问题（式（2-23））的最优解.

现在假设已求得运输问题（式（2-23））的一个基本可行解 $\boldsymbol{X}^0$，引进一组变量 u_1，u_2，…，u_m，v_1，v_2，…，v_n，让这组变量与 $\boldsymbol{X}^0$ 一起满足松紧条件（式（2-27））. 当 $x_{ij}^0=0$ 时，式(2-27)成立；余下的当 $x_{ij}^0\neq 0$ 时，即对表中的 $m+n-1$ 个画 * 号的格子中的数 c_{ij}，只要有：

$$u_i+v_j=c_{ij} \tag{2-28}$$

则对（x_{ij}^0）与（u_i，v_j）来说，式（2-27）成立. 方程组（2-28）一共有 $m+n-1$ 个方程，而未知数的个数是 $m+n$ 个，故它的解不唯一. 如果我们在这组变量中任意取定一个变量的值，如取 $u_1=0$，这样就能求得唯一的一组解 u_1（$=0$），u_2，…，u_m，v_1，v_2，…，v_n. 式(2-28）的这组解称为相应于问题（式（2-23））的基本可行解 $\boldsymbol{X}^0$ 的**位势**. 用表上作业法具体求位势时，并不需要写出方程组（2-28），只要记住：我们要求的位势对于每一个画有 * 号的 c_{ij} 而言，均满足：

$$u_i+v_j=c_{ij}$$

因为 $u_1=0$，我们从第一行开始，总是已知 u_i、v_j 中的一个而立即求出另一个. 如果位势对所有的 $i\in\{1, 2, \cdots, m\}$，$j\in\{1, 2, \cdots, n\}$，满足

$$u_i+v_j\leqslant c_{ij}$$

则由定理2-4，$\boldsymbol{X}^0$ 是式（2-23）的最优解.

令 $\lambda_{ij}=c_{ij}-u_i-v_j$.（$u_i$，$v_j$）是对偶问题（式（2-26））的可行解即 λ_{ij} 非负，即对所有 $i\in\{1, 2, \cdots, m\}$，$j\in\{1, 2, \cdots, n\}$，若 λ_{ij} 非负，则 $\boldsymbol{X}^0$ 是式（2-23）的最优解. 像单纯形法一样，λ_{ij} 称为变量 x_{ij} 的**检验数**.

若有某个 λ_{ij} 为负数，就应通过迭代求出另一个基本可行解，使相应的目标函数值减小，再对新的基本可行解重复上述过程：求位势，求检验数，直到所有的检验数非负.

如果从一个基本可行解通过迭代求出另一个基本可行解呢？首先要决定哪一个非基变量进基，然后决定哪一个基变量出基. 我们知道应通过选择检验数为负的非基变量进基，若同时有几个负检验数时，设

$$i_0=\min\{i\mid\lambda_{ij}=c_{ij}-u_i-v_j<0\}$$

$$j_0=\min\{j\mid\lambda_{i_0j}=c_{i_0j}-u_{i_0}-v_j<0\}$$

则取 $x_{i_0j_0}$ 作为进基变量. 为了决定哪一个基变量出基，我们先叙述一个定理.

定理2-7 若已知一个基本可行解，则对于任意一个非基变量 x_{ij}，存在唯一的闭回路，它包含这个非基变量，而闭回路的其余顶点都是基变量.

证 由引理 2-1 知，x_{ij}和 $m+n-1$ 个基变量一起的 $m+n$ 个变量中一定存在闭回路，且 x_{ij}一定是闭回路的顶点. 至于唯一性，用反证法. 设有两个闭回路，均含 x_{ij}，则去掉 x_{ij}后仍为闭回路，这与基变量组的性质矛盾. 所以闭回路唯一.

利用定理 2-7，就可以决定从基变量中取哪一个出基. 设进基变量是 $x_{i_0j_0}$，根据定理 2-7，可以确定一条闭回路，设其顶点依次为：

$$x_{i_0j_0},\ x_{i_0j_1},\ x_{i_1j_1},\ x_{i_1j_2},\ \cdots,\ x_{i_kj_k},\ x_{i_kj_{k+1}}=x_{i_kj_0}$$

其中，只有第一个是非基变量，其余都是基变量，出基变量就是从它们中间选取. 要把非基变量 $x_{i_0j_0}$换成基变量，就是要把它的值由 0 增加至一个非负值 θ（称为**调整量**）. $x_{i_0j_0}$的值增加以后，为了使它所在行的变量仍满足约束条件，显然，$x_{i_0j_1}$的值应减去调整量 θ；$x_{i_0j_1}$减小后，为了使第 j_1 列的变量仍满足约束条件，$x_{i_1j_1}$的值应加调整量 θ；同理，$x_{i_1j_2}$的值应减调整量 θ，一直按上述步骤在闭回路上进行调整. 其规律是：

$$x_{i_lj_l}+\theta,\ l=0,\ 1,\ 2,\ \cdots,\ k$$

$$x_{i_lj_{l+1}}-\theta,\ l=0,\ 1,\ 2,\ \cdots,\ k$$

这个调整量 θ 应如何确定呢？为了使目标函数值尽快地减小，调整量 θ 应尽量取较大的值，但同时还要保证其他顶点的变量的非负性. 因此，θ 可取为：$\theta=\min\limits_{1\leqslant l\leqslant k}\{x_{i_lj_{l+1}}\}$，设 $i_r=\min\{i_l \mid x_{i_lj_{l+1}}=\theta\}$，则出基变量就是 $x_{i_rj_{r+1}}$. 这样，$x_{i_0j_0}$取代 $x_{i_rj_{r+1}}$后得到一个新的基本可行解，对应新的基本可行解又可求出新的位势. 重复上述过程便可求出最优解.

2.5.2.4 具体计算步骤

第一步，用最小元素法求出初始基本可行解.

第二步，设 $\boldsymbol{X}^0$ 是基本可行解，基变量为

$$x^0_{i_1j_1},\ x^0_{i_2j_2},\ \cdots,\ x^0_{i_{m+n-1},j_{m+n-1}}$$

解方程组 $\quad u_{i_l}+v_{j_l}=c_{i_lj_l},\ l=1,\ 2,\ \cdots,\ m+n-1$

得位势 $\quad u^0_1=0,\ u^0_2,\ \cdots,\ u^0_m,\ v^0_1,\ v^0_2,\ \cdots,\ v^0_n$

第三步，若对所有 $i\in\{1,\ 2,\ \cdots,\ m\}$，$j\in\{1,\ 2,\ \cdots,\ n\}$ 有 $\boldsymbol{\lambda}_{ij}=c_{ij}-u^0_i-v^0_j\geqslant 0$，计算终止，$\boldsymbol{X}^0$ 为最优解. 否则，取

$$i^0=\min\ \{i \mid \boldsymbol{\lambda}_{ij}<0\}$$

$$j^0=\min\ \{j \mid \boldsymbol{\lambda}_{i^0j}<0\}$$

第四步，进行闭回路调整. 设闭回路为：

$$x^0_{i^0j^0},\ x^0_{i^0j^1},\ x^0_{i^1j^1},\ \cdots,\ x^0_{i^kj^k},\ x^0_{i^kj^{k+1}}=x^0_{i^kj^0}$$

取 $$\theta=\min_{1\leqslant l\leqslant k}\ \{x^0_{i^lj^{l+1}}\}$$

记 $$i^r=\min\ \{i^l \mid x^0_{i^lj^{l+1}}=\theta\}$$

置 $$\left.\begin{aligned} x_{i^lj^l}&=x^0_{i^lj^l}+\theta \\ x_{i^lj^{l+1}}&=x^0_{i^lj^{l+1}}-\theta \end{aligned}\right\} l=0,\ 1,\ \cdots,\ k$$

其余 $$x_{ij}=x^0_{ij}$$

这样，$x_{x^0j^0}$进基，$x_{i^rj^{r+1}}$出基，得新的基本可行解 $\boldsymbol{X}$，以 $\boldsymbol{X}$ 代替 $\boldsymbol{X}^0$，返回第二步.

[**例 2-10**]（续例 2-8） 求由表 2-14 给出的运输问题的最优解.

表 2-15 是用最小元素法求出的第一个基本可行解（重填在表 2-17 中）. 用位势法求对

应于第一个基本可行解的位势，再对每一个非基变量求出基检验数（见表2-17）.

表2-17 第一次迭代

销地		B_1 $v_1=1.5$	B_2 $v_2=-4.7$	B_3 $v_3=0.3$	B_4 $v_4=-3.5$	产量
产地	A_1 $u_1=0$	20* 1.5	6.7 2	80* 0.3	6.5 3	100
	A_2 $u_2=5.5$	30* 7	20* 0.8	−4.4 1.4	30* 2	80
	A_3 $u_3=5$	1.2	50* 0.3	2	2.5	50
销量		50	70	80	30	

求表2-17中各位势的次序是：$u_1=0$，$v_1=1.5$，$v_3=0.3$，$u_2=7-1.5=5.5$，$v_2=0.8-5.5=-4.7$，$v_4=2-5.5=-3.5$，$u_3=0.3-(-4.7)=5$，然后根据公式 $\lambda_{ij}=c_{ij}-u_i-v_j$ 求出各非基变量 x_{ij} 的检验数，写在对应格内. 计算 λ_{ij} 的值时，可以从表的左上角开始，当计算到有负检验数时，如表2-17中 $\lambda_{23}=-4.4$，就不再需要计算下去，因为此时对应的解不是最优解. 按计算步骤，应该让 x_{23} 进基，求出闭回路：x_{23}，x_{21}，x_{11}，x_{13}. 调整量为 $\theta=\min\{x_{21},x_{13}\}=\min\{30,80\}=30$，$x_{21}$ 出基. 调整后得新的基本可行解（见表2-18）.

表2-18 第二次迭代

销地		B_1 $v_1=1.5$	B_2 $v_2=-0.3$	B_3 $v_3=0.3$	B_4 $v_4=0.9$	产量
产地	A_1 $u_1=0$	50* 1.5	2.3 2	50* 0.3	2.1 3	100
	A_2 $u_2=1.1$	4.4 7	20* 0.8	30* 1.4	30* 2	80
	A_3 $u_3=0.6$	−0.9 1.2	50* 0.3	2	2.5	50
销量		50	70	80	30	

求表2-18中各位势的次序是：$u_1=0$，$v_1=1.5$，$v_3=0.3$，$u_2=1.4-0.3=1.1$，$v_2=-0.3$，$v_4=0.9$，$u_3=0.6$. 再求出各非基变量的检验数，其中 $\lambda_{31}=c_{31}-u_3-v_1=-0.9$，故表2-15对应的解不是最优解. x_{31} 进基，相应的闭回路是：x_{31}，x_{32}，x_{22}，x_{23}，x_{13}，x_{11}. 调整量 $\theta=\min\{x_{32},x_{23},x_{11}\}=\min\{50,30,50\}=30$，$x_{23}$ 出基. 调整后得新解（见表2-19）.

表2-19 最优表

销地		B_1 $v_1=1.5$	B_2 $v_2=0.6$	B_3 $v_3=0.3$	B_4 $v_4=1.8$	产量
产地	$u_1=0$，A_1	20* 1.5	1.4 2	80* 0.3	1.2 3	100
	$u_2=0.2$，A_2	5.3 7	50* 0.8	0.9 1.4	30* 2	80
	$u_3=-0.3$，A_3	30* 1.2	20* 0.3	2 2	1 2.5	50
销量		50	70	80	30	

表2-19中每一个非基变量的检验数均大于0，所以得最优解：$X^* = (20, 0, 80, 0, 50, 0, 30, 30, 20, 0, 0)^T$. 总运费 $S = 20 \times 1.5 + 80 \times 0.3 + 50 \times 0.8 + 30 \times 2 + 30 \times 1.2 + 20 \times 0.3 = 196$.

2.5.3 产销不平衡的运输问题

前面讨论的是平衡运输问题，即各产地的总产量 $\sum_{i=1}^{m} a_i$ 等于各销地的总需要量 $\sum_{j=1}^{n} b_j$. 但实际问题中产销会出现不平衡，或者①产大于销：$\sum_{i=1}^{m} a_i > \sum_{j=1}^{n} b_j$；或者②销大于产：$\sum_{i=1}^{m} a_i < \sum_{j=1}^{n} b_j$. 它们的数学模型分别为：

① $\min S = \sum_{i=1}^{m}\sum_{j=1}^{n} c_{ij}x_{ij}$

$$\text{s. t.} \begin{cases} \sum_{j=1}^{n} x_{ij} \leqslant a_i, i = 1,2,\cdots,m \\ \sum_{i=1}^{m} x_{ij} = b_j, j = 1,2,\cdots,n \\ x_{ij} \geqslant 0, i = 1,2,\cdots,m; j = 1,2,\cdots,n \end{cases}$$

② $\min S = \sum_{i=1}^{m}\sum_{j=1}^{n} c_{ij}x_{ij}$

$$\text{s. t.} \begin{cases} \sum_{j=1}^{n} x_{ij} = a_i, i = 1,2,\cdots,m \\ \sum_{i=1}^{m} x_{ij} \leqslant b_j, j = 1,2,\cdots,n \\ x_{ij} \geqslant 0, i = 1,2,\cdots,m; j = 1,2,\cdots,n \end{cases}$$

对于产销不平衡的运输问题，为了能用表上作业法求解，就先要把它化成产销平衡的运输问题. 从数学模型来看，就是要把不等式约束通过加松弛变量化为等式约束. 从实际意义来看，对于①，就要将多余产品在产地就地贮存. 这可以看做增加一个销地 B_{n+1}，各产地到销地 B_{n+1} 的销量分别为 $x_{i,n+1}$，$i = 1, 2, \cdots, m$（即就地贮存量）. 因此，在表中要增加一列. B_{n+1} 的销量 b_{n+1} 为总贮存量，即 $b_{n+1} = \sum_{i=1}^{m} a_i - \sum_{j=1}^{n} b_j$. 因 $x_{i,n+1}$ 是就地贮存量，不需要运输，所以 $c_{i,n+1} = 0$，$i = 1, 2, \cdots, m$. 这样，①就变成了一个平衡运输问题：

$$\min S = \sum_{i=1}^{m}\sum_{j=1}^{n+1} c_{ij}x_{ij}$$

$$\text{s. t.} \begin{cases} \sum_{j=1}^{n+1} x_{ij} = a_i, i = 1,2,\cdots,m \\ \sum_{i=1}^{m} x_{ij} = b_j, j = 1,2,\cdots,n+1 \\ x_{ij} \geqslant 0, i = 1,2,\cdots,m; j = 1,2,\cdots,n+1 \end{cases}$$

类似地，对于②，可以假想一个产地 A_{m+1}，它到各销地的运输量为 $x_{m+1,1}$，$x_{m+1,2}$，…，$x_{m+1,n}$，A_{m+1}的产量为 $a_{m+1} = \sum_{j=1}^{n} b_j - \sum_{i=1}^{m} a_i$，运价 $c_{m+1,j}=0$，$j=1, 2, \cdots, n$. 反映在表上就要增加一行. 这样一来，②就化成了如下的平衡运输问题：

$$\min S = \sum_{i=1}^{m+1}\sum_{j=1}^{n} c_{ij}x_{ij}$$

$$\text{s. t.}\begin{cases}\sum_{j=1}^{n} x_{ij} = a_i, i = 1,2,\cdots,m+1\\ \sum_{i=1}^{m+1} x_{ij} = b_j, j = 1,2,\cdots,n\\ x_{ij} \geqslant 0, i = 1,2,\cdots,m+1; j = 1,2,\cdots,n\end{cases}$$

[例 2-11] 求由表 2-20 给出的运输问题的最优解. 表中总产量为 19，总销量为 16，属于产大于销的不平衡运输问题. 增加一个销地 B_5，$B_5 = 19 - 16 = 3$，将 B_5 列加到表 2-20 中得表 2-21.

表 2-20

销地		B_1	B_2	B_3	B_4	产量
产地	A_1	x_{11} 1	x_{12} 3	x_{13} 5	x_{14} 3	5
	A_2	x_{21} 0.5	x_{22} 4	x_{23} 2	x_{24} 7	6
	A_3	x_{31} 2	x_{32} 0.8	x_{33} 1	x_{34} 4	8
销量		2	4	3	7	

表 2-21

销地		B_1 $v_1 = -3.5$	B_2 $v_2 = -0.2$	B_3 $v_3 = 0$	B_4 $v_4 = 3$	B_5 $v_5 = -4$	产量
产地	A_1 $u_1 = 0$	4.5 1	3.2 3	5 5	5* 3	4 0	5
	A_2 $u_2 = 4$	2* 0.5	0.2 4	−2 2	1* 7	3* 0	6
	A_3 $u_3 = 1$	4.5 2	4* 0.8	3* 1	1* 4	3 0	8
销量		2	4	3	7	3	

用最小元素法求初始基本可行解. 要注意的是：B_5 列中带 * 号的数只能最后填. 求解的顺序是：$x_{21} = 2^*$，$x_{11} = x_{31} = 0$，$x_{32} = 4^*$，$x_{12} = x_{22} = 0$，$x_{33} = 3^*$，$x_{13} = x_{23} = 0$，$x_{14} = 5^*$，$x_{15} = 0$，$x_{34} = 1^*$，$x_{35} = 0$，$x_{24} = 1^*$，$x_{25} = 3^*$.

在表2-21中求位势的顺序是：$u_1=0$，$v_4=3$，$u_2=4$，$u_3=1$，$v_1=-3.5$，$v_2=-0.2$，$v_3=0$，$v_5=-4$. 再求各非基变量的检验数：$\lambda_{11}=1-0-(-3.5)=4.5$，$\lambda_{12}=3.2$，$\lambda_{13}=5$，$\lambda_{15}=4$，$\lambda_{22}=0.2$，$\lambda_{23}=-2<0$，$x_{23}$进基，找出相应的闭回路：$x_{23}$，$x_{24}$，$x_{34}$，$x_{33}$. 调整量$\theta=\min\{x_{24}, x_{33}\}=\min\{1,3\}=1$，调整后得表2-22中所有$\lambda_{ij}\geqslant 0$，故得最优解：$\boldsymbol{X}^*=(0, 0, 0, 5, 2, 0, 1, 0, 0, 4, 2, 2)^{\mathrm{T}}$. 另外，产地$A_2$就地贮存3. $S=31.2$.

表2-22 最优表

销地		B_1 $v_1=-1.5$	B_2 $v_2=-0.2$	B_3 $v_3=0$	B_4 $v_4=3$	B_5 $v_5=-2$	产量
产地	$u_1=0$，A_1	2.5 1	3.2 3	5 5	5* 3	2 0	5
	$u_2=2$，A_2	2* 0.5	2.2 4	1* 2	2 7	3* 0	6
	$u_3=1$，A_3	2.5 2	4* 0.8	2* 1	2* 4	1 0	8
销量		2	4	3	7	3	

[例2-12] 某战区军械物资仓库与所属部队之间的距离、供应关系、部队的需求量以及有关的已知条件如下：

（1）战区仓库与部队之间的距离及弹药供需数据见表2-23.

表2-23 仓库、部队供需数量表

距离/千米 仓库 部队	121库	122库	123库	124库	125库	部队需求量/吨
146师	376	130	704	746	447	360
147师	348	258	832	874	319	210
148师	25	285	1080	1122	667	90
坦克4师	140	150	975	1017	587	130
坦克3师	260	35	820	864	563	140
炮兵10师	244	200	1100	1001	393	180
守备5师	1203	986	123	1297	1056	140
守备7师	1599	1382	519	1493	1452	160
守备8师	1124	964	968	25	1100	180
267师	623	372	462	506	594	360
268师	911	660	174	794	737	90
269师	1266	976	817	861	276	220
守备10师	901	684	997	1041	110	180
守备6师	816	566	203	665	753	240
仓库可供量/吨	1000	800	1000	500	1300	

（2）战区原供应关系网络图.

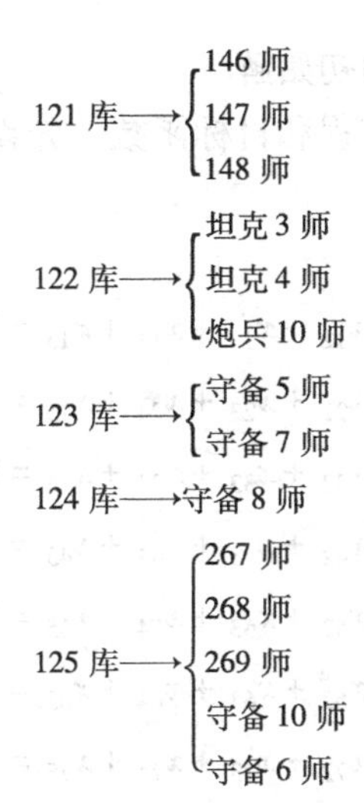

（3）传统调运方案如表2-24所示.

表2-24 传统调运方案

仓库名称	受供部队	需求量/吨	距离/千米	运力/吨·千米
121库	146师	360	376	135360
	147师	210	348	73080
	148师	90	25	2250
122库	坦克3师	130	35	4900
	坦克4师	140	150	19500
	炮兵10师	180	200	36000
123库	守备5师	140	123	17220
	守备7师	160	519	83040
124库	守备8师	180	25	4500
125库	267师	360	594	213840
	268师	90	737	66330
	269师	220	276	60720
	守备10师	180	110	19800
	守备6师	240	753	180720
合计运力	917260			
备注	1. 只计火车的运力； 2. 运力为单程的			

任务要求：

① 列出本调运问题的约束方程和目标函数；

② 在计算机上采用单纯形法程序对调运方案进行优化；

③ 画出优化后的供应关系网络图；

④ 进行优化前后运力的对比分析；

⑤ 用最小元素法求调运问题的初始解.

解 ① 列出调运问题的约束方程和目标函数. 先设定从 j 仓库到 i 部队的调运量为 x_{ij}，便可得到约束方程.

部队需求量约束：

$$x_{11}+x_{12}+x_{13}+x_{14}+x_{15}=360$$
$$x_{21}+x_{22}+x_{23}+x_{24}+x_{25}=210$$
$$x_{31}+x_{32}+x_{33}+x_{34}+x_{35}=90$$
$$x_{41}+x_{42}+x_{43}+x_{44}+x_{45}=130$$
$$x_{51}+x_{52}+x_{53}+x_{54}+x_{55}=140$$
$$x_{61}+x_{62}+x_{63}+x_{64}+x_{65}=180$$
$$x_{71}+x_{72}+x_{73}+x_{74}+x_{75}=140$$
$$x_{81}+x_{82}+x_{83}+x_{84}+x_{85}=160$$
$$x_{91}+x_{92}+x_{93}+x_{94}+x_{95}=180$$
$$x_{101}+x_{102}+x_{103}+x_{104}+x_{105}=360$$
$$x_{111}+x_{112}+x_{113}+x_{114}+x_{115}=90$$
$$x_{121}+x_{122}+x_{123}+x_{124}+x_{125}=220$$
$$x_{131}+x_{132}+x_{133}+x_{134}+x_{135}=180$$
$$x_{141}+x_{142}+x_{143}+x_{144}+x_{145}=240$$

仓库可供量的约束：

$$x_{11}+x_{21}+x_{31}+x_{41}+x_{51}+x_{61}+x_{71}+x_{81}+x_{91}+$$
$$x_{101}+x_{111}+x_{121}+x_{131}+x_{141}\leqslant 1000$$
$$x_{12}+x_{22}+x_{32}+x_{42}+x_{52}+x_{62}+x_{72}+x_{82}+x_{92}+$$
$$x_{102}+x_{112}+x_{122}+x_{132}+x_{142}\leqslant 800$$
$$x_{13}+x_{23}+x_{33}+x_{43}+x_{53}+x_{63}+x_{73}+x_{83}+x_{93}+$$
$$x_{103}+x_{113}+x_{123}+x_{133}+x_{143}\leqslant 1000$$
$$x_{14}+x_{24}+x_{34}+x_{44}+x_{54}+x_{64}+x_{74}+x_{84}+x_{94}+$$
$$x_{104}+x_{114}+x_{124}+x_{134}+x_{144}\leqslant 500$$
$$x_{15}+x_{25}+x_{35}+x_{45}+x_{55}+x_{65}+x_{75}+x_{85}+x_{95}+$$
$$x_{105}+x_{115}+x_{125}+x_{135}+x_{145}\leqslant 1300$$

非负约束：

$$x_{ij}\geqslant 0 \ (i=1, 2, \cdots, 14; j=1, 2, \cdots, 5)$$

目标函数：

$$\begin{aligned}\min Z = {} & 376x_{11}+130x_{12}+704x_{13}+746x_{14}+447x_{15}+\\ & 348x_{21}+258x_{22}+832x_{23}+874x_{24}+319x_{25}+\\ & 25x_{31}+285x_{32}+1080x_{33}+1122x_{34}+667x_{35}+\\ & 140x_{41}+150x_{42}+975x_{43}+1017x_{44}+587x_{45}+\end{aligned}$$

$$
\begin{aligned}
&260x_{51}+35x_{52}+820x_{53}+864x_{54}+563x_{55}+\\
&244x_{61}+200x_{62}+1100x_{63}+1001x_{64}+393x_{65}+\\
&1203x_{71}+986x_{72}+123x_{73}+1297x_{74}+1056x_{75}+\\
&1599x_{81}+1382x_{82}+519x_{83}+1493x_{84}+1452x_{85}+\\
&1124x_{91}+964x_{92}+968x_{93}+25x_{94}+1100x_{95}+\\
&623x_{101}+372x_{102}+462x_{103}+506x_{104}+594x_{105}+\\
&911x_{111}+660x_{112}+174x_{113}+794x_{114}+737x_{115}+\\
&1266x_{121}+976x_{122}+817x_{123}+861x_{124}+276x_{125}+\\
&901x_{131}+684x_{132}+997x_{133}+1041x_{134}+110x_{135}+\\
&816x_{141}+566x_{142}+203x_{143}+665x_{144}+753x_{145}
\end{aligned}
$$

② 根据上述线性规划的调运模型，在计算机上应用单纯形法程序运行，便可得到最优的调运方案，如表2-25所示. 从而得优化后的总运力为

$$z=527040\text{（吨·千米）}$$

③ 优化后的供应网络图：

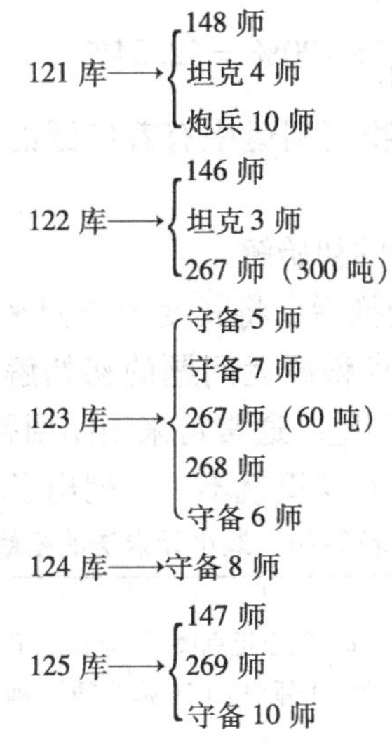

表2-25 优化后的调运方案

调运量/吨 仓库 部队	121库	122库	123库	124库	125库	运力 /吨·千米
146师		360				46800
147师					210	66990
148师	90					2250
坦克3师		130				4900
坦克4师	140					18200
炮兵10师	180					40320
守备5师			140			17220
守备7师			160			83040

（续）

调运量/吨 \ 仓库 \ 部队	121 库	122 库	123 库	124 库	125 库	运力/吨 · 千米
守备 8 师				180		4500
267 师		300	60			139320
268 师			90			13230
269 师					220	60720
守备 10 师					180	19800
守备 6 师			240			48720
合计运力	527040					

④ 优化前运力为 917260（吨 · 千米），优化后运力为 527040（吨 · 千米），因此，采用调运优化方案可节省：

$$917260 - 527040 = 390220 \text{（吨 · 千米）}$$

$$\frac{390220}{917260} \times 100\% = 42.54\%$$

从中可以看到，线性规划在物资调运中有着广泛的应用前景，必将产生巨大的经济效益.

⑤ 用最小元素法求调运问题的初始解

将表 2-23 中供应量栏稍作变换后，将其变为产销平衡问题，然后根据最小元素法求问题的初始解. 同例 2-9 中类似可求得调运问题的初始解，如表 2-26 所示. 需要提醒的是：初始解还不是最优解，还需检验调整. 通常可采用闭回路法再进行调整与检验，以达到最优解. 此具体解法同例 2-8（续），在这里就不一一列出了.

表 2-26 最小元素法的初始解

距离调运量/吨 \ 部队 \ 仓库		146 师	147 师	148 师	坦克 4 师	坦克 3 师	炮兵 10 师	守备 5 师	守备 7 师	守备 8 师	267 师	268 师	269 师	守备 10 师	守备 6 师	仓库可供量/吨
121 库	距离	376	348	25	140	260	244	1203	1599	1124	623	911	1266	901	816	610
	调运量		210	90	130	180										
122 库	距离	130	258	285	150	35	200	986	1382	964	372	660	976	684	566	410
	调运量	270				140										
123 库	距离	704	832	1080	975	820	1100	123	519	968	462	174	817	997	203	620
	调运量							140	150			90			240	
124 库	距离	746	874	1122	1017	864	1001	1297	1493	25	506	794	861	1041	665	500
	调运量									180	320					
125 库	距离	447	319	667	587	563	393	1056	1452	1100	594	737	276	110	753	540
	调运量	90							10		40		220	180		
部队需求量/吨		360	210	90	130	140	180	140	160	180	360	90	220	180	240	2680

[**例2-13**] 某部修理所组成A、B、C、D四个修理小组，对甲、乙、丙、丁四个部队实施技术保障，以便保证全师在上级达标检验前完成各项达标任务. 由于各组的技术专长和设备不同，各部队装备的损坏程度不同，因此各组在各点完成任务所需的时间也不一样. 假定具体时间如表2-27所示. 问这四个修理组哪一组完成哪一个部队的技术保障任务，才能使总的时间最短，即达标验收前完成技术保障任务.

表2-27 完成任务所需时间

修理组＼部队	甲	乙	丙	丁	修理组＼部队	甲	乙	丙	丁
A	5	8	8	8	C	6	10	7	4
B	4	6	5	8	D	9	9	7	3

解 设x_{ij}表示第i修理组分配到第j部队进行技术保障. 注意这里的x_{ij}只有0和1两种取值. 如果某修理组没有分到某部队，其值为0；如果某修理组被分配到某部队，其值为1. 则有如下的约束条件应满足.

$$x_{11}+x_{12}+x_{13}+x_{14}=1$$
$$x_{21}+x_{22}+x_{23}+x_{24}=1$$
$$x_{31}+x_{32}+x_{33}+x_{34}=1$$
$$x_{41}+x_{42}+x_{43}+x_{44}=1$$
$$x_{11}+x_{21}+x_{31}+x_{41}=1$$
$$x_{12}+x_{22}+x_{32}+x_{42}=1$$
$$x_{13}+x_{23}+x_{33}+x_{43}=1$$
$$x_{14}+x_{24}+x_{34}+x_{44}=1$$
$$x_{ij}\geqslant 0\ （或\geqslant 1）\ (i,\ j=1,\ 2,\ 3,\ 4)$$

目标函数为

$$\begin{aligned}\min Z=&5x_{11}+8x_{12}+8x_{13}+6x_{14}+4x_{21}+6x_{22}+5x_{23}+8x_{24}+\\&6x_{31}+10x_{32}+7x_{33}+4x_{34}+9x_{41}+9x_{42}+7x_{43}+3x_{44}\end{aligned}$$

对于此例可以采用单纯形表计算，由于篇幅有限，其求解过程不再一一列出，请读者自行完成.

习 题 2

2-1 写出下列线性规划问题的对偶问题：

（1）$\min S=5x_1+3x_2$

$$\text{s.t.}\begin{cases}2x_1-x_2+4x_3\leqslant 4\\x_1+x_2+2x_3\leqslant 5\\2x_1-x_2+x_3\geqslant 1\\x_1\geqslant 0,\ x_2\geqslant 0,\ x_3\geqslant 0\end{cases}$$

（2）$\max S=4x_1+7x_2+2x_3$

$$\text{s.t.}\begin{cases}x_1+2x_2+x_3\leqslant 10\\2x_1+3x_2+3x_3\leqslant 10\\x_1\geqslant 0,\ x_2\geqslant 0,\ x_3\geqslant 0\end{cases}$$

(3) $\min S = 2x_1 + x_2 + 4x_3$

$$\text{s. t.} \begin{cases} x_1 + 2x_2 + 2x_3 \geqslant 3 \\ 2x_1 + x_2 + 3x_3 \geqslant 5 \\ x_1 \geqslant 0,\ x_2 \geqslant 0,\ x_3 \text{ 自由} \end{cases}$$

2-2 用对偶单纯形法求解下列线性规划问题：

(1) $\min S = x_1 + 2x_2 + 3x_3$

$$\text{s. t.} \begin{cases} x_1 - x_2 + x_3 \geqslant 4 \\ x_1 + x_2 + 2x_3 \leqslant 8 \\ x_2 - x_3 \geqslant 2 \\ x_1,\ x_2,\ x_3 \geqslant 0 \end{cases}$$

(2) $\min S = 3x_1 + 2x_2 + x_3 + 4x_4$

$$\text{s. t.} \begin{cases} 2x_1 + 4x_2 + 5x_3 + x_4 \geqslant 0 \\ 3x_1 - x_2 + 7x_3 - 2x_4 \geqslant 2 \\ 5x_1 + 2x_2 + x_3 + 6x_4 \geqslant 15 \\ x_j \geqslant 0,\ j = 1,\ 2,\ 3,\ 4 \end{cases}$$

2-3 对线性规划问题：

$\min S = 5x_1 - 5x_2 - 13x_3$

$$\text{s. t.} \begin{cases} -x_1 + x_2 + 3x_3 \leqslant 20 \\ 12x_1 + 4x_2 + 10x_3 \leqslant 90 \\ x_1 \geqslant 0,\ x_2 \geqslant 0,\ x_3 \geqslant 0 \end{cases}$$

先用单纯形法求出最优解，然后分析在下列各种条件下，最优解分别有什么变化？

(1) 约束条件①的右端常数由 20 变为 30；

(2) 约束条件②的右端常数由 90 变为 70；

(3) 目标函数中 x_3 的系数由 -13 变为 -8；

(4) x_1 的系数列向量由 $(-1,\ 12)^{\mathrm{T}}$ 变为 $(0,\ 5)^{\mathrm{T}}$；

(5) 增加一个约束条件③：$2x_1 + 3x_2 + 5x_3 \leqslant 50$；

(6) 增加一个变量 x_4，其中 $c_4 = -3$，$a_{14} = 2$，$a_{24} = 6$.

2-4 产地Ⅰ、Ⅱ、Ⅲ向销地甲、乙、丙、丁供应某种物资，产销量及产地到销地的距离（千米）如下表所示：

销地		甲	乙	丙	丁	产量/吨
产地	Ⅰ	30	70	60	40	5000
	Ⅱ	20	40	30	20	2000
	Ⅲ	40	30	80	50	3000
销量/吨		3000	3000	2000	2000	

问如何确定调运方案，使总吨·千米数最小.

2-5 用表上作业法求下列运输问题的最优解：

(1)

销地		B_1	B_2	B_3	B_4	产量
产地	A_1	3	5	9	1	3
	A_2	4	2	3	8	7
	A_3	2	7	6	4	4
销量		2	1	5	6	

（2）

销地		B_1	B_2	B_3	B_4	产量
产地	A_1	2	9	10	7	9
	A_2	1	3	4	2	5
	A_3	8	4	2	5	7
销量		3	8	4	6	

（3）

销地		B_1	B_2	B_3	B_4	B_5	产量
产地	A_1	10	20	5	9	10	12
	A_2	2	10	8	30	6	4
	A_3	1	20	7	10	4	8
销量		3	5	4	6	3	

第 3 章

整数规划

某些线性规划问题要求部分变量或全部变量取整数值，我们称这样的问题为**整数规划问题**. 整数规划是在 20 世纪 60 年代发展起来的规划论中的一个分支常简记为（IP）. 例如，决策变量可以表示设置的工厂数、购买的油船数、使用的职工数等，显然都必须取非负整数值.

我们可以不考虑整数规划对某些决策变量的整数值要求，而把它们都看作连续型变量而用一般的单纯形法去求解，然后在所得的解之中，对每个要求取整数值的决策变量的值进行简单的舍入处理. 不过，这样处理的结果很可能不再是整数规划的一个可行解. 又因为对每个取整数值的决策变量都有舍或入两种可能，因此当问题中有三个取整数值的决策变量 x_1、x_2 和 x_3 时，就要考虑 $2^3=8$ 种可能的舍入方案；当有 60 个取整数值的决策变量 x_1，x_2，…，x_{60}时，就要考虑 $2^{60}\approx10^{18}$种可能的舍入方案. 这时即使应用高速电子计算机也无法处理. 所以，我们有必要给整数规划找出一些特殊的解法.

人们对整数规划感兴趣，还因为有些实际问题的解必须满足一些特殊的约束条件，其中包括逻辑条件和顺序要求等. 此时，我们往往需要引进取“是”（用 1 表示）和“非”（用 0 表示）为值的逻辑变量（又称为 0 - 1 变量）. 决策变量均为 0 - 1 变量的整数规划又称为 **0 - 1 型规划.**

本章首先考察整数规划的数学模型，然后论述求解整数规划的两种基本方法：分支定界法和割平面法. 最后介绍分配问题和 0 - 1 型规划问题的解法.

3.1 整数规划的数学模型

［**例 3-1**］ 装载问题

有一辆卡车的最大载重量为 b，现有 n 种货物可供装载. 设 $j^{\#}$货物每件重量为 a_j，每件装载收费为 c_j（$j=1$，…，n）. 试问：应采用怎样的装载方案才能使卡车一次载货的收入最大?

解 设 x_j 表示卡车装载 $j^{\#}$货物的件数. 于是，可得下面的整数规划问题：

$$\max Z = \sum_{j=1}^{n} c_j x_j$$

$$\text{s.t.}\begin{cases}\sum_{j=1}^{n} a_j x_j \leqslant b \\ x_j \geqslant 0, \text{整数}, j = 1, \cdots, n\end{cases} \tag{3-1}$$

其中，约束条件 $\sum_{j=1}^{n} a_j x_j \leqslant b$ 表示卡车装载货物的总重量不应超过卡车的最大载重量.

如果在式（3-1）中，b 较大，而 n，c_j，a_j 相对地都较小，那么，先把各个 x_j 全作为连续型变量进行求解，可得到相应的线性规划问题的解．然后，对每个决策变量均舍去其小数部分，其结果显然是式（3-1）的可行解，而且相应的目标函数值与式（3-1）的最优值的相对误差也较小．这时把所得的结果作为式（3-1）的最优解来处理，问题并不大．但如果有关参数不符合这些条件，一般就不能这样处理了．

［例 3-2］ 工厂选址问题

某地区有 m 座煤矿，$i^{\#}$矿每年产量为 a_i 吨，现有火力发电厂一个，每年需用煤 b_0 吨，每年运行的固定费用（包括折旧费，但不包括煤的运费）为 h_0 元．现规划新建一个发电厂，m 座煤矿每年开采的原煤将全部供给这两个电厂发电用．现有 n 个备选的厂址．若在 $j^{\#}$ 备选厂址建电厂，每年运行的固定费用为 h_j，每吨原煤从 $i^{\#}$矿运送到 $j^{\#}$备选厂址的运费为 c_{ij}（$i=1$，…，m；$j=1$，…，n）．每吨原煤从 $i^{\#}$矿运送到原有电厂的运费为 c_{i0}（$i=1$，…，m）．试问：应把新厂厂址选在何处，m 座煤矿开采的原煤应如何分配给两个电厂，才能使每年的总费用（电厂运行的固定费用与原煤运费之和）为最小？

解 已知新建电厂每年用煤量为

$$b = \sum_{i=1}^{m} a_i - b_0$$

令决策变量

$$y_j = \begin{cases} 1, & j^{\#}\text{备选厂址被选中} \\ 0, & j^{\#}\text{备选厂址未被选中} \end{cases} \quad j=1, 2, \cdots, n$$

为了方便起见，称原有电厂为$0^{\#}$厂，在$j^{\#}$备选厂址处建的新厂为$j^{\#}$厂．设 x_{ij}为每年从 $i^{\#}$矿运送到$j^{\#}$厂的原煤数量（$i=1$，…，m；$j=1$，…，n）．于是，每年总费用等于

$$Z = \sum_{i=1}^{m}\sum_{j=0}^{n} c_{ij}x_{ij} + \sum_{j=1}^{n} h_j y_j + h_0$$

若$j^{\#}$备选厂址未被选中，即 $y_j=0$，那么$j^{\#}$厂根本就不存在，这时 x_{ij}应全为零．故有下列约束条件：

$$\sum_{j=0}^{n} x_{ij} = a_i, i = 1,2,\cdots,m$$

$$\sum_{i=1}^{m} x_{i0} = b_0$$

$$\sum_{i=1}^{m} x_{ij} = by_j, j = 1,2,\cdots,n$$

$$x_{ij} \geqslant 0, i = 1,\cdots,m; j = 1,\cdots,n$$

又因为现在只要新建一个电厂，故还有下述约束条件：

$$\sum_{j=1}^{n} y_j = 1$$

于是，上述选址问题可以归纳成下列形式的整数规划：

$$\min Z = \sum_{i=1}^{m}\sum_{j=0}^{n} c_{ij}x_{ij} + \sum_{j=1}^{n} h_j y_j + h_0$$

$$
\text{s. t.}\begin{cases}
\sum_{j=0}^{n} x_{ij} = a_i, i = 1,\cdots,m \\
\sum_{i=1}^{m} x_{i0} = b_0 \\
\sum_{i=1}^{m} x_{ij} = by_j, j = 1,2,\cdots,n \\
\sum_{j=1}^{n} y_j = 1 \\
x_{ij} \geqslant 0, i = 1,2,\cdots,m; j = 0,1,\cdots,n \\
y_j = 0,1, j = 1,2,\cdots,n
\end{cases}
$$

[例 3-3] 旅行售货员问题

在城市 v_1 的一位旅行售货员计划去城市 v_2，v_3，…，v_n 推销商品，然后返回 v_1. 设 c_{ij} 为从城市 v_i 到城市 v_j 需要的时间（i，$j=1$，…，n；$i \neq j$）. 试问：这位旅行售货员应如何计划旅行路线，以便一方面保证对每个城市恰好进行一次访问，另一方面在旅途上花费的时间又最少？

解 令决策变量

$$
x_{ij} = \begin{cases} 1, \text{若在旅行路线中有从 } v_i \text{ 到 } v_j \text{ 的行程} \\ 0, \text{其他} \end{cases}
$$

因此，目标函数为：

$$
Z = \sum_{i=1}^{n} \sum_{j=1}^{n} c_{ij} x_{ij}
$$

其中，c_{ij}（$i=1$，…，n）可取为一个充分大的正数 M（请读者想一想为什么）.

由于旅行售货员在旅行中恰有一次以 v_i 为起点的行程，故应有：

$$
\sum_{j=1}^{n} x_{ij} = 1, i = 1,\cdots,n
$$

同样，恰有一次以 v_j 为终点的行程，故应有：

$$
\sum_{i=1}^{n} x_{ij} = 1, j = 1,\cdots,n
$$

但是，满足这些约束条件的解，不一定是售货员的一条旅行路线. 因为，有可能出现多回路的“分割”现象（见图 3-1）.

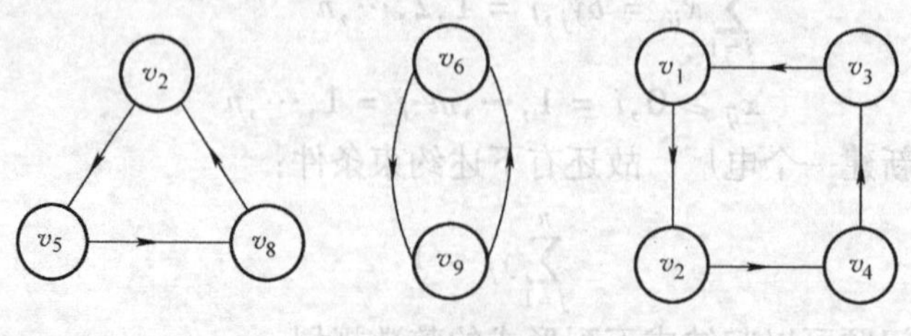

图 3-1

为了避免这种“分割”现象的出现，还需增加一些约束条件. 我们要求任意两个不同

的城市 v_i 和 v_j 之间都有相应的旅行路线把它们连接起来，或者把几个城市任意分成两组 Q 和 $\overline{Q}$ 后，在旅行路线中一定要存在以 Q 中某个城市 v_i 为起点，以 $\overline{Q}$ 的某个城市 v_j 为终点的一个行程. 若以 Q 表示集合 $\{1, 2, \cdots, n\}$ 的任一个非空真子集，$\overline{Q} = \{1, 2, \cdots, n\} - Q$，则上述要求可用下面的约束条件来表示：

$$\sum_{i \in Q} \sum_{j \in \overline{Q}} x_{ij} \geqslant 1$$

Q 为 $\{1, 2, \cdots, n\}$ 的任一非空真子集. 由于 n 个元素组成的集合 $\{1, 2, \cdots, n\}$ 共含有 2^{n-1} 个非空真子集，因此把 n 个城市分成两组 Q 和 $\overline{Q}$ 共有 2^{n-1} 种方法. 换言之，这类约束条件共有 2^{n-1} 个.

于是，旅行售货员问题可以写成下列形式的 0 - 1 型规划问题：

$$\min Z = \sum_{i=1}^{n} \sum_{j=1}^{n} c_{ij} x_{ij}$$

$$\text{s. t.} \begin{cases} \sum_{j=1}^{n} x_{ij} = 1, i = 1, \cdots, n \\ \sum_{i=1}^{n} x_{ij} = 1, j = 1, \cdots, n \\ \sum_{i \in Q} \sum_{j \in \overline{Q}} x_{ij} \geqslant 1, Q \subset \{1, 2, \cdots, n\} \\ x_{ij} = 0, 1, i, j = 1, \cdots, n \end{cases}$$

一般来说，整数规划可以分成下列几种类型：

（1）纯整数规划，简记为（AIP）：

$$\min \{\boldsymbol{c}^{\mathrm{T}} \boldsymbol{x} \mid \boldsymbol{A}\boldsymbol{x} = \boldsymbol{b}, \boldsymbol{x} \geqslant 0, \boldsymbol{x} \text{ 各分量为整数}\}$$

（2）混合整数规划，简记为（MIP）：

$$\min \{\boldsymbol{c}^{\mathrm{T}} \boldsymbol{x} \mid \boldsymbol{A}\boldsymbol{x} = \boldsymbol{b}, \boldsymbol{x} \geqslant 0, x_j \text{ 为整数}, j \in N_1\}$$

其中，$N_1 \subset \{1, \cdots, n\}$.

（3）0 - 1 规划：（LP）中 $\boldsymbol{x}$ 的分量 x_j 或为 0 或为 1，简记为（BIP）.

在上述模型中，

$$\boldsymbol{A} = [a_{ij}]_{m \times n}, \boldsymbol{b} = (b_1, \cdots, b_m)^{\mathrm{T}}, \boldsymbol{c} = (c_1, \cdots, c_n)^{\mathrm{T}}$$

而且，a_{ij}，b_i，c_j 均为整数（$i = 1, \cdots, m$；$j = 1, \cdots, n$）.

3.2 分枝定界法

线性整数规划是相应的伴随规划加上整数条件. 分枝定界法的思想是先不考虑整数条件，即先求相应的伴随规划的最优解. 若得到的是整数解，则问题得到解决. 否则，将原问题分成几个问题（分枝问题），在分枝问题中都增加了约束条件（由整数条件引出的条件），这样就缩小了可行域. 不考虑整数条件求各分枝问题相应的伴随规划的最优解，若是整数解，问题得到解决. 否则，将它分枝再解，直到求出最优整数解为止. 因为在分枝过程中，相应的伴随规划的可行域要不断减小，因而整数规划的最优解与伴随规划的最优解的关系是，对求极大（小）值问题来说，后者的目标函数值是前者的目标函数值的上（下）界.

下面通过一个具体的例子来说明分枝定界法. 为了直观，以二维为例，结合图形进行讨论.

[**例 3-4**] 求解整数规划问题：

$$\max Z = x_1 + x_2$$

$$\text{s.t.} \begin{cases} x_1 + \dfrac{9}{14}x_2 \leqslant 51/14 \\ -2x_1 + \quad x_2 \leqslant 1/3 \end{cases} \tag{3-2}$$

式中，$x_1 \geqslant 0$，$x_2 \geqslant 0$，且都是整数.

解 先解式（3-2）的伴随规划，得最优解：

$$x_1 = 3/2,\ x_2 = 10/3,\ Z = 29/6$$

即图 3-2 中的 A 点，不是整数点.

分枝定界法是：先在上述伴随规划的最优解中选择一个非整数变量，例如 $x_1 = 3/2$，则原问题式（3-2）的最优解中，x_1 应该满足条件：$x_1 \leqslant 1$ 或 $x_1 \geqslant 2$，这是因为 $1 < x_1 < 2$ 不符合整数条件，因而在图 3-2 的可行域 S_1[㊀]中的这一部分不起作用，去掉这一部分后得到两个较小的可行域 S_2 和 S_3（图 3-3）. 这样，就把原式（3-2）按新的可行域分解成两枝，各枝都是在原式（3-2）的基础上增加了一个约束条件，即

$$\max Z = x_1 + x_2$$

$$\text{s.t.} \begin{cases} x_1 + \dfrac{9}{14}x_2 \leqslant 51/14 \\ -2x_1 + \quad x_2 \leqslant 1/3 \\ x_1 \geqslant 2, x_2 \geqslant 0 \end{cases} \tag{3-3}$$

式中，x_1，x_2 都是整数.

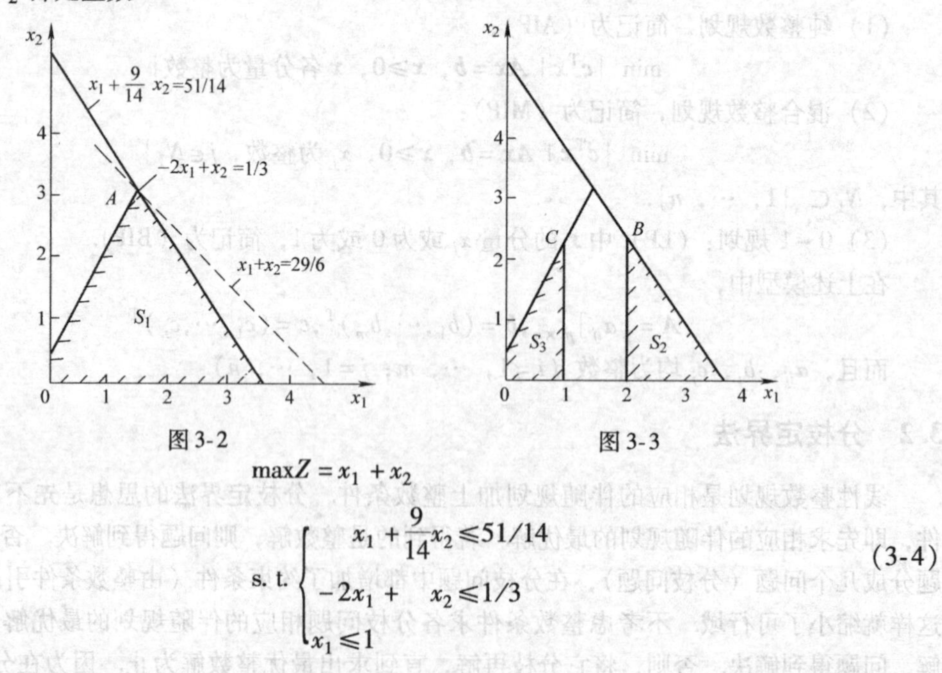

图 3-2　　　　图 3-3

$$\max Z = x_1 + x_2$$

$$\text{s.t.} \begin{cases} x_1 + \dfrac{9}{14}x_2 \leqslant 51/14 \\ -2x_1 + \quad x_2 \leqslant 1/3 \\ x_1 \leqslant 1 \end{cases} \tag{3-4}$$

㊀ 这里称 S_1 是式（3-2）的可行域，实际上它是式（3-2）的伴随规划的可行域. 以下叙述应同样理解. 伴随规划指的是在原规划问题中不考虑整数条件而得到的线性规划.

式中，$x_1\geqslant0$，$x_2\geqslant0$ 且都是整数，式（3-3）和式（3-4）的可行域分别为 S_2 和 S_3.

分别解相应的问题，即式（3-3）和式（3-4）的伴随规划，得最优解：

对应于式（3-3）：$x_1=2$，$x_2=23/9$，$Z=41/9$，即图3-3的 B 点；

对应于式（3-4）：$x_1=1$，$x_2=7/3$，$Z=10/3$，即图3-3的 C 点.

这两个解不都是整数解，因此需继续分枝. 因对应于 B 点的 $Z=41/9$ 大于对应于 C 点的 $Z=10/3$，原问题是求极大，所以先讨论式（3-3）的分枝.

与式（3-3）相应的伴随规划的最优解中，$x_2=23/9$，故最优整数解中应有 $x_2\geqslant3$ 或 $x_2\leqslant2$，而 $2<x_2<3$ 不符合整数条件，从 S_2 中去掉（即图3-4）. 这样，又把式（3-3）分解成两枝：

$$\max Z=x_1+x_2$$
$$\text{s. t.}\begin{cases}x_1+\dfrac{9}{14}x_2\leqslant51/14\\-2x_1+\ \ x_2\leqslant1/3\\x_1\geqslant2,0\leqslant x_2\leqslant2\end{cases}\tag{3-5}$$

式中，x_1，x_2 都是整数.

$$\max Z=x_1+x_2$$
$$\text{s. t.}\begin{cases}x_1+\dfrac{9}{14}x_2\leqslant51/14\\-2x_1+\ \ x_2\leqslant1/3\\x_1\geqslant2,x_2\geqslant3\end{cases}\tag{3-6}$$

式中，x_1，x_2 都是整数. 显然，分枝问题即式（3-6）的可行域是空集（因 $x_2\geqslant3$ 与 S_2 不相交）. 分枝问题即式（3-5）的可行域是 S_4（图3-4）.

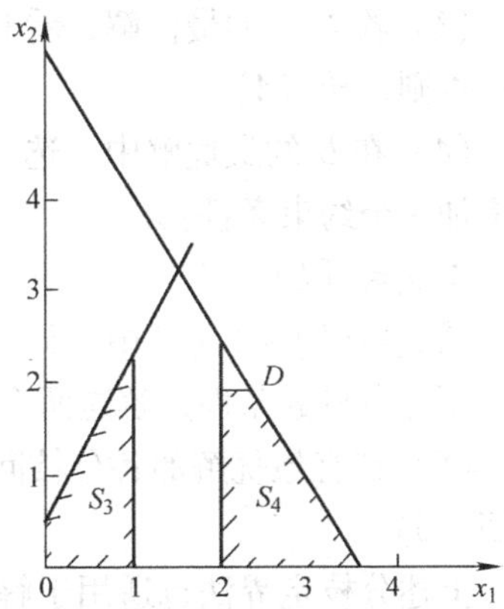

解相应的问题，即式（3-5）的伴随规划，得最优解：$x_1=33/14$，$x_2=2$，$Z=61/14$，对应于图3-4的 D 点，仍不是整数解. 因此，需要继续分枝. 在还没有分枝的式（3-4）和式（3-5）中到底先分枝哪一个呢？因式（3-5）的 $Z=61/14$ 大于式（3-4）的 $Z=10/3$，所以先分枝式（3-5）. 在式（3-5）的伴随规划的最优解中，$x_1=33/14$，其最优整数解应满足 $x_1\leqslant2$ 或 $x_1\geqslant3$，将这两个不等式分别加入式（3-5）中，就把式（3-5）分成两枝：

图3-4

$$\max Z=x_1+x_2$$
$$\text{s. t.}\begin{cases}x_1+\dfrac{9}{14}x_2\leqslant51/14\\-2x_1+\ \ x_2\leqslant1/3\\x_1\geqslant2,0\leqslant x_2\leqslant2,x_1\leqslant2\end{cases}\tag{3-7}$$

式中，x_1，x_2 都是整数.

$$\max Z = x_1 + x_2$$

$$\text{s. t.}\begin{cases} x_1 + \dfrac{9}{14}x_2 \leqslant 51/14 \\ -2x_1 + \quad x_2 \leqslant 1/3 \\ x_1 \geqslant 3, 0 \leqslant x_2 \leqslant 2 \end{cases} \tag{3-8}$$

式中，x_1，x_2 都是整数.

在式（3-7）的约束条件中有 $x_1 \leqslant 2$ 和 $x_1 \geqslant 2$，因此，其可行域 S_6 为图 3-5 中的线段 $x_1 = 2$，$0 \leqslant x_2 \leqslant 2$. 式(3-8)的可行域 S_7 为图 3-5 中的三角形. 它们相应的伴随规划的最优解为：

式（3-7）：$x_1 = x_2 = 2$，$Z = 4$，即图 3-5 的 E 点；

式（3-8）：$x_1 = 3$，$x_2 = 1$，$Z = 4$，即图 3-5 的 F 点. 它们分别都是式（3-7）和式（3-8）的最优整数解，且它们的目标函数值相同，所以它们都是原问题式（3-2）的最优解. 这是因为只剩下式（3-4）还未分枝求解，而式（3-4）的目标函数值：$\max Z \leqslant 10/3 < 4$，因而式（3-4）不必再分枝求解.

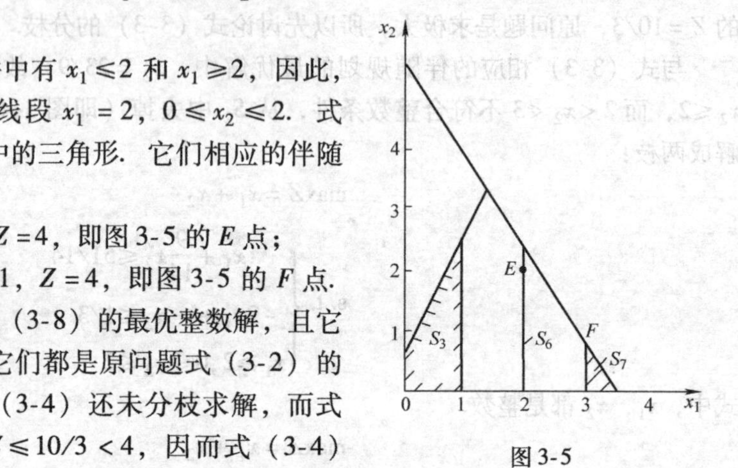

图 3-5

从上述解题过程中可以得出分枝定界法解题的一般步骤：

（1）将原整数规划问题记作 A，相应的伴随线性规划问题记作 B，求解问题 B.

（2）如果问题 B 无可行解，计算终止，这时问题 A 无解.

（3）检查 B 的最优解，看它是否符合整数条件. 如果符合，就得 A 的最优解，计算终止；否则，转（4).

（4）在 B 的最优解中，选一非整数解变量 $x_j = b$，作两个分枝问题. 它们是在问题 B 中各增加一个约束条件：

① $x_j \leqslant [b]$；

② $x_j \geqslant [b] + 1$（其中 $[b]$ 表示小于 b 的最大整数).

不考虑整数条件，解这两个分枝问题，得最优解或无解.

（5）在有最优解的各分枝问题中，选择目标函数值最优的问题，重新记这个问题为 B，返回（3).

上述分枝定界法也适用于解混合整数规划.

作为分枝定界法的应用，下面介绍如何用分枝定界法求解著名的 **0－1 背包问题.**

所谓 0－1 背包问题的一般叙述如下：

现有总额为 b 的资金可用于投资，共有 n 个项目可供投资者选择. 已知，$j^{\#}$项目所需投资额为 a_j，投资后第一年可得利润 c_j（$j = 1, 2, \cdots, n$). 不妨设 b、a_j，c_j 均是整数. 试问为使第一年所得利润最大，应选取哪些项目进行投资?

若令

$$x_j = \begin{cases} 1, & \text{对 } j^{\#} \text{项目投资} \\ 0, & \text{其他} \end{cases}$$

便可得如下整数规划：

$$\max \sum_{j=1}^{n} c_j x_j$$

$$\text{s. t.} \begin{cases} \sum_{j=1}^{n} a_j x_j \leqslant b \\ x_j = 0, 1, j = 1, \cdots, n \end{cases}$$

上述问题可以解释为一位旅行者在出发前考虑他的背包内应装哪些物品最有利，因而也称为**0－1 背包问题.**

为便于讨论，我们将问题 min $\{\boldsymbol{c}^{\mathrm{T}}\boldsymbol{x} \mid \boldsymbol{x} \in K\}$ 简记为（K）

［**例 3-5**］　求解下述背包问题：

$$\max Z = \boldsymbol{c}^{\mathrm{T}}\boldsymbol{x} = 12x_1 + 12x_2 + 9x_3 + 16x_4 + 30x_5$$

$$\text{s. t.} \begin{cases} \boldsymbol{a}^{\mathrm{T}}\boldsymbol{x} = 3x_1 + 4x_2 + 3x_3 + 4x_4 + 6x_5 \leqslant 12 \\ x_j = 0, 1, j = 1, 2, \cdots, 5 \end{cases} \qquad (K)$$

其可行解集合记为 K.

把（K）的约束条件放宽（也即让可行解集扩大），得线性规划

$$\max \boldsymbol{c}^{\mathrm{T}}\boldsymbol{x}$$

$$\text{s. t.} \begin{cases} \boldsymbol{a}^{\mathrm{T}}\boldsymbol{x} \leqslant 12 \\ 0 \leqslant x_j \leqslant 1, j = 1, \cdots, 5 \end{cases} \qquad (\tilde{K})$$

将它的可行解集合记为 $\tilde{K}$. 显然，$\tilde{K} \supset K$，且问题（$\tilde{K}$）很容易求解. 设想 $j^{\#}$物品可以等分成 a_j 份，每一份都是单位重量，其价值为 c_j/a_j（$j=1$，…，5）. 因而问题（$\tilde{K}$）就可看成为在这些单位重的物品中，选取 12 份价值最大者. 因此，只要按照“单位重量的价值最大的物品优先选取”的原则，先列出表 3-1.

表 3-1

$j^{\#}$物品	重量 a_j	价值 c_j	c_j/a_j	$j^{\#}$物品	重量 a_j	价值 c_j	c_j/a_j
$1^{\#}$	3	12	4	$4^{\#}$	4	16	4
$2^{\#}$	4	12	3	$5^{\#}$	6	30	5
$3^{\#}$	3	9	3				

然后即可求得（$\tilde{K}$）的两个最优解：

$$\boldsymbol{x}^1 = \left(1, \ 0, \ 0, \ \frac{3}{4}, \ 1\right)^{\mathrm{T}}$$

$$\boldsymbol{x}^2 = \left(\frac{2}{3}, \ 0, \ 0, \ 1, \ 1\right)^{\mathrm{T}}$$

相应的目标函数值都是 $z=54$.

虽然 $\boldsymbol{x}^1$ 与 $\boldsymbol{x}^2$ 都不是（K）的最优解，但由于 $\tilde{K} \supset K$，因而可以断定（K）的最优值绝不会超过 54. 换言之，54 为（K）的最优值的一个上界.

我们在（$\tilde{K}$）的两个最优解 $\boldsymbol{x}^1$ 和 $\boldsymbol{x}^2$ 中任取一个，例如取 $\boldsymbol{x}^2$ 作为进一步考虑的基础.

由于 $\boldsymbol{x}^2$ 的第一个分量 $x_1=\dfrac{2}{3}$ 不是整数，而在（K）中 x_1 是一个 0－1 变量. 因而我们可以考虑下面两个线性规划问题：

$$\max \boldsymbol{c}^{\mathrm{T}}\boldsymbol{x} \quad \text{s. t.}\begin{cases}\boldsymbol{a}^{\mathrm{T}}\boldsymbol{x}\leqslant 12\\ x_1=0\\ 0\leqslant x_j\leqslant 1,\ j=2,\ 3,\ 4,\ 5\end{cases}\qquad (\tilde{K}_0^1)$$

$$\max \boldsymbol{c}^{\mathrm{T}}\boldsymbol{x} \quad \text{s. t.}\begin{cases}\boldsymbol{a}^{\mathrm{T}}\boldsymbol{x}\leqslant 12\\ x_1=1\\ 0\leqslant x_j\leqslant 1,\ j=2,\ 3,\ 4,\ 5\end{cases}\qquad (\tilde{K}_1^1)$$

它们的可行解集合分别记为 $\tilde{K}_0^1$ 和 $\tilde{K}_1^1$. 应用类似的方法可求得（$\tilde{K}_0^1$）的最优解为 $\left(0,\ \dfrac{1}{2},\ 0,\ 1,\ 1\right)^{\mathrm{T}}$，最优值为 52；（$\tilde{K}_1^1$）的最优解为 $\left(1,\ 0,\ 0,\ \dfrac{3}{4},\ 1\right)^{\mathrm{T}}$，最优值为 54. 由于（$\tilde{K}_1^1$）的最优值为 54，比（$\tilde{K}_0^1$）的最优值 52 大. 因此，若先以（$\tilde{K}_1^1$）的最优解 $\left(1,\ 0,\ 0,\ \dfrac{3}{4},\ 1\right)^{\mathrm{T}}$ 作进一步考虑的基础，可能更有希望得到（K）的最优解.

注意到（$\tilde{K}_1^1$）的最优解中 $x_4=\dfrac{3}{4}$ 不是整数. 因而可分别再考虑下列两个线性规划问题：

$$\max \boldsymbol{c}^{\mathrm{T}}\boldsymbol{x} \quad \text{s. t.}\begin{cases}\boldsymbol{a}^{\mathrm{T}}\boldsymbol{x}\leqslant 12\\ x_1=1,\ x_4=0\\ 0\leqslant x_2,\ x_3,\ x_5\leqslant 1\end{cases}\qquad (\tilde{K}_{10}^{14})$$

$$\max \boldsymbol{c}^{\mathrm{T}}\boldsymbol{x} \quad \text{s. t.}\begin{cases}\boldsymbol{a}^{\mathrm{T}}\boldsymbol{x}\leqslant 12\\ x_1=1,\ x_4=1\\ 0\leqslant x_2,\ x_3,\ x_5\leqslant 1\end{cases}\qquad (\tilde{K}_{11}^{14})$$

应用类似方法求解（$\tilde{K}_{10}^{14}$）可得最优解 $(1,\ 0,\ 1,\ 0,\ 1)^{\mathrm{T}}$，最优值为 51. 这个最优解已是（$K$）的一个可行解. 因而可以断定（$K$）的最优值决不会小于 51（即 51 为（$K$）的最优值的下界）. 求解（$\tilde{K}_{11}^{14}$）可得最优解 $\left(1,\ 0,\ 0,\ 1,\ \dfrac{5}{6}\right)^{\mathrm{T}}$，最优值为 53.

由于（$\tilde{K}_0^1$）的最优值为 52，所以在可行解集合 $\tilde{K}_0^1$ 中有可能包含有比目前所得（K）的可行解 $(1,\ 0,\ 1,\ 0,\ 1)^{\mathrm{T}}$ 更好的（K）的可行解. 因此还需在（$\tilde{K}_0^1$）的最优解 $\left(0,\ \dfrac{1}{2},\ 0,\ 1,\ 1\right)^{\mathrm{T}}$ 的基础上作进一步考虑. 因为（$\tilde{K}_0^1$）的最优解的分量 $x_2=\dfrac{1}{2}$ 不是整数，故而可分别考虑下面两个线性规划问题：

$$\max \boldsymbol{c}^{\mathrm{T}}\boldsymbol{x} \quad \text{s. t.}\begin{cases}\boldsymbol{a}^{\mathrm{T}}\boldsymbol{x}\leqslant 12\\ x_1=0,\ x_2=0\\ 0\leqslant x_3,\ x_4,\ x_5\leqslant 1\end{cases}\qquad (\tilde{K}_{00}^{12})$$

$$\max \boldsymbol{c}^{\mathrm{T}}\boldsymbol{x} \quad \text{s. t.}\begin{cases}\boldsymbol{a}^{\mathrm{T}}\boldsymbol{x}\leqslant 12\\ x_1=0,\ x_2=1\\ 0\leqslant x_3,\ x_4,\ x_5\leqslant 1\end{cases}\qquad (\tilde{K}_{01}^{12})$$

可得（$\tilde{K}_{00}^{12}$）的最优解为 $\left(0,\ 0,\ \dfrac{2}{3},\ 1,\ 1\right)^{\mathrm{T}}$，最优值为 52，（$\tilde{K}_{01}^{12}$）的最优解为 $\left(0,\ 1,\ 0,\ \dfrac{1}{2},\ 1\right)^{\mathrm{T}}$，最优值为 50. 由于（$\tilde{K}_{01}^{12}$）的最优值 50 小于目前给出的（$K$）的最优值的下界 51，所以可断定在（$\tilde{K}_{01}^{12}$）中，决不会含有比 $(1,\ 0,\ 1,\ 0,\ 1)^{\mathrm{T}}$ 更好的（K）的可行解.

换句话说，我们不必再考虑在（$\tilde{K}_{01}^{12}$）中（K）的可行解．但是对（$\tilde{K}_{00}^{12}$），（$\tilde{K}_{11}^{14}$）中（K）的可行解，仍有考虑的必要，也就是要考虑线性规划（K_{000}^{123}）、（$\tilde{K}_{001}^{123}$）、（$\tilde{K}_{110}^{145}$）、（K_{111}^{145}）．图3-6所示的树形图（称为枚举树）表示了整个求解的过程．

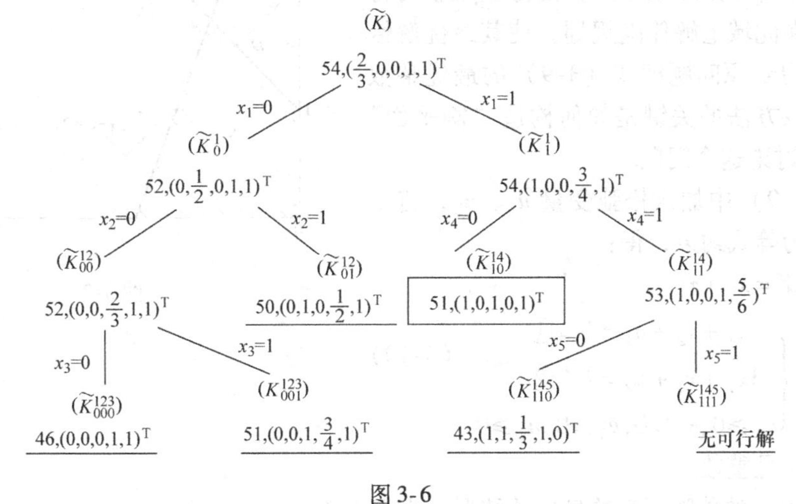

图3-6

由图3-6可以断定，（K）的最优解一定不会在$\tilde{K}_{005}^{123}\cap K$和$\tilde{K}_{110}^{145}\cap K$中；同时，如前分析它也不会在$\tilde{K}_{01}^{12}\cap K$中．而在$\tilde{K}_{001}^{123}\cap K$中的可行解，决不会比（1，0，1，0，1）^{T}更好，又$\tilde{K}_{111}^{145}=\varnothing$，故可以断定（1，0，1，0，1）^{T}即为（$K$）的最优解，其最优值为51．

3.3 割平面法

割平面法也是通过解伴随线性规划的方法来解整数规划的．如果伴随规划的最优解不是整数解，则增加线性约束（称为**割平面**）．切割掉可行域中不含整数点的部分域，在新的约束条件下再解伴随规划．如果最优解还不是整数解，再增加新的线性约束，在新的约束条件不再解伴随规划……不断重复这个过程，直到伴随规划的最优解是整数解为止．从几何直观上来看，作为原可行域的内点（或边界点）的最优整数解，经过割平面对可行域的不断切割，最后成为新可行域的顶点时，问题得到解决．

下面还是通过一个具体例子来说明割平面法．

［例3-6］ 求解整数规划问题：

$$\max Z=x_1+x_2$$

$$\text{s.t.}\begin{cases}-x_1+x_2\leqslant 1\\ 3x_1+x_2\leqslant 4\\ x_1\geqslant 0,x_2\geqslant 0,\text{且都是整数}\end{cases}\tag{3-9}$$

解 先不考虑整数条件，求出式（3-9）的相应伴随规划的最优解：

$$x_1=3/4,\ x_2=7/4,\ z=10/4$$

这就是图3-7中可行域S的极点A，它不满足整数条件．

从图3-7中看到，可行域S有四个整数点，由图解法得出，最优整数解是：

$x_1=1$，$x_2=1$，$z=2$，对应于 C 点.

割平面法的想法是，希望能找到一条像 CD 那样的直线（割平面）去切割可行域 S，从而切割掉无整数点的三角形域 ACD，使得 C 是新可行域的极点，在此域上解伴随规划，使其最优解恰是 C 点，即得到原问题即式（3-9）的最优整数解. 所以，该方法的关键是如何构造“割平面” CD. 下面来讨论这个问题.

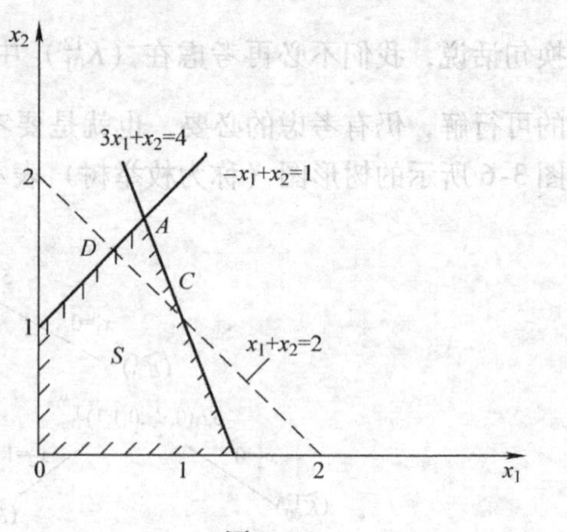

图 3-7

在式（3-9）中加入松弛变量 u_1、u_2，将不等式约束化为等式约束，得：

$$\max Z=x_1+x_2$$
$$\text{s. t.}\begin{cases}-x_1+x_2+u_1=1 & ①\\ 3x_1+x_2+u_2=4 & ②\\ x_1\geqslant 0,x_2\geqslant 0,u_1\geqslant 0,u_2\geqslant 0\end{cases}\tag{3-10}$$

式中，x_1，x_2 是整数.

式（3-10）的伴随规划的最优单纯形表为表 3-2.

表 3-2

		x_1	x_2	u_1	u_2
基变量	$-5/2$	0	0	$-1/2$	$-1/2$
x_2	$7/4$	0	1	$3/4$	$1/4$
x_1	$3/4$	1	0	$-1/4$	$1/4$

最优解不是整数解. 由表 3-2 得两个约束方程：

$$x_1=\frac{3}{4}+\frac{1}{4}u_1-\frac{1}{4}u_2\tag{3-11}$$

$$x_2=\frac{7}{4}-\frac{3}{4}u_1-\frac{1}{4}u_2\tag{3-12}$$

在式（3-10）的约束方程中，x_1，x_2 的系数是整数，右侧常数项也是整数，如果 x_1、x_2 取整数，则 u_1、u_2 也一定是整数. 下面从式（3-11）可以构造出一个“割平面”. 因为 x_1 是整数，所以式（3-11）右端也是整数，将其改写为：$\frac{3}{4}+\frac{1}{4}u_1-\frac{1}{4}u_2+u_2=\frac{3}{4}+\frac{1}{4}u_1+\frac{3}{4}u_2$. 此式右端等于式（3-11）右端加 u_2，所以也是整数. 加 u_2 的目的是使 u_2 的系数为正的真分数. 因 u_1、u_2 为非负整数，故有

$$\frac{3}{4}+\frac{1}{4}u_1+\frac{3}{4}u_2\geqslant 1$$

即
$$u_1+3u_2\geqslant 1\tag{3-13}$$

从式（3-10）的①、②中解出 u_1、u_2 代入式（3-13）：

$$(1+x_1-x_2)+3(4-3x_1-x_2)\geqslant 1$$

整理后得：
$$2x_1+x_2\leqslant 3\tag{3-14}$$

从图3-8上看出，式（3-14）表示 CB 直线左下方区域，$2x_1+x_2=3$ 就是**割平面**，它把 S 中：$2x_1+x_2>3$（即 $u_1+3u_2<1$）的区域割掉，但割掉的区域内不包含 S 的整数点. 这是因为将 $u_1+3u_2<1$，代入式（3-11）得：

$$x_1=\frac{3}{4}+\frac{1}{4}u_1-\frac{1}{4}u_2=$$

$$\frac{3}{4}+\frac{1}{4}(u_1+3u_2)-u_2<\frac{3}{4}+\frac{1}{4}-u_2\leqslant 1$$

即割去的部分是 $x_1<1$.

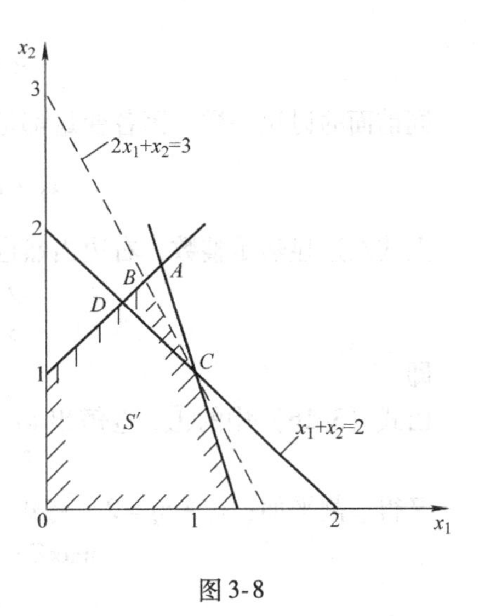

图3-8

将新的约束条件式（3-14）加到原问题即式（3-9）上，得

$$\max Z=x_1+x_2$$

$$\text{s.t.}\begin{cases}-x_1+x_2\leqslant 1\\3x_1+x_2\leqslant 4\\2x_1+x_2\leqslant 3\\x_1\geqslant 0,x_2\geqslant 0,\text{且都是整数}\end{cases}\qquad(3\text{-}15)$$

式（3-15）的可行域 S'（图3-8）是图3-7中的 S 被割去 $\triangle ABC$ 的结果. 将式（3-15）化为标准形：

$$\max Z=x_1+x_2$$

$$\text{s.t.}\begin{cases}-x_1+x_2+u_1\qquad\qquad=1 & ①\\3x_1+x_2\qquad+u_2\qquad=4 & ②\\2x_1+x_2\qquad\qquad+u_3=3 & ③\\x_1\geqslant 0,x_2\geqslant 0,u_1\geqslant 0,u_2\geqslant 0,u_3\geqslant 0\end{cases}\qquad(3\text{-}16)$$

式中，x_1，x_2 是整数.

式（3-16）与式（3-10）的唯一区别是增加了约束③. 为求式（3-16）的伴随规划的最优解，可以用灵敏度分析中增加约束的方法，将约束③加到式（3-10）的伴随规划的最优表3-3中，利用对偶单纯形法迭代一次即可求出式（3-16）的伴随规划的最优单纯形表（表3-3）. 其最优解为：$x_1=2/3$，$x_2=5/3$，$z=7/3$，即图3-8中 S' 的极点 B，它不是整数解. 由表3-3的第二行、第一行，写出两个约束方程：

表3-3

		x_1	x_2	u_1	u_2	u_3
基变量	−7/3	0	0	−1/3	0	−2/3
x_2	5/3	0	0	2/3	0	1/3
x_1	2/3	1	0	−1/3	0	1/3
u_2	1/3	0	0	1/3	1	−4/3

$$x_1=\frac{2}{3}+\frac{1}{3}u_1-\frac{1}{3}u_3\qquad(3\text{-}17)$$

$$x_2 = \frac{5}{3} - \frac{2}{3}u_1 - \frac{1}{3}u_3 \tag{3-18}$$

同前面的讨论一样，因各变量都是整数，所以由式（3-17）得：

$$x_1 + u_3 = \frac{2}{3} + \frac{1}{3}u_1 + \frac{2}{3}u_3$$

上式左边显然是整数，右边当然也是整数，故有：

$$\frac{2}{3} + \frac{1}{3}u_1 + \frac{2}{3}u_3 \geqslant 1$$

即
$$u_1 + 2u_3 \geqslant 1$$

由式（3-16）中的①、③解出 u_1、u_3 后代入上式，整理后得：

$$x_1 + x_2 \leqslant 2 \tag{3-19}$$

又得一割平面：$x_1 + x_2 = 2$. 将式（3-19）加到式（3-15）中，得：

$$\max Z = x_1 + x_2$$

$$\text{s. t.} \begin{cases} -x_1 + x_2 \leqslant 1 \\ 3x_1 + x_2 \leqslant 4 \\ 2x_1 + x_2 \leqslant 3 \\ x_1 + x_2 \leqslant 2 \\ x_1 \geqslant 0, x_2 \geqslant 0, \text{且都是整数} \end{cases} \tag{3-20}$$

式（3-20）的可行域是由 S' 割去 $\triangle BCD$ 所得（见图 3-8）. 解与式（3-20）相应的伴随规划，得最优解：

$$x_1 = 1, \; x_2 = 1, \; Z = 2$$

它已经是整数，即为原问题（式 3-9）的最优解.

从这个例子看到，割平面法的关键是求割平面方程. 下面我们归纳一下求割平面方程的步骤.

在引入松弛变量以前，先将约束条件中各变量的系数及右端项化为整数，这是构造割平面方程的先决条件. 求出伴随规划的最优解后，就可以求割平面方程了.

（1）若 x_{J_i} 是伴随规划最优解中取分数值的一个基变量，从最优单纯形表中取第 i 行：

$$x_{J_i} + \sum_k y_{ik} x_k = b_i$$

式中，J_i 为第 i 行的基变量的下标.

（2）将 b_i 和 $-y_{ik}$ 都分解成整数部分和非负真分数之和：

$$b_i = N_i + f_i, 0 < f_i < 1$$

$$-y_{ik} = N_{ik} + f_{ik}, 0 \leqslant f_{ik} < 1$$

则有
$$x_{J_i} = N_i + \sum_k N_{ik} x_k + f_i + \sum_k f_{ik} x_k$$

即
$$x_{J_i} - N_i - \sum_k N_{ik} x_k = f_i + \sum_k f_{ik} x_k \tag{3-21}$$

（3）由于各变量的非负整数条件，式（3-21）的右端也应该是整数，且其和至少是 1，即

$$f_i + \sum_k f_{ik} x_k \geqslant 1$$

这就是决定割平面方程的不等式.

说明 如果（2）中不是分解一 y_{ik}，而是分解 y_{ik} 为整数部分 N'_{ik} 和非负真分数 f'_{ik} 之和：$y_{ik}=N'_{ik}+f'_{ik}$，$0\leqslant f'_{ik}<1$，则决定割平面方程的不等式是：

$$f_i-\sum_k f'_{ik}x_k\leqslant 0$$

3.4 分配问题

运输问题有一种特殊情况，就是 $m=n$ 且每一个 $a_i=b_j=1$. 这种特殊情况的问题叫做**分配问题**. 例如，有 n 个人和 n 项工作，假设分配第 i 个人做第 j 项工作所花费用为 c_{ij}，现在要分配每一个人做一项工作，问应如何分配，才能使总费用最小.

分配问题的数学模型如下：

$$\min S=\sum_{i=1}^{n}\sum_{j=1}^{n}c_{ij}x_{ij}$$

$$\text{s.t.}\begin{cases}\sum_{j=1}^{n}x_{ij}=1, i=1,2,\cdots,n\\ \sum_{i=1}^{n}x_{ij}=1, j=1,2,\cdots,n\\ x_{ij}=0\text{ 或 }1, i,j=1,2,\cdots,n\end{cases}\tag{3-22}$$

这是一个 0 - 1 型整数规划，它的矩阵形式是：

$$\min S=\boldsymbol{CX}$$

$$\text{s.t.}\begin{cases}\boldsymbol{AX}=\boldsymbol{1}\\ x_{ij}=0\text{ 或 }1, i,j=1,2,\cdots,n\end{cases}\tag{3-23}$$

其中，$\boldsymbol{X}=(x_{11},x_{12},\cdots,x_{1n},x_{21},x_{22},\cdots,x_{2n},\cdots,x_{n1},x_{n2},\cdots,x_{nn})^{\mathrm{T}}$，$\boldsymbol{C}=(c_{11},c_{12},\cdots,c_{1n},c_{21},c_{22},\cdots,c_{2n},\cdots,c_{n1},c_{n2},\cdots,c_{nn})$，$\boldsymbol{A}$ 是 $2n\times n^2$ 矩阵，x_{ij} 的系数列向量 $\boldsymbol{p}_{ij}=\boldsymbol{e}_i+\boldsymbol{e}_{n+j}$，$i, j=1, 2, \cdots, n$，$\boldsymbol{e}_i$，$\boldsymbol{e}_{n+j}$ 分别是第 i 个和第 $n+j$ 个单位列向量，$\boldsymbol{1}$ 是分量均为 1 的 $2n$ 维列向量. 系数矩阵 $\boldsymbol{A}$ 有一个重要特性：

定理 3-1 分配问题即式（3-23）的系数矩阵 $\boldsymbol{A}$ 的任一子方阵的行列式值只能是 ±1 或 0.

本定理可用数学归纳法证明，读者请自行验证.

矩阵 $\boldsymbol{A}$ 的这种性质叫做**全单模性**. 利用 $\boldsymbol{A}$ 的全单模性，如果用 $x_{ij}\geqslant 0$ 代替式（3-23）中的 $x_{ij}=0$ 或 1，则其最优解都是非负整数. 又从约束中看到，x_{ij} 不能超过 1，因此，它的最优解中的所有 x_{ij} 只能是 0 或 1. 这样一来，我们可以用非负条件 $x_{ij}\geqslant 0$ 代替 $x_{ij}=0$ 或 1，从而得到与式（3-23）等价的线性规划：

$$\min S=\boldsymbol{CX}$$

$$\text{s.t.}\begin{cases}\boldsymbol{AX}=\boldsymbol{1}\\ \boldsymbol{X}\geqslant\boldsymbol{0}\end{cases}\tag{3-24}$$

式（3-24）的对偶问题如下：

$$\max Z=\sum_{i=1}^{n}u_i+\sum_{j=1}^{n}v_j$$

$$\text{s.t.}\quad u_i+v_j\leqslant c_{ij}, i,j=1,2,\cdots,n\tag{3-25}$$

式（3-25）的一个可行解是：

$$\hat{u}_i = \min_{1\leqslant j\leqslant n}\{c_{ij}\}, i = 1,2,\cdots,n$$
$$\hat{v}_j = \min_{1\leqslant i\leqslant n}\{c_{ij} - \hat{u}_i\}, j = 1,2,\cdots,n \tag{3-26}$$

就是说，$\hat{u}_i$ 是第 i 行中 c_{ij}的最小值，$\hat{v}_j$ 是第 j 列中 $c_{ij}-\hat{u}_i$ 的最小值. 对于式（3-22）和式（3-25），互补松弛条件为：

$$(c_{ij}-u_i-v_j)x_{ij}=0, i,j=1,2,\cdots,n \tag{3-27}$$

求解式（3-22）就是要求出式（3-22）和式（3-25）的可行解且能使互补松弛条件式（3-27）成立的向量 $\boldsymbol{u}$、$\boldsymbol{v}$ 和 $\boldsymbol{X}$. 下面我们要介绍的方法称为**匈牙利方法**.

我们称矩阵 $\boldsymbol{C}=(c_{ij})$ 为**价格矩阵**，匈牙利方法的主要思想是通过逐次修改价格矩阵来寻找最优解. 主要依据的是下面的定理.

定理 3-2 设给定了 n 阶方阵 $\boldsymbol{C}$，并且把 $\boldsymbol{C}$ 的某一行或某一列的所有元素减去一个常数 β 所得到的矩阵记为 $\boldsymbol{C}'$，则以 $\boldsymbol{C}$ 为价格矩阵的分配问题即式（3-22）和以 $\boldsymbol{C}'$为价格矩阵的分配问题有相同的最优解.

证 把这两个分配问题的目标函数分别记为 S_c 和 $S_{c'}$，则对任意可行解 $\boldsymbol{X}$，由于约束条件，有：$S_{c'}(x)=S_c(x)-\beta$，即只差一常数，从而两个分配问题有相同的最优解.

根据定理 3-2，给出一个分配问题后，若能通过将价格矩阵 $\boldsymbol{C}$ 的某些行或某些列分别加、减某些常数得到一个等价问题，它的价格矩阵 $\boldsymbol{C}'$的所有元素都是非负的，显然 $u'_i=v'_j=0$，i，$j=1$，2，…，n 是对偶问题的可行解，从而有 $c'_{ij}=c'_{ij}-u'_i-v'_j$，因此只要 $\boldsymbol{C}'$中有一组零元素分布在不同行与列中，取它们所对应的 $x_{ij}=1$，其余 $x_{ij}=0$，则因满足式（3-27），故找到了最优解. 凡取 $x_{ij}=1$ 处的 0，在 0 的右上角画 * 号，该处称为**分配元**，因此，我们的目的是要找出位于不同行、不同列的 n 个分配元. 为此，

令：
$$c'_{ij}=c_{ij}-\hat{u}_i-\hat{v}_j, i,j=1,2,\cdots,n \tag{3-28}$$

其中，$\hat{u}_i$ 与 $\hat{v}_j$ 由式（3-26）给出，即先把 $\boldsymbol{C}$ 中每行的各元素减去该行中的最小数，再把每列的各元素减去该列的最小数，这样就得到了一个新的价格矩阵 $\boldsymbol{C}'$，它的每一行和每一列上至少有一个零元素，且 $c'_{ij}\geqslant 0$，i，$j=1$，2，…，n.

若 $\boldsymbol{C}'$是通过将 $\boldsymbol{C}$ 的某些行和列分别加、减某些数得到的，且满足 $\boldsymbol{C}'$中每行、每列至少有一个零元素，$c'_{ij}\geqslant 0$，i，$j=1$，2，…，n，则 $\boldsymbol{C}'$称为 $\boldsymbol{C}$ 的**约化矩阵**.

在约化矩阵中求分配元的方法如下：

从有最少 0 的行（列）开始，确定分配元 0^*，然后划去与 0^* 同行同列的其他 0，标以 φ；再求分配元时，φ 处不能再作分配元. 在余下的 $n-1$ 行与 $n-1$ 列中重复上述步骤. 如果最后能求出 n 个分配元，在分配元处取 $x_{ij}=1$，其余 $x_{ij}=0$，这就是分配问题的最优解. 如果分配元不足 n 个，又求不出新的分配元，这时我们设法修改约化矩阵 $\boldsymbol{C}'$，即把它的某些行和某些列分别加或减某常数，得到新的约化矩阵，使得原来的分配元处仍是 0，而在某些位置新出现了零元素，以便能求出更多的分配元. 实现的方法就是标号法；它分为标号过程与修改过程.

（1）标号过程：

① 对没有 0^* 的行画√；

② 对画了√的行的所有零元素所在列画√；

③ 对有√的列的0* 所在行画√ ；

④ 重复②、③，直到得不出新的画√的行、列为止.

（2）修改过程：

① 在已画√的行与未画√的列的交叉处求最小值（它们中一定不会有0，否则，0所在的列一定有√）；

② 对有√的行减去这个最小元素；

③ 对有√的列加上这个最小元素.

在新的约化矩阵上重新求分配元. 重复上述标号和修改过程，直到在新的约化矩阵上能求出 n 个分配元为止.

［例3-7］ 有一份说明书，要分别译成英、日、德、俄四种文字（分别用 E、J、G、R 表示这四项任务），要由甲、乙、丙、丁四人分别去完成，每人完成各项任务所需时间见表3-4，问应分配哪个人去完成哪项任务，可使总时间最少？

表3-4

任务	E	J	G	R	任务	E	J	G	R
甲	2	15	13	4	丙	9	14	16	13
乙	10	4	14	15	丁	7	8	11	9

解 该分配问题的价格矩阵为表3-4，求解过程如下：

第一步，约化价格矩阵：

$$\boldsymbol{C}=\begin{pmatrix}2&15&13&4\\10&4&14&15\\9&14&16&13\\7&8&11&9\end{pmatrix}\begin{matrix}-2\\-4\\-9\\-7\end{matrix}\Rightarrow\begin{pmatrix}0&13&11&2\\6&0&10&11\\0&5&7&4\\0&1&4&2\end{pmatrix}\Rightarrow\begin{pmatrix}0&13&7&0\\6&0&6&9\\0&5&3&2\\0&1&0&0\end{pmatrix}=\boldsymbol{C}'$$
$$\qquad\qquad\qquad\qquad\qquad -4\quad -2$$

第二步，求分配元：其次序是 $c'_{22}=0^*$，$c'_{31}=0^*$，$c'_{11}=c'_{41}=\varphi$；$c'_{14}=0^*$，$c'_{44}=\varphi$；$c'_{43}=0^*$，即：

$$\boldsymbol{C}'=\begin{pmatrix}\varphi&13&7&0^*\\6&0^*&6&9\\0^*&5&3&2\\\varphi&1&0^*&\varphi\end{pmatrix}$$

已求得四个分配元，所以得该问题的最优解：$x_{14}=x_{22}=x_{31}=x_{43}=1$，其余 $x_{ij}=0$，即分配甲译俄文，乙译日文，丙译英文，丁译德文. 完成任务所用的总时间为：$\min Z=c_{14}+c_{22}+c_{31}+c_{43}=28$.

［例3-8］ 某游泳队有四名运动员 A_1、A_2、A_3、A_4，他们的100米自由泳、蛙泳、蝶泳、仰泳的成绩如表3-5所示. 现在要组成一个4×100米混合泳接力队，问应如何分配，才能使总成绩最好.

表 3-5 运动员的项目成绩

项目		自由泳 1	蛙泳 2	蝶泳 3	仰泳 4
运动员	A_1	56″5	74″	61″	63″
	A_2	63″	69″	65″	71″
	A_3	57″1	77″	63″	67″
	A_4	55″9	76″1	63″	62″

解 该分配问题的价格矩阵如表 3-5 所示，求解过程如下：

第一步，约化价格矩阵：

$$C=\begin{pmatrix} 56''5 & 74'' & 61'' & 63'' \\ 63'' & 69'' & 65'' & 71'' \\ 57''1 & 77'' & 63'' & 67'' \\ 55''9 & 76''1 & 63'' & 62'' \end{pmatrix}\begin{matrix} -56''5 \\ -63'' \\ -57''1 \\ -55''9 \end{matrix} \Rightarrow \begin{matrix}\begin{pmatrix} 0 & 17''5 & 4''5 & 6''5 \\ 0 & 6'' & 2'' & 8'' \\ 0 & 19''9 & 5''9 & 9''9 \\ 0 & 20''2 & 7''1 & 6''1 \end{pmatrix} \\ \quad -6'' \quad -2'' \quad -6''1 \end{matrix}$$

$$\Rightarrow \begin{pmatrix} 0 & 11''5 & 2''5 & 0''4 \\ 0 & 0 & 0 & 1''9 \\ 0 & 13''9 & 3''9 & 3''8 \\ 0 & 14''2 & 5''1 & 0 \end{pmatrix} = C'$$

第二步，求分配元. 其次序是：$c'_{11}=0^*$，$c'_{21}=c'_{31}=c'_{41}=\varphi$；$c'_{44}=0^*$；$c'_{22}=0^*$，$c'_{23}=\varphi$. 即

$$C'=\begin{pmatrix} 0^* & 11''5 & 2''5 & 0''4 \\ \varphi & 0^* & \varphi & 1''9 \\ \varphi & 13''9 & 3''9 & 3''8 \\ \varphi & 14''2 & 5''1 & 0^* \end{pmatrix}$$

分配元个数是 3，还少一个，故转第三步.

第三步，对 C' 标号：先后对第 3 行、第 1 列、第 1 行标号如下：

$$C'=\begin{matrix} \checkmark & & & & \\ \begin{pmatrix} 0^* & 11''5 & 2''5 & 0''4 \\ \varphi & 0^* & \varphi & 1''9 \\ \varphi & 13''9 & 3''9 & 3''8 \\ \varphi & 14''2 & 5''1 & 0^* \end{pmatrix} \end{matrix}\begin{matrix} \checkmark \\ \\ \checkmark \\ \\ \end{matrix}$$

第四步，修改 C'：在已标号的第 1、3 行和未标号的第 2、3、4 列的交叉处求出最小元素 0″4，在第 1、3 行的各元素减 0″4，第一列的各元素加 0″4，得：

$$C''=\begin{pmatrix} 0 & 11''1 & 2''1 & 0 \\ 0''4 & 0 & 0 & 1''9 \\ 0 & 13''5 & 3''5 & 3''4 \\ 0''4 & 14''2 & 5''1 & 0 \end{pmatrix}$$

返回第二步.

第二步，求分配元，得：

$$
\boldsymbol{C}'' = \begin{pmatrix} \varphi & 11''1 & 2''1 & \varphi \\ 0''4 & 0^* & \varphi & 1''9 \\ 0^* & 13''5 & 3''5 & 3''4 \\ 0''4 & 14''2 & 5''1 & 0^* \end{pmatrix}
$$

$\boldsymbol{C}''$中分配元仍不足 4 个，故转第三步.

第三步，对$\boldsymbol{C}''$标号，得：

$$
\begin{array}{cccccc} & \surd & & & \surd & \\ \boldsymbol{C}'' = \Bigg(& \varphi & 11''1 & 2''1 & \varphi & \Bigg)\surd \\ & 0''4 & 0^* & \varphi & 1''9 & \\ & 0^* & 13''5 & 3''5 & 3''4 & \surd \\ & 0''4 & 14''2 & 5''1 & 0^* & \surd \end{array}
$$

第四步，修改$\boldsymbol{C}''$，已画√的行和未画√的列交叉处的最小元素为 2″1，在已画√的行减 2″1，已画√的列加 2″1，得：

$$
\boldsymbol{C}''' = \begin{pmatrix} \varphi & 9'' & 0 & 0 \\ 2''5 & 0 & 0 & 4'' \\ 0 & 11''4 & 1''4 & 3''4 \\ 0''4 & 12''1 & 3'' & 0 \end{pmatrix}
$$

返回第二步.

第二步，求分配元，得：

$$
\boldsymbol{C}''' = \begin{pmatrix} \varphi & 9'' & 0^* & \varphi \\ 2''5 & 0^* & \varphi & 4'' \\ 0^* & 11''4 & 1''4 & 3''4 \\ 0''4 & 12''1 & 3'' & 0^* \end{pmatrix}
$$

已求得四个分配元，所以得到该问题的最优解：$x_{13} = x_{22} = x_{31} = x_{44} = 1$，其余 $x_{ij} = 0$，即分配 A_1 游蝶泳，A_2 游蛙泳，A_3 游自由泳，A_4 游仰泳. 其总成绩为 $Z = 249''1$.

3.5 0－1 型整数规划

3.5.1 0－1 型整数规划的特点

[例 3-9] 选址问题（相互排斥计划）

某公司拟在某市的东、西、南三区建立门市部，现拟议中有七个位置（点）A_i，$i = 1$，2，…，7 可供选择：

在东区：由 A_1，A_2，A_3 三个点中最多选两个；

在西区：由 A_4，A_5 两个点中至少选一个；

在南区：由 A_6，A_7 两个点中至少选一个.

若选用 A_i 点则设备投资估计为 b_i（元），每年可得利润估计为 C_i（元），某公司总投资金额估计不超过 B（元）.

求：应如何选择投资门市部才能使得公司的年利润为最大？

解 显然，这是一个0－1型整数规划问题，先引进0－1变量 x_i，$i=1, 2, \cdots, 7$

$$x_i=\begin{cases}1 & \text{当 } A_i \text{ 点被选用时} \\ 0 & \text{当 } A_i \text{ 不被选用时}\end{cases}$$

则有：

$$\min Z = \sum_{i=1}^{7} C_i \cdot x_i$$

$$\text{s.t.}\begin{cases}\sum\limits_{i=1}^{7} b_i \cdot x_i \leqslant B \\ x_1+x_2+x_3 \leqslant 2 \\ x_4+x_5 \geqslant 1 \\ x_6+x_7 \geqslant 1 \\ x_{ij}=0 \text{ 或 } 1\end{cases}$$

，类似的还有固定费用、资产问题等.

显然，0－1型整数规划特点是：在0－1型整数规划问题中决策变量的取值只能是“0”与“1”.

3.5.2 0－1型整数规划的解法——隐枚举法

0－1型整数规划问题是整数规划中的特殊模型，这就自然使我们想到应该用特殊的方法去解决它，因为其决策变量的取值只能是“0”与“1”，所以同样自然使我们想到是否可以逐一地检查决策变量取值为“0”与“1”的所有的组合，比较其目标函数的大小取其最优. 但这样一来就需要检查决策变量取值的 2^n 个组合，当 n 较大时几乎是不可能实现的. 再注意到，在求解一般的整数规划问题中的分枝定界法与割平面法的基本做法都是在一部分可行的整数解中去寻找最优，所以启发我们对0－1型整数规划问题也应该在其一部分可行的整数解中去寻找最优，这就是隐枚举法.

3.5.2.1 隐枚举法的基本思想

从所有变量取“0”的解出发，依次指定一些变量取“1”，直到获得第一个可行解，此时可认为这第一个可行解是迄今为止的最好的可行解，但因为是试探性的选择变量取值，所以第一个可行解完全可能不是最优解. 因此，依此检查变量“0”与“1”的各种组合，对第一个可行解进行改进，直至获得最优解. 由于在检查中对不可能得到较好值的可行解的许多组合不予以检查，因而称其为隐枚举法.

3.5.2.2 隐枚举法的具体步骤

第一步：从0－1型整数规划问题中试探性地找出第一个可行解，计算相应的目标函数值：

$$Z=a$$

第二步：在原0－1型整数规划问题中增加过滤性条件：

$$Z \geqslant a\text{（极大化）或 }Z \leqslant a\text{（极小化）}$$

第三步：由原0－1型整数规划问题中的约束条件与增加的过滤性条件列成一张表，将变量集合的各种组合列入表中，再由各种组合求出 $Z \geqslant a$ 或 $Z \leqslant a$，取其最大或最小值为原问题的最优值.

［例3-10］ 求解0-1整数规划

$$\max Z = 3x_1 - 2x_2 + 5x_3$$

$$\text{s. t.} \begin{cases} x_1 + 2x_2 - x_3 \leqslant 2 & \text{(a)} \\ x_1 + 4x_2 + x_3 \leqslant 4 & \text{(b)} \\ x_1 + x_2 \leqslant 3 & \text{(c)} \\ 4x_2 + x_3 \leqslant 6 & \text{(d)} \\ x_1, x_2, x_3 = 0 \text{ 或 } 1 \end{cases}$$

解 采用隐枚举法求解. 欲求满足约束条件的最大值，以不小于当前目标函数值作为过滤条件，请见下表：

(x_1, x_2, x_3)	z值	(a)	(b)	(c)	(d)	过滤条件
(0, 0, 0)	0	√	√	√	√	$z \geqslant 0$
(0, 0, 1)	5	√	√	√	√	$z \geqslant 5$
(0, 1, 0)	-2					
(0, 1, 1)	3					
(1, 0, 0)	3					
(1, 0, 1)	8	√	√	√	√	$z \geqslant 8$
(1, 1, 0)	1					
(1, 1, 1)	6					

表中，第一个点（0，0，0）处目标函数值为0，且满足所有约束条件，故而设置过滤条件为$z \geqslant 0$；第二个点（0，0，1）处目标函数值为5，且满足所有约束条件，故而更新过滤条件为$z \geqslant 5$；由于接下来的点（0，1，0）、（0，1，1）、（1，0，0）所对应的目标函数值分别为-2、3、3，不满足$z \geqslant 5$的过滤条件，故而无需判断是否满足约束条件；点(1，0，1)处目标函数值为8，且满足所有约束条件，故而更新过滤条件为$z \geqslant 8$；而后，点（1，1，0）和（1，1，1）所对应的目标函数值分别为1和6，不满足$z \geqslant 8$的过滤条件. 因此，本例最优解为（1，0，1），最优目标值为8.

上述计算过程中，进行了8次目标函数值的计算，以及12次是否约束条件的判断，合计20次运算. 这比采用枚举法计算还是有所改进的. 但不难发现，采用隐枚举法的运算量与可能点的排列次序是有关系的. 例如，若调整上表中的第二、三、四个点的次序，则有

(x_1, x_2, x_3)	z值	(a)	(b)	(c)	(d)	过滤条件
(0, 0, 0)	0	√	√	√	√	$z \geqslant 0$
(0, 1, 0)	-2					
(0, 1, 1)	3	√	×			
(0, 0, 1)	5	√	√	√	√	$z \geqslant 5$
(1, 0, 0)	3					
(1, 0, 1)	8	√	√	√	√	$z \geqslant 8$
(1, 1, 0)	1					
(1, 1, 1)	6					

此表中，点（0，1，1）处目标函数值为3，满足过滤条件 $z\geqslant 0$，在约束条件判断中发现满足条件（a），但不满足条件（b），则不再进一步判断是否满足约束条件（c）与（d）. 在这一过程中，增加了2次约束条件判断，故而合计运算量为8次+14次=22次.

既然运算量与可能点的排列次序有关，故而在应用隐枚举法进行求解0-1整数规划时，往往可以根据具体问题中约束条件的形式、变量系数的大小等来调整变量取值组合的次序，进而提高计算效率. 例如上例欲求极大值与极大值点，约束条件均为"≤"，变量 x_2 在目标函数中的系数为负，而在约束条件中的系数为正且偏大，故而我们倾向于将 x_2 取为0值，因此，计算中可以将 x_2 取0值的变量值组合排在前面，以便减小计算量.

习 题 3

3-1 某职工从武汉调至上海，拟将行李用集装箱装箱，然后用汽车或轮船运往上海，目的是为了节省运费，但只能任选其一种方式运输，已知有关数据见表3-6.

表3-6

方式 / 货物种类	车运（每箱）			船运（每箱）		
	体积/米^3	重量/千克	价格/元	体积/米^3	重量/千克	价格/元
甲	7	20	100	80	35	200
乙	8	15	150	75	42	300
托运限制	35	500		85	250	

试引入整数变量和0-1决策变量建立该问题的整数规划模型.

3-2 用分枝定界法求解：

（1）$\max Z=40x_1+90x_2$

$$\text{s.t.}\begin{cases}9x_1+7x_2\leqslant 56\\7x_1+20x_2\leqslant 70\\x_1\geqslant 0,\ x_2\geqslant 0,\ \text{且都是整数}\end{cases}$$

（2）$\min Z=x_1+4x_2$

$$\text{s.t.}\begin{cases}2x_1+x_2\leqslant 8\\x_1+2x_2\geqslant 6\\x_1,\ x_2\geqslant 0\ \text{且都是整数}\end{cases}$$

3-3 用割平面法求解：

（1）$\max Z=x_1+x_2$

$$\text{s.t.}\begin{cases}2x_1+x_2\leqslant 6\\4x_1+5x_2\leqslant 20\\x_1\geqslant 0,\ x_2\geqslant 0,\ \text{且都是整数}\end{cases}$$

（2）$\max Z=3x_1-x_2$

$$\text{s.t.}\begin{cases}3x_1-2x_2\leqslant 3\\-5x_1-4x_2\leqslant -10\\2x_1+x_2\leqslant 5\\x_1\geqslant 0,\ x_2\geqslant 0,\ \text{且都是整数}\end{cases}$$

3-4 今分配4个人去完成4项工作，每人完成每项工作所需时间如表3-7，问应分配哪个人去完成哪项工作，使所用总时间最少？

表3-7

	工作	1	2	3	4
人	A_1	1	8	4	4
	A_2	5	7	6	5
	A_3	3	5	4	2
	A_4	3	1	6	3

3-5 某建筑公司所属5个工程队，现有5项工程需要该公司承包. 考虑各方面的原因，规定每个工程队只能承包其中一项工程，由于各队施工质量和技术水平的差异，其承包后各队的报酬不同（见表3-8），试问如何分配任务，使得该建筑公司获得最好的经济效益？

表 3-8

施工队 \ 报酬/万元 \ 项目	A	B	C	D	E
Ⅰ	17	7	9	7	9
Ⅱ	8	9	6	6	6
Ⅲ	7	17	12	14	12
Ⅳ	15	14	6	6	10
Ⅴ	4	10	7	10	6

3-6 求解下列0－1型整数规划：

(1) $\min Z = 4x_1 + 3x_2 + 2x_3$

$$\text{s. t.}\begin{cases} 2x_1 - 5x_2 + 3x_3 \leqslant 4 \\ 4x_1 + x_2 + 3x_3 \geqslant 3 \\ x_2 + x_3 \geqslant 1 \\ x_1,\ x_2,\ x_3 = 0 \text{ 或 } 1 \end{cases}$$

(2) $\min Z = 2x_1 + 5x_2 + 3x_3 + 4x_4$

$$\text{s. t.}\begin{cases} -4x_1 + x_2 + x_3 + x_4 \geqslant 0 \\ -2x_1 + 4x_2 + 2x_3 + 4x_4 \geqslant 4 \\ x_1 + x_2 - x_3 + x_4 \geqslant 1 \\ x_1,\ x_2,\ x_3,\ x_4 = 0 \text{ 或 } 1 \end{cases}$$

第 4 章

无约束最优化问题

前面讨论的线性规划，其目标函数和约束条件都是自变量的一次函数. 如果一个规划问题的目标函数和约束函数中，至少有一个是自变量的非线性函数，则这种规划问题就称为**非线性规划问题**，用（NP）表示. 非线性规划是运筹学的重要分支之一，也是一门新兴的学科. 1951 年，Kuhn - Tucker 定理奠定了非线性规划的理论基础，随后它在许多方面得到了越来越广泛的应用，其典型的应用领域有：预报、生产流程的安排、科学管理、库存控制、质量控制、系统控制、保养和维修、最优化设计、会计过程以及资金预算等.

一般来说，求解非线性规划问题要比求解线性规划问题困难得多. 非线性规划问题不像线性规划问题那样有统一的数学模型，又有单纯形法这一通用的解法，非线性规划问题目前还没有适应于各种问题的一般算法，各个方法都有特定的适用范围，都有一定的局限性. 这是需要人们更深入地进行研究的领域. 值得一提的是，在线性规划问题中如果其有最优解，则最优解必然能在可行域的顶点（或边界）上得到；而非线性规划问题的最优解却可能是可行域的任意一点. 因此，线性规划问题用单纯形法求出的是全局最优解，而在非线性规划问题中一般用非线性规划方法求出的只是局部最优解.

非线性规划又分为有约束问题与无约束问题，本章介绍无约束最优化问题. 有约束最优化问题将在第 5 章中介绍.

4.1 非线性规划的数学模型及基本概念

4.1.1 实例及数学模型

[例 4-1] 多参数曲线拟合问题

已知热敏电阻 R 依赖于温度 t 的函数关系为：$R=x_1\exp\left(\frac{x_2}{t}+x_3\right)$，其中 x_1，x_2，x_3 是特定的参数. 通过实验测得 t 和 R 的 k 组数据（R_i，t_i），$i=1, 2, \cdots, k$. 问题是如何确定参数 x_1，x_2 和 x_3.

可以设想，对参数 x_1，x_2 和 x_3 的某一组数值，由上式就确定了 R 对 t 的一个函数关系式，在几何上它对应一条曲线，这条曲线不一定正好通过那些测量点，一般都要产生“偏差”（见图 4-1）. 我们用所有测量点沿垂直方向到曲线的距离平方和作为这种“偏差”的度量，即 $S=\sum_{i=1}^{k}\left[R_i-x_1\exp\left(\frac{x_2}{t_i}+x_3\right)\right]^2$，显然，

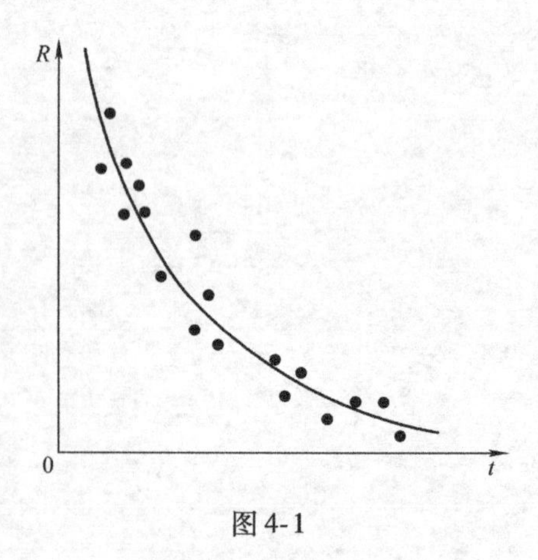

图 4-1

偏差 S 越小说明曲线拟合得越好，参数值选择得越好. 因此，我们的问题转变为三维空间中的无约束极值问题：

$$\min\sum_{i=1}^{k}\left[R_i - x_1\exp\left(\frac{x_2}{t_i}+x_3\right)\right]^2$$

解出的参数值也许是不能接受的，为了避免这种情况，可以加上一些约束条件，如：$-x_2+x_3\geqslant 0$，这样就成为一个约束非线性规划问题.

[例4-2]　定位问题

假设要选定一个供应中心的位置，由这个中心向城市中位置固定的 m 个用户提供服务. 中心供应的商品可以是电、水、牛奶和其他货物. 供应中心的设置定位准则是使从中心到用户的“距离”最小. 例如，可以是使中心到各用户的最大距离为最小. 假定在这个城市里货物必须沿互相垂直的路线（街道）供应，那么合适的距离函数就是矩形距离. 下面列出其数学模型：设（x_1，x_2）表示供应中心的待定位置（坐标），而（a^i，b^i）是第 i 个用户的所在位置，则问题是求：

$$\min_{x_1,x_2}\left\{\max_{1\leqslant i\leqslant m}\left[\,|a^i-x_1|+|b^i-x_2|\,\right]\right\}$$

这个式子意味着，首先对（x_1，x_2）的每个可能值求出指标 i，使方括号中的矩形距离最大；其次在依赖于（x_1，x_2）的所有最大距离中求出最小的. 如果每一位置（x_1，x_2）都可以接受，那么问题是无约束的. 如果还有其他限制，例如供应中心到某几个用户的距离必须在某个范围内. 则问题是有约束的.

[例4-3]　某公司用特制的长方体容器运送500立方米食品. 假定往返运送一次的费用为2元. 制作容器的费用为：上下底板10元/米^2，四面侧板15元/米^2. 试确定使运送费最小的运送次数及容器尺寸.

设容器高度为 x_1，底板边长为 x_2 和 x_3，运送次数为 x_4，则问题的数学模型是：

$$\min 30(x_1x_2+x_1x_3)+20x_2x_3+2x_4$$

$$\text{s. t.}\begin{cases}x_1x_2x_3x_4=500\\ x_1,x_2,x_3,x_4\geqslant 0\end{cases}$$

还可以举出许多含有非线性函数的问题的例子，例如最优设计，过程控制等. 一般非线性规划的数学模型可表示为：

$$\min f(\boldsymbol{X})$$

$$\text{s. t.}\begin{cases}\boldsymbol{h}(\boldsymbol{X})=\boldsymbol{0}\\ \boldsymbol{g}(\boldsymbol{X})\geqslant\boldsymbol{0}\end{cases}\tag{4-1}$$

式中，$\boldsymbol{X}=(x_1,\ x_2,\ \cdots,\ x_n)^{\mathrm{T}}$ 为 n 维向量空间 $\mathbf{R}^n$ 中的向量（非线性规划部分所使用的向量规定均为列向量）；$f(\boldsymbol{X})$ 为向量 $\boldsymbol{X}$ 的实值函数，称为目标函数；$\boldsymbol{h}(\boldsymbol{X})=(h_1(\boldsymbol{X}),\ h_2(\boldsymbol{X}),\ \cdots,\ h_m(\boldsymbol{X}))^{\mathrm{T}}$；$\boldsymbol{g}(\boldsymbol{X})=(g_1(\boldsymbol{X}),\ g_2(\boldsymbol{X}),\ \cdots,\ g_l(\boldsymbol{X}))^{\mathrm{T}}$.

这里 $h_i(\boldsymbol{X})$ 和 $g_j(\boldsymbol{X})$（$i=1,\ 2,\ \cdots,\ m,\ j=1,\ 2,\ \cdots,\ l$）都是向量 $\boldsymbol{X}$ 的实值函数. $\boldsymbol{h}(\boldsymbol{X})=\boldsymbol{0}$ 称为**等式约束**，$\boldsymbol{g}(\boldsymbol{X})\geqslant\boldsymbol{0}$ 称为**不等式约束**. 满足所有约束的向量 $\boldsymbol{X}$ 称为**可行解**或**容许解**. 记 $D=\{\boldsymbol{X}\mid\boldsymbol{h}(\boldsymbol{X})=\boldsymbol{0},\ \boldsymbol{g}(\boldsymbol{X})\geqslant\boldsymbol{0}\}$，称为问题（式4-1）的**约束域、可行域**或**容许域**. 这样，式（4-1）可简写为 $\min\limits_{x\in D}f(\boldsymbol{X})$.

由于 $\max f(\boldsymbol{X})=-\min(-f(\boldsymbol{X}))$，因此，如无特殊说明，我们将只讨论极小化模型.

在模型即式（4-1）中引入不等式约束这一点是很重要的，我们在微积分中讨论过极值问题，在那里，或者是无约束极值；或者即使有约束，也只是等式约束. 我们可以用 Lagrange 乘子法将等式约束极值问题化为无约束极值问题. 这种极值问题称为“经典”极值问题. 在极值问题中引入不等式约束，标志着“经典”极值时代的结束和数学规划“现代”理论的开始. 不等式约束使最优性条件的分析处理复杂化，但是却能解决“经典”极值所不能解决的更广泛的实际问题.

二维非线性规划问题有直观的几何解释，并且可以抽象地把这种解释推广到 n 维问题中去. 这对于理解有关的理论和掌握所述的方法很有帮助. 例如，非线性规划：

$$\min f(\boldsymbol{X}) = \min[(x_1-2)^2+(x_2-2)^2]$$

$$\text{s. t.} \quad g(\boldsymbol{X}) = x_1+x_2-6 \geqslant 0$$

它可以用图 4-2 表示. 但这种空间图形既不容易画，也不容易看出最优解，因此，可仿照线性规划的图解法把它投影到平面上. 若令 $f(\boldsymbol{X})=c$，c 为一常数，则满足此式的 X 构成目标函数值等于 c 的点的集合，一般为一条曲线或曲面，称为目标函数的**等值（高）线（面）**. 本问题中，令 $f(\boldsymbol{X})=2$ 或 4，得到两条圆形等值线，将其投影到 x_1x_2 平面上，等高线 $f(\boldsymbol{X})=2$ 与约束 $x_1+x_2-6\geqslant 0$ 的边界相切，切点 $x^*=(3,\ 3)^{\mathrm{T}}$ 就是该问题的最优解（见图 4-3）.

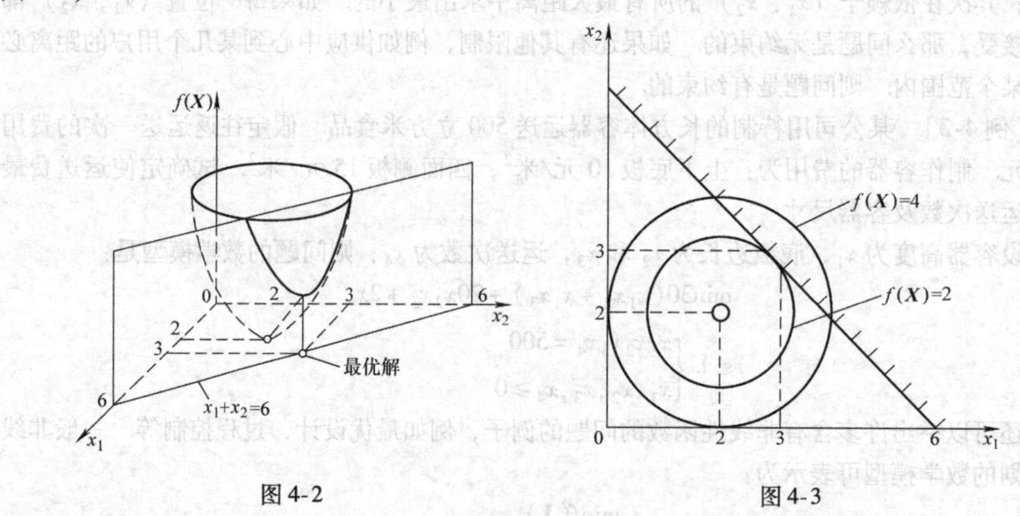

图 4-2　　　　图 4-3

4.1.2 基本概念

图 4-3 所示的最优解不是在约束区域的极点上达到，这是非线性规划与线性规划不同之处；此外，线性规划的最优解一定是全局最优解，而非线性规划有局部最优解和全局最优解的区别.

4.1.2.1 *局部最优解和全局最优解*

定义 4-1 若 $\boldsymbol{X}^* \in D$ 满足 $\min\limits_{\boldsymbol{X}\in D} f(\boldsymbol{X}) = f(\boldsymbol{X}^*)$，即对任意 $\boldsymbol{X}\in D$ 都有：$f(\boldsymbol{X}^*) \leqslant f(\boldsymbol{X})$，则 $\boldsymbol{X}^*$ 称为非线性规划问题的**全局（整体）最优解**.

定义 4-2 若 $\boldsymbol{X}^* \in D$，且存在 $\boldsymbol{X}^*$ 的某一邻域 $N_\varepsilon(\boldsymbol{X}^*)$：$N_\varepsilon(\boldsymbol{X}^*) = \{\boldsymbol{X} \mid \|\boldsymbol{X}-\boldsymbol{X}^*\| < \varepsilon,\ \varepsilon>0\}$ 使得 $\min\limits_{\boldsymbol{X}\in D\cap N_\varepsilon(\boldsymbol{X}^*)} f(\boldsymbol{X}) = f(\boldsymbol{X}^*)$，即对任意 $\boldsymbol{X}\in D\cap N_\varepsilon(\boldsymbol{X}^*)$ 都有：$f(\boldsymbol{X}^*) \leqslant f(\boldsymbol{X})$，

则 X^* 称为非线性规划问题的**局部最优解**.

约束区域 D 常常为有界闭集，因而当 $f(X)$ 连续时，它在 D 内有最小值，并且往往位于 D 的边界上.

4.1.2.2　梯度与 Hesse 矩阵

设函数 $f(X)=f(x_1, x_2, \cdots, x_n)$ 是 n 维向量 X 的数量函数，即以 $x_1, x_2, \cdots, x_n$ 为自变量的数量函数.

定义 4-3　设 $f(X)$ 的偏导数存在，称列向量 $\left(\frac{\partial f}{\partial x_1}, \frac{\partial f}{\partial x_2}, \cdots, \frac{\partial f}{\partial x_n}\right)^{\mathrm{T}}$ 为数量函数 $f(X)$ 列向量 X 的**导数**，记作 $\frac{\mathrm{d}f}{\mathrm{d}X}=\left(\frac{\partial f}{\partial x_1}, \frac{\partial f}{\partial x_2}, \cdots, \frac{\partial f}{\partial x_n}\right)^{\mathrm{T}}$.

上述导数习惯上称作 $f(X)$ 的**梯度**，记作 $\nabla f(X)=\left(\frac{\partial f}{\partial x_1}, \frac{\partial f}{\partial x_2}, \cdots, \frac{\partial f}{\partial x_n}\right)^{\mathrm{T}}$.

[**例 4-4**]　求函数 $f(X)=X^{\mathrm{T}}X=x_1^2+x_2^2+\cdots+x_n^2$ 的梯度.

解
$$\nabla f(X)=\left(\frac{\partial f}{\partial x_1}, \frac{\partial f}{\partial x_2}, \cdots, \frac{\partial f}{\partial x_n}\right)^{\mathrm{T}}=(2x_1, 2x_2, \cdots, 2x_n)^{\mathrm{T}}=2X$$

梯度具有两条重要性质：

(1) 函数在某点的梯度必与过该点的等值面垂直；

(2) 梯度方向是函数具有最大变化率的方向.

下面证明第一条性质：

过点 X_0 的等值面方程为：$f(X)=f(X_0)$ 或 $f(x_1, x_2, \cdots, x_n)=\gamma_0$，$\gamma_0=f(X_0)$，设 $x_1=x_1(\theta)$，$x_2=x_2(\theta)$，$\cdots$，$x_n=x_n(\theta)$ 是过点 X_0 同时又完全在等值面 $f(X)=f(X_0)$ 上的任意一条光滑曲线 L 的方程，θ 是参数，点 X_0 所对应的参数是 θ_0，把曲线方程代入等值面方程，得：

$$f(x_1(\theta), x_2(\theta), \cdots, x_n(\theta))=\gamma_0$$

方程两边同时在 θ_0 处对 θ 求导，根据复合函数求导法则，得：

$$\frac{\partial f}{\partial x_1}\cdot x'_1(\theta_0)+\frac{\partial f}{\partial x_2}\cdot x'_2(\theta_0)+\cdots+\frac{\partial f}{\partial x_n}\cdot x'_n(\theta_0)=0$$

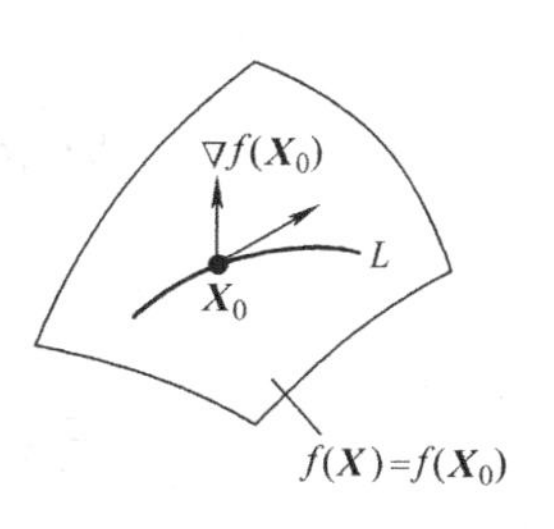

图 4-4

向量 $t(\theta_0)=(x'_1(\theta_0), x'_2(\theta_0), \cdots, x'_n(\theta_0))^{\mathrm{T}}$ 是曲线 L 在 X_0 处的切线向量，上式即为：$\nabla f(X_0)^{\mathrm{T}}\cdot t(\theta_0)=0$，此式说明函数 $f(X)$ 在 X_0 处的梯度 $\nabla f(X_0)$ 与过点 X_0 在等值面上的任意一条曲线 L 的切线垂直，从而与过点 X_0 的切平面垂直（见图 4-4）.

定义 4-4　设向量函数 $a^{\mathrm{T}}(X)=(a_1(X), a_2(X), \cdots, a_m(X))$，$a_j(X)(j=1,2,\cdots,m)$ 的偏导数存在，$n\times m$ 矩阵函数：

$$\left(\frac{\partial a_j}{\partial x_i}\right)=\begin{pmatrix} \frac{\partial a_1}{\partial x_1} & \frac{\partial a_2}{\partial x_1} & \cdots & \frac{\partial a_m}{\partial x_1} \\ \vdots & \vdots & & \vdots \\ \frac{\partial a_1}{\partial x_n} & \frac{\partial a_2}{\partial x_n} & \cdots & \frac{\partial a_m}{\partial x_n} \end{pmatrix}$$

称为 **m 维行向量函数 $\boldsymbol{a}^{\mathrm{T}}(\boldsymbol{X})$ 对 n 维列向量 $\boldsymbol{X}$ 的导数.**

设 $f(\boldsymbol{X})$ 的二阶偏导数存在且连续，那么 $f(\boldsymbol{X})$ 对 $\boldsymbol{X}$ 的二阶导数是什么呢？一阶导数 $\frac{\mathrm{d}f(\boldsymbol{X})}{\mathrm{d}\boldsymbol{X}}=\nabla f(\boldsymbol{X})$ 是梯度向量，按定义 4-4，$[f(\boldsymbol{X})]^{\mathrm{T}}$ 对 $\boldsymbol{X}$ 的导数是 n 阶方阵，但通常定义 $\nabla f(\boldsymbol{X})$ 对 X 的导数即 $f(\boldsymbol{X})$ 对 $\boldsymbol{X}$ 的二阶导数为 $f(\boldsymbol{X})$ 的 **Hesse 矩阵**，记为：

$$\nabla^2 f(\boldsymbol{X})=\nabla(\nabla f(\boldsymbol{X}))=\begin{pmatrix} \frac{\partial^2 f(\boldsymbol{X})}{\partial x_1^2} & \frac{\partial^2 f(\boldsymbol{X})}{\partial x_1 \partial x_2} & \cdots & \frac{\partial^2 f(\boldsymbol{X})}{\partial x_1 \partial x_n} \\ \frac{\partial^2 f(\boldsymbol{X})}{\partial x_2 \partial x_1} & \frac{\partial^2 f(\boldsymbol{X})}{\partial x_2^2} & \cdots & \frac{\partial^2 f(\boldsymbol{X})}{\partial x_2 \partial x_n} \\ \vdots & \vdots & & \vdots \\ \frac{\partial^2 f(\boldsymbol{X})}{\partial x_n \partial x_1} & \frac{\partial^2 f(\boldsymbol{X})}{\partial x_n \partial x_2} & \cdots & \frac{\partial^2 f(\boldsymbol{X})}{\partial x_n^2} \end{pmatrix}$$

这是一个 n 阶对称矩阵.

[例 4-5]　求函数 $f(\boldsymbol{X})=x_1^4+2x_2^3+3x_3^2-x_1^2x_2+4x_2x_3-x_1x_3^2$ 的梯度和 Hesse 矩阵.

解

$$\frac{\partial f}{\partial x_1}=4x_1^3-2x_1x_2-x_3^2 \qquad \frac{\partial^2 f}{\partial x_1^2}=12x_1^2-2x_2$$

$$\frac{\partial^2 f}{\partial x_1 \partial x_2}=-2x_1 \qquad \frac{\partial^2 f}{\partial x_1 \partial x_3}=-2x_3 \qquad \frac{\partial^2 f}{\partial x_2 \partial x_3}=4$$

$$\frac{\partial f}{\partial x_2}=6x_2^2-x_1^2+4x_3 \qquad \frac{\partial^2 f}{\partial x_2^2}=12x_2$$

$$\frac{\partial f}{\partial x_3}=6x_3+4x_2-2x_1x_3 \qquad \frac{\partial^2 f}{\partial x_3^2}=6-2x_1$$

$$\nabla f(\boldsymbol{X})=\begin{pmatrix} 4x_1^3-2x_1x_2-x_3^2 \\ 6x_2^2-x_1^2+4x_3 \\ 6x_3+4x_2-2x_1x_3 \end{pmatrix}$$

$$\nabla^2 f(\boldsymbol{X})=\begin{pmatrix} 12x_1^2-2x_2 & -2x_1 & -2x_3 \\ -2x_1 & 12x_2 & 4 \\ -2x_3 & 4 & 6-2x_1 \end{pmatrix}$$

4.1.2.3　*二次函数*

在多元函数中除了线性函数以外，最简单最重要的一类是二次函数. 二次函数的一般形式为：

$$f(x_1,x_2,\cdots,x_n)=\frac{1}{2}\sum_{i=1}^{n}\sum_{j=1}^{n}q_{ij}x_ix_j+\sum_{i=1}^{n}b_ix_i+c$$

式中，q_{ij}，b_i，c 都是实常数，而且 $q_{ij}=q_{ji}$. 二次函数的矩阵形式为：$f(\boldsymbol{X})=\frac{1}{2}\boldsymbol{X}^{\mathrm{T}}\boldsymbol{Q}\boldsymbol{X}+\boldsymbol{b}^{\mathrm{T}}\boldsymbol{X}+\boldsymbol{C}$，其中：

$$Q=\begin{pmatrix} q_{11} & q_{12} & \cdots & q_{1n} \\ q_{21} & q_{22} & \cdots & q_{2n} \\ \vdots & \vdots & & \vdots \\ q_{n1} & q_{n2} & \cdots & q_{nn} \end{pmatrix} \quad b=\begin{pmatrix} b_1 \\ b_2 \\ \vdots \\ b_n \end{pmatrix}$$

这里 Q 是对称矩阵.

我们知道，特殊的二次函数（二次齐次函数）$f(X)=\frac{1}{2}X^{\mathrm{T}}QX$ 称为**二次型**. Q 为正定的二次函数是我们更关心的函数，下面简略复习一下关于矩阵正定、半正定、负定、半负定的概念.

定义 4-5　设 Q 是 n 阶对称矩阵，对任意的非零 $X\in\mathbf{R}^n$，都有 $X^{\mathrm{T}}QX>0$，则矩阵 Q 称为**正定的**；若都有 $X^{\mathrm{T}}QX\geqslant 0$，则矩阵 Q 称为**半正定的**；若都有 $X^{\mathrm{T}}QX<0$，则矩阵 Q 称为**负定的**；若都有 $X^{\mathrm{T}}QX\leqslant 0$，则矩阵 Q 称为**半负定的**.

一个对称矩阵 Q 是否正定，可以用 Sylvester 定理来判定.

定理 4-1（Sylvester 定理）　一个 n 阶对称矩阵 Q 是正定矩阵的充分必要条件是：矩阵 Q 的各阶顺序主子式都是正的. 对称矩阵 Q 是负定矩阵的充分必要条件是：Q 的各阶顺序主子式负、正相间.

[例 4-6]　判定

$$Q=\begin{pmatrix} 6 & -3 & 1 \\ -3 & 2 & 0 \\ 1 & 0 & 4 \end{pmatrix}\text{的正定性}$$

解　Q 的各阶主子式依次为：

$$|6|=6>0,\quad \begin{vmatrix} 6 & -3 \\ -3 & 2 \end{vmatrix}=3>0,\quad |Q|=10>0$$

根据定理 4-1，Q 为正定矩阵.

[例 4-7]　求二次函数 $f(X)=\frac{1}{2}X^{\mathrm{T}}QX+b^{\mathrm{T}}X+C$ 的梯度和 Hesse 矩阵.

解

$$\nabla f(X)=\frac{1}{2}\begin{pmatrix} \frac{\partial}{\partial x_1}\left(\sum_{i=1}^{n}\sum_{j=1}^{n}q_{ij}x_ix_j\right) \\ \frac{\partial}{\partial x_2}\left(\sum_{i=1}^{n}\sum_{j=1}^{n}q_{ij}x_ix_j\right) \\ \vdots \\ \frac{\partial}{\partial x_n}\left(\sum_{i=1}^{n}\sum_{j=1}^{n}q_{ij}x_ix_j\right) \end{pmatrix}+\begin{pmatrix} \frac{\partial}{\partial x_1}\left(\sum_{i=1}^{n}b_ix_i\right) \\ \frac{\partial}{\partial x_2}\left(\sum_{i=1}^{n}b_ix_i\right) \\ \vdots \\ \frac{\partial}{\partial x_1}\left(\sum_{i=1}^{n}b_ix_i\right) \end{pmatrix}+\mathbf{0}$$

$$=\frac{1}{2}\begin{pmatrix} \sum_{j=1}^{n}q_{1j}x_j+\sum_{i=1}^{n}q_{i1}x_i \\ \sum_{j=1}^{n}q_{2j}x_j+\sum_{i=1}^{n}q_{i2}x_i \\ \vdots \\ \sum_{j=1}^{n}q_{nj}x_j+\sum_{i=1}^{n}q_{in}x_i \end{pmatrix}+\begin{pmatrix} b_1 \\ b_2 \\ \vdots \\ b_n \end{pmatrix}$$

$$= \begin{pmatrix} (q_{11} & \cdots & q_{1n})X \\ (q_{21} & \cdots & q_{2n})X \\ & \vdots & \\ (q_{n1} & \cdots & q_{nn})X \end{pmatrix} + b = QX + b$$

$$\nabla^2 f(X) = \nabla(\nabla f(X)) = \nabla(QX + b) = Q$$

4.1.2.4 无约束问题最优性条件

无约束问题 $\min f(X)$ 的局部最优解应满足什么条件，即函数在某点取极小的必要条件是什么？反之，满足什么条件的点是局部最优解点，即函数在某点取极小的充分条件是什么？这是我们所关心的基本问题. 下面分别以定理的形式给出.

定理 4-2 设 $f(X)$ 具有连续的一阶偏导数，若 X^* 是 $f(X)$ 的局部最优解，则它满足：$\nabla f(X^*) = \mathbf{0}$.

证 设 S 是任意向量，对于 $\|ts\| < \delta$ 的任意 t，有 $X^* + ts \in N_\delta(X^*)$，因为 X^* 是 $f(X)$ 的局部极小点，所以有：$f(X^* + ts) \geqslant f(X^*)$，引入辅助一元函数 $\varphi(t) = f(X^* + ts)$，则不等式变为：$\varphi(t) \geqslant \varphi(0)$，即 $t=0$ 是 $\varphi(t)$ 的局部极小点. 由一元函数极小点的必要条件，有 $\varphi'(0) = 0$，即

$$\varphi'(0) = \nabla f(X^*)^{\mathrm{T}} S = \mathbf{0}$$

由 S 的任意性，得 $\nabla f(X^*) = \mathbf{0}$. 定理证毕.

和一元函数一样，条件 $\nabla f(X^*) = \mathbf{0}$ 仅是局部极小点的必要条件，不是充分条件. 例如，函数 $f(x_1, x_2) = x_1^2 - x_2^2$ 在 $X^* = (0, 0)^{\mathrm{T}}$ 处有 $\nabla f(0, 0) = (0, 0)^{\mathrm{T}}$，但点 X^* 是双曲抛物面的鞍点而不是极小点.

定义 4-6 设 $f(X)$ 具有连续的一阶偏导数，若在 X^* 处满足 $\nabla f(X^*) = \mathbf{0}$，则 X^* 称为 $f(X)$ 的**稳定点**.

定理 4-3 若函数 $f(X)$ 具有连续的二阶偏导数，且在 X^* 处满足：$\nabla f(X^*) = \mathbf{0}$，$\nabla^2 f(X^*)$ 正定，则 X^* 是 $\min f(X)$，$X \in \mathbf{R}^n$ 的严格局部最优解.

证 任取单位向量 $d \in \mathbf{R}^n$，由 Taylor 展开式和 $\nabla f(X^*) = \mathbf{0}$ 得知：$f(X^* + \alpha d) - f(X^*) = \frac{1}{2}\alpha^2[d^{\mathrm{T}}\nabla^2 f(X^*)d] + 0(\alpha^2)$ 因为二次函数 $d^{\mathrm{T}}\nabla^2 f(X^*)d$ 在有界闭区域 $D = \{d \mid \|d\| = 1\}$ 上连续，所以二次函数 $d^{\mathrm{T}}\nabla^2 f(X^*)d$ 在 D 上能够取到最小值. 若记该最小值为 γ，则由 $\nabla^2 f(X^*)$ 的正定性可知 $\gamma > 0$，于是由上式得到：

$$f(X^* + \alpha d) - f(X^*) \geqslant \frac{1}{2}\gamma\alpha^2 + o(\alpha^2)$$

由此可知存在着 $\varepsilon > 0$，使得当 $0 < \alpha < \varepsilon$ 时，对任意单位向量 $d \in \mathbf{R}^n$ 总有：$f(X^* + \alpha d) - f(X^*) > 0$，由定义 3-2 即知，$X^*$ 为 $\min f(X)$ 的严格局部最优解. 定理证毕.

利用定理 4-3 可以证明下面的结论：正定二次函数 $f(X) = \frac{1}{2}X^{\mathrm{T}}QX + b^{\mathrm{T}}X + C$，有唯一极小点 $X^* = -Q^{-1}b$.

事实上，令 $\nabla f(X) = QX + b = \mathbf{0}$，因 Q 正定，方程有唯一解：$X^* = -Q^{-1}b$，又 $f(X)$ 的 Hesse 矩阵 $\nabla^2 f(X^*) = Q$ 正定，由定理 3-3 即知 $X^* = -Q^{-1}b$ 是 $f(X)$ 的唯一极小点.

从这个结论看到，正定二次函数的极小化问题最简单，其极小点可以由公式直接求出.

对于一个求解无约束问题的算法，往往先考虑它在正定二次函数上的效果，效果好的，则可考虑用到非二次函数上去．如果一个非二次函数在极小点的Hesse矩阵是正定的，则这个函数在极小点附近近似于正定二次函数．事实上，设$\boldsymbol{X}^*$是$f(\boldsymbol{X})$的极小点，$\nabla^2 f(\boldsymbol{X}^*)$正定．当$\|\boldsymbol{X}-\boldsymbol{X}^*\|$充分小时，把$f(\boldsymbol{X})$在$\boldsymbol{X}^*$点展成Taylor展式：

$$f(\boldsymbol{X})=f(\boldsymbol{X}^*)+\nabla f(\boldsymbol{X}^*)^{\mathrm{T}}(\boldsymbol{X}-\boldsymbol{X}^*)+\frac{1}{2}(\boldsymbol{X}-\boldsymbol{X}^*)^{\mathrm{T}}\nabla^2 f(\boldsymbol{X}^*)(\boldsymbol{X}-\boldsymbol{X}^*)+o(\|\boldsymbol{X}-\boldsymbol{X}^*\|^2)$$

其中，$\nabla f(\boldsymbol{X}^*)=\boldsymbol{0}$，略去高阶无穷小，有：

$$f(\boldsymbol{X})\approx f(\boldsymbol{X}^*)+\frac{1}{2}(\boldsymbol{X}-\boldsymbol{X}^*)^{\mathrm{T}}\nabla^2 f(\boldsymbol{X}^*)(\boldsymbol{X}-\boldsymbol{X}^*)$$

右边是一个正定二次函数．

4.2　凸函数和凸规划

4.2.1　凸函数的定义及其性质

凸集、凸函数和凸规划是非线性规划经常遇到的概念，凸集在第1章线性规划中已作介绍，下面介绍凸函数和凸规划．

定义4-7　设$f(\boldsymbol{X})$是定义在n维欧氏空间E^n的某个凸集R上的函数，若对任何实数λ（$0\leqslant\lambda\leqslant 1$）以及$R$中的任意两点的$\boldsymbol{X}^{(1)}$和$\boldsymbol{X}^{(2)}$，恒有：

$$f(\lambda\boldsymbol{X}^{(1)}+(1-\lambda)\boldsymbol{X}^{(2)})\leqslant\lambda f(\boldsymbol{X}^{(1)})+(1-\lambda)f(\boldsymbol{X}^{(2)})\qquad(4\text{-}2)$$

则$f(\boldsymbol{X})$称为定义的凸集R上的**凸函数**．若对每一个λ（$0<\lambda<1$）和$\boldsymbol{X}^{(1)}\neq\boldsymbol{X}^{(2)}\in R$恒有：

$$f(\lambda\boldsymbol{X}^{(1)}+(1-\lambda)\boldsymbol{X}^{(2)})<\lambda f(\boldsymbol{X}^{(1)})+(1-\lambda)f(\boldsymbol{X}^{(2)})\qquad(4\text{-}3)$$

则$f(\boldsymbol{X})$称为定义在R上的**严格凸函数**．

将式（4-2）和式（4-3）中的不等号反号，就得到**凹函数和严格凹函数**的定义．

显然，若$f(\boldsymbol{X})$是（严格）凸函数，则$-f(\boldsymbol{X})$是（严格）凹函数．

一元凸函数的几何意义：函数图形上任意两点的连线处处不在对应的函数图形的下方（见图4-5）．

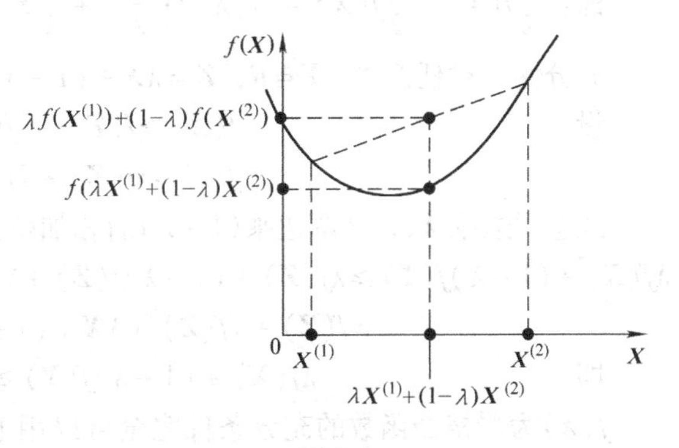

图4-5

由定义4-7可知，线性函数$f(\boldsymbol{X})=\boldsymbol{a}^{\mathrm{T}}\boldsymbol{X}+\boldsymbol{b}$既可看做是凸函数又可看做是凹函数．

凸函数有如下的性质

性质1　若$f_1(\boldsymbol{X})$，$f_2(\boldsymbol{X})$，…，$f_l(\boldsymbol{X})$都是凸集R上的凸函数，则其非负线性组合：$k_1f_1(\boldsymbol{X})+k_2f_2(\boldsymbol{X})+\cdots+k_lf_l(\boldsymbol{X})$，$k_i\geqslant 0$，$i=1,2,\cdots,l$仍是$R$上的凸函数．

性质2　设$f(\boldsymbol{X})$为定义在凸集R上的凸函数，则对每一个实数α，集合$S_\alpha=\{\boldsymbol{X}|\boldsymbol{X}\in R,f(\boldsymbol{X})\leqslant\alpha\}$是凸集．

证　任取$\boldsymbol{X}^{(1)}$、$\boldsymbol{X}^{(2)}\in S_\alpha$，则$f(\boldsymbol{X}^{(1)})\leqslant\alpha$，$f(\boldsymbol{X}^{(2)})\leqslant\alpha$，由于$f(\boldsymbol{X})$为凸函数，$R$为凸集，故对任意的实数$\lambda$（$0\leqslant\lambda\leqslant 1$）有：

$$f(\lambda X^{(1)}+(1-\lambda)X^{(2)})\leqslant\lambda f(X^{(1)})+(1-\lambda)f(X^{(2)})\leqslant\lambda\alpha+(1-\lambda)\alpha=\alpha$$

即 $\lambda X^{(1)}+(1-\lambda)X^{(2)}\in S_\alpha$，故 S_α 为凸集.

怎样判断一个函数是不是凸函数呢？可以直接根据定义去判别，但对于可微函数，可以用下面三个定理去判别.

定理4-4 若 $f(X)$ 是定义在 n 维欧氏空间 E^n 中的开凸集 R 上的具有一阶连续导数的函数，则 $f(X)$ 为 R 上的凸函数的充要条件是：对任意 X，$Y\in R$ 恒有：

$$f(Y)\geqslant f(X)+\nabla f(X)^{\mathrm{T}}(Y-X) \tag{4-4}$$

$f(X)$ 为 R 上的严格凸函数的充要条件是：

$$f(Y)>f(X)+\nabla f(X)^{\mathrm{T}}(Y-X) \tag{4-5}$$

证 必要性：设 $f(X)$ 是 R 上的凸函数，则对任意的 λ（$0<\lambda<1$）有：$f(X+\lambda(Y-X))=f(\lambda Y+(1-\lambda)X)\leqslant\lambda f(Y)+(1-\lambda)f(X)=f(X)+\lambda[f(Y)-f(X)]$，即：

$$\frac{f(X+\lambda(Y-X))-f(X)}{\lambda}\leqslant f(Y)-f(X)$$

令 $\lambda\to0$，上式左端的极限为 $\nabla f(X)^{\mathrm{T}}(Y-X)$，故有：

$$\nabla f(X)^{\mathrm{T}}(Y-X)\leqslant f(Y)-f(X)$$

即
$$f(Y)\geqslant f(X)+\nabla f(X)^{\mathrm{T}}(Y-X)$$

利用上面的结果又可以证明 $f(X)$ 为严格凸函数的必要条件，设 $f(X)$ 为严格凸函数，对任意 X、$Y\in R$，记 $Z=\frac{1}{2}X+\frac{1}{2}Y$，则 $f(Z)<\frac{1}{2}f(X)+\frac{1}{2}f(Y)$. 前面已证 $f(Z)\geqslant f(X)+\nabla f(X)^{\mathrm{T}}(Z-X)$，所以有：

$$f(X)+\nabla f(X)^{\mathrm{T}}(Z-X)<\frac{1}{2}f(X)+\frac{1}{2}f(Y)$$

即：$\frac{1}{2}f(Y)>\frac{1}{2}f(X)+\nabla f(X)^{\mathrm{T}}\left(\frac{1}{2}X+\frac{1}{2}Y-X\right)=\frac{1}{2}f(X)+\frac{1}{2}\nabla f(X)^{\mathrm{T}}(Y-X)$

充分性：对任意 X、$Y\in R$，$Z=\lambda X+(1-\lambda)Y\in R$，$(0<\lambda<1)$

设
$$f(X)\geqslant f(Z)+\nabla f(Z)^{\mathrm{T}}(X-Z) \tag{①}$$
$$f(Y)\geqslant f(Z)+\nabla f(Z)^{\mathrm{T}}(Y-Z) \tag{②}$$

式①两边乘 λ，式②两边乘 $(1-\lambda)$ 后相加得：

$$\begin{aligned}\lambda f(X)+(1-\lambda)f(Y)&\geqslant\lambda f(Z)+(1-\lambda)f(Z)+\nabla f(Z)^{\mathrm{T}}(\lambda(X-Z)+(1-\lambda)(Y-Z))\\&=f(Z)+\nabla f(Z)^{\mathrm{T}}(\lambda X+(1-\lambda)Y-Z)=f(Z)\end{aligned}$$

即
$$\lambda f(X)+(1-\lambda)f(Y)\geqslant f(\lambda X+(1-\lambda)Y)$$

$f(X)$ 为严格凸函数的充分条件完全可以用上述方法证明，只要将不等式改为严格不等式即可. 定理证毕.

定理4-5 若定义在 n 维欧氏空间 E^n 中的开凸集 R 上的函数 $f(X)$ 具有二阶连续导数，则 $f(X)$ 为 R 上的凸函数的充要条件是：$f(X)$ 的 Hesse 矩阵 $G(X)=\nabla^2 f(X)=\left(\frac{\partial^2 f(X)}{\partial x_i\partial x_j}\right)$ 在 R 上半正定.

证 略.

定理4-6 若 R 是凸集，则 $f(X)$ 为 R 上的凸函数（严格凸函数）的充要条件是：对任意的 X、$Y\in R(X\neq Y)$，单变量函数 $\boldsymbol{h}(\boldsymbol{\lambda})=\boldsymbol{f}(\lambda X+(1-\lambda)Y)=f(Y+\lambda(X-Y))$ 是 $[0,1]$

上的凸（严格凸）函数.

证　略.

[例 4-8]　证明函数 $f(\boldsymbol{X})=3x_1^2-2x_1+2x_2^2-x_2+10$ 是凸函数.

证
$$\frac{\partial f}{\partial x_1}=6x_1-2 \qquad \frac{\partial^2 f}{\partial x_1^2}=6 \qquad \frac{\partial^2 f}{\partial x_1 \partial x_2}=0$$
$$\frac{\partial f}{\partial x_2}=4x_2-1 \qquad \frac{\partial^2 f}{\partial x_2^2}=4$$

$|6|>0$，$|G(\boldsymbol{X})|=\begin{vmatrix}6 & 0\\0 & 4\end{vmatrix}=24>0$，$G(\boldsymbol{X})$ 正定，所以 $f(\boldsymbol{X})$ 为严格凸函数.

4.2.2　凸规划

凸规划是非线性规划中一类比较简单而又具有重要理论意义的问题.

定义 4-8　考虑非线性规划：

$$(\mathrm{NP})\min_{\boldsymbol{X}\in D} f(\boldsymbol{X}),\ D=\{\boldsymbol{X}\mid g_i(\boldsymbol{X})\geqslant 0,\ i=1,\ 2,\ \cdots,\ l\}$$

若 $f(\boldsymbol{X})$、$-g_i(\boldsymbol{X})(i=1,\ 2,\ \cdots,\ l)$ 为凸函数，则（NP）称为**凸规划**.

由于线性函数也是凸函数，所以线性规划也是一种凸规划.

一般来说，（NP）的局部最优解不一定是全局最优解，而且，若（NP）的最优解存在，也不一定是唯一的. 但对于凸规划来说却可以得到肯定的回答.

定理 4-7　设 $f(\boldsymbol{X})$、$-g_i(\boldsymbol{X})$，$i=1,\ 2,\ \cdots,\ l$ 为凸函数，则：

（1）问题（NP）的可行域 D 为凸集.

（2）问题（NP）的全局最优解集合 D^* 为凸集.

（3）问题（NP）的任何局部最优解都是全局最优解.

证　（1）因 $g_i(\boldsymbol{X})$，$i=1,\ 2,\ \cdots,\ l$ 为凹函数，对任何 $\boldsymbol{X}$、$\boldsymbol{Y}\in D$ 有：

$$g_i(\lambda\boldsymbol{X}+(1-\lambda)\boldsymbol{Y})\geqslant\lambda g_i(\boldsymbol{X})+(1-\lambda)g_i(\boldsymbol{Y})\geqslant 0,\ i=1,2,\cdots,l,0\leqslant\lambda\leqslant 1$$

故得 $\lambda\boldsymbol{X}+(1-\lambda)\boldsymbol{Y}\in D$，所以 D 为凸集.

（2）当 $D^*=\varnothing$ 时结论显然，

当 $D^*\neq\varnothing$ 时，记 $\min\limits_{\boldsymbol{X}\in D} f(\boldsymbol{X})=c$，由凸函数的性质 2 知：$R^*=\{\boldsymbol{X}\mid f(\boldsymbol{X})\leqslant c,\ \boldsymbol{X}\in D\}$ 是凸集.

（3）设 $\boldsymbol{X}^*$ 为问题（NP）的局部最优解，即存在 $\boldsymbol{X}^*$ 的某个邻域 $N_\delta(\boldsymbol{X}^*)$，对任意 $\boldsymbol{X}\in N_\delta(\boldsymbol{X}^*)\cap\boldsymbol{R}$ 有：$f(\boldsymbol{X})\geqslant f(\boldsymbol{X}^*)$，令 $\boldsymbol{Y}$ 是 R 中的任意一点，对充分小的 $\lambda>0$，有：$\lambda\boldsymbol{Y}+(1-\lambda)\boldsymbol{X}^*\in N_\delta(\boldsymbol{X}^*)\cap R$，从而有：$f(\lambda\boldsymbol{Y}+(1-\lambda)\boldsymbol{X}^*)\geqslant f(\boldsymbol{X}^*)$. 因为 $f(\boldsymbol{X})$ 是凸函数，所以有：$\lambda f(\boldsymbol{Y})+(1-\lambda)f(\boldsymbol{X}^*)\geqslant f(\lambda\boldsymbol{Y}+(1-\lambda)\boldsymbol{X}^*)$，由上面两个不等式得：$\lambda f(\boldsymbol{Y})+(1-\lambda)f(\boldsymbol{X}^*)\geqslant f(\boldsymbol{X}^*)$，即 $\lambda f(\boldsymbol{Y})\geqslant\lambda f(\boldsymbol{X}^*)$. 两边同除以 $\lambda(\lambda>0)$ 得：$f(\boldsymbol{Y})\geqslant f(\boldsymbol{X}^*)$，这就说明 $\boldsymbol{X}^*$ 是 $f(\boldsymbol{X})$ 的全局最优解. 定理证毕.

定理 4-8　设 $f(\boldsymbol{X})$ 为 D 上的严格凸函数，$-g_i(\boldsymbol{X})$，$i=1,\ 2,\ \cdots,\ l$ 为凸函数，若问题（NP）的最优解存在则最优解必定是唯一的.

证　若最优解不唯一，设 $\boldsymbol{X}\neq\boldsymbol{Y}$ 都是最优解，即满足 $\min\limits_{\boldsymbol{x}\in D} f(\boldsymbol{X})=f(\boldsymbol{X})=f(\boldsymbol{Y})$，则对任意 $\lambda\in(0,\ 1)$，由定理 4-7 有：$\lambda\boldsymbol{X}+(1-\lambda)\boldsymbol{Y}\in R$，因 $f(\boldsymbol{X})$ 为严格凸函数，所以有：

$$f(\lambda X+(1-\lambda)Y)<\lambda f(X)+(1-\lambda)f(Y)=f(X)$$

这与 X 是最优解矛盾. 故最优解必定唯一，定理证毕.

定理 4-9 设 $f(X)$、$-g_i(X)(i=1, 2, \cdots, l)$ 为凸函数，且 $f(X)$ 在 D 上连续可微，则 $\bar{X}\in D$ 是问题（NP）的最优解的充分必要条件是：对任意的 $X\in D$ 有：$\nabla f(\bar{X})^{\mathrm{T}}(X-\bar{X})\geqslant 0$.

证 必要性：若 $\bar{X}$ 是（NP）的最优解，但存在 $X^0\in D$ 使得：$\nabla f(\bar{X})^{\mathrm{T}}(X^0-\bar{X})<0$，则由 Taylor 展式：

$$\begin{aligned}f(\bar{X}+\lambda(X^0-\bar{X}))&=f(\bar{X})+\lambda\nabla f(\bar{X})^{\mathrm{T}}(X^0-\bar{X})+o(\lambda)\\&=f(\bar{X})+\lambda\left[\nabla f(\bar{X})^{\mathrm{T}}(X^0-\bar{X})+\frac{o(\lambda)}{\lambda}\right]\end{aligned}$$

取充分小的 $\bar{\lambda}\in(0, 1)$ 有：$\nabla f(\bar{X})^{\mathrm{T}}(X^0-\bar{X})-o(\bar{\lambda})/\bar{\lambda}<0$，所以有：

$$f(\bar{X}+\bar{\lambda}(X^0-\bar{X}))<f(\bar{X}),\bar{X}+\bar{\lambda}(X^0-\bar{X})\in R$$

这与 $\bar{X}$ 是（NP）的最优解矛盾，故 $\nabla f(\bar{X})^{\mathrm{T}}(X-\bar{X})\geqslant 0$.

充分性：设对任意的 $X\in D$ 不等式成立，因 $f(X)$ 是 D 上的凸函数，由定理 4-4 有 $f(X)\geqslant f(\bar{X})+\nabla f(\bar{X})^{\mathrm{T}}(X-\bar{X})\geqslant f(\bar{X})$，故 $\bar{X}$ 是（NP）的最优解.

4.3 一维搜索

本节要讨论的问题是 $\min F(\lambda)$，$\lambda\in\mathbf{R}$. 所介绍的求解这种问题的方法称为一维搜索或直线搜索. 这种方法不仅对于解决一维极值问题本身很重要，而且它还是求解多维极值问题的重要组成部分.

在求无约束多维最优化问题时，通常是根据目标函数的特征，构造出一类逐次使目标函数值下降的搜索（迭代）算法，方法如下：选择初始近似点 $X^{(0)}$，（当然，$X^{(0)}$ 越靠近极小点越好），按照某种规则（不同的规则对应于不同的算法）确定一个方向 $P^{(0)}$，从 $X^{(0)}$ 出发沿 $P^{(0)}$ 方向求目标函数的最优解 $X^{(1)}$，$X^{(2)}$，…. 设迭代中已得到 $X^{(k)}$，按同样的规则确定一个方向 $P^{(k)}$，从 $X^{(k)}$ 出发沿方向 $P^{(k)}$ 求目标函数 $f(X^{(k)})$ 在此方向上的最优解，即：

$$\min_{\lambda} f(X^{(k)}+\lambda P^{(k)})=f(X^{(k)}+\lambda_k P^{(k)})$$

得到新点 $X^{(k+1)}=X^{(k)}+\lambda_k P^{(k)}$，其中 λ_k 称为**最优步长**. 再从 $X^{(k+1)}$ 出发，继续上述过程产生一个收敛于问题的最优解的点列 $\{X^{(k)}\}$. 在这个过程中要求我们去求解一系列单变量函数 $F_k(\lambda)=f(X^{(k)}+\lambda P^{(k)})$ 的极值问题，即**一维搜索**. 一维搜索的方法很多，我们将要介绍三种有代表性的方法. 这些方法的第一步都要确定一个初始搜索区间.

4.3.1 搜索区间的确定

对于一维极值问题 $\min\limits_{\lambda\in R}F(\lambda)$，我们首先希望找到一个这样的区间 $[a, b]$，在 $[a, b]$ 上 $F(\lambda)$ 有唯一极小值（见图 4-6a）. 下面介绍一种常用的求有一个极小点的区间的方法.

取定初始点 λ_0 和步长 h，计算并比较 $F(\lambda_0)$ 和 $F(\lambda_0+h)$，有两种情况：

（1）当 $F(\lambda_0)<F(\lambda_0+h)$ 时，比较 $F(\lambda_0)$ 和 $F(\lambda_0-h)$，若 $F(\lambda_0-h)>F(\lambda_0)$，取 $\{\lambda_0-h, \lambda_0, \lambda_0+h\}$ 为搜索区间（见图 4-6b）. 否则即当 $F(\lambda_0-h)\leqslant F(\lambda_0)$ 时，计算 $F(\lambda_0-2^k h)$，$k=1,2,\cdots$，直到对于某个 m，使得：

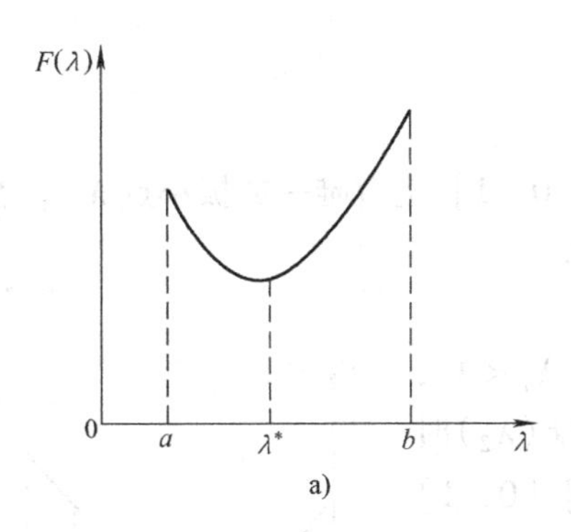

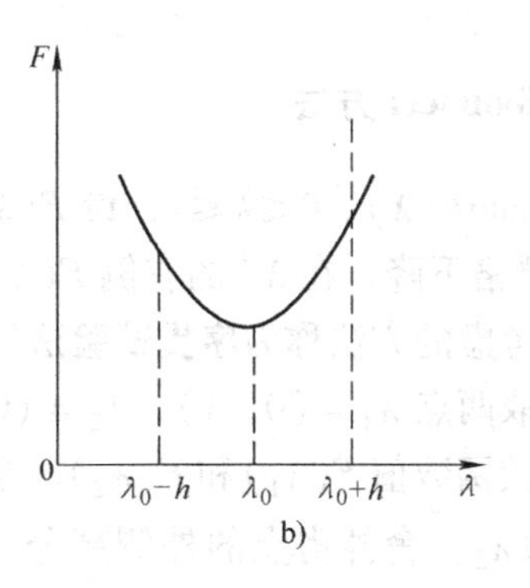

图4-6

$$F(\lambda_0-2^mh)>F(\lambda_0-2^{m-1}h)\leqslant F(\lambda_0-2^{m-2}h)$$

设 $u=\lambda_0-2^{m-2}h$，$v=\lambda_0-2^{m-1}h$，$w=\lambda_0-2^mh$，这时我们已经得到搜索区间 $\{w, v, u\}$. 但是，因为区间 $[w, v]$ 是 $[v, u]$ 的两倍长，所以只要比较 v 和区间 $[w, v]$ 的中点 $r=\dfrac{w+v}{2}$的函数值，就可以将 $[w, u]$ 缩短1/3. 当 $F(v)\geqslant F(r)$时，取 $\{w, r, v\}$ 为搜索区间（见图4-7a）；当 $F(v)<F(r)$时，取 $\{r, v, u\}$ 的搜索区间（见图4-7b）.

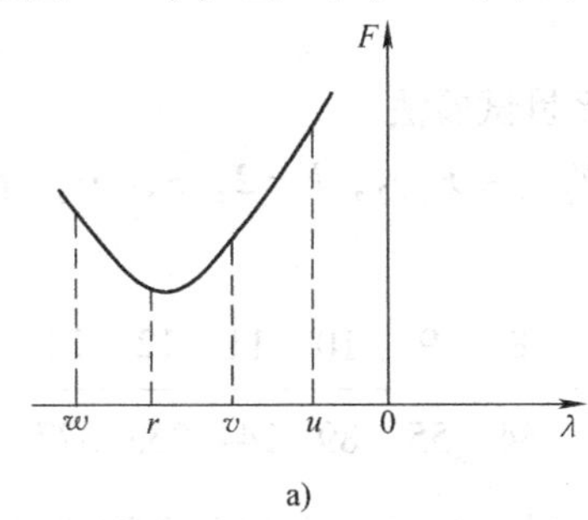

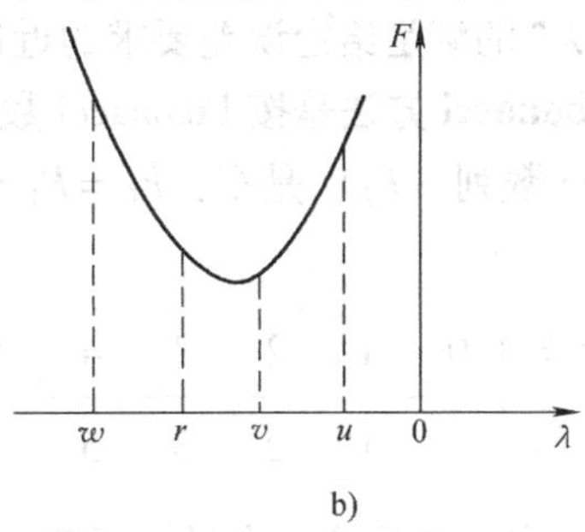

图4-7

（2）当 $F(\lambda_0)\geqslant F(\lambda_0+h)$时，计算 $F(\lambda_0+2^kh)$，$k=1, 2, \cdots$，直到对于某个 m，使得：$F(\lambda_0+2^{m-2}h)\geqslant F(\lambda_0+2^{m-1}h)<F(\lambda_0+2^mh)$.

设 $u=\lambda_0+2^{m-2}h$，$v=\lambda_0+2^{m-1}h$，$w=\lambda_0+2^mh$，与（1）的讨论相类似，计算其 $r=v+w/2$，比较 $F(v)$与 $F(r)$的值：当 $F(v)<F(r)$时，取 $\{u, v, r\}$ 为搜索区间（见图4-8a）；当 $F(v)\geqslant F(r)$时，取 $\{v, r, w\}$ 为搜索区间（见图4-8b）.

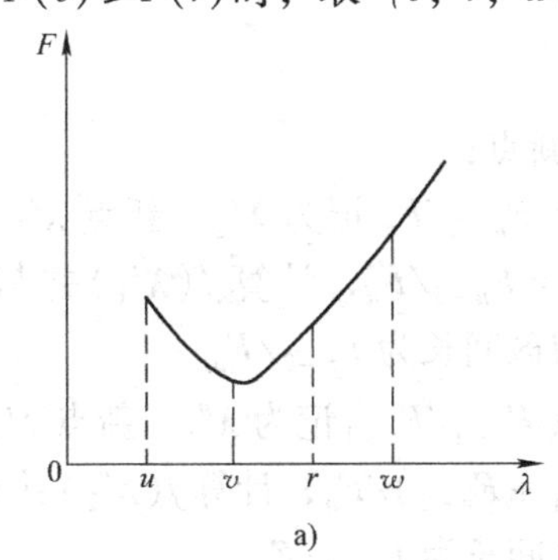

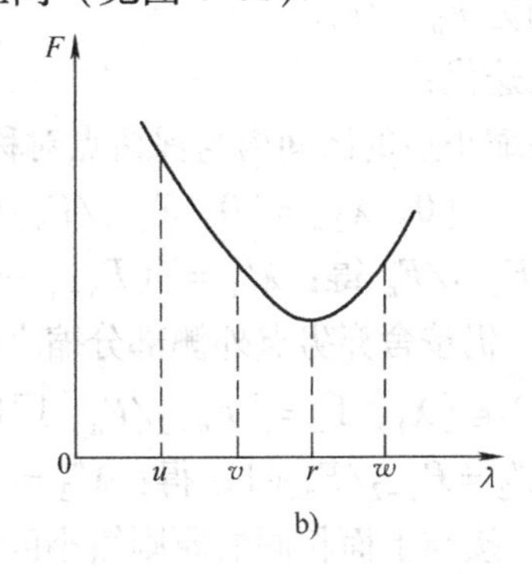

图4-8

4.3.2 Fibonacci 方法

考虑 $\min F(\lambda)$，$0 \leqslant \lambda \leqslant 1$，设 $F(\lambda)$在区间［0，1］上有唯一的极小点 λ^*，在 λ^* 的左侧 $F(\lambda)$严格下降，在 λ^* 的右侧 $F(\lambda)$严格上升.

下面考虑的方法称为**序贯试验法**.

首先取两点 $\lambda_1 \in (0, 1)$，$\lambda_2 \in (0, 1)$，且 $\lambda_1 < \lambda_2$，计算并比较函数值 $F(\lambda_1)$和 $F(\lambda_2)$. 当 $F(\lambda_1) \leqslant F(\lambda_2)$时必有 $\lambda^* \leqslant \lambda_2$，舍掉劣点的外侧部分，这时区间［0，1］缩小为 $[0, \lambda_2]$，$\lambda^* \in [0, \lambda_2]$，且 $(0, \lambda_2)$ 内有一个保留点 λ_1（见图 4-9）；当 $F(\lambda_1) \geqslant F(\lambda_2)$时必有 $\lambda^* \geqslant \lambda_1$，舍掉劣点的外侧部分，这时区间［0，1］缩小为 $[\lambda_1, 1]$，$\lambda^* \in [\lambda_1, 1]$，且 $[\lambda_1, 1]$ 内有一个保留点 λ_2. 以下的步骤是：每次在缩小后的区间内另取一个不同于保留点的点，计算该点的函数值并与保留点的函数值进行比较，如同开始那样的原则缩小区间. 如此进行下去，最终会求得 λ^* 的满足给定误差要求的近似解.

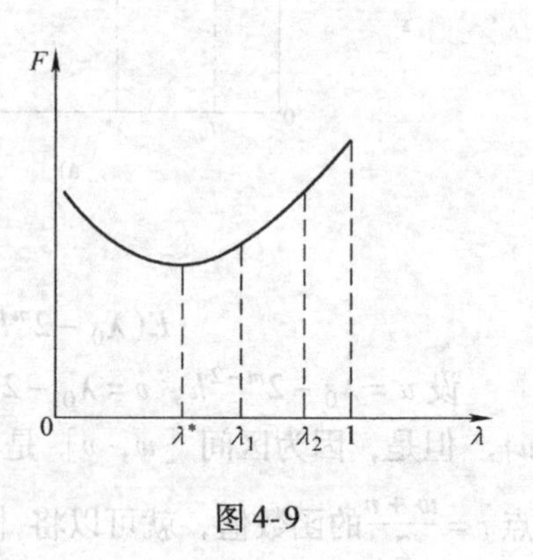

图 4-9

所谓 **Fibonacci 方法**是按 Fibonacci 数列取点的序贯试验法.

Fibonacci 数列 $\{F_k\}$ 是指：$F_0 = F_1 = 1$，$F_k = F_{k-1} + F_{k-2}$，$k = 2, 3, \cdots$，下面给出它的前 14 项：

k	0	1	2	3	4	5	6	7	8	9	10	11	12	13
F_k	1	1	2	3	5	8	13	21	34	55	89	144	233	377

若事先规定只能计算 n 次目标函数 $F(\lambda)$的值，则［0，1］上的两个初始点 λ_1、λ_2 取为：$\lambda_1 = F_{n-2}/F_n$，$\lambda_2 = F_{n-1}/F_n$，因为 $\lambda_1 + \lambda_2 = F_{n-2}/F_n + F_{n-1}/F_n = (F_{n-2} + F_{n-1})/F_n = 1$，或 $\lambda_2 = 1 - \lambda_1$，故 λ_1、λ_2 是区间［0，1］上的对称点.

第一次迭代：

（1）若 $F(\lambda_1) \leqslant F(\lambda_2)$，舍弃劣点外侧部分，保留 $[0, \lambda_2]$，$\lambda^* \in [0, \lambda_2]$.

（2）若 $F(\lambda_1) \geqslant F(\lambda_2)$，保留$[\lambda_1, 1]$，$\lambda^* \in [\lambda_1, 1]$. 不论是（1）还是（2），保留区间长度均为 F_{n-1}/F_n.

第二次迭代：

按照在缩小后的区间内与保留点对称的原则取新点：

（1）$\lambda^* \in [0, \lambda_2] = [0, F_{n-1}/F_n]$时，保留点 F_{n-2}/F_n 记为 λ'_2，新点 λ'_1 与之对称，$\lambda'_1 + \lambda'_2 = F_{n-1}/F_n$ 得：$\lambda'_1 = (F_{n-1} - F_{n-2})/F_n = F_{n-3}/F_n$，计算 $f(\lambda'_1)$并与 $f(\lambda'_2) = f(\lambda_1)$比较，仍按舍弃劣点外侧部分缩小区间，保留区间长为 F_{n-2}/F_n.

（2）$\lambda^* \in [\lambda_1, 1] = [F_{n-2}/F_n, 1]$时，保留点 F_{n-1}/F_{n+1}记为 λ''_1，新点 λ''_2 与 λ''_1 对称，$\lambda''_1 + \lambda''_2 = F_{n-2}/F_n + 1$，得：$\lambda''_2 = (F_n - F_{n-1} + F_{n-2})/F_n$，计算 $f(\lambda''_2)$并与 $f(\lambda''_1) = f(\lambda_2)$比较，按与上面相同的原则缩小区间，保留区间长为 F_{n-2}/F_n.

按上述步骤继续进行下去，区间长度依次由 1 变为 F_{n-1}/F_n，F_{n-2}/F_n，F_{n-3}/F_n，$\cdots$.

当进行到第 $n-2$ 次时，即计算 $n-1$ 次目标函数值时，区间长度变为 $F_2/F_n=2/F_n$，此时，区间内保留点与最小点 λ^* 之间的最大距离不超过 $1/F_n$.

对 Fibonacci 方法来说，计算 n 次目标函数值后，当最后区间的保留点与 λ^* 之间的允许误差 ε 给定后，可由 $1/F_n \leqslant \varepsilon$ 确定出需要计算的目标函数值的次数 n，而对于序贯试验中的任何其他方法来说，在满足上述误差要求的情况下所需计算目标函数的次数大于 n. 在这个意义下 Fibonacci 方法是最优的.

图4-10是针对给定的初始误差 $\varepsilon>0$ 以及求问题 $\min F(\lambda)$，$a\leqslant\lambda\leqslant b$ 的最优解 λ^* 时给出的. 事先由 $(b-a)/F_n\leqslant\varepsilon$ 确定出需要计算的目标函数值的次数 n，或 Fibonacci 数 F_n 与 F_{n-1}.

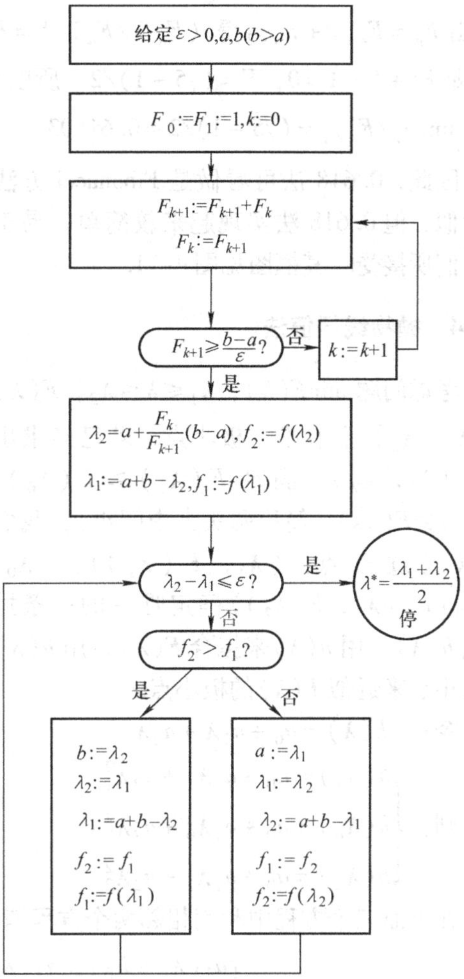

［**例 4-9**］　用 Fibonacci 方法求解 $\min\limits_{-3\leqslant x\leqslant 5} f(x)=x^2+2x$.

解　$a_1=-3$，$b_1=+5$，取 $\varepsilon=0.2$，取能够分辨函数值的最小间隔 $\delta=0.01$，则由 $F_n\geqslant\frac{1}{\varepsilon}(b-a)=\frac{8}{0.2}=40$，得 $n=9$.

$\lambda_1=-3+F_7/F_9\times8=0.054545$，$\mu_1=-3+F_8/F_9\times8=1.945454$.

$f(\lambda_1)<f(\mu_1)$，故取 $a_2=a_1=-3$，$b_2=\mu_1=1.945454$. 重复此过程至 $k=8$，$[a_8,\ b_8]=[-1.109091,\ -0.818182]$，有 $\lambda_8=\mu_8=\lambda_{k-1}=-0.963636$，于是取：

$$\lambda_9=\lambda_8=-0.963636,$$

$$\mu_9=\lambda_9+\delta=-0.953636$$

图4-10

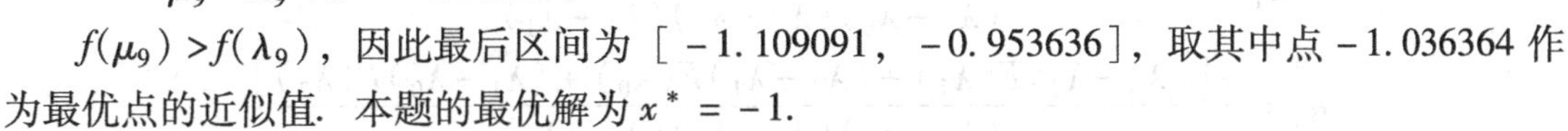

$f(\mu_9)>f(\lambda_9)$，因此最后区间为［-1.109091，-0.953636］，取其中点 -1.036364 作为最优点的近似值. 本题的最优解为 $x^*=-1$.

4.3.3　0.618 法（黄金分割法）

0.618 法与 Fibonacci 方法的差别只在最初两个试验点的选取上. Fibonacci 方法在确定了 n 以后，最初两个点取在［a，b］中的 F_{n-2}/F_n 与 F_{n-1}/F_n 处，而 0.618 法的最初两个点取在［a，b］中的 0.382 和 0.618 处，即：

$$\lambda_1=a+0.382(b-a),\lambda_2=a+0.618(b-a)$$

对 0.618 法来说，一旦 λ_1、λ_2 取定后，序贯中以后各点的取法同 Fibonacci 方法一样是按与保留区间中的保留点对称的原则确定，因此，可以认为这两个方法的差别是在于以不随

n 而变的0.382和0.618来代替随 n 而变的 F_{n-2}/F_n 和 F_{n-1}/F_n.

可以证明，由Fibonacci数列 $\{F_n\}$ 形成的数列 $\{F_{n-1}/F_n\}$ 的极限存在，记 $\lim\limits_{n\to\infty} F_{n-1}/F_n = F$，由 $F_n = F_{n-1} + F_{n-2}$ 得 $(F_{n-1}/F_n)^{-1} = F_n/F_{n-1} = 1 + F_{n-2}/F_n$，令 $n\to\infty$ 得：$1/F = 1 + F$，即 $F^2 + F - 1 = 0$，$F = (\sqrt{5}-1)/2$，所以得

$$\lim_{n\to\infty} F_n/F_{n+1} = (\sqrt{5}-1)/2 \approx 0.618034$$

因此，0.618法可看做是Fibonacci方法的近似，但0.618法实现起来较简单，易于为人们所接受. 其框图见图4-11.

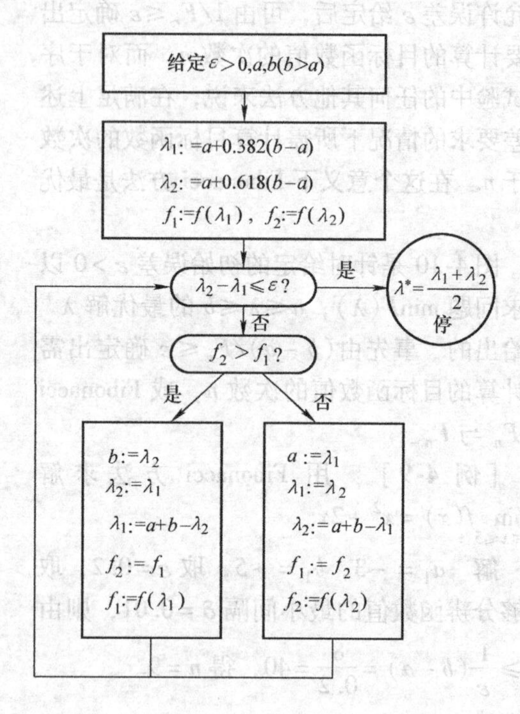

图4-11

4.3.4 抛物线插值法

考虑问题 $\min F(\lambda)$，$\lambda_1\leqslant\lambda\leqslant\lambda_2$，$F(\lambda)$ 在 $[\lambda_1, \lambda_2]$ 上有唯一极小点. 若已经求出 $\lambda_0\in(\lambda_1, \lambda_2)$，满足 $F(\lambda_1)\geqslant F(\lambda_0)$，$F(\lambda_2)\geqslant F(\lambda_0)$（简称两头大中间小），我们可以通过三点：$(\lambda_1, F(\lambda_1))$、$(\lambda_0, F(\lambda_0))$、$(\lambda_2, F(\lambda_2))$ 确定唯一的一条抛物线 $h(\lambda)$，用 $h(\lambda)$ 来拟合 $F(\lambda)$，用 $h(\lambda)$ 的极小点来近似 $F(\lambda)$ 的极小点.

令： $h(\lambda) = a_0 + a_1\lambda + a_2\lambda^2$

则：
$$\begin{cases} h(\lambda_1) = a_0 + a_1\lambda_1 + a_2\lambda_1^2 \\ h(\lambda_0) = a_0 + a_1\lambda_0 + a_2\lambda_0^2 \\ h(\lambda_2) = a_0 + a_1\lambda_2 + a_2\lambda_2^2 \end{cases}$$

在上面三个方程中利用相邻两个方程消去 a_0，得 a_1、a_2 的方程组

$$\begin{cases} a_1(\lambda_1-\lambda_0) + a_2(\lambda_1^2-\lambda_0^2) = F(\lambda_1) - F(\lambda_0) \\ a_1(\lambda_0-\lambda_2) + a_2(\lambda_0^2-\lambda_2^2) = F(\lambda_1) - F(\lambda_2) \end{cases}$$

解出：

$$a_1 = \frac{(\lambda_0^2-\lambda_2^2)F(\lambda_1) + (\lambda_2^2-\lambda_1^2)F(\lambda_0) + (\lambda_1^2-\lambda_0^2)F(\lambda_2)}{(\lambda_1-\lambda_0)(\lambda_0-\lambda_2)(\lambda_2-\lambda_1)}$$

$$a_2 = \frac{-[(\lambda_0-\lambda_2)F(\lambda_1) + (\lambda_2-\lambda_1)F(\lambda_0) + (\lambda_1-\lambda_0)F(\lambda_2)]}{(\lambda_1-\lambda_0)(\lambda_0-\lambda_2)(\lambda_2-\lambda_1)}$$

对于二次抛物线 $h(\lambda)$ 而言，它的顶点（最优解）$\bar{\lambda}$ 满足：

$$h'(\bar{\lambda}) = a_1 + 2a_2\bar{\lambda} = 0，故：\bar{\lambda} = -a_1/2a_2$$

若 $\bar{\lambda}$ 与 λ_0 充分接近，即当对给定的允许误差 $\varepsilon>0$，满足 $|\lambda_0-\bar{\lambda}|<\varepsilon$ 时，就把 $\bar{\lambda}$ 看成是 $F(\lambda)$ 在 $[\lambda_1, \lambda_2]$ 上的近似最优解；否则，比较 $F(\lambda_0)$ 与 $F(\bar{\lambda})$ 的大小，舍弃劣点外侧部分来缩小区间 $[\lambda_1, \lambda_2]$. 在新的缩短后的区间上重复上述过程，直到求出满足精度要求的近似最优解为止. 其框图见图4-12.

一维搜索的目的是寻求单变量函数的极小点，但在本书中它主要是作为求多变量函数的

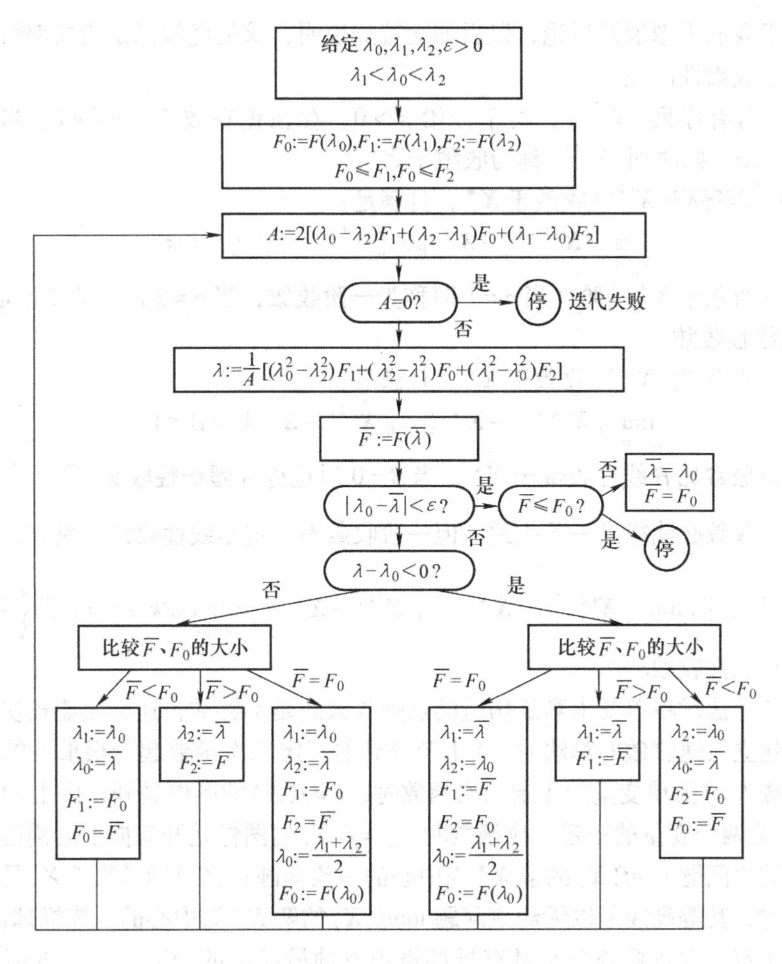

图 4-12

极小点的一种手段. 应当指出，所选用的一维搜索方法是否恰当，常常对整个计算的进程影响极大. 一般来说，对于性态较好，比较光滑的函数，可利用抛物线插值法，这样可能较快地逼近极小点；而对于性态较差的函数可用 Fibonacci 方法或 0.618 法，这样得到的结果比较可靠.

4.4　无约束优化问题的解法

4.4.1　收敛性概念

本节讨论多维无约束极值问题，其一般形式为：

$$\min f(\boldsymbol{X})\quad \boldsymbol{X}\in\mathbf{R}^n \tag{4-6}$$

求解这个问题是指在 $\mathbf{R}^n$ 中求点 $\boldsymbol{X}^*$，使得对 $\mathbf{R}^n$ 中任意一点 $\boldsymbol{X}$ 都有：

$$f(\boldsymbol{X}^*)\leqslant f(\boldsymbol{X}) \tag{4-7}$$

$\boldsymbol{X}^*$ 就是式（4-6）的全局最优解. 但是一般来说，我们只能求出它的局部最优解，即求出的 $\boldsymbol{X}^*$ 只能使式（4-7）在 $\boldsymbol{X}^*$ 的某个邻域内成立. 这对于实际问题来说，根据问题的实际意义一般可以判定出所求的最优解是否为全局最优解，但在理论上求全局最优解是个比较复杂的问题，在这里我们不拟展开讨论，以后如无特殊说明，求最优解都是指局部最优解．下面简略地介绍关于收敛性问题．

定义 4-9 若有序列$\{X^{(k)}\}$，对于任给$\varepsilon>0$，存在正整数$N=N(\varepsilon)$，当$k>N$时有$\| X^{(k)}-X^* \|<\varepsilon$，则序列$\{X^{(k)}\}$称为**收敛于$X^*$**．

定义 4-10 若序列$\{X^{(k)}\}$收敛于X^*，且满足：

$$\lim_{k\to\infty}\| X^{(k+1)}-X^* \| / \| X^{(k)}-X^* \|^{\rho}<\infty$$

则ρ称为$\{X^{(k)}\}$收敛于X^*的阶．当$\rho=1$时称为**一阶收敛**；当$\rho=2$时称为**二阶收敛**；当$1<\rho<2$时属于**超线性收敛**．

定义 4-11 若序列$\{X^{(k)}\}$收敛于X^*，且满足：

$$\lim_{k\to\infty}\| X^{(k+1)}-X^* \| / \| X^{(k)}-X^* \|=\beta<1$$

则$\{X^{(k)}\}$称为以**收敛比**β线性收敛于X^*，当$\beta=0$时也称为**超线性收敛**．

一般，线性收敛必能得出一阶收敛，但一阶收敛不一定是线性收敛．例如，$X^{(k)}=\frac{1}{k}\to 0=X^*$（$k\to\infty$时），而$\lim_{k\to\infty}\| X^{(k+1)}-X^* \| / \| X^{(k)}-X^* \|=\lim_{k\to\infty}k/k+1=1$ 即$\left\{X^k=\frac{1}{k}\right\}$为一阶收敛但它不是线性收敛．

在构造具体算法时单单要求算法构造的点列收敛还是不够的，还必须能较快地收敛才有实用价值．在建立快速收敛的算法时，4.1 节提到的正定二次函数起着很重要的作用．实际上，当目标函数$f(x)$为单变量的正定二次函数时，$y=f(X)$的图像是开口向上的抛物线；当目标函数$f(X)$为两个变量的正定二次函数时，$y=f(X)$的图像是开口向上的椭圆抛物面，其等高线是以无约束问题$\min f(X)$的解X^*为中心的一族椭圆；当目标函数$f(X)$是三个变量的正定二次函数时，其等高线是以无约束问题$\min f(X)$的解X^*为中心的一族椭球面．

可以认为正定二次目标函数是具有局部极小点的最简单的函数．另一方面，利用二阶 Taylor 展开式可以看出，一般目标函数在其极小点附近大都可以用正定二次函数来近似．因此，能否有效地求得正定二次目标函数的极小点，可以作为鉴别算法优劣的一个标准，一个好的算法应该能够很快地找到正定二次目标函数的极小点．比较确切地说，只要经过有限次迭代就能达到其极小点，据此可给出下列定义．

定义 4-12 若某算法对于任意正定二次目标函数，从任意初始点出发，都能经有限次迭代达到其极小点，则该算法称为**具有二次终止性的算法或二次收敛算法**．

二次终止性是一个很重要的性质，许多有限的算法都是根据它而设计出来的．

无约束极值问题的解法可以分为两大类，一类是使用导数的方法，即根据目标函数的梯度，有时还要根据 Hesse 矩阵构造出来的方法，它们包括最速下降法、Newton 法、共轭梯度法等．另一类是不使用导数只使用目标函数值．这两类方法各有其优缺点，前者收敛速度快，但需要计算梯度甚至需计算 Hesse 矩阵；后者不涉及导数，适用性强，但收敛速度较慢．

4.4.2 最速下降法（梯度法）

Cauchy 在 1847 年提出了一个著名的问题：从点X出发，函数$f(X)$沿什么方向下降得最快？在 4.1 节中提到的梯度的性质指出：函数沿梯度方向具有最大变化率．即函数沿梯度方向增加得最快，亦即沿负梯度方向下降得最快．下面来证明这个性质．

设函数 $f(\boldsymbol{X})$ 一阶可微，$\boldsymbol{X}\in\mathbf{R}^n$，从 $\boldsymbol{X}$ 出发沿什么方向 $f(\boldsymbol{X})$ 下降得最快？设此方向为 $\boldsymbol{P}$，取 $\lambda>0$，将 $f(\boldsymbol{X}+\lambda\boldsymbol{P})$ 在 $\boldsymbol{X}$ 处展成一阶 Taylor 展式：$f(\boldsymbol{X}+\lambda\boldsymbol{P})=f(\boldsymbol{X})+\lambda\nabla f(\boldsymbol{X})^{\mathrm{T}}\boldsymbol{P}+o(\lambda)$，即：

$$f(\boldsymbol{X}+\lambda\boldsymbol{P})-f(\boldsymbol{X})=\lambda\nabla f(\boldsymbol{X})^{\mathrm{T}}\boldsymbol{P}+o(\lambda)=\lambda\left(\nabla f(\boldsymbol{X})^{\mathrm{T}}\boldsymbol{P}+\frac{o(\lambda)}{\lambda}\right)$$

当 λ 很小时，左边的符号与 $\nabla f(\boldsymbol{X})^{\mathrm{T}}\boldsymbol{P}$ 是一致的，而且

$$\nabla f(\boldsymbol{X})^{\mathrm{T}}\boldsymbol{P}=\|\nabla f(\boldsymbol{X})\|\ \|\boldsymbol{P}\|\cos\theta\geqslant-\|\nabla f(\boldsymbol{X})\|\ \|\boldsymbol{P}\|$$

表示函数值沿 $\boldsymbol{P}$ 变化的速率，这里 θ 是 $\nabla f(\boldsymbol{X})$ 与 $\boldsymbol{P}$ 的夹角，当 $\theta=\pi$ 时，即 $\boldsymbol{P}$ 取 $-\nabla f(\boldsymbol{X})$ 方向时，$\nabla f(\boldsymbol{X})^{\mathrm{T}}\boldsymbol{P}$ 取负值且最小．这就证明了函数在 $\boldsymbol{X}$ 处的负梯度方向（$\boldsymbol{P}=-\nabla f(\boldsymbol{X})$）为最速下降方向，同时，与 $-\nabla f(\boldsymbol{X})$ 成锐角（即与 $\nabla f(\boldsymbol{X})$ 成钝角）的方向都是下降方向，即凡满足条件：

$$\nabla f(\boldsymbol{X})^{\mathrm{T}}\cdot\boldsymbol{P}<0 \tag{4-8}$$

的方向 $\boldsymbol{P}$ 都是函数 $f(\boldsymbol{X})$ 在 $\boldsymbol{X}$ 点的下降方向．

为了求解式（4-6），假定我们已经迭代了 k 次，获得了第 k 个迭代点 $\boldsymbol{X}^{(k)}$，从 $\boldsymbol{X}^{(k)}$ 出发，显然应该选下降方向为搜索方向．一个很自然的想法是选最速下降方向 $-\nabla f(\boldsymbol{X}^{(k)})$ 为搜索方向，即 $\boldsymbol{P}^{(k)}=-\nabla f(\boldsymbol{X}^{(k)})$．为了使目标函数值在搜索方向上获得最大的下降量，沿 $\boldsymbol{P}^{(k)}$ 进行一维搜索：

$$\min_{\lambda\geqslant 0}f(\boldsymbol{X}^{(k)}+\lambda\boldsymbol{P}^{(k)})=f(\boldsymbol{X}^{(k)}-\lambda_k\nabla f(\boldsymbol{X}^{(k)})) \tag{4-9}$$

由此得到第 $k+1$ 个迭代点 $\boldsymbol{X}^{(k+1)}$，即：

$$\boldsymbol{X}^{(k+1)}=\boldsymbol{X}^{(k)}-\lambda_k\nabla f(\boldsymbol{X}^{(k)}) \tag{4-10}$$

式中，λ_k 称为**最优步长**．令 $k=0,1,2,\cdots$，就可以得到一个点列 $\boldsymbol{X}^{(0)}$，$\boldsymbol{X}^{(1)}$，$\boldsymbol{X}^{(2)}$，…，其中 $\boldsymbol{X}^{(0)}$ 是初始点．当 $f(\boldsymbol{X})$ 满足一定条件时，点列 $\{\boldsymbol{X}^{(k)}\}$ 必收敛于 $f(\boldsymbol{X})$ 的极小点 $\boldsymbol{X}^*$．这种以 $-\nabla f(\boldsymbol{X}^{(k)})$ 为搜索方向的算法称为**最速下降法（梯度法）**．以后为书写简便起见，记 $\boldsymbol{g}(\boldsymbol{X})=\nabla f(\boldsymbol{X})$，并且记 $\boldsymbol{g}^{(k)}=\boldsymbol{g}(\boldsymbol{X}^{(k)})=\nabla f(\boldsymbol{X}^{(k)})$．

$G(\boldsymbol{X})=\nabla^2 f(\boldsymbol{X})$，并且记 $\boldsymbol{G}^{(k)}=\boldsymbol{G}(\boldsymbol{X}^{(k)})=\nabla^2 f(\boldsymbol{X}^{(k)})$．

最速下降法的迭代步骤：

（1）取初始点 $\boldsymbol{X}^{(0)}$，允许误差 $\varepsilon>0$，令 $k:=0$；

（2）计算 $\boldsymbol{P}^{(k)}=-\nabla f(\boldsymbol{X}^{(k)})$；

（3）检验 $\|\boldsymbol{P}^{(k)}\|\leqslant\varepsilon$？若是则迭代终止，取 $\boldsymbol{X}^*=\boldsymbol{X}^{(k)}$；否则转向（4）；

（4）求最优步长 λ_k：$\min\limits_{\lambda\geqslant 0}f(\boldsymbol{X}^{(k)}+\lambda\boldsymbol{P}^{(k)})=f(\boldsymbol{X}^{(k)}+\lambda_k\boldsymbol{P}^{(k)})$；

（5）令 $\boldsymbol{X}^{(k+1)}=\boldsymbol{X}^{(k)}+\lambda_k\boldsymbol{P}^{(k)}$，置 $k:=k+1$，转（2）．

框图见图 4-13.

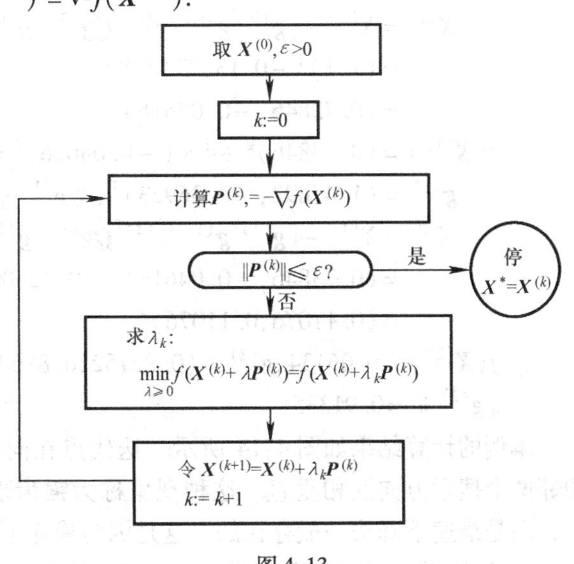

图 4-13

迭代中的 λ_k 是最优步长，即满足：$\min\limits_{\lambda\geqslant 0}f(\boldsymbol{X}^{(k)}+\lambda\boldsymbol{P}^{(k)})=f(\boldsymbol{X}^{(k)}+\lambda_k\boldsymbol{P}^{(k)})$，

由单变量极值的必要条件，有：

$$\mathrm{d}f(\boldsymbol{X}^{(k)}+\lambda\boldsymbol{P}^{(k)})/\mathrm{d}\lambda\,\big|_{\lambda_k}=\nabla f(\boldsymbol{X}^{(k+1)})^{\mathrm{T}}\boldsymbol{P}^{(k)}=0 \tag{4-11}$$

式（4-11）表明：对精确的一维搜索，$\boldsymbol{X}^{(k+1)}$点处的梯度向量与前一搜索方向正交.

将最速下降法应用于具有正定矩阵 $\boldsymbol{Q}$ 的二次函数：

$$f(\boldsymbol{X})=\frac{1}{2}\boldsymbol{X}^{\mathrm{T}}\boldsymbol{Q}\boldsymbol{X}+\boldsymbol{b}^{\mathrm{T}}\boldsymbol{X}+\boldsymbol{c} \tag{4-12}$$

则可推出显式迭代公式（即 λ_k 有显式表达式）.

设第 k 次迭代点为 $\boldsymbol{X}^{(k)}$，现在来求 λ_k，由式（4-12）得：

$$\boldsymbol{g}^{(k)}=\nabla f(\boldsymbol{X}^{(k)})=\boldsymbol{Q}\boldsymbol{X}^{(k)}+\boldsymbol{b}$$

$$\boldsymbol{g}^{(k+1)}=\boldsymbol{Q}\boldsymbol{X}^{(k+1)}+\boldsymbol{b}=\boldsymbol{Q}(\boldsymbol{X}^{(k)}+\lambda_k\boldsymbol{P}^{(k)})+\boldsymbol{b}=\boldsymbol{Q}\boldsymbol{X}^{(k)}+\lambda_k\boldsymbol{Q}\boldsymbol{P}^{(k)}+\boldsymbol{b}=\boldsymbol{g}^{(k)}+\lambda_k\boldsymbol{Q}\boldsymbol{P}^{(k)}$$

代入式（4-11）得：

$$\boldsymbol{g}^{(k+1)\mathrm{T}}\cdot\boldsymbol{P}^{(k)}=[\boldsymbol{g}^{(k)}+\lambda_k\boldsymbol{Q}\boldsymbol{P}^{(k)}]^{\mathrm{T}}\cdot\boldsymbol{P}^{(k)}=\boldsymbol{g}^{(k)\mathrm{T}}\boldsymbol{P}^{(k)}+\boldsymbol{\lambda}^{(k)}\boldsymbol{P}^{(k)\mathrm{T}}\boldsymbol{Q}\boldsymbol{P}^{(k)}=\boldsymbol{0}$$

解出：

$$\lambda_k=-\boldsymbol{g}^{(k)\mathrm{T}}\cdot\boldsymbol{P}^{(k)}/\boldsymbol{P}^{(k)\mathrm{T}}\cdot\boldsymbol{Q}\boldsymbol{P}^{(k)} \tag{4-13}$$

对最速下降法，$\boldsymbol{P}^{(k)}=-\boldsymbol{g}^{(k)}$，代入式（4-13）得：

$$\lambda_k=\boldsymbol{g}^{(k)\mathrm{T}}\cdot\boldsymbol{g}^{(k)}/\boldsymbol{g}^{(k)\mathrm{T}}\boldsymbol{Q}\boldsymbol{g}^{(k)} \tag{4-14}$$

故第 $k+1$ 次迭代点：

$$\boldsymbol{X}^{(k+1)}=\boldsymbol{X}^{(k)}-[\boldsymbol{g}^{(k)\mathrm{T}}\boldsymbol{g}^{(k)}/\boldsymbol{g}^{(k)\mathrm{T}}\boldsymbol{Q}\boldsymbol{g}^{(k)}]\boldsymbol{g}^{(k)} \tag{4-15}$$

这就是最速下降法用于二次函数时的显式迭代公式.

[例 4-10] 用最速下降法求函数 $f(x_1,x_2)=x_1^2+4x_2^2$ 的极小点. 迭代两次，计算各迭代点的函数值、梯度及其模. 设初始点 $\boldsymbol{X}^{(0)}=(1,1)^{\mathrm{T}}$.

解

$$\boldsymbol{Q}=\begin{pmatrix}2&0\\0&8\end{pmatrix}\quad \nabla f(\boldsymbol{X})=\begin{pmatrix}2x_1\\8x_2\end{pmatrix}$$

由 $\boldsymbol{X}^{(0)}=(1,1)^{\mathrm{T}}$，算出：$f(\boldsymbol{X}^{(0)})=5$，$\boldsymbol{g}^{(0)}=(2,8)^{\mathrm{T}}$，$\|\boldsymbol{g}^{(0)}\|=\sqrt{2^2+8^2}=8.24621$，因 $f(\boldsymbol{X})$是二次函数，使用式（4-15）得：

$$\begin{aligned}\boldsymbol{X}^{(1)}&=\boldsymbol{X}^{(0)}-[\boldsymbol{g}^{(0)\mathrm{T}}\boldsymbol{g}^{(0)}/\boldsymbol{g}^{(0)\mathrm{T}}\boldsymbol{Q}\boldsymbol{g}^{(0)}]\boldsymbol{g}^{(0)}\\&=(1,1)^{\mathrm{T}}-0.13077(2,8)^{\mathrm{T}}\\&=(0.73846,-0.04616)^{\mathrm{T}}\end{aligned}$$

$$f(\boldsymbol{X}^{(1)})=(0.73846)^2+4\times(-0.04616)^2=0.55385$$

$$\boldsymbol{g}^{(1)}=(1.47692,-0.36923)^{\mathrm{T}},\ \|\boldsymbol{g}^{(1)}\|=1.52237$$

$$\begin{aligned}\boldsymbol{X}^{(2)}&=\boldsymbol{X}^{(1)}-[\boldsymbol{g}^{(1)\mathrm{T}}\boldsymbol{g}^{(1)}/\boldsymbol{g}^{(1)\mathrm{T}}\boldsymbol{Q}\boldsymbol{g}^{(1)}]\boldsymbol{g}^{(1)}\\&=(0.73846,-0.04616)^{\mathrm{T}}-0.42500(1.47692,-0.36923)^{\mathrm{T}}\\&=(0.11076,0.11076)^{\mathrm{T}}\end{aligned}$$

$$f(\boldsymbol{X}^{(2)})=0.06134,\ \boldsymbol{g}^{(2)}=(0.22152,0.88608)^{\mathrm{T}}$$

$$\|\boldsymbol{g}^{(2)}\|=0.91335$$

本例的计算结果如图 4-14 所示. 迭代点在向极小点靠近的过程中形成一条锯齿折线，相邻两个搜索方向互相垂直. 这种现象称为**锯齿现象**. 这种锯齿现象并非本例中偶然出现的，而是最速下降法一般存在的. 这是因为最速下降法的任何两个相邻搜索方向正交. 事实上，对于精确一维搜索，式（4-11）成立，而最速下降法的搜索方向：$\boldsymbol{P}^{(k+1)}=$

$-\nabla f(\boldsymbol{X}^{(k+1)})$ 代入到式（4-11）中得：$\boldsymbol{P}^{(k+1)} \cdot \boldsymbol{P}^{(k)}=0$. 从直观上可以看到，在远离极小点的地方，每次迭代可能使目标函数值有较大的下降，可是越接近极小点，由于锯齿现象，函数值下降速度显著变慢，这正是最速下降法的缺点. 尽管如此，由于最速下降法简单，计算机存储量小，往往在求解过程的前期使用，后期改用其他方法. 关于最速下降法的收敛性有以下的定理.

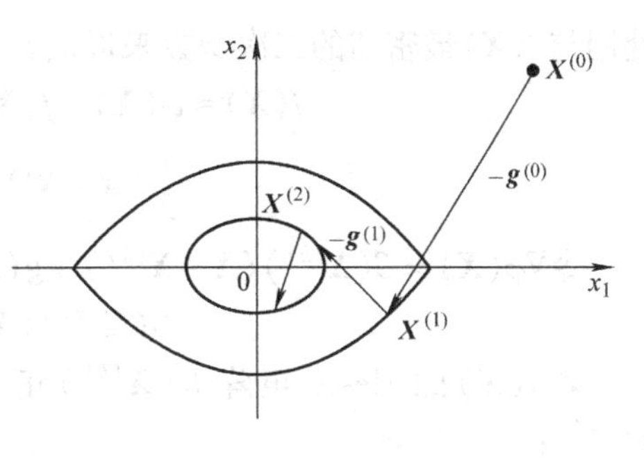

图 4-14

定理 4-10　设 $f(\boldsymbol{X}) \in C^1$，水平集 $\boldsymbol{S}=\{\boldsymbol{X} \mid f(X) \leqslant f^{(0)}\}$ 有界，$f^{(k)}=f(\boldsymbol{X}^{(k)})$，则算法或在有限步迭代后停止，或者 $\{\boldsymbol{X}^{(k)}\}$ 有极限点且其任一极限点都是 $f(\boldsymbol{X})$ 的驻点.

证　由 Taylor 展开式：

$$f(\boldsymbol{X}^{(k)}-\lambda \nabla f(\boldsymbol{X}^{(k)}))=f(\boldsymbol{X}^{(k)})-\lambda \nabla f(\boldsymbol{X}^{(k)})^{\mathrm{T}} \nabla f(\boldsymbol{X}^{(k)})+o(\lambda \| \nabla f(\boldsymbol{X}^{(k)}) \|),$$

当 $\nabla f(X^{(k)}) \neq 0$ 和 $\lambda>0$ 充分小时，有 $f(\boldsymbol{X}^{(k)}-\lambda \nabla f(\boldsymbol{X}^{(k)}))<f(\boldsymbol{X}^{(k)})$，因而得

$$\begin{aligned}f(\boldsymbol{X}^{(k+1)}) &= f(\boldsymbol{X}^{(k)}-\lambda_k \nabla f(\boldsymbol{X}^{(k)})) \\ &= \min_{\lambda \geqslant 0} f(\boldsymbol{X}^{(k)}-\lambda \nabla f(\boldsymbol{X}^{(k)}))<f(\boldsymbol{X}^{(k)})\end{aligned}$$

因而，$\{f^{(k)}\}$ 是严格单调下降序列. 因它有下界，故极限存在，记 $\lim\limits_{k \to \infty} f(\boldsymbol{X}^{(k)})=f^*$，由假设 S 有界，又因 $\boldsymbol{X}^{(k)} \in S$，故 $\{\boldsymbol{X}^{(k)}\}$ 为有界点列，所以 $\{\boldsymbol{X}^{(k)}\}$ 必有收敛子列，设子列 $\{\boldsymbol{X}^{(k)}\}_P$（$P$ 是子列的下标集）收敛于 $\boldsymbol{X}^*$. 因为 $\{\boldsymbol{X}^{(k+1)}\}_P$ 也是有界点列，必有收敛子列，所以存在 $P' \subset P$，使 $\{\boldsymbol{X}^{(k+1)}\}_{P'}$ 收敛于 $\bar{X}^*$. 又因 $\{f^{(k)}\}$ 为单调下降且有下界，故有 $f(X^*)=f(\bar{X}^*)=f^*$.

现在用反证法来证明 $\nabla f(\boldsymbol{X}^*)=0$. 设 $\nabla f(\boldsymbol{X}^*) \neq 0$，则对于充分小的 $\lambda>0$，有 $f(\boldsymbol{X}^*-\lambda \nabla f(\boldsymbol{X}^*))<f(\boldsymbol{X}^*)$，又 $f(\boldsymbol{X}^{(k+1)})=f(\boldsymbol{X}^{(k)}-\lambda_k \nabla f(\boldsymbol{X}^{(k)})) \leqslant f(\boldsymbol{X}^{(k)}-\lambda \nabla f(\boldsymbol{X}^{(k)}))$，令 $k \in p'$，$k \to \infty$，得：

$$f(\bar{\boldsymbol{X}}^*) \leqslant f(\boldsymbol{X}^*-\lambda \nabla f(\boldsymbol{X}^*))<f(\boldsymbol{X}^*)$$

与假设矛盾，故 $\nabla f(\boldsymbol{X}^*)=0$，定理证毕.

当 $f(\boldsymbol{X})$ 为凸函数时可知 $\boldsymbol{X}^*$ 为最优解. 最速下降法不具有二次收敛性，但有：

定理 4-11　设 $f(\boldsymbol{X}) \in C^2$，并且有常数 $\alpha>0$，使得对任何 $\boldsymbol{X}$ 及 $\boldsymbol{Y}$ 有 $\| G(\boldsymbol{X})-G(\boldsymbol{Y}) \| \leqslant \alpha \| \boldsymbol{X}-\boldsymbol{Y} \|$，又设由最速下降法产生的点列 $\{X^{(k)}\}$ 收敛于 $\boldsymbol{X}^*$，而 $G^*>0$，则 $\{f^{(k)}\}$ 线性收敛于 f^*；而收敛比 $\leqslant [(\lambda_n-\lambda_1)/\lambda_n+\lambda_1]^2$，$\lambda_1$ 与 λ_n 是 G^* 的最小与最大特征根，即 $\lim\limits_{k \to \infty}(f^{(k+1)}-f^*)/(f^{(k)}-f^*) \leqslant [(\lambda_n-\lambda_1)/\lambda_n+\lambda_1]^2$.

证　略.

4.4.3 Newton 法

如果目标函数 $f(\boldsymbol{X})$ 在 $\mathbf{R}^n$ 上具有连续的二阶偏导数，那么可以使用下述的 Newton 法，这个方法的收敛速度一般是很快的.

我们已知知道，非二次函数如果在极小点的 Hesse 矩阵是正定的，则该函数在极小点附近近似于一个正定二次函数. Newton 法的基本思想是：从 $\boldsymbol{X}^{(k)}$ 到 $\boldsymbol{X}^{(k+1)}$ 的迭代中，在 $\boldsymbol{X}^{(k)}$

处用与$f(\boldsymbol{X})$最密切的二次函数来近似$f(\boldsymbol{X})$，即取$f(\boldsymbol{X})$在$\boldsymbol{X}^{(k)}$点的 Taylor 展开式的前三项：

$$f(\boldsymbol{X})\approx\varphi(\boldsymbol{X})=f(\boldsymbol{X}^{(k)})+\boldsymbol{g}(\boldsymbol{X}^{(k)})^{\mathrm{T}}(\boldsymbol{X}-\boldsymbol{X}^{(k)})+\frac{1}{2}(\boldsymbol{X}-\boldsymbol{X}^{(k)})^{\mathrm{T}}G(\boldsymbol{X}^{(k)})(\boldsymbol{X}-\boldsymbol{X}^{(k)}) \tag{4-16}$$

令$\nabla\varphi(\boldsymbol{X})=G(\boldsymbol{X}^{(k)})(\boldsymbol{X}-\boldsymbol{X}^{(k)})+\boldsymbol{g}(\boldsymbol{X}^{(k)})=\boldsymbol{0}$，得：

$$G(\boldsymbol{X}^{(k)})(\boldsymbol{X}-\boldsymbol{X}^{(k)})=-\boldsymbol{g}(\boldsymbol{X}^{(k)}) \tag{4-17}$$

若$f(\boldsymbol{X})$的 Hesse 矩阵$G(\boldsymbol{X}^{(k)})$正定，则$G(\boldsymbol{X}^{(k)})^{-1}$存在，由式（4-17）解出$\boldsymbol{X}=\boldsymbol{X}^{(k+1)}$：

$$\boldsymbol{X}^{(k+1)}=\boldsymbol{X}^{(k)}-G(\boldsymbol{X}^{(k)})^{-1}\boldsymbol{g}(\boldsymbol{X}^{(k)}) \tag{4-18}$$

$\boldsymbol{X}^{(k+1)}$就是二次函数$\varphi(\boldsymbol{X})$的极小点. 我们用它作为$f(\boldsymbol{X})$极小点$\boldsymbol{X}^*$的新的近似. 式（4-18）就是 Newton 法的迭代公式.

［例 4-11］ 试用 Newton 法求$f(x_1, x_2)==x_1^2+4x_2^2$的极小点，初始点取为$\boldsymbol{X}^{(0)}=(1, 1)^{\mathrm{T}}$.

解 梯度为$g(\boldsymbol{X})=(2x_1, 8x_2)^{\mathrm{T}}$，Hesse 矩阵为$G(\boldsymbol{X})=\begin{pmatrix}2&0\\0&8\end{pmatrix}$，$G(\boldsymbol{X})^{-1}=\begin{pmatrix}1/2&0\\0&1/8\end{pmatrix}$由迭代公式（4-18）有：

$$\boldsymbol{X}^{(1)}=\boldsymbol{X}^{(0)}-G(\boldsymbol{X}^{(0)})^{-1}\boldsymbol{g}(\boldsymbol{X}^{(0)})=\begin{pmatrix}1\\1\end{pmatrix}-\begin{pmatrix}1/2&0\\0&1/8\end{pmatrix}\begin{pmatrix}2\\8\end{pmatrix}=\begin{pmatrix}0\\0\end{pmatrix}$$

因$g(\boldsymbol{X}^{(1)})=(0, 0)^{\mathrm{T}}$且$G(\boldsymbol{X})$正定，所以$\boldsymbol{X}^{(1)}$就是极小点. 迭代一次就求出了最小值.

Newton 迭代公式不仅利用了目标函数的梯度，还利用了 Hesse 矩阵，与最速下降法相比，改进了搜索方向从而收敛速度较快. Newton 法从理论上说，初始点$\boldsymbol{X}^{(0)}$的选择要充分靠近$\boldsymbol{X}^*$才能保证收敛，否则迭代可能失败. 因此 Newton 法往往与最速下降法结合使用，前期用最速下降法，而后期用 Newton 法.

迭代公式（4-18）中没有使用一维搜索，或者说步长$\lambda_k=1$. 为了保证在远离极小点的地方算法的收敛性，取$\boldsymbol{P}^{(k)}=-G(\boldsymbol{X}^{(k)})^{-1}g(\boldsymbol{X}^{(k)})$为迭代方向作一维搜索. 这样得到的算法称为**阻尼 Newton 法**.

阻尼 Newton 法的迭代步骤：

（1）取初始点$\boldsymbol{X}^{(0)}$，允许误差$\varepsilon>0$，令$k:=0$.

（2）检验$\|\nabla f(\boldsymbol{X}^{(k)})\|\leqslant\varepsilon$? 若满足则迭代终止，取$\boldsymbol{X}^*=\boldsymbol{X}^{(k)}$，否则转（3）.

（3）令$\boldsymbol{P}^{(k)}=-\boldsymbol{G}(\boldsymbol{X}^{(k)})^{-1}\boldsymbol{g}(\boldsymbol{X}^{(k)})$.

（4）求λ_k：$\min\limits_{\lambda\geqslant 0}f(\boldsymbol{X}^{(k)}+\lambda\boldsymbol{P}^{(k)})=f(\boldsymbol{X}^{(k)}+\lambda_k\boldsymbol{P}^{(k)})$.

（5）令$\boldsymbol{X}^{(k+1)}=\boldsymbol{X}^{(k)}+\lambda_k\boldsymbol{P}^{(k)}$，$k:=k+1$转（2），其框图如图 4-15.

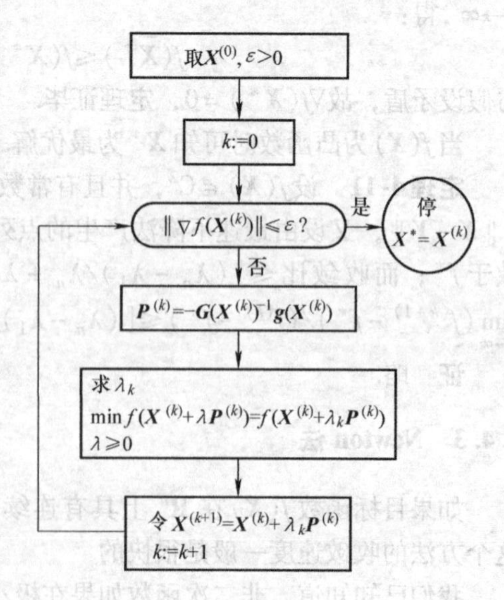

图 4-15

关于阻尼 Newton 法的收敛性，有：

定理 4-12　设 $f(\boldsymbol{X}) \in C^2$，$\boldsymbol{G}(\boldsymbol{X})$ 正定，水平集 $S = \{\boldsymbol{X} | f(\boldsymbol{X}) \leqslant f^{(0)}\}$ 有界，则算法或在有限步迭代后停止，或者 $\{\boldsymbol{X}^{(k)}\}$ 的任何极限点都是 $f(\boldsymbol{X})$ 的驻点.

证明方法同定理 4-10 类似. 读者请自行验证.

由 Newton 迭代公式的推导可以看出，对于二次目标函数只需迭代一次就可求出它的极小点，因此 Newton 法具有二次收敛性，还可以证明在一定的条件下，Newton 法具有二阶收敛速度.

4.4.4　共轭梯度法

共轭方向法克服了最速下降法的锯齿现象；从而既提高了收敛速度，又避免了 Newton 法中有关 Hesse 矩阵的计算. 因此是一类比较好的算法. 共轭梯度法是共轭方向法中最重要的一种，它是对最速下降法的负梯度方向进行修正，以改善其搜索效果. 具体说来是用前一点的梯度乘以一适当的系数加到当前一点的负梯度上，得到的新搜索方向与前面的搜索方向共轭. 为此我们先介绍共轭方向.

4.4.4.1　共轭方向及其性质

所谓共轭方向是垂直或正交方向的推广. 为说明这一点，先看一个特殊的二次函数：

$$f(\boldsymbol{Y}) = \frac{1}{2}\boldsymbol{Y}^{\mathrm{T}}\boldsymbol{Y} \tag{4-19}$$

在二维的情形，目标函数式（4-19）的等高线是一族同心圆，其圆心（极小点）为 $\overline{\boldsymbol{Y}}^* = \boldsymbol{0}$. 由图 4-16 可直观地看出：若有两个互相正交的方向 $\boldsymbol{q}_1$、$\boldsymbol{q}_2$，则从任意初始点 $\boldsymbol{Y}^{(0)}$ 出发，依次沿 $\boldsymbol{q}_1$、$\boldsymbol{q}_2$ 进行一维搜索，就能达到极小点 $\boldsymbol{Y}^*$. 可以证明，如果式（4-19）是 n 维二次函数，则依次沿 n 个非零正交方向搜索后必然达到它的极小点 $\boldsymbol{Y}^*$. 但此方法对一般正定二次型：

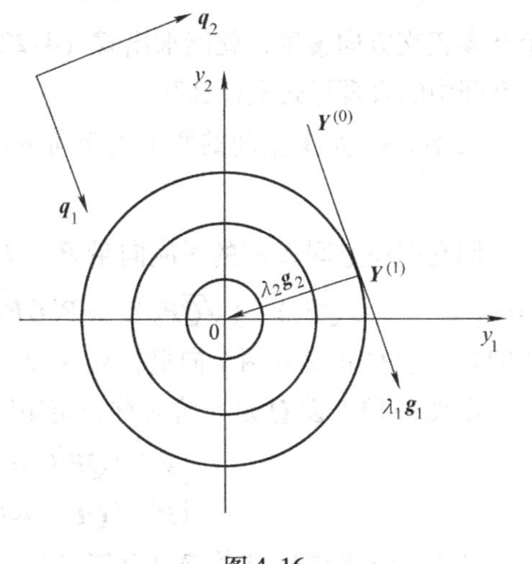

图 4-16

$$f(\boldsymbol{X}) = \frac{1}{2}\boldsymbol{X}^{\mathrm{T}}\boldsymbol{Q}\boldsymbol{X} \tag{4-20}$$

不再有这样令人满意的结果. 事实上，在二维的情况，取负梯度方向为搜索方向（尽管相邻点的搜索方向正交），两次迭代求不出式（4-20）的极小点，而是发生锯齿现象. 同样是二次函数，其效果为什么会有这样大的不同呢？为了说明其内在原因，我们将式（4-20）改写一下：因为 $\boldsymbol{Q}$ 正定，存在正交矩阵 $\boldsymbol{C}$，使得：

$$\boldsymbol{C}\boldsymbol{Q}\boldsymbol{C}^{\mathrm{T}} = \begin{pmatrix} \boldsymbol{\lambda}_1 & & & \\ & \boldsymbol{\lambda}_2 & & \\ & & \ddots & \\ & & & \boldsymbol{\lambda}_n \end{pmatrix}，\text{其中 } \boldsymbol{\lambda}_i > 0,\ i = 1,2,\cdots,n$$

故有：

$$Q = C^{\mathrm{T}}\begin{pmatrix} \lambda_1 & & & \\ & \lambda_2 & & \\ & & \ddots & \\ & & & \lambda_n \end{pmatrix} C$$

$$= C^{\mathrm{T}}\begin{pmatrix} \sqrt{\lambda_1} & & & \\ & \sqrt{\lambda_2} & & \\ & & \ddots & \\ & & & \sqrt{\lambda_n} \end{pmatrix}\begin{pmatrix} \sqrt{\lambda_1} & & & \\ & \sqrt{\lambda_2} & & \\ & & \ddots & \\ & & & \sqrt{\lambda_n} \end{pmatrix} C = (\sqrt{Q})^{\mathrm{T}}(\sqrt{Q})$$

其中，$\sqrt{Q} = C^{\mathrm{T}}\begin{pmatrix} \sqrt{\lambda_1} & & \\ & \ddots & \\ & & \sqrt{\lambda_n} \end{pmatrix} C$.

引进满秩线性变换：

$$Y = \sqrt{Q}X \tag{4-21}$$

则
$$f(X) = \frac{1}{2}X^{\mathrm{T}}QX = \frac{1}{2}X^{\mathrm{T}}(\sqrt{Q})^{\mathrm{T}}(\sqrt{Q})X = \frac{1}{2}Y^{\mathrm{T}}Y \tag{4-22}$$

线性变换式（4-21）把 X 空间中的椭球面变形为 Y 空间中的球面. 这时沿 Y 空间的 n 个非零正交方向搜索，就能求出式（4-22）的极小点 $Y^* = \sqrt{Q}X^*$. 那么 Y 空间的正交性在 X 空间中的表现形式是什么呢?

设 q_1，q_2 是 Y 空间的两个正交向量，即

$$q_1{}^{\mathrm{T}}q_2 = 0 \tag{4-23}$$

则它们在空间 X 中的对应向量 P_1、P_2 满足 $q_1 = \sqrt{Q}P_1$，$q_2 = \sqrt{Q}P_2$，由式（4-23）有：$0 = q_1{}^{\mathrm{T}}q_2 = (\sqrt{Q}P_1)^{\mathrm{T}}(\sqrt{Q}P_2) = P_1^{\mathrm{T}}QP_2$，这就说明，$Y$ 空间的两个正交向量对应于 X 空间的是关于 Q 正交的两个向量，对这种关系有如下定义.

定义 4-13 设 Q 是 n 阶对称正定矩阵，若向量组 $P^{(1)}, P^{(2)}, \cdots, P^{(m)} \in \mathbf{R}^n$ 满足：

$$\begin{cases} P^{(i)\mathrm{T}}QP^{(j)} = 0 & i \neq j \\ P^{(i)\mathrm{T}}QP^{(i)} \neq 0 & i = 1,2,\cdots,m(m \leqslant n) \end{cases} \tag{4-24}$$

则该向量组称为 Q 共轭（Q 正交）. 当 $Q = I$ 时，式（4-24）就是通常的正交条件. 下面我们讨论共轭方向的性质.

定理 4-13 设 $P^{(1)}, P^{(2)}, \cdots, P^{(n)}$ 对于对称正定矩阵 Q 共轭，则 $P^{(1)}, P^{(2)}, \cdots, P^{(n)}$ 线性无关.

证 设 $k_1P^{(1)} + k_2P^{(2)} + \cdots + k_nP^{(n)} = \mathbf{0}$，只要推出 k_i（$i = 1, 2, \cdots, n$）必全为 0 即可. 用 $P^{(i)\mathrm{T}}Q$ 左乘上式，由共轭条件得：$k_iP^{(i)\mathrm{T}}QP^{(i)} = 0$，但 $P^{(i)\mathrm{T}}QP^{(i)} \neq 0$，故必有 $k_i = 0$，$i = 1, 2, \cdots, n$，即 $P^{(1)}, P^{(2)}, \cdots, P^{(n)}$ 线性无关. 定理证毕.

定理 4-14 设 $P^{(1)}, P^{(2)}, \cdots, P^{(n)}$ 对于对称正定矩阵 Q 共轭，则从任意一点 $X^{(1)}$ 出发，依次以 $P^{(1)}, P^{(2)}, \cdots, P^{(n)}$ 为搜索方向的下述算法：

$$\begin{cases}\min\limits_{\lambda\geqslant 0} f(\boldsymbol{X}^{(k)}+\lambda\boldsymbol{P}^{(k)})=f(\boldsymbol{X}^{(k)}+\lambda_k\boldsymbol{P}^{(k)})\\ \boldsymbol{X}^{(k+1)}=\boldsymbol{X}^{(k)}+\lambda_k\boldsymbol{P}^{(k)}\end{cases}$$

经 n 次一维搜索而收敛于式（4-12）的最优解 $\boldsymbol{X}^*$. 其中 $f(\boldsymbol{X})$ 由式（4-12）定义.

证　由式（4-12），$\boldsymbol{g}(\boldsymbol{X})=\boldsymbol{Q}\boldsymbol{X}+\boldsymbol{b}$，$\boldsymbol{g}^{(k)}=\boldsymbol{Q}\boldsymbol{X}^{(k)}+\boldsymbol{b}$，$k=1,\ 2,\ \cdots,\ n$

$$\boldsymbol{g}^{(k+1)}=\boldsymbol{Q}\boldsymbol{X}^{(k+1)}+\boldsymbol{b}=\boldsymbol{Q}(\boldsymbol{X}^{(k)}+\lambda_k\boldsymbol{P}^{(k)})+\boldsymbol{b}=\boldsymbol{g}^{(k)}+\lambda_k\boldsymbol{Q}\boldsymbol{P}^{(k)} \tag{4-25}$$

若 $\boldsymbol{g}^{(k)}\neq 0$，$k=1,\ 2,\ \cdots,\ n$，则

$$\begin{aligned}\boldsymbol{g}^{(n+1)}&=\boldsymbol{g}^{(n)}+\lambda_n\boldsymbol{Q}\boldsymbol{P}^{(n)}=\boldsymbol{g}^{(n-1)}+\lambda_{n-1}\boldsymbol{Q}\boldsymbol{P}^{(n-1)}+\lambda_n\boldsymbol{Q}\boldsymbol{P}^{(n)}\\ &=\cdots=\boldsymbol{g}^{(k+1)}+\lambda_{k+1}\boldsymbol{Q}\boldsymbol{P}^{(k+1)}+\cdots+\lambda_n\boldsymbol{Q}\boldsymbol{P}^{(n)}\end{aligned}$$

因 λ_k 是最优步长，由式（4-11）有：$\boldsymbol{g}^{(k+1)\mathrm{T}}\boldsymbol{P}^{(k)}=0$，$k=1,\ 2,\ \cdots,\ n$，故：

$$\boldsymbol{P}^{(k)\mathrm{T}}\boldsymbol{g}^{(n+1)}=\boldsymbol{P}^{(k)\mathrm{T}}\boldsymbol{g}^{(k+1)}+\lambda_{k+1}\boldsymbol{P}^{(k)\mathrm{T}}\boldsymbol{Q}\boldsymbol{P}^{(k+1)}+\cdots+\lambda_n\boldsymbol{P}^{(k)\mathrm{T}}\boldsymbol{Q}\boldsymbol{P}^{(n)}=0\quad k=1,2,\cdots,n$$

因此，$\boldsymbol{g}^{(n+1)}=\nabla f(\boldsymbol{X}^{(n+1)})=\boldsymbol{0}$，又因为 $f(\boldsymbol{X})$ 为正定二次函数，所以 $\boldsymbol{X}^{(n+1)}=\boldsymbol{X}^*$. 定理证毕.

推论　$\boldsymbol{P}^{(1)}$，$\boldsymbol{P}^{(2)}$，$\cdots$，$\boldsymbol{P}^{(k)}$ 的任何线性组合 $\sum\limits_{i=1}^{k}a_i\boldsymbol{P}^{(i)}$ 都与 $\boldsymbol{g}^{(k+1)}$ 正交（a_1，a_2，$\cdots$，a_k 为任意实数）.

定理 4-14 表明，共轭方向法具有二次收敛性.

4.4.4.2　二次函数的共轭方向法的迭代步骤

如果已知一组 $\boldsymbol{Q}$ 共轭方向 $\boldsymbol{P}^{(1)}$，$\boldsymbol{P}^{(2)}$，$\cdots$，$\boldsymbol{P}^{(n)}$，由定理 4-14，对于正定二次函数（4-12），可以通过下述算法求出它的极小点 $\boldsymbol{X}^*$：

$$\begin{cases}\min\limits_{\lambda\geqslant 0}(\boldsymbol{X}^{(k)}+\lambda\boldsymbol{P}^{(k)})=f(\boldsymbol{X}^{(k)}+\lambda_k\boldsymbol{P}^{(k)})\\ \boldsymbol{X}^{(k+1)}=\boldsymbol{X}^{(k)}+\lambda_k\boldsymbol{P}^{(k)}\\ \boldsymbol{X}^{(n+1)}=\boldsymbol{X}^*\end{cases} \tag{4-26}$$

算法式（4-26）称为**共轭方向法**. 这里由 $\boldsymbol{P}^{(k)}$ 的不同选取构成不同的算法，故称其为一类算法.

4.4.4.3　二次函数的共轭梯度法

共轭梯度法是共轭方向法的一种，它的搜索方向 $\boldsymbol{P}^{(k)}$ 是由迭代点 $\boldsymbol{X}^{(k)}$ 处的负梯度与前一搜索方向的线性组合生成的. 下面构造共轭梯度法.

考虑目标函数是正定二次函数式（4-12），初始点 $\boldsymbol{X}^{(1)}$ 处的搜索方向取该点的负梯度方向 $\boldsymbol{P}^{(1)}=-\boldsymbol{g}^{(1)}$，从 $\boldsymbol{X}^{(1)}$ 出发，沿方向 $\boldsymbol{P}^{(1)}$ 作一维搜索得新的近似点 $\boldsymbol{X}^{(2)}=\boldsymbol{X}^{(1)}+\lambda_1\boldsymbol{P}^{(1)}$（$\lambda_1$ 是最优步长）. 新点 $\boldsymbol{X}^{(2)}$ 处的搜索方向 $\boldsymbol{P}^{(2)}$ 取作：

$$\boldsymbol{P}^{(2)}=-\boldsymbol{g}^{(2)}+\beta_1\boldsymbol{P}^{(1)}$$

按 $\boldsymbol{P}^{(2)}$ 与 $\boldsymbol{P}^{(1)}$ $\boldsymbol{Q}$ 共轭的要求来确定 β_1：

令
$$\boldsymbol{P}^{(2)\mathrm{T}}\boldsymbol{Q}\boldsymbol{P}^{(1)}=-\boldsymbol{g}^{(2)\mathrm{T}}\boldsymbol{Q}\boldsymbol{P}^{(1)}+\beta_1\boldsymbol{P}^{(1)\mathrm{T}}\boldsymbol{Q}\boldsymbol{P}^{(1)}=0$$

解出：$\beta_1=\boldsymbol{g}^{(2)\mathrm{T}}\boldsymbol{Q}\boldsymbol{P}^{(1)}/\boldsymbol{P}^{(1)\mathrm{T}}\boldsymbol{Q}\boldsymbol{P}^{(1)}$，从而确定了 $\boldsymbol{P}^{(2)}$. 从 $\boldsymbol{X}^{(2)}$ 出发沿 $\boldsymbol{P}^{(2)}$ 作一维搜索，得新的迭代点 $\boldsymbol{X}^{(3)}=\boldsymbol{X}^{(2)}+\lambda_2\boldsymbol{P}^{(2)}$，新点 $\boldsymbol{X}^{(3)}$ 处的搜索方向取作：

$$\boldsymbol{P}^{(3)}=-\boldsymbol{g}^{(3)}+\beta_2\boldsymbol{P}^{(2)}$$

按 $P^{(3)}$ 与 $P^{(2)}Q$ 共轭的要求来确定 β_2：

令
$$P^{(3)\mathrm{T}}QP^{(2)} = -g^{(3)\mathrm{T}}QP^{(2)} + \beta_2 P^{(2)\mathrm{T}}QP^{(2)} = 0$$

解出：$\beta_2 = g^{(3)\mathrm{T}}QP^{(2)} / P^{(2)\mathrm{T}}QP^{(2)}$，从而确定了 $P^{(3)}$.

我们知道，共轭方向法对所求出的向量 $P^{(1)}$、$P^{(2)}$、$P^{(3)}$ 要求互相共轭，而上面的作法只保证了 $P^{(1)}$ 与 $P^{(2)}$、$P^{(2)}$ 与 $P^{(3)}$ 共轭，那么 $P^{(1)}$ 与 $P^{(3)}$ 是否共轭呢，回答是肯定的.

事实上，
$$\begin{aligned} P^{(3)\mathrm{T}}QP^{(1)} &= (-g^{(3)} + \beta_2 P^{(2)})^{\mathrm{T}}QP^{(1)} \\ &= -g^{(3)\mathrm{T}}QP^{(1)} \quad (\text{因 } P^{(2)\mathrm{T}}QP^{(1)} = 0) \\ &= -g^{(3)\mathrm{T}}(g^{(2)} - g^{(1)})/\lambda_1 \quad (\text{由式(4-25)}) \\ &= -(g^{(3)\mathrm{T}}g^{(2)} - g^{(3)\mathrm{T}}g^{(1)})/\lambda_1 \end{aligned}$$

由 $P^{(1)}$ 和 $P^{(2)}$ 的求法可知 $g^{(1)}$ 和 $g^{(2)}$ 都是 $P^{(1)}$ 和 $P^{(2)}$ 的线性组合，根据定理 4-14 的推论，有 $g^{(3)\mathrm{T}}g^{(2)} = g^{(3)\mathrm{T}}g^{(1)} = 0$，因此 $P^{(3)\mathrm{T}}QP^{(1)} = 0$，即 $P^{(3)}$ 与 $P^{(1)}$ 共轭.

继续上述步骤，设已求出共轭向量组 $P^{(1)}$，$P^{(2)}$，…，$P^{(k-1)}$，并已获得前 k 个迭代点 $X^{(1)}$，$X^{(2)}$，…，$X^{(k)}$，若 $k<n+1$，设 $X^{(k)} \neq X^*$，这样 $g^{(k)} \neq 0$，$X^{(k)}$ 点处的搜索方向取作：$P^{(k)} = -g^{(k)} + \beta_{k-1}P^{(k-1)}$，按 $P^{(k)}$ 与 $P^{(k-1)}$ 共轭来确定 β_{k-1}；令：
$$P^{(k)\mathrm{T}}QP^{(k-1)} = -g^{(k)\mathrm{T}}QP^{(k-1)} + \beta_{k-1}P^{(k-1)\mathrm{T}}QP^{(k-1)} = 0$$

解出
$$\beta_{k-1} = g^{(k)\mathrm{T}}QP^{(k-1)} / P^{(k-1)\mathrm{T}}QP^{(k-1)}$$

从而确定 $P^{(k)}$. 从 $X^{(k)}$ 出发沿 $P^{(k)}$ 方向作一维搜索，得新的迭代点 $X^{(k+1)}$，$X^{(k+1)} = X^{(k)} + \lambda_k P^{(k)}$.

同样可以证明，这样确定的 $P^{(k)}$ 除与 $P^{(k-1)}$ 共轭外还与 $P^{(1)}$，$P^{(2)}$，…，$P^{(k-2)}$ 共轭. 事实上，对 $j=1$，2，…，$k-2$，计算：
$$\begin{aligned} P^{(k)\mathrm{T}}QP^{(j)} &= -g^{(k)\mathrm{T}}QP^{(j)} + \beta_{k-1}P^{(k-1)\mathrm{T}}QP^{(j)} \\ &= -g^{(k)\mathrm{T}}QP^{(j)} \quad (\text{因 } P^{(k-1)\mathrm{T}}QP^{(j)} = 0) \\ &= -g^{(k)\mathrm{T}}(g^{(j+1)} - g^{(j)})/\lambda_j \quad (\text{由式(4-25)}) \\ &= -(g^{(k)\mathrm{T}}g^{(j+1)} - g^{(k)\mathrm{T}}g^{(j)})/\lambda_j \end{aligned}$$

由 $P^{(1)}$，$P^{(2)}$，…，$P^{(k-1)}$ 的求法可知，$g^{(j)}$ 和 $g^{(j+1)}$ 都是共轭向量 $P^{(1)}$，$P^{(2)}$，…，$P^{(k-1)}$ 的线性组合，根据定理 4-14 的推论有：$g^{(k)\mathrm{T}}g^{(j+1)} = g^{(k)\mathrm{T}}g^{(j)} = 0$，这就证明了 $P^{(k)}$ 与 $P^{(1)}$，$P^{(2)}$，…，$P^{(k-1)}$ 都共轭.

如果 $X^{(1)}$，$X^{(2)}$，…，$X^{(n)}$ 都不是极小点，我们可以按照上述方法构造出 n 个非零共轭向量. 根据定理 4-14，第 n 次迭代点 $X^{(n+1)}$ 必是式（4-12）的极小点 X^*，当然，也有可能在第 m 次迭代（$m \leqslant n$）就达到了极小点，此时 $X^{(m+1)} = X^*$.

共轭梯度法的迭代步骤（用于二次函数）：

（1）取初始点 $X^{(1)}$，给出允许误差 ε，计算 $P^{(1)} = -g(X^{(1)})$，置 $k=1$.

（2）一维搜索 $\min\limits_{\lambda \geqslant 0} f(X^{(k)} + \lambda P^{(k)}) = f(X^{(k)} + \lambda_k P^{(k)})$ 或采用公式：
$$\lambda_k = g^{(k)\mathrm{T}}g^{(k)} / P^{(k)\mathrm{T}}QP^{(k)}, X^{(k+1)} = X^{(k)} + \lambda_k P^{(k)} \tag{4-27}$$

（3）判别 $\| g^{(k+1)} \| < \varepsilon$ 是否满足，若满足，令 $X^* = X^{(k+1)}$，迭代终止，否则转（4）.

（4）计算：
$$\begin{aligned} \beta_k &= g^{(k+1)\mathrm{T}}QP^{(k)} / P^{(k)\mathrm{T}}QP^{(k)} \\ P^{(k+1)} &= -g^{(k+1)} + \beta_k P^{(k)} \end{aligned} \tag{4-28}$$

(5) 置$k:=k+1$，转(2).

式(4-27)是由式(4-13)及定理4-14的推论而得：

$$\begin{aligned}\lambda_k &= -\boldsymbol{g}^{(k)\mathrm{T}}\boldsymbol{P}^{(k)}/\boldsymbol{P}^{(k)\mathrm{T}}\boldsymbol{Q}\boldsymbol{P}^{(k)}\\ &= -\boldsymbol{g}^{(k)\mathrm{T}}(-\boldsymbol{g}^{(k)}+\beta_{k-1}\boldsymbol{P}^{(k-1)})/\boldsymbol{P}^{(k)\mathrm{T}}\boldsymbol{Q}\boldsymbol{P}^{(k)}\\ &= \boldsymbol{g}^{(k)\mathrm{T}}\boldsymbol{g}^{(k)}/\boldsymbol{P}^{(k)\mathrm{T}}\boldsymbol{Q}\boldsymbol{P}^{(k)}\end{aligned}$$

[**例4-12**] 用共轭梯度法求解$\min(x_1^2+4x_2^2)$，取$\boldsymbol{X}^{(1)}=(1,\ 1)^{\mathrm{T}}$为初始点.

解 $\boldsymbol{Q}=\begin{pmatrix}2&0\\0&8\end{pmatrix}$，$\boldsymbol{g}(\boldsymbol{X})=\begin{pmatrix}2x_1\\8x_2\end{pmatrix}$，初始搜索方向$\boldsymbol{P}^{(1)}=-\boldsymbol{g}^{(1)}=(-2,\ -8)^{\mathrm{T}}$，由式(4-27)，计算：

$$\lambda_1=\boldsymbol{g}^{(1)\mathrm{T}}\boldsymbol{g}^{(1)}/\boldsymbol{P}^{(1)\mathrm{T}}\boldsymbol{Q}\boldsymbol{P}^{(1)}=68/520=0.13077$$

$$\boldsymbol{X}^{(2)}=\boldsymbol{X}^{(1)}+\lambda_1\boldsymbol{P}^{(1)}=(0.73846,-0.04616)^{\mathrm{T}}$$

$\boldsymbol{g}^{(2)}=(1.47692,\ -0.36923)^{\mathrm{T}}$，$\|\boldsymbol{g}^{(2)}\|=1.52237$较大，还需迭代.

由式(4-28)，计算：

$$\beta_1=\boldsymbol{g}^{(2)\mathrm{T}}\boldsymbol{Q}\boldsymbol{P}^{(1)}/\boldsymbol{P}^{(1)\mathrm{T}}\boldsymbol{Q}\boldsymbol{P}^{(1)}=17.72304/520=0.03408$$

$$\boldsymbol{P}^{(2)}=-\boldsymbol{g}^{(2)}+\beta_1\boldsymbol{P}^{(1)}=(-1.54508,0.09659)^{\mathrm{T}}$$

由式(4-27)，计算：

$$\lambda_2=\boldsymbol{g}^{(2)\mathrm{T}}\boldsymbol{g}^{(2)}/\boldsymbol{P}^{(2)\mathrm{T}}\boldsymbol{Q}\boldsymbol{P}^{(2)}=2.31762/4.84918=0.47794$$

$$\boldsymbol{X}^{(3)}=\boldsymbol{X}^{(2)}+\lambda_2\boldsymbol{P}^{(2)}=(0.00000,0.00000)^{\mathrm{T}}$$

因为$\boldsymbol{g}^{(3)}=\boldsymbol{0}$，迭代终止，得$\boldsymbol{X}^*=(0,\ 0)^{\mathrm{T}}$

4.4.4.4 一般函数的共轭梯度法

为了把共轭梯度法用于非二次函数，消去式(4-28)中的$\boldsymbol{Q}$，由式(4-25)：$\boldsymbol{Q}\boldsymbol{P}^{(k)}=(\boldsymbol{g}^{(k+1)}-\boldsymbol{g}^{(k)})/\lambda_k$，代入到式(4-28)中，得：

$$\beta_k=\boldsymbol{g}^{(k+1)\mathrm{T}}(\boldsymbol{g}^{(k+1)}-\boldsymbol{g}^{(k)})/\boldsymbol{P}^{(k)\mathrm{T}}(\boldsymbol{g}^{(k+1)}-\boldsymbol{g}^{(k)}) \tag{4-29}$$

下面我们推导出β_k的三种形式，它们分别对应于三种不同的共轭梯度法.

$\boldsymbol{g}^{(k+1)\mathrm{T}}\boldsymbol{P}^{(k)}=-\boldsymbol{g}^{(k+1)\mathrm{T}}\boldsymbol{g}^{(k)}+\beta_{k-1}\boldsymbol{g}^{(k+1)\mathrm{T}}\boldsymbol{P}^{(k-1)}$，根据定理4-14的推论，$\boldsymbol{g}^{(k+1)\mathrm{T}}\boldsymbol{P}^{(k-1)}=0$，由式(4-11)有$\boldsymbol{g}^{(k+1)\mathrm{T}}\boldsymbol{P}^{(k)}=0$，所以得：

$$\boldsymbol{g}^{(k+1)\mathrm{T}}\boldsymbol{g}^{(k)}=0 \tag{4-30}$$

又：
$$\boldsymbol{P}^{(k)\mathrm{T}}\boldsymbol{g}^{(k)}=-\boldsymbol{g}^{(k)\mathrm{T}}\boldsymbol{g}^{(k)}+\beta_{k-1}\boldsymbol{P}^{(k-1)\mathrm{T}}\boldsymbol{g}^{(k)}=-\boldsymbol{g}^{(k)\mathrm{T}}\boldsymbol{g}^{(k)} \tag{4-31}$$

(1) 把式(4-30)、式(4-11)、式(4-31)代入到式(4-29)得：

$$\beta_k=\boldsymbol{g}^{(k+1)\mathrm{T}}\boldsymbol{g}^{(k+1)}/\boldsymbol{g}^{(k)\mathrm{T}}\boldsymbol{g}^{(k)}=\|\boldsymbol{g}^{(k+1)}\|^2/\|\boldsymbol{g}^{(k)}\|^2 \tag{4-32}$$

称为**Fletcher－Reeves**公式.

(2) 把式(4-30)、式(4-11)代入到式(4-29)得：

$$\beta_k=-\boldsymbol{g}^{(k+1)\mathrm{T}}\boldsymbol{g}^{(k+1)}/\boldsymbol{P}^{(k)\mathrm{T}}\boldsymbol{g}^{(k)} \tag{4-33}$$

称为**Dixon－Myers**公式.

(3) 把式(4-11)、式(4-31)代入到式(4-29)得：

$$\beta_k=\boldsymbol{g}^{(k+1)\mathrm{T}}(\boldsymbol{g}^{(k+1)}-\boldsymbol{g}^{(k)})/\boldsymbol{g}^{(k)\mathrm{T}}\boldsymbol{g}^{(k)} \tag{4-34}$$

称为**Polak－Ribiere－Polyok**公式.

应用这三个公式的共轭梯度法分别称为FR算法、DM算法和PRP算法. 它们对二次函数和精确的一维搜索是完全等价的. 它们都可以用于非二次函数. 一般说来，PRP 算法优于 FR 算法.

PRP 算法的迭代步骤：

(1) 取初始点 $\boldsymbol{X}^{(1)}$，给出允许误差 ε.

(2) 检验 $\|\boldsymbol{g}^{(1)}\|<\varepsilon$ 是否满足，若满足，则迭代终止，$\boldsymbol{X}^*=\boldsymbol{X}^{(1)}$. 否则转 (3).

(3) 令 $\boldsymbol{P}^{(1)}=-\boldsymbol{g}^{(1)}$，置 $k=1$；

(4) 一维搜索：$\min\limits_{\lambda\geqslant 0} f(\boldsymbol{X}^{(k)}+\lambda\boldsymbol{P}^{(k)})=f(\boldsymbol{X}^{(k)}+\lambda_k\boldsymbol{P}^{(k)})$

$$\boldsymbol{X}^{(k+1)}=\boldsymbol{X}^{(k)}+\lambda_k\boldsymbol{P}^{(k)}$$

(5) 检验 $\|\boldsymbol{g}^{(k+1)}\|<\varepsilon$ 是否满足，若满足则迭代终止，$\boldsymbol{X}^*=\boldsymbol{X}^{(k+1)}$；否则转 (6).

(6) $k=n$ 是否成立，若是，则令 $\boldsymbol{X}^{(1)}:=\boldsymbol{X}^{(n+1)}$ 转 (3)，否则计算：

$\beta_k=\boldsymbol{g}^{(k+1)\mathrm{T}}(\boldsymbol{g}^{(k+1)}-\boldsymbol{g}^{(k)})/\boldsymbol{g}^{(k)\mathrm{T}}\boldsymbol{g}^{(k)}$，$\boldsymbol{P}^{(k+1)}=-\boldsymbol{g}^{(k+1)}+\beta_k\boldsymbol{P}^{(k)}$，$k:=k+1$ 转 (4).

PRP 算法的框图见图 4-17.

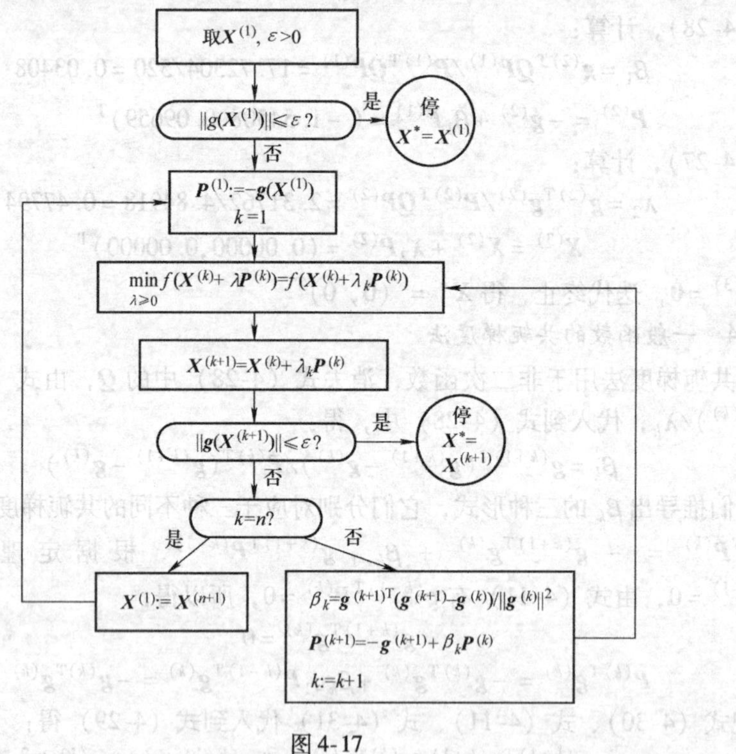

图 4-17

因为 $\boldsymbol{g}^{(k)\mathrm{T}}\boldsymbol{P}^{(k)}=\boldsymbol{g}^{(k)\mathrm{T}}(-\boldsymbol{g}^{(k)}+\beta_{k-1}\boldsymbol{P}^{(k-1)})=-\boldsymbol{g}^{(k)\mathrm{T}}\boldsymbol{g}^{(k)}<0$，说明搜索方向 $\boldsymbol{P}^{(k)}$ 总是下降方向，因此共轭梯度法对一般目标函数是下降算法，即使迭代点距极小点很远，这种方法也可以使用.

在上面的算法中，每 n 步的第一步取匀梯度方向为其搜索方向，这种作法简称为 **"n 步重新开始"**，这样做的目的是为了减少舍入误差的影响，加快收敛的速度. 1972 年 P. Wolfe 构造了一个例子说明了若 $\boldsymbol{P}^{(1)}$ 只取下降方向而不是负梯度方向，不重新开始的共轭梯度法即使应用于正定二次函数，也可能不在有限步内收敛. 因此，共轭梯度法应用于二次函数时，为了能在 n 步内收敛（即能取得 n 个共轭方向），一个关键是取负梯度方向作为第一个搜索方向．而非二次目标函数在极小点附近近似于一个正定二次函数，当迭代点进入这样一个区域后，为了加快收敛速度，我们在算法中采取了 n 步重新开始的做法．当然，这样做也可以减弱舍入误差对搜索方向的影响．

可以把共轭梯度法看做是最速下降法的一种改进．令所有 $\beta_k=0$ 时就变为最速下降法．因此，共轭梯度法的效果不低于最速下降法，它也是一种收敛算法．和 Newton 法相比较，共轭梯度法还有一个优点，就是计算机存储量小，因为它不涉及矩阵，仅仅存放向量就够了，因此它适于解较高维的问题．

共轭梯度法优于最速下降法，但是非重新开始的共轭梯度法也仅仅具有线性收敛的速度．对于 n 步重新开始的 PRP 算法，1972 年 Cohen 证明了它具有 n 步二阶收敛速度．即 $\| (\boldsymbol{X}^{(k+1)})^{n+1}-\boldsymbol{X}^{(k)} \| \leqslant g \| \boldsymbol{X}^{k\,n+1}-\boldsymbol{X}^{*} \|^{2}$.

共轭梯度法可以不要求精确的一维搜索．1974 年 G. P. McComick 和 K. Ritter 证明了重新开始的带有不精确一维搜索的 PRP 算法在目标函数是严格凸时其收敛速度是 n 步超线性的．如果其 Hesse 矩阵满足 Lipschitz 条件：对所有的 $\boldsymbol{X}$、$\boldsymbol{Y}$ 有 $\| G(\boldsymbol{X})-G(\boldsymbol{Y}) \| \leqslant L \| \boldsymbol{X}-\boldsymbol{Y} \|$．其收敛速度是 n 步二阶的．

4.4.5 拟 Newton 法（变尺度法）

本节中所讨论的 Newton 法最突出的优点是收敛速度快．因此，凡是目标函数的 Hesse 矩阵比较容易求出的问题，应尽可能使用 Newton 法求解．Newton 法的最大缺点是每次迭代都要计算目标函数的 Hesse 矩阵，当维数 n 较大时计算量迅速增加，这就抵消了 Newton 法的优点．于是有人想到，能否尽可能保持 Newton 法收敛速度快的优点，而摆脱关于 Hesse 矩阵的计算呢？现在要介绍的拟 Newton 法正是从这种想法出发构造出来的．拟 Newton 法是用近似矩阵代替 Newton 法中的 Hesse 矩阵的逆矩阵，而与 Newton 法相似的一大类算法的总称．其中 DFP 方法和 BFGS 方法是使用较多的算法．

4.4.5.1 DFP 方法的搜索方向

Newton 法的搜索方向是 $\boldsymbol{P}^{(k)}=-G(\boldsymbol{X}^{(k)})^{-1}\boldsymbol{g}^{(k)}$，拟 Newton 法是用近似矩阵 $\boldsymbol{H}^{(k)}$ 来代替 $G(\boldsymbol{X}^{(k)})^{-1}$，即构造一个矩阵序列 $\{\boldsymbol{H}^{(k)}\}$ 去逼近 Hesse 逆矩阵序列 $\{\boldsymbol{G}^{(k)-1}\}$．所以拟 Newton 法的搜索方向是：$\boldsymbol{P}^{(k)}=-\boldsymbol{H}^{(k)}\boldsymbol{g}^{(k)}$，那么，$\boldsymbol{H}^{(k)}$ 如何确定呢？它需要满足些什么条件呢？

根据 Taylor 公式有：$\boldsymbol{g}^{(k)}\approx\boldsymbol{g}^{(k+1)}+\boldsymbol{G}^{(k+1)}(\boldsymbol{X}^{(k)}-\boldsymbol{X}^{(k+1)})$，当 $\boldsymbol{G}^{(k+1)}$ 正定时，有：$\boldsymbol{G}^{(k+1)-1}(\boldsymbol{g}^{(k+1)}-\boldsymbol{g}^{(k)})\approx\boldsymbol{X}^{(k+1)}-\boldsymbol{X}^{(k)}$．现在用 $\boldsymbol{H}^{(k+1)}$ 代替上式中的 $\boldsymbol{G}^{(k+1)-1}$，并要求上面的近似式变成等式，即要求 $\boldsymbol{H}^{(k+1)}$ 满足几个原则：

第一，$\boldsymbol{H}^{(k+1)}$ 满足等式：

$$\boldsymbol{H}^{(k+1)}\overline{\boldsymbol{Y}}^{(k)}=\boldsymbol{S}^{(k)} \tag{4-35}$$

$$\overline{\boldsymbol{Y}}^{(k)}=\boldsymbol{g}^{(k+1)}-\boldsymbol{g}^{(k)},\boldsymbol{S}^{(k)}=\boldsymbol{X}^{(k+1)}-\boldsymbol{X}^{(k)} \tag{4-36}$$

这里式（4-35）称为拟 Newton 方程．

第二，为了使搜索方向 $\boldsymbol{P}^{(k)}=-\boldsymbol{H}^{(k)}\boldsymbol{g}^{(k)}$ 是下降方向，要求 $\boldsymbol{H}^{(k)}$ 对称正定．因为由式（4-8），只要 $\boldsymbol{g}^{(k)\mathrm{T}}\boldsymbol{P}^{(k)}=-\boldsymbol{g}^{(k)\mathrm{T}}\boldsymbol{H}^{(k)}\boldsymbol{g}^{(k)}<0$ 即 $\boldsymbol{g}^{(k)\mathrm{T}}\boldsymbol{H}^{(k)}\boldsymbol{g}^{(k)}>0$，当 $\boldsymbol{H}^{(k)}$ 对称正定时，$\boldsymbol{P}^{(k)}=-\boldsymbol{H}^{(k)}\boldsymbol{g}^{(k)}$ 必为下降方向．

第三，要求 $\boldsymbol{H}^{(k+1)}-\boldsymbol{H}^{(k)}$ 越简单越好．这里讨论的是要求 $\boldsymbol{H}^{(k+1)}-\boldsymbol{H}^{(k)}$ 的秩越小越好．

DFP 方法首先是由 Davidon（1959 年）提出的，后由 Fletcher 和 Powell（1963 年）对 Davidon 的方法作了改进，最后形成了 DFP 方法. 这种方法是一种秩 2 对称的拟 Newton 算法，但不是唯一的秩 2 对称的拟 Newton 算法. 取：

$$\boldsymbol{\Delta H}^{(k)} = \alpha_k \boldsymbol{U}^{(k)} \boldsymbol{U}^{(k)\mathrm{T}} + \beta_k \boldsymbol{V}^{(k)} \boldsymbol{V}^{(k)\mathrm{T}}$$

$$\boldsymbol{H}^{(k+1)} = \boldsymbol{H}^{(k)} + \alpha_k \boldsymbol{U}^{(k)} \boldsymbol{U}^{(k)\mathrm{T}} + \beta_k \boldsymbol{V}^{(k)} \boldsymbol{V}^{(k)\mathrm{T}}$$

式中，$\boldsymbol{U}^{(k)}$，$\boldsymbol{V}^{(k)}$ 是 n 维待定向量；α_k，β_k 是待定常数；矩阵 $\boldsymbol{\Delta H}^{(k)}$ 是一个对称秩 2 矩阵，将上式代入拟 Newton 方程式（4-35）中得：

$$\begin{aligned}\boldsymbol{S}^{(k)} &= \boldsymbol{H}^{(k+1)} \boldsymbol{Y}^{(k)} \\ &= \boldsymbol{H}^{(k)} \boldsymbol{Y}^{(k)} + \alpha_k (\boldsymbol{U}^{(k)} \boldsymbol{U}^{(k)\mathrm{T}}) \boldsymbol{Y}^{(k)} + \beta_k (\boldsymbol{V}^{(k)} \boldsymbol{V}^{(k)\mathrm{T}}) \boldsymbol{Y}^{(k)} \\ &= \boldsymbol{H}^{(k)} \boldsymbol{Y}^{(k)} + \alpha_k \boldsymbol{U}^{(k)} (\boldsymbol{U}^{(k)\mathrm{T}} \boldsymbol{Y}^{(k)}) + \beta_k (\boldsymbol{V}^{(k)} (\boldsymbol{V}^{(k)\mathrm{T}} \boldsymbol{Y}^{(k)}))\end{aligned}$$

即：$$\boldsymbol{H}^{(k)} \boldsymbol{Y}^{(k)} + \alpha_k (\boldsymbol{U}^{(k)\mathrm{T}} \boldsymbol{Y}^{(k)}) \boldsymbol{U}^{(k)} + \beta_k (\boldsymbol{V}^{(k)\mathrm{T}} \boldsymbol{Y}^{(k)}) \boldsymbol{V}^{(k)} = \boldsymbol{S}^{(k)} \tag{4-37}$$

满足此方程的 $\boldsymbol{U}^{(k)}$、$\boldsymbol{V}^{(k)}$ 很多，一种最直观的取法是：$\boldsymbol{U}^{(k)} = \boldsymbol{S}^{(k)}$，$\boldsymbol{V}^{(k)} = \boldsymbol{H}^{(k)} \boldsymbol{Y}^{(k)}$，所以 $\alpha_k (\boldsymbol{U}^{(k)\mathrm{T}} \boldsymbol{Y}^{(k)}) = 1$，$\beta_k (\boldsymbol{V}^{(k)} \boldsymbol{Y}^{(k)}) = -1$，即 $\alpha_k = 1/\boldsymbol{U}^{(k)\mathrm{T}} \boldsymbol{Y}^{(k)}$，$\beta_k = -1/\boldsymbol{V}^{(k)\mathrm{T}} \boldsymbol{Y}^{(k)}$，这样就得到 DFP 公式：

$$\boldsymbol{H}^{(k+1)} = \boldsymbol{H}^{(k)} - [\boldsymbol{H}^{(k)} \boldsymbol{Y}^{(k)} \boldsymbol{Y}^{(k)\mathrm{T}} \boldsymbol{H}^{(k)} / \boldsymbol{Y}^{(k)\mathrm{T}} \boldsymbol{H}^{(k)} \boldsymbol{Y}^{(k)}] + \boldsymbol{S}^{(k)} \boldsymbol{S}^{(k)\mathrm{T}} / \boldsymbol{S}^{(k)\mathrm{T}} \boldsymbol{Y}^{(k)} \tag{4-38}$$

4.4.5.2 DFP 方法的性质

与精确的一维搜索相结合的 DFP 方法具有以下的性质

性质 1 若 $\boldsymbol{H}^{(1)}$ 对称正定，则 $\boldsymbol{H}^{(k+1)}$ 对称正定

证 用归纳法（略）.

性质 2 对于正定二次函数 $f(\boldsymbol{X}) = \frac{1}{2} \boldsymbol{X}^{\mathrm{T}} \boldsymbol{Q} \boldsymbol{X} + \boldsymbol{b}^{\mathrm{T}} \boldsymbol{X} + \boldsymbol{c}$，当 $\boldsymbol{H}^{(1)} = \boldsymbol{I}$ 时，则（1）DFP 方法产生的搜索方向 $\boldsymbol{P}^{(1)}$，$\boldsymbol{P}^{(2)}$，…，$\boldsymbol{P}^{(m)}$ 是互相 $\boldsymbol{Q}$ 共轭的，即 $\boldsymbol{P}^{(i)\mathrm{T}} \boldsymbol{Q} \boldsymbol{P}^{(j)} = 0$，$1 \leqslant j < i \leqslant m$；（2）$\boldsymbol{H}^{(m+1)} \boldsymbol{Q} \boldsymbol{P}^{(j)} = \boldsymbol{P}^{(j)}$，$j = 1, 2, \cdots, m$；（3）若经过 n 次迭代才求到极小点，则有 $\boldsymbol{H}^{(n+1)} = \boldsymbol{Q}^{-1}$.

证明性质 2 以前，先推导几个要用到的公式.

（1）因为 $\boldsymbol{X}^{(j+1)} = \boldsymbol{X}^{(j)} + \lambda_j \boldsymbol{P}^{(j)}$

所以

$$\boldsymbol{S}^{(j)} = \lambda_j \boldsymbol{P}^{(j)} \quad (j = 1, 2, \cdots, m) \tag{4-39}$$

（2）因为 $f(\boldsymbol{X})$ 是二次函数，所以 $\boldsymbol{g}^{(j+1)} = \boldsymbol{Q} \boldsymbol{X}^{(j+1)} + \boldsymbol{b}$，$\boldsymbol{g}^{(j)} = \boldsymbol{Q} \boldsymbol{X}^{(j)} + \boldsymbol{b}$，两式相减得：

$$\boldsymbol{Y}^{(j)} = \boldsymbol{Q} \boldsymbol{S}^{(j)} \quad j = 1, 2, \cdots, m \tag{4-40}$$

（3）由式（4-38）所确定的 $\boldsymbol{H}^{(2)}$，$\boldsymbol{H}^{(3)}$，…，$\boldsymbol{H}^{(m+1)}$ 都满足拟 Newton 方程：

$$\boldsymbol{H}^{(j+1)} \boldsymbol{Y}^{(j)} = \boldsymbol{S}^{(j)} \quad j = 1, 2, \cdots, m \tag{4-41}$$

这是因为：

$$\begin{aligned}\boldsymbol{H}^{(j+1)} \boldsymbol{Y}^{(j)} &= (\boldsymbol{H}^{(j)} - [\boldsymbol{H}^{(j)} \boldsymbol{Y}^{(j)} \boldsymbol{Y}^{(j)\mathrm{T}} \boldsymbol{H}^{(j)} / \boldsymbol{Y}^{(j)\mathrm{T}} \boldsymbol{H}^{(j)} \boldsymbol{Y}^{(j)}] + \boldsymbol{S}^{(j)} \boldsymbol{S}^{(j)\mathrm{T}} / \boldsymbol{S}^{(j)\mathrm{T}} \boldsymbol{Y}^{(j)}) \boldsymbol{Y}^{(j)} \\ &= \boldsymbol{H}^{(j)} \overline{\boldsymbol{Y}}^{(j)} - \boldsymbol{H}^{(j)} \overline{\boldsymbol{Y}}^{(j)} + \boldsymbol{S}^{(j)} \\ &= \boldsymbol{S}^{(j)}\end{aligned}$$

（4）把式（4-40）代入到式（4-41）中，应用式（4-39）得：

$$\boldsymbol{H}^{(j+1)} \boldsymbol{Q} \boldsymbol{P}^{(j)} = \boldsymbol{P}^{(j)} \quad j = 1, 2, \cdots, m \tag{4-42}$$

现在用数学归纳法来证明性质 2.

先证（1）与（2）成立.

当 $m=2$ 时，在式（4-42）中令 $j=1$ 得：$\boldsymbol{H}^{(2)}\boldsymbol{Q}\boldsymbol{P}^{(1)}=\boldsymbol{P}^{(1)}$，计算：

$\boldsymbol{P}^{(2)\mathrm{T}}\boldsymbol{Q}\boldsymbol{P}^{(1)}=(-\boldsymbol{H}^{(2)}\boldsymbol{g}^{(2)})^{\mathrm{T}}\boldsymbol{Q}\boldsymbol{P}^{(1)}=-\boldsymbol{g}^{(2)\mathrm{T}}\boldsymbol{H}^{(2)}\boldsymbol{Q}\boldsymbol{P}^{(1)}=-\boldsymbol{g}^{(2)\mathrm{T}}\boldsymbol{P}^{(1)}=0$，（由式4-11）于是（1）成立.

在式（4-42）中令 $j=2$，有 $\boldsymbol{H}^{(3)}\boldsymbol{Q}\boldsymbol{P}^{(2)}=\boldsymbol{P}^{(2)}$，而且：

$$\begin{aligned}\boldsymbol{H}^{(3)}\boldsymbol{Q}\boldsymbol{P}^{(1)}&=(\boldsymbol{H}^{(2)}-[\boldsymbol{H}^{(2)}\boldsymbol{Y}^{(2)}\boldsymbol{Y}^{(2)\mathrm{T}}\boldsymbol{H}^{(2)}/\boldsymbol{Y}^{(2)}\boldsymbol{H}^{(2)}\boldsymbol{Y}^{(2)}]+\boldsymbol{S}^{(2)}\boldsymbol{S}^{(2)\mathrm{T}}/\boldsymbol{S}^{(2)\mathrm{T}}\boldsymbol{Y}^{(2)})\boldsymbol{Q}\boldsymbol{P}^{(1)}\\&=\boldsymbol{H}^{(2)}\boldsymbol{Q}\boldsymbol{P}^{(1)}-[\boldsymbol{H}^{(2)}\boldsymbol{Y}^{(2)}\boldsymbol{Y}^{(2)\mathrm{T}}\boldsymbol{H}^{(2)}\boldsymbol{Q}\boldsymbol{P}^{(1)}/\boldsymbol{Y}^{(2)\mathrm{T}}\boldsymbol{H}^{(2)}\boldsymbol{Y}^{(2)}]+\\&\quad\boldsymbol{S}^{(2)}\lambda_2\boldsymbol{P}^{(2)\mathrm{T}}\boldsymbol{Q}\boldsymbol{P}^{(1)}/\boldsymbol{S}^{(2)\mathrm{T}}\boldsymbol{Y}^{(2)}\quad\text{（由式4-39）}.\end{aligned}$$

由式（4-42），右边第一项等于 $\boldsymbol{P}^{(1)}$. 右边第二项的分子 $\boldsymbol{H}^{(2)}\boldsymbol{Y}^{(2)}\boldsymbol{Y}^{(2)\mathrm{T}}\boldsymbol{H}^{(2)}\boldsymbol{Q}\boldsymbol{P}^{(1)}=\boldsymbol{H}^{(2)}\boldsymbol{Y}^{(2)}\cdot\boldsymbol{Y}^{(2)\mathrm{T}}\boldsymbol{P}^{(1)}=\boldsymbol{H}^{(2)}\boldsymbol{Y}^{(2)}(\boldsymbol{Q}\boldsymbol{S}^{(2)})^{\mathrm{T}}\boldsymbol{P}^{(1)}=\boldsymbol{H}^{(2)}\boldsymbol{Y}^{(2)}\lambda_2\boldsymbol{P}^{(2)\mathrm{T}}\boldsymbol{Q}\boldsymbol{P}^{(1)}=0$（由式（4-40）、式（4-39））. 右边第三项等于0，所以有：$\boldsymbol{H}^{(3)}\boldsymbol{Q}\boldsymbol{P}^{(1)}=\boldsymbol{P}^{(1)}$，于是（2）成立.

假设 $m=k-1$ 时（1）和（2）成立，即有：$\boldsymbol{P}^{(i)\mathrm{T}}\boldsymbol{Q}\boldsymbol{P}^{(j)}=0$，$1\leqslant j<i\leqslant k-1$，$\boldsymbol{H}^{(k)}\boldsymbol{Q}\boldsymbol{P}^{(i)}=\boldsymbol{P}^{(i)}$，$i=1,2,\cdots,k-1$，现要证：$\boldsymbol{P}^{(i)\mathrm{T}}\boldsymbol{Q}\boldsymbol{P}^{(j)}=0$，$1\leqslant j<i\leqslant k$，$\boldsymbol{H}^{(k+1)}\boldsymbol{Q}\boldsymbol{P}^{(i)}=\boldsymbol{P}^{(i)}$，$i=1,2,\cdots,k$. 事实上，利用归纳假设，当 $j=1,2,\cdots,k-1$ 时，有：

$$\boldsymbol{P}^{(k)\mathrm{T}}\boldsymbol{Q}\boldsymbol{P}^{(j)}=(-\boldsymbol{H}^{(k)}\boldsymbol{g}^{(k)})^{\mathrm{T}}\boldsymbol{Q}\boldsymbol{P}^{(j)}=-\boldsymbol{g}^{(k)\mathrm{T}}\boldsymbol{H}^{(k)}\boldsymbol{Q}\boldsymbol{P}^{(j)}=-\boldsymbol{g}^{(k)\mathrm{T}}\boldsymbol{P}^{(j)}=0$$

等式的最后一步是根据定理4-14的推论. 至此（1）式得证.

因

$\boldsymbol{H}^{(k+1)}\boldsymbol{Q}\boldsymbol{P}^{(j)}=(\boldsymbol{H}^{(k)}-[\boldsymbol{H}^{(k)}\boldsymbol{Y}^{(k)}\boldsymbol{Y}^{(k)\mathrm{T}}\boldsymbol{H}^{(k)}/\boldsymbol{Y}^{(k)\mathrm{T}}\boldsymbol{H}^{(k)}\boldsymbol{Y}^{(k)}]+\boldsymbol{S}^{(k)}\boldsymbol{S}^{(k)\mathrm{T}}/\boldsymbol{S}^{(k)\mathrm{T}}\boldsymbol{Y}^{(k)})\boldsymbol{Q}\boldsymbol{P}^{(j)}$，$j=1,2,\cdots,k-1$ 由归纳假设，右边第一项等于 $\boldsymbol{H}^{(k)}\boldsymbol{Q}\boldsymbol{P}^{(j)}=\boldsymbol{P}^{(j)}$，由式（4-40）、式(4-39)及归纳假设，右边第二项分子为：

$$\begin{aligned}\boldsymbol{H}^{(k)}\boldsymbol{Y}^{(k)}\boldsymbol{Y}^{(k)\mathrm{T}}\boldsymbol{H}^{(k)}\boldsymbol{Q}\boldsymbol{P}^{(j)}&=\boldsymbol{H}^{(k)}\boldsymbol{Y}^{(k)}\boldsymbol{Y}^{(k)\mathrm{T}}\boldsymbol{P}^{(j)}\\&=\boldsymbol{H}^{(k)}\boldsymbol{Y}^{(k)}(\boldsymbol{Q}\boldsymbol{S}^{(k)})^{\mathrm{T}}\boldsymbol{P}^{(j)}\\&=\boldsymbol{H}^{(k)}\boldsymbol{Y}^{(k)}\lambda_k\boldsymbol{P}^{(k)\mathrm{T}}\boldsymbol{Q}\boldsymbol{P}^{(j)}=0\end{aligned}$$

由式（4-39）及归纳假设，右边第三项分子为：

$$\boldsymbol{S}^{(k)}\boldsymbol{S}^{(k)\mathrm{T}}\boldsymbol{Q}\boldsymbol{P}^{(j)}=\boldsymbol{S}^{(k)}\lambda_k\boldsymbol{P}^{(k)\mathrm{T}}\boldsymbol{Q}\boldsymbol{P}^{(j)}=0$$

因此：$\boldsymbol{H}^{(k+1)}\boldsymbol{Q}\boldsymbol{P}^{(j)}=\boldsymbol{P}^{(j)}$，$j=1,2,\cdots,k-1$

又在式（4-42）中令 $j=k$ 得：$\boldsymbol{H}^{(k+1)}\boldsymbol{Q}\boldsymbol{P}^{(k)}=\boldsymbol{P}^{(k)}$，至此（2）式得证.

现在证明（3）成立. 这时 $m=n$，由（2）：

$$\boldsymbol{H}^{(n+1)}\boldsymbol{Q}\boldsymbol{P}^{(j)}=\boldsymbol{P}^{(j)},j=1,2,\cdots,n\tag{4-43}$$

记 $\boldsymbol{P}$ 为以 $\boldsymbol{P}^{(j)}$ 为其第 j 列元素的矩阵，则式（4-43）可写为：

$$\boldsymbol{H}^{(n+1)}\boldsymbol{Q}\boldsymbol{P}=\boldsymbol{P}\tag{4-44}$$

因 $\boldsymbol{P}^{(1)}$，$\boldsymbol{P}^{(2)}$，…，$\boldsymbol{P}^{(n)}$ 为 n 个非零共轭方向，故它们线性无关，即 $\boldsymbol{P}$ 非奇异，用 $\boldsymbol{P}^{-1}$ 右乘式（4-44）两端，得：$\boldsymbol{H}^{(n+1)}\boldsymbol{Q}=\boldsymbol{I}$，即 $\boldsymbol{H}^{(n+1)}=\boldsymbol{Q}^{-1}$，至此定理证毕.

4.4.5.3　DFP 方法的迭代步骤与框图

迭代步骤：

（1）给定初始点 $\boldsymbol{X}^{(1)}$，允许误差 ε；

（2）检验是否满足 $\|g(\boldsymbol{X}^{(1)})\|\leqslant\varepsilon$，若满足，则迭代终止，取 $\boldsymbol{X}^*=\boldsymbol{X}^{(1)}$；否则转（3）；

（3）取 $\boldsymbol{H}^{(1)}=\boldsymbol{I}$，置 $k=1$；

(4) 令 $\boldsymbol{P}^{(k)}=-\boldsymbol{H}^{(k)}\boldsymbol{g}^{(k)}$；

(5) 一维搜索：$\min\limits_{\lambda\geqslant 0} f(\boldsymbol{X}^{(k)}+\lambda\boldsymbol{P}^{(k)})=f(\boldsymbol{X}^{(k)}+\lambda_k\boldsymbol{P}^{(k)})$；

(6) 令 $\boldsymbol{X}^{(k+1)}=\boldsymbol{X}^{(k)}+\lambda_k\boldsymbol{P}^{(k)}$；

(7) 检验 $\|g(\boldsymbol{X}^{(k+1)})\|\leqslant\varepsilon$ 是否满足，若满足，则迭代终止，取 $\boldsymbol{X}^{*}=\boldsymbol{X}^{(k+1)}$；否则若 $k=n$，令 $\boldsymbol{X}^{(1)}:=\boldsymbol{X}^{(n+1)}$ 转 (3)，若 $k<n$，记 $\boldsymbol{Y}^{(k)}=\boldsymbol{g}^{(k+1)}-\boldsymbol{g}^{(k)}$，$\boldsymbol{S}^{(k)}=\boldsymbol{X}^{(k+1)}-\boldsymbol{X}^{(k)}$，计算 $\boldsymbol{H}^{(k+1)}=\boldsymbol{H}^{(k)}-[(\boldsymbol{H}^{(k)}\boldsymbol{Y}^{(k)}\boldsymbol{Y}^{(k)\mathrm{T}}\boldsymbol{H}^{(k)})/\boldsymbol{Y}^{(k)\mathrm{T}}\boldsymbol{H}^{(k)}\boldsymbol{Y}^{(k)}]+(\boldsymbol{S}^{(k)}\boldsymbol{S}^{(k)\mathrm{T}})/\boldsymbol{S}^{(k)\mathrm{T}}\boldsymbol{Y}^{(k)}$ 转 (8)；

(8) 令 $k:=k+1$ 转 (4).

框图见图 4-18.

[例 4-13] 用 DFP 方法求解 $\min\ (x_1^2+4x_2^2)$，取 $\boldsymbol{X}^{(1)}=(1,\ 1)^{\mathrm{T}}$ 为初始点.

解 $\boldsymbol{Q}=\begin{pmatrix}2&0\\0&8\end{pmatrix}$，$\boldsymbol{g}(X)=\begin{pmatrix}2x_1\\8x_2\end{pmatrix}$ 取 $\boldsymbol{H}^{(1)}=\boldsymbol{I}$，所以 DFP 方法与最速下降法具有相同的第一个迭代点（见例 4-12）：

$$\boldsymbol{P}^{(1)}=(-2,-8)^{\mathrm{T}},\boldsymbol{X}^{(2)}=(0.73846,-0.04616)^{\mathrm{T}},$$
$$\boldsymbol{g}^{(2)}=(1.47692,-0.36923)^{\mathrm{T}},\ \|\boldsymbol{g}^{(2)}\|=1.52237$$

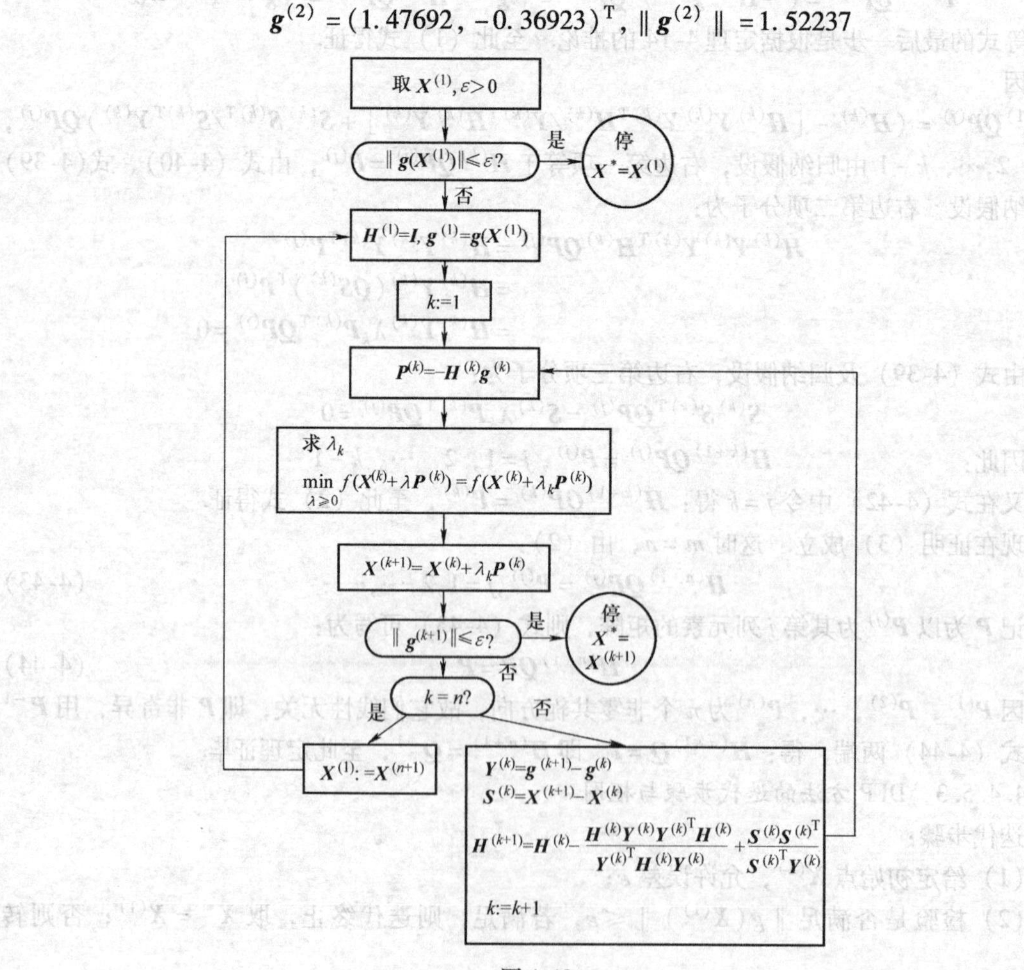

图 4-18

计算 $\boldsymbol{H}^{(2)}$：

$$\boldsymbol{S}^{(1)}=\boldsymbol{X}^{(2)}-\boldsymbol{X}^{(1)}=(-0.26154,-1.04616)^{\mathrm{T}}$$

$$\overline{\boldsymbol{Y}}^{(1)}=\boldsymbol{g}^{(2)}-\boldsymbol{g}^{(1)}=(-0.52308,-8.36923)^{\mathrm{T}}$$

$$\boldsymbol{S}^{(1)}\boldsymbol{S}^{(1)\mathrm{T}}=\begin{pmatrix}0.06840 & 0.27361\\0.27361 & 1.09445\end{pmatrix},\boldsymbol{S}^{(1)\mathrm{T}}\overline{\boldsymbol{Y}}^{(1)}=8.89236$$

$$\boldsymbol{H}^{(1)}\overline{\boldsymbol{Y}}^{(1)}\overline{\boldsymbol{Y}}^{(1)\mathrm{T}}\boldsymbol{H}^{(1)}=\overline{\boldsymbol{Y}}^{(1)}\overline{\boldsymbol{Y}}^{(1)\mathrm{T}}=\begin{pmatrix}0.27361 & 4.37778\\4.37778 & 70.4401\end{pmatrix}$$

$$\overline{\boldsymbol{Y}}^{(1)\mathrm{T}}\boldsymbol{H}^{(1)}\overline{\boldsymbol{Y}}^{(1)}=\overline{\boldsymbol{Y}}^{(1)\mathrm{T}}\overline{\boldsymbol{Y}}^{(1)}=70.31762$$

所以：

$$H^{(2)}=\begin{pmatrix}1 & 0\\0 & 1\end{pmatrix}-\begin{pmatrix}0.00389 & 0.06226\\0.06226 & 0.99611\end{pmatrix}+\begin{pmatrix}0.00769 & 0.03077\\0.03077 & 0.12308\end{pmatrix}$$

$$=\begin{pmatrix}1.00380 & -0.03149\\-0.03149 & 0.12697\end{pmatrix}$$

$$\boldsymbol{P}^{(2)}=-\boldsymbol{H}^{(2)}\boldsymbol{g}^{(2)}=(-1.49416,0.09340)^{\mathrm{T}}$$

$$\boldsymbol{X}^{(3)}=\boldsymbol{X}^{(2)}+\lambda_2\boldsymbol{P}^{(2)}=\boldsymbol{X}^{(2)}-[\boldsymbol{P}^{(2)\mathrm{T}}\boldsymbol{g}^{(2)}/\boldsymbol{P}^{(2)\mathrm{T}}\boldsymbol{Q}\boldsymbol{P}^{(2)}]\cdot\boldsymbol{P}^{(2)}$$

$$=(0,0)^{\mathrm{T}}$$

$$\boldsymbol{g}^{(3)}=(0,0)^{\mathrm{T}}$$

由此得到 $\boldsymbol{X}^*=(0,\ 0)^{\mathrm{T}}$.

这里 $f(\boldsymbol{X})$ 是二维正定二次函数，两次迭代就求出了极小点. 这不是偶然的，性质 2 说明了 DFP 方法也是一种共轭方向法，因此具有二次收敛性. 对于 n 维正定二次函数，最多经 n 次迭代就可以求到极小点. 例 4-13 的计算结果证实了这一结论.

由于 DFP 算法也是一种共轭方向法，也和共轭梯度法一样是一种收敛算法. 它的收敛速度较快，具有超线性收敛速度，它还具有 n 步二阶收敛速度. 使用 DFP 算法时，由于舍入误差和一维搜索不精确，可能导致某个 $\boldsymbol{H}^{(k)}$ 奇异或不正定，这时可以考虑重置 $\boldsymbol{H}^{(k)}$ 为单位阵.

拟 Newton 法中比 DFP 法更好的算法是 BFGS 算法，一般认为 BFGS 算法是目前最有效的算法，不仅对于精确一维搜索，就是对于满足一定条件的不精确一维搜索，也具有超线性收敛性. 这个算法是由 Broyden、Fletcher、Goldfarb、Shano 等人给出的. BFGS 算法中 $\boldsymbol{H}^{(k)}$ 的迭代公式是：

$$\boldsymbol{H}^{(k+1)}=\boldsymbol{H}^{(k)}+[(1+(\overline{\boldsymbol{Y}}^{(k)\mathrm{T}}\boldsymbol{H}^{(k)}\overline{\boldsymbol{Y}}^{(k)}/\boldsymbol{S}^{(k)\mathrm{T}}\overline{\boldsymbol{Y}}^{(k)}))\boldsymbol{S}^{(k)}\boldsymbol{S}^{(k)\mathrm{T}}-$$
$$\boldsymbol{S}^{(k)}\overline{\boldsymbol{Y}}^{(k)\mathrm{T}}\boldsymbol{H}^{(k)}+\boldsymbol{H}^{(k)}\overline{\boldsymbol{Y}}^{(k)}\boldsymbol{S}^{(k)\mathrm{T}}]/\boldsymbol{S}^{(k)\mathrm{T}}\overline{\boldsymbol{Y}}^{(k)}$$

只要在 DFP 算法中将 $\boldsymbol{H}^{(k)}$ 的计算用上式代替就构成了 BFGS 算法. 因为用上式计算，$\boldsymbol{H}^{(k)}$ 不易变为奇异，所以 BFGS 算法比 DFP 算法具有更好的数值稳定性.

4.4.6　直接搜索算法

上面我们已介绍了无约束最优化问题的四种算法. 下面介绍的是无约束最优化问题的直接搜索法，所谓**直接搜索法**就是在求极值时，仅仅利用目标函数的数值（或通过试验结果所得到的）信息，故称为直接方法. 这种方法适用于目标函数的导数不易求得，甚至导数不存在的极值问题. 常用的求解无约束最优化问题的直接搜索法有单纯形法、坐标轮换法、转轴法、步长加速法和方向加速法. 本节仅介绍后两种算法.

4.4.6.1 步长加速法（模式搜索法）

这个方法是1961年由Hooke和Jeeves提出来的. 对于维数较低的无约束极值问题，这是一种程序简单而又比较有效的方法. 这个方法包括两种搜索方式：一种是**探测性搜索**，另一种是**模式性搜索**. 前者是在基点附近按一定步长探求有利方向（探求结果可近似于负梯度方向），后者是循着找到的有利方向对步长进行加速.

首先分析探测性搜索：它是按一定步长依次沿 n 个坐标方向 $\boldsymbol{e}_1$，$\boldsymbol{e}_2$，…，$\boldsymbol{e}_n$ 作搜索，初始点到最后一点的方向就是有利方向.

给定初始点 $\boldsymbol{X}^{(0)}$，记 $\boldsymbol{R}^{(0)}=\boldsymbol{X}^{(0)}$，依次沿各坐标轴方向探测，经过 $\boldsymbol{e}_1$ 方向探测后得有利点 $\boldsymbol{R}^{(1)}$，再由 $\boldsymbol{R}^{(1)}$ 出发沿 $\boldsymbol{e}_2$ 方向探测得有利点 $\boldsymbol{R}^{(2)}$，…，一般，由 $\boldsymbol{R}^{(j-1)}$ 出发沿 $\boldsymbol{e}_j$ 方向探测后得有利点 $\boldsymbol{R}^{(j)}$ 的规则是：

$$\boldsymbol{R}^{(j)}=\begin{cases}\boldsymbol{R}^{(j-1)}+\delta\boldsymbol{e}_j & \text{当} f(\boldsymbol{R}^{(j-1)}+\delta\boldsymbol{e}_j)<f(\boldsymbol{R}^{(j-1)})\\ \boldsymbol{R}^{(j-1)}-\delta\boldsymbol{e}_j & \text{当} f(\boldsymbol{R}^{(j-1)}-\delta\boldsymbol{e}_j)<f(\boldsymbol{R}^{(j-1)})\\ \boldsymbol{R}^{(j-1)} & \text{其他}\end{cases}$$

其中，δ 为探测步长. 探测完成后检查：$f(\boldsymbol{R}^{(n)})<f(\boldsymbol{X}^{(0)})$ 是否成立，若成立，则取 $\boldsymbol{R}^{(n)}$ 为新的基点 $\boldsymbol{X}^{(1)}$，进行第二种搜索——模式搜索；若不成立，则搜索失败，缩小步长. 如果步长已足够小，则迭代停止，否则再作探测性搜索.

其次分析模式搜索：设从基点 $\boldsymbol{X}^{(k)}$ 出发，进行探测性搜索得新基点 $\boldsymbol{X}^{(k+1)}$，它满足：$f(\boldsymbol{X}^{(k+1)})<f(\boldsymbol{X}^{(k)})$，则 $\boldsymbol{S}^{(k)}=\boldsymbol{X}^{(k+1)}-\boldsymbol{X}^{(k)}$ 为有利方向，沿此方向作模式移动得临时矢点：$\boldsymbol{R}^{(0)}=\boldsymbol{X}^{(k+1)}+(\boldsymbol{X}^{(k+1)}-\boldsymbol{X}^{(k)})=2\boldsymbol{X}^{(k+1)}-\boldsymbol{X}^{(k)}$，不管 $\boldsymbol{R}^{(0)}$ 能否使函数值下降，我们总从它出发进行探测性搜索得 $\boldsymbol{R}^{(n)}$，若 $f(\boldsymbol{R}^{(n)})<f(\boldsymbol{X}^{(k+1)})$，又得新基点 $\boldsymbol{X}^{(k+2)}=\boldsymbol{R}^{(n)}$，再进行模式移动；否则，缩小步长后作探测性搜索，直到步长 δ 足够小时为止，最后一个基点就认为是最优点 $\boldsymbol{X}^*$. 图4-19a和图4-19b分别显示了第一种情况和第二种情况.

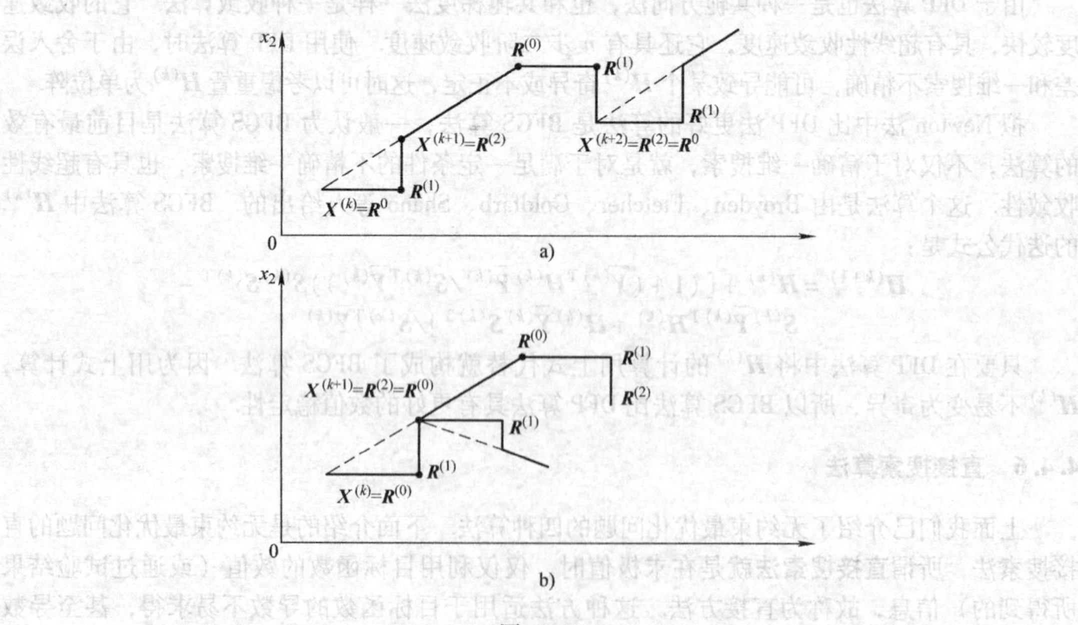

图4-19

迭代步骤：

（1）取初始点 $\boldsymbol{X}^{(0)}$，允许误差 $\varepsilon>0$，初始步长 $\delta>0$，步长缩小比值 $\bar{\alpha}\in(0,1)$；

（2）令 $\boldsymbol{B}_1:=\boldsymbol{B}_0:=\boldsymbol{R}^{(0)}:=\boldsymbol{X}^{(0)}$，$j=1$；

（3）令 $\boldsymbol{R}^{(j)}=\boldsymbol{R}^{(j-1)}+\delta\boldsymbol{e}_j$；

（4）判别 $f(\boldsymbol{R}^{(j)})<f(\boldsymbol{R}^{(j-1)})$ 是否成立，若成立转（6）；否则令 $\boldsymbol{R}^{(j)}=\boldsymbol{R}^{(j-1)}-\delta\boldsymbol{e}_j$ 转（5）；

（5）判别 $f(\boldsymbol{R}^{(j)})<f(\boldsymbol{R}^{(j-1)})$ 是否成立，若成立转（6）；否则令 $\boldsymbol{R}^{(j)}=\boldsymbol{R}^{(j-1)}$，转（6）；

（6）判别 $j=n$ 是否成立，若成立则转（7）；否则令 $j:=j+1$ 转（3）；

（7）判别 $f(\boldsymbol{R}^{(n)})<f(\boldsymbol{B}_1)$ 是否成立，若成立则令 $\boldsymbol{B}_0:=\boldsymbol{B}_1$，$\boldsymbol{B}_1:=\boldsymbol{R}^{(n)}$ 转（8）；否则转（9）；

（8）进行模式性搜索：令 $\boldsymbol{R}^{(0)}:=\boldsymbol{B}_1+(\boldsymbol{B}_1-\boldsymbol{B}_0)=2\boldsymbol{B}_1-\boldsymbol{B}_0$，$j:=1$ 转（3）；

（9）若 $f(\boldsymbol{R}^{(n)})\geqslant f(\boldsymbol{B}_1)$，表示探测性搜索失败，检验收敛性准则 $\delta<\varepsilon$ 是否满足，若满足，则迭代终止，取 $\boldsymbol{X}^*=\boldsymbol{B}_1$；否则令 $\delta:=\bar{\alpha}\delta$，$j:=1$，转（3）.

框图见图4-20.

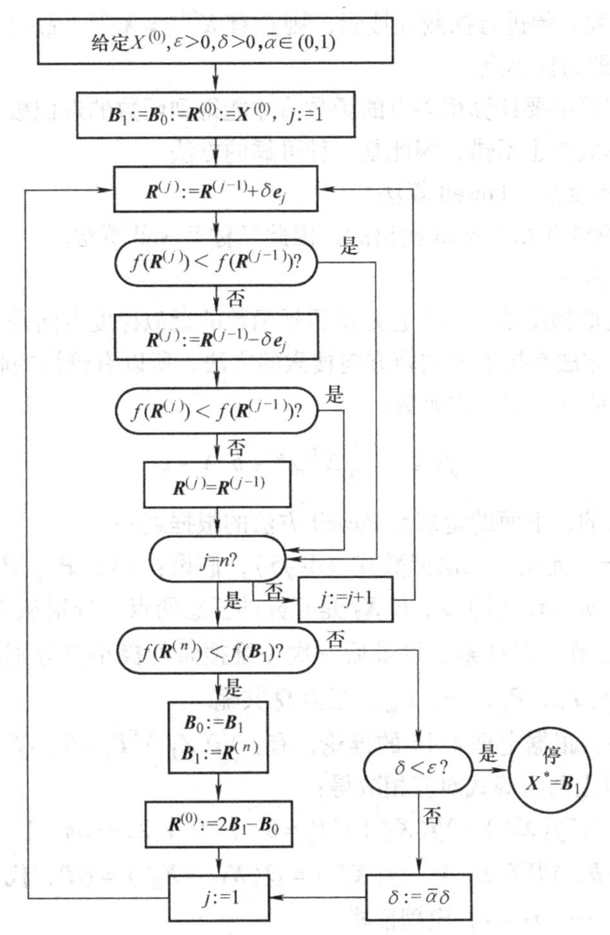

图4-20

［例4-14］ 用步长加速法求解 $\min f(X)=x_1^2+2x_2^2-4x_1-2x_1x_2$.

解 取 $X^{(0)}=(1,1)^T$，$\delta=1$，从 $R^{(0)}=X^{(0)}$ 出发进行探测性搜索，由于：$f(X^{(0)}+e_1)=f(2,1)=-6<-3=f(X^{(0)})$（成功），故 $R^{(1)}=(2,1)^T$，但：

$$f(R^1+e_2)=f(2,2)=-4>-6=f(R^{(1)})(\text{失败})$$

$f(R^1-e_2)=f(2,0)=-4>-6=f(R^{(1)})$（失败）所以令 $R^{(2)}=R^{(1)}=(2,1)^T$，故 $f(R^{(2)})<f(X^{(0)})$ 从而得 $X^{(1)}=(2,1)^T$，$f(X^{(1)})=-6$ 再进行模式移动得：

$$R^{(0)}=2X^{(1)}-X^{(0)}=(3,1)^T,f(R^{(0)})=-7$$

再从 $R^{(0)}$ 出发进行探测性搜索，由于所探测的四个点均大于 $f(R^{(0)})$，所以 $R^{(2)}=R^{(0)}=(3,1)^T$，且：

$$f(R^{(2)})=f(R^{(0)})=-7<-6=f(X^{(1)})$$

从而得：$X^{(2)}=(3,1)^T$，$f(X^{(2)})=-7$，第一次迭代完成.

从 $X^{(2)}$ 出发开始第二次迭代. 同样，首先进行探测性搜索，求得 $X^{(3)}=(3,1)^T$，即 $X^{(3)}=X^{(2)}$，因此，将步长缩小一半重新进行探测，即令 $\delta=0.5$，这样得：$X^{(3)}=(3,1.5)^T$，$f(X^{(3)})=-7.5$，再进行模式探索，得 $R^{(0)}=2X^{(3)}-X^{(2)}=(3,2)^T$，$f(R^{(0)})=-7$，再进行探测性搜索，得：$R^{(2)}=(4,2)^T$，$f(R^{(2)})=-8<f(X^{(3)})$，所以令 $X^{(4)}=(4,2)^T$. 若再从 $X^{(4)}$ 出发开始进行探测性搜索，则总有 $X^{(5)}=X^{(4)}$，故必须不断缩小 δ，因此可取 $X^*=(4,2)^T$ 即为极小点.

虽然步长加速法可能要计算很多点的函数值才能得到函数的近似极小点，但是它易于在计算机上实现，实际效果也不错，因此是一种可靠的方法.

4.4.6.2 *方向加速法*（Powell 算法）

方向加速法是1964年由 Powell 提出的，因此又称 Powell 算法.

A 基本 Powell 算法

步长加速法是近似梯度法，由于它是按目标函数的近似梯度方向进行搜索的，所以收敛速度比较慢. Powell 方法是按近似共轭方向搜索的方法，所以有较快的收敛速度.

Powell 方法是在研究正定二次函数：

$$f(X)=\frac{1}{2}X^TQX+b^TX+c \tag{4-45}$$

的极小化问题时形成的，下面的定理是 Powell 方法的根据之一.

定理4-15 对于 n 元正定二次函数式（4-45），假设：（1）P_0，P_1，…，P_{m-1} 是互为共轭的向量组，其中 $m<n$，（2）X_1 和 X_2 是互异的任意两点，分别从 X_1 和 X_2 出发，依次沿 P_0，P_1，…，P_{m-1} 作一维搜索，设最后一次一维搜索的极小点分别是 X_1^* 和 X_2^*，再设 $P=X_1^*-X_2^*$，则 P 与 P_0，P_1，…，P_{m-1} 互为 Q 共轭.

证 由已知条件，根据定理4-14的推论，有：$\nabla f(X_1^*)^TP_j=0$，$\nabla f(X_2^*)^TP_j=0$，$j=0,1,2,\cdots,m-1$，以上两组等式对应相减得：

$$(\nabla f(X_1^*)-\nabla f(X_2^*))^TP_j=0\quad j=0,1,2,\cdots,m-1 \tag{4-46}$$

由 $\nabla f(X)=QX+b$，得 $\nabla f(X_1^*)-\nabla f(X_2^*)=Q(X_1^*-X_2^*)=QP$，代入式（4-46）中得：$P^TQP_j=0$，$j=0,1,\cdots,m-1$，定理证毕.

推论 设 X_1 和 X_2 是其连线方向不与 P_0 方向平行的两点，分别从这两点出发沿 P_0 方向对二次函数式（4-45）进行一维搜索，设所得的极小点分别是 X_1^* 和 X_2^*，则 $X_1^*-X_2^*$ 与 P_0 为共轭.

从推论得到启示，如果式（4-45）是一个二元正定二次函数，从不同点 X_1、X_2 沿 P_0 方向进行一维搜索，得该方向上的极小点 X_1^*、X_2^*，因 P_0 与 $P=X_1^*-X_2^*$ 是 Q 共轭的，所以沿 P 方向即 X_1^* 与 X_2^* 的连线方向（P_0 的共轭方向，极小点在此方向上）进行一维搜索，就可以得到函数的极值点. 对 n 元函数来讲，也可以根据这一思路，在共轭方向上较快地收敛到极值点，这是 Powell 方法的基本思想.

Powell 算法的要点是：在每一阶段的迭代中，总有一个出发点（第一阶段的出发点是任选的初始点）和 n 个线性无关的搜索方向向量（第一阶段的搜索方向向量一般选为坐标轴方向）. 从出发点开始，顺次沿这 n 个方向作一维搜索，由这 n 次一维搜索的出发点和终点决定了一个新的搜索方向向量，用这个向量替换已经使用过的那 n 个向量中的一个，于是形成新的搜索方向向量组. 替换的原则是，使它们逐次生成共轭方向. 此外规定，以这一阶段的搜索终点为出发点沿新的搜索方向作一次一维搜索得到的极小点作为下一阶段的搜索出发点，进行下一阶段的迭代.

Powell 算法的第一种形式如下：

① 选定初始点 $X_0^{(1)}$ 及 n 个坐标轴方向 $P_i^{(1)}=e_i$，$i=1,2,\cdots,n$，置 $k=1$；

② 依次沿方向 $P_i^{(k)}$ 对目标函数式（4-45）进行一维搜索得：$X_i^{(k)}=X_{i-1}^{(k)}+\lambda_i P_i^{(k)}$，$i=1,2,\cdots,n$，再由 $X_n^{(k)}$ 出发沿方向 $P^{(k)}=X_n^{(k)}-X_0^{(k)}$（即这一阶段的总移步方向）进行一维搜索，得：$X_{n+1}^{(k)}=X_n^{(k)}+\lambda^k P^{(k)}$；

③ 形成下一阶段的搜索方向向量组及搜索出发点：置 $P_i^{(k+1)}:=P_{i+1}^{(k)}$，$i=1,2,\cdots,n-1$，$P_n^{(k+1)}:=P^{(k)}$，$X_0^{(k+1)}:=X_{n+1}^{(k)}$；

④ 若 $\|X_0^{(k+1)}-X_0^{(k)}\|<\varepsilon$，则迭代终止，取 $X^*=X_0^{(k+1)}$；否则置 $k:=k+1$ 转②.

根据上述算法和定理 4-15 的推论，各阶段的出发点 $X_0^{(k+1)}=X_{n+1}^{(k)}$ 和终点 $X_n^{(k+1)}$（均沿方向 $P_n^{(k+1)}$ 搜索而得）所确定的向量必是 Q 共轭的. 因此，对于 n 元正定二次函数式 (4-45) 的目标函数至多经过 n 个阶段的迭代就可以求到极小点. 因为在迭代中逐次生成共轭方向，而共轭方向是较好的搜索方向，所以 Powell 方法又称方向加速法.

B　修改的 Powell 算法

上述的 Powell 方法由于在迭代中的 n 个搜索方向有时生成不了共轭方向，反而变成了线性相关，这样就有可能迭代任意多次也无法求出最优解. 1967 年 Zangwill 就构造出了下列反例.

[例 4-15]　用 Powell 方法求严格凸二次函数 $f(X)=(-x_1+x_2+x_3)^2+(x_1-x_2+x_3)^2+(x_1+x_2-x_3)^2$ 的极小值.

解　易见这个函数具有唯一的极小点：$X^*=(0,0,0)^{\mathrm T}$，$f(X^*)=0$，现用 Powell 方法求解，取初始点 $X_0^{(1)}=\left(\dfrac{1}{2},1,\dfrac{1}{2}\right)^{\mathrm T}$，$P_1^{(1)}=(1,0,0)^{\mathrm T}$，$P_2^{(1)}=(0,1,0)^{\mathrm T}$，$P_3^{(1)}=(0,0,1)^{\mathrm T}$，从 $X_0^{(1)}$ 出发分别沿 $P_1^{(1)}$、$P_2^{(1)}$、$P_3^{(1)}$ 进行一维搜索可得：

$X_1^{(1)}=X_0^{(1)}+\lambda_1 P_1^{(1)}=(1/2,1,1/2)^{\mathrm T}$（即 $X_0^{(1)}$ 恰好是 $P_1^{(1)}$ 方向上的最优点）

$X_2^{(1)}=X_1^{(1)}+\lambda_2 P_2^{(1)}=(1/2,1/3,1/2)^{\mathrm T}$

$X_3^{(1)}=X_2^{(1)}+\lambda_3P_3^{(1)}=(1/2,1/3,5/18)^{\mathrm{T}}$

总的移步方向是：$P^{(1)}=X_3^{(1)}-X_0^{(1)}=(0,-2/3,-2/9)^{\mathrm{T}}$

第二阶段的搜索方向是：$P_1^{(2)}=P_2^{(1)}=(0,1,0)^{\mathrm{T}}$，$P_2^{(2)}=P_3^{(1)}=(0,0,1)^{\mathrm{T}}$，$P_3^{(2)}=P^{(1)}=(0,-2/3,-2/9)^{\mathrm{T}}$. 显然，$P_1^{(2)}$、$P_2^{(2)}$、$P_3^{(2)}$ 线性相关，它们的第一个分量都是0，因而从 $X_0^{(2)}$ 出发，无论迭代多少次都不能将搜索点的第一个坐标变为0，从而达不到真正的极小点 $X^*=(0,0,0)^{\mathrm{T}}$，其原因是 $P_i^{(2)}$ $(i=1,2,3)$ 是线性相关的，它不能张成整个空间 $\mathbf{R}^3$.

分析这个例子可以得到启发：产生这种现象的原因是由于第一种 Powell 算法的搜索方向的替换原则过于刻板，不能适应各种情况的变化. 为此，Powell 本人及其他数学工作者对这个算法作了修改，形成了现在广泛使用的修改的 Powell 算法.

修改的 Powell 算法的迭代步骤：

① 给定初始点 $X_0^{(1)}$，n 个坐标轴方向 $P_i^{(1)}=e_i$，$i=1,2,\cdots,n$ 及 $\varepsilon>0$，置 $k=1$；

② 从 $X_0^{(k)}$ 出发沿 n 个方向 $P_i^{(k)}$ 进行一维搜索得 $X_i^{(k)}=X_{i-1}^{(k)}+\lambda_iP_i^{(k)}$，$i=1,2,\cdots,n$；

③ 计算总移步方向：$P^{(k)}=X_n^{(k)}-X_0^{(k)}$，从 $X_n^{(k)}$ 出发，沿 $P^{(k)}$ 方向移动，得：$X_{n+1}^{(k)}=X_n^{(k)}+(X_n^{(k)}-X_0^{(k)})=2X_n^{(k)}-X_0^{(k)}$；

④ 计算在第 k 阶段中函数的最小缩减量：

$$\Delta^{(k)}=\max_{1\leqslant i\leqslant n}\left[f(X_{i-1}^{(k)})-f(X_i^{(k)})\right]=f(X_{m-1}^{(k)})-f(X_m^{(k)})$$

即在第 m 个方向 $P_m^{(k)}$ 上目标函数值下降量最大. 令 $f_1=f(X_0^{(k)})$，$f_2=f(X_n^{(k)})$，$f_3=f(X_{n+1}^{(k)})$；

⑤ 检验：$(f_1-2f_2+f_3)/2<\Delta^{(k)}$ 是否成立，若成立则转⑥；否则令 $P_i^{(k+1)}=P_i^{(k)}$，$i=1,2,\cdots,n$（即下一阶段的搜索方向仍采用这一阶段的搜索方向），并取 $X_n^{(k)}$ 与 $X_{n+1}^{(k)}$ 中的较优者作为 $X_0^{(k+1)}$，置 $k=k+1$，转②；

⑥ 从 $X_n^{(k)}$ 出发沿 $P^{(k)}$ 方向进行一维搜索，得 $X_0^{(k+1)}=X_n^{(k)}+\lambda^*P^{(k)}$，置 $P_i^{(k+1)}:=P_i^{(k)}$，$i=1,2,\cdots,m-1$，$P_i^{(k+1)}:=P_{i+1}^{(k)}$，$i=m,m+1,\cdots,n-1$，$P_n^{(k+1)}:=P^{(k)}$；

⑦ 检验 $\|X_n^{(k)}-X_0^{(k)}\|\leqslant\varepsilon$ 是否成立，若成立则迭代终止，取 $X^*=X_n^{(k)}$；否则置 $k:=k+1$ 转②.

迭失步骤中第⑤步使用的判别准则和原来的 Powell 算法中的准则：

$$f_2<f_1,(f_1-2f_2+f_3)(f_1-f_2-\Delta^{(k)})^2<\frac{1}{2}\Delta^{(k)}(f_1-f_3)^2$$

相互等价. 当判别准则成立时，用 $P^{(k)}$ 代替 $P_m^{(k)}$ 能使搜索方向得到改善，否则用 $P^{(k)}$ 代替任一方向都不利，因而舍弃方向 $P^{(k)}$. 最后指出 Powell 算法具有二次终止性，其框图如图4-21 所示.

［例 4-16］ 用改进的 Powell 方法求解 $\min f(X)=x_1^2+2x_2^2-4x_1-2x_1x_2$.

解 取初始点 $X_0^{(1)}=(1,1)^{\mathrm{T}}$，$f(X_0^{(1)})=-3$，$P_1^{(1)}=(1,0)^{\mathrm{T}}$，$P_2^{(1)}=(0,1)^{\mathrm{T}}$ 从 $X_0^{(1)}$ 出发沿 $P_1^{(1)}$ 进行一维搜索：

$$\min f(X_0^{(1)}+\lambda P_1^{(1)})=f(1+\lambda,1)=(1+\lambda)^2+2-4(1+\lambda)-2(1+\lambda)$$

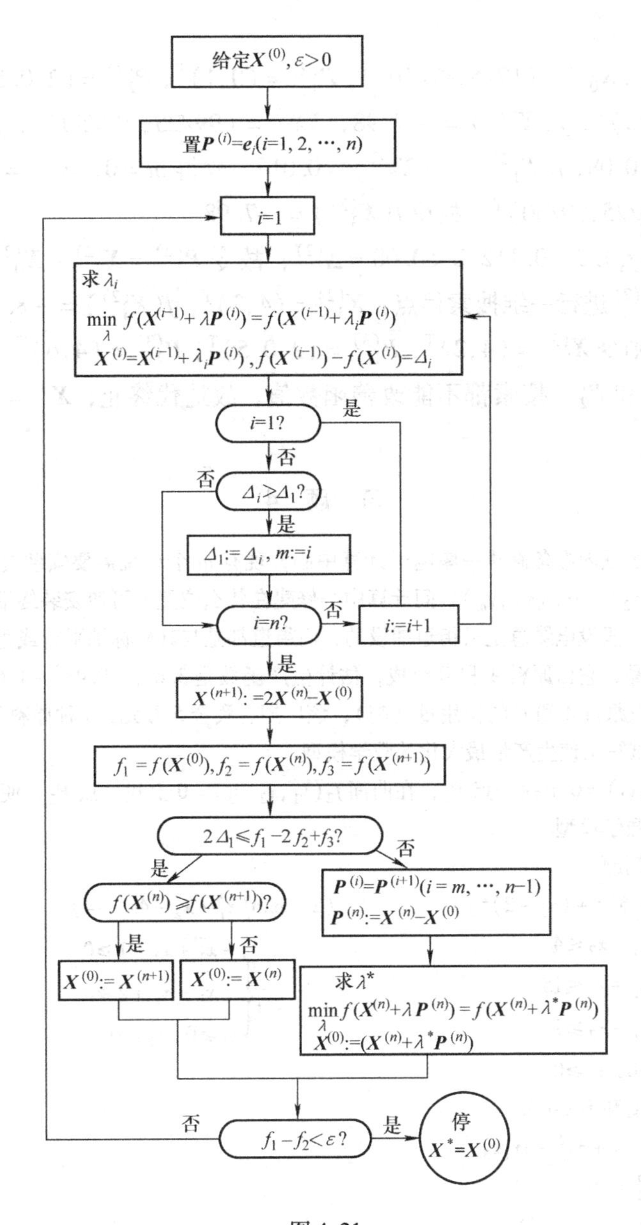

图4-21

得$\lambda_1=2$，故$X_1^{(1)}=X_0^{(1)}+\lambda_1 P_1^{(1)}=(3,1)^{\mathrm{T}}$，$f(X_1^{(1)})=-7$，再从$X_1^{(1)}$出发沿$P_2^{(1)}$进行一维搜索：　　$\min f(X_1^{(1)}+\lambda P_2^{(1)})=f(3,1+\lambda)=2\lambda^2-2\lambda-7$，得$\lambda_2=\dfrac{1}{2}$故：

$$X_2^{(1)}=X_1^{(1)}+\lambda_2 P_2^{(1)}=(3,1.5)^{\mathrm{T}}, f(X_2^{(1)})=-7.5$$

因为$f(X_0^{(1)})-f(X_1^{(1)})=4$，$f(X_1^{(1)})-f(X_2^{(1)})=0.5$，故得$m=0$，$\Delta^{(1)}=4$，又因为$X_3^{(1)}=2X_2^{(1)}-X_0^{(1)}=(5,2)^{\mathrm{T}}$，故得$f(X_3^{(1)})=-7$。

检验$(f_1-2f_2+f_3)/2=[(-3)-2(-7.5)-7]/2=5/2<4=\Delta^{(1)}$，故令$P^{(1)}=X_2^{(1)}-X_0^{(1)}=(2,0.5)^{\mathrm{T}}$，再从$X_2^{(1)}$出发沿$P^{(1)}$进行一维搜索，得到点$X_3^{(1)}=(19/5,17/10)^{\mathrm{T}}$，

$f(\boldsymbol{X}_3^{(1)}) = -7.9$.

第二次循环，以 $\boldsymbol{X}_0^{(2)} = (19/5, 17/10)^{\mathrm{T}}$，$\boldsymbol{P}_1^{(2)} = (0,1)^{\mathrm{T}}$，$\boldsymbol{P}_2^{(2)} = (2, 0.5)^{\mathrm{T}}$ 继续迭代，得：$\boldsymbol{X}_1^{(2)} = (19/5,\ 19/10)^{\mathrm{T}}$，$f(\boldsymbol{X}_1^{(2)}) = -7.98$，$\boldsymbol{X}_2^{(2)} = (99/25,\ 97/50)^{\mathrm{T}}$，$f(\boldsymbol{X}_2^{(2)}) = -7.99$，$f(\boldsymbol{X}_0^{(2)}) - f(\boldsymbol{X}_1^{(2)}) = 0.08$，$f(\boldsymbol{X}_1^{(2)}) - f(\boldsymbol{X}_2^{(2)}) = 0.016$，故得 $m=0$，$\Delta^{(2)} = 0.08$，又因 $\boldsymbol{X}_3^{(2)} = 2\boldsymbol{X}_2^{(2)} - \boldsymbol{X}_0^{(2)} = (103/25, 99/50)^{\mathrm{T}}$，故得 $f(\boldsymbol{X}_3^{(2)}) = -7.98$.

检验 $(f_1 - 2f_2 + f_3)/2 = 0.112/2 < 0.08 = \Delta^{(2)}$，故令 $\boldsymbol{P}^{(2)} = \boldsymbol{X}_2^{(2)} - \boldsymbol{X}_0^{(2)} = (4/25, 6/25)^{\mathrm{T}}$，再从 $\boldsymbol{X}_2^{(2)}$ 出发沿 $\boldsymbol{P}^{(2)}$ 进行一维搜索得点：$\boldsymbol{X}_3^{(2)} = (4,2)^{\mathrm{T}}$，$f(\boldsymbol{X}_3^{(2)}) = -8$.

若继续迭代，则令 $\boldsymbol{X}_0^{(3)} = (4,2)^{\mathrm{T}}$，$\boldsymbol{P}_1^{(3)} = (2, 0.5)^{\mathrm{T}}$，$\boldsymbol{P}_2^{(3)} = (4,6)^{\mathrm{T}}$，但由于 $\boldsymbol{X}_3^{(2)}$ 已是极小点，再沿 $\boldsymbol{P}_1^{(3)}$ 和 $\boldsymbol{P}_2^{(3)}$ 搜索都不能改善函数值，故迭代终止，$\boldsymbol{X}^* = (4,2)^{\mathrm{T}}$，$f(\boldsymbol{X}^*) = -8$.

习　题　4

4-1　在某城市的某一区域内准备修建一座电子计算中心，现有 m 个单位需要安装终端，这些单位的坐标是 (x_1, y_1)，(x_2, y_2)，…，(x_m, y_m)，问计算中心修建在什么位置上可使安装终端所用的电缆最短？试建立其数学模型. 假设电缆总是沿街道铺设的，而街道都是与其坐标轴平行或垂直的.

4-2　某厂生产一种产品，它由原料 A 和 B 组成，估计生产函数是 $3.6x_1 - 0.4x_1^2 + 1.6x_2 - 0.2x_2^2$（吨），其中 x_1 和 x_2 分别为原料 A 和 B 的使用量（吨），该厂拥有资金 5 万元，A 种原料每吨的单价为 1 万元，B 种为 5 千元，试写出使生产量最大化的数学模型.

4-3　在曲面 $f_1(x_1, x_2, x_3) = 0$ 上找一点 P_1，在曲面 $f_2(x_1, x_2, x_3) = 0$ 上找一点 P_2，使得 P_1 与 P_2 的距离为最短. 试建立其数学模型.

4-4　用图解法解下列问题：

(1) $\min[(x_1-6)^2 + (x_2-2)^2]$

$$\text{s.t}\begin{cases}0.5x_1 + x_2 \leqslant 4\\ 3x_1 + x_2 \leqslant 15\\ x_1 + x_2 \geqslant 1\\ x_1 \geqslant 0,\ x_2 \geqslant 0\end{cases}$$

(2) $\min(x_1^2 + x_2^2 - 4x_1 + 4)$

$$\text{s.t}\begin{cases}-x_1^2 + x_2 - 1 \geqslant 0\\ x_1 - x_2 + 2 \geqslant 0\\ x_1 \geqslant 0,\ x_2 \geqslant 0\end{cases}$$

4-5　求下列函数的梯度和 Hesse 矩阵：

(1) $f(\boldsymbol{X}) = x_1^2 + 2x_2^2 + 3x_3^2 - 4x_1x_3$

(2) $f(\boldsymbol{X}) = 3x_1x_2^2 + \mathrm{e}^{x_1x_2}$

(3) $f(\boldsymbol{X}) = \ln(x_1^2 + x_1x_2 + x_2^2)$

(4) $f(\boldsymbol{X}) = x_1x_2 + \ln(x_1x_2)$

4-6　把函数 $f(x,y) = \sin x \sin y$ 在点 $(\pi/4,\ \pi/4)^{\mathrm{T}}$ 处的领域内展成 Taylor 级数，直到二次项为止.

4-7　把 $\boldsymbol{Q}$ 是 n 阶对称矩阵，$\boldsymbol{x}$ 是 n 维向量，试证：

(1) $\nabla(\boldsymbol{x}^{\mathrm{T}}\boldsymbol{x}) = 2\boldsymbol{x}$　　(2) $\nabla(\boldsymbol{x}^{\mathrm{T}}\boldsymbol{Q}\boldsymbol{x}) = 2\boldsymbol{Q}\boldsymbol{x}$

(3) $\nabla\boldsymbol{x} = \boldsymbol{I}$　　(4) $\nabla(\boldsymbol{Q}\boldsymbol{x}) = \boldsymbol{Q}$

4-8　试证 $\boldsymbol{X}^* = (0,0)^{\mathrm{T}}$ 是函数 $f(x_1, x_2) = 4x_1^2 + x_2^2 - x_1^2x_2$ 的严格局部极小点，而 $\boldsymbol{X}_1 = (-2\sqrt{2}, 4)^{\mathrm{T}}$ 和 $\boldsymbol{X}_2 = (2\sqrt{2}, 4)^{\mathrm{T}}$ 是驻点而不是极值点.

4-9　求函数 $f(x_1, x_2, x_3) = x_1^2 - 4x_1x_2 + 4x_1x_3 + 5x_2^2 - 10x_2x_3 + 8x_3^2$ 的驻点，它们是极大点、极小点还是鞍点？

4-10　判定以下函数的凸凹性：

(1) $f(\boldsymbol{X}) = (4-x)^3$，$x \leqslant 4$

(2) $f(\boldsymbol{X})=x_1^2+2x_1x_2+3x_2^2$

(3) $f(\boldsymbol{X})=x_1x_2$

4-11　试画出满足下述条件的可行集，假定 $x_1\geqslant 0$，$x_2\geqslant 0$，它们是凸集吗？

(1) $\begin{cases}x_1^2+(x_2-1)^2-1\leqslant 0\\(x_1-1)^2+x_2^2-1\leqslant 0\end{cases}$　　(2) $\begin{cases}x_1^2+(x_2-1)^2-1\leqslant 0\\x_1^2+x_2^2-1\leqslant 0\end{cases}$

4-12　用 Fibonacci 法求 $f(x)=x^2-6x+2$ 的极小点，要求缩短后的区间不大于原区间 [0, 10] 的3%.

4-13　用0.618法解12题.

4-14　用最速下降法求解：$\min(x_1^2+2x_2^2)$，设初始点取为 $\boldsymbol{X}^{(0)}=(4,4)^{\mathrm{T}}$，迭代三次.

4-15　用 Newton 法求下列函数的极小点：

(1) $f(\boldsymbol{X})=x_1^2+4x_2^2+9x_3^2-2x_1+18x_3$，$\boldsymbol{X}^{(0)}$ 任取

(2) $f(\boldsymbol{X})=x_1^2-2x_1x_2+3/2x_2^2+x_1-2x_2$，$\boldsymbol{X}^{(0)}$ 任取

4-16　用共轭梯度法解：$\min(x_1^2-x_1x_2+x_2^2+2x_1-4x_2)$，取初始点 $\boldsymbol{X}^{(0)}=(2,2)^{\mathrm{T}}$.

4-17　设把最速下降法施用于二元二次正定函数：$f(\boldsymbol{X})=\frac{1}{2}\boldsymbol{X}^{\mathrm{T}}\boldsymbol{Q}\boldsymbol{X}+\boldsymbol{b}^{\mathrm{T}}\boldsymbol{X}+\boldsymbol{c}$ 上，试证偶次迭代点 $\boldsymbol{X}^{(0)}$，$\boldsymbol{X}^{(2)}$，…和奇次迭代点 $\boldsymbol{X}^{(1)}$，$\boldsymbol{X}^{(3)}$，…分别共线，而且这两条直线的交点就是目标函数的极小点.

4-18　用 DFP 方法求解：

(1) $\min\left[\frac{3}{2}x_1^2+\frac{1}{2}x_2^2-x_1x_2-2x_1\right]$，初始点取为：$\boldsymbol{X}^{(0)}=(-2,4)^{\mathrm{T}}$.

(2) $\min[(1-x_1)^2+2(x_2-x_1^2)^2]$，初始点取为：$\boldsymbol{X}^{(0)}=(0,\ 0)^{\mathrm{T}}$，初始矩阵取为单位阵，迭代三次.

4-19　用第一种（基本）Powell 算法解：$\min(17x_1^2+12x_1x_2+8x_2^2)$，初始点取为 $\boldsymbol{X}^{(0)}=(2,2)^{\mathrm{T}}$，并且画出迭代点的移动路径.

第 5 章

约束最优化问题

5.1 约束优化问题的最优性条件

考虑约束极值问题：

$$\min f(\boldsymbol{X})$$
$$\text{s.t.}\begin{cases} g_i(\boldsymbol{X}) \geqslant 0 & i=1,2,\cdots,m \\ h_j(\boldsymbol{X})=0 & j=1,2,\cdots,p \end{cases} \tag{5-1}$$

一般来说，含有等式约束和不等式约束条件的非线性规划式（5-1）解起来比较复杂，它的解法大体上可以分为两类. 一类方法是直接用原来的目标函数，在可行域上进行搜索，并在保持可行性的条件下求出最优解；另一类方法它是将约束问题化为无约束问题来解. 在介绍其算法之前，我们先来讨论约束优化问题的最优性条件.

5.1.1 不等式约束的一阶必要条件

所谓最优性条件是指目标函数和约束函数在最优点处满足的必要条件和充分条件. 例如在无约束极值问题中，$\nabla f(\boldsymbol{X}^*)=0$ 就是一种最优性条件，属于一阶必要条件.

回忆一下在微积分中讨论过的带等式约束的极值问题：

$$\min f(\boldsymbol{X})$$
$$\text{s.t.}\begin{cases} h_j(\boldsymbol{X})=0 \\ j=1,2,\cdots,p \end{cases} \tag{5-2}$$

我们知道，若 $\boldsymbol{X}^*$ 是它的极小点，则必存在一组数 μ_j^*，$j=1$，2，…，p，使得 Lagrange 函数：$L(\boldsymbol{X},\boldsymbol{\mu})=f(\boldsymbol{X})+\sum\limits_{j=1}^{p}\mu_j h_j(\boldsymbol{X})$，满足：

$$\nabla_x L(\boldsymbol{X}^*,\boldsymbol{\mu}^*)=\nabla f(\boldsymbol{X}^*)+\sum_{j=1}^{p}\mu_j^*\nabla h_j(\boldsymbol{X}^*)=0 \tag{5-3}$$

式（5-3）就是约束式（5-2）的一阶必要条件. $\boldsymbol{\mu}=(\mu_1,\ \mu_2,\ \cdots,\ \mu_p)^{\mathrm{T}}$ 称为 Lagrange 乘子向量.

现在的问题是在约束条件中出现不等式约束，这时一阶必要条件不再是式（5-3）的形式. 下面讨论如下的具有不等式约束的极值问题：

$$\min f(\boldsymbol{X})$$
$$\text{s.t.}\quad g_i(\boldsymbol{X}) \geqslant 0 \quad i=1,2,\cdots,m \tag{5-4}$$

设 $\boldsymbol{X}^*$ 是式（5-4）的最优解，当 $g_i(\boldsymbol{X}^*)>0$，$i=1$，2，…，m 时，$\boldsymbol{X}^*$ 是 $f(\boldsymbol{X})$ 的无约束极小点，此时约束实际上并不起作用. 只有当 $g_i(\boldsymbol{X}^*)=0$ 时它才真正起到了约束作用.

为此，记 $E=\{i|g_i(X^*)=0, i=1, 2, \cdots, m\}$，$E$ 称为在 X^* 处的**起作用约束的指标集**.

若 $i\in E$，$g_i(X)\geq 0$ 称为在 X^* 处的**起作用约束或紧约束或有效约束**；若 $i\notin E$，$g_i(X)\geq 0$ 称为在 X^* 处的**不起作用约束或松约束**.

式（5-4）的最优性的一阶必要条件是著名的 Kuhn – Tucker 条件（简称 K – T 条件）.

定理 5-1　（Kuhn – Tucker 条件）在式（5-4）中假设：①X^* 是局部极小点；②$f(X)$，$g_i(X)$，$i=1, 2, \cdots, m$ 在点 X^* 连续可微；③$\nabla g_i(X^*)$，$i\in E=\{i|g_i(X^*)=0, i=1, 2, \cdots, m\}$ 线性无关，则存在一组参数 $\mu_i^*\geq 0$，$i=1, 2, \cdots, m$，使得广义 Lagrange 函数 $L(X, \mu)=f(X)-\sum_{i=1}^{m}\mu_i g_i(X)$ 满足：

$$\begin{cases}\nabla f(X^*)-\sum_{i=1}^{m}\mu_i^*\nabla g_i(X^*)=0\\ \mu_i^*\geq 0, \quad i=1,2,\cdots,m\\ \mu_i^* g_i(X^*)=0 \quad i=1,2,\cdots,m\end{cases} \tag{5-5}$$

证　略.

下面对定理 5-1 作几点说明：

（1）$\nabla f(X^*)-\sum_{i=1}^{m}\mu_i^*\nabla g_i(X^*)=0$ 本应是：$\nabla f(X^*)-\sum_{i\in E}\mu_i^*\nabla g_i(X^*)=0$ 或 $\nabla f(X^*)=\sum_{i\in E}\mu_i^*\nabla g_i(X^*)$，即 $\nabla f(X^*)$ 是紧约束函数 $g_i(X)$ 在 X^* 处的梯度的非负线性组合，但若规定：

当 $i\notin E$ 时 $\mu_i^*=0$，则等式可写成：

$$\nabla f(X^*)-\sum_{i=1}^{m}\mu_i^*\nabla g_i(X^*)=0$$

（2）$\mu_i^* g_i(X^*)=0$ 等价于

$$\begin{cases}\mu_i^* g_i(X^*)=0 & \text{当 } i\in E \text{ 时有 } g_i(X^*)=0\\ \mu_i^* g_i(X^*)=0 & \text{当 } i\notin E \text{ 时有 } \mu_i^*=0\end{cases}$$

（3）如果对所有 $i\in E$，$\nabla g_i(X^*)$ 线性无关，则 X^* 称为约束的一个**正则点**，即如果在 X^* 处起作用的约束函数的梯度是线性无关的，则 X^* 是一个正则点. 如果 X^* 不是正则点，则 K – T 条件可能不成立. 例如考虑极值问题：

$$\min (x_1-2)^2+x_2^2$$

$$\text{s.t.}\begin{cases}g_1(X)=x_1\geq 0\\ g_2(X)=x_2\geq 0\\ g_3(X)=(1-x_1)^3-x_2\geq 0\end{cases}$$

其最优解为 $X^*=(1,0)^{\mathrm T}$，紧约束指标集 $E=\{2, 3\}$，从图 5-1 上看出，紧约束函数 $g_2(X)$ 和 $g_3(X)$ 在 $X^*=(1,0)^{\mathrm T}$ 处的梯度线性相关，$\nabla f(X^*)$ 不能表示成 $\nabla g_2(X^*)$ 和 $\nabla g_3(X^*)$ 的非负线性组合. 这一点从以下的演算中也可以得到证实：

求出 $\nabla g_2(X)=(0, 1)^{\mathrm T}$，$\nabla g_3(X)=(-3(1-x_1)^2, -1)^{\mathrm T}$，$\nabla f(X)=(2(x_1-2), -2x_2)^{\mathrm T}$，

因此$\nabla g_2(\boldsymbol{X}^*)=(0,1)^{\mathrm{T}}$，$\nabla g_3(\boldsymbol{X}^*)=(0,-1)^{\mathrm{T}}$，$\nabla f(\boldsymbol{X}^*)=(-2,0)^{\mathrm{T}}$，从而因为：$\nabla g_2(\boldsymbol{X}^*)=-\nabla g_3(\boldsymbol{X}^*)$，则$\boldsymbol{X}^*$不是正则点，那么K－T条件不成立.

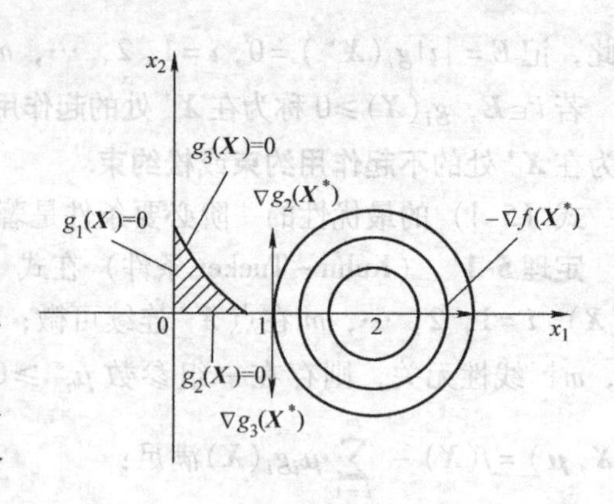

图5-1

K－T条件的几何意义：

由图5-2所示，约束区域为R，紧约束仅有$g_1(\boldsymbol{X})\geqslant0$，在$\boldsymbol{X}^*$处$\nabla g_1(\boldsymbol{X}^*)$与$-\nabla f(\boldsymbol{X}^*)$均垂直于公切线$L$，但方向相反. 在$\boldsymbol{X}^*$处考虑，一方面若要使目标函数的值继续下降，$\boldsymbol{X}$只能取与$-\nabla f(\boldsymbol{X}^*)$夹锐角的方向移动，另一方面，为了保持解的可行性，$\boldsymbol{X}$只能取与$\nabla g_1(\boldsymbol{X}^*)$夹锐角（即与$-\nabla f(\boldsymbol{X}^*)$夹钝角）的方向移动. 故在$\boldsymbol{X}^*$处不可能在保持解的可行性的情况下使目标函数$f(\boldsymbol{X})$的值下降，因此，$\boldsymbol{X}^*$是极小点，在极小点$\boldsymbol{X}^*$处，$-\nabla f(\boldsymbol{X}^*)$与$\nabla g_1(\boldsymbol{X}^*)$共线反向，所以有$\nabla f(\boldsymbol{X}^*)=\mu_1^*\nabla g_1(\boldsymbol{X}^*)$，$\mu_1^*>0$，其余$\mu_i^*=0$.

图5-3给出了紧约束多于一个的情况. 在最优点$\boldsymbol{X}^*$处，$g_1(\boldsymbol{X})\geqslant0$和$g_2(\boldsymbol{X})\geqslant0$为紧约束，其梯度为$\nabla g_1(\boldsymbol{X}^*)$和$\nabla g_2(\boldsymbol{X}^*)$，在$\boldsymbol{X}^*$处分别与$g_1(\boldsymbol{X})=0$和$g_2(\boldsymbol{X})=0$正交，即与相应的切线$L_1$和$L_2$正交. 在这点，目标函数的梯度$\nabla f(\boldsymbol{X}^*)$一定位于$\nabla g_1(\boldsymbol{X}^*)$与$\nabla g_2(\boldsymbol{X}^*)$所夹锐角内（在此夹角的任一方向与$L_1$或$L_2$的夹角不超过90°），即$\nabla f(\boldsymbol{X}^*)$可由$\nabla g_1(\boldsymbol{X}^*)$，$\nabla g_2(\boldsymbol{X}^*)$的非负线性组合表示：$\nabla f(\boldsymbol{X}^*)=\mu_1^*\nabla g_1(\boldsymbol{X}^*)+\mu_2^*\nabla g_2(\boldsymbol{X}^*)$，$\mu_1^*,\mu_2^*\geqslant0$. 因若不然即若$\nabla f(\boldsymbol{X}^*)$落在$\nabla g_1(\boldsymbol{X}^*)$与$\nabla g_2(\boldsymbol{X}^*)$的夹角外，比如$\nabla g_1(\boldsymbol{X}^*)$的上方，则$-\nabla f(\boldsymbol{X}^*)$进入$L_1$的外侧且与$L_1$的夹角小于90°，从而在可行域内就能找到与$-\nabla f(\boldsymbol{X}^*)$的夹角小于90°的目标函数值下降的方向，这与$\boldsymbol{X}^*$是最优点矛盾. 这就证明了$\nabla f(\boldsymbol{X}^*)$必在$\nabla g_1(\boldsymbol{X}^*)$与$\nabla g_2(\boldsymbol{X}^*)$的夹角内. 这就是K－T条件的几何意义.

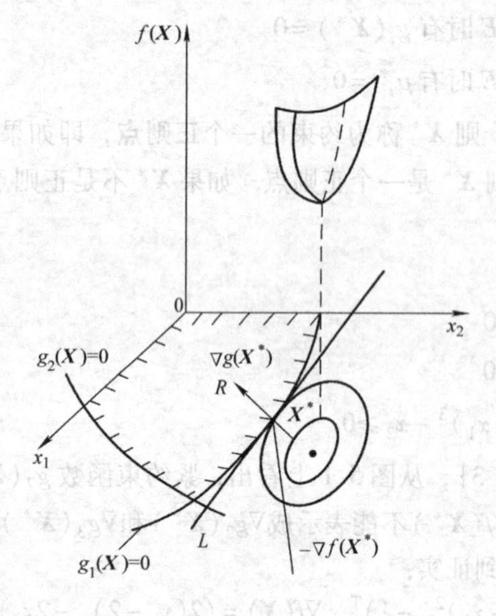

图5-2

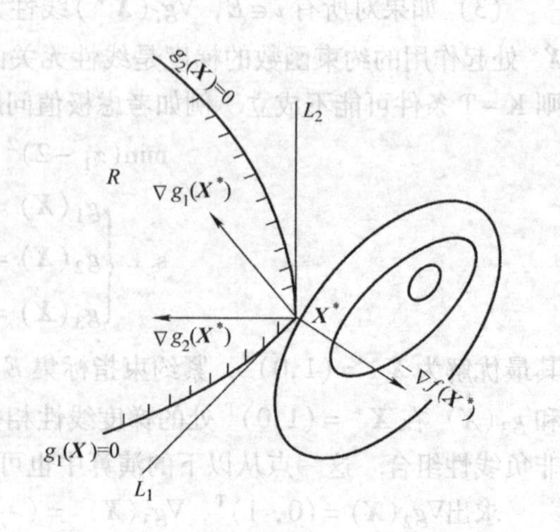

图5-3

满足 K – T 条件的点称为 Kuhn – Tucker 点，简称为 K – T 点. 4.2 节中我们曾介绍了凸规划与它的一些特殊的性质，如果式（5-4）中 $f(\boldsymbol{X})$，$-g_i(\boldsymbol{X})$，$i=1, 2, \cdots, m$ 均是凸函数，那么 K – T 条件将会成为凸规划的解的充分必要条件.

定理 5-2　设 $\boldsymbol{X}^*$ 是问题（式 5-4）的可行解，$f(\boldsymbol{X})$，$-g_i(\boldsymbol{X})$，$i=1, 2, \cdots, m$ 是凸函数，且在 $\boldsymbol{X}^*$ 可微，又点 $\boldsymbol{X}^*$ 满足 K – T 条件，则 $\boldsymbol{X}^*$ 是全局最优解.

证　令 $S=\{\boldsymbol{X} \mid g_i(\boldsymbol{X}) \geqslant 0, i=1, 2, \cdots, m\}$，因 $-g_i(\boldsymbol{X})$ 为凸函数（$i=1, 2, \cdots, m$），所以 S 为凸集.

对于任意 $\boldsymbol{X} \in S$，由于 $f(\boldsymbol{X})$ 的凸性，有：$f(\boldsymbol{X}) \geqslant f(\boldsymbol{X}^*) + \nabla f(\boldsymbol{X}^*)^{\mathrm{T}}(\boldsymbol{X}-\boldsymbol{X}^*)$，由于在点 $\boldsymbol{X}^*$ 处满足 K – T 条件，必存在 $\mu_i^* \geqslant 0 (i \in E)$，使得：$\nabla f(\boldsymbol{X}^*) = \sum\limits_{i \in E} \mu_i^* \nabla g_i(\boldsymbol{X}^*)$，于是上式可变为：

$$f(\boldsymbol{X}) \geqslant f(\boldsymbol{X}^*) + \sum_{i \in E} \mu_i^* \nabla g_i(\boldsymbol{X}^*)(\boldsymbol{X}-\boldsymbol{X}^*) \tag{5-6}$$

又由于 $-g_i(\boldsymbol{X}^*)$ 是凸函数，必有：任给 $\boldsymbol{X} \in S$，$g_i(\boldsymbol{X}) \leqslant g_i(\boldsymbol{X}^*) + \nabla g_i(\boldsymbol{X}^*)^{\mathrm{T}}(\boldsymbol{X}-\boldsymbol{X}^*)$，当 $i \in E$ 时，$g_i(\boldsymbol{X}^*)=0$，$g_i(\boldsymbol{X}) \geqslant 0$，从而 $\nabla g_i(\boldsymbol{X}^*)^{\mathrm{T}}(\boldsymbol{X}-\boldsymbol{X}^*) \geqslant 0$，于是由式（5-6）可知 $f(\boldsymbol{X}) \geqslant f(\boldsymbol{X}^*)$，即 $\boldsymbol{X}^*$ 为全局最优解. 定理证毕.

根据定理 5-1 和定理 5-2 易见，对凸规划来说，K – T 条件也是解的充分必要条件.

5.1.2　等式和不等式约束问题的最优性条件

考虑一般非线性规划问题，对于式（5-1），其最优解的一阶必要条件只叙述 K – T 条件的结论.

定理 5-3　在问题（式 5-1）中，假设：① $\boldsymbol{X}^*$ 是问题的局部最优解；② $f(\boldsymbol{X})$，$g_i(\boldsymbol{X})$ $(i=1,2,\cdots,m)$，$h_j(\boldsymbol{X})$ $(j=1,2,\cdots,p)$ 在点 $\boldsymbol{X}^*$ 处连续可微；③ $\nabla g_i(\boldsymbol{X}^*)$，$i \in E=\{i \mid g_i(\boldsymbol{X}^*)=0, i=1, 2, \cdots, m\}$ 和 $\nabla h_j(\boldsymbol{X}^*)$，$j=1, 2, \cdots, p$ 线性无关，则存在一组参数 λ_i^* $(i=1,2,\cdots,m)$，μ_j^* $(j=1, 2, \cdots, p)$，使得下式成立：

$$\begin{cases} \nabla f(\boldsymbol{X}^*) - \sum\limits_{i=1}^{m} \lambda_i^* \nabla g_i(\boldsymbol{X}^*) - \sum\limits_{j=1}^{p} \mu_j^* \nabla h_i(\boldsymbol{X}^*) = 0 \\ \lambda_i^* g_i(\boldsymbol{X}^*) = 0, \ \lambda_i^* \geqslant 0 \quad i=1, 2, \cdots, m \end{cases}$$

证　略.

5.1.3　约束优化问题的二阶充分条件

根据 K – T 条件，可以检验一个点是否为原问题的可能最优解，假如不是 K – T 点，则不会是局部最优解；假如是 K – T 点，则可能是局部最优解. 又如何进一步对它作出肯定的结论呢，这就是极值点的二阶充分条件.

定理 5-4　在问题（式 5-1）中，假设 $\boldsymbol{X}^*$ 是它的一个可行解，目标函数和约束函数二阶可微，且存在 $\lambda_i^* \geqslant 0 (i=1, 2, \cdots, m)$，$\mu_j^*$，$j=1, 2, \cdots, p$，使得 K – T 条件成立，对满足条件：

$\boldsymbol{P}^{\mathrm{T}} \nabla g_i(\boldsymbol{X}^*) \geqslant 0$，$i \in E$ 且 $\lambda_i^*=0$，$\boldsymbol{P}^{\mathrm{T}} \nabla g_i(\boldsymbol{X}^*)=0$，$\lambda_i^*>0$，$\boldsymbol{P}^{\mathrm{T}} \nabla h_j(\boldsymbol{X}^*)=0 (j=1, 2, \cdots, p)$ 的任意非零向量 $\boldsymbol{P}$，均有：$\boldsymbol{P}^{\mathrm{T}} \nabla_x^2 L(\boldsymbol{X}^*, \boldsymbol{\lambda}^*, \boldsymbol{\mu}^*) \boldsymbol{P} > 0$，则 $\boldsymbol{X}^*$ 为问题（式 5-1）的一个严格

局部最优解. 这里$\nabla_x^2 L$表示广义 Lagrange 函数 $L(\boldsymbol{X}^*,\boldsymbol{\lambda},\boldsymbol{\mu})=f(\boldsymbol{X})-\sum_{i=1}^{m}\lambda_i g_i(\boldsymbol{X})-\sum_{j=1}^{p}\mu_j h_j(\boldsymbol{X})$ 关于 $\boldsymbol{X}$ 的 Hesse 矩阵.

证 略.

[**例 5-1**] 求解 $\min f(\boldsymbol{X})=x_1$

$$\text{s.t.}\begin{cases}g(\boldsymbol{X})=16-(x_1-4)^2-x_2^2\geqslant 0\\ h(\boldsymbol{X})=(x_1-3)^2+(x_2-2)^2-13=0\end{cases}\tag{5-7}$$

解 首先，函数$f(\boldsymbol{X})$，$g(\boldsymbol{X})$，$h(\boldsymbol{X})$ 在 R^2 上是二阶连续可微的，由 K－T 条件：

$$\begin{cases}\begin{pmatrix}1\\0\end{pmatrix}-\mu\begin{pmatrix}2(x_1-3)\\2(x_2-2)\end{pmatrix}-\lambda\begin{pmatrix}-2(x_1-4)\\-2x_2\end{pmatrix}=\begin{pmatrix}0\\0\end{pmatrix}\\ \lambda[16-(x_1-4)^2-x_2^2]=0\\ \lambda\geqslant 0\end{cases}\tag{5-8}$$

可求出三组满足式（5-7）和式（5-8）的解：

$$\begin{cases}x_1=0\\x_2=0\\\mu=0\\\lambda=1/8\end{cases}\quad\begin{cases}x_1=6.4\\x_2=3.2\\\mu=1/5\\\lambda=3/40\end{cases}\quad\begin{cases}x_1=3+\sqrt{13}\\x_2=2\\\mu=\sqrt{13}/26\\\lambda=0\end{cases}$$

它们都是原问题的 K－T 点和可行点.

究竟哪些是极小值点呢？根据极值点的二阶充分条件，在 $\boldsymbol{X}^{(1)}=(0,0)^{\mathrm{T}}$ 处有：$\nabla^2 f(\boldsymbol{X}^{(1)})-\mu\nabla^2 h(\boldsymbol{X}^{(1)})-\lambda\nabla^2 g(\boldsymbol{X}^{(1)})=-1/8\begin{pmatrix}-2&0\\0&-2\end{pmatrix}=\begin{pmatrix}1/4&0\\0&1/4\end{pmatrix}$是正定阵，所以 $\boldsymbol{X}^{(1)}$ 是严格极小值点. 在 $\boldsymbol{X}^{(2)}=(6.4,3.2)^{\mathrm{T}}$ 处，因为不存在非零向量 $\boldsymbol{p}$，使得：$\boldsymbol{p}^{\mathrm{T}}\nabla g(\boldsymbol{X}^{(2)})=0$，$\boldsymbol{p}^{\mathrm{T}}\nabla h(\boldsymbol{X}^{(2)})=0$，因而极值点的充分条件的 $\boldsymbol{p}^{\mathrm{T}}\ [\nabla^2 f(\boldsymbol{X}^{(2)})-\mu\nabla^2 h(\boldsymbol{X}^{(2)})\times(-\lambda\nabla^2 g(\boldsymbol{X}^{(2)}))]\boldsymbol{p}>0$ 自然满足，即表明 $\boldsymbol{X}^{(2)}$ 是严格极小值点. 在 $\boldsymbol{X}^{(3)}=(3+\sqrt{13},2)^{\mathrm{T}}$ 处，满足 $\boldsymbol{p}^{\mathrm{T}}\nabla g(\boldsymbol{X}^{(3)})\geqslant 0$，$\boldsymbol{p}^{\mathrm{T}}\nabla h(\boldsymbol{X}^{(3)})=0$ 的非零向量 $\boldsymbol{p}^{\mathrm{T}}=(0,z_2)$，$z_2<0$.

然而：

$$\boldsymbol{p}^{\mathrm{T}}[\nabla^2 f(\boldsymbol{X}^{(3)})-\sqrt{13}/26\nabla^2 h(\boldsymbol{X}^{(3)})-0\cdot\nabla^2 g(\boldsymbol{X}^{(3)})]$$

$$\boldsymbol{p}=\ (0,\ z_2)\ \begin{pmatrix}-\sqrt{13}/13&0\\0&-\sqrt{13}/13\end{pmatrix}\begin{pmatrix}0\\z_2\end{pmatrix}<0$$

不满足定理 5-4 的条件，故不是问题的极小值点. 最后通过局部极小值点处目标函数值的比较，由于 $f(\boldsymbol{X}^{(1)})<f(\boldsymbol{X}^{(2)})$，故原问题的最小值点是 $\boldsymbol{X}^*=\boldsymbol{X}^{(1)}=(0,0)^{\mathrm{T}}$，$f(\boldsymbol{X}^*)=0$.

从这个例子可看出，利用极值的必要条件和充分条件去求出非线性规划问题（式 5-1）的最优解是不容易的，下面将介绍两种应用广泛的求解非线性规划问题的算法.

5.2 罚函数法（SUMT 法）

这是应用最广泛的一种求解式（5-1）的数值解法，它的基本思路是通过目标函数加上惩罚项，将原约束非线性规划问题转化为求解一系列无约束的极值问题. 这种惩罚体现在求解过程中，对于企图违反约束的那些迭代点，给予很大的目标函数值，迫使这一系列无约束问题的极小值点或者无限地向可行集（域）逼近，或者一直保持在可行集（域）内移动，直到收敛于原来约束问题的极小值点.

一般采用的罚函数法有三种：

（1）外点罚函数法（简称外点法）；

（2）内点罚函数法（简称内点法）；

（3）混合点罚函数法（简称混合点法）.

下面分别予以讨论.

5.2.1　外点法

先考虑不含等式约束的非线性规划问题：

$$\min_{X \in R} f(X),\ R = \{X \mid g_i(X) \geqslant 0,\ i=1,\ 2,\ \cdots,\ m\} \tag{5-9}$$

构造一个函数：

$$P(t) = \begin{cases} 0 & 当\ t \geqslant 0\ 时 \\ \infty & 当\ t < 0\ 时 \end{cases} \tag{5-10}$$

现把 $g_i(X)$ 视为 t，则当 $X \in R$ 时，$P(g_i(X)) = 0$，$i=1,\ 2,\ \cdots,\ m$，当 $X \notin R$ 时，$P(g_i(X)) = \infty$，$i=1,\ 2,\ \cdots,\ m$，即有：

$$P(g_i(X)) = \begin{cases} 0 & 当\ X \in R\ 时 \\ \infty & 当\ X \notin R\ 时 \end{cases} \tag{5-11}$$

再构造函数：$\varphi(X) = f(X) + \sum\limits_{i=1}^{m} P(g_i(X))$

求解无约束极值问题：

$$\min \varphi(X) \tag{5-12}$$

若式（5-12）有极小解 X^*，则由（式 5-11）可看出，这时应有 $P(g_i(X^*)) = 0$，$i=1,\ 2,\ \cdots,\ m$，即点 $X^* \in R$，因而 X^* 不仅是问题（式 5-12）的最优解，同时也是原问题（式 5-9）的最优解. 从而就把约束极值问题（式 5-9）的求解变为无约束极值问题（式 5-12）的求解.

但是，用上述方法构造的函数 $P(t)$ 在 $t=0$ 处不连续，更没有导数. 为了求解方便，将该函数修改为：

$$P(t) = \begin{cases} 0 & 当\ t \geqslant 0 \\ t^2 & 当\ t < 0 \end{cases} \tag{5-13}$$

修改后的函数 $P(t)$ 在 $t=0$ 处的导数等于 0，而且 $P(t)$，$P'(t)$ 对任意的 t 都连续. 当 $X \in R$ 时仍有 $\sum\limits_{i=1}^{m} P(g_i(X)) = 0$，当 $X \notin R$ 时有：$0 < \sum\limits_{i=1}^{m} P(g_i(X)) < \infty$，而 $\varphi(X)$ 可改写为：

$$\varphi(X,M) = f(X) + M\sum_{i=1}^{m} P(g_i(X)) \tag{5-14}$$

或等价地：

$$\varphi(X,M) = f(X) + M\sum_{i=1}^{m} [\min(0, g_i(X))]^2 \tag{5-15}$$

问题（式 5-12）就变为：

$$\min\varphi(\boldsymbol{X},M) \tag{5-16}$$

如果原规划问题（式 5-9）有最优解，则式（5-16）的最优解 $\boldsymbol{X}^*(M)$ 为原问题（式 5-9）的最优解或近似最优解．若 $\boldsymbol{X}^*(M)\in R$，则 $\boldsymbol{X}^*(M)$ 是原问题的最优解，这是因为对任意的 $\boldsymbol{X}\in R$ 有：

$$f(\boldsymbol{X})+M\sum_{i=1}^{m}P(g_i(\boldsymbol{X}))=\varphi(\boldsymbol{X},M)\geqslant\varphi(\boldsymbol{X}^*(M),M)=f(\boldsymbol{X}^*(M))$$

即当 $\boldsymbol{X}\in R$ 时有：$f(\boldsymbol{X})\geqslant f(\boldsymbol{X}^*(M))$．即使 $\boldsymbol{X}^*(M)\notin R$，它也会相当接近式（5-9）的约束条件的边界．这是因为：若 $\boldsymbol{X}^*(M)$ 为式（5-16）的最优解，则在 M 相当大的情况下，只可能使 $\sum_{i=1}^{m}[\min(0,g_i(\boldsymbol{X}))]^2$ 相当小，即 $\boldsymbol{X}^*(M)$ 相当靠近约束域 R 的边界．

函数 $\varphi(\boldsymbol{X},M)$ 称为**罚函数**，其中第二项 $M\sum_{i=1}^{m}P(g_i(\boldsymbol{X}))$ 称为**惩罚项**，M 称为**罚因子**.

实际计算时，总是先给定一个初始点 $\boldsymbol{X}^{(0)}$ 和初始罚因子 $M_1>0$，求解无约束极值问题（式 5-16）：$\min\varphi(\boldsymbol{X},M_1)$，若其最优解 $\boldsymbol{X}^*(M_1)\in R$，则它已是式（5-9）的最优解；否则，以 $\boldsymbol{X}^*(M_1)$ 为新的初始点，加大罚因子，取 $M_2>M_1$，重新求解式（5-16）．如此循环，或者存在某个 M_k，使得 $\min\varphi(\boldsymbol{X},M_k)$ 的最优解 $\boldsymbol{X}^*(M_k)\in R$，即是式（5-9）的最优解；或者存在 M_k 的一个无穷序列：$0<M_1<M_2<\cdots<M_k<\cdots$，随着 M 值的增大，罚函数中的惩罚项所起的作用增大，$\min\varphi(\boldsymbol{X},M)$ 的最优解 $\boldsymbol{X}^*(M)$ 与约束域 R 的距离越来越近．当 M_k 趋于无穷大时，最优点序列 $\{\boldsymbol{X}^*(M_k)\}$ 就从 R 的外部趋于 R 的边界点．即趋于原问题（式 5-9）的最优解 $\boldsymbol{X}^*$.

外点法的迭代步骤：

（1）给定初始点 $\boldsymbol{X}^{(0)}$，取 $M_1>0$（可取 $M_1=1$），给定 $\varepsilon>0$，置 $k=1$；

（2）求无约束极值问题的最优解 $\boldsymbol{X}^{(k)}$：$\min\varphi(\boldsymbol{X},\boldsymbol{M}_k)=\varphi(\boldsymbol{X}^{(k)},\boldsymbol{M}_k)$，其中 $\varphi(\boldsymbol{X}^{(k)},M_k)=f(\boldsymbol{X}^{(k)})+M_k\sum_{i=1}^{m}[\min(0,g_i(\boldsymbol{X}^{(k)}))]^2$；

（3）若对某一个 $i(1\leqslant i\leqslant m)$ 有：$-g_i(\boldsymbol{X}^{(k)})\geqslant\varepsilon$，则取 $M_{k+1}=CM_k$，其中 $C=5\sim10$，置 $k:=k+1$，转（2）；否则，迭代终止，取 $\boldsymbol{X}^*=\boldsymbol{X}^{(k)}$.

其框图见图 5-4.

外点法的经济学解释如下：若把目标函数看成"价格"，约束条件看成某种"规定"，采购人员在规定的范围内采购时价格最便宜，但若违反了规定，就要按规定加收罚款．采购人员付出的总代价应是价格和罚款的总和．采购人员的目标是使总代价最小，当罚款规定得很苛刻时，违反规定支付的罚款很高，这就迫使采购人员在规定的范围内采购．数学上表现为罚因子 M_k 足够大时，上述无约束极值问题的最优解应满足约束条件，而成为约束问题的最优解.

[例 5-2] 用外点法解：$\min(x_1+x_2)$

$$\text{s.t.}\begin{cases}-x_1^2+x_2\geqslant0\\x_1\geqslant0\end{cases}$$

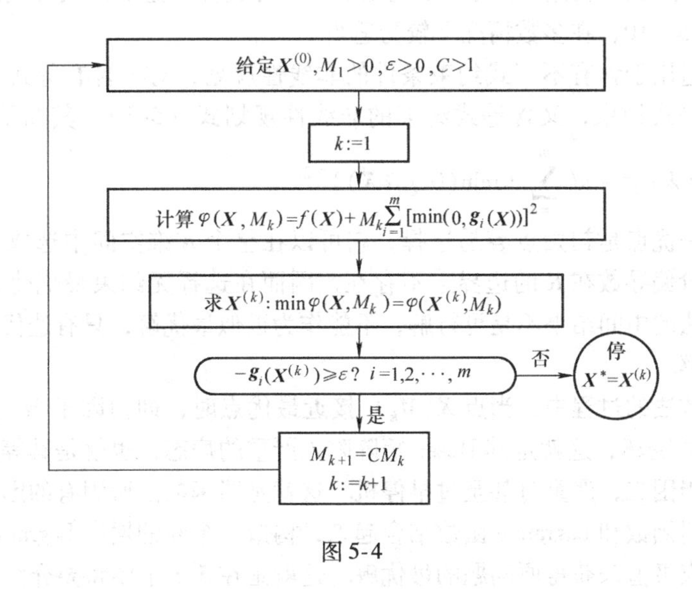

图 5-4

解　构造罚函数：$\varphi(X,M)=x_1+x_2+M\{[\min(0,-x_1^2+x_2)]^2+[\min(0,x_1)]^2\}$，可以用解析法求解：

$$\partial\varphi/\partial x_1=1+2M\{\min[0,(-x_1^2+x_2)(-2x_1)]\}+2M[\min(0,x_1)]$$

$$\partial\varphi/\partial x_2=1+2M[\min(0,-x_1^2+x_2)]$$

对于不满足约束条件的点 $X=(x_1, x_2)^{\mathrm{T}}$，有：

$$-x_1^2+x_2<0,\ x_1<0$$

令：$\partial\varphi/\partial x_1=\partial\varphi/\partial x_2=0$，得：

$$1+2M(-x_1^2+x_2)(-2x_1)+2Mx_1=0$$

$$1+2M(-x_1^2+x_2)=0$$

得 $\min\varphi(X, M_k)$ 的解为：$X(M_k)=\{-1/[2(M_k+1)],1/[4(M_k+1)^2]-1/2[M_k]\}^{\mathrm{T}}$，当 $M_k\to\infty$ 时，$X(M_k)$ 趋向于原问题的最优解：$X^*=(0,0)^{\mathrm{T}}$，其求解过程见图 5-5.

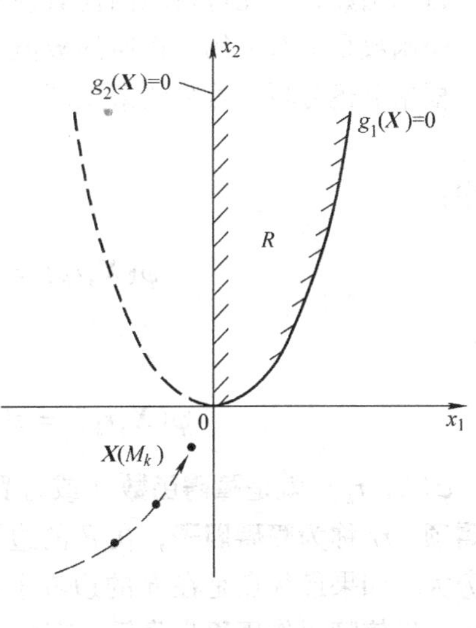

图 5-5

从前面的分析可知，随着罚因子的增大，在求解无约束最优化问题的过程中，将迫使 $X(M_k)$ 向可行域接近. 因此，很自然地会想到：初始罚因子 M_1 是否取得大一些好呢？因为这样一开始就比较接近可行域. 但是理论和实践都证明了这样做是不合适的. 当罚因子很大时，在惩罚函数的极小点附近，其等高线会变得十分狭长，这就意味着其最小点位于一个十分狭长的深谷之中. 因此，搜索方向稍有偏离就会导致相当大的误差. 为了使搜索不至于太困难，M_1 不能选得过大，采取渐进的方式则情况就会得到改善. 那么，初始罚因子 M_1 到底取多大合适呢？这要由具体问题来确定. 一般可取 $M_1=1$，$C=5\sim10$，在多数情况下较为适当.

外点法不只适用于含有不等式约束条件的非线性规划，对于含有等式约束的问题也适用. 对于既含不等式约束，又含等式约束的非线性规划式（5-1），其罚函数 $\varphi(\boldsymbol{X}, M)=f(\boldsymbol{X})+M\sum\limits_{j=1}^{p}[h_j(\boldsymbol{X})]^2+M\sum\limits_{i=1}^{m}[\min(0,g_i(\boldsymbol{X}))]^2$.

外点法的另一优点是初始点容易选择，它可以在整个 n 维空间中选取. 外点法的缺点是：惩罚项的二阶偏导数在 R 的边界上不存在，因而在选择无约束最优化方法时要受到限制；另外，外点法的中间结果不是可行解，不能作为近似最优解，只有迭代到最后才能得到切合实际的可行解.

在使用罚函数法的过程中，当点 $\boldsymbol{X}(M_k)$ 接近最优点时，即罚因子 M_k 很大时，罚函数 $\varphi(\boldsymbol{X}, M_k)$ 的性质变坏，这就是其 Hesse 矩阵陷入严重的病态，也就是其等高线会变得十分狭长，使搜索相当困难，严重时甚至过早停机. 这就是罚函数法所固有的困难. 要克服这一困难，可考虑把罚函数和 Lagrange 函数结合起来，构造一个新的增广 Lagrange 函数，通过求解该函数的无约束极值来获得原问题的最优解. 这就是在 5.3 节中将要介绍的乘子法.

5.2.2 内点法

内点法和外点法不同，它要求迭代过程始终在可行域内进行. 为此，我们把初始点取在可行域内，并在可行域的边界上设置一道"障碍"，使迭代点靠近可行域的边界时，给出的新目标函数值迅速增大，从而使迭代点始终留在可行域 R 内.

和外点法类似，通过函数迭加的办法来改造原目标函数，使得改造后的目标函数（称为**障碍函数**）具有下列性质：在可行域 R 的内部与边界面较远的地方，障碍函数与原来的目标函数 $f(\boldsymbol{X})$ 尽可能相近，而在接近边界面时可以有任意大的值. 可以想象，满足这种要求的障碍函数其极小值自然不会在 R 的边界上达到，这就是说，用障碍函数来（近似）代替原目标函数，并在可行域内使其极小化. 因极小点不在闭集 R 的边界上，因而实际上这种障碍函数是具有无约束性质的极值，可用无约束极值法求解.

根据上述分析，可将约束规划问题（式 5-9）转化为序列无约束极小化问题：

$$\min\varphi(\boldsymbol{X},r_k) \tag{5-17}$$

其中：

$$\varphi(\boldsymbol{X},r_k)=f(\boldsymbol{X})+r_k\sum_{i=1}^{m}\frac{1}{g_i(\boldsymbol{X})}(r_k>0) \tag{5-18}$$

或：

$$\varphi(\boldsymbol{X},r_k)=f(\boldsymbol{X})-r_k\sum_{i=1}^{m}\ln(g_i(\boldsymbol{X}))(r_k>0) \tag{5-19}$$

$\varphi(X, r_k)$ 就是**障碍函数**（或称**罚函数**），式（5-18）、式（5-19）的右端第二项称为**障碍项**，r_k 称为**障碍因子**，在 R 的边界上至少有一个 $g_i(\boldsymbol{X})=0$ 成立，所以 $\varphi(\boldsymbol{X}, r_k)$ 为正无穷大. 如果最优点是在 R 的边界上，要使搜索点逐步靠近边界，就需要逐渐缩小障碍因子 r_k，以使障碍作用逐步降低，直至搜索点与极小点的距离在允许的误差范围内. 因此，从 R 内部的某一点 $\boldsymbol{X}^{(0)}$ 出发，按无约束极小化方法对式（5-17）进行迭代，使障碍因子 r_k 逐步减小，即 $r_1 > r_2 > \cdots > r_k > \cdots > 0$. 由于障碍项所起的作用越来越小，求出式（5-17）的解 $\boldsymbol{X}(r_k)$ 也逐步逼近式（5-9）的极小解 $\boldsymbol{X}^*$.

内点法的迭代步骤如下：

（1）取 $r_1 > 0$（如取 $r_1 = 1$），$\varepsilon > 0$；

（2）找出一可行点 $\boldsymbol{X}^{(0)} \in R$，置 $k = 1$；

（3）构造障碍函数 $\varphi(\boldsymbol{X}, r_k)$，障碍项可取倒数函数，也可取对数函数；

（4）以 $\boldsymbol{X}^{(k-1)} \in R$ 为初始点，求解：

$$\min\varphi(\boldsymbol{X}, r_k) = \varphi(\boldsymbol{X}^{(k)}, r_k), \boldsymbol{X}^{(k)} = \boldsymbol{X}(r_k) \in R \tag{5-20}$$

（5）检验是否满足收敛准则，若满足则迭代终止，取 $\boldsymbol{X}^* = \boldsymbol{X}^{(k)}$；否则取 $r_{k+1} < r_k$（如取 $r_{k+1} = r_k/10$ 或 $r_k/5$），置 $k := k+1$，转（3）.

收敛准则可采用以下几种形式：

$$r_k \sum_{i=1}^{m} 1 \Big/ g_i(\boldsymbol{X}^{(k)}) \leqslant \varepsilon; \left| r_k \sum_{i=1}^{m} \ln(g_i(\boldsymbol{X}^{(k)})) \right| \leqslant \varepsilon$$

$$|\boldsymbol{X}^{(k)} - \boldsymbol{X}^{(k-1)}| \leqslant \varepsilon; |f(\boldsymbol{X}^{(k)}) - f(\boldsymbol{X}^{(k+1)})| \leqslant \varepsilon$$

内点法的框图见图 5-6.

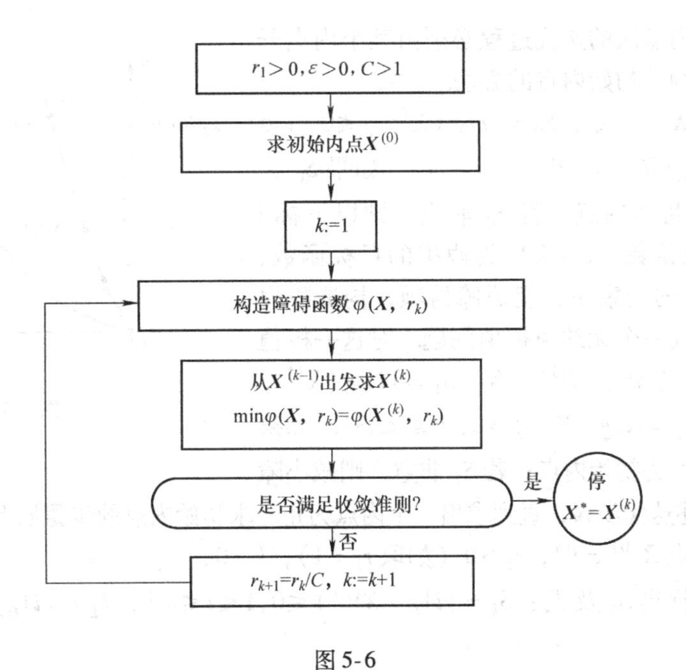

图 5-6

［**例 5-3**］ 用内点法解：

$$\min(x_1 + x_2)$$

$$\text{s.t.}\begin{cases} -x_1^2 + x_2 \geqslant 0 \\ x_1 \geqslant 0 \end{cases}$$

解 障碍项采用对数函数来构造障碍函数：

$$\varphi(\boldsymbol{X},r)=x_1+x_2-r\ln(-x_1^2+x_2)-r\ln x_1$$

可以用微分法求解：

$$\begin{cases}\partial\varphi/\partial x_1=1-\dfrac{(-2x_1r)}{(-x_1^2+x_2)}-r/x_1=0\\ \partial\varphi/\partial x_2=1-r/(-x_1^2+x_2)=0\end{cases}$$

解出：
$$x_1=(-1+\sqrt{1+8r})/4,x_2=\frac{3}{2}r-(-1+\sqrt{1+8r})/8$$

$$\boldsymbol{X}(r_k)=\left((-1+\sqrt{1+8r})/4,\frac{3}{2}r-(-1+\sqrt{1+8r})/8\right)^{\mathrm{T}}$$

当 $r_k\to 0$ 时，$\boldsymbol{X}(r_k)$ 趋向于原问题的最优解 $\boldsymbol{X}^*=(0,0)^{\mathrm{T}}$. 其各次迭代结果见表 5-1 及图 5-7.

表 5-1

	r	$X_1(r)$	$X_2(r)$		r	$X_1(r)$	$X_2(r)$
r_1	1.000	0.500	1.250	r_4	0.100	0.085	0.107
r_2	0.500	0.309	0.595	r_5	0.001	0.000	0.000
r_3	0.250	0.183	0.283				

我们知道，内点法的迭代过程必须由某个内点开始. 下面介绍一种求初始内点的方法.

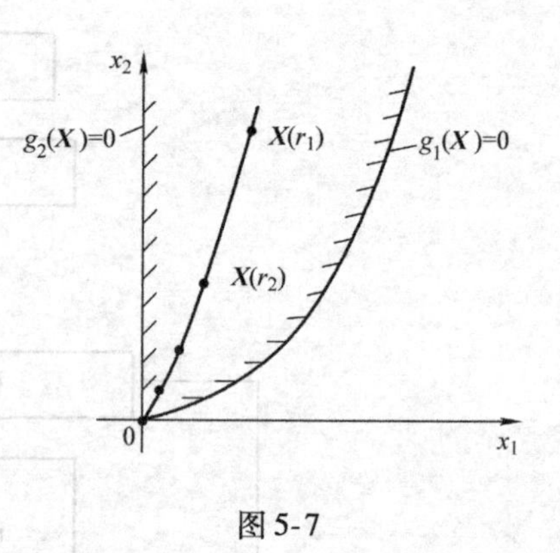

图 5-7

先任找一点 $\boldsymbol{X}^{(0)}$，令：$S_0=\{i|g_i(\boldsymbol{X}^{(0)})\leqslant 0,\ 1\leqslant i\leqslant m\}$，$T_0=\{i|g_i(\boldsymbol{X}^{(0)})>0,\ 1\leqslant i\leqslant m\}$，如果 S_0 为空集，则 $\boldsymbol{X}^{(0)}$ 为初始内点；若 S_0 非空，则以下标 i 属于 S_0 中的约束函数 $-g_i(\boldsymbol{X})$ 为假拟的目标函数，并以下标属于 T_0 的约束函数组成障碍项，构造障碍函数. 这样就构成一个无约束极值问题. 对这一极值问题求解，可得一个新点 $\boldsymbol{X}^{(1)}$. 令：$S_1=\{i|g_i(\boldsymbol{X}^{(1)})\leqslant 0,1\leqslant i\leqslant m\}$，$T_1=\{i|g_i(\boldsymbol{X}^{(1)})>0,\ 1\leqslant i\leqslant m\}$. 如果 S_1 为空集，则 $\boldsymbol{X}^{(1)}$ 为初始内点；若 S_1 非空，则减小障碍因子，继续上述迭代步骤，直到求出一个内点为止. 求初始内点的步骤如下：

（1）任取一点 $\boldsymbol{X}^{(0)}\in R^n$，$r_1>0$（如取 $r_1=1$），$k=0$；

（2）确定下标集 S_k 及 T_k：$S_k=\{i|g_i(\boldsymbol{X}^{(k)})\leqslant 0,1\leqslant i\leqslant m\}$，$T_k=\{i|g_i(\boldsymbol{X}^{(k)})>0,1\leqslant i\leqslant m\}$；

（3）检查 S_k 是否为空集. 若 $S_k=\varnothing$，则迭代终止，得初始内点 $\boldsymbol{X}^{(k)}$；否则转（4）；

（4）构造障碍函数：$\overline{\varphi}(\boldsymbol{X},r_k)=-\sum\limits_{i\in S_k}g_i(\boldsymbol{X})+r_k\sum\limits_{i\in T_k}\dfrac{1}{g_i}(\boldsymbol{X})$，$r_k>0$，以 $\boldsymbol{X}^{(k)}$ 为初始点，解 $\min\overline{\varphi}(\boldsymbol{X},r_k)=\overline{\varphi}(\boldsymbol{X}^{(k+1)},r_k)$；

（5）令 $0<r_{k+1}<r_k$，置 $k:=k+1$ 转（2）.

求初始内点法的框图见图 5-8.

内点法的优点是：由于迭代点总是在可行域内进行，每一个中间结果都是一个可行解.

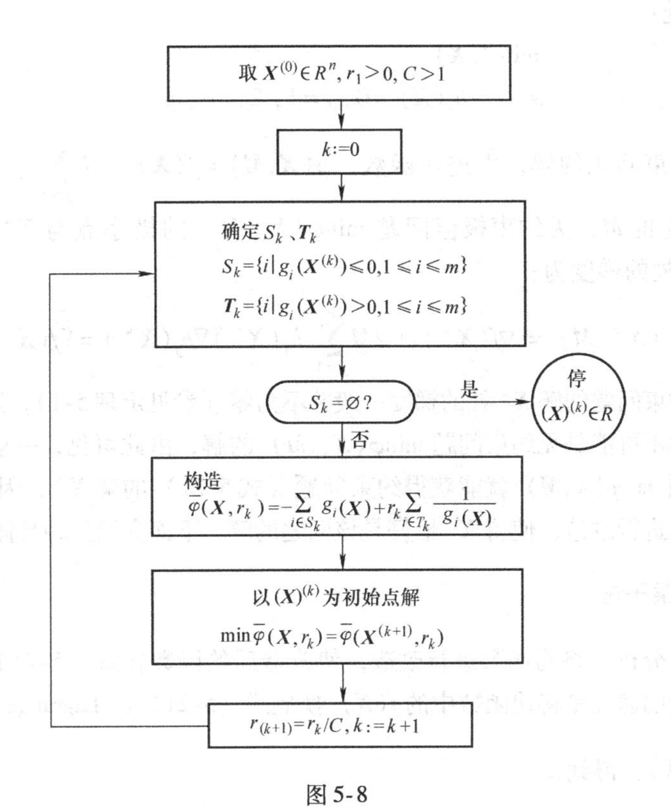

图 5-8

因此，中间停机的结果可作为近似解. 在工程优化设计中这种情况是经常出现的. 内点法的缺点是：选取初始可行点较困难，其次是只能解不等式约束问题.

5.2.3 混合点法

内点法只能解不等式约束问题，而外点法可以解等式约束问题，所谓混合点法是用内点法来处理不等式约束，用外点法来处理等式约束的一种罚函数法.

考虑非线性规划问题（式 5-1），混合点法构造的罚函数 $\varphi(X, r)$ 的形式为：

$$\varphi(X,r)=f(X)+r\sum_{i=1}^{m}\frac{1}{g_i}(X)+(1/\sqrt{r})\sum_{j=1}^{p}(h_j(X))^2$$

其中右边的第二项 $r\sum_{i=1}^{m}\frac{1}{g_i}(X)$ 和第三项 $(1/\sqrt{r})\sum_{j=1}^{p}(h_j(X))^2$ 都称为**惩罚项**，r 称为**罚因子**. 在迭代中 r 形成一个单调递减趋向于零的序列：

$$r_1>r_2>\cdots>r_k>\cdots,\ \lim_{k\to\infty}r_k=0$$

这样，我们就把非线性规划（式 5-1）的求解转化为一系列无约束极值问题 $\min\varphi(X, r_k)$ 的求解. 具体解法可由外点法和内点法推出，这里不再赘述.

5.3 乘子法

上节我们曾指出，罚函数法的主要缺点之一是当罚因子无限增大时，罚函数的 Hesse 矩阵的病态性质越来越严重. 为什么罚因子需要无限增大呢？为了说明这个问题，我们考虑如下的等式约束问题：

$$\begin{aligned}&\min f(\boldsymbol{X})\\&\text{s. t.}\quad h_j(\boldsymbol{X})=0,\ j=1,\ 2,\ \cdots,\ p\end{aligned}\tag{5-21}$$

设$\boldsymbol{X}^*$是该约束问题的解，引进罚函数：$\varphi(\boldsymbol{X},M)=f(\boldsymbol{X})+M\sum\limits_{j=1}^{p}[h_j(\boldsymbol{X})]^2$，一般来说，对于任意固定的$M$，无约束极值问题$\min\varphi(\boldsymbol{X},\ M)$的极小点与$\boldsymbol{X}^*$不同，这是因为$\varphi(\boldsymbol{X},\ M)$在$\boldsymbol{X}^*$处的梯度为：

$$\nabla\varphi(\boldsymbol{X}^*,M)=\nabla f(\boldsymbol{X}^*)+2M\sum_{j=1}^{p}h_j(\boldsymbol{X}^*)\nabla h_j(\boldsymbol{X}^*)=\nabla f(\boldsymbol{X}^*)$$

而$f(\boldsymbol{X})$在约束问题的解$\boldsymbol{X}^*$处的梯度一般并不为零（参见定理5-1），这时$\nabla\varphi(\boldsymbol{X}^*,M)$就不是零向量，从而不可能是无约束问题$\min\varphi(\boldsymbol{X},\ M)$的解，由此可见，一般不能期望仅仅求解一个无约束问题$\min\varphi(\boldsymbol{X},M)$就能获得约束问题（式5-21）的解$\boldsymbol{X}^*$，因此为了提高效率，最好能对惩罚函数进行改造，使得$\boldsymbol{X}^*$恰好是该问题的解. 下面介绍三种具体的乘子法.

5.3.1 Hestenes 乘子法

Hestenes经过分析，将罚函数进行改造，使改造后的函数在式（5-21）的极小点$\boldsymbol{X}^*$处的梯度为零. 改造的途径是将罚函数中的$f(\boldsymbol{X})$换成式（5-21）的Lagrange函数：$L(\boldsymbol{X},\boldsymbol{\mu})=f(\boldsymbol{X})+\sum\limits_{j=1}^{p}\mu_jh_j(\boldsymbol{X})$，得到：

$$\varphi(\boldsymbol{X},\boldsymbol{\mu},C)=f(\boldsymbol{X})+\sum_{j=1}^{p}\mu_jh_j(\boldsymbol{X})+\frac{C}{2}\sum_{j=1}^{p}[h_j(\boldsymbol{X})]^2\tag{5-22}$$

这里，将M改为$C/2$. $\varphi(\boldsymbol{X},\ \boldsymbol{\mu},\ C)$称为增广Lagrange函数. 由式（5-21）的解的一阶必要条件可知，$\boldsymbol{X}^*$及相应的乘子$\boldsymbol{\mu}^*$满足：

$$\nabla_X L(\boldsymbol{X}^*,\boldsymbol{\mu}^*)=\nabla f(\boldsymbol{X}^*)+\sum_{j=1}^{p}\mu_j^*\nabla h_j(\boldsymbol{X}^*)=\boldsymbol{0}\tag{5-23}$$

显然，$\frac{C}{2}\sum\limits_{j=1}^{p}[h_j(\boldsymbol{X})]^2$在$\boldsymbol{X}^*$处的梯度：$C\sum\limits_{j=1}^{p}h_j(\boldsymbol{X}^*)\nabla h_j(\boldsymbol{X}^*)=\boldsymbol{0}$，从而有：$\nabla_X\varphi(\boldsymbol{X}^*,\boldsymbol{\mu}^*,\ C)=\boldsymbol{0}$，即$\boldsymbol{X}^*$是增广Lagrange函数$\varphi(\boldsymbol{X}^*,\ \boldsymbol{\mu}^*,\ C)$的驻点. 那么，在什么条件下$\boldsymbol{X}^*$是$\varphi(\boldsymbol{X},\ \boldsymbol{\mu}^*,\ C)$的无约束极小点呢？这就是下面介绍的定理5-5.

定理5-5 设$f(X)$，$h_j(X)$，$j=1,\ 2,\ \cdots,\ p$是二次连续可微函数，$\boldsymbol{X}^*$是式（5-21）的解，如果存在乘子$\boldsymbol{\mu}^*$，使得：$\nabla f(\boldsymbol{X}^*)+\sum\limits_{j=1}^{p}\mu_j^*\nabla h_j(\boldsymbol{X}^*)=0$，$h_j(\boldsymbol{X}^*)=0$，$j=1,\ 2,\ \cdots,\ p$，并且，对每个满足下式的$\boldsymbol{Z}\neq\boldsymbol{0}$，有：

$$\boldsymbol{Z}^{\mathrm{T}}\nabla h_j(\boldsymbol{X}^*)=0\quad j=1,2,\cdots,p,\ \boldsymbol{Z}^{\mathrm{T}}\nabla_x^2L(\boldsymbol{X}^*,\boldsymbol{\mu}^*)\boldsymbol{Z}>0$$

则存在一个正数C^*，使得对所有的$C\geqslant C^*$，$\boldsymbol{X}^*$是$\varphi(\boldsymbol{X},\ \boldsymbol{\mu}^*,\ C)$的无约束极小点.

证 略.

根据定理5-5，只有解得$\varphi(\boldsymbol{X},\ \boldsymbol{\mu}^*,\ C)$的无约束极小，就可以求出式（5-21）的解. 但乘子$\boldsymbol{\mu}^*$如何求出呢？我们采用迭代法，在每次迭代中修改$\boldsymbol{\mu}$，有时也修改常数C. 首先，

给定一个足够大的正数 C. 设已求得 $\boldsymbol{\mu}^{(k)}$，求解无约束极值问题：$\min\varphi(\boldsymbol{X},\ \boldsymbol{\mu}^{(k)},\ C)$，得最优解 $\boldsymbol{X}^{(k)}$，满足：

$$\nabla\varphi(\boldsymbol{X}^{(k)},\boldsymbol{\mu}^{(k)},C) = \nabla f(\boldsymbol{X}^{(k)}) + \sum_{j=1}^{p}\mu_j^{(k)}\nabla h_j(\boldsymbol{X}^{(k)}) + C\sum_{j=1}^{p}h_j(\boldsymbol{X}^{(k)})\nabla h_j(\boldsymbol{X}^{(k)}) = \boldsymbol{0}$$

整理后得：

$$\nabla f(\boldsymbol{X}^{(k)}) + \sum_{j=1}^{p}[\mu_j^{(k)} + Ch_j(\boldsymbol{X}^{(k)})]\nabla h_j(\boldsymbol{X}^{(k)}) = \boldsymbol{0} \tag{5-24}$$

将式（5-23）与式（5-24）比较，对乘子进行如下修改：

$$\mu_j^{(k+1)} = \mu_j^{(k)} + Ch_j(\boldsymbol{X}^{(k)}) \quad j=1,\ 2,\ \cdots,\ p \tag{5-25}$$

以 $\mu_j^{(k+1)}$ 代替 $\mu_j^{(k)}(j=1,\ 2,\ \cdots,\ p)$，解无约束极值问题 $\min\varphi(\boldsymbol{X},\ \boldsymbol{\mu}^{(k+1)},\ C)$，得最优解 $\boldsymbol{X}^{(k+1)}$. 重复上述迭代步骤，就能得到两个序列 $\{\boldsymbol{\mu}^{(k)}\}$ 和 $\{\boldsymbol{X}^{(k)}\}$，它们分别逼近于 $\boldsymbol{\mu}^*$ 和 $\boldsymbol{X}^*$.

如何确定其收敛准则呢，下面的定理提供了理论依据.

定理 5-6　设 $\boldsymbol{X}^{(k)}$ 是无约束极值问题

$$\min\varphi(\boldsymbol{X},\boldsymbol{\mu}^{(k)},C) = f(\boldsymbol{X}) + \sum_{j=1}^{p}\mu_j^{(k)}h_j(\boldsymbol{X}) + \frac{C}{2}\sum_{j=1}^{p}[h_j(\boldsymbol{X})]^2 \tag{5-26}$$

的最优解，则 $\{\boldsymbol{X}^{(k)}\}$ 是式（5-21）的最优解，$\{\boldsymbol{\mu}^{(k)}\}$ 为其相应的 Lagrange 乘子的充要条件是 $h_j(\boldsymbol{X}^{(k)})=0,\ j=1,\ 2,\ \cdots,\ p$.

证　必要性显然，现在证明充分性. 若 $\{\boldsymbol{X}^{(k)}\}$ 是式（5-26）的最优解，且 $h_j(\boldsymbol{X}^{(k)}) = 0,\ j=1,\ 2,\ \cdots,\ p$，则对任意的 $\boldsymbol{X}$，都有：

$$\varphi(\boldsymbol{X},\boldsymbol{\mu}^{(k)},C) \geqslant \varphi(\boldsymbol{X}^{(k)},\boldsymbol{\mu}^{(k)},C) = f(\boldsymbol{X}^{(k)})$$

特别当 $\boldsymbol{X}$ 是式（5-26）的任意可行解（即 $h_j(\boldsymbol{X})=0,\ j=1,\ 2,\ \cdots,\ p$）时有：

$f(X) = \varphi(\boldsymbol{X},\boldsymbol{\mu}^{(k)},C) \geqslant f(\boldsymbol{X}^{(k)})$，因而 $\boldsymbol{X}^{(k)}$ 是式（5-26）的最优解 $\boldsymbol{X}^*$，同时，函数 $\varphi(\boldsymbol{X},\ \boldsymbol{\mu}^{(k)},\ C)$ 在 $\boldsymbol{X}^{(k)} = \boldsymbol{X}^*$ 处的梯度应为零：

$$\nabla_X\varphi(\boldsymbol{X}^{(k)},\boldsymbol{\mu}^{(k)},C) = \nabla f(\boldsymbol{X}^*) + \sum_{j=1}^{p}\mu_j^{(k)}\nabla h_j(\boldsymbol{X}^*) = \boldsymbol{0}$$

由此可知 $\boldsymbol{\mu}^{(k)}$ 是与 $\boldsymbol{X}^{(k)} = X^*$ 相应的乘子. 定理证毕.

定理 5-6 表明，我们可以用 $\|h(\boldsymbol{X}^{(k)})\|$ 的大小来判断 $\boldsymbol{X}^{(k)}$ 是否已接近 $\boldsymbol{X}^*$，因此建立如下的收敛准则：选取精度 $\varepsilon>0$，若 $\boldsymbol{X}^{(k)}$ 满足 $\|\boldsymbol{h}(\boldsymbol{X}^{(k)})\| < \varepsilon$，则迭代终止；否则继续迭代，若在迭代过程中，$\boldsymbol{\mu}^{(k)}$ 收敛太慢或不收敛，则增大 C 值.

Hestenes 乘子法的迭代步骤：

（1）给定初始点 $\boldsymbol{X}^{(0)}$，初始乘子 $\boldsymbol{\mu}^{(1)}$（如 $\boldsymbol{\mu}^{(1)}=0$），精度 ε，罚因子 C，$0<r<1$，$\alpha<1$，令 $k=1$；

（2）以 $\boldsymbol{X}^{(k-1)}$ 为初始点，解无约束极值问题：

$$\min\varphi(\boldsymbol{X},\mu^{(k)},C) = f(\boldsymbol{X}) + \sum_{j=1}^{p}\mu_j^{(k)}h_j(\boldsymbol{X}) + \frac{C}{2}\sum_{j=1}^{p}[h_j(\boldsymbol{X})]^2$$

得解 $\boldsymbol{X}^{(k)}$；

（3）若 $\|\boldsymbol{h}(\boldsymbol{X}^{(k)})\| < \varepsilon$，则迭代终止，$\boldsymbol{X}^* = \boldsymbol{X}^{(k)}$；否则计算：$\beta = \|\boldsymbol{h}(\boldsymbol{X}^{(k)})\| /$

$\| \boldsymbol{h}(\boldsymbol{X}^{(k-1)}) \|$，若$\beta \leqslant r$转（4），否则令$C:=\alpha C$转（4）；

（4）计算$\mu_j^{(k+1)}=\boldsymbol{\mu}_j^{(k)}+Ch_j(\boldsymbol{X}^{(k)})$，$j=1, 2, \cdots, p$，令$k:=k+1$转（2）.

Hestenes 乘子法的框图留给读者自行完成.

5.3.2 Powell 乘子法

Powell 与 Hestenes 几乎同时独立地提出了等式约束问题的乘子法，两者十分类似. Powell 考虑了下列双参数增广函数

$$M(\boldsymbol{X},\boldsymbol{\sigma},\boldsymbol{\alpha}) = f(\boldsymbol{X}) + \sum_{j=1}^{p} \sigma_j [h_j(\boldsymbol{X}) + \alpha_j]^2 \tag{5-27}$$

的无约束极小值问题.

如果在上式中取$\sigma_j = C/2$，$\alpha_j = \mu_j / C$，则有：

$$M(\boldsymbol{X},\boldsymbol{\sigma},\boldsymbol{\alpha}) = f(\boldsymbol{X}) + \frac{C}{2}\sum_{j=1}^{p}[h_j(\boldsymbol{X})]^2 + \sum_{j=1}^{p}\mu_j h_j(\boldsymbol{X}) + \frac{1}{2}C\sum_{j=1}^{p}\mu_j^2$$

$$= \varphi(\boldsymbol{X},\boldsymbol{\mu},C) + \frac{1}{2}C\sum_{j=1}^{p}\mu_j^2$$

$M(\boldsymbol{X}, \boldsymbol{\sigma}, \boldsymbol{\alpha})$ 与 $\varphi(\boldsymbol{X}, \boldsymbol{\mu}, C)$ 仅差一个与$\boldsymbol{X}$无关的常数项. Powell 乘子法的基本思想是下列结果：如果$\boldsymbol{X}^*(\sigma, \alpha)$ 是式（5-27）对于参数组$\boldsymbol{\sigma}$和α的某组值的一个无约束极小值点，则$\boldsymbol{X}^*(\sigma, \alpha)$也是$f(\boldsymbol{X})$ 在约束条件$h_j(\boldsymbol{X}) = h_j[\boldsymbol{X}^*(\sigma, \alpha)]$，$j=1, 2, \cdots, p$下的极小值点，即：

定理 5-7 设对某两组参数值σ和α，$\boldsymbol{X}^*(\sigma, \alpha)$ 是$M(\boldsymbol{X}, \sigma, \alpha)$ 的无约束极小值点，则$\boldsymbol{X}^*(\sigma, \alpha)$ 也是等式约束极值问题：

$$\begin{aligned} &\min f(\boldsymbol{X}) \\ &\text{s. t.} \quad h_j(\boldsymbol{X}) = h_j(\boldsymbol{X}^*(\sigma,\alpha)), \ j=1, 2, \cdots, p \end{aligned} \tag{5-28}$$

的极小值点.

证 用反证法. 设$\boldsymbol{X}^*(\sigma, \alpha)$ 不是式（5-28）的极小值点，则存在$\overline{\boldsymbol{X}}$，使得：$f(\overline{\boldsymbol{X}}) < f(\boldsymbol{X}^*(\boldsymbol{\sigma},\boldsymbol{\alpha}))$，$h_j(\overline{\boldsymbol{X}}) = h_j(\boldsymbol{X}^*(\boldsymbol{\sigma},\boldsymbol{\alpha}))$，$j=1, 2, \cdots, p$，于是有：

$$\begin{aligned} M(\overline{\boldsymbol{X}},\boldsymbol{\sigma},\boldsymbol{\alpha}) &= f(\overline{\boldsymbol{X}}) + \sum_{j=1}^{p}\sigma_j[h_j(\overline{\boldsymbol{X}})+\alpha_j]^2 < f(\boldsymbol{X}^*(\boldsymbol{\sigma},\boldsymbol{\alpha})) + \sum_{j=1}^{p}\sigma_j[h_j(\boldsymbol{X}(\boldsymbol{\sigma},\boldsymbol{\alpha}))+\alpha_j]^2 \\ &= M[\boldsymbol{X}^*(\boldsymbol{\sigma},\boldsymbol{\alpha}),\boldsymbol{\sigma},\boldsymbol{\alpha}] \end{aligned}$$

这与$\boldsymbol{X}^*(\boldsymbol{\sigma}, \boldsymbol{\alpha})$ 是$M(\boldsymbol{X}, \boldsymbol{\sigma}, \boldsymbol{\alpha})$ 的无约束极小值点矛盾. 这就证明了$\boldsymbol{X}^*(\boldsymbol{\sigma}, \boldsymbol{\alpha})$ 是式（5-28）的极小值点. 定理证毕.

根据定理 5-7，必须要有两组合适的参数值$\boldsymbol{\sigma}$和$\boldsymbol{\alpha}$. 为此，我们用某种迭代方式产生一列参数值$\boldsymbol{\sigma}^{(k)}$与$\boldsymbol{\alpha}^{(k)}$，使得$\lim\limits_{k\to\infty} h_j(\boldsymbol{X}^*(\boldsymbol{\sigma}^{(k)},\boldsymbol{\alpha}^{(k)}))=0$，$j=1, 2, \cdots, p$. Powell 提议选取充分大的$\sigma_j$，$j=1, 2, \cdots, p$，保持它们固定并调整$\alpha_j^{(k)}$. 为了得到$\alpha_j^{(k)}$的调整公式，先求$M(\boldsymbol{X}, \boldsymbol{\sigma}, \boldsymbol{\alpha})$ 的梯度：

$$\nabla_X M(\boldsymbol{X},\boldsymbol{\sigma},\boldsymbol{\alpha}) = \nabla f(\boldsymbol{X}) + 2\sum_{j=1}^{p}\sigma_j[h_j(\boldsymbol{X})+\alpha_j]\nabla h_j(\boldsymbol{X}) \tag{5-29}$$

将式（5-29）与式（5-23）相比较，可用调整公式：

$$\alpha_j^{(k+1)} = \alpha_j^{(k)} + h_j(\boldsymbol{\sigma}_j, \boldsymbol{\alpha}^{(k)}) \quad j=1, 2, \cdots, p \tag{5-30}$$

若 $\max|h_j(\boldsymbol{X}(\boldsymbol{\sigma}, \boldsymbol{\alpha}))|$ 不收敛或收敛于零的速度太慢，可增大 σ_j，$j=1, 2, \cdots, p$.

Powell 乘子法的迭代步骤与 Hestenes 乘子法类似，不再详述.

5.3.3 Rockafellar 乘子法

1973 年前后，有些学者将等式约束极值问题的乘子法拓广到不等式约束，这里我们只介绍 Rockafellar 的工作.

对不等式约束的极值问题：

$$\begin{aligned} &\min f(\boldsymbol{X}) \\ &\text{s.t.} \quad g_j(\boldsymbol{X}) \geqslant 0 \quad j=1, 2, \cdots, p \end{aligned} \tag{5-31}$$

引入松弛变量 z_j，$j=1, 2, \cdots, p$，将不等式约束式（5-31）化为等式约束：

$$\begin{aligned} &\min f(\boldsymbol{X}) \\ &\text{s.t.} \quad g_j(\boldsymbol{X}) - z_j^2 = 0 \quad j=1, 2, \cdots, p \end{aligned} \tag{5-32}$$

这时，自变量由 n 维向量 $\boldsymbol{X}=(x_1, x_2, \cdots, x_n)^{\mathrm{T}}$ 变成了 $n+p$ 维向量：

$$(\boldsymbol{X}^{\mathrm{T}}, \boldsymbol{Z}^{\mathrm{T}})^{\mathrm{T}} = (x_1, x_2, \cdots, x_n, z_1, z_2, \cdots, z_p)^{\mathrm{T}}$$

从表面上看，这会增加求解的困难程度，但实际计算时我们仍把问题限制在 n 维空间上.

考虑等式约束极值问题（式 5-32）的增广 Lagrange 函数：

$$\boldsymbol{\Phi}(\boldsymbol{X}, \boldsymbol{Z}, \boldsymbol{\mu}) = f(\boldsymbol{X}) + \sum_{j=1}^{p} \mu_j [g_j(\boldsymbol{X}) - z_j^2] + C/2 \sum_{j=1}^{p} [g_j(\boldsymbol{X}) - z_j^2]^2 \tag{5-33}$$

在求解式（5-32）的过程中，要在 μ 和 C 取定的情况下，对 $\boldsymbol{X}$、$\boldsymbol{Z}$ 求 $\boldsymbol{\Phi}(\boldsymbol{X}, \boldsymbol{Z}, \boldsymbol{\mu})$ 的极小值点，即 $\min\limits_{X,Z} \boldsymbol{\Phi}(\boldsymbol{X}, \boldsymbol{Z}, \boldsymbol{\mu}) = \min\limits_{X} \min\limits_{Z} \boldsymbol{\Phi}(\boldsymbol{X}, \boldsymbol{Z}, \boldsymbol{\mu})$. 我们先对 $\boldsymbol{Z}$ 求极小，再对 $\boldsymbol{X}$ 求极小，若能求得：

$$\min_{Z} \boldsymbol{\Phi}(\boldsymbol{X}, \boldsymbol{Z}, \boldsymbol{\mu}) \tag{5-34}$$

的解 $\boldsymbol{Z}=\boldsymbol{Z}(\boldsymbol{X})$，记为 $\varphi(\boldsymbol{X}, \boldsymbol{\mu}) = \boldsymbol{\Phi}(\boldsymbol{X}, \boldsymbol{Z}(\boldsymbol{X}), \boldsymbol{\mu})$，则问题从 $n+p$ 维降到 n 维.

为了求出 $\varphi(\boldsymbol{X}, \boldsymbol{\mu})$ 的表达式，先要解式（5-34），而式（5-34）的解 $\boldsymbol{Z}=\boldsymbol{Z}(\boldsymbol{X})$ 应满足：$\nabla_Z \boldsymbol{\Phi}(\boldsymbol{X}, \boldsymbol{Z}, \boldsymbol{\mu}) = 0$，得到：$z_j[cz_j^2 - (\mu_j + cg_j(\boldsymbol{X}))] = 0$，$j=1, 2, \cdots, p$，若 $\mu_j + cg_j(\boldsymbol{X}) \leqslant 0$，则 $z_j = 0$ 就是式（5-34）的解；若 $\mu_j + cg_j(\boldsymbol{X}) > 0$，则 $z_j^2 = \frac{1}{c}(\mu_j + cg_j(\boldsymbol{X}))$. 根据二阶导数 $\partial^2 \boldsymbol{\Phi}/\partial z_j^2 = 2[3cz_j^2 - (\mu_j + cg_j(\boldsymbol{X}))]$ 的符号，可以判定上述 z_j 是式（5-34）的解. 这样就有：

$$g_j(\boldsymbol{X}) - z_j^2 = \begin{cases} g_j(\boldsymbol{X}) & \text{当 } \mu_j + cg_j(\boldsymbol{X}) \leqslant 0 \\ -\mu_j/c & \text{当 } \mu_j + cg_j(\boldsymbol{X}) > 0 \end{cases} \tag{5-35}$$

因此，当 $\mu_j + cg_j(\boldsymbol{X}) \leqslant 0$ 时，有：

$$\begin{aligned} \mu_j[g_j(\boldsymbol{X}) - z_j^2] + \frac{c}{2}[g_j(\boldsymbol{X}) - z_j^2]^2 &= \mu_j g_j(\boldsymbol{X}) + \frac{c}{2}(g_j(\boldsymbol{X}))^2 \\ &= \frac{1}{2}c[c^2(g_j(\boldsymbol{X}))^2 + 2\mu_j c g_j(\boldsymbol{X})] \end{aligned}$$

$$=\frac{1}{2}c[(\mu_j+cg_j(\boldsymbol{X}))^2-\mu_j^2]$$

当$\mu_j+cg_j(\boldsymbol{X})>0$时，有：

$$\mu_j[g_j(\boldsymbol{X})-z_j^2]+\frac{c}{2}[g_j(\boldsymbol{X})-z_j^2]^2=-\frac{\mu_j^2}{c}+\frac{c}{2}(-\mu_j/c)^2=-\frac{\mu_j^2}{2c}$$

综合以上两种情况，有：

$$\mu_j[g_j(\boldsymbol{X})-z_j^2]+(c/2)[g_j(\boldsymbol{X})-z_j^2]^2=(1/2c)\{[\min(0,\mu_j+cg_j(\boldsymbol{X}))]^2-\mu_j^2\}$$

所以有：

$$\varphi(\boldsymbol{X},\boldsymbol{\mu})=\min_{Z}\Phi(\boldsymbol{X},\boldsymbol{Z},\boldsymbol{\mu})=f(\boldsymbol{X})+(1/2c)\sum_{j=1}^{p}\{[\min(0,\mu_j+cg_j(\boldsymbol{X}))]^2-\mu_j^2\}\quad(5\text{-}36)$$

利用等式约束问题乘子迭代的修正公式（5-25）和式（5-35）可推出乘子迭代公式：

$$\begin{aligned}\mu_j^{(k+1)}&=\mu_j^{(k)}+c(g_j(\boldsymbol{X}^{(k)})-z_j^2)\\&=\begin{cases}\mu_j^{(k)}+c(g_j(\boldsymbol{X}^{(k)})) & \text{当}\ \mu_j^{(k)}+cg_j(\boldsymbol{X}^{(k)})\leqslant 0\\ \mu_j^{(k)}+c(-\mu_j^{(k)}/c) & \text{当}\ \mu_j^{(k)}+cg_j(\boldsymbol{X}^{(k)})>0\end{cases}\\&=\min\{0,\mu_j+cg_j(\boldsymbol{X}^k)\}\quad j=1,2,\cdots,p\end{aligned}\quad(5\text{-}37)$$

收敛准则：选取精度$\varepsilon>0$，若$\boldsymbol{X}^{(k)}$满足：

$$\left\{\sum_{j=1}^{p}[\min(g_j(\boldsymbol{X}^{(k)}),-\mu_j^{(k)}/c)]^2\right\}^{1/2}<\varepsilon\quad(5\text{-}38)$$

则迭代停止.

对于一般的非线性规划问题：

$$\begin{aligned}&\min f(\boldsymbol{X})\\&\text{s.t.}\quad h_i(\boldsymbol{X})=0\quad i=1,2,\cdots,m\\&\qquad\ g_j(\boldsymbol{X})\geqslant 0\quad j=1,2,\cdots,p\end{aligned}\quad(5\text{-}39)$$

综合上述讨论，可令：

$$\varphi(\boldsymbol{X},\boldsymbol{\lambda},\boldsymbol{\mu})=f(\boldsymbol{X})+\sum_{i=1}^{m}\lambda_i h_i(\boldsymbol{X})+\frac{c}{2}\sum_{i=1}^{m}[h_i(\boldsymbol{X})]^2+\frac{1}{2c}\sum_{j=1}^{p}\{[\min(0,\mu_j+cg_j(\boldsymbol{X}))]^2-\mu_j^2\}$$

乘子迭代公式为：

$$\begin{aligned}\lambda_i^{(k+1)}&=\lambda_i^{(k)}+ch_i(\boldsymbol{X}^{(k)})\qquad i=1,2,\cdots,m\\ \mu_i^{(k+1)}&=\min\{0,\mu_j^{(k)}+cg_j(\boldsymbol{X}^{(k)})\}\quad j=1,2,\cdots,p\end{aligned}$$

收敛准则：选取精度$\varepsilon>0$，若$\boldsymbol{X}^{(k)}$满足：

$$\sum_{i=1}^{m}[h_i(\boldsymbol{X}^{(k)})]^2+\sum_{j=1}^{p}[\min(g_j(\boldsymbol{X}^{(k)}),-\mu_j^{(k)}/c)]^2<\varepsilon$$

则迭代停止.

[例 5-4] 用乘子法求解：

$$\begin{aligned}&\min f(\boldsymbol{X})=x_1^2+1/3x_2^2\\&\text{s.t.}\quad x_1+x_2-1\geqslant 0\end{aligned}$$

解 增广 Lagrange 函数为:

$$\varphi(\boldsymbol{X},\boldsymbol{\mu})=x_1^2+1/3x_2^2+(1/2c)\{[\min(0,\mu+c(x_1+x_2-1))]^2-\mu^2\}$$

$$=\begin{cases}x_1^2+1/3x_2^2+\mu(x_1+x_2-1)+(c/2)(x_1+x_2-1)^2, & x_1+x_2\leqslant 1-\dfrac{\mu}{c}\\ x_1^2+1/3x_2^2-\mu^2/2c, & x_1+x_2>1-\dfrac{\mu}{c}\end{cases}$$

一般需用无约束极值方法求解 $\min\varphi(\boldsymbol{X},\boldsymbol{\mu})$，因为本题中 $\varphi(\boldsymbol{X},\boldsymbol{\mu})$ 比较简单，故可以用解析法求解:

$$\partial\varphi/\partial x_1=\begin{cases}2x_1+\mu+c(x_1+x_2-1), & x_1+x_2\leqslant 1-\mu/c\\ 2x_1, & x_1+x_2>1-\mu/c\end{cases}$$

$$\partial\varphi/\partial x_2=\begin{cases}2/3x_2+\mu+c(x_1+x_2-1), & x_1+x_2\leqslant 1-\mu/c\\ 2/3x_2, & x_1+x_2>1-\mu/c\end{cases}$$

令$\nabla\varphi(\boldsymbol{X},\boldsymbol{\mu})=0$，得 $\varphi(\boldsymbol{X},\boldsymbol{\mu})$ 的极小点为: $x_1=(c-\mu)/(4c+2)$，$x_2=3(c-\mu)/(4c+2)$，取 $c=5$，$\boldsymbol{\mu}^{(1)}=0$，则 $x_1^{(1)}=5/22$，$x_2^{(1)}=15/22$

$$\boldsymbol{\mu}^{(2)}=\min\left(0,0+5\left(\frac{5}{22}+\frac{15}{22}-1\right)\right)=-5/11$$

$$x_1^{(2)}=30/121,x_2^{(2)}=90/121$$

$$\boldsymbol{\mu}^{(3)}=\min\left(0,\frac{-5}{11}+5\left(\frac{30}{121}+\frac{90}{121}-1\right)\right)=-60/121$$

$$x_1^{(3)}=665/2662,x_2^{(3)}=1995/2662$$

$$\boldsymbol{\mu}^{(4)}=\min\left(0,-\frac{60}{121}+5\left(\frac{665}{2662}+\frac{1995}{2662}-1\right)\right)=-1330/2662$$

$$x_1^{(4)}=14640/58564,x_2^{(4)}=43920/58564$$

上述四步迭代结果是: $\boldsymbol{X}^{(1)}=(0.22727,0.68182)^{\mathrm{T}}$，$\boldsymbol{X}^{(2)}=(0.24793,0.74380)^{\mathrm{T}}$，$\boldsymbol{X}^{(3)}=(0.24981,0.74944)^{\mathrm{T}}$，$\boldsymbol{X}^{(4)}=(0.24994,0.74995)^{\mathrm{T}}$，该问题的精确值为:

$\boldsymbol{X}^*=(0.25,0.75)^{\mathrm{T}}$，相应乘子 $\boldsymbol{\mu}^*=-0.5$. 若用外点法，计算结果如表 5-2 所示.

表 5-2

M_k	$\boldsymbol{X}^{(k)}=\left(\frac{M_k}{1+4M_k},\frac{3M_k}{1+4M_k}\right)^{\mathrm{T}}$	M_k	$\boldsymbol{X}^{(k)}=\left(\frac{M_k}{1+4M_k},\frac{3M_k}{1+4M_k}\right)^{\mathrm{T}}$
1	$(0.20000,0.60000)^{\mathrm{T}}$	5	$(0.23810,0.71429)^{\mathrm{T}}$
2	$(0.22222,0.66667)^{\mathrm{T}}$	6	$(0.24000,0.72000)^{\mathrm{T}}$
3	$(0.23077,0.69231)^{\mathrm{T}}$	7	$(0.24138,0.72414)^{\mathrm{T}}$
4	$(0.23529,0.70588)^{\mathrm{T}}$	8	$(0.24242,0.72727)^{\mathrm{T}}$

比较上面的计算结果可看出，乘子法的收敛速度要快得多.

5.4 可行方向法

本节将要介绍的三种方法都是通过在可行域内直接搜索最优解来求解约束最优化问题，即从可行点出发，沿可行下降方向前进寻找最优点，因此称为可行方向法. 限于篇幅，我们

仅讨论求解线性约束问题

$$
\begin{aligned}
&\min f(x), x\in R^n\\
&\text{s. t.}\quad a_i^{\mathrm{T}}x-b_i=0, i\in E=\{1,2,\cdots,l\}\\
&\qquad\quad a_i^{\mathrm{T}}x-b_i\leqslant 0, i\in I=\{l+1,l+2,\cdots,l-m\}
\end{aligned}
\tag{5-40}
$$

的可行方向法，这些方法也可推广到非线性约束问题.

最早的可行方向法是 G. Zoutendijk 在 1960 年首先提出的，因此这里介绍的可行方向法称为 Zoutendijk 可行方向法.

定义 5-1 设 $\overline{X}$ 是约束问题（式 5-40）的可行点，D 是约束问题（式 5-40）的可行域，即

$$
D=\{\boldsymbol{X}|\boldsymbol{a}_i^{\mathrm{T}}\boldsymbol{X}-b_i=0, i\in E, \boldsymbol{a}_i^{\mathrm{T}}\boldsymbol{X}-b_i\leqslant 0, i\in I\}
\tag{5-41}
$$

若 $\boldsymbol{P}\neq 0$，$\boldsymbol{P}\in R^n$，存在 $\delta>0$，使当 $\alpha\in(0,\delta]$ 时，有

$$
\boldsymbol{X}+\alpha\boldsymbol{P}\in D
$$

则称 $\boldsymbol{P}$ 为 $\overline{\boldsymbol{X}}$ 处的一个可行方向.

下面给出可行方向的一个充分必要条件.

定理 5-8 设 $\overline{\boldsymbol{X}}$ 是约束问题（式 5-40）的可行点，则 $\boldsymbol{P}$ 为 $\overline{\boldsymbol{X}}$ 处的可行方向的充分必要条件是：

$$
\begin{aligned}
&\boldsymbol{a}_i^{\mathrm{T}}\boldsymbol{P}=0,\quad i\in E\\
&\boldsymbol{a}_i^{\mathrm{T}}\boldsymbol{P}\leqslant 0,\quad i\in I(\overline{\boldsymbol{X}})
\end{aligned}
\tag{5-42}
$$

这里，$I(\overline{\boldsymbol{X}})$ 是 $\overline{\boldsymbol{X}}$ 处的有效约束指标集.

证明 “必要性”. 设 $\overline{\boldsymbol{X}}$ 是可行点，$\boldsymbol{P}$ 是 $\overline{\boldsymbol{X}}$ 处的可行方向，则存在 $\delta>0$，使当 $a\in(0,\delta]$ 时有 $\overline{\boldsymbol{X}}+\alpha\boldsymbol{P}\in D$，即满足

$$
\begin{aligned}
&\boldsymbol{a}_i^{\mathrm{T}}(\overline{\boldsymbol{X}}+\alpha\boldsymbol{P})-b_i=0, i\in E\\
&\boldsymbol{a}_i^{\mathrm{T}}(\overline{\boldsymbol{X}}+\alpha\boldsymbol{P})-b_i\leqslant 0, i\in I
\end{aligned}
\tag{5-43}
$$

因为 $\overline{\boldsymbol{X}}\in D$，当 $i\in E\cup I(\overline{\boldsymbol{X}})$ 时，有 $\boldsymbol{a}_i^{\mathrm{T}}\overline{\boldsymbol{X}}-b_i=0$，因此式（5-42）成立.

“充分性”. 设 $\overline{\boldsymbol{X}}$ 是可行点，$\boldsymbol{P}$ 满足式（5-42），$\forall\alpha$ 有

$$
\boldsymbol{a}_i^{\mathrm{T}}(\overline{\boldsymbol{X}}+\alpha\boldsymbol{P})-b_i=\boldsymbol{a}_i^{\mathrm{T}}\overline{\boldsymbol{X}}-b_i+\alpha\boldsymbol{a}_i^{\mathrm{T}}\boldsymbol{P}=0, i\in E
\tag{5-44}
$$

$\forall\alpha\geqslant 0$ 有

$$
\boldsymbol{a}_i^{\mathrm{T}}(\overline{\boldsymbol{X}}+\alpha\boldsymbol{P})-b_i=\boldsymbol{a}_i^{\mathrm{T}}\overline{\boldsymbol{X}}-b_i+\alpha\boldsymbol{a}_i^{\mathrm{T}}\boldsymbol{P}\leqslant 0, i\in I(\overline{\boldsymbol{x}})
\tag{5-45}
$$

当 $i\in I\setminus I(\overline{\boldsymbol{X}})$，由于 $\boldsymbol{a}_i^{\mathrm{T}}\overline{\boldsymbol{X}}-b_i<0$，只有当 $\boldsymbol{a}_i^{\mathrm{T}}\boldsymbol{P}>0$ 时，约束

$$
\boldsymbol{a}_i^{\mathrm{T}}(\overline{\boldsymbol{X}}+\alpha\boldsymbol{P})-b_i=\boldsymbol{a}_i^{\mathrm{T}}\overline{\boldsymbol{X}}-b_i+\alpha\boldsymbol{a}_i^{\mathrm{T}}\boldsymbol{P}\leqslant 0
\tag{5-46}
$$

才有可能遭到破坏，因此只需取

$$
\delta=\min\left\{\frac{b_i-\boldsymbol{a}_i^{\mathrm{T}}\overline{\boldsymbol{X}}}{\boldsymbol{a}_i^{\mathrm{T}}\boldsymbol{P}}\,\middle|\,\boldsymbol{a}_i^{\mathrm{T}}\boldsymbol{P}>0, i\notin I(\overline{\boldsymbol{X}})\right\}
$$

当 $\alpha\in(0,\delta]$ 时，式（5-46）成立.

定义 5-2 设 $\overline{\boldsymbol{X}}$ 是约束问题（式（5-40））的可行点，若 $\boldsymbol{P}$ 是 $\overline{\boldsymbol{X}}$ 处的可行方向，又是 $\overline{\boldsymbol{X}}$ 处的下降方向，则称 $\boldsymbol{P}$ 是 $\overline{\boldsymbol{X}}$ 处的可行下降方向.

前面已讲过，若 $\boldsymbol{P}$ 满足 $\nabla f(\overline{\boldsymbol{X}})^{\mathrm{T}}\boldsymbol{P}<0$，则 $\boldsymbol{P}$ 是 $\overline{\boldsymbol{X}}$ 处的下降方向. 由定理 5-8 可知，若 $\boldsymbol{P}$

满足：

$$a_i^{\mathrm{T}}\boldsymbol{P}=0, i\in E \tag{5-47}$$

$$a_i^{\mathrm{T}}\boldsymbol{P}\leqslant 0, i\in I(\overline{\boldsymbol{X}}) \tag{5-48}$$

$$\nabla f(\overline{\boldsymbol{X}})^{\mathrm{T}}\boldsymbol{P}<0 \tag{5-49}$$

则 $\boldsymbol{P}$ 是 $\overline{\boldsymbol{X}}$ 处的可行下降方向.

因此，我们的目标是寻找满足式（5-47）~式（5-49）的 $\boldsymbol{P}$，得到可行下降方向. 这样，从 $\overline{\boldsymbol{X}}$ 出发，沿方向 $\boldsymbol{P}$ 前进，得到一个新的可行点 $\hat{\boldsymbol{X}}$，而在 $\hat{\boldsymbol{X}}$ 满足

$$f(\hat{\boldsymbol{X}})<f(\overline{\boldsymbol{X}})$$

从下降算法的角度来看，自然希望在满足式（5-47）和式（5-48）的前提下，$\nabla f(\overline{\boldsymbol{X}})^{\mathrm{T}}\boldsymbol{P}$ 越小越好，这就引出一个线性规划问题

$$\min \nabla f(\overline{\boldsymbol{X}})^{\mathrm{T}}\boldsymbol{P}$$

$$\text{s. t.}\begin{cases}a_i^{\mathrm{T}}\boldsymbol{P}=0, i\in E\\ a_i^{\mathrm{T}}\boldsymbol{P}\leqslant 0, i\in I(\overline{\boldsymbol{X}})\end{cases} \tag{5-50}$$

那么，线性规划（式（5-50））的最优解正是我们所期望的. 但这同时又会出现一个问题，设 $\boldsymbol{P}$ 是线性规划（式（5-50））的最优解，并且满足 $\nabla f(\overline{\boldsymbol{X}})^{\mathrm{T}}\boldsymbol{P}<0$，令 $\boldsymbol{P}=\alpha\boldsymbol{P}$，则 $\boldsymbol{P}$ 满足约束条件，但当 $\alpha\to+\infty$ 时，有 $\nabla f(\overline{\boldsymbol{X}})^{\mathrm{T}}\boldsymbol{P}\to-\infty$，即线性规划问题（式（5-50））无有限最优解. 这给线性规划问题（式（5-50））的求解带来了困难.

为解决这一问题，就必须对 $\boldsymbol{P}$ 或目标函数 $\nabla f(\overline{\boldsymbol{X}})^{\mathrm{T}}\boldsymbol{P}$ 加以某些限制，称这些限制为**规范约束**（Normalization Constraint）. 根据规范约束的不同，可以得到不同的规划问题. 在这里给出三种规划问题.

问题Ⅰ：

$$\min \nabla f(\overline{\boldsymbol{X}})^{\mathrm{T}}\boldsymbol{P}$$

$$\text{s. t.}\begin{cases}a_i^{\mathrm{T}}\boldsymbol{P}=0 & i\in E\\ a_i^{\mathrm{T}}\boldsymbol{P}\leqslant 0 & i\in I(\overline{\boldsymbol{X}})\\ -1\leqslant \boldsymbol{P}_i\leqslant 1 & i=1,2,\cdots,n\end{cases} \tag{5-51}$$

问题Ⅱ：

$$\min \nabla f(\overline{\boldsymbol{X}})^{\mathrm{T}}\boldsymbol{P}$$

$$\text{s. t.}\begin{cases}a_i^{\mathrm{T}}\boldsymbol{P}=0, & i\in E\\ a_i^{\mathrm{T}}\boldsymbol{P}\leqslant 0, & i\in I(\overline{\boldsymbol{X}})\\ \boldsymbol{P}^{\mathrm{T}}\boldsymbol{P}\leqslant 1\end{cases} \tag{5-52}$$

问题Ⅲ：

$$\min \nabla f(\overline{\boldsymbol{X}})^{\mathrm{T}}\boldsymbol{P}$$

$$\text{s. t.}\begin{cases}a_i^{\mathrm{T}}\boldsymbol{P}=0, & i\in E\\ a_i^{\mathrm{T}}\boldsymbol{P}\leqslant 0, & i\in I(\overline{\boldsymbol{X}})\\ \nabla f(\overline{\boldsymbol{X}})^{\mathrm{T}}\boldsymbol{P}\geqslant -1\end{cases} \tag{5-53}$$

在上述三个规划问题中，问题Ⅰ和问题Ⅲ是线性规划问题，因此可用求解线性规划问题的算法求解，问题Ⅱ虽然是一个非线性规划问题，但具有特殊的形式，因此也可用特殊的方

法求解.

定理5-9 设$\overline{X}$是约束问题（式5-40）的可行点，则$\overline{X}$成为约束问题（式5-40）的K－T点的充分必要条件是：问题Ⅰ或问题Ⅱ或问题Ⅲ的最优目标函数值为0.

为了证明该定理，我们首先引入一个引理：

引理 设a_1，a_2，…，a_{l+m}和$W \in R^n$

系统Ⅰ：存在$\boldsymbol{P}$满足

$$\boldsymbol{a}_i^{\mathrm{T}}\boldsymbol{P}=0, i=1,2,\cdots,l$$

$$\boldsymbol{a}_i^{\mathrm{T}}\boldsymbol{P}\leqslant 0, i=l+1,l+2,\cdots,l+m$$

$$W^{\mathrm{T}}\boldsymbol{P}>0$$

系统Ⅱ：存在常数λ_1，λ_2，…，λ_{l+m}，且$\lambda_i \geqslant 0$，$i=l+1$，$l+2$，…，$l+m$，使得$W=\sum\limits_{i=1}^{l+m}\lambda_i a_i$.

则两系统有且仅有一个有解. 证明略.

证明（定理5-9） 以问题Ⅰ为例，其他两个问题同理.

"充分性". 设问题Ⅰ的最优目标函数值为0，由对满足问题Ⅰ的约束条件$\boldsymbol{P}$，均有$\nabla f(\overline{\boldsymbol{X}})^{\mathrm{T}}\boldsymbol{P}\geqslant 0$，即系统

$$\boldsymbol{a}_i^{\mathrm{T}}\boldsymbol{P}=0, i\in E$$

$$\boldsymbol{a}_i^{\mathrm{T}}\boldsymbol{P}\leqslant 0, i\in I(\overline{\boldsymbol{X}})$$

$$-\nabla f(\overline{\boldsymbol{X}})^{\mathrm{T}}\boldsymbol{P}>0$$

无解，由引理知，存在着$\overline{\lambda}_i(i\in E\cup I(\overline{\boldsymbol{X}}))$，使得

$$-\nabla f(\overline{\boldsymbol{X}}) = \sum_{i\in E\cup I(\overline{X})}\overline{\lambda}_i \boldsymbol{a}_i \tag{5-54}$$

$$\overline{\lambda}_i\geqslant 0, i\in I(\overline{\boldsymbol{X}})$$

令$\overline{\lambda}_i=0, i\in I\backslash I(\overline{\boldsymbol{X}})$，则有

$$\nabla f(\overline{\boldsymbol{X}}) + \sum_{i=1}^{l+m}\overline{\lambda}_i\boldsymbol{a}_i=0$$

$$\overline{\lambda}_i\geqslant 0, i\in I$$

$$\overline{\lambda}_i c_i(\overline{\boldsymbol{X}})=0, i\in I$$

即$\overline{\boldsymbol{X}}$是K－T点.

"必要性"：设$\overline{\boldsymbol{X}}$是K－T点，则有

$$\nabla f(\overline{\boldsymbol{X}}) = -\sum_{i=1}^{l+m}\overline{\lambda}_i\boldsymbol{a}_i$$

若问题Ⅰ的目标函数值小于0，则有

$$0>\nabla f(\overline{\boldsymbol{X}})^{\mathrm{T}}\boldsymbol{P} = -\sum_{i\in E}\overline{\lambda}_i\boldsymbol{a}_i^{\mathrm{T}}\boldsymbol{P} - \sum_{i\in I(\overline{X})}\overline{\lambda}_i\boldsymbol{a}_i^{\mathrm{T}}\boldsymbol{P} - \sum_{i\in I\backslash I(\overline{X})}\overline{\lambda}_i\boldsymbol{a}_i^{\mathrm{T}}\boldsymbol{P}$$

$$= -\sum_{i\in I(\overline{X})}\lambda_i\boldsymbol{a}_i^{\mathrm{T}}\boldsymbol{P}\geqslant 0 \tag{5-55}$$

矛盾. 因此问题Ⅰ的最优目标函数值为0.

由定理5-9可知，若问题Ⅰ或问题Ⅱ或问题Ⅲ的最优目标函数值为0，则$\bar{X}$是K－T点，停止计算．若最优目标函数值小于0，则P是$\bar{X}$处的可行下降方向，那么沿P方向进行一维搜索，得到下一个可行点$\hat{X}$，并且有$f(\hat{X})<f(\bar{X})$．

一维搜索问题

在可行方向法中的一维搜索与无约束问题中的一维搜索是有区别的．在无约束问题中，一维搜索只需求该方向上的极小点，或者有一定的下降量的点，而在可行方向法中，一维搜索除使目标函数值下降外，还要保证其点在可行域内，即实际上在一个区间上求一维极小．下面给出搜索区间的具体讨论．

设$\boldsymbol{X}^{(k)}$是约束问题（式5-40）的可行点，$\boldsymbol{P}^{(k)}$是$\boldsymbol{X}^{(k)}$处的可行下降方向，令

$$\boldsymbol{X}=\boldsymbol{X}^{(k)}+\alpha\boldsymbol{P}^{(k)} \tag{5-56}$$

考虑约束条件，注意$\boldsymbol{P}^{(k)}$是问题Ⅰ或问题Ⅱ或问题Ⅲ的解，因此有

$$\begin{aligned}&\boldsymbol{a}_i^{\mathrm{T}}\boldsymbol{X}-b_i=\boldsymbol{a}_i^{\mathrm{T}}\boldsymbol{X}^{(k)}-b_i+\alpha\boldsymbol{a}_i^{\mathrm{T}}\boldsymbol{P}^{(k)}=0,i\in E,\forall\alpha\\&\boldsymbol{a}_i^{\mathrm{T}}\boldsymbol{X}-b_i=\boldsymbol{a}_i^{\mathrm{T}}\boldsymbol{X}^{(k)}-b_i+\alpha\boldsymbol{a}_i^{\mathrm{T}}\boldsymbol{P}^{(k)}\leqslant0,i\in I(\boldsymbol{X}^{(k)}),\forall\alpha\geqslant0\end{aligned} \tag{5-57}$$

因此，可能被破坏的约束是$\boldsymbol{X}^{(k)}$处的非有效约束

$$\boldsymbol{a}_i^{\mathrm{T}}\boldsymbol{X}-b_i=\boldsymbol{a}_i^{\mathrm{T}}\boldsymbol{X}^{(k)}-b_i+\alpha\boldsymbol{a}_i^{\mathrm{T}}\boldsymbol{P}^{(k)}\leqslant0,i\notin I(\boldsymbol{X}^{(k)}) \tag{5-58}$$

中$\boldsymbol{P}^{(k)}$满足$\boldsymbol{a}_i^{\mathrm{T}}\boldsymbol{P}^{(k)}>0$的那些约束．为保证可行性，一维搜索步长应满足

$$\alpha\leqslant\min\left\{\frac{b_i-\boldsymbol{a}_i^{\mathrm{T}}\boldsymbol{X}^{(k)}}{\boldsymbol{a}_i^{\mathrm{T}}\boldsymbol{P}^{(k)}}\mid\boldsymbol{a}_i^{\mathrm{T}}\boldsymbol{P}^{(k)}>0,i\notin I(\boldsymbol{X}^{(k)})\right\}$$

因此取

$$\alpha_{\max}=\min\left\{\frac{b_i-\boldsymbol{a}_i^{\mathrm{T}}\boldsymbol{X}^{(k)}}{\boldsymbol{a}_i^{\mathrm{T}}\boldsymbol{P}^{(k)}}\mid\boldsymbol{a}_i^{\mathrm{T}}\boldsymbol{P}^{(k)}>0,i\notin I(\boldsymbol{X}^{(k)})\right\} \tag{5-59}$$

若集合$\{\boldsymbol{a}_i^{\mathrm{T}}\boldsymbol{P}^{(k)}>0,\ i\notin I(\boldsymbol{X}^{(k)})\}=\varphi$，则令

$$\alpha_{\max}=+\infty \tag{5-60}$$

因此，一维搜索问题为

$$\begin{aligned}\min\quad&\varphi(\alpha)=f(\boldsymbol{X}^{(k)}+\alpha\boldsymbol{P}^{(k)})\\\text{s. t.}\quad&0\leqslant\alpha\leqslant\alpha_{\max}\end{aligned} \tag{5-61}$$

综上所述，给出相应的算法．

算法　（Zoutendijk可行方向法）

（1）取初始可行点$\boldsymbol{X}^{(1)}$，即$\boldsymbol{X}^{(1)}$满足

$$\begin{aligned}&\boldsymbol{a}_i^{\mathrm{T}}\boldsymbol{X}^{(1)}-b_i=0,i\in E\\&\boldsymbol{a}_i^{\mathrm{T}}\boldsymbol{X}^{(1)}-b_i\leqslant0,i\in I\end{aligned}$$

置$k=1$．

（2）确定$\boldsymbol{X}^{(k)}$处的有效约束指标集

$$I(\boldsymbol{X}^{(k)})=\{i\mid\boldsymbol{a}_i^{\mathrm{T}}\boldsymbol{X}^{(k)}-b_i=0,i\in I\}$$

（3）求解线性规划子问题

$$\min\nabla f(\boldsymbol{X}^{(k)})^{\mathrm{T}}\boldsymbol{P}$$

$$\text{s. t.}\begin{cases}\boldsymbol{a}_i^{\mathrm{T}}\boldsymbol{P}=0,i\in E\\\boldsymbol{a}_i^{\mathrm{T}}\boldsymbol{P}\leqslant0,i\in I(\boldsymbol{X}^{(k)})\\-1\leqslant\boldsymbol{P}_i\leqslant1,i=1,2,\cdots,n\end{cases}$$

得到 $\boldsymbol{P}^{(k)}$.

(4) 若$\nabla f(\boldsymbol{X}^{(k)})^{\mathrm{T}}\boldsymbol{P}^{(k)}=0$，则停止计算（$\boldsymbol{X}^{(k)}$ 为 K－T 点）；否则求解一维问题

$$\begin{aligned}\min\quad & \varphi(\alpha)=f(\boldsymbol{X}^{(k)}+\alpha\boldsymbol{P}^{(k)})\\ \text{s. t.}\quad & 0\leqslant\alpha\leqslant\alpha_{\max}\end{aligned}$$

其中

$$\alpha_{\max}=\begin{cases}\min\left\{\dfrac{b_i-\boldsymbol{a}_i^{\mathrm{T}}\boldsymbol{X}^{(k)}}{\boldsymbol{a}_i^{\mathrm{T}}\boldsymbol{P}^{(k)}}\,\middle|\,\boldsymbol{a}_i^{\mathrm{T}}\boldsymbol{P}^{(k)}>0,i\notin I(\boldsymbol{X}^{(k)})\right\}\\ +\infty,\{\boldsymbol{a}_i^{\mathrm{T}}\boldsymbol{P}^{(k)}>0,i\notin I(\boldsymbol{X}^{(k)})\}=\varnothing\end{cases}$$

得到 α_k，置

$$\boldsymbol{X}^{(k+1)}=\boldsymbol{X}^{(k)}+\alpha_k\boldsymbol{P}^{(k)}$$

(5) 置 $k=k+1$，转 (2)．在实际计算中，算法第 (4) 步$\nabla f(\boldsymbol{X}^{(k)})^{7}\boldsymbol{P}^{(k)}=0$ 可改为 $|\nabla f(\boldsymbol{X}^{(k)})^{\mathrm{T}}\boldsymbol{P}^{(k)}|\leqslant\varepsilon$，其中 ε 是预先指定的精度.

[例 5-5] 用可行方向法求解线性约束问题

$$\begin{aligned}\min\quad & f(\boldsymbol{X})=2x_1^2-2x_1x_2+2x_2^2-4x_1-6x_2\\ \text{s. t.}\quad & \begin{cases}\boldsymbol{a}_1^{\mathrm{T}}\boldsymbol{X}-b_1=x_1+x_2-2\leqslant 0\\ \boldsymbol{a}_2^{\mathrm{T}}\boldsymbol{X}-b_2=x_1+5x_2-5\leqslant 0\\ \boldsymbol{a}_3^{\mathrm{T}}\boldsymbol{X}-b_3=-x_1\leqslant 0\\ \boldsymbol{a}_4^{\mathrm{T}}\boldsymbol{X}-b_4=-x_2\leqslant 0\end{cases}\end{aligned}\tag{5-62}$$

取初始点 $\boldsymbol{X}^{(1)}=(0,\ 0)^{\mathrm{T}}$.

解 $\nabla f(\boldsymbol{X})=(4x_1-2x_2-4,-2x_1+4x_2-6)^{\mathrm{T}}$

当 $\boldsymbol{X}^{(1)}=(0,\ 0)^{\mathrm{T}}$ 时，$\nabla f(\boldsymbol{X}^{(1)})=(-4,\ -6)^{\mathrm{T}}$．有效约束指标集为 $I(\boldsymbol{X}^{(1)})=\{3,\ 4\}$. 所以线性规划子问题为

$$\begin{aligned}\min\quad & -4d_1-6d_2\\ \text{s. t.}\quad & \begin{cases}-d_1\leqslant 0\\ -d_2\leqslant 0\\ -1\leqslant d_1\leqslant 1\\ -1\leqslant d_2\leqslant 1\end{cases}\end{aligned}$$

因此线性规划子问题化简为

$$\begin{aligned}\min\quad & -4d_1-6d_2\\ \text{s. t.}\quad & \begin{cases}0\leqslant d_1\leqslant 1\\ 0\leqslant d_2\leqslant 1\end{cases}\end{aligned}\tag{5-63}$$

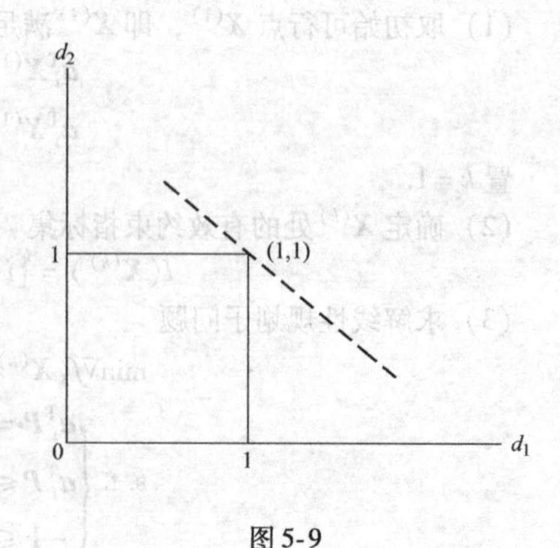

图 5-9

用图解法求解问题（式 5-63）（见图 5-9），得到 $\boldsymbol{P}_1=1$，$\boldsymbol{P}_2=1$，即 $\boldsymbol{P}^{(1)}=(1,\ 1)^{\mathrm{T}}$，其目标值为 -10. 所以 $\boldsymbol{P}^{(1)}$ 是可行下降方向.

下面作一维搜索．考虑目标函数

$$\varphi(\alpha)=f(\boldsymbol{X}^{(1)}+\alpha\boldsymbol{P}^{(1)})$$

$$=2(0+\alpha)^2-2(0+\alpha)(0+\alpha)+2(0+\alpha)^2-4(0+\alpha)-6(0+\alpha)$$
$$=2\alpha^2-10\alpha$$

再考虑约束条件，由于

$$\boldsymbol{a}_1^{\mathrm{T}}\boldsymbol{P}^{(1)}=2>0,\ \boldsymbol{a}_2^{\mathrm{T}}\boldsymbol{P}^{(1)}=6>0$$

因此

$$\alpha_{\max}=\min\left\{\frac{2-0}{2},\frac{5-0}{6}\right\}=\frac{5}{6}$$

求解一维问题

$$\begin{aligned}\min\quad & \varphi(\alpha)=2\alpha^2-10\alpha\\ \text{s.t.}\quad & 0\leqslant\alpha\leqslant\frac{5}{6}\end{aligned}$$

得到 $\alpha_1=\frac{5}{6}$. 置

$$\boldsymbol{X}^{(2)}=\boldsymbol{X}^{(1)}+\alpha_1\boldsymbol{P}^{(1)}=(0,0)^{\mathrm{T}}+\frac{5}{6}(1,1)^{\mathrm{T}}=\left(\frac{5}{6},\frac{5}{6}\right)^{\mathrm{T}}$$

再进行第二轮计算.

在点 $\boldsymbol{X}^{(2)}=\left(\frac{5}{6},\ \frac{5}{6}\right)^{\mathrm{T}}$ 处，梯度 $\nabla f(\boldsymbol{X}^{(2)})=\left(-\frac{7}{3},-\frac{13}{3}\right)^{\mathrm{T}}$. 有效约束指标集为 $I(\boldsymbol{X}^{(2)})=\{2\}$. 相应的线性规划子问题为

$$\begin{aligned}\min\quad & -\frac{7}{3}\boldsymbol{P}_1-\frac{13}{3}\boldsymbol{P}_2\\ \text{s.t.}\quad & \begin{cases}\boldsymbol{P}_1+5\boldsymbol{P}_2\leqslant 0\\ -1\leqslant\boldsymbol{P}_1\leqslant 1\\ -1\leqslant\boldsymbol{P}_2\leqslant 1\end{cases}\end{aligned}$$

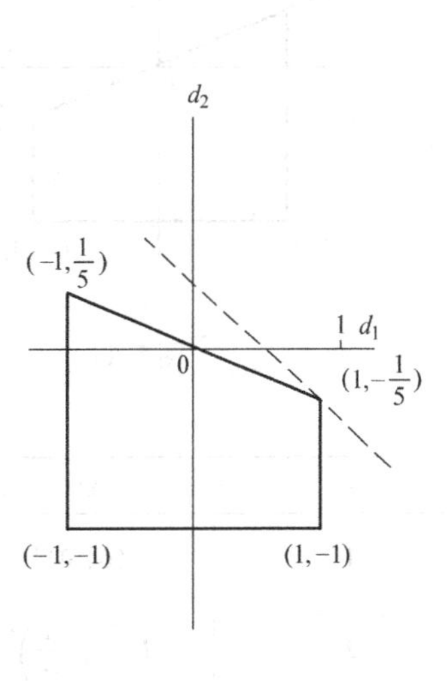

图5-10

用图解法求解（见图5-10）得到 $\boldsymbol{P}^{(2)}=\left(1,\ -\frac{1}{5}\right)^{\mathrm{T}}$，其目标值为 $-\frac{22}{15}$. 作一维搜索，考虑目标函数

$$\varphi(\alpha)=f(\boldsymbol{X}^{(2)}+\alpha\boldsymbol{P}^{(2)})=\frac{62}{25}\alpha^2-\frac{22}{15}\alpha-\frac{125}{8}$$

和约束条件

$$\alpha_{\max}=\min\left\{\frac{2-\frac{5}{6}-\frac{5}{6}}{\frac{4}{5}},\frac{0+\frac{5}{6}}{\frac{1}{5}}\right\}=\min\left\{\frac{1/3}{4/5},\frac{5/6}{1/5}\right\}=\frac{5}{12}$$

求解一维问题

$$\begin{aligned}\min\quad & \varphi(\alpha)=\frac{62}{25}\alpha^2-\frac{22}{15}\alpha-\frac{125}{8}\\ \text{s.t.}\quad & 0\leqslant\alpha\leqslant\frac{5}{12}\end{aligned}$$

得到 $\alpha_2=\frac{55}{186}$. 置

$$X^{(3)}=X^{(2)}+\alpha_2 P^{(2)}=\left(\frac{35}{31},\frac{24}{31}\right)^{\mathrm{T}}$$

再进行第三轮计算.

在点 $X^{(3)}=\left(\frac{35}{31},\frac{24}{31}\right)^{\mathrm{T}}$ 处，梯度 $\nabla f(X^{(3)})=\left(-\frac{32}{31},-\frac{160}{31}\right)^{\mathrm{T}}$，有效约束指标集仍为 $I(X^{(2)})=\{2\}$，相应的线性规划子问题为

$$\min \quad -\frac{32}{31}P_1-\frac{160}{31}P_2$$

$$\text{s. t.}\begin{cases}P_1+5P_2\leqslant 0\\ -1\leqslant P_1\leqslant 1\\ -1\leqslant P_2\leqslant 1\end{cases}$$

用图解法求解（见图 5-11）得到 $P^{(3)}=\left(1,\ -\frac{1}{5}\right)^{\mathrm{T}}$，其目标值为 0. 因此 $X^{(3)}$ 是 K－T 点，由于目标函数是凸的，因此 $X^{(3)}$ 是最优解.

例 5-5 的计算结果见表 5-3 和图 5-12.

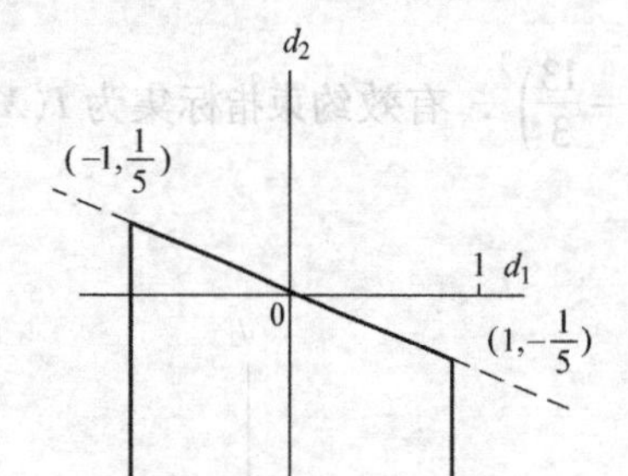

图 5-11

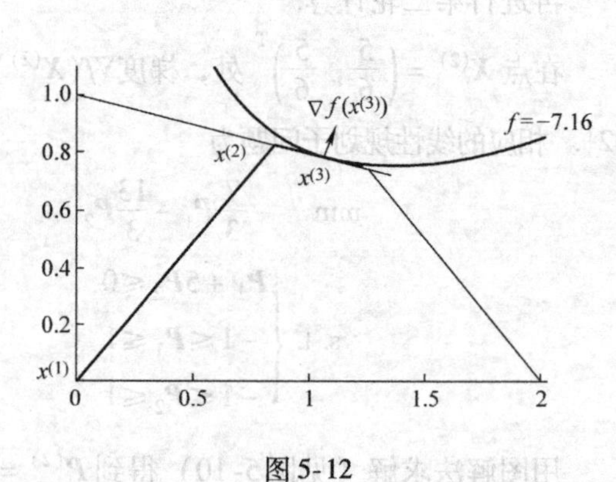

图 5-12

表 5-3

k	$X^{(k)}$	$f(X^{(k)})$	$\nabla f(X^{(k)})$	$I(X^{(k)})$
1	$(0,\ 0)^{\mathrm{T}}$	0	$(-4,\ -6)^{\mathrm{T}}$	$\{3,\ 4\}$
2	$\left(\frac{5}{6},\ \frac{5}{6}\right)^{\mathrm{T}}$	−6.94	$\left(-\frac{7}{3},\ -\frac{13}{3}\right)^{\mathrm{T}}$	$\{2\}$
3	$\left(\frac{35}{31},\ \frac{24}{31}\right)^{\mathrm{T}}$	−7.16	$\left(-\frac{32}{31},\ -\frac{160}{31}\right)^{\mathrm{T}}$	$\{2\}$
k	$P^{(k)}$	$\nabla f(X^{(k)})^{\mathrm{T}}P^{(k)}$	$\alpha_{\max}$	α_k
1	$(1,\ 1)^{\mathrm{T}}$	−10	$\frac{5}{6}$	$\frac{5}{6}$
2	$\left(1,\ -\frac{1}{5}\right)^{\mathrm{T}}$	$-\frac{22}{15}$	$\frac{5}{12}$	$\frac{55}{186}$
3	$\left(1,\ -\frac{1}{5}\right)^{\mathrm{T}}$	0		

5.5　投影梯度法

对于无约束问题，任取一点，若其梯度不为0，则沿负梯度方向前进，总可以找到一个新的使函数值下降的点，这就是最速下降法. 对于约束问题，如果再沿负梯度方向前进，可能是不可行的，因此需将负梯度方向投影到可行方向上去，这就是**投影梯度法**（Projected Gradient Method）的基本思想. 投影梯度法是可行方向法的一种.

5.5.1　投影矩阵

定义 5-3　若 $n\times n$ 阶矩阵 $\boldsymbol{R}$ 满足

$$\boldsymbol{R}^{\mathrm{T}}=\boldsymbol{R} \quad 和 \quad \boldsymbol{R}^2=\boldsymbol{R} \tag{5-64}$$

则称 $\boldsymbol{R}$ 为**投影矩阵**（Projection Matrix）.

定理 5-10　设 $\boldsymbol{R}$ 是 $n\times n$ 阶矩阵，则下述论断成立：

（1）若 $\boldsymbol{R}$ 是投影矩阵，则 $\boldsymbol{R}$ 为半正定矩阵；

（2）$\boldsymbol{R}$ 是投影矩阵的充分必要条件是：$\boldsymbol{I}-\boldsymbol{R}$ 为投影矩阵；

（3）设 $\boldsymbol{R}$ 是投影矩阵. 令 $\boldsymbol{Q}=\boldsymbol{I}-\boldsymbol{R}$. 记

$$L=\{\boldsymbol{RX}\mid\boldsymbol{X}\in\mathbf{R}^n\} \quad 和 \quad L^{\perp}=\{\boldsymbol{QX}\mid\boldsymbol{X}\in\mathbf{R}^n\} \tag{5-65}$$

证明 L 和 $L^{\perp}$ 是正交的线性空间，且任一点 $\boldsymbol{X}\in\mathbf{R}^n$，可唯一地表示成 $\boldsymbol{p}+\boldsymbol{q}$，其中 $\boldsymbol{p}\in L$，$\boldsymbol{q}\in L^{\perp}$.

证明　（1）设 $\boldsymbol{R}$ 是投影矩阵，则有

$$\boldsymbol{X}^{\mathrm{T}}\boldsymbol{RX}=\boldsymbol{X}^{\mathrm{T}}\boldsymbol{R}^{\mathrm{T}}\boldsymbol{RX}=(\boldsymbol{RX})^{\mathrm{T}}(\boldsymbol{RX})=\|\boldsymbol{RX}\|^2\geqslant 0,\forall\boldsymbol{X}\in\mathbf{R}^n \tag{5-66}$$

所以 $\boldsymbol{R}$ 是半正定矩阵.

（2）令 $\boldsymbol{Q}=\boldsymbol{I}-\boldsymbol{R}$，只需证明若 $\boldsymbol{R}$ 是投影矩阵，则 $\boldsymbol{Q}$ 也是投影矩阵.

因为 R 是投影矩阵，则 R 是对称等幂矩阵，因此有

$$\begin{aligned}\boldsymbol{Q}^{\mathrm{T}}&=(\boldsymbol{I}-\boldsymbol{R})^{\mathrm{T}}=(\boldsymbol{I}-\boldsymbol{R})=\boldsymbol{Q}\\ \boldsymbol{Q}^2&=(\boldsymbol{I}-\boldsymbol{R})(\boldsymbol{I}-\boldsymbol{R})=\boldsymbol{I}-2\boldsymbol{R}+\boldsymbol{R}^2=\boldsymbol{I}-\boldsymbol{R}=\boldsymbol{Q}\end{aligned} \tag{5-67}$$

（3）显然 L 与 $L^{\perp}$ 是线性空间，且有

$$\boldsymbol{R}^{\mathrm{T}}\boldsymbol{Q}=\boldsymbol{R}^{\mathrm{T}}(\boldsymbol{I}-\boldsymbol{R})=\boldsymbol{R}-\boldsymbol{R}^2=\boldsymbol{O} \tag{5-68}$$

因此，当 $\boldsymbol{u}=\boldsymbol{RX}\in L$，$v=\boldsymbol{Qy}\in L^{\perp}$ 时，有

$$\boldsymbol{u}^{\mathrm{T}}v=\boldsymbol{X}^{\mathrm{T}}\boldsymbol{R}^{\mathrm{T}}\boldsymbol{Qy}=0 \tag{5-69}$$

因此 L 与 $L^{\perp}$ 相互垂直. 设 $\boldsymbol{X}\in\mathbf{R}^n$ 为任意一点，有

$$\boldsymbol{X}=\boldsymbol{IX}=(\boldsymbol{R}+\boldsymbol{Q})\boldsymbol{X}=\boldsymbol{RX}+\boldsymbol{QX}=\boldsymbol{p}+\boldsymbol{q} \tag{5-70}$$

其中，$\boldsymbol{p}=\boldsymbol{RX}$，$\boldsymbol{q}=\boldsymbol{QX}$. 下面证明表达是唯一的. 设

$$\boldsymbol{X}=\boldsymbol{p}'+\boldsymbol{q}'$$

所以

$$\boldsymbol{p}'+\boldsymbol{q}'=\boldsymbol{p}+\boldsymbol{q} \tag{5-71}$$

即

$$\boldsymbol{p}'-\boldsymbol{p}=\boldsymbol{q}-\boldsymbol{q}' \tag{5-72}$$

由于 $\boldsymbol{p}$，$\boldsymbol{p}'\in L$，所以 $\boldsymbol{p}'-\boldsymbol{p}\in L$，同理，$\boldsymbol{q}-\boldsymbol{q}'\in L^{\perp}$. 由式（5-72）得到 $\boldsymbol{p}'-\boldsymbol{p}\in L^{\perp}$ 和 $\boldsymbol{q}-\boldsymbol{q}'\in L$. 因此有

$$\| \boldsymbol{p}' - \boldsymbol{p} \|^2 = (\boldsymbol{p}' - \boldsymbol{p})^{\mathrm{T}} (\boldsymbol{p}' - \boldsymbol{p}) = 0 \tag{5-73}$$

即 $\boldsymbol{p}' = \boldsymbol{p}$. 同理可得 $\boldsymbol{q} = \boldsymbol{q}'$.

5.5.2 投影梯度法

定理 5-11 设 $\overline{\boldsymbol{X}}$ 是约束问题（式 5-40）的可行点，且 $f(\boldsymbol{X})$ 具有连续的一阶偏导数，若 $\boldsymbol{R}$ 是投影矩阵，且 $\boldsymbol{R}\nabla f(\overline{\boldsymbol{X}}) \neq 0$，则

$$\boldsymbol{P} = -\boldsymbol{R}\nabla f(\overline{\boldsymbol{X}}) \tag{5-74}$$

是 $\overline{\boldsymbol{X}}$ 处的下降方向. 此外，若

$$\boldsymbol{N} = (\boldsymbol{a}_{i_1}, \boldsymbol{a}_{i_2}, \cdots, \boldsymbol{a}_{i_r}) \tag{5-75}$$

为列满秩矩阵，其中 $i_j \in E \cup I(\overline{\boldsymbol{X}})$，令 $\boldsymbol{R}$ 具有如下形式

$$\boldsymbol{R} = \boldsymbol{I} - \boldsymbol{N}(\boldsymbol{N}^{\mathrm{T}}\boldsymbol{N})^{-1}\boldsymbol{N}^{\mathrm{T}} \tag{5-76}$$

则 $\boldsymbol{P}$ 是 $\overline{\boldsymbol{X}}$ 处的可行下降方向.

证明 因为 $\boldsymbol{R}\nabla f(\overline{\boldsymbol{X}}) \neq 0$，则有

$$\begin{aligned}\nabla f(\overline{\boldsymbol{X}})^{\mathrm{T}}\boldsymbol{P} &= -\nabla f(\overline{\boldsymbol{X}})^{\mathrm{T}}\boldsymbol{R}\nabla f(\overline{\boldsymbol{X}}) \\ &= -\nabla f(\overline{\boldsymbol{X}})^{\mathrm{T}}\boldsymbol{R}^{\mathrm{T}}\boldsymbol{R}\nabla f(\overline{\boldsymbol{X}}) \\ &= -\| \boldsymbol{R}\nabla f(\overline{\boldsymbol{X}}) \|^2 < 0\end{aligned} \tag{5-77}$$

因此 $\boldsymbol{P}$ 是下降方向.

若 $\boldsymbol{R}$ 具有式（5-76）的形式，则有

$$\boldsymbol{N}^{\mathrm{T}}\boldsymbol{R} = \boldsymbol{N}^{\mathrm{T}} - \boldsymbol{N}^{\mathrm{T}}\boldsymbol{N}(\boldsymbol{N}^{\mathrm{T}}\boldsymbol{N})^{-1}\boldsymbol{N}^{\mathrm{T}} = 0 \tag{5-78}$$

因此有

$$\boldsymbol{a}_i^{\mathrm{T}}\boldsymbol{P} = -\boldsymbol{a}_i^{\mathrm{T}}\boldsymbol{R}\nabla f(\overline{\boldsymbol{X}}) = 0, i \in E \cup I(\overline{\boldsymbol{X}}) \tag{5-79}$$

$\boldsymbol{P}$ 是可行方向. 因此 $\boldsymbol{P}$ 是可行下降方向.

由定理 5-11 可知，在 $\boldsymbol{R}\nabla f(\overline{\boldsymbol{X}}) \neq 0$ 的条件下，可以得到 $\overline{\boldsymbol{X}}$ 处的可行下降方向，可类似于 5.4 节中的一维搜索方法，得到下一个可行点. 当 $\boldsymbol{R}\nabla f(\overline{\boldsymbol{X}}) = 0$ 时，情况又将如何呢？请看下一个定理.

定理 5-12 设 $\overline{\boldsymbol{X}}$ 是约束问题（式 5-40）的可行点，且 $f(\boldsymbol{X})$ 具有连续的一阶偏导数，若 $\boldsymbol{R}$ 是由式（5-75）和式（5-76）确定的投影矩阵，并满足

$$\boldsymbol{R}\nabla f(\overline{\boldsymbol{X}}) = 0 \tag{5-80}$$

记

$$\boldsymbol{\lambda} = -(\boldsymbol{N}^{\mathrm{T}}\boldsymbol{N})^{-1}\boldsymbol{N}^{\mathrm{T}}\nabla f(\overline{\boldsymbol{X}}) \tag{5-81}$$

若 $\lambda_i \geqslant 0$，$i \in I(\overline{\boldsymbol{X}})$，则 $\overline{\boldsymbol{X}}$ 是 K－T 点. 若存在 $q \in I(\overline{\boldsymbol{X}})$，使得 $\lambda_q < 0$，并记 $\overline{\boldsymbol{N}}$ 为矩阵 $\boldsymbol{N}$ 中去掉 λ_q 对应的列后得到的矩阵，并令 $\overline{\boldsymbol{R}} = \boldsymbol{I} - \overline{\boldsymbol{N}}(\overline{\boldsymbol{N}}^{\mathrm{T}}\overline{\boldsymbol{N}})^{-1}\overline{\boldsymbol{N}}^{\mathrm{T}}$，$\boldsymbol{P} = -\overline{\boldsymbol{R}}\nabla f(\overline{\boldsymbol{X}})$，则 $\boldsymbol{P}$ 是 $\overline{\boldsymbol{X}}$ 处的可行下降方向.

证明 由式（5-76）、式（5-80）和式（5-81），有

$$\begin{aligned}0 &= \boldsymbol{R}\nabla f(\overline{\boldsymbol{X}}) \\ &= (\boldsymbol{I} - \boldsymbol{N}(\boldsymbol{N}^{\mathrm{T}}\boldsymbol{N})^{-1}\boldsymbol{N}^{\mathrm{T}})\nabla f(\overline{\boldsymbol{X}}) \\ &= \nabla f(\overline{\boldsymbol{X}}) - \boldsymbol{N}(\boldsymbol{N}^{\mathrm{T}}\boldsymbol{N})^{-1}\boldsymbol{N}^{\mathrm{T}}\nabla f(\overline{\boldsymbol{X}}) \\ &= \nabla f(\overline{\boldsymbol{X}}) + \boldsymbol{N}\boldsymbol{\lambda}\end{aligned} \tag{5-82}$$

即

$$\nabla f(\overline{X}) + \sum_{i\in E\cup I(\overline{X})} \lambda_i \boldsymbol{a}_i = 0 \tag{5-83}$$

若 $\lambda_i \geqslant 0$，$i\in I(\overline{X})$，则令 $\lambda_i = 0$，$i\notin I(\overline{X})$，所以 $\overline{X}$ 是 K－T 点.

若存在 $q\in I(\overline{X})$，使得 $\lambda_q < 0$，证明 $\boldsymbol{P} = -\overline{\boldsymbol{R}}\nabla f(\overline{X})$ 是可行下降方向.

首先证明 $\boldsymbol{P}\neq 0$. 若 $\boldsymbol{P}=0$，则由 $\overline{\boldsymbol{R}}\nabla f(\overline{X}) = 0$，类似地导出，存在

$$\boldsymbol{\mu} = -(\overline{\boldsymbol{N}}^{\mathrm{T}}\overline{\boldsymbol{N}})^{-1}\overline{\boldsymbol{N}}^{\mathrm{T}}\nabla f(\overline{X})$$

使得

$$\nabla f(\overline{X}) + \sum_{\substack{i\in E\cup I(\overline{X})\\ i\neq q}} \mu_i \boldsymbol{a}_i = 0 \tag{5-84}$$

用式（5-83）减式（5-84），得到

$$\lambda_q \boldsymbol{a}_q + \sum_{\substack{i\in E\cup I(\overline{X})\\ i\neq q}} (\lambda_i - \mu_i)\boldsymbol{a}_i = 0 \tag{5-85}$$

由于 $\lambda_q < 0$，这与 $\boldsymbol{N}$ 为列满秩矩阵矛盾.

再证明 $\boldsymbol{P}$ 是可行方向，类似于定理 5-11 的证明可知

$$\boldsymbol{a}_i^{\mathrm{T}}\boldsymbol{P} = 0, i\in E\cup I(\overline{X}), i\neq q \tag{5-86}$$

并由式（5-83）和式（5-86），有

$$\begin{aligned}
\boldsymbol{a}_i^{\mathrm{T}}\boldsymbol{P} &= \left(-\frac{1}{\lambda_q}\nabla f(\overline{X}) - \frac{1}{\lambda_q}\sum_{\substack{i\in E\cup I(\overline{X})\\ i\neq q}} \lambda_i \boldsymbol{a}_i\right)^{\mathrm{T}}\boldsymbol{P} \\
&= -\frac{1}{\lambda_q}\nabla f(\overline{X})^{\mathrm{T}}\boldsymbol{P} \\
&= \frac{1}{\lambda_q}\nabla f(\overline{X})^{\mathrm{T}}\overline{\boldsymbol{R}}\nabla f(\overline{X}) \\
&= \frac{1}{\lambda_q}\|\overline{\boldsymbol{R}}\nabla f(\overline{X})\|^2 < 0
\end{aligned} \tag{5-87}$$

所以 $\boldsymbol{P}$ 是 $\overline{X}$ 处的可行方向. 由定理 5-11 可知，$\boldsymbol{P}\neq 0$ 是下降方向.

由定理 5-11 和定理 5-12，可以给出投影梯度法的具体算法. 由于投影梯度法是 J. B. Rosen 在 1960 年提出来的，因此也称为 Rosen 投影梯度法.

算法　（Rosen 投影梯度法）

（1）取初始可行点 $\boldsymbol{X}^{(1)}$，即 $\boldsymbol{X}^{(1)}$ 满足

$$\boldsymbol{a}_i^{\mathrm{T}}\boldsymbol{X}^{(1)} - b_i = 0, i\in E$$

$$\boldsymbol{a}_i^{\mathrm{T}}\boldsymbol{X}^{(1)} - b_i \leqslant 0, i\in I$$

置 $k=1$.

（2）确定 $\boldsymbol{X}^{(k)}$ 处的有效约束指标集

$$I(\boldsymbol{X}^{(k)}) = \{i \mid \boldsymbol{a}_i^{\mathrm{T}}\boldsymbol{X}^{(k)} - b_i = 0, i\in I\}$$

（3）若 $l=0$（无等式约束）且 $I(\boldsymbol{X}^{(k)}) = \varnothing$，则令

$$\boldsymbol{P}^{(k)} = -\nabla f(\boldsymbol{X}^{(k)})$$

否则令

$$N^{(k)}=(a_{i_1},a_{i_2},\cdots,a_{i_r}),i_j\in E\cup I(X^{(k)})$$
$$R^{(k)}=I-N^{(k)}(N^{(k)\mathrm{T}}N^{(k)})^{-1}N^{(k)\mathrm{T}}$$
$$P^{(k)}=-R^{(k)}\nabla f(X^{(k)})$$

(4) 若 $P^{(k)}=0$，则做以下工作：若 $l=0$ 且 $I(X^{(k)})=\varnothing$，则停止计算（$X^{(k)}$ 为 K-T 点）；否则计算

$$\lambda^{(k)}=-(N^{(k)\mathrm{T}}N^{(k)})^{-1}N^{(k)\mathrm{T}}\nabla f(X^{(k)})$$

若 $\lambda_i^{(k)}\geqslant 0$，$i\in I(X^{(k)})$，则停止计算（$X^{(k)}$ 为 K-T 点）；否则令

$$\lambda_q^{(k)}=\min\{\lambda_i^{(k)}\mid i\in I(X^{(k)})\}$$

置

$$N^{(k)}=(N^{(k)}\text{ 中去掉 }\lambda_q^{(k)}\text{ 对应的列 }a_q)$$
$$R^{(k)}=I-N^{(k)}(N^{(k)\mathrm{T}}N^{(k)})^{-1}N^{(k)\mathrm{T}}$$
$$P^{(k)}=-R^{(k)}\nabla f(X^{(k)})$$

(5)（$P^{(k)}\neq 0$）求解一维问题

$$\begin{aligned}\min\quad & \varphi(\alpha)=f(X^{(k)}+\alpha P^{(k)})\\ \text{s.t.}\quad & 0\leqslant\alpha\leqslant\alpha_{\max}\end{aligned}$$

其中

$$\alpha_{\max}=\begin{cases}\min\left\{\dfrac{b_i-a_i^{\mathrm{T}}X^{(k)}}{a_i^{\mathrm{T}}P^{(k)}}\middle| a_i^{\mathrm{T}}P^{(k)}>0,i\notin I(X^{(k)})\right\}\\ +\infty,\{a_i^{\mathrm{T}}P^{(k)}>0,i\notin I(X^{(k)})\}=\varnothing\end{cases}$$

得到 α_k，置

$$X^{(k+1)}=X^{(k)}+\alpha_k P^{(k)}$$

(6) 置 $k=k+1$，转 (2). 在实际计算中，算法第 (4) 步 $P^{(k)}=0$ 可改为 $\|P^{(k)}\|\leqslant\varepsilon$，其中，$\varepsilon$ 是预先指定的精度.

[例 5-6] 用投影梯度法求解线性约束问题

$$\min\quad f(X)=2x_1^2-2x_1x_2+2x_2^2-4x_1-6x_2$$
$$\text{s.t.}\begin{cases}a_1^{\mathrm{T}}X-b_1=x_1+x_2-2\leqslant 0\\ a_2^{\mathrm{T}}X-b_2=x_1+5x_2-5\leqslant 0\\ a_3^{\mathrm{T}}X-b_3=-x_1\leqslant 0\\ a_4^{\mathrm{T}}X-b_4=-x_2\leqslant 0\end{cases}$$

取初始点 $X^{(1)}=(0,\ 0)^{\mathrm{T}}$.

解

$$\nabla f(X)=(4x_1-2x_2-4,-2x_1+4x_2-6)^{\mathrm{T}}$$

当 $X^{(1)}=(0,\ 0)^{\mathrm{T}}$ 时，$\nabla f(X^{(1)})=(-4,\ -6)^{\mathrm{T}}$. 有效约束指标集为 $I(X^{(1)})=\{3,4\}$，则

$$N^{(1)}=\begin{pmatrix}-1 & 0\\ 0 & -1\end{pmatrix}$$

$$\boldsymbol{R}^{(1)}=\boldsymbol{I}-\boldsymbol{N}^{(1)}(\boldsymbol{N}^{(1)\mathrm{T}}\boldsymbol{N}^{(1)})^{-1}\boldsymbol{N}^{(1)\mathrm{T}}=\boldsymbol{I}-\boldsymbol{I}=\boldsymbol{O}$$

计算时注意到，$\boldsymbol{N}^{(1)}$是非奇异的，有 $\boldsymbol{N}^{(1)}(\boldsymbol{N}^{(1)\mathrm{T}}\boldsymbol{N}^{(1)})^{-1}\boldsymbol{N}^{(1)\mathrm{T}}=\boldsymbol{I}$，因此

$$\boldsymbol{R}^{(1)}\nabla f(\boldsymbol{X}^{(1)})=(0,0)^{\mathrm{T}}$$

计算

$$\begin{aligned}\boldsymbol{\lambda}^{(1)}&=-(\boldsymbol{N}^{(1)\mathrm{T}}\boldsymbol{N}^{(1)})^{-1}\boldsymbol{N}^{(1)\mathrm{T}}\nabla f(\boldsymbol{X}^{(1)})\\&=-\boldsymbol{N}^{(1)-1}\nabla f(\boldsymbol{X}^{(1)})=(-4,-6)^{\mathrm{T}}\end{aligned}$$

$$\lambda_4^{(1)}=\min\{\lambda_i^{(1)}\mid i\in I(X^{(1)})\}=-6$$

去掉第 4 个约束，得到

$$\boldsymbol{N}^{(1)}=\begin{pmatrix}-1\\0\end{pmatrix},\boldsymbol{N}^{(1)\mathrm{T}}\boldsymbol{N}^{(1)}=1$$

所以

$$\begin{aligned}\boldsymbol{R}^{(1)}&=\boldsymbol{I}-\boldsymbol{N}^{(1)}(\boldsymbol{N}^{(1)\mathrm{T}}\boldsymbol{N}^{(1)})^{-1}\boldsymbol{N}^{(1)\mathrm{T}}\\&=\begin{pmatrix}1&0\\0&1\end{pmatrix}-\begin{pmatrix}-1\\0\end{pmatrix}(-1,0)=\begin{pmatrix}0&0\\0&1\end{pmatrix}\end{aligned}$$

$$\boldsymbol{P}^{(1)}=-\boldsymbol{R}^{(1)}\nabla f(\boldsymbol{X}^{(1)})=-\begin{pmatrix}0&0\\0&1\end{pmatrix}\begin{pmatrix}-4\\-6\end{pmatrix}=\begin{pmatrix}0\\6\end{pmatrix}$$

下面作一维搜索. 考虑目标函数

$$\varphi(\alpha)=f(\boldsymbol{X}^{(1)}+\alpha\boldsymbol{P}^{(1)})=72\alpha^2-36\alpha$$

再考虑约束条件，由于 $\boldsymbol{a}_1^{\mathrm{T}}\boldsymbol{P}^{(1)}=6>0$，$\boldsymbol{a}_2^{\mathrm{T}}\boldsymbol{P}^{(1)}=30>0$，因此

$$\alpha_{\max}=\min\left\{\frac{2-0}{6},\frac{5-0}{30}\right\}=\frac{1}{6}$$

求解一维问题

$$\begin{aligned}\min\quad&\varphi(\alpha)=72\alpha^2-36\alpha\\\text{s. t.}\quad&0\leqslant\alpha\leqslant\frac{1}{6}\end{aligned}$$

得到 $\alpha_1=\frac{1}{6}$. 置

$$\boldsymbol{X}^{(2)}=\boldsymbol{X}^{(1)}+\alpha_1\boldsymbol{P}^{(1)}=(0,0)^{\mathrm{T}}+\frac{1}{6}(0,6)^{\mathrm{T}}=(0,1)^{\mathrm{T}}$$

再进行第二轮计算. 在点 $\boldsymbol{X}^{(2)}=(0,\ 1)^{\mathrm{T}}$ 处，梯度$\nabla f(\boldsymbol{X}^{(2)})=(-6,\ -2)^{\mathrm{T}}$. 有效约束指标集为 $I(\boldsymbol{X}^{(2)})=\{2,\ 3\}$，则

$$\boldsymbol{N}^{(2)}=\begin{pmatrix}1&-1\\5&0\end{pmatrix}$$

$$\begin{aligned}\boldsymbol{R}^{(2)}&=\boldsymbol{I}-\boldsymbol{N}^{(2)}(\boldsymbol{N}^{(2)\mathrm{T}}\boldsymbol{N}^{(2)})^{-1}\boldsymbol{N}^{(2)\mathrm{T}}\\&=\boldsymbol{I}-\boldsymbol{I}=\boldsymbol{O}\end{aligned}$$

$$\boldsymbol{R}^{(2)}\nabla f(\boldsymbol{X}^{(2)})=(0,0)^{\mathrm{T}}$$

计算乘子

$$\begin{aligned}\boldsymbol{\lambda}^{(2)}&=-(\boldsymbol{N}^{(2)\mathrm{T}}\boldsymbol{N}^{(2)})^{-1}\boldsymbol{N}^{(2)\mathrm{T}}\nabla f(\boldsymbol{X}^{(2)})\\&=-\boldsymbol{N}^{(2)-1}\nabla f(\boldsymbol{X}^{(2)})\end{aligned}$$

$$= -\begin{pmatrix} 0 & \frac{1}{5} \\ -1 & \frac{1}{5} \end{pmatrix}\begin{pmatrix} -6 \\ -2 \end{pmatrix} = \begin{pmatrix} \frac{2}{5} \\ -\frac{28}{5} \end{pmatrix}$$

$$\lambda_3^{(2)} = -\frac{28}{5}$$

去掉第 3 个约束，得到

$$\boldsymbol{N}^{(2)} = \begin{pmatrix} 1 \\ 5 \end{pmatrix}, \boldsymbol{N}^{(1)\mathrm{T}}\boldsymbol{N}^{(1)} = 26$$

所以

$$\boldsymbol{R}^{(2)} = \boldsymbol{I} - \boldsymbol{N}^{(2)}(\boldsymbol{N}^{(2)\mathrm{T}}\boldsymbol{N}^{(2)})^{-1}\boldsymbol{N}^{(2)\mathrm{T}}$$

$$= \begin{pmatrix} 1 & 0 \\ 0 & 1 \end{pmatrix} - \frac{1}{26}\begin{pmatrix} 1 \\ 5 \end{pmatrix}(1,\ 5) = \begin{pmatrix} \frac{25}{26} & -\frac{5}{26} \\ -\frac{5}{26} & \frac{1}{26} \end{pmatrix}$$

$$\boldsymbol{P}^{(2)} = -\boldsymbol{R}^{(2)}\nabla f(\boldsymbol{X}^{(2)}) = -\begin{pmatrix} \frac{25}{26} & -\frac{5}{26} \\ -\frac{5}{26} & \frac{1}{26} \end{pmatrix}\begin{pmatrix} -6 \\ -2 \end{pmatrix} = \begin{pmatrix} \frac{70}{13} \\ -\frac{14}{13} \end{pmatrix}$$

由于一维搜索与模长无关，因此，为了计算方便，取

$$\boldsymbol{P}^{(2)} = (5, -1)^{\mathrm{T}}$$

下面作一维搜索. 考虑目标函数

$$\varphi(\alpha) = f(\boldsymbol{X}^{(2)} + \alpha\boldsymbol{P}^{(2)}) = 62\alpha^2 - 28\alpha - 4$$

再考虑约束条件，由于 $\boldsymbol{a}_1^{\mathrm{T}}\boldsymbol{P}^{(2)} = 4 > 0$，$\boldsymbol{a}_4^{\mathrm{T}}\boldsymbol{P}^{(2)} = 1 > 0$，因此

$$\alpha_{\max} = \min\left\{\frac{2-1}{4}, \frac{0+1}{1}\right\} = \frac{1}{4}$$

求解一维问题

$$\begin{aligned} \min \quad & \varphi(\alpha) = 62\alpha^2 - 28\alpha - 4 \\ \text{s.t.} \quad & 0 \leqslant \alpha \leqslant \frac{1}{4} \end{aligned}$$

得到 $\alpha_1 = \frac{7}{31}$. 置

$$\boldsymbol{X}^{(3)} = \boldsymbol{X}^{(2)} + \alpha_2\boldsymbol{P}^{(2)} = (0,1)^{\mathrm{T}} + \frac{7}{31}(5,-1)^{\mathrm{T}} = \left(\frac{35}{31}, \frac{24}{31}\right)^{\mathrm{T}}$$

最后进行第三轮计算. 在点 $\boldsymbol{X}^{(3)}$ 处，梯度 $\nabla f(\boldsymbol{X}^{(3)}) = \left(-\frac{32}{31},\ -\frac{160}{31}\right)^{\mathrm{T}}$，有效约束指标集为 $I(x^{(3)}) = \{2\}$，于是

$$\boldsymbol{N}^{(3)} = \begin{pmatrix} 1 \\ 5 \end{pmatrix}, \boldsymbol{R}^{(3)} = \begin{pmatrix} \frac{25}{26} & -\frac{5}{26} \\ -\frac{5}{26} & \frac{1}{26} \end{pmatrix},$$

$$\boldsymbol{R}^{(3)}\nabla f(\boldsymbol{X}^{(2)}) = \begin{pmatrix} 0 \\ 0 \end{pmatrix}, \text{计算乘子}$$

$$\boldsymbol{\lambda}^{(3)}=-\frac{1}{26}(1,5)\begin{pmatrix}-\dfrac{32}{31}\\-\dfrac{160}{31}\end{pmatrix}=\frac{32}{31}$$

所以，$\boldsymbol{X}^{(3)}=\left(\frac{35}{31},\ \frac{24}{31}\right)^{\mathrm{T}}$ 为最优解，相应的乘子为 $\boldsymbol{\lambda}^{*}=\left(0,\ \frac{32}{31},\ 0,\ 0\right)^{\mathrm{T}}$.

例5-6的计算结果见图5-13和表5-4.

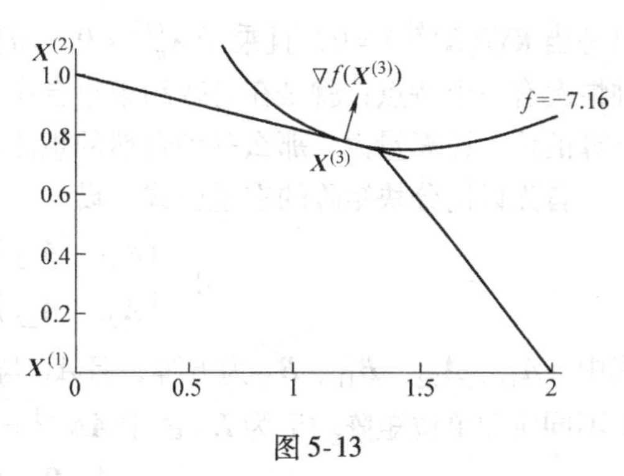

图5-13

表5-4

k	$\boldsymbol{X}^{(k)}$	$f(\boldsymbol{X}^{(k)})$	$\nabla f(\boldsymbol{X}^{(k)})$	$I(\boldsymbol{X}^{(k)})$	$\boldsymbol{N}^{(k)}$
1	(0, 0)	0	(−4, −6)	{3, 4} {3}	$\begin{pmatrix}-1&0\\0&-1\end{pmatrix}$ $\begin{pmatrix}-1\\0\end{pmatrix}$
2	(0, 1)	−4	(−6, −2)	{2, 3} {2}	$\begin{pmatrix}1&-1\\5&0\end{pmatrix}$ $\begin{pmatrix}1\\5\end{pmatrix}$
3	$\left(\frac{35}{31},\ \frac{24}{31}\right)$	−7.16	$\left(-\frac{32}{31},\ -\frac{160}{31}\right)$	{2}	$\begin{pmatrix}1\\5\end{pmatrix}$

k	$\boldsymbol{R}^{(k)}$	$\boldsymbol{P}^{(k)}$	$\boldsymbol{\lambda}^{(k)}$	$\alpha_{\max}$	α_k
1	$\begin{pmatrix}0&0\\0&0\end{pmatrix}$ $\begin{pmatrix}0&0\\0&1\end{pmatrix}$	(0, 0) (0, 6)	(−4, −6) —	— $\frac{1}{6}$	— $\frac{1}{6}$
2	$\begin{pmatrix}0&0\\0&0\end{pmatrix}$ $\begin{pmatrix}\frac{25}{26}&-\frac{5}{26}\\-\frac{5}{26}&\frac{1}{26}\end{pmatrix}$	(0, 0) (5, −1)	$\left(\frac{2}{5},\ -\frac{28}{5}\right)$ —	— $\frac{1}{4}$	— $\frac{7}{31}$
3	$\begin{pmatrix}\frac{25}{26}&-\frac{5}{26}\\-\frac{5}{26}&\frac{1}{26}\end{pmatrix}$	(0, 0)	$\frac{32}{31}$		

5.5.3 投影矩阵 $\boldsymbol{R}^{(k)}$ 和 $(\boldsymbol{N}^{(k)\mathrm{T}}\boldsymbol{N}^{(k)})^{-1}$ 的计算

投影梯度法在求解线性约束问题的过程中，会出现两种情况：第一种是当 $\alpha_k=\alpha_{\max}$ 时，在 $\boldsymbol{X}^{(k+1)}$ 处增加一个有效约束，因此需要重新计算投影矩阵和相应的乘子向量；第二种情

况是当 $\boldsymbol{R}\nabla f(\boldsymbol{X}^{(k)})=0$，且乘子 $\lambda_q^{(k)}<0$，需要去掉第 q 个约束，也需要计算投影矩阵. 这两种情况有一个特点：就是在有效约束集合中增加或减少一个约束，如果按投影矩阵公式直接计算的话，计算量大. 那么一种自然的想法，就是能否找到减少计算量的计算方法.

首先讨论分块矩阵的求逆公式. 设

$$\boldsymbol{A}=\begin{pmatrix}\boldsymbol{A}_{11} & \boldsymbol{A}_{12}\\ \boldsymbol{A}_{21} & \boldsymbol{A}_{22}\end{pmatrix},\boldsymbol{A}^{-1}=\begin{pmatrix}\boldsymbol{B}_{11} & \boldsymbol{B}_{12}\\ \boldsymbol{B}_{21} & \boldsymbol{B}_{22}\end{pmatrix} \tag{5-88}$$

式中，$\boldsymbol{A}_{11}$、$\boldsymbol{A}_{22}$、$\boldsymbol{B}_{11}$、$\boldsymbol{B}_{22}$ 为方阵，且 $\boldsymbol{A}_{11}$ 与 $\boldsymbol{B}_{11}$、$\boldsymbol{A}_{22}$ 与 $\boldsymbol{B}_{22}$ 的阶数相同. 为了简单起见，对于不同阶和单位矩阵均记为 $\boldsymbol{I}$. 由于 $\boldsymbol{A}\boldsymbol{A}^{-1}=\boldsymbol{I}$，故有

$$\boldsymbol{A}_{11}\boldsymbol{B}_{12}+\boldsymbol{A}_{12}\boldsymbol{B}_{22}=\boldsymbol{O} \tag{5-89}$$

$$\boldsymbol{A}_{21}\boldsymbol{B}_{12}+\boldsymbol{A}_{22}\boldsymbol{B}_{22}=\boldsymbol{I} \tag{5-90}$$

由式（5-89）得到

$$\boldsymbol{B}_{12}=-\boldsymbol{A}_{11}^{-1}\boldsymbol{A}_{12}\boldsymbol{B}_{22} \tag{5-91}$$

将式（5-91）代入式（5-90），得到

$$-\boldsymbol{A}_{21}\boldsymbol{A}_{11}^{-1}\boldsymbol{A}_{12}\boldsymbol{B}_{22}+\boldsymbol{A}_{22}\boldsymbol{B}_{22}=\boldsymbol{I}$$

化简得

$$(\boldsymbol{A}_{22}-\boldsymbol{A}_{21}\boldsymbol{A}_{11}^{-1}\boldsymbol{A}_{12})\boldsymbol{B}_{22}=\boldsymbol{I} \tag{5-92}$$

记

$$\boldsymbol{A}_0=(\boldsymbol{A}_{22}-\boldsymbol{A}_{21}\boldsymbol{A}_{11}^{-1}\boldsymbol{A}_{12}) \tag{5-93}$$

由式（5-92）得到

$$\boldsymbol{B}_{22}=\boldsymbol{A}_0^{-1} \tag{5-94}$$

代入式（5-91）得到

$$\boldsymbol{B}_{12}=-\boldsymbol{A}_{11}^{-1}\boldsymbol{A}_{12}\boldsymbol{A}_0^{-1} \tag{5-95}$$

同样，由 $\boldsymbol{A}^{-1}\boldsymbol{A}=\boldsymbol{I}$，得到

$$\boldsymbol{B}_{11}\boldsymbol{A}_{11}+\boldsymbol{B}_{12}\boldsymbol{A}_{21}=\boldsymbol{I} \tag{5-96}$$

$$\boldsymbol{B}_{21}\boldsymbol{A}_{11}+\boldsymbol{B}_{22}\boldsymbol{A}_{21}=\boldsymbol{O} \tag{5-97}$$

由式（5-97）和式（5-94）得到

$$\boldsymbol{B}_{21}=-\boldsymbol{B}_{22}\boldsymbol{A}_{21}\boldsymbol{A}_{11}^{-1}=-\boldsymbol{A}_0^{-1}\boldsymbol{A}_{21}\boldsymbol{A}_{11}^{-1} \tag{5-98}$$

由式（5-96）和式（5-95）得到

$$\boldsymbol{B}_{11}=\boldsymbol{A}_{11}^{-1}-\boldsymbol{B}_{12}\boldsymbol{A}_{21}\boldsymbol{A}_{11}^{-1}=\boldsymbol{A}_{11}^{-1}+\boldsymbol{A}_{11}^{-1}\boldsymbol{A}_{12}\boldsymbol{A}_0^{-1}\boldsymbol{A}_{21}\boldsymbol{A}_{11}^{-1} \tag{5-99}$$

因此，若已知矩阵 $\boldsymbol{A}_{11}$ 的逆，就可计算出矩阵 $\boldsymbol{A}$ 的逆矩阵. 这样做比直接求 $\boldsymbol{A}^{-1}$ 计算量少得多.

反之，若已知矩阵 $\boldsymbol{A}^{-1}$，由式（5-96）和式（5-97）得到

$$\boldsymbol{B}_{11}=\boldsymbol{A}_{11}^{-1}-\boldsymbol{B}_{12}\boldsymbol{A}_{21}\boldsymbol{A}_{11}^{-1} \tag{5-100}$$

$$\boldsymbol{B}_{21}+\boldsymbol{B}_{22}\boldsymbol{A}_{21}\boldsymbol{A}_{11}^{-1}=\boldsymbol{O} \tag{5-101}$$

将式（5-101）代入式（5-100），得到

$$\boldsymbol{B}_{11}=\boldsymbol{A}_{11}^{-1}+\boldsymbol{B}_{12}\boldsymbol{B}_{22}^{-1}\boldsymbol{B}_{21}$$

即

$$\boldsymbol{A}_{11}^{-1}=\boldsymbol{B}_{11}-\boldsymbol{B}_{12}\boldsymbol{B}_{22}^{-1}\boldsymbol{B}_{21} \tag{5-102}$$

下面讨论投影矩阵 $\boldsymbol{R}$ 和矩阵 $(\boldsymbol{N}^{\mathrm{T}}\boldsymbol{N})^{-1}$ 的计算.

（1）不妨设

$$\boldsymbol{N}=(\boldsymbol{a}_1,\boldsymbol{a}_2,\cdots,\boldsymbol{a}_{p-1}) \tag{5-103}$$

$$\boldsymbol{R}=\boldsymbol{I}-\boldsymbol{N}(\boldsymbol{N}^{\mathrm{T}}\boldsymbol{N})^{-1}\boldsymbol{N}^{\mathrm{T}} \tag{5-104}$$

现增加一个约束 p，设

$$\tilde{\boldsymbol{N}}=[\boldsymbol{N},\boldsymbol{a}_p] \tag{5-105}$$

$$\tilde{\boldsymbol{R}}=\boldsymbol{I}-\tilde{\boldsymbol{N}}(\tilde{\boldsymbol{N}}^{\mathrm{T}}\tilde{\boldsymbol{N}})^{-1}\tilde{\boldsymbol{N}}^{\mathrm{T}} \tag{5-106}$$

下面求出计算 $\tilde{\boldsymbol{R}}$ 和 $(\tilde{\boldsymbol{N}}^{\mathrm{T}}\tilde{\boldsymbol{N}})^{-1}$ 的计算公式，令

$$\boldsymbol{A}=\tilde{\boldsymbol{N}}^{\mathrm{T}}\tilde{\boldsymbol{N}}=\begin{pmatrix}\boldsymbol{N}^{\mathrm{T}}\\ \boldsymbol{a}_p^{\mathrm{T}}\end{pmatrix}(\boldsymbol{N},\boldsymbol{a}_p)=\begin{pmatrix}\boldsymbol{N}^{\mathrm{T}}\boldsymbol{N} & \boldsymbol{N}^{\mathrm{T}}\boldsymbol{a}_p\\ \boldsymbol{a}_p^{\mathrm{T}}\boldsymbol{N} & \boldsymbol{a}_p^{\mathrm{T}}\boldsymbol{a}_p\end{pmatrix}=\begin{pmatrix}\boldsymbol{A}_{11} & \boldsymbol{A}_{12}\\ \boldsymbol{A}_{21} & \boldsymbol{A}_{22}\end{pmatrix} \tag{5-107}$$

和

$$(\tilde{\boldsymbol{N}}^{\mathrm{T}}\tilde{\boldsymbol{N}})^{-1}=\boldsymbol{B}=\begin{pmatrix}\boldsymbol{B}_{11} & \boldsymbol{B}_{12}\\ \boldsymbol{B}_{21} & \boldsymbol{B}_{22}\end{pmatrix} \tag{5-108}$$

由式（5-93）~式（5-99），得到

$$\begin{aligned}\boldsymbol{A}_0&=(\boldsymbol{A}_{22}-\boldsymbol{A}_{21}\boldsymbol{A}_{11}^{-1}\boldsymbol{A}_{12})=\boldsymbol{a}_p^{\mathrm{T}}\boldsymbol{a}_p-\boldsymbol{a}_p^{\mathrm{T}}\boldsymbol{N}(\boldsymbol{N}^{\mathrm{T}}\boldsymbol{N})^{-1}\boldsymbol{N}^{\mathrm{T}}\boldsymbol{a}_p\\&=\boldsymbol{a}_p^{\mathrm{T}}(\boldsymbol{I}-\boldsymbol{N}(\boldsymbol{N}^{\mathrm{T}}\boldsymbol{N})^{-1}\boldsymbol{N}^{\mathrm{T}})\boldsymbol{a}_p=\boldsymbol{a}_p^{\mathrm{T}}\boldsymbol{R}\boldsymbol{a}_p\end{aligned} \tag{5-109}$$

因此，

$$\boldsymbol{B}_{22}=\boldsymbol{A}_0^{-1}=(\boldsymbol{a}_p^{\mathrm{T}}\boldsymbol{R}\boldsymbol{a}_p)^{-1} \tag{5-110}$$

$$\boldsymbol{B}_{12}=-\boldsymbol{A}_{11}^{-1}\boldsymbol{A}_{12}\boldsymbol{A}_0^{-1}=-\frac{(\boldsymbol{N}^{\mathrm{T}}\boldsymbol{N})^{-1}\boldsymbol{N}^{\mathrm{T}}\boldsymbol{a}_p}{\boldsymbol{a}_p^{\mathrm{T}}\boldsymbol{R}\boldsymbol{a}_p} \tag{5-111}$$

$$\boldsymbol{B}_{21}=-\boldsymbol{A}_0^{-1}\boldsymbol{A}_{21}\boldsymbol{A}_{11}^{-1}=-\frac{\boldsymbol{a}_p^{\mathrm{T}}\boldsymbol{N}(\boldsymbol{N}^{\mathrm{T}}\boldsymbol{N})^{-1}}{\boldsymbol{a}_p^{\mathrm{T}}\boldsymbol{R}\boldsymbol{a}_p} \tag{5-112}$$

$$\begin{aligned}\boldsymbol{B}_{11}&=\boldsymbol{A}_{11}^{-1}+\boldsymbol{A}_{11}^{-1}\boldsymbol{A}_{12}\boldsymbol{A}_0^{-1}\boldsymbol{A}_{21}\boldsymbol{A}_{11}^{-1}\\&=(\boldsymbol{N}^{\mathrm{T}}\boldsymbol{N})^{-1}+\frac{(\boldsymbol{N}^{\mathrm{T}}\boldsymbol{N})^{-1}\boldsymbol{N}^{\mathrm{T}}\boldsymbol{a}_p\boldsymbol{a}_p^{\mathrm{T}}\boldsymbol{N}(\boldsymbol{N}^{\mathrm{T}}\boldsymbol{N})^{-1}}{\boldsymbol{a}_p^{\mathrm{T}}\boldsymbol{R}\boldsymbol{a}_p}\end{aligned} \tag{5-113}$$

由式（5-110）~式（5-113）可计算出 $(\tilde{\boldsymbol{N}}^{\mathrm{T}}\tilde{\boldsymbol{N}})^{-1}$，并经整理得到

$$\begin{aligned}\tilde{\boldsymbol{R}}&=\boldsymbol{I}-\tilde{\boldsymbol{N}}(\tilde{\boldsymbol{N}}^{\mathrm{T}}\tilde{\boldsymbol{N}})^{-1}\tilde{\boldsymbol{N}}^{\mathrm{T}}\\&=\boldsymbol{I}-(\boldsymbol{N},\boldsymbol{a}_p)\begin{pmatrix}\boldsymbol{B}_{11} & \boldsymbol{B}_{12}\\ \boldsymbol{B}_{21} & \boldsymbol{B}_{22}\end{pmatrix}\begin{pmatrix}\boldsymbol{N}^{\mathrm{T}}\\ \boldsymbol{a}_p^{\mathrm{T}}\end{pmatrix}\\&=\boldsymbol{R}-\frac{\boldsymbol{R}\boldsymbol{a}_p\boldsymbol{a}_p^{\mathrm{T}}\boldsymbol{R}}{\boldsymbol{a}_p^{\mathrm{T}}\boldsymbol{R}\boldsymbol{a}_p}\end{aligned} \tag{5-114}$$

上式（5-114）可直接计算 $\tilde{\boldsymbol{R}}$，其计算量相当小.

（2）当 $\lambda_p<0$ 时，$\tilde{\boldsymbol{N}}$ 是从 $\boldsymbol{N}$ 中去掉 λ_q 对应的列 $\boldsymbol{a}_q$，不妨设

$$\boldsymbol{N}=[\tilde{\boldsymbol{N}},\boldsymbol{a}_q]$$

此时

$$N^{\mathrm{T}}N=\begin{pmatrix}\tilde{N}^{\mathrm{T}}\tilde{N} & \tilde{N}^{\mathrm{T}}a_q\\ a_q^{\mathrm{T}}\tilde{N} & a_q^{\mathrm{T}}a_q\end{pmatrix}=\begin{pmatrix}A_{11} & A_{12}\\ A_{21} & A_{22}\end{pmatrix}$$

由于

$$(N^{\mathrm{T}}N)^{-1}=\begin{pmatrix}B_{11} & B_{12}\\ B_{21} & B_{22}\end{pmatrix}$$

已知，则由式（5-102）得到矩阵 $\tilde{N}^{\mathrm{T}}\tilde{N}$ 的计算公式，然后再计算出相应的 $\tilde{R}$.

5.6 既约梯度法

既约梯度法（Reduced Gradient Method）是由 Wolfe 在 1963 年提出的一种可行方向法，因此也称为 Wolfe 既约梯度法. 它的基本思想是将求解线性规划的单纯形法推广到求解非线性规划问题.

考虑线性约束问题

$$\min f(X),X\in\mathbf{R}^n$$
$$\text{s. t.}\begin{cases}AX=b\\ X\geqslant 0\end{cases}\tag{5-115}$$

其中，$A=A_{m\times n}$，$m<n$，$\mathrm{rank}(A)=m$. 进一步假设，A 的任意 m 列均是线性无关的.

设 X 是可行点，不妨设

$$A=[B,N]\tag{5-116}$$

其中，$B=B_{m\times m}$是可逆矩阵. 此时相应的分解为

$$X^{\mathrm{T}}=(X_B^{\mathrm{T}},X_N^{\mathrm{T}})\tag{5-117}$$

其中，$X_B>0$ 称为基变量，$X_N\geqslant 0$ 称为非基变量. 梯度$\nabla f(X)$ 也作相应的划分

$$\nabla f(X)^{\mathrm{T}}=(\nabla_B f(X)^{\mathrm{T}},\nabla_B f(X)^{\mathrm{T}})\tag{5-118}$$

设 P 是约束问题（式 5-115）的可行方向，则 P 就满足

$$AP=0\tag{5-119}$$

$$P_j\geqslant 0\quad(\text{当 } x_j=0 \text{ 时})\tag{5-120}$$

对 P 作相应的划分，令

$$P^{\mathrm{T}}=(P_B^{\mathrm{T}},P_N^{\mathrm{T}})\tag{5-121}$$

由式（5-116），式（5-119）化为

$$BP_B+NP_N=0\tag{5-122}$$

因此

$$P_B=-B^{-1}NP_N\tag{5-123}$$

进一步，若 P 满足

$$\nabla f(X)^{\mathrm{T}}P<0\tag{5-124}$$

则 P 是 X 处的下降方向. 将式（5-124）改写成

$$\nabla_B f(X)^{\mathrm{T}}P_B+\nabla_N f(X)^{\mathrm{T}}P_N<0\tag{5-125}$$

并将式（5-123）代入式（5-125），得到

$$(\nabla_N f(X)^{\mathrm{T}}-\nabla_B f(X)^{\mathrm{T}}B^{-1}N)P_N<0\tag{5-126}$$

令

$$
\begin{aligned}
\boldsymbol{r}^{\mathrm{T}} &= (\boldsymbol{r}_{\boldsymbol{B}}^{\mathrm{T}}, \boldsymbol{r}_{\boldsymbol{N}}^{\mathrm{T}}) \\
&= \nabla f(\boldsymbol{X})^{\mathrm{T}} - \nabla_{\boldsymbol{B}} f(\boldsymbol{X})^{\mathrm{T}} \boldsymbol{B}^{-1} \boldsymbol{A} \\
&= (\nabla_{\boldsymbol{B}} f(\boldsymbol{X})^{\mathrm{T}}, \nabla_{\boldsymbol{N}} f(\boldsymbol{X})^{\mathrm{T}}) - \nabla_{\boldsymbol{B}} f(\boldsymbol{X})^{\mathrm{T}} \boldsymbol{B}^{-1} (\boldsymbol{B}, \boldsymbol{N}) \\
&= (0, \nabla_{\boldsymbol{N}} f(\boldsymbol{X})^{\mathrm{T}} - \nabla_{\boldsymbol{B}} f(\boldsymbol{X})^{\mathrm{T}} \boldsymbol{B}^{-1} \boldsymbol{N})
\end{aligned} \tag{5-127}
$$

称 $\boldsymbol{r}$ 为目标函数 $f(\boldsymbol{X})$ 在 $\boldsymbol{X}$ 处的**既约梯度**（Reduced Gradient）.

由上述推导可知，$\boldsymbol{P}$ 满足

$$\boldsymbol{P}_{\boldsymbol{B}} = -\boldsymbol{B}^{-1} \boldsymbol{N} \boldsymbol{P}_{\boldsymbol{N}} \tag{5-128}$$

$$d_j \geqslant 0 \quad (当\ x_j = 0) \tag{5-129}$$

$$\boldsymbol{r}_{\boldsymbol{N}}^{\mathrm{T}} \boldsymbol{P}_{\boldsymbol{N}} < 0 \tag{5-130}$$

则 $\boldsymbol{P}$ 是 $\boldsymbol{X}$ 处的可行下降方向. 因此，可以按照如下方法选择 $\boldsymbol{P}_{\boldsymbol{N}}$. 设 P_j 是 $\boldsymbol{P}_{\boldsymbol{N}}$ 的分量，令

$$P_j = \begin{cases} -r_j, & 当\ r_j \leqslant 0 \\ -x_j r_j, & 当\ r_j > 0 \end{cases} \quad j \in N \tag{5-131}$$

其中，N 表示非基变量指标集.

定理 5-13　设 $\boldsymbol{X}$ 是可行点，$f(\boldsymbol{X})$ 具有连续的一阶偏导数，令 $\boldsymbol{X} = \begin{pmatrix} \boldsymbol{X}_{\boldsymbol{B}} \\ \boldsymbol{X}_{\boldsymbol{N}} \end{pmatrix}$，$\boldsymbol{X}_{\boldsymbol{B}} > 0$，$\boldsymbol{A} = (\boldsymbol{B}, \boldsymbol{N})$，且 $\boldsymbol{B}^{-1}$存在，$\boldsymbol{r}^{\mathrm{T}} = \nabla f(\boldsymbol{X})^{\mathrm{T}} - \nabla_{B} f(\boldsymbol{X})^{\mathrm{T}} \boldsymbol{B}^{-1} \boldsymbol{A}$，$\boldsymbol{P} \in \mathbf{R}^n$ 是按式（5-131）和式（5-128）构造的. 如果 $\boldsymbol{P} \neq \boldsymbol{0}$，则 $\boldsymbol{P}$ 是可行下降方向. 进一步，$\boldsymbol{P} = \boldsymbol{0}$ 的充分必要条件是：$\boldsymbol{X}$ 是 K－T 点.

证明　显然由式（5-131）构造的 P_j 满足式（5-129），因此 $\boldsymbol{P}$ 是可行方向.

下面证明 $\boldsymbol{P}$ 是下降方向. 即证明 $\boldsymbol{P}$ 满足式（5-130）. 由式（5-131）得到

$$
\begin{aligned}
\boldsymbol{r}_{\boldsymbol{N}}^{\mathrm{T}} \boldsymbol{d}_{\boldsymbol{N}} &= \sum_{j \in N} r_j d_j = \sum_{r_j \leqslant 0} r_j d_j + \sum_{r_j > 0} r_j d_j \\
&= -\sum_{r_j \leqslant 0} r_j^2 - \sum_{r_j > 0} x_j r_j^2 \leqslant 0
\end{aligned} \tag{5-132}
$$

因为 $\boldsymbol{P} \neq \boldsymbol{0}$，$\boldsymbol{P}_N \neq \boldsymbol{0}$，因此存在 $r_j < 0$ 或 $x_j > 0$ 且 $r_j > 0$. 因此式（5-132）中小于号严格成立.

最后证明定理的第二部分.

约束问题（式 5-115）的局部解的 K－T 条件为，存在 $\boldsymbol{u}$、v 使得

$$\nabla f(\boldsymbol{X}) + \boldsymbol{A}^{\mathrm{T}} \boldsymbol{u} - v = \boldsymbol{0} \tag{5-133}$$

$$v \geqslant \boldsymbol{0} \tag{5-134}$$

$$v^{\mathrm{T}} \boldsymbol{X} = \boldsymbol{0} \tag{5-135}$$

对 v 作划分，令 $v^{\mathrm{T}} = (v_{\boldsymbol{B}}^{\mathrm{T}}, v_{\boldsymbol{N}}^{\mathrm{T}})$，由式（5-134）和 $\boldsymbol{X} \geqslant \boldsymbol{0}$ 可知式（5-135）等价于

$$v_{\boldsymbol{B}}^{\mathrm{T}} \boldsymbol{X}_{\boldsymbol{B}} = \boldsymbol{0} \quad 和 \quad v_{\boldsymbol{N}}^{\mathrm{T}} \boldsymbol{X}_{\boldsymbol{N}} = \boldsymbol{0} \tag{5-136}$$

注意到 $\boldsymbol{X}_{\boldsymbol{B}} > \boldsymbol{0}$，因此 $v_{\boldsymbol{B}} = \boldsymbol{0}$. 这样式（5-133）化为

$$\nabla_{\boldsymbol{B}} f(\boldsymbol{X})^{\mathrm{T}} + \boldsymbol{u}^{\mathrm{T}} \boldsymbol{B} = \boldsymbol{0} \tag{5-137}$$

$$\nabla_{\boldsymbol{N}} f(\boldsymbol{X})^{\mathrm{T}} + \boldsymbol{u}^{\mathrm{T}} \boldsymbol{N} - v_{\boldsymbol{N}}^{\mathrm{T}} = \boldsymbol{0} \tag{5-138}$$

由式（5-137）可知

$$\boldsymbol{u}^{\mathrm{T}} = -\nabla_{\boldsymbol{B}} f(\boldsymbol{X})^{\mathrm{T}} \boldsymbol{B}^{-1} \tag{5-139}$$

将式（5-139）代入式（5-138），得到

$$u_N^{\mathrm{T}} = \nabla_N f(\boldsymbol{X})^{\mathrm{T}} - \nabla_B f(\boldsymbol{X})^{\mathrm{T}} \boldsymbol{B}^{-1} \boldsymbol{N} = \boldsymbol{r}_N^{\mathrm{T}} \tag{5-140}$$

因此 K－T 条件转化为

$$\boldsymbol{r}_N \geqslant \boldsymbol{0} \tag{5-141}$$

$$\boldsymbol{r}_N^{\mathrm{T}} \boldsymbol{X}_N = \boldsymbol{0} \tag{5-142}$$

当 $\boldsymbol{P}=\boldsymbol{0}$ 时，即 $\boldsymbol{P}_N=\boldsymbol{0}$，因此有

$$r_j = 0 \tag{5-143}$$

或者

$$x_j r_j = 0 \text{ 且 } r_j > 0 \tag{5-144}$$

即式（5-141）和式（5-142）成立. 因此 $\boldsymbol{X}$ 是 K－T 点.

反过来，若 $\boldsymbol{X}$ 是 K－T 点，则式（5-141）和式（5-142）成立. 由式（5-131）得 $P_j = 0$. 即 $\boldsymbol{P}_N=\boldsymbol{0}$. 因此 $\boldsymbol{P}_B=\boldsymbol{0}$，从而 $\boldsymbol{P}=\boldsymbol{0}$.

一维搜索

类似于第 4 节的讨论，这里讨论既约梯度法中一维搜索的搜索区间. 由式（5-131）可知，当 $x_j=0$ 时，有 $P_j \geqslant 0$，因此不会破坏 $\boldsymbol{X}$ 的可行性. 只有当 $x_j>0$ 且 $P_j<0$ 时，可行性才有可能被破坏.

因此取

$$\alpha_{\max} = \min\left\{ -\frac{x_j}{P_j} \mid P_j < 0 \text{ 且 } x_j > 0 \right\}$$

当 $\{P_j<0 \text{ 且 } x_j>0\}=\varnothing$时，取 $\alpha_{\max}=+\infty$.

算法（既约梯度法）

（1）取初始可行点 $\boldsymbol{X}^{(1)}$，即 $\boldsymbol{X}^{(1)}$满足

$$\boldsymbol{A}\boldsymbol{X}^{(1)} = \boldsymbol{b}$$
$$\boldsymbol{X}^{(1)} \geqslant 0$$

置 $k=1$.

（2）构造指标集

$$J_k = \{ j \mid x_j \text{ 是 } \boldsymbol{X}^{(k)} \text{ 的 } m \text{ 个最大分量之一} \}$$

并计算

$$B = (a_j \mid j \in J_k)$$
$$N = (a_j \mid j \notin J_k)$$
$$\boldsymbol{r}_N^{\mathrm{T}} = \nabla_N f(\boldsymbol{X}^{(k)})^{\mathrm{T}} - \nabla_B f(\boldsymbol{X}^{(k)})^{\mathrm{T}} \boldsymbol{B}^{-1} \boldsymbol{N}$$
$$P_j^{(k)} = \begin{cases} -r_j, & \text{当 } r_j \leqslant 0 \\ -x_j r_j, & \text{当 } r_j > 0 \end{cases} \quad j \notin J_k$$
$$\boldsymbol{P}_B^{(k)} = -\boldsymbol{B}^{-1} \boldsymbol{N} \boldsymbol{P}_N^{(k)}$$

（3）若 $\boldsymbol{P}^{(k)}=0$，则停止计算（$\boldsymbol{X}^{(k)}$作为最优解）；否则求解一维问题

$$\min \varphi(\alpha) = f(\boldsymbol{X}^{(k)} + \alpha \boldsymbol{P}^{(k)})$$
$$\text{s. t. } \quad 0 \leqslant \alpha \leqslant \alpha_{\max}$$

其中

$$\alpha_{\max} = \begin{cases} \min\left\{ \dfrac{-x_j^{(k)}}{P_j^{(k)}} \mid P_j^{(k)} < 0 \text{ 且 } x_j^{(k)} > 0 \right\} \\ +\infty, \{ P_j^{(k)} < 0 \text{ 且 } x_j^{(k)} > 0 \} = \varnothing \end{cases}$$

得到 α_k，置

$$X^{(k+1)}=X^{(k)}+\alpha_k P^{(k)}$$

（4）置 $k=k+1$，转（2）．在实际计算中，算法第（3）步 $P^{(k)}=\mathbf{0}$ 可改为 $\|P^{(k)}\|\leqslant\varepsilon$，其中 ε 是预先指定的精度.

［**例 5-7**］　用既约梯度法求解线性约束问题

$$\min\quad f(X)=2x_1^2-2x_1x_2+2x_2^2-4x_1-6x_2$$

$$\text{s. t.}\quad\begin{cases}x_1+x_2+x_3=2\\x_1+5x_2+x_4=5\\x_1,x_2,x_3,x_4\geqslant 0\end{cases}$$

取初始点 $X^{(1)}=(0,0,2,5)^{\mathrm{T}}$.

解

$$\nabla f(X)=(4x_1-2x_2-4,-2x_1+4x_2-6,0,0)^{\mathrm{T}}$$

因为 $X^{(1)}=(0,0,2,5)^{\mathrm{T}}$，所以

$$J_1=\{3,4\}$$

$$B=(a_3,a_4)=\begin{pmatrix}1&0\\0&1\end{pmatrix}$$

$$N=(a_1,a_2)=\begin{pmatrix}1&1\\1&5\end{pmatrix}$$

$$\nabla f(X^{(1)})^{\mathrm{T}}=(-4,-6,0,0)$$

$$\nabla_B f(X^{(1)})^{\mathrm{T}}=(0,0)$$

因此

$$\begin{aligned}r^{\mathrm{T}}&=\nabla f(X^{(1)})^{\mathrm{T}}-\nabla_B f(X^{(1)})^{\mathrm{T}}B^{-1}A\\&=(-4,-6,0,0)-(0,0)\begin{pmatrix}1&0\\0&1\end{pmatrix}\begin{pmatrix}1&1&1&0\\1&5&0&1\end{pmatrix}\\&=(-4,-6,0,0)\end{aligned}$$

所以

$$r_N^{\mathrm{T}}=(-4,-6)$$

注意，既约梯度类似于求解线性规划的单纯形法中的目标行的计算，并且有 $r_B=0$. 列出表格如下：

		x_1	x_2	x_3	x_4
$X^{(1)}$		0	0	2	5
$\nabla f(X^{(1)})$		-4	-6	0	0
$\nabla_B f(X^{(1)})=\begin{pmatrix}0\\0\end{pmatrix}$	x_3	1	1	1	0
	x_4	1	5	0	1
r		-4	-6	0	0

$r_1=-4<0$，$r_2=-6<0$，得到

$$P_N=\begin{pmatrix}d_1\\d_2\end{pmatrix}=\begin{pmatrix}4\\6\end{pmatrix}$$

$$P_B=\begin{pmatrix}d_3\\d_4\end{pmatrix}=-B^{-1}NP_N=-\begin{pmatrix}1&1\\1&5\end{pmatrix}\begin{pmatrix}4\\6\end{pmatrix}=\begin{pmatrix}-10\\-34\end{pmatrix}$$

因此，搜索方向为

$$P^{(1)}=(4,6,-10,-34)^{\mathrm{T}}$$

求解一维问题，这里

$$\alpha_{\max}=\min\left\{\frac{-2}{-10},\frac{-5}{-34}\right\}=\frac{5}{34}$$

$$\varphi(\alpha)=56\alpha^2-52\alpha$$

因此

$$\alpha_1=\alpha_{\max}=\frac{5}{34}$$

$$X^{(2)}=X^{(1)}+\alpha_1P^{(1)}=\left(\frac{10}{17},\frac{15}{17},\frac{9}{17},0\right)^{\mathrm{T}}$$

下面作第二轮计算，在 $X^{(2)}$ 处，有

$$J_2=\{1,2\}$$

$$B=(a_1,a_2)=\begin{pmatrix}1&1\\1&5\end{pmatrix}$$

$$N=(a_3,a_4)=\begin{pmatrix}1&0\\0&1\end{pmatrix}$$

$$\nabla f(X^{(2)})^{\mathrm{T}}=\left(-\frac{58}{17},-\frac{62}{17},0,0\right)$$

得到：

		x_1	x_2	x_3	x_4
$X^{(2)}$		$\frac{10}{17}$	$\frac{15}{17}$	$\frac{9}{17}$	0
$\nabla f(X^{(2)})$		$-\frac{58}{17}$	$-\frac{62}{17}$	0	0
$\nabla_B f(X^{(2)})=\begin{pmatrix}-\frac{58}{17}\\-\frac{62}{17}\end{pmatrix}$	x_1	1	1	1	0
	x_2	1	5	0	1

对上表分别以 α_{11}、α_{22} 为中心作两次转轴运算，将 $\nabla f(X^{(2)})$ 中对应的基变量的元素化为0，补到最后一行得到既约梯度 r（有关的证明略），由此有：

		x_1	x_2	x_3	x_4
$X^{(2)}$		$\frac{10}{17}$	$\frac{15}{17}$	$\frac{9}{17}$	0
$\nabla f(X^{(2)})$		$-\frac{58}{17}$	$-\frac{62}{17}$	0	0
$\nabla_B f(X^{(2)})=\begin{pmatrix}-\frac{58}{17}\\-\frac{62}{17}\end{pmatrix}$	x_1	1	0	$\frac{5}{4}$	$-\frac{1}{4}$
	x_2	0	1	$-\frac{1}{4}$	$\frac{1}{4}$
r		0	0	$\frac{57}{17}$	$\frac{1}{17}$

此时，$r_3=\frac{57}{17}>0$，$r_4=\frac{1}{17}>0$. 得到

$$\boldsymbol{P}_N=\begin{pmatrix}-x_3r_3\\-x_4r_4\end{pmatrix}=\begin{pmatrix}-\frac{9}{17}\cdot\frac{57}{17}\\0\cdot\frac{1}{17}\end{pmatrix}=\begin{pmatrix}-\frac{513}{289}\\0\end{pmatrix}$$

$$\boldsymbol{P}_B=-\boldsymbol{B}^{-1}\boldsymbol{N}\boldsymbol{P}_N=-\begin{pmatrix}\frac{5}{4}&-\frac{1}{4}\\-\frac{1}{4}&\frac{1}{4}\end{pmatrix}\begin{pmatrix}-\frac{513}{289}\\0\end{pmatrix}=\begin{pmatrix}\frac{2565}{1156}\\-\frac{513}{1156}\end{pmatrix}$$

因此，搜索方向为

$$\boldsymbol{P}^{(2)}=\left(\frac{2565}{1156},-\frac{513}{1156},-\frac{513}{289},0\right)^{\mathrm{T}}$$

求解一维问题，这里

$$\alpha_{\max}=\min\left\{\frac{-\frac{15}{17}}{-\frac{513}{1156}},\frac{-\frac{9}{17}}{-\frac{513}{289}}\right\}=\frac{17}{57}$$

$$\varphi(\alpha)=12.21\alpha^2-5.95\alpha-6.435$$

因此

$$\alpha_2=\frac{68}{279}$$

$$\boldsymbol{X}^{(3)}=\boldsymbol{X}^{(2)}+\alpha_2\boldsymbol{P}^{(2)}=\left(\frac{35}{31},\frac{24}{31},\frac{3}{31},0\right)^{\mathrm{T}}$$

再进行第三轮计算. 在 $\boldsymbol{X}^{(3)}$ 处，$J_3=\{1,2\}$，$\boldsymbol{B}$、$\boldsymbol{N}$ 同上. $\nabla f(\boldsymbol{X}^{(3)})=\left(-\frac{32}{31},-\frac{160}{31},0,0\right)^{\mathrm{T}}$，经转轴计算得到：

		x_1	x_2	x_3	x_4
$\boldsymbol{X}^{(3)}$		$\frac{35}{31}$	$\frac{24}{31}$	$\frac{3}{31}$	0
$\nabla f(\boldsymbol{X}^{(3)})$		$-\frac{32}{31}$	$-\frac{160}{31}$	0	0
$\nabla_B f(\boldsymbol{X}^{(3)})=\begin{pmatrix}-\frac{32}{31}\\-\frac{160}{31}\end{pmatrix}$	x_1	1	0	$\frac{5}{4}$	$-\frac{1}{4}$
	x_2	0	1	$-\frac{1}{4}$	$\frac{1}{4}$
$\boldsymbol{r}$		0	0	0	$\frac{32}{31}$

此时，$r_3=0$，$r_4=\frac{32}{31}$，所以 $P_3=\frac{3}{31}\cdot 0=0$，$P_4=0\cdot\frac{32}{31}=0$. 因此，$\boldsymbol{P}_N=\boldsymbol{0}$，$\boldsymbol{P}_B=\boldsymbol{0}$，即 $\boldsymbol{P}=\boldsymbol{0}$，所以 $\boldsymbol{X}^{(3)}$ 是最优点.

例 5-7 的计算结果见表 5-5.

表 5-5

k	$X^{(k)}$	$f(X^{(k)})$	$r^{(k)}$	$P^{(k)}$	α_{max}	α_k
1	(0, 0, 2, 5)	0.0	(−4, −6, 0, 0)	(4, 6, −10, −34)	$\frac{5}{34}$	$\frac{5}{34}$
2	$\left(\frac{10}{17}, \frac{15}{17}, \frac{9}{17}, 0\right)$	−6.436	$\left(0, 0, \frac{57}{17}, \frac{1}{17}\right)$	$\left(\frac{2565}{1156}, -\frac{513}{1156}, -\frac{513}{289}, 0\right)$	$\frac{17}{57}$	$\frac{68}{279}$
3	$\left(\frac{35}{31}, \frac{24}{31}, \frac{3}{31}, 0\right)$	−7.16	$\left(0, 0, 0, \frac{32}{31}\right)$	(0, 0, 0, 0)		

习　题　5

5-1　考虑约束问题：$\min(-x_1)$

$$\text{s.t.}\begin{cases}1-x_1^2-x_2^2\geqslant 0\\ x_2-(x_1-1)^3\geqslant 0\end{cases}$$

试证：$X^*=(1,\ 0)^T$ 是 K－T 点，而 $\bar{X}=(0,\ -1)^T$ 不是 K－T 点.

5-2　试写出下列约束问题的 K－T 条件，并利用所得的表达式求出它们的最优解：

(1) $\min[(x_1-2)^2+(x_2-1)^2]$
　　s.t. $1-x_1^2-x_2^2\geqslant 0$

(2) $\min[(x_1-2)^2+(x_2-1)^2]$
　　s.t. $9-x_1^2-x_2^2\geqslant 0$

5-3　用外点法求解：

(1) $\min(x_1^2+x_2^2)$
　　s.t. $(x_1-1)^3-x_2^2=0$

(2) $\min(x_1^2+2x_2^2)$
　　s.t. $x_1+x_2\geqslant 1$

(3) $\min(x_1^2+x_2^2)$
　　s.t. $2x_1+x_2-4\geqslant 0,\ x_1\geqslant 0,\ x_2\geqslant 0$

5-4　用内点法求解：

(1) $\min(-x)$
　　s.t. $0\leqslant x\leqslant 1$

(2) $\min(5x_1+4x_2^2)$
　　s.t. $x_1\geqslant 1,\ x_2\geqslant 0$

5-5　用乘子法求解：

(1) $\min(x_1^2+2x_2^2+2x_3^2)$
　　s.t. $x_1+x_2+x_3-4=0$

(2) $\min(1/3(x_1+1)^3+x_2)$

$$\text{s.t.}\begin{cases}x_1-1\geqslant 0\\ x_2\geqslant 0\end{cases}$$

5-6　用可行方向法求解非线性规划，以 $X^{(0)}=(0,\ 0.75)^T$ 为初始点，迭代两步.

$$\min f(X)=2x_1^2+2x_2^2-2x_1x_2-4x_1-6x_2$$

$$\text{s.t.}\begin{cases}x_1+5x_2\leqslant 5\\ 2x_1^2-x_2\leqslant 0\\ x_1\geqslant 0,\ x_2\geqslant 0\end{cases}$$

5-7　用投影梯度法求解约束问题：

$$\min 4x_1^2+x_2^2-32x_1-34x_2$$

$$\text{s.t.}\begin{cases}x_1\leqslant 2\\ x_1+2x_2\leqslant 6\\ x_1,x_2\geqslant 0\end{cases}$$

取初始点 $X^{(1)}=(0,0)^{T}$.

5-8 用既约梯度法求解约束问题:

$$\min(4-x_2)(x_1-3)^2$$

$$\text{s.t.}\begin{cases}x_1+x_3\leqslant 3\\ x_1\leqslant 2\\ x_2\leqslant 2\\ x_1,\ x_2\geqslant 0\end{cases}$$

取初始点 $X^{(1)}=(0.2,\ 1.8)^{T}$.

第 6 章

多目标规划

前面我们讨论的线性规划和非线性规划都只有一个目标函数，但在实际生活中，往往需要考虑多个目标. 一个管理机构的目标也是随着这个机构的性质、类型、管理者的指导思想、该机构所处的环境而变化，不可能存在一个单一的共同的目标. 尤其在今天动态的经济环境中单纯地追求最大利润或最小费用已不是管理者的唯一目标，因为在动态的经济环境中的任何一项活动其利益是多元的，目标是综合的. 通常管理者总要面临着一连串的目标，在这一连串目标中有主要的，有次要的；有近期的，有远期的；有互相补充的，也有互相对立的. 而现代决策分析中主要问题是如何处理复杂的甚至互相矛盾的多个目标，即在一定的约束条件下，要从众多的方案中选择一个或几个较好的方案，使多个目标都能达到满意的结果. 比如，设计一个新产品的工艺过程，希望产量高、消耗低、质量好、利润大. 由于需要同时考虑多个目标，使这类问题比单目标问题要复杂得多.

我们先介绍多目标规划的一些基本概念，然后介绍一些求解方法.

6.1 多目标规划的数学模型

6.1.1 实例

[例 6-1] 投资问题

国家计划对 n 个企业进行投资，投资总额为 a（亿元），设当对第 i 企业投资额为 a_i（亿元）时可得收益为 c_i（亿元），$i=1, 2, \cdots, n$，投资时的宗旨是力争投资少而收益大. 试确定最佳的投资方案.

解 依题意，令：

$$x_i=\begin{cases}1 & \text{对 } i \text{ 企业投资}\\ 0 & \text{对 } i \text{ 企业不投资}\end{cases}$$

设总投入为 $f_1(\boldsymbol{X})$，总收益为 $f_2(\boldsymbol{X})$，则问题是求 $\boldsymbol{X}=(x_1, x_2, \cdots, x_n)^{\mathrm{T}}$，使得：

$\min f_1(\boldsymbol{X}) = \sum_{i=1}^{n} a_i x_i$，$\max f_2(\boldsymbol{X}) = \sum_{i=1}^{n} c_i x_i$ 满足约束条件：

$$\sum_{i=1}^{n} a_i x_i \leqslant a, x_i(x_i-1)=0, \quad i=1,2,\cdots,n$$

[例 6-2] 生产计划问题

某工厂生产 A_1、A_2、A_3 三种产品，每周生产时间最多为 T 小时，能耗不得超过 E 吨标准煤，其他数据如表 6-1 所示. 问：如何安排生产才能使该厂所获利润最多而能源消耗最少？

表 6-1

产品	生产数量/件·时$^{-1}$	利润/元·件$^{-1}$	最大需求量/件·周$^{-1}$	能耗/吨·件$^{-1}$
A_1	a_1	c_1	b_1	e_1
A_2	a_2	c_2	b_2	e_2
A_3	a_3	c_3	b_3	e_3

解　设该厂每周生产产品 A_1、A_2、A_3 的小时数分别为 x_1、x_2、x_3，总利润为 $f_1(\boldsymbol{X})$，总能源消耗为 $f_2(\boldsymbol{X})$，则问题是求 $\boldsymbol{X}=(x_1,\ x_2,\ x_3)^{\mathrm{T}}$，

使得：

$$\max f_1(\boldsymbol{X})=c_1a_1x_1+c_2a_2x_2+c_3a_3x_3$$

$$\min f_2(\boldsymbol{X})=e_1a_1x_1+e_2a_2x_2+e_3a_3x_3$$

满足约束条件：

$$\begin{cases} x_1+x_2+x_3\leqslant T \\ a_1x_1\leqslant b_1, a_2x_2\leqslant b_2, a_3x_3\leqslant b_3 \\ e_1a_1x_1+e_2a_2x_2+e_3a_3x_3\leqslant E \\ x_1\geqslant 0, x_2\geqslant 0, x_3\geqslant 0 \end{cases}$$

[例 6-3]　某友谊农场有 3 万亩农田，欲种植玉米、大豆和小麦三种农作物. 各种作物每亩需施化肥分别为 0.12t、0.20t、0.15t. 预计秋后玉米每亩可收获 500kg，售价为 0.24 元/kg，大豆每亩可收获 200kg，售价为 1.20 元/kg，小麦每亩可收获 300kg，售价为 0.70 元/kg. 农场年初规划时考虑如下几个方面：

P_1：年终收益不低于 350 万元；

P_2：总产量不低于 1.25 万吨；

P_3：小麦产量以 0.5 万吨为宜；

P_4：大豆产量不少于 0.5 万吨；

P_5：玉米产量不超过 0.6 万吨；

P_6：农场现能提供 5000t 化肥；若不够，可在市场高价购买，但希望高价采购量愈少愈好.

试就该农场生产计划建立数学模型.

解　设种植玉米 x_1 亩，大豆 x_2 亩，小麦 x_3 亩. 总年终收益为 $f_1(x)$，总产量为 $f_2(x)$，总采购量为 $f_3(x)$，则问题是求 $\boldsymbol{X}=(x_1,\ x_2,\ x_3)^{\mathrm{T}}$，

使得：

$$\max f_1(x)=120x_1+240x_2+21x_3$$

$$\max f_2(x)=500x_1+200x_2+300x_3$$

$$\min f_3(x)=0.12x_1+0.20x_2+0.15x_3$$

满足约束条件：

$$\begin{cases} x_1+x_2+x_3\leqslant 3\times 10^4 \\ 500x_1\leqslant 0.6\times 10^4 \\ 200x_2\geqslant 0.2\times 10^4 \\ 300x_3=0.5\times 10^4 \\ x_1\geqslant 0, x_2\geqslant 0, x_3\geqslant 0 \end{cases}$$

从上面实例可看出，它们的共同点是目标函数均不是单一的. 这样的目标函数在两个以上的数学规划问题称为**多目标数学规划问题**，用（VP）表示. 将它们与单目标规划相比，

除了目标函数的个数由一个变为多个以外，其他没有什么不同，因此由上面3个实例可以把多目标数学规划问题如同单目标数学规划问题那样抽象为一般的数学模型.

6.1.2 数学模型

多目标数学规划模型的标准形式如下：

$$\text{(VP)} \quad \min F(\boldsymbol{X}) = (f_1(\boldsymbol{X}), f_2(\boldsymbol{X}), \cdots, f_p(\boldsymbol{X}))^{\mathrm{T}} P \geqslant 2$$

$$\text{s.t.} \begin{cases} g_i(\boldsymbol{X}) \geqslant 0 & i=1,2,\cdots,m \\ h_j(\boldsymbol{X}) = 0 & j=1,2,\cdots,l \end{cases}$$

或记为：(VP) $\min F(\boldsymbol{X})$，$\boldsymbol{X} \in R$，$R = \{\boldsymbol{X} | g_i(\boldsymbol{X}) \geqslant 0, h_j(\boldsymbol{X}) = 0, i=1,2,\cdots,m, j=1,2,\cdots,l\}$.

由于在实际问题中每个目标的量纲往往是不相同的，所以有必要事先把每个目标规范化. 例如，对第 i 个带量纲的目标 $\bar{f}_i(\boldsymbol{X})$，令：$f_i(\boldsymbol{X}) = \bar{f}_i(\boldsymbol{X}) / \bar{f}_i$，其中 $\bar{f}_i = \max\limits_{\boldsymbol{X} \in R} \bar{f}_i(\boldsymbol{X})$，这样 $f_i(\boldsymbol{X})$ 就是规范化的目标了. 在以后的讨论中，我们都认为（VP）中的目标是规范化的. $\min F(\boldsymbol{X})$ 是指对向量形式的 p 个目标 $(f_1(\boldsymbol{X}), f_2(\boldsymbol{X}), \cdots, f_p(\boldsymbol{X}))^{\mathrm{T}}$ 求最小，$f_i(\boldsymbol{X})$，$g_i(\boldsymbol{X})$，$h_j(\boldsymbol{X})$ 可以是线性函数也可以是非线性函数.

6.2 多目标规划问题的解集和象集

6.2.1 各种解的概念

对单目标规划来说，给定任意两个可行解 $\boldsymbol{X}_1$，$\boldsymbol{X}_2 \in R$，通过比较它们的目标函数值 $f(\boldsymbol{X}_1)$、$f(\boldsymbol{X}_2)$ 就可以确定哪个优，哪个劣，这是因为 $f(\boldsymbol{X}_1)$ 和 $f(\boldsymbol{X}_2)$ 都是数，两个数总可以比较大小. 而对多目标规划来说，给定任意两个可行解 $\boldsymbol{X}_1$，$\boldsymbol{X}_2 \in R$，通过 $F(\boldsymbol{X}_1)$，$F(\boldsymbol{X}_2)$ 往往无法比较其优劣，因为目标函数 $F(\boldsymbol{X}_1)$ 和 $F(\boldsymbol{X}_2)$ 是向量，可能既没有 $F(\boldsymbol{X}_1)$ 小于等于 $F(\boldsymbol{X}_2)$，也不满足 $F(\boldsymbol{X}_1)$ 大于等于 $F(\boldsymbol{X}_2)$. 因此，对多目标规划问题的“最优解”需要重新定义.

为方便起见，先引进几个向量不等式的符号：

设 $\boldsymbol{X} = (x_1, x_2, \cdots, x_n)^{\mathrm{T}}$，$\boldsymbol{Y} = (y_1, y_2, \cdots, y_n)^{\mathrm{T}}$

(1) “=”：$\boldsymbol{X} = \boldsymbol{Y}$ 是指 $x_i = y_i \quad i=1, 2, \cdots, n$

(2) “<”：$\boldsymbol{X} < \boldsymbol{Y}$ 是指 $x_i < y_i \quad i=1, 2, \cdots, n$

(3) “≦”：$\boldsymbol{X} \leqq \boldsymbol{Y}$ 是指 $x_i \leqslant y_i \quad i=1, 2, \cdots, n$

(4) “≤”：$\boldsymbol{X} \leqslant \boldsymbol{Y}$ 是指 $\boldsymbol{X} \leqq \boldsymbol{Y}$ 且 $\boldsymbol{X} \neq \boldsymbol{Y}$，即 $x_i \leqslant y_i$，且至少存在一个 i_0 使得 $x_{i_0} < y_{i_0}$.

现考虑：

$$\text{(VP)} \quad \min_{\boldsymbol{X} \in R} F(\boldsymbol{X}) = (f_1(\boldsymbol{X}), f_2(\boldsymbol{X}), \cdots, f_p(\boldsymbol{X}))^{\mathrm{T}}$$

其中，$R = \{\boldsymbol{X} | g(\boldsymbol{X}) \geqslant 0\}$, $g(\boldsymbol{X}) = (g_1(\boldsymbol{X}), g_2(\boldsymbol{X}), \cdots, g_m(\boldsymbol{X}))^{\mathrm{T}}$.

下面我们定义（VP）的几种不同的“最优解”：

定义 6-1 设 $\boldsymbol{X}^* \in R$，若对任意的 $\boldsymbol{X} \in R$ 都有 $F(\boldsymbol{X}^*) \leqslant F(\boldsymbol{X})$，则称 $\boldsymbol{X}^*$ 是（VP）的**绝对最优解**.

（VP）的绝对最优解的全体记作 R_{ab}^*，绝对最优解的含义是：它与任意一个可行解都是可以比较的，它比任一可行解或者好，或者严格好，或者一样好. $n=1$，$p=2$ 的几何意义如图6-1a、b所示.

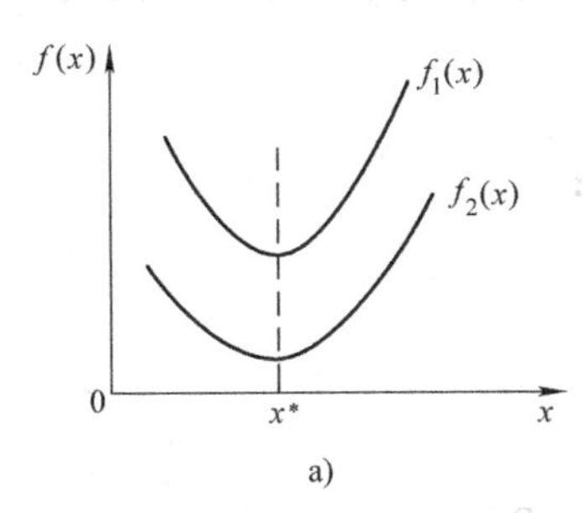

a)

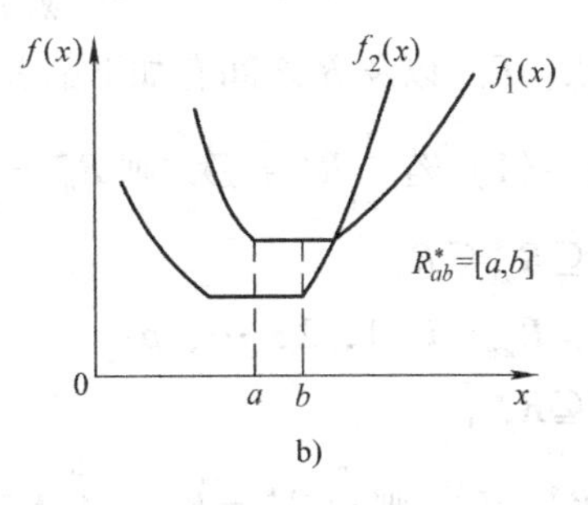

b)

图6-1

（VP）的绝对最优解一般是不存在的. 事实上，如果把（VP）中的每个目标函数看成是单目标问题的目标函数，即考虑 P 个单目标问题：$\min f_i(\boldsymbol{X})$，$\boldsymbol{X}\in R$，$i=1, 2, \cdots, P$，那么这 P 个单目标问题的公共最优解才是（VP）的绝对最优解. 如果这 P 个单目标问题没有公共的最优解，则（VP）就没有绝对最优解. 这种情况的多目标规划问题是大量的，尤其是目标函数较多时，所有这些单目标问题一般都不可能有公共的最优解. 因此，还需考虑其他含义下的“最优解”.

定义6-2　设 $\boldsymbol{X}^*\in R$，若不存在 $\boldsymbol{X}\in R$，使得 $F(\boldsymbol{X})\leqslant F(\boldsymbol{X}^*)$ 成立，则 $\boldsymbol{X}^*$ 称为（VP）的**有效解**.

（VP）的有效解的全体记作 R_e^*，有效解的含义是：在所有的可行解中找不到比它好的可行解. $n=1$，$p=2$ 时有效解的直观几何意义如图6-2a，$R_e^*=[a, b]$.

定义6-3　设 $\boldsymbol{X}^*\in R$，若不存在 $\boldsymbol{X}\in R$，使得 $F(\boldsymbol{X})<F(\boldsymbol{X}^*)$ 成立，则称 $\boldsymbol{X}^*$ 为（VP）的**弱有效解**.

（VP）的弱有效解的全体记作 R_{we}^*，弱有效解的含义是：在所有的可行解中找不到比它严格好的可行解. $n=1$，$p=2$ 时弱有效解的直观几何意义如图6-2b，$R_{we}^*=[a,b]$，$R_e^*=[c,d]$.

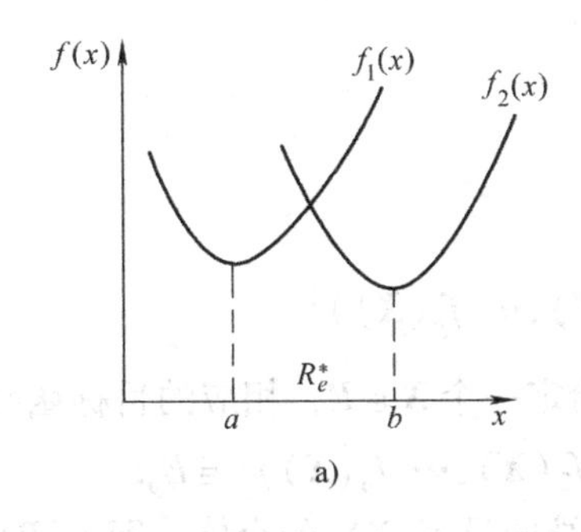

a)

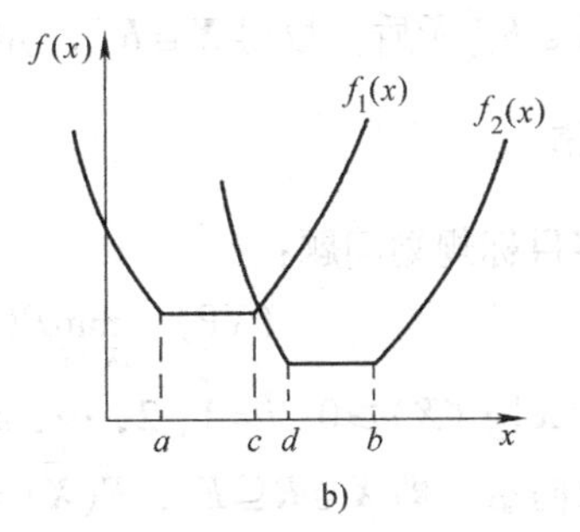

b)

图6-2

6.2.2 解集合的性质

我们用 R_i^* 表示单目标规划（P_i）: $\min\limits_{X\in R} f_i(\boldsymbol{X})$ 的全局最优解集，则（VP）的解集合 R_{ab}^*，R_e^*，R_{we}^*，R_i^* 以及 R 之间有如下的关系：

定理 6-1 （1）若 $\bigcap\limits_{i=1}^{p} R_i^* \neq \varnothing$，则 $R_{ab}^* = \bigcap\limits_{i=1}^{p} R_i^*$；

（2）$R_e^* \subseteq R_{we}^* \subseteq R$；

（3）$R_i^* \subseteq R_{we}^* \quad i=1，2，\cdots，p$；

（4）$R_{ab}^* \subseteq R_e^*$；

（5）若 $R_{ab}^* \neq \varnothing$，则 $\bigcup\limits_{i=1}^{p} R_i^* = R_{we}^*$，$\bigcap\limits_{i=1}^{p} R_i^* = R_e^* = R_{ab}^*$；

（6）若 $F(\boldsymbol{X})$ 中的每个 $f_i(\boldsymbol{X})$ 是严格凸函数，R 是凸集，则 $R_e^* = R_{we}^*$.

证 现只证（2）、（3）、（4）、（6）成立，（1）、（5）请读者自己完成.

（2）只需证 $R_e^* \subseteq R_{we}^*$，设 $\overline{\boldsymbol{X}} \in R_e^*$，要证明 $\overline{\boldsymbol{X}} \in R_{we}^*$，用反证法. 设 $\overline{\boldsymbol{X}} \notin R_{we}^*$，则存在 $\hat{\boldsymbol{X}} \in R$，使得 $F(\hat{\boldsymbol{X}}) < F(\overline{\boldsymbol{X}})$ 当然也满足 $F(\hat{\boldsymbol{X}}) \leqslant \overline{f}(\boldsymbol{X})$，这与 $\overline{\boldsymbol{X}} \in R_e^*$ 矛盾，故得 $\overline{\boldsymbol{X}} \in R_{we}^*$.

（3）设 $\overline{\boldsymbol{X}} \in R_{i_0}^*$，要证明 $\overline{\boldsymbol{X}} \in R_{we}^*$，用反证法. 设 $\overline{\boldsymbol{X}} \notin R_{we}^*$，则存在 $\hat{X} \in R$，使得 $F(\hat{X}) < \overline{F}(\overline{\boldsymbol{X}})$，即对 $i=1，2，\cdots，p$ 有 $f_i(\hat{X}) < f_i(\overline{\boldsymbol{X}})$，特别对 $i=i_0$ 有 $f_{i_0}(\hat{X}) < f_{i_0}(\overline{\boldsymbol{X}})$，这与 $\overline{\boldsymbol{X}} \in R_{i_0}^*$ 矛盾，故得 $\overline{\boldsymbol{X}} \in R_{we}^*$.

（4）若 $R_{ab}^* = \varnothing$，结论显然；若 $R_{ab}^* \neq \varnothing$，设 $\overline{\boldsymbol{X}} \in R_{ab}^*$，即 $\overline{\boldsymbol{X}} \in R_i^*$，$i=1，2，\cdots，p$，用反证法. 设 $\overline{\boldsymbol{X}} \notin R_e^*$，则存在 $\hat{\boldsymbol{X}} \in R$，使得 $F(\hat{\boldsymbol{X}}) \leqslant F(\overline{\boldsymbol{X}})$，从而至少有 $i_0 \in \{1,2,\cdots,p\}$，使得 $f_{i_0}(\hat{\boldsymbol{X}}) < f_{i_0}(\overline{\boldsymbol{X}})$，这与 $\overline{\boldsymbol{X}} \in R_{i_0}^*$ 矛盾，故得 $\overline{\boldsymbol{X}} \in R_e^*$.

（6）由（2）可知 $R_e^* \subseteq R_{we}^*$，只需证 $R_{we}^* \subseteq R_e^*$，设 $\overline{\boldsymbol{X}} \in R_{we}^*$，用反证法. 若 $\overline{\boldsymbol{X}} \notin R_e^*$，则存在 $\hat{\boldsymbol{X}} \in R$，$\hat{\boldsymbol{X}} \neq \overline{\boldsymbol{X}}$，使得 $F(\hat{\boldsymbol{X}}) \leqslant F(\overline{\boldsymbol{X}})$. 因 R 是凸集，对任意 $\alpha \in (0，1)$ 有 $\alpha\hat{\boldsymbol{X}} + (1-\alpha)\overline{\boldsymbol{X}} \in R$. 又由 $f_i(\boldsymbol{X})$ 的严格凸性，有：

$$F(\alpha\hat{\boldsymbol{X}} + (1-\alpha)\overline{\boldsymbol{X}}) < \alpha F(\hat{\boldsymbol{X}}) + (1-\alpha)F(\overline{\boldsymbol{X}}) \leqslant \alpha F(\overline{\boldsymbol{X}}) + (1-\alpha)F(\overline{\boldsymbol{X}}) = F(\overline{\boldsymbol{X}})$$

这与 $\overline{\boldsymbol{X}} \in R_{we}^*$ 矛盾，故得 $\overline{\boldsymbol{X}} \in R_e^*$. 定理证毕.

6.2.3 象集

考虑多目标规划问题：

$$(\mathrm{VP}) \quad \min_{X\in R} F(\boldsymbol{X}) = (f_1(\boldsymbol{X}),\cdots,f_p(\boldsymbol{X}))^{\mathrm{T}}$$

其中：$R = \{\boldsymbol{X} \mid g_i(\boldsymbol{X}) \geqslant 0，i=1，2，\cdots，m\}$. 任意给定一个 $\overline{\boldsymbol{X}} \in R$，相应的目标函数值 $F(\overline{\boldsymbol{X}})$ 是一个 p 维向量，即 $\overline{\boldsymbol{X}} \in R \subseteq E_n$，$F(\overline{\boldsymbol{X}}) = (f_1(\overline{\boldsymbol{X}}),f_2(\overline{\boldsymbol{X}}),\cdots,f_p(\overline{\boldsymbol{X}}))^{\mathrm{T}} \in E_p$.

定义 6-4 设 $F(R)$ 表示 R 中所有 $\boldsymbol{X}$ 对应的 p 维向量 $F(\boldsymbol{X})$ 的全体，即 $F(R) = \{F(\boldsymbol{X}) \mid \boldsymbol{X} \in R\}$，如果把 $F(\boldsymbol{X})$ 看作是从约束集合 R 到 E_p 的映射，则 $F(\boldsymbol{R})$ 称为**象集**或**目标空间**，R 称为**原象集**或**策略空间**.

对任一 $\overline{\boldsymbol{X}} \in R$，必有 $F(\overline{\boldsymbol{X}}) \in F(R)$，反之对任一 $\overline{F} \in F(R)$，必存在 $\overline{\boldsymbol{X}} \in R$，使 $F(\overline{\boldsymbol{X}}) =$

$\overline{F}$，即象集 $F(R)$ 中的每一个象点，至少有一个 R 中的原象与之对应，但这种对应不一定是"一对一"的.

[**例6-4**]　若 $f_1(x)=x^2-x$，$f_2(x)=-x$，$R=\{x|0\leqslant x\leqslant 2\}$，求：$F(R)$，即当 $0\leqslant x\leqslant 2$ 时 f_1 与 f_2 之间的关系.

解　$f_1=f_1(x)=x^2-2x$，$f_2=f_2(x)=-x$. 为了求 $F(R)$ 的图形，先求 f_1 与 f_2 之间的关系：

$$f_1=(-f_2)^2-2(-f_2)=f_2^2+2f_2$$

A 点的象：即 $x=0$ 时 $f_2=0$，$f_1=0$，$F^0=F(0)=(0,\ 0)^{\mathrm{T}}$

B 点的象：即 $x=1$ 时 $f_2=-1$，$f_1=-1$，$F^1=F(1)=(-1,\ -1)^{\mathrm{T}}$

C 点的象：即 $x=2$ 时 $f_2=-2$，$f_1=0$，$F^2=F(2)=(0,\ -2)^{\mathrm{T}}$

目标函数 $F(x)$ 的图形和 $F(R)$ 的图形见图6-3a、b.

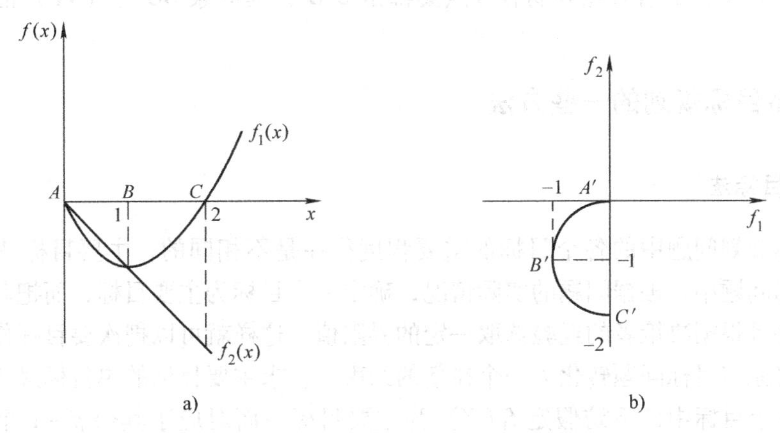

图6-3

类似于约束集 R 中的有效解和弱有效解，下面定义象集 $F(R)$ 中的有效点和弱有效点.

定义6-5　设 $\overline{F}\in F(R)$，若不存在 $F\in F(R)$，使 $F\leqslant\overline{F}$ 成立，则 $\overline{F}$ 称为象集 $F(R)$ 的**有效点**，有效点的全体记作 F_e^*.

定义6-6　设 $\overline{F}\in F(R)$，若不存在 $F\in F(R)$，使得 $F<\overline{F}$ 成立，则称 $\overline{F}$ 为象集 $F(R)$ 的**弱有效点**，弱有效点的全体记作 F_{we}^*.

例6-4中的有效解和弱有效解为 $R_e^*=R_{we}^*=\{X|1\leqslant X\leqslant 2\}$，即 BC 上的所有点. $F(R)$ 的有效点和弱有效点为 $B'C'$ 上的所有点.

显然：$F_e^*\subseteq F_{we}^*$.

研究象集的作用在于：

(1) 求出了 $F(R)$ 的有效点和弱有效点，就可以确定（VP）的有效解和弱有效解.

(2) 对象集的研究可以提供一些解多目标规划的方法.

(3) 可以从几何上（$p=2$）对一些常用的解法加以解释.

有效解和有效点，弱有效解和弱有效点之间有如下的关系：

定理6-2　若已知象集 $F(R)$ 的有效点集 F_e^*，则（VP）的有效解集 R_e^* 为：$R_e^*=$

$\bigcup\limits_{\overline{F}\in F_e^*}\{\overline{\boldsymbol{X}} \mid F(\overline{\boldsymbol{X}})=\overline{F},\overline{\boldsymbol{X}}\in R\}$.

证 设 $\overline{F}\in F_e^*$，则存在 $\overline{\boldsymbol{X}}\in R$，使得 $F(\overline{\boldsymbol{X}})=\overline{F}$，要证 $\overline{\boldsymbol{X}}\in R_e^*$，用反证法. 设 $\overline{\boldsymbol{X}}\notin R_e^*$，则存在 $\hat{\boldsymbol{X}}\in R$，使 $F(\hat{\boldsymbol{X}})\leqslant F(\overline{\boldsymbol{X}})$，令 $\hat{F}=F(\hat{\boldsymbol{X}})$，知 $\hat{F}\in F(R)$ 且 $\hat{F}\leqslant\overline{F}$，这与 $\overline{F}\in F_e^*$ 矛盾，故有 $\boldsymbol{X}\in R_e^*$. 定理证毕.

类似地可以证明.

定理 6-3 若已知象集 $F(R)$ 的弱有效点集 F_{we}^*，则（VP）的弱有效解集 R_{we}^* 为：$R_{we}^*=\bigcup\limits_{\overline{F}\in F_{we}^*}\{\overline{\boldsymbol{X}}\mid F(\overline{\boldsymbol{X}})=\overline{F},\ \overline{\boldsymbol{X}}\in R\}$.

这两个定理说明，$F(R)$ 的有效点和弱有效点的原象分别为（VP）的有效解和弱有效解. 例 6-4 中 $F(R)$ 的有效点和弱有效点集都是 $B'C'$，其原象 BC 是（VP）的有效解和弱有效解.

6.3 处理多目标规划的一些方法

6.3.1 主要目标法

在多目标规划问题中的各个目标的重要程度往往是不相同的，主要目标法的基本思想是：在多目标问题中，根据问题的实际情况，确定一个目标为主要目标，而把其余目标作为次要目标，并且根据决策者的经验选取一定的界限值. 这样就可以把次要目标作为约束来处理，从而就将原多目标问题转化为一个在新的约束下，求主要目标的单目标最优化问题.

假定在 p 个目标中，不妨假定 $f_1(\boldsymbol{X})$ 为主要目标，而对应于其余 $p-1$ 个目标 $f_1(\boldsymbol{X})$ $(j=2,3,\cdots,p)$，有一组允许的上界值 $\overline{f}_i(j=2,3,\cdots,p)$，即希望满足要求：$f_j(\boldsymbol{X})\leqslant\overline{f}_i(j=2,3,\cdots,p)$. 这样就可将（VP）转化成一单目标规划：

$$(\mathrm{SP})\min_{\boldsymbol{X}\in R'}\cup(\boldsymbol{X})=f_i(\boldsymbol{X})$$

$$R'=\{\boldsymbol{X}\mid \boldsymbol{X}\in R, f_j(\boldsymbol{X})\leqslant\overline{f}_j, j=2,3,\cdots,p\}$$

其中，R 是（VP）的约束集.

用单目标规划的解法解（SP），用（SP）的最优解作为（VP）的解，则有：

定理 6-4 （SP）的全局最优解 $\overline{\boldsymbol{X}}$ 一定是（VP）的弱有效解.

证 用反证法，设 $\boldsymbol{X}\notin R_{we}^*$，则存在 $\hat{\boldsymbol{X}}\in R$，使得：$f_j(\hat{\boldsymbol{X}})<f_j(\boldsymbol{X})$，$j=1, 2, \cdots, p$，注意到 $\overline{\boldsymbol{X}}\in R'$，故有 $f_j(\overline{\boldsymbol{X}})\leqslant\overline{f}_j$，$j=2, 3, \cdots, p$，于是有：$f_j(\hat{\boldsymbol{X}})<f_j(\overline{\boldsymbol{X}})\leqslant\overline{f}_j$，$j=2, 3, \cdots, p$. 这说明 $\hat{\boldsymbol{X}}\in R'$，即 $\hat{\boldsymbol{X}}$ 是（SP）的可行解，而且 $f_1(\hat{\boldsymbol{X}})<f_1(\overline{\boldsymbol{X}})$. 这与 $\overline{\boldsymbol{X}}$ 是（SP）的最优解矛盾，故 $\overline{\boldsymbol{X}}$ 是（VP）的弱有效解. 定理证毕.

这个定理说明，将（SP）的最优解作为（VP）的最优解的合理性.

定理 6-5 若主要目标 $f_1(\boldsymbol{X})$ 是严格凸函数，R' 是凸集，则（SP）的最优解是（VP）的有效解.

证 作为习题，请读者证明.

6.3.2 评价函数法

评价函数法是要将多目标问题转化为一个单目标问题来求解. 其单目标问题的目标函数是用多目标问题的目标函数构造出来的，称为**评价函数**.

6.3.2.1 理想点法

先求出每个目标函数在 R 上的最优值：$\min\limits_{X \in R} f_i(\boldsymbol{X}) = f_i^0$，$i=1, 2, \cdots, p$，令 $f_i(\boldsymbol{X}^i) = f_i^0$，$i=1, 2, \cdots, p$. 一般来说，不可能所有的 $\boldsymbol{X}^i (i=1, 2, \cdots, p)$ 都相同，因此 $\boldsymbol{F}^0 = (f_1^0, f_2^0, \cdots, f_p^0)^{\mathrm{T}} \notin F(R)$，是一个达不到的理想点. 所谓理想点法是在 R 中求一点 $\boldsymbol{X}^*$，使 $F(\boldsymbol{X}^*)$ 与理想点 $\boldsymbol{F}^0$ 最为接近. 即当已知理想点 F^0时，在目标空间 R^p 中适当引进某种模 $\|\cdot\|$，并考虑在这个模的意义下，在（VP）的约束集合 R 上寻求目标函数 $F(\boldsymbol{X})$ 与理想点 $\boldsymbol{F}^0$ 之间的"距离"尽可能小的解. 当我们给模 $\|\cdot\|$ 赋予不同的意义时，便可得到不同的理想点法. 下面给出最短距离理想点法，这种方法是将 $\|\cdot\|$ 取做 R^p 中的 $\|\cdot\|_2$ 模，即构造如下的单目标规划问题：

$$\min_{X \in R} h(F(\boldsymbol{X})) = \|F(\boldsymbol{X}) - \boldsymbol{F}^0\|_2 = \sqrt{\sum_{i=1}^{p} (f_i(\boldsymbol{X}) - f_i^0)^2}$$

这里的评价函数 $h(F(\boldsymbol{X}))$ 是 $F(\boldsymbol{X})$ 到 $\boldsymbol{F}^0$ 的距离. 评价函数也可以采用其他形式，如：$h(F(\boldsymbol{X})) = [\sum\limits_{i=1}^{p} (f_i(\boldsymbol{X}) - f_i^0)^q]^{1/q}$，$q \geqslant 1$ 是整数，或 $h(F(\boldsymbol{X})) = \max\limits_{1 \leqslant i \leqslant p} |f_i(\boldsymbol{X}) - f_i^0|$.

在介绍其他方法之前，我们先给出权的概念：

定义 6-7 如果 p 个非负数 $\lambda_1, \lambda_2, \cdots, \lambda_p$ 满足 $\sum\limits_{i=1}^{p} \lambda_i = 1$，则 $\boldsymbol{\lambda} = (\lambda_1, \lambda_2, \cdots, \lambda_p)^{\mathrm{T}}$ 称为一个**权向量**，或将 $\lambda_1, \lambda_2, \cdots, \lambda_p$ 称为一组**权系数**.

若所有的权系数 $\lambda_i > 0$，$i=1, 2, \cdots, p$，则这组权系数称为**正权**. 正权的全体记作：$\Lambda^{2+} = \{\boldsymbol{\lambda} \mid \lambda_i > 0, i=1, 2, \cdots, p, \sum\limits_{i=1}^{p} \lambda_i = 1\}$.

若所有的权系数 $\lambda_i \geqslant 0$，$i=1, 2, \cdots, p$，则这组权系数称为**非负权**. 非负权的全体记作：$\Lambda^{+} = \{\boldsymbol{\lambda} \mid \lambda_i \geqslant 0, i=1, 2, \cdots, p, \sum\limits_{i=1}^{p} \lambda_i = 1\}$.

6.3.2.2 平方加权和法

给出一组数 $f_1^0, f_2^0, \cdots, f_p^0$ 分别为各单目标规划问题：$\min\limits_{X \in R} f_i(\boldsymbol{X}), i=1, 2, \cdots, p$ 的下界，即满足 $\min\limits_{X \in R} f_i(\boldsymbol{X}) \geqslant f_i^0 (i=1, 2, \cdots, p)$，采用如下的评价函数：$h(F(\boldsymbol{X})) = \sum\limits_{i=1}^{p} \lambda_i [f_i(\boldsymbol{X}) - f_i^0]^2$，权系数 λ_i 的值由各目标函数 $f_i(\boldsymbol{X})$ 的重要程度给出. 该方法是解如下单目标规划问题：

$$\min_{X \in R} h(F(\boldsymbol{X})) = \sum_{i=1}^{p} \lambda_i [f_i(\boldsymbol{X}) - f_i^0]^2$$

将其最优解作为多目标规划的解. 平方加权和法来自通常的"自报公议"原则，那些

强调目标 $f_i(\boldsymbol{X})$ 重要的人，预先给出最优值 $\min\limits_{X\in R} f_i(\boldsymbol{X})$ 的一个尽可能好的目标值 f_i^0(自报)，然后进行评论（公议），得出一组表示各目标 $f_i(\boldsymbol{X})$ 重要程度的权系数 λ_i，一般要求 $f_i(\boldsymbol{X})$ 越重要，相应的 λ_i 就越大，自报可以体现各自的愿望，公议则可消除在自报过程中的个人偏见.

6.3.2.3　线性加权和法

线性加权和法是一种最常用的方法，而且在理论上有重要意义，该方法是按照 p 个目标 $f_i(\boldsymbol{X})(i=1,2,\cdots,p)$ 的重要程度，分别乘以一组权系数 $\lambda_i(i=1,2,\cdots,p)$，然后相加作为目标函数，再对此目标函数在（VP）的约束集合 R 上求最优解，即构造如下的单目标规划问题：

$$\min_{X\in R} h[\boldsymbol{F}(\boldsymbol{X})] = \sum_{i=1}^{p} \lambda_i f_i(\boldsymbol{X}) = \boldsymbol{\lambda}^{\mathrm{T}} \boldsymbol{F}(\boldsymbol{X})$$

求此单目标问题的最优解，并把它叫做（VP）在线性加权和意义下的最优解，$\boldsymbol{\lambda}=(\lambda_1,\lambda_2,\cdots,\lambda_p)\in\Lambda^+$ 或 Λ^{2+}，关于权向量的选取方法不作详细介绍，这里我们直观地描述一下线性加权和法的几何意义.

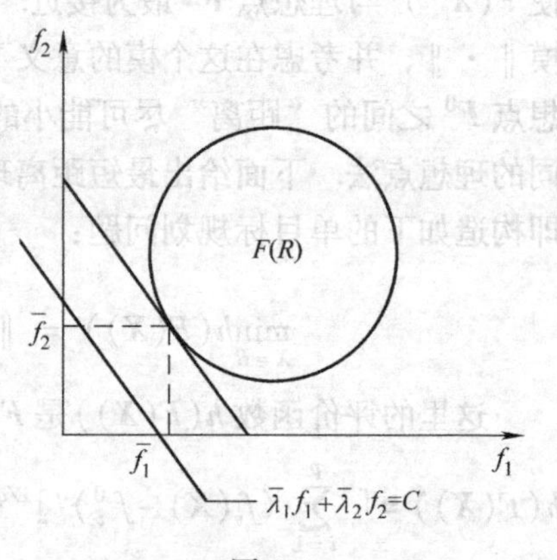

图 6-4

设 $p=2$，取 $\bar{\boldsymbol{\lambda}}\in\Lambda^{2+}$（如图 6-4 所示），目标函数的等值线 $\lambda_1 f_1+\lambda_2 f_2=C$ 是一条直线，求 $\min\limits_{F\in F(R)} \bar{\boldsymbol{\lambda}}^{\mathrm{T}}\boldsymbol{F}=\bar{\lambda}_1 f_1+\bar{\lambda}_2 f_2$ 的过程就是在 $\boldsymbol{F}(R)$ 中找一点 $\bar{\boldsymbol{F}}$，使 $\boldsymbol{\lambda}^{\mathrm{T}}\boldsymbol{F}=c$ 取最小值 $c=\bar{\boldsymbol{\lambda}}^{\mathrm{T}}\bar{\boldsymbol{F}}$. 从图上可看出，$\bar{\boldsymbol{F}}=(\bar{f}_1,\bar{f}_2)^{\mathrm{T}}$ 是目标函数 $\bar{\boldsymbol{\lambda}}^{\mathrm{T}}\boldsymbol{F}$ 的等值线与 $\boldsymbol{F}(R)$ 在左下角的切点，即 $\boldsymbol{F}(R)$ 的有效点. 对应于 $\bar{\boldsymbol{F}}$，存在 $\bar{\boldsymbol{X}}\in R$，使 $\bar{\boldsymbol{F}}=\boldsymbol{F}(\bar{\boldsymbol{X}})$，则 $\bar{\boldsymbol{X}}$ 为（VP）的有效解. 当 $\bar{\boldsymbol{\lambda}}\in\Lambda^+$ 时，$\bar{\boldsymbol{X}}$ 可能是弱有效解.

6.3.2.4　乘除法

假设目标可分成两组：一组要求 $\bar{f}_1(\boldsymbol{X})$，$\bar{f}_2(\boldsymbol{X})$，…，$\bar{f}_k(\boldsymbol{X})$ 越小越好；另一组要求 $\bar{f}_{k+1}(\boldsymbol{X})$，$\bar{f}_{k+2}(\boldsymbol{X})$，…，$\bar{f}_p(\boldsymbol{X})$ 越大越好. 而且对任意的 $\boldsymbol{X}\in R$，有 $\bar{f}_i(\boldsymbol{X})>0$，$i=1$，2，…，$p$，这时令：

$$f_i(\boldsymbol{X})=\begin{cases}\bar{f}_i(\boldsymbol{X}) & i=1,2,\cdots,k\\ 1/\bar{f}_i(\boldsymbol{X}) & i=k+1,k+2,\cdots,p\end{cases}$$

这样就可以把多目标规划问题统一为：

$$\min_{X\in R}\boldsymbol{F}(\boldsymbol{X})=(f_1(\boldsymbol{X}),f_2(\boldsymbol{X}),\cdots,f_p(\boldsymbol{X}))^{\mathrm{T}}$$

乘除法就是把多目标规划转化为求单目标规划问题：

$$\min_{X\in R} h[\boldsymbol{F}(\boldsymbol{X})] = \prod_{i=1}^{p} f_i(\boldsymbol{X}) = \prod_{i=1}^{k} \bar{f}_i(\boldsymbol{X}) \Big/ \prod_{i=k+1}^{p} \bar{f}_i(\boldsymbol{X})$$

的最优解.

在乘除法中我们是把求最大的目标作为分母，把求最小的目标作为分子，如此化为单目标问题后再求最小. 例6-1的投资问题就能很好地解释乘除法的思路. 如设$f_1(\boldsymbol{X})$为投资的总金额，$f_2(\boldsymbol{X})$为投资后的总收益，一个投资者当然期望投资小而收益大. 实际上，结合经济上的性能指标应是求利率最大，即单位投资的总收入最大，即求：$\max[f_2(\boldsymbol{X})/f_1(\boldsymbol{X})]$，$\boldsymbol{X}\in R$，把两类目标函数用乘除的形式化为单目标问题，从而得“乘除法”的名称.

6.3.2.5　*极大极小法*

在对策论中，人们经常遇到这样的问题：在最不利的条件下，如何寻求最有利的策略. 因此，求解极小化的多目标规划（VP），也就是要在R中求出各个目标函数的最大值中的最小值. 这就是极大极小法的基本思想.

基于上述基本思想，极大极小法是构造如下的评价函数：

$$h[F(\boldsymbol{X})]=\max_{1\leqslant i\leqslant p}\{f_i(\boldsymbol{X})\}$$

而求解单目标规划问题：

$$(\mathrm{P})\min_{\boldsymbol{X}\in R}h[F(\boldsymbol{X})]=\max_{1\leqslant i\leqslant p}\{f_i(\boldsymbol{X})\}$$

的最优解. 有时也给每个$f_i(\boldsymbol{X})$配上权系数λ_i，即考虑：

$$\min_{\boldsymbol{X}\in R}h(F(\boldsymbol{X}))=\max_{1\leqslant i\leqslant p}\{\lambda_i f_i(\boldsymbol{X})\}\text{其中}\bar{\boldsymbol{\lambda}}=(\lambda_1,\lambda_2,\cdots,\lambda_p)^{\mathrm{T}}\in\Lambda^{2+}\text{或}\Lambda^{+}.$$

当$n=1$，$p=2$时极大极小法的几何意义如图6-5所示. 图中粗曲线是评价函数$h(F(\boldsymbol{X}))$的图形，$\bar{\boldsymbol{X}}$是$h(F(\boldsymbol{X}))$在R中的极小点.

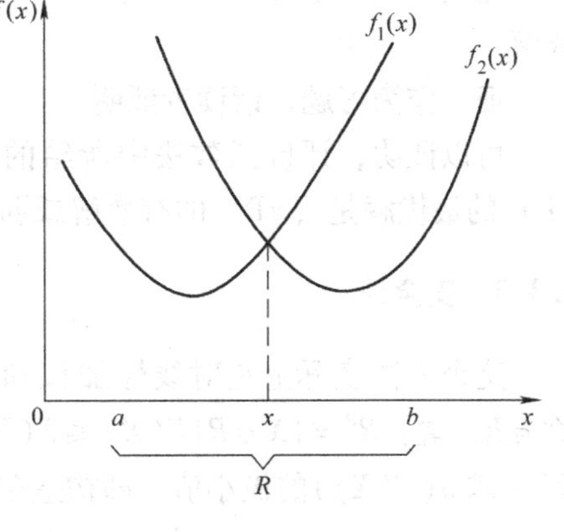

图6-5

通过增加一个变量t及p个约束的方法，可以将（P）转化为通常的单目标规划：

$$(\mathrm{P})'\min t$$

$$f_j(\boldsymbol{X})\leqslant t,\boldsymbol{X}\in R,j=1,2,\cdots,p$$

其想法是把$f_j(\boldsymbol{X})$的最大值看成是变量t，然后再求t的最小值.

定理6-6　（P）和（P）′是等价的.

证　设$\bar{\boldsymbol{X}}$是（P）的最优解，自然有$\bar{\boldsymbol{X}}\in R$，令$\bar{t}=\max\limits_{1\leqslant i\leqslant p}\{f_i(\bar{\boldsymbol{X}})\}$，显然有：$f_i(\bar{\boldsymbol{X}})\leqslant\bar{t}(i=1,2,\cdots,p)$，所以（$\bar{\boldsymbol{X}}$，$\bar{t}$）是（P）′的可行解. 下面证明它也是（P）′的最优解.

设（$\boldsymbol{X}$，t）是（P）′的任一可行解，由（P）′的约束得：$\max\limits_{1\leqslant i\leqslant p}\{f_i(\boldsymbol{X})\}\leqslant t$，又因$\bar{\boldsymbol{X}}$是（P）的最优解，$\boldsymbol{X}$是可行解，所以有：

$$\bar{t}=\max_{1\leqslant i\leqslant p}\{f_i(\bar{\boldsymbol{X}})\}\leqslant\max_{1\leqslant i\leqslant p}\{f_i(\boldsymbol{X})\}\leqslant t$$

即$\bar{t}\leqslant t$，说明（$\bar{\boldsymbol{X}}$，$\bar{t}$）是（P）′的最优解. 反之，设（$\bar{X}$，$\bar{t}$）是（P）′的最优解，则$\bar{\boldsymbol{X}}\in R$. 下面证明$\bar{\boldsymbol{X}}$是（P）的最优解.

设$\boldsymbol{X}$是（P）的任一可行解，令$t=\max\limits_{1\leqslant i\leqslant p}\{f_i(\boldsymbol{X})\}$，则（$\boldsymbol{X}$，$t$）是（P）′的可行解，故有$\bar{t}\leqslant t$，即：

$$\max_{1\leqslant i\leqslant p}\{f_i(\bar{\boldsymbol{X}})\}\leqslant\bar{t}\leqslant t=\max_{1\leqslant i\leqslant p}\{f_i(\boldsymbol{X})\}$$

定理证毕.

以上我们借助于不同形式的评价函数 $h(F(X))$ 将（VP）转化为单目标规划问题：(P) $\min\limits_{X \in R} h(F(X))$.

现在我们将要讨论：上述问题的最优解在什么条件之下才是（VP）的有效解或弱有效解.为此，先给出两个定义：

定义 6-8 如果对任意的 $F \in E_p$，$\overline{F} \in E_p$，当满足 $F \leqslant \overline{F}$ 时都有 $h(F) < h(\overline{F})$，则 $h(F)$ 称为 F 的**严格单调增函数**.

定义 6-9 如果对任意的 $F \in E_p$，$\overline{F} \in E_p$，当满足 $F < \overline{F}$ 时都有 $h(F) < h(\overline{F})$，则 $h(F)$ 称为 F 的**单调增函数**.

（P）的最优解是（VP）的有效解或弱有效解的条件由下面两个定理描述.

定理 6-7 若 $h(F(X))$ 是 $F(X)$ 的严格单调增函数，则（P）的最优解 X^* 是（VP）的有效解.

证 用反证法. 设 X^* 不是（VP）的有效解，则存在 $\overline{X} \in R$，使得 $F(\overline{X}) \leqslant F(X^*)$，因 $h(F(X))$ 是 $F(X)$ 的严格单调增函数，则有：$h(F(\overline{X})) < h(F(X^*))$，这与 X^* 是（P）的最优解矛盾，故 $X^* \in R_e^*$. 定理证毕.

定理 6-8 若 $h(F(X))$ 是 $F(X)$ 的单调增函数，则（P）的最优解 X^* 是（VP）的弱有效解.

证 作为习题，请读者证明.

可以证明，评价函数法中所给的评价函数都是严格单调增函数或单调增函数，因而（P）的最优解是（VP）的有效解或弱有效解. 证明过程因篇幅所限，这里不再赘述.

6.3.3 安全法

这个方法实际上是对线性加权和法中的约束集合再进一步加以限制. 我们任取一个 $X^0 \in R$，置：$R^0 = \{X \in R \mid F(X) \leqslant F(X^0)\}$，$h(F(X)) = \boldsymbol{\lambda}^{\mathrm{T}} F(X)$，$\boldsymbol{\lambda} \in \Lambda^{2+}$ 或 Λ^+. 然后在 R^0 上求 $h(F(X))$ 的极小值，即构造单目标规划：

$$(\mathrm{P})_\lambda^0: \min_{X \in R^0} h(F(X)) = \boldsymbol{\lambda}^{\mathrm{T}} F(X)$$

并把 $(\mathrm{P})_\lambda^0$ 的最优解作为（VP）的解.

安全法的优点是：通过求解 $(\mathrm{P})_\lambda^0$ 不仅可以得到（VP）的有效解或弱有效解，而且还可判别 X^0 是否是（VP）的有效解. 下面两个定理描述了这一优点：

定理 6-9 对每个给定的 $\overline{\boldsymbol{\lambda}} \in \Lambda^{2+}$（或 Λ^+），则相应于 $(\mathrm{P})_\lambda^0$ 的最优解必是（VP）的有效解（或弱有效解）.

证 我们只证 $\overline{\boldsymbol{\lambda}} \in \Lambda^{2+}$ 的情形，$\overline{\boldsymbol{\lambda}} \in \Lambda^+$ 的情形可用类似方法证明. 用反证法. 设 X^* 是 $(\mathrm{P})_{\overline{\lambda}}^0$ 的最优解，但不是（VP）的有效解，则必存在某个 $\overline{X} \in R$，使得 $F(\overline{X}) \leqslant F(X^*)$，显然，$\overline{X} \in R^0$，又因为 $\overline{\boldsymbol{\lambda}} \in \Lambda^{2+}$，故知 $\boldsymbol{\lambda}^{\mathrm{T}} F(\overline{X}) < \overline{\boldsymbol{\lambda}}^{\mathrm{T}} F(X^*)$，这说明 X^* 不是 $(\mathrm{P})_{\overline{\lambda}}^0$ 的最优解，与所设矛盾. 定理证毕.

定理 6-9 指出，对同一目标 $h(F(X)) = \boldsymbol{\lambda}^{\mathrm{T}} F(X)$ 在 R 的子集 R^0 上的极小点也是（VP）的有效解或弱有效解. 由于 $R^0 \subset R$，因此一般说来 $(\mathrm{P})_\lambda^0$ 的求解要比线性加权和法中的单目标规划的求解容易些.

定理 6-10　设 $\bar{\boldsymbol{\lambda}} \in \Lambda^{2+}$（或 Λ^{+}），$\boldsymbol{X}^*$ 是 $(\mathrm{P})_{\bar{\lambda}}^{0}$ 的最优解，则：

（1）若 $\boldsymbol{\lambda}^{\mathrm{T}} F(\boldsymbol{X}^0) = \bar{\boldsymbol{\lambda}} F(\boldsymbol{X}^*)$，则 $\boldsymbol{X}^0$ 也是（VP）的有效解（或弱有效解）.

（2）若 $\boldsymbol{\lambda}^{\mathrm{T}} F(\boldsymbol{X}^0) > \bar{\boldsymbol{\lambda}} F(\boldsymbol{X}^*)$，则 $\boldsymbol{X}^0$ 不是（VP）的有效解.

证　（1）因为 $\boldsymbol{X}^0 \in R$，且 $F(\boldsymbol{X}^0) = F(\boldsymbol{X}^0)$，所以 $\boldsymbol{X}^0 \in R^0$，即 $\boldsymbol{X}^0$ 是 $(\mathrm{P})_{\bar{\lambda}}^{0}$ 的可行解. 再由 $\bar{\boldsymbol{\lambda}}^{\mathrm{T}} F(\boldsymbol{X}^0) = \bar{\boldsymbol{\lambda}}^{\mathrm{T}} F(\boldsymbol{X}^*)$，便知 $\boldsymbol{X}^0$ 是 $(\mathrm{P})_{\bar{\lambda}}^{0}$ 的最优解，于是由定理 6-9 即知 $\boldsymbol{X}^0$ 是（VP）的有效解（或弱有效解）.

（2）因为 $\boldsymbol{X}^* \in R^0$，故 $F(\boldsymbol{X}^*) \leqslant F(\boldsymbol{X}^0)$. 可以断言，至少有一个 $j_0 (1 \leqslant j_0 \leqslant p)$，使得 $f_{j_0}(\boldsymbol{X}^*) < f_{j_0}(\boldsymbol{X}^0)$. 因为如若不然，则必有 $F(\boldsymbol{X}^*) = F(\boldsymbol{X}^0)$，自然也有 $\bar{\boldsymbol{\lambda}}^{\mathrm{T}} F(\boldsymbol{X}^*) = \bar{\boldsymbol{\lambda}}^{\mathrm{T}} F(\boldsymbol{X}^0)$. 这与 $\bar{\boldsymbol{\lambda}}^{\mathrm{T}} F(\boldsymbol{X}^0) > \bar{\boldsymbol{\lambda}}^{\mathrm{T}} F(\boldsymbol{X}^*)$ 的假设矛盾. 所以由 $F(\boldsymbol{X}^*) \leqslant F(\boldsymbol{X}^0)$ 及 $f_{j_0}(\boldsymbol{X}^*) < f_{j_0}(\boldsymbol{X}^0)$ 可知，$F(\boldsymbol{X}^*) \leqslant F(\boldsymbol{X}^0)$，因此 $\boldsymbol{X}^0$ 不可能是（VP）的有效解. 定理证毕.

这个定理说明，使用安全法时有可能多得到一个有效解.

6.3.4　功效系数法

我们知道，（VP）的任意一个可行解 $\boldsymbol{X} \in R$，对每个目标 $f_i(\boldsymbol{X})$ 的相应值是有好有坏的. 一个 $\boldsymbol{X} \in R$ 对某个 $f_i(\boldsymbol{X})$ 的相应值的好坏程度，称为 $\boldsymbol{X}$ 对 $f_i(\boldsymbol{X})$ 的**功效**. 为了便于对每个 $\boldsymbol{X} \in R$ 比较它对某个 $f_i(\boldsymbol{X})$ 的功效大小，可将 $f_i(\boldsymbol{X})$ 作一个函数变换 $d_i(f_i(\boldsymbol{X}))$，即用一个**功效系数**（俗称**打分**）d_i 来描述，即令：

$$d_i = d_i(f_i(\boldsymbol{X})), \boldsymbol{X} \in R, i = 1, 2, \cdots, p$$

满足：$0 \leqslant d_i \leqslant 1$. 并规定，对 $f_i(\boldsymbol{X})$ 产生功效最好的 $\boldsymbol{X}$，评分为 $d_i = 1$；功效最坏的 $\boldsymbol{X}$，评分为 $d_i = 0$；对不是最好也不是最坏的中间状态，评分为 $0 < d_i < 1$. 换句话说，我们用一个值在 0 与 1 之间的功效函数 $d_i(f_i(\boldsymbol{X}))$，$\boldsymbol{X} \in R$ 来反映 $f_i(\boldsymbol{X})$ 的好坏. 下面介绍最常用的两种评分方法：线性型和指数型.

6.3.4.1　线性功效系数法

这种方法是用功效最好与最坏的两点之间的直线来反映功效程度的，具体方法如下：

考虑如下的多目标规划问题：

$$(\mathrm{VP})^* \quad \begin{aligned} &\min(f_1(\boldsymbol{X}), f_2(\boldsymbol{X}), \cdots, f_k(\boldsymbol{X}))^{\mathrm{T}} \\ &\max(f_{k+1}(\boldsymbol{X}), f_{k+2}(\boldsymbol{X}), \cdots, f_p(\boldsymbol{X}))^{\mathrm{T}}, \boldsymbol{X} \in R \end{aligned}$$

首先把所有 $f_i(\boldsymbol{X})$ 的最大值与最小值求出来，即令：

$$\min_{\boldsymbol{X} \in R} f_i(\boldsymbol{X}) = \underline{f_i}, \max_{\boldsymbol{X} \in R} f_i(\boldsymbol{X}) = \bar{f}_i, i = 1, 2, \cdots, p$$

（1）因为当 $i = 1, 2, \cdots, k$ 时，$f_i(\boldsymbol{X})$ 要求越小越好，故可取：

$$d_i = d_i(f_i(\boldsymbol{X})) = \begin{cases} 1 & \text{当 } f_i = \underline{f_i} \text{ 时} \\ 0 & \text{当 } f_i = \bar{f}_i \text{ 时} \\ 1 - [(f_i(\boldsymbol{X}) - \underline{f_i}) / (\bar{f}_i - \underline{f_i})] & \text{当 } \underline{f_i} < f_i < \bar{f}_i \text{ 时} \end{cases}$$

其中，$d_i = 1 - [(f_i(\boldsymbol{X}) - \underline{f_i}) / (\bar{f}_i - \underline{f_i})]$ 是因为过两点：$(\underline{f_i}, 1)$ 和 $(\bar{f}_i, 0)$ 可作一条直线，

其方程为：$(f_i(\boldsymbol{X})-\underline{f_i})/(\overline{f_i}-\underline{f_i})=(d_i(f_i(\boldsymbol{X}))-1)/(0-1)$，$i=1, 2, \cdots, k$. 求出：$d_i(f_i(\boldsymbol{X}))=1-[(f_i(\boldsymbol{X})-\underline{f_i})/(\overline{f_i}-\underline{f_i})], i=1,2,\cdots,k$. $d_i(f_i(\boldsymbol{X}))$的图形见图 6-6.

显然，越靠近（$\underline{f_i}$，1）的功效越好，越靠近（$\overline{f_i}$，0）的功效越坏，所以 $d_i(f_i(\boldsymbol{X}))$便可反映诸$f_i(\boldsymbol{X})$（$i=1, 2, \cdots, k$）越小越好.

（2）对于$j=k+1, k+2, \cdots, p$，由于$f_j(\boldsymbol{X})$要求越大越好，故可令：

$$d_j=\begin{cases}1 & \text{当 } f_j=\overline{f_j} \text{ 时}\\ 0 & \text{当 } f_j=\underline{f_i} \text{ 时}\\ (f_j(\boldsymbol{X})-\underline{f_i})/(\overline{f_j}-\underline{f_i}) & \text{当 } \underline{f_i}<f_i<\overline{f_i} \text{ 时}\end{cases}$$

$d_i=(f_j(\boldsymbol{X})-\underline{f_j})/(\overline{f_j}-\underline{f_j})$因为过两点：（$\overline{f_j}$，1）和（$\underline{f_j}$，0）作一条直线，所以其方程为：$(f_j(\boldsymbol{X})-\underline{f_j})/(\overline{f_j}-\underline{f_j})=(d_j(f_j(\boldsymbol{X}))-0)/(1-0)$，$j=k+1, \cdots, p$. 从而求得：$d_j(f_j(\boldsymbol{X}))=(f_j(\boldsymbol{X})-\underline{f_j})/(\overline{f_j}-\underline{f_j})$，$j=k+1, \cdots, p$，$d_j(f_i(\boldsymbol{X}))$的图形见图 6-7.

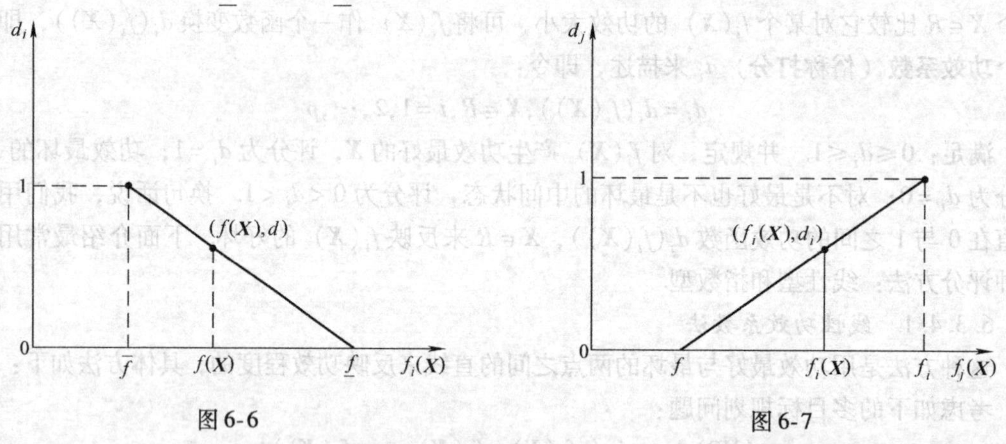

图 6-6　　　　图 6-7

由（1）、（2）可知，对所有的$f_i(\boldsymbol{X}), i=1,2,\cdots,p$；都给出了相应的功效系数 $d_i(f_i(\boldsymbol{X})), i=1, 2, \cdots, p$. 用（1）、（2）所推导出的$d_i(f_i(\boldsymbol{X}))$的公式中，当诸 $d_i \approx 1$ 时便同时保证前 k 个目标越小越好，后 $p-k$ 个目标越大越好.

为了求解一个实际问题. 我们不会寻求目标函数功效最坏的解 $\boldsymbol{X}$，即不会求使 $d_i=0$ 的解，因此，不妨假设 $d_i>0$，任给 $\boldsymbol{X}\in R$，$i=1, 2, \cdots, p$，然后作 d_i，$i=1, 2, \cdots, p$ 的几何平均数：

$$h(F(\boldsymbol{X}))=[\prod_{i=1}^{p} d_i(f_i(\boldsymbol{X}))]^{1/p}$$

称 $h(F(\boldsymbol{X}))$为**功效函数**. 并以单目标规划：

$$(\mathrm{P})_d:\ \max_{\boldsymbol{X}\in R} h(F(\boldsymbol{X}))$$

的最优解作为（VP）* 的解.

定理 6-11　设 $d_i(f_i(\boldsymbol{X}))>0$，对任给 $\boldsymbol{X}\in R$，$i=1, 2, \cdots, p$，若 $\boldsymbol{X}^*$ 是 $(\mathrm{P})_d$ 的最优

解，则 X^* 必为（VP）* 的有效解.

证　因为（VP）* 等价于：

$$\min_{X\in R} F^*(X)=(f_1(X),f_2(X),\cdots,f_k(X),-f_{k+1}(X),\\ -f_{k+2}(X),\cdots,-f_p(X))^{\mathrm{T}}$$

若 X^* 不是（VP）* 的有效解，则存在 $\overline{X}\in R$，使得 $F^*(\overline{X})\leqslant F^*(X^*)$，即有：$f_i(\overline{X})\leqslant f_i(X^*)$，$i=1, 2, \cdots, k$，$-f_i(\overline{X})\leqslant -f_i(X^*)$，$j=k+1, \cdots, p$，并且至少有一个严格不等式成立. 由图6-6、图6-7可看到，$d_i(f_i(X))$，$i=1, 2, \cdots, k$ 是严格单调减函数，$d_i(f_i(X))$，$i=k+1, \cdots, p$ 是严格单调增函数. 所以有：$d_i(f_i(\overline{X}))\geqslant d_i(f_i(X^*))$，$i=1, 2, \cdots, p$，并且至少有一个严格不等式成立. 因此有：$h(F(\overline{X}))>h(F(X^*))$，这与 X^* 是 $(\mathrm{P})_d$ 的最优解矛盾. 所以 $X^*\in R_e^*$. 定理证毕.

6.3.4.2　*指数功效系数法*

线性型功效系数法实际上是把功效系数取作线性函数，当我们把功效系数取作指数函数时，便得到指数型功效系数法. 我们仍考虑（VP）* 形式的多目标规划.

由于指数函数的几何特征与直线不同（指数函数最大值的 $d_i(\overline{f_i})\neq 0$，而是趋于0），因此无法像线性功效系数法那样利用 $f_i(X)$ 的最小值 $\underline{f_i}$ 和最大值 $\overline{f_i}$ 来规定 $d_i(f_i(X))$，而是利用估计出的 $f_i(X)$ 的**不合格值** f_i^0（或称**不满意值**）和**勉强合格值** f（或称**最低满意值**）来规定 $d_i(f_i(X))$.

（1）对于越大越好的 $f_i(X)$，$j=k+1, k+2, \cdots, p$，考虑如下的指数型功效系数：

$$d_j=d_j(f_j(X))=\exp[-\exp(-(b_0+b_1f_j(X)))],j=k+1,k+2,\cdots,p$$

其中，b_0 及 $b_1>0$ 是待定常数，其图形见图6-8. 图中，$d_j(f_j(X))$ 是 $f_j(X)$ 的严格单调增函数，而且当 $f_j(X)$ 充分大时，$d_j(f_j(X))\to 1$.

为了确定 b_0 和 b_1 方便起见，我们规定：

$$d_j^1=d_j(f_j^1)=\mathrm{e}^{-1}\approx 0.37$$

$$d_j^0=d_j(f_j^0)=\mathrm{e}^{-\mathrm{e}}\approx 0.07$$

于是得：$\begin{cases}\mathrm{e}^{-1}=\exp[-\exp(-(b_0+b_1f_j^1))]\\ \mathrm{e}^{-\mathrm{e}}=\exp[-\exp(-(b_0+b_1f_j^0))]\end{cases}$

由此可知：$\begin{cases}b_0+b_1f_j^1=0\\ b_0+b_1f_j^0=-1\end{cases}$

解此方程组得：

$$b_0=f_j^1/(f_j^0-f_j^1),\quad b_1=-1/(f_j^0-f_j^1)$$

从而有：

$$d_j(f_j(X))=\exp[-\exp((f_j(X)-f_j^1)/(f_j^0-f_j^1))],j=k+1,\cdots,p$$

（2）对于越小越好的 $f_i(X)$，$i=1, 2, \cdots, k$，可类似地求得：

$$d_j(f_j(X))=1-\exp[-\exp((f_j(X)-f_i^1)/(f_i^0-f_i^1))],i=1,2,\cdots,k$$

这时 d_i 的图形如图6-9所示. 图中，d_i 是 $f_i(X)$ 的严格单调减函数，而且当 $f(X)$ 充分小时，$d_i(f_i(X))\to 1$.

类似线性功效系数法，在得到了各功效系数 $d_i(f_i(X))$，$i=1, 2, \cdots, p$ 以后，构造单目标规划：

$$(\mathrm{P})_d \ \max_{\boldsymbol{X}\in R} h(\boldsymbol{F}(\boldsymbol{X}))$$

其中，$h(\boldsymbol{F}(\boldsymbol{X}))=[\prod_{i=1}^{p} d_i(f_i(\boldsymbol{X}))]^{1/p}$. 采用类似上述的方法也可证明 $(\mathrm{P})_d$ 的最优解为 $(\mathrm{VP})^*$ 的有效解.

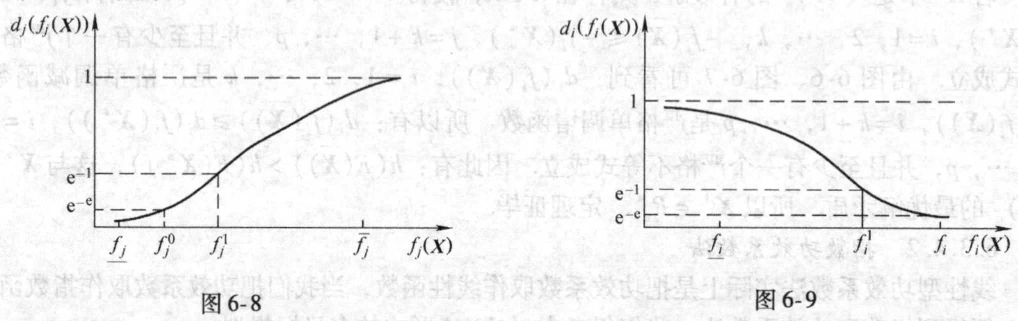

图 6-8　　　　图 6-9

最后指出，功效系数法显然也适用于统一的极小化模型，只需在相应的评价函数中取 $k=p$ 即可.

6.4 目标规划

目标规划（法）也是解决多目标数学规划的一种方法，它是在（LP）基础上发展起来的. 这种方法的基本思想是：对每一个目标函数，预先给定一个期望值，在现有的约束条件下，这组期望值也许能够达到，也许达不到. 决策者的任务是求出尽可能接近这组预定期望值的解.

对目标规划来说，期望值的选取是否合理会直接影响解的优劣，而决策者事先又往往对期望值缺乏了解. 为此，采用目标规划与“交互作用”方法相结合，做到两个对话，即“人-机对话”和“分析者-决策者对话”. 每次对话中，决策者只要就已经求出的“有效解”回答是否满意，指出不满意的部分，分析者就能修改期望值从而求出新的有效解. 这就使得目标规划具有一定的灵活性和有效性，成为目前解决多目标数学规划问题较为成功的方法之一.

本节只讨论线性目标规划及其主要算法.

6.4.1 线性目标规划的数学模型

在实际的决策分析中应用目标规划最困难的是建立其模型，即将实际决策问题描述为管理科学模型，它是成功地应用目标规划去解决实际问题的关键与前提. 下面我们结合实际例子来说明建立目标规划的方法，指出一些基本概念.

[例 6-5] 最佳生产计划问题

某工厂计划生产甲、乙两种产品，此两种产品需要在 A、B、C、D 四种不同的设备上进行加工，加工的台时及四种设备的日台时能力如表 6-2 所示. 现已知每生产一件产品，甲、乙分别可获利润为 2 元、3 元，则厂长应决定如何安排生产使得在计划期内的总利润最大的问题. 如果现在厂长经营的目标不仅仅是追求利润最大，而是要同时考虑如下几个目标：

表6-2　加工产品所需台时

设备		A	B	C	D
产品	甲	2	1	4	0
	乙	2	2	0	4
日台时能力		12	8	16	12

目标（1）：若单纯追求利润最大可得最大利润为14万元，厂长从实践中认识到在不考虑附加条件下才能使利润指标达到14万元，所以这是个偏高的指标，经决策后决定把最大利润14万元降到12万元，但又要力求超过一些.

目标（2）：从市场信息反馈得知，随着购买力的提高，对甲、乙两种产品的需求量的比例大致是1:1.

目标（3）：四台设备的能力并非没有一点机动余地，如设备B不必充分利用但必要时可以加班运转，当然希望加班的时间尽可能地少．而设备A既要充分利用，又要尽可能地不加班.

上述三个目标是厂长的三个奋斗目标，他要尽可能地把工厂的经营目标与上述三个目标靠拢，这显然是三个目标的多目标线性规划．试列出该问题的数学模型.

解　若单纯地追求利润最大而不考虑三个目标，则是读者所熟悉的（LP）问题．设x_1、x_2分别为甲、乙产品的生产量，则此问题的数学模型为：

$$\max Z = 2x_1 + 3x_2$$

$$\text{s. t.}\begin{cases}2x_1 + 2x_2 \leqslant 12 \\ x_1 + 2x_2 \leqslant 8 \\ 4x_1 \leqslant 16 \\ 4x_2 \leqslant 12 \\ x_1 \geqslant 0, x_2 \geqslant 0\end{cases}$$

用单纯形法可求得$\boldsymbol{X}^* = (4,\ 2)^{\mathrm{T}}$，$\boldsymbol{Z}^* = 14$（万元）．而现在不单纯追求利润最大，是要同时考虑三个奋斗目标，则一般的（LP）方法已无法解决，现在采用目标规划方法，通过引进一些特殊的变量将它化为单目标规划问题.

6.4.1.1　*偏差变量*

表明实际数值与超出或未达到目标值的差距，用下列符号表示：

d^+——超出目标值的差距，

d^-——未达到目标值的差距.

注意，这里恒有$d^- \cdot d^+ = 0$及d^+、d^-两者中必有一个为零．事实上，当实际值超出规定目标值时，则有$d^- = 0$，$d^+ > 0$；当实际值未达到规定目标值时，则$d^+ = 0$，$d^- > 0$．当实际值同规定目标值一致时，则$d^+ = d^- = 0$，故恒有$d^+ \cdot d^- = 0$．这样，我们对多目标规划问题中的诸多目标函数可以建立起目标函数方程：$\boldsymbol{CX} + \boldsymbol{D}^- - \boldsymbol{D}^+ = E$，其中：

$$\boldsymbol{D}^+ = \begin{pmatrix} d_1^+ \\ \vdots \\ d_l^+ \end{pmatrix}, \boldsymbol{D}^- = \begin{pmatrix} d_1^- \\ \vdots \\ d_l^- \end{pmatrix}, \boldsymbol{E} = \begin{pmatrix} e_1 \\ e_2 \\ \vdots \\ e_l \end{pmatrix}$$

$\boldsymbol{E}$ 是一个期望值向量. 在例 6-5 中 $e_1=12$（万元），(LP) 的目标函数变成目标函数方程：$2x_1+3x_2+d^--d^+=12$. (LP) 的目标函数在目标规划中只是成了问题要达到的目标之一，即成为一个目标约束. 引入了目标函数的期望值与正负偏差变量 d^+、d^- 之后，原来的目标函数变成了约束条件的一部分，这正是目标规划的一个特征. 值得注意的是经过这样处理之后，约束条件（目标）都允许在一定范围内“伸缩”，即约束集合是松弛的. 当目标与约束集之间互不相容时（即无可行域）也能找到一组“最优解”. 这是在另一种意义下的最优解，它允许“最优值”与预定目标存在偏离，但是偏离量尽量满足优化要求.

6.4.1.2 系统约束与目标约束

系统约束是指对某种资源的使用加以严格限制的约束，在例 6-4 中设四种设备中 C、D 设备属于上级部门设备，工厂无权超额使用，则这种约束称为**系统约束（刚性约束）**.

目标约束是指对某种资源的使用可由决策者的目标而加以限制的约束. 在例 6-5 中设备 A、B 属于工厂设备，工厂不仅可使用并且可根据目标需要加班使用，这种有机动余地的约束称为**目标约束（柔性约束）**.

建立了这两个概念后，则例 6-5 中约束条件的构成如下：

设 d_1^-：实际利润不足目标函数期望值 12 万元的偏差；

d_1^+：实际利润超过目标函数期望值 12 万元的偏差.

则原 (LP) 的目标函数对应于目标规划中的一个目标约束：

$$2x_1+3x_2+d_1^--d_1^+=12$$

又如引入 d_2^-：甲产品 x_1 少于乙产品 x_2 的偏差；

d_2^+：甲产品 x_1 多于乙产品 x_2 的偏差.

则厂长考虑的目标 (2) 对应了目标规划中的另一个目标约束：

$$x_1-x_2+d_2^--d_2^+=0$$

类似地，对例 6-5 中厂长考虑的三个目标，我们可以建立如下的约束条件：

$$\text{s. t.}\begin{cases}2x_1+3x_2+d_1^--d_1^+=12 & ①\\ x_1-x_2+d_2^--d_2^+=0 & ②\\ 4x_1\leqslant 16 & ③\\ 4x_2\leqslant 12 & ④\\ 2x_1+2x_2+d_3^--d_3^+=12 & ⑤\\ x_1+2x_2+d_4^--d_4^+=8 & ⑥\\ x_1\geqslant 0,x_2\geqslant 0,d_i^-\geqslant 0,d_i^+\geqslant 0 \quad i=1,2,3,4\end{cases}$$

式①、②、⑤、⑥是目标约束，式③、④是系统约束.

6.4.1.3 目标规划中的目标函数（达成函数）

多目标规划中的各个目标函数，在通过引入偏差变量而列入约束条件后，那么在目标规划中的目标函数就是要使各目标函数值最接近于各自的期望值，即要使得偏差达到最小值. 这是一个关于偏差变量达最小的单一的综合性目标，从而可将一个多目标规划转化为一个单目标规划. 目标规划中的达成函数是偏差变量的函数，反映了各目标得以实现的程度. 对偏差变量的运用要根据各个目标的不同要求而确定，一般有以下三种情况：

(1) d_i^- 与 d_i^+ 尽可能地小，故应将 d_i^-，d_i^+ 列入达成函数之中：$\min\ (d_i^-+d_i^+)$；

(2) 若要求第 i 个目标允许超过其期望值，但又要尽可能地避免低于其期望值，则应要求相应的负偏差变量 d_i^- 尽可能地小，故应将 d_i^- 列入达成函数之中：$\min d_i^-$；

（3）若要求第 i 个目标允许低于其期望值，但又要尽可能地避免超过其期望值，则应要求相应的正偏差变量 d_i^+ 尽可能地小，故应将 d_i^+ 列入达成函数之中：$\min d_i^+$.

一般，将各个需要极小化的偏差变量相加便得到了该目标规划问题的达成函数. 在例6-5中，对目标（1）而言，希望达到12万元但又希望尽可能地超过12万元，所以应有：$\min d_1^-$. 对目标（2）而言，希望甲、乙产品的产量尽可能地接近1∶1，也就是既不希望出现 $d_2^-=0$，$d_2^+>0$；也不希望出现 $d_2^+=0$，$d_2^->0$，而寄希望于 d_2^+、d_2^- 均尽可能地小，所以应有：$\min(d_2^++d_2^-)$. 对目标（3）而言，希望设备 B 尽量不加班或少加班，也就是不希望出现 $d_4^+=0$，而寄希望于 d_4^+ 尽可能地小，所以应有：$\min d_4^+$，而对设备 A 既要充分利用，又要尽量不加班，既不希望出现 $d_3^+=0$，$d_3^->0$ 也不希望出现 $d_3^-=0$，$d_3^+>0$，所以应有：$\min(d_3^-+d_3^+)$. 综合以上讨论，可得到例6-5的达成函数如下：$\min z=d_1^-+d_2^++d_2^-+d_3^++d_3^-+d_4^+$.

6.4.1.4 达成函数的优先级与权系数

在上面得出的达成函数中 d_i^- 或 d_i^+ $(i=1, 2, 3, 4)$ 的系数均为1，形式上看所有偏差变量在数值上具有同等的意义，也就是说 d_1^- 减少1元与 d_2^- 或 d_3^- 减少1元有相同的目标价值；d_2^+ 增加1元与 d_3^+ 或 d_4^+ 增加1元有相同的目标价值，所求的仅仅是它们之和的最小. 而实际上 d_i^- 与 d_i^+ 各自完全可以赋予不同的含义，如 d_1^- 减少1元可以认为相当于 d_2^- 减少2元或相当于 d_3^- 减少4元. 为反映这一点，必须给这些偏差变量以适当的权系数. 注意到在现实的决策环境中各个目标的重要程度是不可能完全一致的. 决策者总要运用他的判断能力分析各个目标的重要性，给出其轻重缓急，而目标规划法又允许我们可以根据目标的重要程度给予每个目标以不同的优先等级. 这样，低级的目标只有在高级的目标完成之后才顺序考虑. 以后我们将会看到在相同的条件之下，对于不同的权系数与不同的优先等级会得出完全不同的最优方案.

（1）优先等级——设目标分成 k 个等级，分别用优先因子 p_1，p_2，…，p_k 表示，则规定：$p_k \geqslant p_{k+1}$，$k=1, 2, \cdots$. 目标的优先等级是个定性的概念，不同的优先等级无法从数量上加以衡量比较. 优先因子 p_j 可以理解成仅仅是一种符号，用来区别各个目标的重要程度，又可以理解成一种正常数（权系数）.

（2）权系数——达成函数中各目标偏差变量的系数. 权系数是一种可以用数量来衡量的指标，对属于同一优先等级的不同目标可按其重要程度分别给予不同的权系数来反映各目标的差异. 有了优先等级和权系数之后，所建立起来的目标规划亦称为**字典序（优先级）线性目标规划**.

在例6-5中，假定该厂长作出如下判断：把目标（1）列为第一优先级，记为 p_1；把目标（2）列为第二优先级，记为 p_2；把目标（3）列为第三优先级，记为 p_3，并在 p_3 中假设设备 A 的重要性比设备 B 的重要性大3倍. 从而我们得到例6-5问题的目标规划的数学模型：

$$\min Z=p_1d_1^-+p_2(d_2^++d_2^-)+p_3[3(d_3^++d_3^-)+d_4^+]$$

$$\text{s. t.}\begin{cases}4x_1\leqslant 16\\4x_2\leqslant 12\\2x_1+3x_2+d_1^- -d_1^+=12\\x_1-x_2+d_2^- -d_2^+=0\\2x_1+2x_2+d_3^- -d_3^+=12\\x_1+2x_2+d_4^- -d_4^+=8\\x_1\geqslant 0,x_2\geqslant 0,d_i^-\geqslant 0,d_i^+\geqslant 0\quad i=1,2,3,4\end{cases}$$

从此例中可看出，目标规划比（LP）灵活，适用于现实动态经济管理环境中多个目标，而且还带有从属目标的规划问题. 决策者可根据变化通过调整优先等级和权系数来求出不同方案，以适应瞬息变化的经济市场. 当然，目标规划中的目标值、优先等级、权系数的确定依赖于决策者的判断，还带有很大的随机性和模糊性，不易定出一个绝对的数值，同时也正是这个特点又给予了决策者可供选择的余地.

一般线性目标规划的数学模型：

$$\min Z=\sum_{i=1}^{k}p_i\sum_{j=1}^{m}(f_{ij}^-d_j^-+f_{ij}^+d_j^+)$$

$$\text{s. t.}\begin{cases}\sum_{j=1}^{n}a_{ij}x_j\leqslant b_i(\text{或}\geqslant,\text{或}=)\quad i=1,2,\cdots,l\\\sum_{j=1}^{n}c_{ij}x_j+d_i^- -d_i^+=e_i\quad i=1,2,\cdots,m\\x_j\geqslant 0\quad j=1,2,\cdots,n\\d_i^-,d_i^+\geqslant 0\quad i=1,2,\cdots,m\end{cases}$$

式中 x_j——决策变量；

a_{ij}——系统约束的系数；

c_{ij}——目标约束的系数；

b_i——第 i 个约束的右端常数；

e_i——第 i 个目标的期望值；

p_i——目标的优先级别（优先因子）；

f_{ij}^-——p_i 级目标中 d_j^- 的权系数；

f_{ij}^+——p_i 级目标中 d_j^+ 的权系数；

d_i^-，d_i^+——偏差变量.

这是一个有 n 个决策变量，m 个目标，$2m$ 个偏差变量，l 个约束条件的目标规划. 这些变量和系数在目标规划中均起着各自的作用. 如：f_{ij}^- 与 f_{ij}^+ 反映了同一级别下各偏差变量间的相互关系. 一般比较重要的偏差变量应赋予较大的权系数.

使用向量和矩阵符号，目标规划可写成如下的形式：

$$\min Z=\boldsymbol{P}\cdot(\boldsymbol{F}^-\cdot\boldsymbol{D}^-+\boldsymbol{F}^+\cdot\boldsymbol{D}^+)$$

$$\text{s. t.}\begin{cases}\boldsymbol{AX}\leqslant\boldsymbol{B}(\text{或}\geqslant,\text{或}=)\\\boldsymbol{CX}+\boldsymbol{D}^- -\boldsymbol{D}^+=\boldsymbol{E}\\\boldsymbol{X}\geqslant 0,\boldsymbol{D}^-,\boldsymbol{D}^+\geqslant 0\end{cases}$$

式中 $\boldsymbol{P} = (p_1, p_2, \cdots, p_k)$；

$\boldsymbol{F}^- = (f_{ij}^-)_{k\times m}$；

$\boldsymbol{F}^+ = (f_{ij}^+)_{k\times m}$；

$\boldsymbol{A} = (a_{ij})_{l\times n}$；

$\boldsymbol{B} = (b_i)_{l\times 1}$；

$\boldsymbol{C} = (c_{ij})_{m\times n}$；

$\boldsymbol{D}^- = (d_i^-)_{m\times 1}$；

$\boldsymbol{D}^+ = (d_i^+)_{m\times 1}$；

$\boldsymbol{E} = (e_i)_{m\times 1}$.

建立一个实际问题的目标规划模型的一般步骤如下：

第一步：由实际问题建立具有 m 个目标的线性规划模型（设决策变量、建立等式或不等式约束条件、建立各个有关的目标函数）.

第二步：将多目标线性规划模型化为目标规划模型：

（1）由实际问题对第 i 个目标给予适当的期望值 $e_i(i=1, 2, \cdots, m)$；

（2）对第 i 个目标引进 d_i^-，d_i^+，建立目标约束方程并将其列入原约束条件之中；

（3）若原约束条件中有互相矛盾的方程，则对它们同样引入 d_i^- 和 d_i^+，更一般的做法是对所有的约束方程均引入 d_i^- 和 d_i^+；

（4）确定 k 个目标的优先级别 p_i 及权系数 f_{ij}^- 和 f_{ij}^+；

（5）建立达成函数 $\min Z$.

完成这些步骤后就建立了具有一般形式的字典序或优先级的线性目标规划. 但注意到模型的建立是灵活的，不一定要完全严格地按上述一般步骤进行.

[例6-6] 某公司生产甲、乙两种产品，每单位甲产品的利润为10元，乙产品的利润为8元；每单位甲产品和乙产品所需的装配时间分别为3小时和4小时. 而公司可利用的总的装配时间为150（小时/每周），适当的加班超过这个限制是可能的，但在加班时间内生产出的产品每单位利润各少1元. 在目前的合同中公司必须每周提供给顾客这两种产品各至少20个单位，现公司要求：①尽量充分利用每周150小时的正常工作时间；②尽量减少加班时间；③使公司所得的利润最大.

试建立此问题的目标规划模型.

解 设 x_1 为每周在正常工作时间内生产甲产品的数量；

x_2 为每周在加班时间内生产甲产品的数量；

x_3 为每周在正常工作时间内生产乙产品的数量；

x_4 为每周在加班时间内生产乙产品的数量.

则得如下的多目标线性规划模型：

$$\min z_1 = 3x_1 + 4x_3$$

$$\min z_2 = 3x_2 + 4x_4$$

$$\min z_3 = 10x_1 + 9x_2 + 8x_3 + 7x_4$$

$$
\text{s. t. }\begin{cases} x_1 + x_2 \geqslant 20 \\ x_3 + x_4 \geqslant 20 \\ 3x_1 + 4x_3 \leqslant 150 \\ x_i \geqslant 0, \quad i = 1, \cdots, 6 \end{cases}
$$

假设每周正常工作时间的期望值为 150 小时，每周加班时间的期望值为 20 小时，每周利润的期望值为 900 元. 并且依次将公司要求的三点定为第一、二、三级优先目标. 则可得该问题的目标规划模型如下：

$$
\min Z = P_1(d_1^- + d_1^+) + P_2 d_2^+ + P_3 d_3^-
$$

$$
\text{s. t. }\begin{cases} x_1 + x_2 \geqslant 20 \\ x_3 + x_4 \geqslant 20 \\ 3x_1 + 4x_3 + d_1^- - d_1^+ = 150 \\ 3x_2 + 4x_4 + d_2^- - d_2^+ = 20 \\ 10x_1 + 9x_2 + 8x_3 + 7x_4 + d_3^- - d_3^+ = 900 \\ x_i \geqslant 0, i = 1,2,3,4 \\ d_i^-, d_i^+ \geqslant 0, i = 1,2,3 \end{cases}
$$

6.4.2 线性目标规划的求解方法

目标规划的解为实际问题的系统处理提供了可以作为决策基础的有用信息，它的解是在满足给定的目标集合的条件下寻找最大限度的可能性，当然它必须符合决策环境和决策者对于目标所给的优先结构. 下面介绍三种求解目标规划模型的基本方法.

6.4.2.1 线性目标规划的序列法（SLGP）

线性目标规划序列（序子）算法的基本思想是依达成函数中各目标的优先级别 p_i，顺序将目标规划模型分解为一系列的单一的线性规划模型，用传统的单纯形方法逐一完成其求解过程. 在求解过程中进基变量、离基变量及主元的选择原则与线性规划的单纯形法相同，不同的是要以不影响较高级目标的达成值为前提选择较低级目标的达成值，如此反复迭代，直至进行到最低级目标的达成函数达最优为止. 下面给出此算法的具体计算步骤：

第一步，令 $i=1$（i 表示正在考虑的优先级别，且设共有 k 个级别），建立仅含 p_1 级目标的线性规划模型：

$$
\min z_1 = z_1(\boldsymbol{D}^+, \boldsymbol{D}^-)
$$

$$
\text{s. t. }\begin{cases} \sum\limits_{j=1}^{n} a_{ij}x_j \leqslant b_j(\text{或} \geqslant, \text{或} =) \quad i = 1,2,\cdots,l \\ \sum\limits_{j=1}^{n} c_{ij}x_j + d_i^- - d_i^+ = e_i, i \in P_1 \\ \boldsymbol{X}, \boldsymbol{D}^+, \boldsymbol{D}^- \geqslant 0 \end{cases}
$$

$i \in P_1$ 指的是仅考虑与 P_1 级目标有关的约束条件，z_1 是指仅考虑 P_1 级目标的有关目标函数.

第二步，用单纯形方法（或其他适合求解的方法）求解此模型，得 $z_i(\boldsymbol{D}^+, \boldsymbol{D}^-)$ 的最优解 z_i^*，z_i^* 即为原目标规划中 p_i 级目标所能达到的最优值.

第三步，置 $i=i+1$，若 $i>k$ 则转第六步，否则转下一步.

第四步，建立相应于下一个优先级别 p_i 的单目标（LP）模型：

$$\min z_i = z_i(\boldsymbol{D}^+,\boldsymbol{D}^-)$$

$$\text{s. t.}\begin{cases}\sum\limits_{j=1}^{n} c_{ij}x_j + d_i^- - d_i^+ = e_i \\ \sum\limits_{j=1}^{n} a_{ij}x_j \leqslant b_j(\text{或}\geqslant,\text{或}\leqslant),i=1,2,\cdots,l \\ z_s(\boldsymbol{D}^+,\boldsymbol{D}^-)=z_s^*,s=1,2,\cdots,i-1 \\ \boldsymbol{X},\boldsymbol{D}^+,\boldsymbol{D}^-\geqslant 0 \\ i\in P_1\cup P_2\cup P_3\cup\cdots\cup P_i\end{cases}$$

这里，$i\in P_1\cup P_2\cup\cdots\cup P_i$ 是指出考虑下一级目标的最优值时必须同时考虑上一级别目标相应的约束条件，并且还需考虑增加约束条件 $z_s(\boldsymbol{D}^+,\ \boldsymbol{D}^-)=z_s^*$，这样可保证在优化较低级目标时不会退化或破坏已得的较高级目标的最优值 z_s^*.

第五步，转第二步.

第六步，最后一个单目标（LP）模型的解是原目标规划模型的解，并且向量 $z^*=(z_1^*,\ z_2^*,\ \cdots,\ z_k^*)$ 反映了各目标实现的程度亦称达成向量.

[例 6-7] 用序列算法解下列目标规划

$$\min Z = P_1(d_1^+ + d_2^+) + P_2 d_3^- + P_3 d_4^+ + P_4(d_1^- + 1.5d_2^-)$$

$$\text{s. t.}\begin{cases} x_1 + d_1^- - d_1^+ = 30 \\ x_2 + d_2^- - d_2^+ = 15 \\ 8x_1 + 12x_2 + d_3^- - d_3^+ = 1000 \\ x_1 + 2x_2 + d_4^- - d_4^+ = 40 \\ x_1,\ x_2,d_i^+,d_i^- \geqslant 0,i=1,2,3,4\end{cases}$$

解 (1) 建立 P_1 级目标构成的单目标（LP）：

$$\min z_1 = d_1^+ + d_2^+$$

$$\text{s. t.}\begin{cases} x_1 + d_1^- - d_1^+ = 30 \\ x_2 + d_2^- - d_2^+ = 15 \\ x_1,x_2,d_i^-,d_i^+ \geqslant 0,i=1,2\end{cases}$$

用单纯形法求解上述（LP）见表6-3 所示.

表 6-3

c_j			0	0	0	0	1	1
C_b	X_B	b	x_1	x_2	d_1^-	d_2^-	d_1^+	d_2^+
0	d_1^-	30	1	0	1	0	−1	0
0	d_2^-	15	0	1	0	1	0	−1
检验数		0	0	0	0	0	1	1

其中，d_1^- 与 d_2^- 是基变量. 显然，对 P_1 级目标而言这已是最优表，从而得 P_1 级目标的最

优解为：$x_1=0$，$x_2=0$，$d_1^-=30$，$d_2^-=15$，$d_1^+=d_2^+=0$，$\min z_1=z_1^*=0$，故结论为：P_1 级目标可以完全实现或满足.

（2）建立 P_2 级别目标构成的单目标（LP）：

$$\min z_2=d_3^-$$

$$\text{s. t.}\begin{cases} x_1 + d_1^- - d_1^+ = 30 & ① \\ x_2 + d_2^- - d_2^+ = 15 & ② \\ 8x_1 + 12x_2 + d_3^- - d_3^+ = 1000 & ③ \\ d_1^+ + d_2^+ = 0 & ④ \\ x_1, x_2 \geqslant 0, d_i^-, d_i^+ \geqslant 0, i=1,2,3 \end{cases}$$

其中，①、②是前一级目标所满足的约束条件，式③是此级目标所满足的约束条件，式④是增加的约束条件，以保证在优化 P_2 级目标时将不退化已得的 P_1 级目标的最优值 z_1^*. 再注意到式④是 $d_1^+ + d_2^+ =0$，而 d_i^-，$d_i^+ \geqslant 0$，故只有 $d_1^+ = d_2^+ =0$，所以为计算方便，此时在上述模型中去掉 d_1^+ 与 d_2^+，将模型简化为如下形式：

$$\min z_2=d_3^-$$

$$\text{s. t.}\begin{cases} x_1 + d_1^- = 30 \\ x_2 + d_2^- = 15 \\ 8x_1 + 12x_2 + d_3^- - d_3^+ = 1000 \\ x_1, x_2 \geqslant 0, d_i^-, d_i^+ \geqslant 0, i=1,2,3 \end{cases}$$

用单纯形法求解此（LP）见表 6-4 所示.

表 6-4

c_j			0	0	0	0	1	0
C_B	X_B	b	x_1	x_2	d_1^-	d_2^-	d_3^-	d_3^+
0	d_1^-	30	1	0	1	0	0	0
0	d_2^-	15	0	1	0	1	0	0
1	d_3^-	1000	8	12	0	0	1	−1
检验数		−1000	−8	−12	0	0	0	1

显然，对 P_2 级目标而言它未能达到最优，依单纯形法的进基和离基准则，经两次换基运算得最终结果如表 6-5 所示.

表 6-5

c_j			0	0	0	0	1	0
C_B	X_B	b	x_1	x_2	d_1^-	d_2^-	d_3^-	d_3^+
0	x_1	30	1	0	1	0	0	0
0	x_2	15	0	1	0	1	0	0
1	d_3^-	580	0	0	−8	−12	1	−1
检验数		−580	0	0	8	12	0	1

此时，对 P_2 级目标而言已达最优，其最优解为：$x_1=30$，$x_2=15$，$d_1^-=0$，$d_2^-=0$，$d_3^-=580$，$d_3^+=0$，$\min z_2=z_2^*=580$，故结论为：P_2 级目标尚未被完全实现或满足，还差580.

（3）建立 P_3 级目标构成的单目标（LP）：

$$\min z_3=d_4^+$$

$$\text{s. t.}\begin{cases} x_1 \quad\quad +d_1^- -d_1^+=30 \\ x_2+d_2^- -d_2^+=15 \\ 8x_1+12x_2+d_2^- -d_3^+=1000 \\ x_1+\ 2x_2+d_4^- -d_4^+=40 \\ d_1^+ +d_2^+=0 \\ d_3^-=580 \\ x_1,x_2\geqslant 0,d_i^-,d_i^+\geqslant 0,i=1,2,3,4 \end{cases}$$

注意到（2）中 $d_1^+=d_2^+=0$，从而在单纯形计算中不再出现 d_1^+、d_2^+ 的变量. 这样的简化方法可以从另一角度来分析：非基变量在表6-3的检验数分别均为1（正数）. 也就是说，如果把它们再调入到基变量中将使 P_1 级目标所得的最优值 z_1^* 退化. 为了不使 z_1^* 的值退化，必须将这些非基变量的取值永远等于零. 因此可以将这些变量连同它们在最优表中所对应的列全部从最优表中去掉，即可以将它们从原模型中去掉. 依这个原则，注意到表6-5中 d_1^-、d_2^-、d_3^+ 的检验数分别是8、12、1（均为正数），所以在上述单目标（LP）中可以将 d_1^-、d_2^- 及 d_3^+ 去掉（视它们取值为零），简化为如下形式：

$$\min z_3=d_4^+$$

$$\text{s. t.}\begin{cases} x_1=30 \\ x_2=15 \\ 8x_1+12x_2+d_3^-=1000 \\ x_1+\ 2x_2+d_4^- -d_4^+=40 \\ d_3^-=580 \\ x_1,x_2\geqslant 0,d_i^-,d_i^+\geqslant 0\quad i=1,2,3,4 \end{cases}$$

因为 x_1、x_2 和 d_3^- 的值已唯一确定，所以此模型的解已无须用单纯形法解，显然可得：$x_1=30$，$x_2=15$，$d_3^-=580$，$d_4^+=20$，$d_4^-=0$，$\min z_3=z_3^*=20$，故结论为：P_3 级目标尚未完全实现或满足，还差20.

（4）建立 P_4 级目标所构造的单目标（LP）：注意到 P_4 级目标为 $\min z_4=d_1^- +1.5d_2^-$，而 d_1^- 与 d_2^- 已在（3）的讨论中为了使前级目标的最优值不致退化，而从模型中消去，亦即已令 $d_1^-=d_2^-=0$，所以 P_4 级目标对（3）中的最优解已被自然满足，故不必再另立模型求解.

综合上述讨论，得原目标规划的最优解为：$\boldsymbol{X}^*=(30,\ 15)^{\mathrm{T}}$，最优达成向量 $\boldsymbol{Z}^*=(0,\ 580,\ 20,\ 0)$. 总的结论为：$P_1$ 级目标与 P_4 级目标已完全实现，P_2 级目标与 P_3 级目标则没有完全实现，P_2 级目标尚差580，P_3 级目标尚差20.

从上面演算过程中不难看出，序列法的优点是求解思路清晰，在整个求解过程中仅用到了我们所熟悉的单纯形方法，缺点是需对每一级别的目标构造一个相应的单目标（LP），然后去求解，这样迭代次数多，对级别较多的模型则计算量较大.

下面我们讨论一下有关目标规划的解的一些问题.

（1）消元准则：由算法的计算步骤，在任一级别的（LP）的最优表中，任一正检验数（对极小化模型而言）的非基变量可以从该问题中消去，即可令这些非基变量的取值始终为零，以保证前一级别目标的最优性不被破坏.

（2）负右端项：算法中要求所有右端项值均为正，当右端项出现负值时只要在式子两端乘以（-1），然后再引入偏差变量即可. 如：$-x_1+8x_2\geqslant -20$，则两边乘以（-1）：$x_1-8x_2\leqslant 20$，再引入偏差变量得：$x_1-8x_2+d_1^- -d_1^+=20$，如果原来是对 d_1^- 取极小，则现在应该对 d_1^+ 取极小.

（3）非唯一解：当有两个以上解（决策变量）具有相同的最优达成向量时，则该目标规划问题称为有**非唯一解**. 其存在性可由最终表的非基变量的检验数是否为零来判断.

（4）无可行解：由于正、负偏差变量的引进，模型中将不会出现矛盾方程，所以一般不会发生无可行解的情形.

（5）解的无界性：由于对每一个目标都引进了决策期望值，所以一般不会发生解无界的情形.

（6）不可接受解：当某个 $z_i^*=a\neq 0$（$1\leqslant i\leqslant k$），则说明 P_i 级目标不能完全实现，此时产生了不能实现目标的解，如果 $i=1$，则可认为这个解是不可接受的解. 此时，一般应放松或降低有关的约束与期望值，使得最高级的 P_1 级目标能得以实现.

6.4.2.2 线性目标规划的多阶段算法（MLGP）

（MLGP）法的基本思想是：在优化过程中将所有达成函数和约束条件置于同一张单纯形表上，依单纯形法进行求解. 它是（LP）中两阶段法的延伸与简练，与一般单纯形表的区别就在于目标函数行. （MLGP）法是按目标的优先等级逐步依次地将目标填入单纯形表中进行最优性迭代，不同级别的目标分阶段地引入不同的行里，并且在考虑某级别目标的最优性时仍然依照不破坏较高目标已达到的最优值. 如此反复迭代，一直到最低一级目标达到最优为止. 下面给出此算法的具体迭代步骤：

第一步，令 $i=1$，将所有的约束条件：$\boldsymbol{CX}+\boldsymbol{D}-\boldsymbol{D}^+=\boldsymbol{E}$ 及 P_1 级目标 $z_1(\boldsymbol{D}^+,\boldsymbol{D}^-)$ 填入单纯形表中. 为方便起见，可将 P_1 级目标的检验数列在单纯形表的下方，用（LP）的单纯形法求出其最优解.

第二步，置 $i=i+1$，若 $i>k$ 则转第七步，否则转下一步.

第三步，将 P_i 级目标列入上述单纯形表的最底部，消去基变量，得 P_i 级目标的单纯形法初始表.

第四步，最优性检验：检验 P_i 级目标的检验数行中的每个负元素，选绝对值最大的负元素记为 R_{ij} 即为 P_i 级目标第 j 列的检验数. 并且在其同一列中凡比 P_i 级优先的各目标行中的检验数 $R_{1,j}$，$R_{2,j}$，…，$R_{i-1,j}$ 均不为正数，则记此列为 j. 如果有几个检验数具有相同的绝对值最大的正值，并且同列中更高级的目标行中的检验数又均无正值，则最大元素 $R_{i,j}$ 的选取是任意的，即可从中任选一列作为 j 列. j 列所对应的变量作为进基变量. 若找不到这样的 $R_{i,j}$，则 P_i 级目标已达最优，转入第二步；否则转入第五步.

第五步，确定进基变量和离基变量：进基变量即第四步中 j 列所对应的变量，离基变量依照（LP）中单纯形法的最小比值原则确定.

第六步，进行换基运算，建立新的单纯形表，转第四步.

第七步，终止迭代，当前的单纯形表即为原目标规划问题的最优表，并且可得目标规划问题的最优解和最优达成向量.

计算步骤中的第四步是（MLGP）算法同一般（LP）的单纯形算法的主要区别所在.

［例6-8］ 试用（MLGP）算法计算例6-7.

解 （1）建立仅含 P_1 级目标的单纯形初始表，如表6-6所示.

表6-6

c_j			0	0	P_4	$1.5P_4$	P_2	0	P_1	P_1	0	P_3
C_B	X_B	b	x_1	x_2	d_1^-	d_2^-	d_3^-	d_4^-	d_1^+	d_2^+	d_3^+	d_4^+
P_4	d_1^-	30	1	0	1	0	0	0	−1	0	0	0
$1.5P_4$	d_2^-	15	0	1	0	1	0	0	0	−1	0	0
P_2	d_3^-	1000	8	12	0	0	1	0	0	0	−1	0
0	d_4^-	40	1	2	0	0	0	1	0	0	0	−1
P_1		0	0	0	0	0	0	0	1	1	0	0

因为表6-6中 P_1 级目标的检验数行无负值，所以 P_1 级目标已达最优. 注意到 d_1^+、d_2^+ 的检验数为1（正值），故由消元准则可将 d_1^+、d_2^+ 从最优表中消去，以保证在考虑 P_2 级目标的优化时不破坏 P_1 级目标的最优性.

（2）将 P_2 级目标列入上面 P_1 级目标的最优表的底部，消去 P_2 行中基变量系数1，得 P_2 级目标单纯形初始表6-7.

表6-7

c_j			0	0	P_4	$1.5P_4$	P_2	0	0	P_3
C_B	X_B	b	x_1	x_2	d_1^-	d_2^-	d_3^-	d_4^-	d_3^+	d_4^+
P_4	d_1^-	30	1	0	1	0	0	0	0	0
$1.5P_4$	d_2^-	15	0	1	0	1	0	0	0	0
P_2	d_3^-	1000	8	12	0	0	1	0	−1	0
0	d_4^-	40	1	2	0	0	0	1	0	−1
P_1		0	0	0	0	0	0	0	0	0
P_2		0	0	0	0	0	1	0	0	0
P_4	d_1^-	30	1	0	1	0	0	0	0	0
$1.5P_4$	d_2^-	15	0	1	0	1	0	0	0	0
P_2	d_3^-	1000	8	12	0	0	1	0	−1	0
0	d_4^-	40	1	2	0	0	0	1	0	−1
P_1		0	0	0	0	0	0	0	0	0
P_2		−1000	−8	−12	0	0	1	0	1	0

因为 P_2 级检验行有负值，依（MLGP）算法中的最优性检验，表6-7不是 P_2 级目标的

最优表. 依单纯形法经过三次换基运算，得 P_2 级目标的最优表如表 6-8 所示.

表 6-8

c_j			0	0	P_4	$1.5P_4$	P_2	0	0	P_3
C_B	X_B	b	x_1	x_2	d_1^-	d_2^-	d_3^-	d_4^-	d_3^+	d_4^+
P_3	d_4^+	20	0	0	1	2	0	−1	0	1
0	x_2	15	0	1	0	1	0	0	0	0
P_2	d_3^-	580	0	0	−8	−12	1	0	−1	0
0	x_1	30	1	0	1	0	0	0	0	0
P_1		0	0	0	0	0	0	0	0	0
P_2		−580	0	0	8	12	0	0	1	0

由表 6-8 可知 P_2 级没有完全实现，还差 580. 注意到 d_1^-、d_2^-、d_3^+ 的检验数为正值，依消元准则可将它们所对应的列从最优表中消去.

(3) 将 P_3 级目标列入上面 P_2 级目标的最优表的底部，消去 P_3 行中基变量系数 1，得 P_3 级目标的单纯形初始表（表 6-9）.

表 6-9

c_j			0	0	P_2	0	P_3
C_B	X_B	b	x_1	x_2	d_3^-	d_4^-	d_4^+
P_3	d_4^+	20	0	0	0	−1	1
0	x_2	15	0	1	0	0	0
P_2	d_3^-	580	0	0	1	0	0
0	x_1	30	1	0	0	0	0
P_1			0	0	0	0	0
P_2			0	0	0	0	0
P_3			0	0	0	0	1
P_3	d_4^+	20	0	0	0	−1	1
0	x_2	15	0	1	0	0	0
P_2	d_3^-	580	0	0	1	0	0
P_4	x_1	30	1	0	0	0	0
P_1			0	0	0	0	0
P_2			0	0	0	0	0
P_3		−20	0	0	0	1	0

因为 P_3 级目标的检验数行无负值，所以 P_3 级目标已达最优，并且依消元准则可将 d_4^- 从最优表 6-9 中消去. 消去后满足约束条件的解已变成唯一的了，亦即 P_4 级目标自然满足，所以无须再讨论 P_4 级目标了.

因此表 6-9 即为原目标规划问题的最优表，其最优解如下：

$$x_1=30, x_2=15, d_1^-=d_1^+=d_2^-=d_2^+=0$$

$$d_3^-=580, d_3^+=0, d_4^-=0, d_4^+=20$$

$$\min z=z^*=(0,580,20,0)$$

此算法计算结果同用（SLGP）算法的计算结果相同. 多阶段算法的优点是使用了统一的单纯形表，计算简洁明了，迭代次数少收敛快，从而提高了计算精度. 其缺点是程序较复杂，故还不能求解规模很大的问题. 尽管如此，（MLGP）算法仍是一种较好的解目标规划的计算方法.

6.4.2.3 线性目标规划的单纯形算法

线性目标规划的单纯形算法的基本思想是：把目标优先等级系数 P_i 理解为一种特殊意

义下的正常数. 用 P_i 去取代（LP）中的成本系数 c_j，从而目标规划问题可理解为一个标准的（LP）问题，然后依（LP）的单纯形法求出它的最优解. 单纯形算法中这种视 P_i 为特殊常数的思想在目标规划的对偶理论、灵敏度分析等讨论中得以广泛的应用. 下面给出此算法的具体步骤：

第一步，视 P_i（$i=1$，2，…，k）为正常数，建立目标规划问题的初始单纯形表（表6-10）.

表6-10

c_j			0 0…0		$f_{ij}\cdot P_i$
$\boldsymbol{C_B}$	$\boldsymbol{X_B}$	$\boldsymbol{b}$	$x_1\quad x_2\cdots x_n$	$d_1^-\cdots d_m^-$	$d_1^+\cdots d_m^+$
$f_{ij}P_j$		b_i e_i	a_{ij} c_{ij}	$\begin{matrix}1 & 0 & \cdots & 0\\ 0 & 1 & & 0\\ \vdots & & \ddots & \vdots\\ 0 & \cdots & \cdots & 1\end{matrix}$	$\begin{matrix}-1 & 0 & \cdots & 0\\ 0 & -1 & \cdots & 0\\ \vdots & & \ddots & \vdots\\ 0 & \cdots & \cdots & -1\end{matrix}$
P_1 P_2 $\vdots$ P_k		$-\boldsymbol{C_B}\boldsymbol{B}^{-1}\boldsymbol{b}$	$y_{ej}=c_j-\boldsymbol{C_B}\boldsymbol{B}^{-1}\overline{P}_j$	$\begin{matrix}0 & \cdots & 0\\ \vdots & \ddots & \vdots\\ 0 & \cdots & 0\end{matrix}$	$y_{oj}=C_j-\boldsymbol{C_B}\boldsymbol{B}^{-1}\overline{P}_j$

注：$\overline{P}_j$ 为第 j 列向量.

表中上半部是达成函数中目标的优先等级和权系数，这里视它们为正常数；中部是基变量与非基变量的技术系数；下半部是检验数矩阵，它是由各个优先等级构成，原则上从最高级往最下级排列，基变量的检验数为零，非基变量的检验数 $c_j-\boldsymbol{C_B}\boldsymbol{B}^{-1}\overline{P}_j$ 的计算在第三步中给出.

第二步，最优性检验：从上往下（从最高级别开始）检验 z_j 值，若 z_j 的值全部为0，则表明全部目标均已实现其期望值，即已达最优，迭代终止. 若有某一（$\boldsymbol{C_B}\boldsymbol{B}^{-1}\boldsymbol{b}$）$_i$ 的值为正，则这说明这一等级目标尚未达到，需再检查这一行的检验数. 如果这一行有负检验数，则再检查它上面的行（较高级行）中是否有正的检验数. 如无，则说明尚未达到最优，还可继续改进，转第三步. 如有，则说明虽然这一等级目标未达最优，但其较高级目标已达最优，为不破坏较高级目标的最优性，其解已无改进的余地，则此时解即为最优解，迭代终止.

第三步，确定进基变量：选择最优列的原则是从上（最高级别开始）到下依次检查 y_{0j} 的值，如果 P_1 级别所在行的检验数中有负检验数，则依（LP）进基原则确定最优列，最优列所对应的变量为进基变量，进行换基运算直到 P_1 级目标所在行中无负数时再转入 P_2 级目标. 如此反复进行，直到所有 P_i 级目标的检验数全部检查完毕为止.

第四步，确定离基变量：选择主行的原则是依（LP）的最小比值原则，即常数项与最优列系数之比的最小者所在的行为主行，其该行的基变量为离基变量.

第五步，换基迭代：由第三、四步进行换基运算，求出新的基本可行解转第二步.

在第三步中 $y_{0j}=c_j-\boldsymbol{C_B}\boldsymbol{Y}_j$ 的值计算如下：y_{0j} 相当于（LP）的检验数，它是用非基变量表示基变量后目标规划中达成函数的系数，可以由表格中直接计算所得. c_j 是视 P_i 为任意正常数后达成函数中各目标的系数，$\boldsymbol{Y}_j$ 是第 j 个列向量.

下面通过实例给出此算法的具体实施.

［**例6-9**］ 试用单纯形算法计算例6-7.

解 由算法的计算步骤建立单纯形表格如表 6-11 所示.

表 6-11

	c_j			0	0	P_4	$1.5P_4$	P_2	0	P_1	P_1	0	P_3
	C_B	X_B	b	x_1	x_2	d_1^-	d_2^-	d_3^-	d_4^-	d_1^+	d_2^+	d_3^+	d_4^+
分表一	P_4	d_1^-	30	$\boxed{1}$	0	1	0	0	0	−1	0	0	0
	$1.5P_4$	d_2^-	15	0	1	0	1	0	0	0	−1	0	0
	P_2	d_3^-	1000	8	12	0	0	1	0	0	0	−1	0
	0	d_4^-	40	1	2	0	0	0	1	0	0	0	−1
	P_1		0	0	0	0	0	0	0	1	1	0	0
	P_2		−1000	−8	−12	0	0	0	0	0	0	1	0
	P_3		0	0	0	0	0	0	0	0	0	0	1
	P_4		−52.5	−1	−1.5	0	0	0	0	1	1.5	0	0
分表二	0	x_1	30	1	0	1	0	0	0	−1	0	0	0
	$1.5P_4$	d_2^-	15	0	1	0	1	0	0	0	−1	0	0
	P_2	d_3^-	760	0	12	−8	0	1	0	8	0	−1	0
	0	d_4^-	10	0	$\boxed{2}$	−1	0	0	1	1	0	0	−1
	P_1		0	0	0	0	0	0	0	1	1	0	0
	P_2		−760	0	−12	8	0	0	0	−8	0	1	0
	P_3		0	0	0	0	0	0	0	0	0	0	1
	P_4		−22.5	0	−1.5	1	0	0	0	0	1.5	0	0
分表三	0	x_1	30	1	0	1	0	0	0	−1	0	0	0
	$1.5P_4$	d_2^-	10	0	0	0.5	1	0	−0.5	−0.5	−1	0	$\boxed{0.5}$
	P_2	d_3^-	700	0	0	−2	0	1	−6	2	0	−1	6
	0	x_2	5	0	1	−0.5	0	0	0.5	0.5	0	0	−0.5
	P_1		0	0	0	0	0	0	0	1	1	0	0
	P_2		−700	0	0	2	0	0	6	−2	0	1	−6
	P_3		0	0	0	0	0	0	0	0	0	0	1
	P_4		−15	0	0	0.25	0	0	0.75	0.75	1.5	0	−0.75
分表四	0	x_1	30	1	0	1	0	0	0	−1	0	0	0
	P_3	d_4^+	20	0	0	1	2	0	−1	−1	−2	0	1
	P_2	d_3^-	580	0	0	−8	−12	1	0	8	12	−1	0
	0	x_2	15	0	1	0	1	0	0	0	−1	0	0
	P_1		0	0	0	0	0	0	0	1	1	0	0
	P_2		−580	0	0	8	6	0	0	−8	−12	1	0
	P_3		−20	0	0	−1	−2	0	1	1	2	0	0
	P_4		0	0	0	1	1.5	0	0	0	0	0	0

由分表四可知 P_1、P_4 级目标已完全实现，P_2 级目标尚未完全实现，虽然 P_2 级目标这一行中有负检验数，但其上方所对应的检验数均为1（正数），所以目标已无改进余地，否则要破坏 P_1 级的最优值. 同理 P_3 级目标在不破坏 P_1、P_2 级目标的最优值的前提下已无改进余地. 故分表四为最优表，最优解为：$x_1=30$，$x_2=15$，$d_1^-=d_2^-=d_4^-=d_1^+=d_2^+=d_3^+=0$，$d_3^-=580$，$d_4^+=20$，$z^*=(0, 580, 20, 0)$.

目标规划的方法已被广泛应用于制订生产计划、财务分析、市场研究、行政教育、人力和资源分配等方面，由于它比线性规划更灵活，所以不仅适用于一般线性规划适用的范围，而且还可以用来解决一些线性规划无法解决的问题. 下面通过两个经简化的应用模型实例进一步阐述建模的方法及应用的范围.

[例6-10] 某电子厂生产录音机和电视机两种产品，分别经由甲、乙两个车间生产. 已知除外购件外，生产一台录音机需甲车间加工2小时，乙车间装配1小时；生产一台电视机需甲车间加工1小时，乙车间装配3小时. 这两种产品生产出来后均需经检验、销售等环节. 已知每台录音机检验销售费用需50元，每台电视机检验销售费用需30元. 又甲车间每月可用的生产工时为120小时，每小时费用为80元；乙车间每月可用的生产工时为150小时，每小时费用为20元. 估计每台录音机利润为100元，每台电视机利润为75元，又估计下一年度内平均每月可销售录音机50台，电视机80台.

工厂确定制订月度计划的目标如下：

第一优先级：检验和销售费每月不超过4600元；

第二优先级：每月售出录音机不少于50台；

第三优先级：甲、乙两车间的生产工时得到充分利用（重要性权系数按两个车间每小时费用的比例确定）；

第四优先级：甲车间加班不超过20小时；

第五优先级：每月销售电视机不少于80台；

第六优先级：两个车间加班总时间要有控制（权系数分配与第三优先级相同）.

试确定该厂为达到以上目标的最优月度计划生产数字.

解 设 x_1 为每月生产录音机的台数，x_2 为每月生产电视机的台数. 根据题中给出条件，约束情况如下：

（1）甲、乙车间可用工时的约束

$$2x_1+x_2+d_1^--d_1^+=120 \quad (\text{甲车间})$$

$$x_1+3x_2+d_2^--d_2^+=150 \quad (\text{乙车间})$$

（2）检验和销售费用的限制

$$50x_1+30x_2+d_3^--d_3^+=4600$$

（3）每月销售量要求

$$x_1+d_4^--d_4^+=50 \quad (\text{录音机})$$

$$x_2+d_5^--d_5^+=80 \quad (\text{电视机})$$

（4）对甲车间加班的限制

$$d_1^++d_6^--d_6^+=20$$

因甲车间每小时生产费用80元，乙车间每小时生产费用为20元，其权数比为4:1.

故得目标规划模型为：

$$\min Z = P_1 d_3^+ + P_2 d_4^- + P_3(4d_1^- + d_2^-) + P_4 d_6^+ + P_5 d_5^- + P_6(4d_1^+ + d_2^+)$$

$$\text{s.t.}\begin{cases} 2x_1 + x_2 + d_1^- - d_1^+ = 120 \\ x_1 + 3x_2 + d_2^- - d_2^+ = 150 \\ 50x_1 + 30x_2 + d_3^- - d_3^+ = 4600 \\ x_1 + d_4^- - d_4^+ = 50 \\ x_2 + d_5^- - d_5^+ = 80 \\ d_1^+ + d_6^- - d_6^+ = 20 \\ x_1, x_2, d_i^-, d_i^+ \geqslant 0 (i = 1, \cdots, 6) \end{cases}$$

经计算得最优解如下：$x_1 = 50$，$x_2 = 40$，$d_1^+ = 20$，$d_2^+ = 20$，$d_3^- = 900$，$d_5^- = 40$，$d_1^- = d_2^- = d_3^+ = d_4^+ = d_4^- = d_5^+ = d_6^- = d_6^+ = 0$.

即该厂应每月生产录音机 50 台，电视机 40 台，利润额可达 8000 元.

[例 6-11] 已知三个工厂生产的产品供应四个用户需要，各工厂生产量、用户需要量及从各工厂到用户，单位产品的运输价格如表 6-12 所示.

表 6-12

工厂 \ 用户	1	2	3	4	生产量
1	5	2	6	7	300
2	3	5	4	6	200
3	4	5	2	3	400
需求量	200	100	450	250	

用表上作业法求得最优调配方案如表 6-13.

表 6-13

工厂 \ 用户	1	2	3	4	生产量
1	200	100			300
2	0		200		200
3			250	150	400
虚设				100	100
需求量	200	100	450	250	

总运费为 2950 元. 但上述方案只考虑了运费为最少，没有考虑到很多具体情况和条件. 故上级部门研究后确定了制订调配方案时要考虑的七项目标，并规定重要性次序为：

第一目标：第 4 用户为重要部门，需要量必须全部满足；

第二目标：供应用户 1 的产品中，工厂 3 的产品不少于 100 单位；

第三目标：为兼顾一般，每个用户满足率不低于 80%；

第四目标：新方案总运费不超过原方案的 10%；

第五目标：因道路限制，从工厂 2 到用户 4 的路线应尽量避免分配运输任务；

第六目标：用户 1 和用户 3 的满足率应尽量保持平衡；

第七目标：力求减少总运费.

据上面分析，建立目标规划的模型如下：

设 x_{ij} 为 i 工厂调配给 j 用户的数量.

（1）供应量的约束

$$\begin{cases} x_{11}+x_{12}+x_{13}+x_{14}\leqslant 300 \\ x_{21}+x_{22}+x_{23}+x_{24}\leqslant 200 \\ x_{31}+x_{32}+x_{33}+x_{34}\leqslant 400 \end{cases}$$

需求量的约束

$$\begin{cases} x_{11}+x_{21}+x_{31}+d_1^- =200 \\ x_{12}+x_{22}+x_{32}+d_2^- =100 \\ x_{13}+x_{23}+x_{33}+d_3^- =450 \\ x_{14}+x_{24}+x_{34}+d_4^- =250 \end{cases}$$

（2）用户 1 需要量中工厂 3 的产品不少于 100 单位

$$x_{31}+d_5^- -d_5^+ =100$$

（3）各用户满足率不低于 80%

$$\begin{cases} x_{11}+x_{21}+x_{31}+d_6^- -d_6^+ =160 \\ x_{12}+x_{22}+x_{32}+d_7^- -d_7^+ =80 \\ x_{13}+x_{23}+x_{33}+d_8^- -d_8^+ =360 \\ x_{14}+x_{24}+x_{34}+d_9^- -d_9^+ =200 \end{cases}$$

（4）运费上限制（原方案总运费为 2950 元）

$$\sum_{i=1}^{3}\sum_{j=1}^{4} c_{ij}x_{ij} + d_{10}^- - d_{10}^+ = 3245$$

（5）道路通过的限制

$$x_{24}-d_{11}^+ =0$$

（6）用户 1 和用户 3 的满足率保持平衡

$$(x_{11}+x_{21}+x_{31})-\frac{200}{450}(x_{13}+x_{23}+x_{33})+d_{12}^- -d_{12}^+ =0$$

（7）力求减少总的运费

$$\sum_{i=1}^{3}\sum_{j=1}^{4} c_{ij}x_{ij} - d_{13}^+ = 2950$$

目标函数为

$$\begin{aligned} \min Z = & P_1 d_4^- + P_2 d_5^- + P_3(d_6^- + d_7^- + d_8^- + d_9^-) + \\ & P_4 d_{10}^+ + P_5 d_{11}^+ + P_6(d_{12}^- + d_{12}^+) + P_7 d_{12}^+ \end{aligned}$$

计算结果得

$x_{12}=100$，$x_{14}=200$，$x_{21}=90$，$x_{23}=110$，$x_{31}=100$，$x_{33}=250$，$x_{34}=50$，其他 $x_{ij}=0$.

$d_1^-=10$，$d_3^-=90$，$d_6^+=30$，$d_7^+=20$，$d_9^+=50$，$d_{10}^+=115$，$d_{12}^+=30$，$d_{13}^+=410$，其余 d_i^+ 或 d_i^- 均为0.

习 题 6

6-1 某工厂生产A、B两种产品，每种产品均需两道相同的工序，每种产品所需加工的时间、销售利润及工厂每周的最大加工能力如下表：

产品A	单耗B		每周最大加工能力/小时
工序Ⅰ（小时/件）	4	5	120
工序Ⅱ（小时/件）	3	2	70
利润（元/件）	30	45	

现工厂考虑：(1) 每周获得尽可能多的利润；(2) 生产尽可能多的A、B产品使其满足市场需要；(3) 尽可能充分利用每周最大加工能力. 试建立此问题的多目标数学模型.

6-2 某饭店24小时营业，一天中所需服务员的人数如下表：

时 间 段	所需服务员的最少人数/人	时 间 段	所需服务员的最少人数/人
2~6（点）	4	14~18（点）	7
6~10（点）	8	18~22（点）	12
10~14（点）	10	22~2（点）	4

每个服务员每天连续工作8小时，从晚上18点开始到次日6点期间服务员的工资是其他时间的2倍. 现在的目标题：

(1) 要求满足以上条件的最少服务员人数；

(2) 要求满足以上条件的最低工资总额；

试建立这个问题的多目标线性规划模型.

6-3 求图6-10和图6-11给出的多目标规划问题的有效解集合. 其中 x 是单变量，约束集合 $R=\{x|x\geqslant 0\}$.

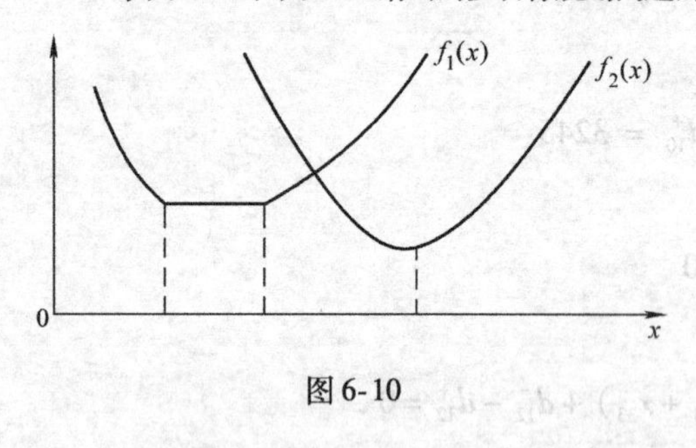

图6-10

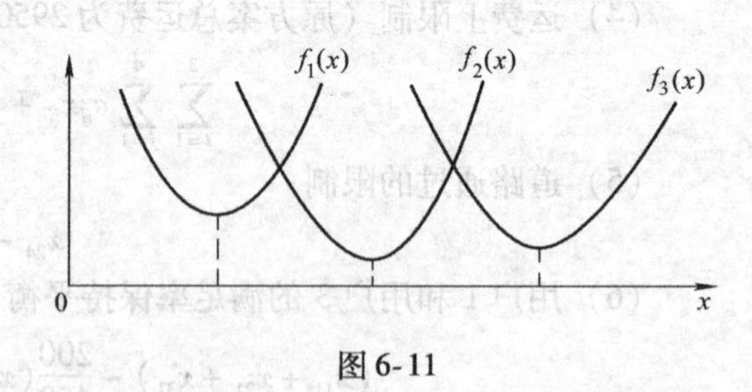

图6-11

6-4 证明：$R_e^* \cup \{\bigcup_{i=1}^{p} R_i^*\} \subset R_{we}^*$.

6-5 证明定理4-4和定理4-7.

6-6 用线性加权和法求解多目标规划问题：

$$\min F(\boldsymbol{X})=(f_1(\boldsymbol{X}),f_2(\boldsymbol{X}))$$

$$\text{s.t.}\begin{cases}3x_1+8x_2\leqslant 12\\ x_1+\ x_2\leqslant 2\\ 0\leqslant x_1\leqslant 1.5,x_2\geqslant 0\end{cases}$$

其中：$f_1(\boldsymbol{X}) = -x_1 - 8x_2$，$f_2(\boldsymbol{X}) = -6x_1 - x_2$，$\lambda_1 = \lambda_2 = 1/2$.

6-7 某工程师用部分时间从事咨询工作. 咨询补偿的一般规律是咨询的单位越远，得到的报酬也越多，同时耗费的路途时间也将增加. 目前他有较多的咨询机会，但可用时间却有限. 假设他每月有40小时用于咨询工作，但他希望在路途上耗费的时间尽量少. 又已知每小时咨询所要求的路途上的时间A、B、C三个企业来说分别是0.1，0.2，0.2（小时），A、B、C三个企业每月要求最多的咨询时间分别为80，60，20（小时），而将付给工程师的报酬分别是每小时20、22、18元. 该工程师希望增加的收入尽量多而耗费在途中的时间尽量少. 他所确定的期望是：

p_1：希望增加的收入每月能达500元；

p_2：希望耗费在路途上的时间每月最多为15小时.

试建立此问题的目标规划的数学模型.

6-8 考虑一个有两个产地、三个销地的不平衡运输问题. 有关的供、求数量及单位运费如下表：

单位运费 销地 / 产地	B_1	B_2	B_3	供应量（单位）
A_1	10	4	12	3000
A_2	8	10	3	4000
需求量（单位）	2000	1500	5000	7000 / 8500

现有以下各级目标：

P_1：销地B_3的需求必须全部满足；

P_2：至少要满足每个销地需求量的75%；

P_3：总的运输费用最小；

P_4：由于合同规定，至少要产地A_2供应销地$B_1$1000个单位；

P_5：出于运输安全考虑，尽量减少产地A_1向销地B_3的调运和产地A_2向销地B_2的调运；

P_6：销地B_1和B_2实际调入数与其需求数的比值应相等，即B_1、B_2满足需求量的百分比应该一致. 试建立这个问题的目标规划模型.

6-9 试用目标规划序列法（SLGP）、多阶段算法（MLGP）、单纯形算法分别解下列目标规划模型.

（1）$\min Z = P_1(d_1^- + d_2^+) + P_2 d_4^+ + P_3 d_3^- + P_4(2d_1^- + d_2^-)$

$$\text{s.t.}\begin{cases} x_1 + d_1^- - d_1^+ = 30 \\ x_2 + d_2^- - d_2^+ = 15 \\ 8x_1 + 12x_2 + d_3^- - d_3^+ = 1000 \\ 2x_1 + 3x_2 + d_4^- - d_4^+ = 8 \\ x_1, x_2, d_i^-, d_i^+ \geqslant 0,\ i = 1,2,3,4 \end{cases}$$

（2）$\min Z = P_1 d_1^- + P_2 d_{11}^+ + P_3(5d_2^- + 3d_3^-) + P_4 d_1^+$

$$\text{s.t.}\begin{cases} x_1 + x_2 + d_1^- - d_1^+ = 80 \\ x_1 + d_2^- = 70 \\ x_2 + d_3^- = 45 \\ d_1^+ + d_{11}^- - d_{11}^+ = 10 \\ x_1,\ x_2 \geqslant 0, d_i^-, d_i^+ \geqslant 0,\ i = 1,2,3,11 \end{cases}$$

（3）$\min Z = P_1 d_1^- + P_2(d_2^- + d_2^+) + P_3[2d_3^+ + (d_4^+ + d_4^-)]$

$$
\text{s.t.}\begin{cases}
9x_1+3x_2\leqslant 720\\
-x_1+x_2\geqslant 30\\
x_2+d_1^- -d_1^+=50\\
70x_1+30x_2+d_2^- -d_2^+=4000\\
3x_1+9x_2+d_3^- -d_3^+=540\\
5x_1+5x_2+d_4^- -d_4^+=450\\
x_1,x_2,d_i^-,d_i^+\geqslant 0,\ i=1,2,\cdots,4
\end{cases}
$$

6-10 试用目标规划解法中的任一种算法解第 6 题.

第 7 章

动 态 规 划

动态规划是数学规划中的一个分支，主要研究和解决多阶段决策过程的最优化问题. 1951 年美国数学家 R. Bellman 等人根据一类多阶段决策问题的特性，提出了解决这类问题的“最优化原理”，并研究和解决了许多实际问题，1957 年 R. Bellman 出版了《动态规划》一书. 动态规划是一种求解多阶段决策问题的系统技术，由于动态规划不是一种特定的算法，因而它不像线性规划那样有自己标准的数学表达式和统一的求解方法，而必须对具体问题进行具体的分析处理. 实践证明，动态规划在工程技术、经济管理、工业生产、军事以及现代控制工程等领域都有广泛的应用，并获得显著的效果. 而且，由于动态规划方法有其独特之处，在解决某些实际问题时显得更加方便有效.

7.1 动态规划的研究对象和特点

动态规划是一种解决复杂系统优化问题的方法，是目前解决多阶段决策过程问题的基本理论之一. 所谓**多阶段决策过程**是指这样一类决策问题：由于它的特性可将过程按时间、空间等标志分为若干个状态互相联系而又相互区别的阶段，在它的每一个阶段都需要作出决策，从而使整个过程达到最优. 而各个阶段决策的选取不是任意确定的，它依赖于当前面临的状态，又给以后的发展以影响. 当各个阶段决策确定后，就组成了一个决策序列，因而也就决定了整个过程的一条活动路线. 这样一个前后关联具有链状结构的多阶段过程（见图 7-1）称为**多阶段决策过程**，也称**序贯决策过程**.

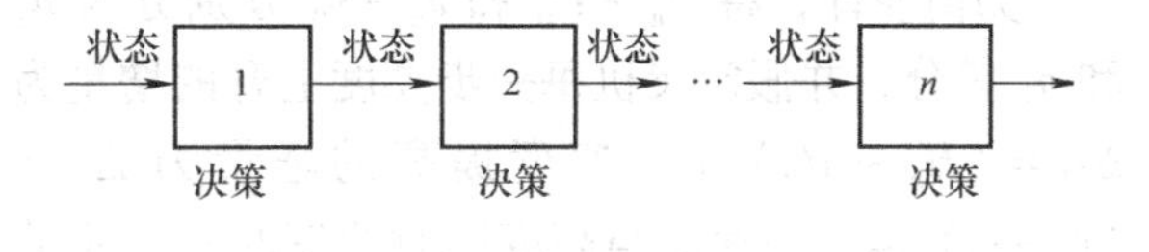

图 7-1

将时间作为变量的决策问题称为**动态决策问题**，多阶段决策问题是一类特殊形式的动态决策问题. 由于在动态决策中，决策依赖于当前的状态而又随即引起状态的转移，一个决策序列就是在状态运动变化中产生出来的，故有“动态”的含义. 因此处理决策序列的方法称为**动态规划方法**. 同时又由于在动态决策中，系统所处的状态和时间都是进行决策的主要因素，即需要在系统发展过程的不同时点，根据系统所处的状态不断地作出决策. 因此，多次决策是动态决策的基本特点. 但是动态规划也可以解决一些与时间无关的静态规划中的最优化问题，只要人为地引进“时间”因素，把问题划分成若干阶段，也可以把静态规划的问题视为一个多阶段决策问题用动态规划的方法去处理. 值得注意的是，多阶段决策过程的发展是通过状态的一系列变换转移来实现的. 一般来说，系统在某个阶段的状态转移既与本阶段的状态和决策有关，还可能与系统过去经历的状态和决策有关. 因此，问题的求解比较复杂. 适用于用动态规划方法求解的是一类特殊的具有无后效性的多阶段决策问题.

无后效性又称**马尔科夫性**，所谓无后效性是指系统从某个阶段后的发展，完全由本阶段所处的状态及其往后的决策决定，与系统以前的状态和决策无关. 这样问题的求解就方便得多. 具有无后效性的多阶段决策过程意味着系统过程的历史只能通过系统现阶段的状态去影响系统的未来，即当前状态就是过程往后发展的初始条件.

［例 7-1］ 最短线路问题

在线路网络图 7-2 中，从 A 至 F 有一批货物需要调运，图上所标数字为各节点间的距离，为使总运费最少，试求出一条自 A 到 F 总里程最短的路线.

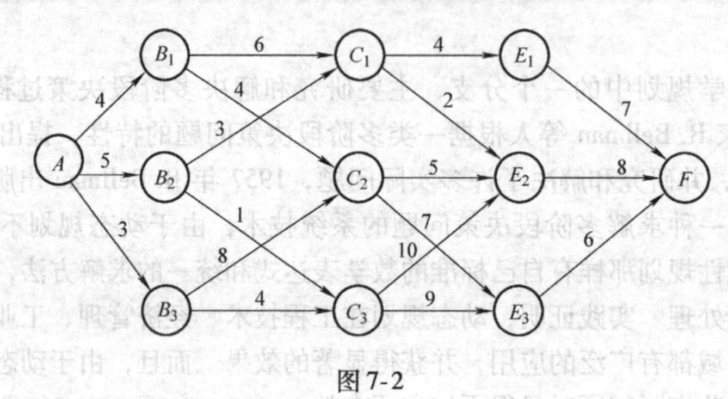

图 7-2

例 7-1 是一个四阶段决策问题.

［例 7-2］ 设飞机处于高度 H_0，并具有速度 v_0，现要使飞机的高度达到 H_n，速度达到 v_n，已知飞机保持速度不变，从任一高度 H_i 升到高度 H_{i+1}（$>H_i$）时的燃料费用和保持高度不变而速度从 v_i 提高到 v_{i+1}（$>v_i$）时的燃料费用，以及速度、高度同时改变时由（v_i，H_i）到（v_{i+1}，H_{i+1}）的燃料费用. 试问：飞机应如何飞行才能使总的燃料费用最省？

为简便计，将 H_n-H_0 和 v_n-v_0 分别分为 n_1 和 n_2 等分，并假定飞机每一步高度上升的增量为 $\Delta H=(H_n-H_0)/n_1$，速度提高的增量为 $\Delta v=(v_n-v_0)/n_2$，而速度与高度同时改变时每一步的增量为（Δv，ΔH），相应的燃料费用的数值见图 7-3.

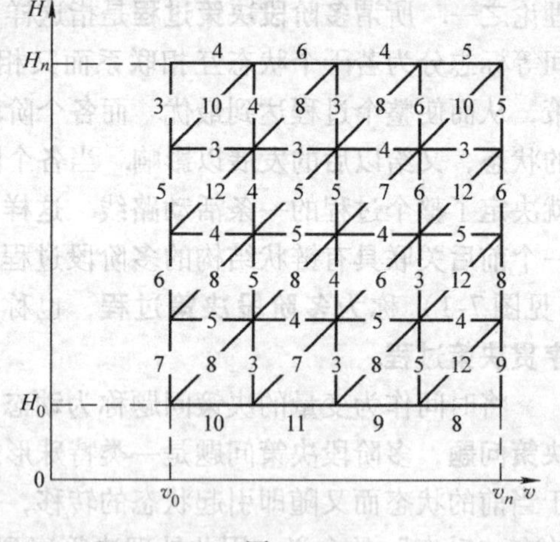

图 7-3

这里 $n_1=4$，$n_2=4$，显然这也是一个多段决策过程. 从图 7-3 可看出，当飞机沿不同的路线飞行时，相应过程的历程数（总的阶段数）是不同的，例如沿网络图的对角线从（v_0，H_0）飞到（v_n，H_n），则过程相应的历程数 $n=4$. 而先保持高度 H_n 不变，速度由 v_0 提高到 v_n，则过程相应的历程数 $n=8$，因而它是个不定期多段决策过程.

［例 7-3］ 生产－存贮问题

某工厂根据市场调查情况，需制定今后四个月的生产计划，据估计，在这四个月内，市场对该产品需求量如表 7-1 所示.

假定生产每批产品的固定成本费为 3 千元，每单位产品的生产成本费为 1 千元，库存费为每月 0.5 千元，并且假定 1 月初和 4 月末均无产品库存. 试求该厂如何安排各个月的生产与库存，使总成本费最小？

表7-1

月份 (k)	1	2	3	4
需求量 $D(k)$	2	3	2	4

这显然也是一个多阶段决策问题.

此外，如各种资源（人力、物力）分配问题、背包问题、购货问题、水库调度问题等都具有多阶段决策问题的特性. 一般历程为有限的多阶段决策过程，当历程是确定的数字时称为**定期（固定）多阶段决策过程**，当历程数不确定时则称为**不定期（不固定）多阶段决策过程**. 例7-1和例7-3是定期（固定）多段决策过程，例7-2是不定期（不固定）多阶段决策过程. 本章主要针对定期或固定多阶段决策问题介绍一些动态规划的基本概念、理论和方法，并讨论它的基本应用.

7.2 动态规划的基本概念

7.2.1 多阶段决策过程

上面列举的例7-1最短路线问题是动态规划中一个较为直观的多阶段决策过程的典型例子，我们通过讨论它的解法，来说明动态规划方法的基本思想并阐述它的基本概念.

求解例7-1这个问题并不困难，从图7-2上可看出，问题有四次需作出决策，即在A点需要决定下一步到B_1、B_2还是B_3；同样，若到B_1后需要决定走向C_1还是C_2；若在B_2时需决定走向C_1还是C_3. 依此类推，在C_i及$E_i(1\leqslant i\leqslant 3)$时均需要一次决策. 这四次决策分别划分在四个阶段中，令A至B为第一阶段，B至C为第二阶段，…. 则A处的决策在第一阶段中，而B_i、C_i、$E_i(1\leqslant i\leqslant 3)$处的决策分别在第二、三、四阶段中，在终点$F$，虽然不需作决策了，但为讨论方便，不妨称之为第五阶段（即$n+1$阶段）. 在图7-2中由A至B_i有三条不同的路线，而$B_i(1\leqslant i\leqslant 3)$至$C_j(1\leqslant j\leqslant 3)$及$C_j$至$E_k(1\leqslant k\leqslant 3)$均有两条路线可选择，最后从$E_k$至$F$仅有一种方法可通过. 由组合的方法可知，从$A$至$F$共有$3\times 2\times 2\times 1=12$条不同的路线. 如果把这12条路线的距离全算出来，从中取一条最短路线，那么它就是所要找的最短路. 从例7-1中可算出$A\to B_2\to C_2\to E_2\to F$为最短，其里程为18. 这就是**穷举法**，也叫完全枚举法. 它的基本思想是列举出所有可能发生的方案，再针对目的要求对其结果一一比较，求出最优方案.

显然，当网络路线比较复杂和繁多时，其计算量将增加得很快，甚至变得无法计算.

动态规划是解决多阶段决策问题最有效的方法之一. 例7-1是一个四阶段决策过程. 显然，在决策过程中不能仅仅按照第一阶段的距离情况就决定由A到B_1还是到B_2、B_3，还必须结合后继过程来考虑，这时如果对所有的后继过程都加以考虑，那就是穷举法了. 第二、三阶段的情况也一样，只有最末阶段即第四阶段没有后继过程. 因此，动态规划通常总是逆着决策顺序对问题进行求解的. 现以k表示阶段数，$k=1, 2, 3, 4$，以U_k表示k阶段的某一个决策点. 可以看出，如果最短路线在第k阶段经过U_k，则这一路线中由U_k出发到达终点的那一部分子路线，对于从U_k出发到达终点的所有可能子路线来说，也必定是最短的. 根据这一特征，对最短路线问题可作如下考虑：即从终点开始，依逆向求出倒数第一阶段、倒数第二阶段、…、倒数第$n-1$阶段中各点到达终点的最短子路线，最终再正向求出从起点到终点的最短路线. 为此，以 $f_k(U_k)$ 表示从第 k 阶段中点 U_k 到达终点的最短子路线的长度.

首先考虑从 E_1、E_2、E_3 到 F 的最短子路线，由于 E_1、E_2、E_3 到 F 只有一条路可走，所以显然有：

$$f_4(E_1)=d(E_1,F)=7,f_4(E_2)=d(E_2,F)=8,f_4(E_3)=d(E_3,F)=6$$

现在考虑从 C_1、C_2、C_3 出发到 F 的最短子路线，由于从 C_i 出发到 F 中间要经过 E_j，而 C_i 至 E_j 的距离为 $d(C_i,E_j)$，所以有：

$$f_3(C_i)=\min_j[d(C_i,E_j)+f_4(E_j)]$$

于是得：

$$f_3(C_1)=\min\begin{Bmatrix}d(C_1,E_1)+f_4(E_1)\\d(C_1,E_2)+f_4(E_2)\end{Bmatrix}=\min\begin{Bmatrix}4+7\\2+8\end{Bmatrix}=10$$

$$f_3(C_2)=\min\begin{Bmatrix}d(C_2,E_2)+f_4(E_2)\\d(C_2,E_3)+f_4(E_3)\end{Bmatrix}=\min\begin{Bmatrix}5+8\\7+6\end{Bmatrix}=13$$

$$f_3(C_3)=\min\begin{Bmatrix}d(C_3,E_2)+f_4(E_2)\\d(C_3,E_3)+f_4(E_3)\end{Bmatrix}=\min\begin{Bmatrix}10+8\\9+6\end{Bmatrix}=15$$

因此，从 C_1、C_2、C_3 到 F 的最短子路线分别为：$C_1\to E_2\to F$，长度为 10；$C_2\to E_2\to F$ 或 $C_2\to E_3\to F$，长度为 13；$C_3\to E_3\to F$，长度为 15. 同理，可求得：

$$f_2(B_1)=\min\begin{Bmatrix}d(B_1,C_1)+f_3(C_1)\\d(B_1,C_2)+f_3(C_2)\end{Bmatrix}=\min\begin{Bmatrix}6+10\\4+13\end{Bmatrix}=16$$

$$f_2(B_2)=\min\begin{Bmatrix}d(B_2,C_1)+f_3(C_1)\\d(B_2,C_3)+f_3(C_3)\end{Bmatrix}=\min\begin{Bmatrix}3+10\\1+15\end{Bmatrix}=13$$

$$f_2(B_3)=\min\begin{Bmatrix}d(B_3,C_2)+f_3(C_2)\\d(B_3,C_3)+f_3(C_3)\end{Bmatrix}=\min\begin{Bmatrix}8+13\\4+15\end{Bmatrix}=19$$

所以从 B_1、B_2、B_3 到 F 的最短子路线分别为：$B_1\to C_1\to E_2\to F$，长度为 16；$B_2\to C_1\to E_2\to F$，长度为 13；$B_3\to C_3\to E_3\to F$，长度为 19. 最后求得：

$$f_1(A)=\min\begin{Bmatrix}d(A,B_1)+f_2(B_1)\\d(A,B_2)+f_2(B_2)\\d(A,B_3)+f_2(B_3)\end{Bmatrix}=\min\begin{Bmatrix}4+16\\5+13\\3+19\end{Bmatrix}=18$$

于是从 A 到 F 的最短路线为：$A\to B_2\to C_1\to E_2\to F$，其长度为 18.

以上的计算过程是从后面向前推算的，这种方法称为**逆序法（反向法）**. 在动态规划中一般用逆序法求解. 例 7-1 也可以从前往后推算，这时称为**顺序法（前向法）**，但对于有一些问题，逆序法比顺序法更为有效. 以上的计算过程说明，动态规划方法的基本思想是把一个比较复杂的问题分解成一系列同一类型的更容易求解的子问题，计算过程单一化，便于应用计算机. 由于把最优化应用到每个子问题上，于是就系统地删去了若干中间非最优化的方案组合，使计算工作量比穷举法大大减少，图 7-4 是用逆序法求解例 7-1 的图形表示形式，图方框中数字为各点到终点的最短子路线的长度（里程），双箭头表示各点到终点的最短路. 图 7-5 是用顺序法求解例 7-1 的图形表示形式，此时方框中的数字为起点到各点的最短距离，双箭头表示起点至各点的最短子路线.

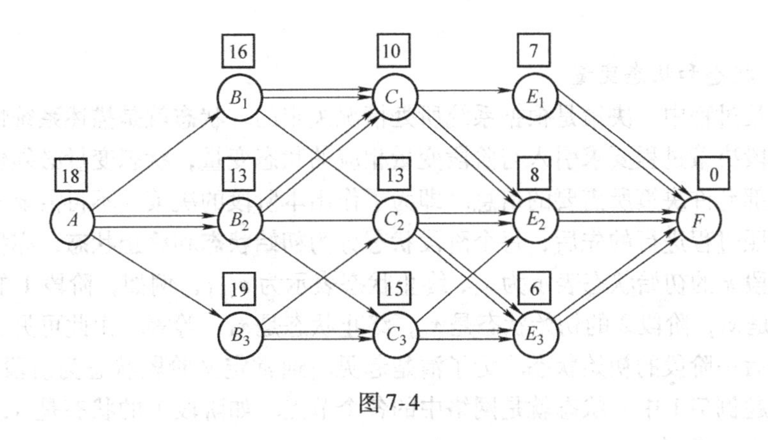

图7-4

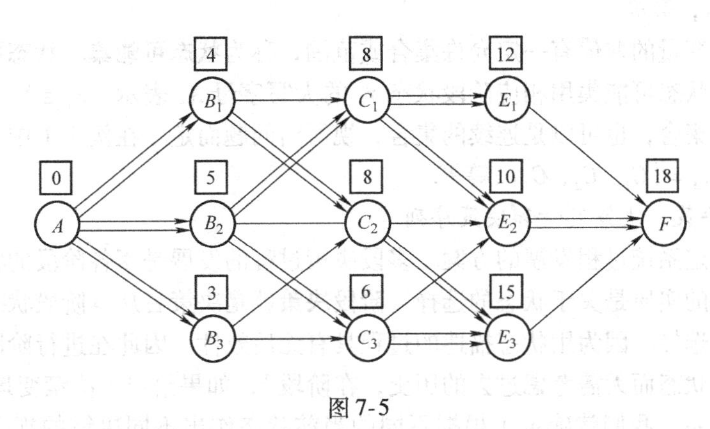

图7-5

动态规划求多阶段决策过程问题的最优解的特点可归纳如下：

（1）各个阶段初往后的最优决策过程与以前各阶段所采用的决策无关，但由本阶段开始直到终端必须构成最优决策过程，这就是 Bellman 提出的最优化原理.

（2）在逐段递推过程中，每阶段选择最优决策时，不应只从本阶段的直接效果出发，而应从以后全过程的效果出发，即需要考虑两种效果：一是本阶段初到下一阶段初所选决策的**直接效果**，二是由所选决策确定的下阶段初往后直到终点的所有决策过程的总效果，或称为**间接效果**，这两种效果的结合必须是最优的.

（3）经过递推计算获得各阶段有关数据后，反方向即可求出相应的最优决策过程.

7.2.2 基本概念

动态规划中描述多阶段决策过程的基本概念有：阶段和阶段变量，状态和状态变量，决策、决策变量和决策序列，状态转移方程，阶段效应和目标函数等. 现结合上一节的例子来给出这些常用的基本概念及相应的符号.

7.2.2.1 阶段和阶段变量

在多段决策过程中，为了表示决策和过程的发展顺序，引入了阶段概念. 一个**阶段**就是需要作出一个决策的子问题部分. 通常阶段是按照决策进行的时间或空间上的先后顺序划分的，用阶段变量 k 表示. 阶段数等于多段决策过程中从开始到结束所需要作出决策的数目. n 段决策过程就是从过程开始到结束需要依次进行 n 次决策. 例 7-1 就是一个四段决策过程.

7.2.2.2 状态和状态变量

在多段决策过程中，决策是根据系统所处情况决定的. **状态**就是描述系统情况所必需的信息. 描述多段决策过程要求引入与阶段变量相应的状态变量，状态变量必须包含在给定的阶段上确定全部允许决策所需要的信息. 即为了作出本阶段的决策，不再需要考虑过去的经历和决策. 按照过程进行的先后，每个阶段状态分为**初始状态**和**终止状态**，亦称**输入状态**和**输出状态**. 阶段 k 的初始状态表示为 x_k，终止状态表示为 x_{k+1}，例如，阶段 1 的初始状态是 x_1，终止状态是 x_2，阶段 2 的初始状态是 x_2，终止状态是 x_3，等等. 由此可见，前一阶段的终止状态又是后一阶段的初始状态. 为了清楚起见. 通常定义阶段状态为阶段的初始状态. 在最短线路问题例 7-1 中，状态就是网络中的各个节点. 如阶段 1 的状态是 A，阶段 2 的状态有 B_1、B_2、B_3，等等.

通常，状态变量的取值有一定允许集合或范围，称为**状态可能集**. 状态可能集是关于状态的约束条件. 状态可能集用相应阶段状态 x_k 的大写字母 X_k 表示. $x_k \in X_k$，状态可能集可以是离散取值的集合，也可以是连续的集合，视所给问题而定. 在例 7-1 中 $X_1 = \{A\}$，$X_2 = \{B_1, B_2, B_3\}$，$X_3 = \{C_1, C_2, C_3\}$，等等.

7.2.2.3 决策、决策变量和决策序列

决策就是确定系统过程发展的方案. 多段决策过程的发展是用各阶段的状态演变来描述的. 因此，决策的实质是关于状态的选择. **阶段决策**就是决策者从本阶段状态出发对下一阶段状态所作出的选择. 因为用状态描述的过程具有无后效性，因此在进行阶段决策时，显然只需根据当前的状态而无需考虑过去的历史，在阶段 k，如果给出了决策变量 u_k 随状态变量 x_k 变化的对应关系，我们就确定了根据不同的当前状态作出不同决策的规则，即决策变量 u_k 是状态变量 x_k 的函数，称为**决策函数**，记为 $u_k(x_k)$.

和状态变量一样，决策变量的取值也有一定的允许范围，称为**允许决策集合**. 允许决策集合是决策的约束条件，u_k 的允许集合记为 U_k，$u_k \in U_k$，U_k 要根据相应的状态可能集 X_k 结合具体问题来确定.

决策序列也叫**策略、政策**. 策略有全过程策略和 k 子策略之分. **全过程策略**是整个 n 段决策过程中依次进行的 n 个阶段决策构成的决策序列，简称**策略**，表示为：$\{u_1, u_2, \cdots, u_n\}$，从阶段 k 到阶段 n 依次进行的阶段决策构成的决策序列称为 **k 子策略**，表示为：$\{u_k, u_{k+1}, \cdots, u_n\}$，显然 $k=1$ 时的 k 子策略就是全过程策略.

在 n 段决策问题中，各阶段的状态可能集和决策允许集确定了策略的允许范围. 特别是：过程的初始状态不同，决策和策略也就不同，即策略是初始状态的函数.

7.2.2.4 状态转移方程

系统在阶段 k 处于状态 x_k，执行决策 $u_k(x_k)$ 的结果是系统状态的转移，即系统由阶段 k 的初始状态 x_k 转移到终止状态 x_{k+1}，亦即由阶段 k 的状态 x_k 转移到阶段 $k+1$ 的状态 x_{k+1}，多段决策过程的发展就是这样用阶段状态的相继演变来描述的.

对于具有无后效性的多段决策过程，系统由阶段 k 到阶段 $k+1$ 的状态转移方程是：

$$x_{k+1} = T_k(x_k, u_k(x_k)) \tag{7-1}$$

就是说，阶段 $k+1$ 的状态 x_{k+1} 完全由阶段 k 的状态 x_k 和决策 $u_k(x_k)$ 确定，与系统过去的状态 $x_1, x_2, \cdots, x_{k-1}$ 及其决策 $u_1(x_1), u_2(x_2), \cdots, u_{k-1}(x_{k-1})$ 无关. 例如在例 7-1 中，

阶段 $k+1$ 的状态（地点）完全由阶段 k 的决策（地点选择）确定，与阶段 k 以前的情况无关. $T_k(x_k, u_k)$称为**变换函数**或**变换算子**. 变换函数可分为两类，即确定型和随机型，据此形成确定型动态规划和随机型动态规划.

7.2.2.5 阶段效益和目标函数

在多段决策过程中，阶段 k 的状态执行决策 u_k，不仅带来系统状态的转移，而且也必然要对决策目的所指的效益函数（目标函数）给予影响. **效益函数**（又称**目标函数**）是用来衡量所实现过程优劣的一种数量指标，它是定义在过程上的数量函数，用 R_k 表示：

$$R_k = R(x_k, u_k, x_{k+1}, u_{k+1}, \cdots, x_n, u_n)$$

当初始状态给定时，过程的策略也随之而确定，因而目标函数是初始状态和策略的函数.

阶段效益（又称**阶段指标**）是衡量该段决策效果的数量指标，它是执行阶段决策时所带来的目标函数值的增量，用 $r_k(x_k, u_k)$来表示.

目标函数 R_k 的最优值，称为**最优目标函数值**，记为 $f_k(x_k)$，它表示从第 k 阶段状态 x_k 出发到过程结束时所获得的最优目标函数值. 在不同的问题中，函数值的含义是不同的，可能是距离、利润、资源消耗等.

在具有无后效性的多段决策过程中，阶段效益完全由阶段 k 的状态 x_k 和决策 u_k 决定，与阶段 k 以前的状态无关. 多段决策过程关于目标函数的总效应是由各阶段的阶段效应累积形成的. 适于动态规划求解的问题的目标函数，必须具有关于阶段效应的可分离形式. k 子过程的目标函数可以表示为：

$$\begin{aligned} R_k &= R(x_k, u_k, x_{k+1}, u_{k+1}, \cdots, x_n, u_n) \\ &= r_k(x_k, u_k) \odot r_{k+1}(x_{k+1}, u_{k+1}) \odot \cdots \odot r_n(x_n, u_n) \end{aligned}$$

其中，$\odot$表示某种运算，可以是加、减、乘、除等. 经营管理工程中最常见的目标函数是取各阶段效应之和的形式，即：

$$R_k = R(x_k, u_k, \cdots, x_n, u_n) = \sum_{i=k}^{n} r_i(x_i, u_i) \tag{7-2}$$

例 7-1 中的目标函数是从 A 到 F 的路程，为各阶段路程的和，就具有这种形式.

7.2.2.6 多阶段决策过程的数学模型

综上所述，今后我们要讨论和求解的问题，即具有无后效性的多段决策过程问题的数学模型为如下形式：

$$\begin{aligned} \underset{u_k \sim u_n}{\text{opt}}\, R = r_k(x_k, u_k) \odot r_{k+1}(x_{k+1}, u_{k+1}) \odot \cdots \odot r_n(x_n, u_n) \\ \text{s.t. } x_{k+1} = T_k(x_k, u_k) \\ \left.\begin{array}{l} x_k \in X_k \\ u_k \in U_k \end{array}\right. \quad k = 1, \cdots, n \end{aligned} \tag{7-3}$$

式中，opt 是最优化之意，根据具体问题要求而取 max 或 min. 所谓求解多阶段决策问题就是求出：

（1）最优策略或最优决策序列：$\{u_1^*, u_2^*, \cdots, u_n^*\}$；

（2）最优路线，即执行最优策略时的状态序列：$\{x_1^*, x_2^*, \cdots, x_{n+1}^*\}$，其中 $x_{k+1}^* = T_k(x_k^*, u_k^*)$，$k=1, 2, \cdots, n$；

(3) 最优目标函数值：$R^* = r_k(x_k^*, u_k^*) \odot r_{k+1}(x_{k+1}^*, u_{k+1}^*) \odot \cdots \odot r_n(x_n^*, u_n^*)$.

7.2.3 建立动态规划模型的基本条件

在明确了动态规划的基本概念和方法后，要把一个实际问题用动态规划的方法求解，首先要构造动态规划的数学模型，而建立动态规划模型时，除了要将问题恰当地划分成若干阶段外，还必须注意以下几点：

(1) 正确选择状态变量 x_k：动态规划中的状态应具有以下三个特性：

① 要能够用来描述受控过程的演变特征；

② 要满足无后效性；

③ 可知性，即规定的各阶段状态变量的值由直接或间接都是可以知道的.

(2) 确定决策变量 u_k 及各阶段允许决策集合 $U_k(x_k)$.

(3) 写出状态转移函数. 根据阶段的划分和阶段间演变的规律，写出状态转移函数.

(4) 根据题意，列出目标函数关系. 一般只能当目标函数满足递推性时才能用动态规划方法来求解.

7.2.4 动态规划的分类

动态规划与线性规划不同，它不存在一种标准的数学形式，因而可以说动态规划方法是一种求解问题的手段. 由于多段决策过程的特点不同，动态规划的表现形式也就不同，据此可将动态规划作以下分类：

(1) 按决策的特性分：此时分为时间多段决策过程和空间多段决策过程.

(2) 按允许决策集合的连续或不连续分：此时分为连续多段决策过程和离散多段决策过程.

(3) 按构成决策序列的决策数目分：此时可分为有限多段决策过程和无限多段决策过程.

(4) 按状态变换的确定或随机分：此时分为确定性多段决策过程和随机性多段决策过程.

(5) 按决策序列与时间起点的关系分：此时分为定常（与时间起点无关）多段决策过程和非定常多段决策过程.

实际的多段决策问题常常归结为各种复合的情况. 今后我们只限于讨论定常的、确定性的、有限的多段决策问题.

7.3 动态规划的基本方程

7.3.1 Bellman 函数

为了便于应用最优性原理，建立动态规划基本方程，需要定义如下的辅助函数，即条件最优目标函数，亦称 Bellman 函数 $f_k(x_k)$：在阶段 k 从初始状态 x_k 出发，执行最优决策序列或策略，到达过程终点的目标函数取值.

对于目标函数是阶段效益之和的多段决策过程而言，有：

$$f_k(x_k) = \underset{u_k \sim u_n}{\text{opt}} \sum_{i=k}^{n} r_i(x'_i, u_i), \quad k = 1, 2, \cdots, n \tag{7-4}$$

为了将关于多段决策过程的任一阶段状态 x_k 的最优策略和最终的最优策略相区别，前者称为**条件最优策略**，意即处于条件 x_k 时的最优策略. 构成条件最优策略的决策称为**条件最优决策**. 阶段 k 处于状态 x_k 的条件最优决策表示为 $u'_k(x_k)$，简记为 u'_k，相应的条件最优策略表示为：$\{u'_k, u'_{k+1}, \cdots, u'_n\}$. 显而易见，条件最优目标函数值 $f_k(x_k)$ 亦即执行条件最优策略时的目标函数值，因此：

$$f_k(x_k) = \sum_{i=k}^{n} r_i(x_i, u'_i) \tag{7-5}$$

执行条件最优策略时的阶段状态序列称为**条件最优路线**，表示为：$\{x'_k, x'_{k+1}, \cdots, x'_n, x'_{n+1}\}$，其中 $x'_{k+1} = T_k(x_k, u'_k)$，$k = 1, 2, \cdots, n$.

7.3.2 最优性原理

我们已经知道，多阶段决策过程的特点是每个阶段都要进行决策，n 段决策过程的策略是由 n 个相继进行的阶段决策构成的决策序列. 由于前一阶段的终止状态又是后一阶段的初始状态，因此，阶段 k 的最优决策不应该只是本阶段效应的最优，而必须是本阶段及其所有后续阶段的总体最优，即关于整个 k 后部子过程的最优决策.

对此，Bellman 在深入研究的基础上，针对具有无后效性的多段决策过程的特点，提出了著名的解决多段决策问题的最优性原理："作为整个过程的最优策略具有这样的性质：无论初始状态和初始决策如何，对前面的决策所形成的状态而言，余下的诸决策必须构成最优策略".

最优性原理的含义是：最优策略的任何一部分子策略，也是相应初始状态的最优策略. 每个最优策略只能由最优子策略构成. 显然，对于具有无后效性的多段决策过程而言，如果按照 k 后部子过程最优的原则来求各阶段状态的最优决策，那么这样构成的最优决策序列一定具有最优性原理所揭示的性质.

利用这个原理，可以把多段决策问题的求解看成是一个连续的递推过程，由后向前或由前向后逐步推算. 在求解时在各阶段以前的状态和决策，对其后面的子问题来说，只不过相当于其初始条件而已，并不影响后面过程的最优策略. 因此，可以把一个问题按阶段分解成许多相互联系的子问题，其中每个子问题均是一个比原问题简单得多的优化问题，并且每一个子问题的求解仅利用它的下一阶段子问题的优化结果，依次求解即可求得原问题的最优解.

现结合例 7-1 来说明一下最优性原理. 在例 7-1 中最优路线为：$A \to B_2 \to C_1 \to E_2 \to F$. 假设在最优路线中的某个阶段通过的点为 P（例如，第一阶段通过点 B_2，第二阶段通过的点 C_1 等），则这一路线中由点 P（作为初始状态）到终点 F 的子路线，必定是由 P 点到终点 F 的所有可能选择的路线中的距离最短的路线. 可以设想到，如果不是这样，那么从点 P 到 F 有另一距离更短的子路线存在，把它和原来的最短路线在 P 点以前那部分联结起来，就会构成一条比原来的路线距离更短的路线，而这与 $A \to B_2 \to C_1 \to E_2 \to F$ 是由状态 A 的最优策略所决定的最优路线的结论相矛盾，从而说明了最优性原理的正确性.

7.3.3 动态规划的基本方程

从例7-1最短路问题的计算过程中，我们可以看到，用动态规划方法求解问题的关键在于正确地写出第k阶段与第$k+1$阶段之间的递推关系式和边界条件.

设在阶段k的状态x_k执行了任意选定的决策u_k后的状态是$x_{k+1}=T_k(x_k, u_k)$，这时k后部子过程就缩小为$k+1$后部子过程. 根据最优性原理，对$k+1$后部子过程采取最优策略，由于问题具有无后效性，k后部子过程的目标函数值为：

$$r_k(x_k, u_k)\odot f_{k+1}(T_k(x_k, u_k))$$

这时就某个u_k'而言必有：

$$f_k(x_k)=r_k(x_k, u_k')\odot f_{k+1}(T_k(x_k, u_k'))$$

根据条件最优目标函数的定义有：

$$f_k(x_k)=\underset{u_k}{\mathrm{opt}}\{r_k(x_k, u_k)\odot f_{k+1}(T_k(x_k, u_k))\}$$

一般来说，第k阶段与第$k+1$阶段的递推关系可表示为：

$$f_k(x_k)=\underset{u_k}{\mathrm{opt}}\{r_k(x_k, u_k)\odot f_{k+1}(x_{k+1})\} \tag{7-6}$$

式中，$x_{k+1}=T_k(x_k, u_k)$，$k=n, n-1, \cdots, 2, 1$；

$f_{n+1}(x_{n+1})=0$（终端边界条件）.

式（7-6）称为**动态规划基本方程**，亦称 **Bellman 方程.**

当目标函数为阶段效益求和形式时，动态规划的基本方程也可以直接由条件最优目标函数的定义导出，即：

$$f_k(x_k)=\underset{u_k\sim u_n}{\mathrm{opt}}\sum_{i=k}^{n}r_i(x_i, u_i)=\underset{u_k}{\mathrm{opt}}\left\{r_k(x_k, u_k)+\underset{u_{k+1}\sim u_n}{\mathrm{opt}}\sum_{i=k+1}^{n}r_i(x_i, u_i)\right\}$$

$$=\underset{u_k}{\mathrm{opt}}\{r_k(x_k, u_k)+f_{k+1}(x_{k+1})\}$$

动态规划基本方程是最优性原理的体现，也显示了构成最优策略的最优决策的性质：不论作为前面阶段结果的当前阶段的状态x_k是什么，当前阶段的决策必须选择为该阶段效应及其后部子过程的条件目标函数值之和为最优的决策.

动态规划的基本原理，是针对具有无后效性的多段决策过程的特点，对于任意给定的阶段状态，研究其下一阶段可能到达的所有状态，并求出最优后续过程. 而从x_k出发的所有后部子过程中找最优决策u_k'，等效于对x_k出发的所有决策的阶段效应$r_k(x_k, u_k)$及其相应的到达状态x_{k+1}的最优后部子过程的条件最优目标函数值$f_{k+1}(x_{k+1})$之和求最优决策u'_k. 一般来说，x_k的所有$k+1$最优后部子过程要比所有$k+1$后部子过程少得多，因此，按后者求最优决策和策略的方法要优越得多，动态规划的真谛就在这里.

7.4 动态规划的基本方法

7.4.1 动态规划的递推方法

在上节已看到，动态规划方法的关键在于正确地写出动态规划的基本方程（递推关系式），而动态规划的递推方式有逆推和顺推两种形式. 一般，当初始状态给定时，用逆推比较方便；当终止状态给定时用顺推比较方便. 应用动态规划方法求解多段决策问题要分两个部分进行，第一部分是应用动态规划的基本方程逆序（或顺序）地求出各阶段的条件最优目标函数值集合和条件最优决策集合．第二部分则是根据问题的特点，从上述集合中顺序（或逆序）地求出多阶段决策问题的解．下面就这两种递推方式给以说明．

7.4.1.1 逆推方法（后向法）

设已知初始状态 x_1，并假设条件最优目标函数 $f_k(x_k)$ 是以 x_k 为初始状态，从 k 阶段到 n 阶段所得到的最优效益．

第一部分：逆序地求出条件最优目标函数值集合和条件最优决策集合．

当 $k=n$ 时，动态规划基本方程是：

$$f_n(x_n)=\underset{u_n}{\text{opt}}\{r_n(x_n,\ u_n)+f_{n+1}(x_{n+1})\}$$

因为是 n 段决策过程，所以不存在 $n+1$ 阶段，x_{n+1} 是阶段 n 的终止状态，也是整个 n 段决策过程的最终状态．由于在阶段 n 之后不再作出决策，因而也不会再发生阶段效益，则 $f_{n+1}(x_{n+1})\equiv 0$．于是 $k=n$ 时的动态规划基本方程是：

$$f_n(x_n)=\underset{u_n}{\text{opt}}\{r_n(x_n,\ u_n)\}$$

此式表明，阶段 n 的状态 x_n 的后部子过程的最优决策 $u'_n(x_n)$，就是使阶段 n 的阶段效益为最优的决策，其条件最优目标函数值 $f_n(x_n)$ 就是阶段 n 处于 x_n 时执行该最优决策 $u'_n(x_n)$ 的阶段效应，即 $f_n(x_n)=r_n(x_n,\ u'_n(x_n))$．需要注意的是，$f_n(x_n)$ 和 $u'_n(x_n)$ 中的 x_n 是阶段 n 的初始状态，又是阶段 $n-1$ 的终止状态，因此它的取值要由阶段 $n-1$ 的状态和决策确定．在计算时必须就阶段 n 的所有可能状态 $x_n\in X_n$，计算 $u'_n(x_n)$ 和 $f_n(x_n)$，即求出第 n 阶段的条件最优目标函数值集合和条件最优决策集合：$\{f_n(x_n);u'_n(x_n)\mid x_n\in X_n\}$．

当 $k=n-1$ 时，动态规划的基本方程是：

$$f_{n-1}(x_{n-1})=\underset{u_{n-1}}{\text{opt}}\{r_{n-1}(x_{n-1},\ u_{n-1})+f_n(x_n)\}$$

由于这时所有的 $f_n(x_n)$ 都已经求出，因此可根据 $x_n=T_{n-1}(x_{n-1},\ u_{n-1})$ 就阶段 $n-1$ 的每个可能状态 $x_{n-1}\in X_{n-1}$ 求关于 $\{r_{n-1}(x_{n-1},\ u_{n-1})+f_n(T_n(x_{n-1},\ u_{n-1}))\}$ 的条件最优决策 $u'_{n-1}(x_{n-1})$ 及相应的条件最优目标函数值：

$$f_{n-1}(x_{n-1})=r_{n-1}(x_{n-1},\ u'_{n-1})+f_n(T_{n-1}(x_{n-1},\ u'_{n-1}))$$

得到第 $n-1$ 阶段的条件最优目标函数值集合和条件最优决策集合：

$$\{f_{n-1}(x_{n-1});\ u'_{n-1}(x_{n-1})\mid x_{n-1}\in X_{n-1}\}$$

依此类推直至阶段 1.

$k=1$ 时的动态规划基本方程是：

$$f_1(x_1)=\underset{u_1}{\text{opt}}\{r_1(x_1,\ u_1)+f_2(x_2)\}$$

可以同上面一样就阶段 1 的各个可能状态 $x_1\in X_1$ 求出第 1 阶段的条件最优目标函数值集合和条件最优决策集合：$\{f_1(x_1);\ u'_1(x_1)\mid x_1\in X_1\}$．

求解多段决策时第一部分是最困难且工作量最大的部分．同时这一部分工作的完成也给问题的进一步求解打下了扎实的基础．

第二部分，顺序地求最优决策序列．

这一部分的工作是顺序地从阶段 1 开始，依次进行．当阶段 1 的初始状态 x_1 是唯一确定时，上面求得的阶段 1 的条件最优集合也有唯一确定的元素 $u'_1(x_1)$ 和 $f_1(x_1)$．按定义 $f_1(x_1)$ 是从阶段 1 的状态 x_1 起执行最优策略时的条件最优目标函数值，由于 x_1 是唯一确定的，因而也就是整个过程的最优目标函数值. 相应地，阶段 1 的条件最优决策 $u_1'(x_1)$ 就是阶段 1 的关于整个过程的最优决策，即：$R^*=f_1(x_1)$，$u_1^*(x_1)=u_1'(x_1)$. 如果阶段 1 的初始状态 x_1 不是唯一的，则有：

$$R^* = \underset{x_1 \in X_1}{\text{opt}} \{f(x_1)\} = f_1(x_1^*),\ u_1^*(x_1^*) = u_1'(x_1^*)$$

其中，X_1 是 x_1 的状态可能集，x_1^* 是 X_1 中使整个过程取得最优目标函数值 R^* 的初始状态，也是整个多段决策过程的最优初始状态.

根据阶段 1 的最优初始状态 x_1^* 和最优决策 $u_1^*(x_1^*)$，按状态转移方程 $x_2=T_1(x_1,\ u_1)$，即可求得阶段 2 的最优初始状态 x_2^*，从阶段 2 的条件最优集合中又可找到关于 x_2^* 的最优决策：

$$x_2^* = T_2(x_1^*,\ u_1(x_1^*)),\ u_2^*(x_2^*) = u_2'(x_2^*)$$

依此类推直至阶段 n，此时已知 x_n^*，于是即可求出 $u_n^*(x_n^*)$ 和 x_{n+1}^* 如下：

$$u_n^*(x_n^*) = u_n'(x_n^*),\ x_{n+1}^* = T_n(x_n^*,\ u_n^*)$$

整个求解过程可作如下描述：

$$\begin{array}{ccccccc} R^* = f_1(x_1^*) & u_1^*(x_1^*) & u_2^*(x_2^*) & \cdots & u_{n-1}^*(x_{n-1}^*) & u_n^*(x_n^*) \\ \downarrow & \downarrow & \downarrow & & \downarrow & \downarrow \\ x_1^* & x_2^* & x_3^* & & x_n^* & x_{n+1}^* \end{array}$$

即所求多阶段决策过程的最优目标函数是：

$$R^* = \underset{x_1 \in X_1}{\text{opt}} \{f_1(x_1)\} = f_1(x_1^*)$$

最优策略或最优决策序列是：

$$\{u_1^*(x_1^*),\ u_2^*(x_2^*),\ \cdots,\ u_n^*(x_n^*)\}$$

最优路线或最优状态序列是：

$$\{x_1^*,\ x_2^*,\ \cdots,\ x_n^*,\ x_{n+1}^*\}$$

[例 7-4] 求解 $\max F(y_1,\ y_2,\ y_3) = y_1 y_2 y_3$

$$\text{s. t.} \begin{cases} y_1 + y_2 + y_3 = c \\ y_i \geqslant 0,\ i = 1,\ 2,\ 3 \end{cases}$$

解 这是读者很熟悉的一个极值例子或视为等式约束条件下非线性规划的例子，用初等方法或微分法极易求出它的最优解. 现用动态规划的递推方法来求解.

第一部分：按变量划分，可把它看做是一个三阶段决策问题. 决策变量为：$u_1=y_1$，$u_2=y_2$，$u_3=y_3$；状态变量为：x_1，x_2，x_3. 设初始状态 $x_1=c$，则状态转移方程为：$x_{k+1}=x_k-y_k(k=1,\ 2,\ 3)$. 各阶段的效益 $r_k(x_k,\ y_k)=y_k$ 按乘法结合起来. 因此，从最后一段即 $k=3$开始，依次列出极值函数的递推关系为：

$$f_3(x_3) = \max_{y_3 \leqslant x_3}(y_3)$$

$$f_2(x_2) = \max_{0 \leqslant y_2 \leqslant x_2}[y_2 \cdot f_3(x)] = \max_{0 \leqslant y_2 \leqslant x_2}[y_2 \cdot f_3(x_2 - y_2)]$$

$$f_1(x_1) = \max_{0 \leqslant y_1 \leqslant x_1}[y_1 \cdot f_2(x)] = \max_{0 \leqslant y_1 \leqslant x_1}[y_1 \cdot f_2(x_1 - y_1)]$$

显然有：$f_3(x_3)=x_3$，最优决策 $y_3=x_3$.

接着可求出（如用微分学方法，y_n 为自变量）：

$f_2(x_2) = \max\limits_{0 \leqslant y_2 \leqslant x_2}[y_2(x_2 - y_2)] = \left(\dfrac{x_2}{2}\right)^2$，最优决策为 $y_2 = x_2/2$；

$f_1(x_1)=\max\limits_{0\leqslant y_1\leqslant x_1}[y_1((x_1-y_2)/2)^2]=(x_1/3)^3$，最优决策为 $y_1=x_1/3$.

第二部分：由已知初始状态 $x_1=c$，顺序地求得：

$y_1^*=c/3, f_1(x_1)=(c/3)^3$；

$y_2^*=x_2/2=(x_1-y_1^*)/2=\left(c-\frac{1}{3}c\right)/2=c/3$，

$f_2(x_2)=(c/3)^2$；

$y_3^*=x_3=x_2-y_2^*=2/3c-c/3=c/3, f_3(x_3)=c/3$.

由此可得最优策略：$y_1^*=y_2^*=y_3^*=c/3$，最大值 $F(y_1, y_2, y_3)=f_1(x_1)=\left(\frac{c}{3}\right)^3$.

上述递推过程为求极值问题提供了一条途径，把 n 维极值问题化为 n 个前后关联的一维极值问题，这正是动态规划方法的基本特征.

7.4.1.2 顺推方法（前向法）

设已知终止状态 x_{n+1}，并假定条件最优函数 $f_k(x_k)$ 是以 x_k 为 k 阶段的结束状态，从1阶段到 k 阶段所得到的最大效益.

已知终止状态用顺推方法与已知初始状态用逆推方法本质上是没有区别的，只要把逆推方法中的输出 x_{k+1} 看作是输入，把输入 x_k 看作是输出，便可得到与上面相对应的递推方法. 但应注意的是，这里的状态变换是逆推方法的状态变换的逆变换. 假定状态变换 $x_{k+1}=T_k(x_k, u_k)$，则其逆变换为 $x_k=T_k^*(x_{k+1}, u_k)$，对固定的 x_k 而言，T_k^* 是 T_k 的反函数.

[例7-5] 用顺推法解例7-4.

解 第一部分：仍看做三阶段决策问题. 决策变量为 y_1，y_2，y_3，状态变量为 x_1，x_2，x_3，x_4，并设终止状态 $x_4=c$，但状态转移方程为 $x_k=x_{k+1}-y_k$，$k=1, 2, 3$. 各阶段的效益：$r_k(x_{k+1}, y_k)=y_k$ 仍按乘法结合起来.

从 $k=1$ 开始

$$f_1(x_2)=\max_{0\leqslant y_1\leqslant x_2} y_1$$

显然

$$y_1=x_2, f_1(x_2)=x_2$$

$$k=2\text{ 时}, f_2(x_3)=\max_{0\leqslant y_2\leqslant x_3}[y_2 f(x_2)]=\max_{0\leqslant y_2\leqslant x_3}[y_2 f_1(x_3-y_3)]$$

$$=\max_{0\leqslant y_2\leqslant x_3}[y_2(x_3-y_2)]=(x_3/2)^2$$

最优策略是：

$$y_2=x_3/2$$

$$k=3\text{ 时}, f_3(x_4)=\max_{0\leqslant y_3\leqslant x_4}[y_3 f(x_3)]=\max_{0\leqslant y_3\leqslant x_4}[y_3 f_2(x_4-y_3)]$$

$$=\max_{0\leqslant y_3\leqslant x_4}\left[y_3\left(\frac{x_4-y_3}{2}\right)^2\right]=(x_4/3)^3$$

最优策略是：

$$y_3=x_4/3$$

第二部分：由终止状态 $x_4=c$ 逆推可得：

$$y_3=c/3 \quad x_3=x_4-y_3=2c/3 \quad f_3(x_4)=(c/3)^3$$

$$y_2=x_3/2=c/3, x_2=x_3-y_2=c/3 \quad f_2(x_3)=(c/3)^2$$

$$y_1=x_2=c/3, x_1=x_2-y_1=0 \quad f_1(x_2)=x_2=c/3$$

最优策略是：$y_1^*=y_2^*=y_3^*=c/3$

最优值是：
$$F(y_1^*, y_2^*, y_3^*) = f_3(x_4) = (c/3)^3$$

7.4.2 函数迭代法和策略迭代法

前面我们曾介绍过阶段数为 n 的最短路问题，它是一个阶段数固定的多阶段决策过程. 在解决问题的递推方法中，我们用递推关系逐步求出条件最优目标函数值 $f_1(x_1)$，$f_2(x_2)$，…，$f_n(x_n)$ 及相应的决策函数 $u_1(x_1)$，$u_2(x_2)$，…，$u_n(x_n)$. 这样的递推或迭代方法称为**函数迭代法**. 与此类似，还有策略迭代法. 现在我们结合讨论阶段数不固定的最短路线问题来说明在动态规划中常用的这两种迭代法的做法.

问题：设有 N 个点 1，2，…，N，任意两点 i、j 之间有一弧连接，其长度为 c_{ij}（也可代表距离、费用等），$c_{ij} \geqslant 0$，设 N 为固定点. 试求：任一点 i 至点 N 的最短路线.

在这里，最优路线是否经过其他的点，经过多少其他的点，均无限制，即从始点到终点所需决策次数不是固定不变的，显然这是一个阶段数不固定的多阶段决策问题. 动态规划解决这类问题的基本原理仍然是按照最优性原理，建立动态规划基本方程，但是由于阶段数不确定，因此不存在原来由阶段 $k+1$ 推出阶段 k 的递推关系. 为此，对条件最优目标函数值等作如下新的定义：

设 $f(i)$ 表示从节点 i 出发执行最优策略到达终点 N 时的最短距离，节点 i 的允许集合是全部网络节点. d_{ij} 表示从节点 i 出发到一步可达节点 j 的距离，节点 j 的允许集合也是全部网络节点. $R(i)$ 表示从节点 i 出发的一步可达节点的集合，即节点 i 的允许决策集合. 则由最优性原理的动态规划基本方程可表示为：

$$\begin{cases} f(i) = \min[d_{ij} + f(j) \mid j \in R(i)], \ i = 1, 2, \cdots, N-1 \\ f(N) \equiv 0 \quad (\text{即 } d_{NN} = 0) \end{cases} \tag{7-7}$$

此方程不是递推方程，而是单一函数 $f(x)$ 的函数方程. 它所对应的最优路线，其终点是给定的（即点 N），而起点 i 则可在 i 的允许集合内变动. 因为未知函数 $f(x)$ 出现在方程的两边，增加了问题的复杂性，也没有递推关系可利用. 下面介绍两种迭代法.

7.4.2.1 函数迭代法

其基本思想是：以步数（虚拟的段数）作为参变数，先求出各个不同步数下的最优策略，然后再从中选出最优者.

步骤：(1) 选定初始函数 $f_1(i)$：

$$\begin{cases} f_1(i) = d_{iN}, i = 1, 2, \cdots, N-1 \\ f_1(N) = 0, \ i = N \end{cases} \tag{7-8}$$

(2) 用下列递推关系求出 $\{f_k(i)\}$，定义：

$$\begin{cases} f_k(i) = \min\limits_{j \neq i}[d_{ij} + f_{k-1}(j)], \ i = 1, 2, \cdots, N-1 \\ f_k(N) = 0, \ k = 2, \cdots, N \end{cases} \tag{7-9}$$

这里，$f_k(i)$ 表示由 i 点出发走 k 步后到达固定点 N 的最短距离. 注意，在向前走时，已走过的点不能重复，以免发生回路.

定理 7-1 (1) 由式 (7-8) 和式 (7-9) 确定的函数序列 $\{f_k(i)\}$ 单调下降且收敛于 $f(i)$，而 $f(i)$ 是式 (7-7) 的解；(2) $\{f_k(i)\}$ 不超过 $N-1$ 步收敛于 $f(i)$.

证 (1) 由 $\{f_k(i)\}$ 的定义，当 $k=2$ 时有：

$$f_2(i)=\min[d_{ij}+f_1(j)]\leqslant d_{iN}=f_1(i)$$

若$f_k(i)\leqslant f_{k-1}(i)$，则

$$f_{k+1}(i)=\min_j[d_{ij}+f_k(j)]\leqslant\min_j[d_{ij}+f_{k-1}(j)]=f_k(i)$$

故由归纳法得$\{f_k(i)\}$为单调下降序列.

因$d_{ij}\geqslant 0$，$f_k(i)\geqslant 0$对任意k都成立，故$\{f_k(i)\}$有下界. 根据数列极限存在准则，因此$\{f_k(i)\}$收敛于$f(i)$，而且是一致收敛的. 因为，由于i只有有限个，故存在k使得对任意的$\varepsilon>0$，当$k\geqslant k_0$时，对一切i都有：$|f_k(i)-f(i)|<\varepsilon$成立.

要证明$f(i)$是式（7-7）的解，只要证对$\varepsilon>0$有：

$|\min_j[d_{ij}+f(j)]-f(i)|<2\varepsilon$，即：

$\min_j[d_{ij}+f(j)-2\varepsilon]<f(i)<\min_j[d_{ij}+f(j)+2\varepsilon]$成立就行.

事实上，由$\{f_k(i)\}$一致收敛于$f(i)$，故有$f(i)-\varepsilon<f_k(i)<f(i)+\varepsilon$和$f(i)-\varepsilon<f_{k-1}(i)<f(i)+\varepsilon$，又由$|f_k(i)-f(i)|<\varepsilon$，有：

$$f_k(i)-\varepsilon<f(i)<f_k(i)+\varepsilon$$

再根据$f_k(i)$的定义，所以有：

$$\begin{aligned}f(i)<f_k(i)+\varepsilon&=\min_j[d_{ij}+f_{k-1}(j)]+\varepsilon<\min_j[d_{ij}+f(j)+\varepsilon]+\varepsilon\\&=\min_j[d_{ij}+f(j)+2\varepsilon]\end{aligned}$$

另一方面，有：

$$\begin{aligned}f(i)>f_k(i)-\varepsilon&=\min_j[d_{ij}+f_{k-1}(j)]-\varepsilon>\min_j[d_{ij}+f(j)-\varepsilon]-\varepsilon\\&=\min_j[d_{ij}+f(j)-2\varepsilon]\end{aligned}$$

故对$\varepsilon>0$有：

$\min_j[d_{ij}+f(j)-2\varepsilon]<f(i)<\min_j[d_{ij}+f(j)+2\varepsilon]$成立，即$f(i)$为式（7-7）的解.

（2）由于点的数目为N，只需证明$f_N(i)=f_{N-1}(i)$对所有$1\leqslant i\leqslant k$成立.

用反证法. 设有某个i，使$f_N(i)\neq f_{N-1}(i)$，并设由上述迭代法得$f_N(i)$时的路线为$i=i_0$，i_1，…，$i_N=N$. 由于这条路线中包含$N+1$个点，所以至少有两个点相同，设这两个相同的点为i_p与i_{p+r}，如图7-6所示，则有：

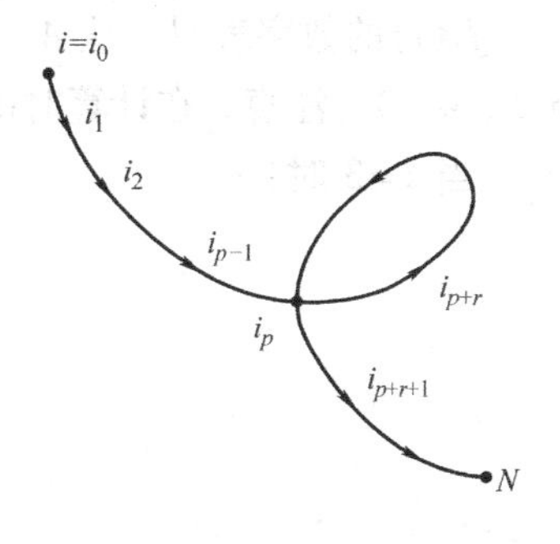

图7-6

$$\begin{aligned}f_N(i)=&[d_{i_0,i_1}+d_{i_1,i_2}+\cdots+d_{i_{p-1},i_p}+f_{N-(r+p)}(i_p)]+\\&(d_{i_p,i_{p+1}}+\cdots+d_{i_{p+r-1},i_{p+r}})\end{aligned}$$

后面括号中的和表示从i_p出发回到i_p的回路的长度. 由于$p\geqslant 0$，$r\geqslant 1$，因此上式第一项表明：对某一$r_0\geqslant 1$有$f_N(i)\geqslant f_{N-r_0}(i)$，但由$f_k(i)$的下降性，对任一$r\geqslant 1$有$f_N(i)\leqslant f_{N-1}(i)$，因此应有$f_N(i)=f_{N-r_0}(i)$，而$f_{N-1}(i)\leqslant f_{N-r}(i)$对任意$r\geqslant 1$均成立，故有：

$$f_N(i)=f_{N-r_0}(i)\geqslant f_{N-1}(i)\geqslant f_N(i)$$

这与$f_N(i)\neq f_{N-1}(i)$矛盾. 定理证毕.

上述函数空间迭代法可以在有限步内求得从各个点i出发到点N的最优路线. 此方法的实质是找出所有一步到达的路线中的最优者. 如此继续下去，由于总共只有N个点，如果

超过 N 步将产生回路，相应的路线必然不是最优者，所以最优路线必可在 N 步内求出.

[例 7-6] 设有 A、B、C、D、E 五个城市，相互距离的数字如图 7-7 所示. 试用函数迭代法求各城市到 E 城的最短路线和最短距离.

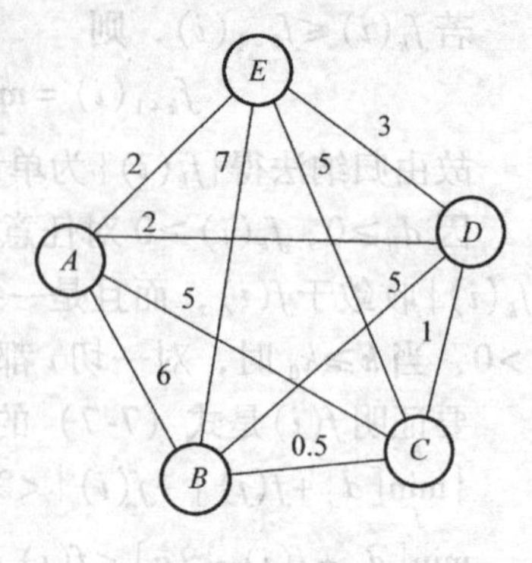

图 7-7

解 设初始函数为：$f_1(i)=d_{iE}$，$i=A, B, C, D$，$f_1(E)=0$，因此由图 7-7 有：

$$f_1(A)=d_{AE}=2;\quad f_1(B)=d_{BE}=7$$
$$f_1(C)=d_{CE}=5;\quad f_1(D)=d_{DE}=3$$

再逐次利用递推关系：

$$\begin{cases} f_k(i)=\min\limits_j[C_{ij}+f_{k-1}(j)], & i=A, B, C, D \\ f_k(E)=0 \end{cases}$$

求出 $\{f_k(i)\}$，即是求出 A、B、C、D 城朝 E 城分别走 2 步、3 步、…而到达 E 城时的各自最短距离.

当 $k=2$ 时：

$$\begin{aligned} i=A, f_2(A)=\min_j\{d_{Aj}+f_1(j)\} &= \min\{d_{AA}+f_1(A),\ d_{AB}+f_1(B),\ d_{AC}+ \\ &\quad f_1(C),\ d_{AD}+f_1(D),\ d_{AE}+f_1(E)\} \\ &= \min[0+2,\ 6+7,\ 5+5,\ 2+3,\ 2+0]=2 \end{aligned}$$

$$i=B, f_2(B)=\min_j[d_{Bj}+f_1(j)]=\min[6+2,\ 0+7,\ 0.5+5,\ 5+3, 7+0]=5.5$$
$$i=C, f_2(C)=\min_j[d_{Cj}+f_1(j)]=\min[5+2,\ 0.5+7,\ 0+5,\ 1+3, 5+0]=4$$
$$i=D, f_2(D)=\min_j[d_{Dj}+f_1(j)]=\min[2+2,\ 5+7,\ 1+5,\ 0+3, 3+0]=3$$

$f_2(i)$ 的数字表明，从 A、B、C、D 城分别走 2 步时而到达 E 城的各自最短距离为 2、5.5、4、3. 注意，在计算时由 i 到 i 也是计为一步的，那时 $d_{ii}=0$.

当 $k=3$ 时：

$$f_3(A)=\min_j[d_{Aj}+f_2(j)]=2$$
$$f_3(B)=\min_j[d_{Bj}+f_2(j)]=4.5$$
$$f_3(C)=\min_j[d_{Cj}+f_2(j)]=4$$
$$f_3(D)=\min_j[d_{Dj}+f_2(j)]=3$$

计算结果表明，从 A、B、C、D 城分别走 3 步而到达 E 城的各自最短距离为 2、4.5、4、3.

当 $k=4$ 时：

$$f_4(A)=\min_j[d_{Aj}+f_3(j)]=2$$
$$f_4(B)=\min_j[d_{Bj}+f_3(j)]=4.5$$
$$f_4(C)=\min_j[d_{Cj}+f_3(j)]=4$$
$$f_4(D)=\min_j[d_{Dj}+f_3(j)]=3$$

计算结果表明，从 A、B、C、D 城分别走 4 步而到达 E 城的各自最短距离仍是 2、4.5、4 和 3，与走 3 步时的最短距离相同. 这就说明，迭代步骤可以终止，各城到 E 城的最短距离已求出，即有：

$$f_3(i)=f_4(i)=\cdots=f(i)$$

然后再在$f_4(i)$的计算过程中，根据最短距离的求得去找出相应的最优策略$u^*(i)$，即找出由i出发能使总距离最短的下一个到达城市. 但要注意，不能取含有$d_{ii}=0$的地方作为$u^*_{(i)}$，因为，那样得出的路线还不能说明最优路线. 所以有：

$$\begin{cases} i: A, B, C, D, E \\ u^*(i): E, C, D, E, E \end{cases}$$

即$u^*(i)=(E,C,D,E,E)$，相应的最短路线和最短距离如下：

最短路线	最短距离
Ⓐ→Ⓔ	2
Ⓑ→Ⓒ→Ⓓ→Ⓔ	4.5
Ⓒ→Ⓓ→Ⓔ	4
Ⓓ→Ⓔ	3

其计算迭代的步数是4步，它满足不超过$N-1$步的收敛性质.

7.4.2.2 策略迭代法

现在我们仍考虑在前面介绍过的关于求任一点i至点N的最短路线问题.

基本思想是：先给出一个没有回路的初始策略$u_0(i)$，然后按某种迭代公式逐次求得新策略$u_1(i)$，$u_2(i)$，⋯，直至求出最优策略. 若对某个k，对所有的i有：$u_k(i)=u_{k-1}(i)$成立，则$u_k(i)$就是最优策略.

步骤：(1) 选一个没有回路的初始策略$u_0(i)$，$i=1, 2, \cdots, N-1$，$u_0(i)$表示在此策略下由i点到达的下一个点. 置$k=0$.

(2) 由策略$u_k(i)$求条件最优目标函数$f_k(i)$，即由方程组：

$$\begin{cases} f_k(i)=d_{i,\,u_k(i)}+f_k(u_k(i)), \quad i=1, 2, \cdots, N-1 \\ f_k(N)=0 \end{cases} \tag{7-10}$$

解出$f_k(i)$，其中$d_{i,\,u_k(i)}$为已知.

(3) 由函数$f_k(i)$求策略$u_{k+1}(i)$，其中$u_{k+1}(i)$是：

$$\min_u\{d_i, u+f_k(u)\} \tag{7-11}$$

的解. 若满足关系式：$u_k(i)=u_{k-1}(i)$，则迭代终止，$\{u_k(i)\}$就是最优策略，其相应的$\{f_k(i)\}$为最优值，并且$\{f_k(i)\}$一致收敛于方程式（7-7）的解. 否则置$k:=k+1$，返回(2).

现在我们讨论用这种迭代法能否找到最优策略. 由于问题中的顶点个数N是有限的，给出的初始策略是无回路的，那么，问题的关键在于从初始策略得到的所有策略$\{u_k(i)\}$ $(k=1, 2, \cdots)$是否存在回路. 下面的定理回答了这个问题.

定理7-2 若初始策略$u_0(i)$不构成回路，则由式（7-10）和式（7-11）通过迭代所得的策略$u_k(i)$也不构成回路.

证 设对任意的k，策略$u_{k+1}(i)$是由$u_k(i)$通过式（7-10）和式（7-11）迭代所得，且

$u_k(i)$不构成回路. $\{f_{k+1}(i)\}$与$\{f_k(i)\}$是对应的指标值. 由式（7-10）有：

$$f_{k+1}(i) = d_{i,\,u_{k+1}(i)} + f_{k+1}(u_{k+1}(i))$$
$$= d_{i,\,u_k(i)} + f_k(u_k(i))$$

令 $$\Delta f_k(i) = f_k(i) - f_{k+1}(i)$$

就有

$$\Delta f_k(i) = [d_{i,\,u_k(i)} + f_k(u_k(i))] - [d_{i,\,u_{k+1}(i)} + f_{k+1}(u_{k+1}(i))]$$
$$= \{[d_{i,\,u_k(i)} + f_k(u_k(i))] - [d_{i,\,u_{k+1}(i)} + f_k(u_{k+1}(i))]\} +$$
$$\{f_k(u_{k+1}(i)) - f_{k+1}(u_{k+1}(i))\}$$

记第一括号内的值为r_i，根据式（7-10）和式（7-11），就有r_i非负，则：

$$\Delta f_k(i) = r_i + \Delta f_k(u_{k+1}(i))$$

假如策略$u_{k+1}(i)$已产生了回路，不失一般性，可重新编号为：$1\to2\to3\to\cdots\to Q\to1$，代入上式就得到：

$$\Delta f_k(1) = r_1 + \Delta f_k(2)$$
$$\Delta f_k(2) = r_2 + \Delta f_k(3)$$
$$\vdots$$
$$\Delta f_k(Q) = r_Q + \Delta f_k(1)$$

对上述等式两边分别求和后，根据r_i的非负性，就得到：$r_i = 0$，$i = 1, 2, \cdots, Q$. 于是，策略$u_k(i)$也有同样的回路，这与所设矛盾. 故策略$u_{k+1}(i)$无回路. 定理证毕.

[例 7-7] 用策略迭代法求解例 7-6.

解 选取无回路的初始策略$u_0(i)$：

$$u_0(A) = E,\ u_0(B) = D,\ u_0(C) = E,\ u_0(D) = C$$

(1) 由$u_0(i)$求$f_0(i)$，然后由$f_0(i)$求出$u_1(i)$.

将$u_0(i)$分别代入到：$f_0(i) = d_{i,\,u_0(i)} + f_0(u_0(i))$, $f_0(E) = 0$中计算出$f_0(i)$，又因初始策略中的A、C两城是直接到达E城，故应先计算. 所以有：

$$f_0(A) = d_{A,\,u_0(A)} + f_0(u_0(A)) = d_{AE} + f_0(E) = d_{AE} = 2$$
$$f_0(C) = d_{C,\,u_0(C)} + f_0(u_0(C)) = d_{CE} + f_0(E) = d_{CE} = 5$$
$$f_0(D) = d_{D,\,u_0(D)} + f_0(u_0(D)) = d_{DC} + f_0(C) = 1 + 5 = 6$$
$$f_0(B) = d_{B,\,u_0(B)} + f_0(u_0(B)) = d_{BD} + f_0(D) = 5 + 6 = 11$$

由$f_0(i)$求出$u_1(i)$：将$f_0(i)$代入$\min\limits_{u(i)}\{d_{i,\,u(i)} + f_0(u(i))\}$中，求出解$u_1(i)$，为简便起见，记$u(i) = j$，则有：

$$\min_{u(i)}\{d_{i,\,u(i)} + f_0(u(i))\} = \min_j\{d_{ij} + f_0(j)\},\ j = A,\ B,\ C,\ D,\ E$$

当$i = A$时：

$$\min_j\{d_{Aj} + f_0(j)\} = \min\{d_{AA} + f_0(A),\ d_{AB} + f_0(B),\ d_{AC} + f_0(C),\ d_{AD} + f_0(D),\ d_{AE} + f_0(E)\}$$
$$= \min\{0 + 2,\ 6 + 11,\ 5 + 5,\ 2 + 6,\ 2 + 0\}$$
$$= 2$$

故有 $u_1(A) = E$；

当$i = B$时：

$$\min_j\{d_{Bj}+f_0(j)\}=\min\{6+2,\ 0+11,\ 0.5+5,\ 5+6,\ 7+0\}=5.5$$

故有 $u_1(B)=C$;

当 $i=C$ 时:

$$\min_j\{d_{Cj}+f_0(j)\}=\min\{5+2,\ 0.5+11,\ 0+5,\ 1+6,\ 5+0\}=5$$

故有 $u_1(C)=E$;

当 $i=D$ 时:

$$\min_j\{d_{Dj}+f_0(j)\}=\min\{2+2,\ 5+11,\ 1+5,\ 0+6,\ 3+0\}=3$$

故有 $u_1(D)=E$.

所以第一次迭代得到的策略是 $u_1(i)=\{E,\ C,\ E,\ E\}$.

(2) 由 $u_1(i)$ 求 $f_1(i)$，然后由 $f_1(i)$ 求出 $u_2(i)$.

将 $u_1(i)$ 代入式 (7-10) 中，解之得到:

$$f_1(A)=2, f_1(C)=5, f_1(D)=3, f_1(B)=5.5$$

由 $f_1(i)$ 求 $u_2(i)$，根据式 (7-11):

当 $i=A$ 时可得 $u_2(A)=E$;

当 $i=B$ 时可得 $u_2(B)=C$;

当 $i=C$ 时可得 $u_2(C)=D$;

当 $i=D$ 时可得 $u_2(D)=E$.

所以第二次迭代得到的策略是 $u_2(i)=(E,\ C,\ D,\ E)$.

(3) 由 $u_2(i)$ 求 $f_2(i)$，然后由 $f_2(i)$ 求出 $u_3(i)$.

将 $u_2(i)$ 代入式 (7-10) 中，得到:

$$f_2(A)=2, f_2(D)=3, f_2(C)=4, f_2(B)=4.5$$

由 $f_2(i)$ 求 $u_3(i)$，根据式 (7-11) 有:

当 $i=A$ 时可得 $u_3(A)=E$;

当 $i=B$ 时可得 $u_3(B)=C$;

当 $i=C$ 时可得 $u_3(C)=D$;

当 $i=D$ 时可得 $u_3(D)=E$.

所以第三次迭代得到的策略是 $u_3(i)=(E,\ C,\ D,\ E)$.

在 (2)、(3) 中 $f_k(i)$ 及 $u_k(i)$ 的计算完全类同于 (1). 根据步骤 (3) 中关系式 $u_k(i)=u_{k-1}(i)$ 的原则，可知 $u_3(i)$ 为最优策略，也就是各城到达 E 城的最短路线. 连同最短距离，可以得到与函数迭代法相同的结果:

最短路线	最短距离
Ⓐ→Ⓔ	2
Ⓑ→Ⓒ→Ⓓ→Ⓔ	4.5
Ⓒ→Ⓓ→Ⓔ	4
Ⓓ→Ⓔ	3

上面介绍了在动态规划问题中常用的两种迭代法. 一般来说，策略迭代法的收敛速度比

函数迭代法要快些，而且如果能利用问题的实际背景，使初始策略选择得离最优策略比较近，则收敛起来就更快.

7.5 动态规划的应用

7.5.1 资源分配问题

所谓资源，可以是材料、设备，也可以是人力、资金、时间等等. 所谓分配，就是将数量一定的或若干种资源合理地分给若干个使用者，而使目标函数为最优.

例如，设有某种原料，总数量为 a，用于生产 n 种产品，若分配数量 x_i 用于生产第 i 种产品，其收益为 $g_i(x_i)$，问应如何分配，才能使生产的总收入最大?

此问题可写成静态规划：

$$\max[g_1(x_1)+g_2(x_2)+\cdots+g_n(x_n)]$$

$$\text{s. t.}\begin{cases}x_1+x_2+\cdots+x_n=a\\ x_i\geqslant 0,\quad i=1,2,\cdots,n\end{cases}$$

当 $g_i(x_i)$ 都是线性函数时，它是一个线性规划问题；当 $g_i(x_i)$ 是非线性函数时，它是一个非线性规划问题. 但当 n 较大时具体求解比较麻烦. 然而，由于这类问题的特殊性，可将它看成一个多段决策问题，利用动态规划的方法来求解. 在应用动态规划方法求解时，通常以把资源分配给一个或几个使用者的过程作为一个阶段，把规划问题中的变量取为决策变量，将累计的量或随递推过程变化的量选为状态变量.

[例 7-8] 某邮电局有四套通讯设备准备分给甲、乙、丙三个地区，事先调查了各地原有生产活动情况，在此基础上对各种分配方案的经济效益进行了估计，得表 7-2 的数据，例如甲区原有生产活动的收益为 38 万元，当新增加一套通讯设备时总收益为 41 万元，其他类推. 试求这四套设备的分配方案，使三地区总利益最大.

表 7-2 通讯设备在不同地区的收益 （万元）

设备数/套		0	1	2	3	4
地区	甲	38	41	48	60	66
	乙	40	42	50	60	66
	丙	48	64	68	78	76

解 首先我们对设备的分配规定一个顺序，即先考虑分配给甲区，其次乙区，最后丙区，但分配时必须保证邮电局的总收益最大.

将问题按分配过程分为三个阶段，根据动态规划逆序算法，可设：

(1) 阶段数 $k=1,2,3$（即甲、乙、丙三个地区的编号分别为 1，2，3）；

(2) 状态变量 x_k 表示分配给第 k 个地区至第 3 地区的设备套数（即第 k 阶段初尚未分配的设备套数）；

(3) 决策变量 u_k 表示分配给第 k 地区的设备套数；

(4) 状态转移方程：$x_{k+1}=x_k-u_k$；

(5) $g_k(u_k)$ 表示 u_k 台设备分配到第 k 个地区所得的收益值，它由表 7-2 上可查得；

(6) $f_k(x_k)$ 表示将 x_k 台设备分配到第 k 个地区至第 3 个地区所得到的最大收益值，因而可得出递推方程：

$$\begin{cases} f_k(x_k) = \max\limits_{u_k=0,1,2,3,4} [g_k(u_k) + f_{k+1}(x_k - u_k)], \quad k=1,2,3 \\ f_4(x_4) = 0 \end{cases}$$

试计算：

① $k=3$（第三阶段）时地区丙的分配方案和总收益. 由于分配到地区丙以后剩余的设备不再分配，故不会产生收益，所以此时总收益就等于它的直接收益，最大收益值为：$f_3(x_3) = \max\limits_{u_3=0,1,\cdots,4}[g_3(u_3)]$，其数值计算如表7-3所示.

表7-3 第三阶段分配设备所得总收益 （万元）

u_3		0	1	2	3	4	最优决策 u_3^*	最优总收益 $f_3(x_3, u_3^*)$
x_3	0	48					0	48
	1	48	64				1	64
	2	48	64	68			2	68
	3	48	64	68	78		3	78
	4	48	64	68	78	76	3	78

② $k=2$ 时地区乙的分配方案和总收益. 由于 x_2 代表已分配给甲地区而剩余的设备数，故 $0 \leqslant x_2 \leqslant 4$，而 $0 \leqslant u_2 \leqslant x_2$，则最大收益为：

$$f_2(x_2) = \max_{u_2}[g_2(u_2) + f_3(x_3)] = \max_{u_2}[g_2(u_2) + f_3(x_2 - u_2)]$$

这是因为给乙区 u_2 台，其收益为 $g_2(u_2)$；余下的 $x_2 - u_2$ 台给丙区，则它的收益最大值来 $f_3(x_2 - u_2)$，现要选取 u_2 值，使 $g_2(u_2) + f_3(x_2 - u_2)$ 为最大值，其数值计算如表7-4所示.

表7-4 第二阶段分配设备所得总收益 （万元）

u_2		0	1	2	3	4	最优决策 u_2^*	最优总收益 $f_2(x_2, u_2^*)$
x_2	0	88					0	88
	1	104	90				0	104
	2	108	106	98			0	108
	3	118	110	114	108		0	118
	4	118	120	118	124	114	3	124

③ $k=1$ 时甲区的分配方案和总收益. 由于甲区首先分配设备，因此状态只有一种，即 $x_1=4$，相应的决策有五种（$u_1=0, 1, 2, 3, 4$），$0 \leqslant u_1 \leqslant 4$，则最大收益为：

$$f_1(x_1) = \max_{u_1=0,1,2,3,4}[g_1(u_1) + f_2(x_1 - u_1)]$$
$$= \max_{u_1}[g_1(u_1) + f_2(4 - u_1)]$$

这是因为给甲区 u_1 台，其收益为 $g_1(u_1)$；余下的（$x_1 - u_1$）台就给乙和丙两个地区，故它的收益最大值为 $f_2(x_1 - u_1)$. 现选取 u_1 值，要使 $g_1(u_1) + f_2(4 - u_1)$ 为最大值，即为所求的总收益的最大值，其数值计算如表7-5所示.

表7-5 第一阶段分配设备所得总收益 （万元）

u_1	0	1	2	3	4	最优决策 u_1^*	最优总收益 $f_1(x_1, u_1^*)$
$x_1=4$	162	159	156	164	154	3	164

由于 $k=1$ 时的初始状态 $x_1=4$ 是唯一确定的，则 $x_1=4$ 是整个多段决策过程的最优状态 x_1^*；$f_1(4)=164$ 是整个多段决策过程的最优目标函数值 R^*；$u'_1(4)=3$ 是阶段 1 的最优决策 $u_1^*(4)=3$. 顺次即可求得最优分配值，见表 7-6，即给甲区分配三台，丙区分配一台，乙区不分配，则可获最大收益为 164（万元）.

表 7-6

地区	设备分配数/套	阶段收益/万元
甲	3	60
乙	0	40
丙	1	64
总收益		164

此例是决策变量取离散值的一类分配问题. 如销售店分配问题，投资分配问题，货物分配问题等均属于这类分配. 这种只将资源合理分配不考虑回收的问题，又称为**资源平行分配问题**. 在资源分配中还有一种要考虑资源回收利用的问题，这里决策变量为连续值，故称它为**资源连续分配问题**. 这种分配问题即一种有消耗性的资源，属多阶段地在两种不同的生产活动中投放的问题.

[例 7-9] 某厂新购某种新机床 125 台，据估计，这种设备 5 年后将被其他新设备所代替. 此机床如在高负荷状态下工作，年损坏率为 1/2，年利润为 10 万元；如在低负荷状态下工作，年损坏率为 1/5，年利润为 6 万元. 问应如何安排这些机床的生产负荷，才能使 5 年内获得最大的利润?

解 根据题意可设：

(1) 阶段数 $k=1, 2, 3, 4, 5$，每一年为一个阶段；

(2) x_k 表示第 k 年年初完好机床的台数；

(3) u_k 表示第 k 年安排高负荷状态下工作的机床台数，则低负荷状态下工作的机床台数为 x_k-u_k 台，于是第 k 年可得利润为：

$$10u_k+6(x_k-u_k)=4u_k+6x_k$$

(4) $f_k(x_k)$ 表示为从第 k 年初 x_k 台完好机床至第 5 年结束时所获得的最大利润，因而可得递推关系：

$$f_k(x_k)=\max_{0\leqslant u_k\leqslant x_k}\left[4u_k+6x_k+f_{k+1}(x_{k+1})\right]$$

(5) 由于在两种负荷状态下机床损坏率为 1/2 及 1/5，所以第 $k+1$ 年年初的完好机床台数为：

$$x_{k+1}=(1-1/2)u_k+(1-1/5)(x_k-u_k)=(4/5)x_k-(3/10)u_k$$

即为状态转移方程.

当 $k=5$ 时：

因 $f_6(x_6)=0$，所以：

$$f_5(x_5)=\max_{0\leqslant u_5\leqslant 5}(4u_5+6x_5)$$

由于 $4u_5+6x_5$ 是 u_5 的单调上升函数，所以得：

$$f_5(x_5)=10x_5,\quad u_5=x_5$$

当 $k=4$ 时：

$$f_4(x_4)=\max_{0\leqslant u_4\leqslant x_4}[4u_4+6x_4+f_5(x_5)]$$
$$=\max_{0\leqslant u_4\leqslant x_4}[4u_4+6x_4+10x_5]$$

以状态转移方程 $x_5=\frac{4}{5}x_4-\frac{3}{10}u_4$ 代入得：

$$f_4(x_4)=\max_{0\leqslant u_4\leqslant x_4}(14x_4+u_4)$$

因 $14x_4+u_4$ 是 u_4 的单调上升函数，所以得：

$$f_4(x_4)=15x_4,\ u_4=x_4.$$

当 $k=3$ 时：

$$f_3(x_3)=\max_{0\leqslant u_3\leqslant x_3}[4u_3+6x_3+f_4(x_4)]$$
$$=\max_{0\leqslant u_3\leqslant x_3}[4u_3+6x_3+15x_4]$$

以 $x_4=(4/5)x_3-(3/10)u_3$ 代入得：

$$f_3(x_3)=\max_{0\leqslant u_3\leqslant x_3}[18x_3-1/2u_3]$$

由于 $18x_3-\frac{1}{2}u_3$ 是 u_3 的单调下降函数，所以得：

$$f_3(x_3)=18x_3,u_3=0$$

当 $k=2$ 时，同理可求得：$f_2(x_2)=\frac{102}{5}x_2$，$u_2=0$；

当 $k=1$ 时，同理可求得：$f_1(x_1)=\frac{558}{25}x_1$，$u_1=0$.

将 $x_1=125$ 代入得：$f_1(125)=2790$；由 $u_1=0$，$x_1=125$ 代入 $x_2=(4/5)x_1-(3/10)u_1$ 中得 $x_2=100$；类似可得 $x_3=(4/5)x_2=80$，$x_4=(4/5)x_3=64$，$x_3=(4/5)x_4-(3/10)u_4=32$，所以最优安排如表7-7所示．此时总利润为2790万元.

表 7-7

年限	年初完好机床数/台	高负荷工作机床数/台	低负荷工作机床数/台
第一年	$x_1=125$	$u_1=0$	$x_1-u_1=125$
第二年	$x_2=100$	$u_2=0$	$x_2-u_2=100$
第三年	$x_3=80$	$u_3=0$	$x_3-u_3=80$
第四年	$x_4=64$	$u_4=64$	$x_4-u_4=0$
第五年	$x_5=32$	$u_5=32$	$x_5-u_5=0$

7.5.2 生产－库存问题

生产－库存问题是实际生产中经常遇到的问题．大量生产可以降低生产成本，但当超过市场需求时，就会造成积压，增加库存费用．单纯按市场需求安排生产也会由于开工不足或加班加点造成生产成本的增加．因此，合理利用库存调节产量、满足需求是十分有意义的．所谓生产－库存问题，就是一个生产部门如何在已知生产成本、库存费用和各阶段市场需求的条件下决定各阶段产量，使计划期内的费用总和为最小的问题．商业经营部门也会遇到同样的问题，在那里生产量相当于采购量.

问题，设某一生产部门，生产（购买）计划周期为 n 个阶段，即 $k=1, 2, \cdots, n$，已知最初库存量为 x_1，阶段需求为 d_k，生产（购买）的固定成本为 N，单位产品的消耗费用为 L，单位产品的阶段库存费用为 h，仓库容量为 M，阶段生产能力为 B，问应如何安排各个阶段产量，使计划期内的费用总和为最小？

设状态变量 x_k 为阶段 k 的初始库存量. 由于计划初期的库存量 x_1 是已知的，计划末期的库存量通常也是给定的，为简便起见，假定 $x_{n+1}=0$，于是问题是始端末端固定的问题. 状态 x_k 的约束条件是：

$$0 \leqslant x_k \leqslant \min\{M, d_k+d_{k+1}+\cdots+d_n\}, k=1,2,\cdots,n$$

即阶段 k 的库存量既不能超过库存容量 M，也不应超过阶段 k 至阶段 n 的需求总量 $(d_k+d_{k+1}+\cdots+d_n)$.

设决策变量 u_k 为阶段 k 的产量. 阶段产量要在不超过生产能力 B 的条件下，充分满足该阶段的需求 d_k，同时还要满足计划末期的库存为 0 的要求. 因此，决策变量的约束条件是：

$$d_k - x_k \leqslant u_k \leqslant \min\ \{B,\ d_k+d_{k+1}+\cdots+d_n-x_k\}$$

设当阶段 k 的初始库存量是 x_k，阶段 k 的产量是 u_k，阶段 k 的需求量是 d_k 时，阶段 k 末或阶段 $k+1$ 的初始库存量 x_{k+1} 是：

$$x_{k+1} = x_k + u_k - d_k$$

这就是状态转移方程，显然它满足无后效性的需求.

设阶段效益 r_k 为阶段生产费用与库存费用之和. 阶段 k 的生产费用是 $N+Lu_k$，N 是固定成本，L 是产品单耗. 为简便起见，库存费用按阶段 k 末期的库存量 x_{k+1} 计算，即不计算本阶段销售产品的库存费，即：

$$hx_{k+1} = h(x_k + u_k - d_k)$$

因而有：

$$r_k(x_k,\ u_k) = N + Lu_k + h(x_k + u_k - d_k)$$

目标函数是：

$$R = \sum_{k=1}^{n} [N + Lu_k + h(x_k + u_k - d_k)]$$

它是阶段效益求和的形式.

设 $f_k(x_k)$ 为在阶段 k 的初始库存量是 x_k 时，按最优生产－库存计划付出的费用. 则动态规划的基本方程是：

$$f_k(x_k) = \min_{u_k}\{N + Lu_k + h(x_k + u_k - d_k) + f_{k+1}(x_{k+1})\}$$

其中，$x_{k+1} = x_k + u_k - d_k$.

[例 7-10] 求解生产－库存问题. 已知 $n=3$，$N=8$，$L=2$，$h=2$，$x_1=1$，$M=4$，$x_4=0$，$B=6$，$d_1=3$，$d_2=4$，$d_3=3$.

解 由该问题的动态规划基本方程，先求条件最优决策集合.

当 $k=3$ 时，由于 $f_4(x_4) \equiv 0$ 和 $x_4 = x_3 + u_3 - d_3 = 0$，故：

$$f_3(x_3) = \min_{u_3}\{8 + 2u_3\} = 8 + 2(3 - x_3) = 14 - 2x_3$$

其中，$0 \leqslant x_3 \leqslant \min\{M, d_3\} = d_3 = 3$，从而有：

若 $x_3 = 0$，则 $f_3(0) = 14$，$u_3'(0) = 3$

若 $x_3 = 1$，则 $f_3(1) = 12$，$u_3'(1) = 2$

若 $x_3 = 2$，则 $f_3(2) = 10$，$u_3'(2) = 1$

若 $x_3 = 3$，则 $f_3(3) = 8$，$u_3'(3) = 0$

以上结果如表7-8所示.

表7-8

u_3		0	1	2	3	$f_3(x_3)$	$u_3'(x_3)$
x_3	0				14	14	3
	1			12		12	2
	2		10			10	1
	3	8				8	0

当 $k=2$ 时，其状态转移方程：$x_3 = x_2 + u_2 - d_2$，其中：

$$0 \leqslant x_2 \leqslant \min\{M, d_2 + d_3\} = M = 4;$$

$$4 - x_2 \leqslant u_2 \leqslant \min\{B, d_2 + d_3 - x_2\} = \min\{6, 7 - x_2\}$$

故有：

$$f_2(x_2) = \min_{u_2}\{8 + 2u_2 + 2(x_2 + u_2 - d_2) + f_3(x_3)\}$$

$$= \min_{u_2}\{8 + 2u_2 + 2(x_2 + u_2 - 4) + f_3(x_2 + u_2 - 4)\}$$

分别就 $x_2 = 0, 1, 2, 3, 4$ 计算，结果如表7-9所示.

表7-9

u_2		0	1	2	3	4	5	6	$f_2(x_2)$	$u_2'(x_2)$
x_2	0					30	32	32	30	4
	1				28	30	32	34	28	3
	2			26	28	30	32		26	2
	3		24	26	28	32			24	1
	4	22	24	26	28				22	0

当 $k=1$ 时，由于 $x_1 = 1$ 是唯一确定的，因此：

$$x_2 = u_1 - 2, \quad 2 \leqslant u_1 \leqslant 6$$

$$f_1(1) = \min_{u_1}\{8 + 2u_1 + 2(x_1 + u_1 - d_1) + f_2(x_2)\}$$

$$= \min_{u_1 = 2,3,4,5,6}\{(8 + 2u_1) + 2(u_2 - 2) + f_2(u_1 - 2)\}$$

$$= \min\begin{Bmatrix} 12 + 0 + 30 \\ 14 + 2 + 28 \\ 16 + 4 + 26 \\ 18 + 6 + 24 \\ 20 + 8 + 22 \end{Bmatrix} = 42, \quad u_1'(1) = 2$$

结果如表7-10所示. 由于 x_1 是唯一确定的，所以有最优目标函数值 $R^* = f_1(1) = 42$，最优策略（阶段产量序列）：$\{u_1^*(1) = 2, u_2^*(0) = 4, u_3^*(0) = 3\}$；最优路线（库存状态序列)：{1, 0, 0, 0}.

表 7-10

u_1	2	3	4	5	6	$f_1(x_1)$	$u_1'(x_1)$
$x_1=1$	42	44	46	48	50	42	2

7.5.3 设备更新问题

无论是单位还是个人，随时随地都会遇到设备更新问题. 例如，个人家庭中的电冰箱、彩电等，企事业单位中的各种机器、汽车等，随着使用年限的增加而变旧变坏，需要维修或更新.

众所周知，设备使用时间越长，效益越高；但随着设备陈旧，维修费用也会提高. 而且，设备使用年限越久，处理价格越低，更新费用也要增加. 因此，处于某个阶段的各种设备，总是要面临着保留还是更新的问题. 显然，一台设备所需的费用是与设备的年龄有关的. 在某个阶段，某一设备是保留还是更新，应该从整个计划期间的总回收额，而不应从局部的某个阶段的回收额来考虑. 由于每个阶段都面临着保留还是更新的两种选择，因此是一个多阶段的决策过程，可以用动态规划方法求解.

问题，已知 n 为计算设备回收额的总期限数，t 为某个阶段的设备年龄，$r(t)$ 为从年龄为 t 的设备得到的阶段收益，$\mu(t)$ 为年龄为 t 的设备的阶段使用费用，$s(t)$ 为年龄为 t 的设备的处理价格（又称折价值），P 为新设备的购置价格. 为了简化计算，假定关于现值的折扣率为 1，求：n 期内使回收额最大的设备更新方案.

设：状态变量为设备的年龄 t；决策变量为保留设备记为 N 或更新设备记为 P，即 N（保留）或 P（更新）；阶段效益为阶段的回收额（当决策为保留时，回收额为 $r(t)-\mu(t)$；当决策为更新时，回收额为 $S(t)-p+r(0)-\mu(0)$，其中，$r(0)$，$\mu(0)$ 是表示年龄为零的新设备的阶段使用收益和费用）；目标函数为阶段效益求和；$f_k(t)$ 为自第 k 阶段对年龄为 t 的设备执行最优策略时的总回收额，则相应的动态规划基本方程（递推公式）为：

$$f_k(t)=\max\begin{Bmatrix}N: & r(t)-\mu(t)+f_{k+1}(t+1)\\ P: & s(t)-p+r(0)-\mu(0)+f_{k+1}(1)\end{Bmatrix}$$

[例 7-11] 建立下面设备更新的最优策略.

假定设备的使用年限是 10 年，年龄为 t 时的设备年使用效益 $r(t)$ 与使用费用 $\mu(t)$ 如表 7-11 所示，设备的处理价格为 4 万元，新设备的价格是 13 万元.

表 7-11

t/年	0	1	2	3	4	5	6	7	8	9	10
$r(t)$/万元	27	26	26	25	24	23	23	22	21	21	20
$\mu(t)$/万元	15	15	16	16	16	17	18	18	19	20	20

解 这是一个十段决策过程（$n=10$）.

由于
$$s(t)-p+r(0)-\mu(0)=4-13+27-15=3$$

所以
$$f_k(t)=\max\begin{Bmatrix}N: r(t)-\mu(t)+f_{k+1}(t+1)\\ P: 3+f_{k+1}(1)\end{Bmatrix}$$

下面应用该公式计算在不同阶段k和t时的$f_k(t)$和条件最优决策，并将结果依次记入表7-12中.

当$k=10$时，由于$f_{11}(t)=0$，所以：

$$f_{10}(t)=\max\begin{Bmatrix}N:r(t)-\mu(t)\\P:3\end{Bmatrix}$$

若$t=0$时，则

$$f_{10}(0)=\max\begin{Bmatrix}N:r(0)-\mu(0)\\P:3\end{Bmatrix}=\max\begin{Bmatrix}N:12\\P:3\end{Bmatrix}=12$$

条件最优决策是N（保留）.

若$t=1$时，则：

$$f_{10}(1)=\max\begin{Bmatrix}N:r(1)-\mu(1)\\P:3\end{Bmatrix}=\max\begin{Bmatrix}N:11\\P:3\end{Bmatrix}=11$$

条件最优决策是N（保留）.

依此类推，$t=2，3，4，5，6，7$的结果示于表7-12中，但当$t=8$时：

$$f_{10}(8)=\max\begin{Bmatrix}N:r(8)-\mu(8)\\P:3\end{Bmatrix}=\max\begin{Bmatrix}N:2\\P:3\end{Bmatrix}=3$$

条件最优决策为P（更新）. 又由表7-11可知，决策为保留时的阶段效益$r(t)-\mu(t)$随着t的增加而减少，由此可知当$t>8$时，$r(t)-\mu(t)\leqslant 2<3$. 因此，$t>8$时的最优决策都是更新设备，在表7-12中，用粗黑线将决策N和P分开.

表7-12

t	0	1	2	3	4	5	6	7	8	9	10
$f_{10}(t)$	12	11	10	9	8	6	5	4	3	3	3
$f_9(t)$	23	21	19	17	14	14	14	14	14	14	14
$f_8(t)$	33	30	27	24	24	24	24	24	24	24	24
$f_7(t)$	42	38	34	33	33	33	33	33	33	33	33
$f_6(t)$	50	45	43	42	41	41	41	41	41	41	41
$f_5(t)$	57	54	52	50	49	48	48	48	48	48	48
$f_4(t)$	66	63	60	58	57	57	57	57	57	57	57
$f_3(t)$	75	71	68	66	66	66	66	66	66	66	66
$f_2(t)$	83	79	76	75	74	74	74	74	74	74	74
$f_1(t)$	91	87	85	83	82	82	82	82	82	82	82

当$k=9$时：

$$f_9(t)=\max\begin{Bmatrix}N:r(t)-\mu(t)+f_{10}(t+1)\\P:3+f_{10}(1)\end{Bmatrix}$$

$$=\max\begin{Bmatrix}N:r(t)-\mu(t)+f_{10}(t+1)\\P:14\end{Bmatrix}$$

若将$t=0，1，2，3$时的结果示于表7-12中，条件最优决策均为保留（N）. 当$t=$

4 时：

$$f_9(4)=\max\begin{cases}N:r(4)-\mu(4)+f_{10}(5)\\P:14\end{cases}$$
$$=\max\begin{cases}N:24-16+6\\P:14\end{cases}$$
$$=\max\begin{cases}N:14\\P:14\end{cases}=14$$

此时，两种决策具有相同的回收额，这时合理的决策应是保留. 这是因为原有设备已为我们所熟悉. 若 $t=5$ 时，经计算 $f_9(5)=14$，条件最优决策是 P（更新）. 由于 $r(t)-\mu(t)$ 或 $f_{10}(t+1)$ 均随着 t 的增加而减少，这表示设备越陈旧所取得的效益就越差. 因此可以判定 $t>5$ 后的最优决策都是更新. 条件最优目标函数值也保持在 14 不变，结果如表 7-12 中第 2 行所示. 如此继续下去，就得到表 7-12 中所示的全部结果. 根据这个表和上面的分析，我们就可以解决一系列有关的实际问题.

例如，假设在阶段 1 我们有一台年龄为 4 年的设备，如何制订今后 10 年的设备更新方案.

首先，在表 7-12 上 $f_1(t)$ 行和 $t=4$ 列的交点上的数是 82，它表明总计划期间的最大回收额是 82 万元，第 1 年的决策是保留设备. 第 2 年，设备的年龄为 5，在表 7-12 上 $f_2(t)$ 行和 $t=5$ 列交点上的数是 74，它所在位置表明，最优决策是更新设备. 第 3 年，设备在上年已更新，年龄为 1，$f_3(t)$ 行和 $t=1$ 列的交点上的数是 71，它所在位置表明，第 3 年的最优决策是保留设备. 继续下去，可得第 4，5，6 年的最优决策是保留设备，而在第 7 年是更新设备，随后的 8，9，10 三年的最优决策都是保留设备. 故可得在计划期间的最优方案是：$\{N, P, N, N, N, N, P, N, N, N\}$，最优目标函数值即最大回收额是：$R^*=82$ 万元，最优路线即设备的年龄序列是：$\{4, 5, 1, 2, 3, 4, 5, 1, 2, 3\}$.

7.5.4 背包问题

7.5.4.1 一维背包问题

背包问题是动态规划的典型问题之一. 它的一般提法是：一位旅行者携带背包去登山，已知他所能承受的背包质量限度为 a 千克、现有 n 种物品可供他选择装入背包，第 i 种物品的单件质量为 a_i 千克，其价值（可以是表明本物品对登山的重要性的数量指标）是携带数量 x_i 的函数 $c_i(x_i)(i=1, 2, \cdots, n)$，问旅行者应如何选择携带各种物品的件数，以使总价值最大?

背包问题实际上就是运输问题中车、船、飞机、潜艇、人造卫星等运输工具的最优配载问题. 还可以用于解决机床加工中零件最优加工问题、下料问题、投资决策等，有广泛的实用意义.

设 x_i 为第 i 种物品装入的件数，则背包问题可归结为如下形式的整数线性规划模型：

$$\max Z=\sum_{i=1}^{n}c_i(x_i)$$
$$\begin{cases}\sum\limits_{i=1}^{n}a_ix_i\leqslant a\\x_i\geqslant 0\quad 且为整数(i=1,2,\cdots,n)\end{cases}$$

下面用动态规划方法来求解.

阶段 k：将可装入物品按1，2，…，n 排序，每段装一种物品，共划分为 n 个阶段. 即 $k=1$，2，…，n.

状态变量 S：在第 k 段开始时，背包中允许装入前 k 种物品的总重量.

决策变量 x_k：装入第 k 种物品的件数.

状态转移方程：

$$\tilde{S}=S-a_kx_k$$

允许决策集合为：

$$D_k(S)=\{x_k|0\leqslant x_k\leqslant[S/a_k],x_k\text{ 为整数}\}$$

式中，$[S/a_k]$ 表示不超过 S/a_k 的最大整数.

最优指标函数 $f_k(S)$ 表示在背包中允许装入物品的总质量不超过 S 千克，采用最优策略只装前 k 种物品时的最大使用价值. 则可得到动态规划的顺序递推方程为：

$$\begin{cases}f_k(S)=\max\limits_{x_k=0,1,\cdots,[S/a_k]}\{c_k(x_k)+f_{k-1}(S-a_kx_k)\}\\ f_0(S)=0, \qquad k=1,2,\cdots,n\end{cases}$$

用前向动态规划方法逐步计算出 $f_1(S)$，$f_2(S)$，…，$f_n(S)$ 及相应的决策函数 $x_1(S)$，$x_2(S)$，…，$x_n(S)$，最后得到的 $f_n(a)$ 即为所求的最大价值，相应的最优策略则由反推计算得出.

当 x_i 仅表示装入（取1）和不装（取0）第 i 种物品，则本模型就是0－1背包问题.

[例7-12] 有一辆最大货运量为10吨的卡车，用以装载三种货物，每种货物的单位质量及相应单位价值如表7-13所示. 应如何装载可使总价值最大?

表7-13

货物编号 i	1	2	3
单位质量/吨	3	4	5
单位价值 c_i	4	5	6

设第 i 种货物装载的件数为 $x_i(i=1,2,3)$，则问题可表示为：

$$\max Z=4x_1+5x_2+6x_3$$

$$\text{s. t.}\begin{cases}3x_1+4x_2+5x_3\leqslant 10\\ x_i\geqslant 0\text{ 且为整数}\quad(i=1,2,3)\end{cases}$$

解（方法一） 可按前述方式建立动态规划模型，由于决策变量取离散值，所以可以用列表法求解.

当 $k=1$ 时，
$$f_1(S)=\max_{\substack{0\leqslant 3x_1\leqslant S\\ x_1\text{为整数}}}\{4x_1\}$$

或
$$f_1(S)=\max_{\substack{0\leqslant x_1\leqslant S/3\\ x_1\text{为整数}}}\{4x_1\}=4[S/3]$$

计算结果见表7-14.

表 7-14

S	0	1	2	3	4	5	6	7	8	9	10
$f_1(S)$	0	0	0	4	4	4	8	8	8	12	12
x_1^*	0	0	0	1	1	1	2	2	2	3	3

当 $k=2$ 时，$f_2(S)=\max\limits_{\substack{0\leqslant x_2\leqslant S/4\\ x_2\text{为整数}}}\{5x_2+f_1(S-4x_2)\}$

计算结果见表 7-15.

表 7-15

S	0	1	2	3	4	5	6	7	8	9	10
x_2	0	0	0	0	0，1	0，1	0，1	0，1	0，1，2	0，1，2	0，1，2
c_2+f_1	0	0	0	4	4,5	4,5	8,5	8,9	8,9,10	12,9,10	12,13,10
$f_2(S)$	0	0	0	4	0,5	5	8	9	10	12	13
x_2^*	0	0	0	0	1	1	0	1	2	0	1

当 $k=3$ 时

$$\begin{aligned} f_3(10) &= \max_{\substack{0\leqslant x_3\leqslant 2\\ x_3\text{为整数}}}\{6x_3+f_2(10-5x_3)\}\\ &= \max_{x_3=0,1,2}\{6x_3+f_2(10-5x_3)\}\\ &=\max\{f_2(10),6+f_2(5),12+f_2(0)\}\\ &=\max\{13,6+5,12+0\}\\ &=13 \end{aligned}$$

此时 $x_3^*=0$，逆推可得全部策略为：

$x_1^*=2$，$x_2^*=1$，$x_3^*=0$，最大价值为 13.

由上面计算可以看到每一阶段在表格中多计算了（实际上并不需要的）某些 f_i 值，也可以用以下方式求解来减少 f_i 计算个数，但如果使用计算机计算，仍应采用前者，因为完全是相同的重复计算，就整体看还是方便的.

（方法二） 问题最终要求 $f_3(10)$. 而

$$\begin{aligned} f_3(10) &= \max_{\substack{3x_1+4x_2+5x_3\leqslant 10\\ x_i\geqslant 0,\text{整数},i=1,2,3}}\{4x_1+5x_2+6x_3\}\\ &= \max_{\substack{3x_1+4x_2\leqslant 10-5x_3\\ x_i\geqslant 0,\text{整数},i=1,2,3}}\{4x_1+5x_2+6x_3\}\\ &= \max_{\substack{10-5x_3\geqslant 0\\ x_3\geqslant 0,\text{整数}}}\{6x_3+\max_{\substack{3x_1+4x_2\leqslant 10-5x_3\\ x_i\geqslant 0,\text{整数},i=1,2}}[4x_1+5x_2]\}\\ &= \max_{x_3=0,1,2}\{6x_3+f_2(10-5x_3)\}\\ &=\max\{0+f_2(10),6+f_2(5),12+f_2(0)\} \end{aligned}$$

由此看到要计算 $f_3(10)$，须先算出 $f_2(10)$，$f_2(5)$，$f_2(0)$，而

$$\begin{aligned} f_2(10) &= \max_{\substack{3x_1+4x_2\leqslant 10\\ x_1,x_2\geqslant 0,\text{整数}}}\{4x_1+5x_2\}\\ &= \max_{\substack{3x_1\leqslant 10-4x_2\\ x_1,x_2\geqslant 0,\text{整数}}}\{4x_1+5x_2\} \end{aligned}$$

$$= \max_{\substack{10-4x_2 \geqslant 0 \\ x_2 \geqslant 0, 整数}} \{5x_2 + \max_{\substack{3x_1 \leqslant 10-4x_2 \\ x_1 \geqslant 0, 整数}} [4x_1]\}$$

$$= \max_{x_2=0,1,2} \{5x_2 + f_1(10-4x_2)\}$$

$$= \max\{f_1(10), 5+f_1(6), 10+f_1(2)\}$$

同理

$$f_2(5) = \max_{\substack{3x_1+4x_2 \leqslant 5 \\ x_1, x_2 \geqslant 0, 整数}} \{4x_1 + 5x_2\}$$

$$= \max_{x_2=0,1} \{5x_2 + f_1(5-4x_2)\}$$

$$= \max\{f_1(5), 5+f_1(1)\}$$

$$f_2(0) = \max_{\substack{3x_1+4x_2 \leqslant 0 \\ x_1, x_2 \geqslant 0, 整数}} \{4x_1 + 5x_2\}$$

$$= \max_{x_2=0} \{5x_2 + f_1(0-4x_2)\}$$

$$= f_1(0)$$

为了计算$f_2(10)$，$f_2(5)$，$f_2(0)$需要先计算$f_1(10)$，$f_1(6)$，$f_1(5)$，$f_1(2)$，$f_1(1)$，$f_1(0)$.

由于

$$f_1(S) = \max_{\substack{0 \leqslant 3x_1 \leqslant S \\ x_1为整数}} \{4x_1\} = 4[S/3]$$

所以

$$f_1(10) = 12 \quad (x_1 = 3), \ f_1(6) = 8 \quad (x_1 = 2)$$

$$f_1(5) = 4 \quad (x_1 = 1), \ f_1(2) = 0 \quad (x_1 = 0)$$

$$f_1(1) = 0 \quad (x_1 = 0), \ f_1(0) = 0 \quad (x_1 = 0)$$

从而

$$f_2(10) = \max\{f_1(10), 5+f_1(6), 10+f_1(2)\}$$

$$= \max\{12, 5+8, 10+0\}$$

$$= 13 \quad (x_1 = 2, x_2 = 1)$$

$$f_2(5) = \max\{f_1(5), 5+f_1(1)\}$$

$$= \max\{4, 5+0\}$$

$$= 5 \quad (x_1 = 0, x_2 = 1)$$

$$f_2(0) = f_1(0) = 0 \qquad (x_1 = 0, x_2 = 0)$$

最后有

$$f_3(10) = \max\{f_2(10), 6+f_2(5), 12+f_2(0)\}$$

$$= \max\{13, 6+5, 12+0\}$$

$$= 13 \quad (x_1 = 2, x_2 = 1, x_3 = 0)$$

是优方案与解法（1）完全相同.

7.5.4.2 二维背包问题

在背包问题中，除受质量条件限制外，还受背包体积等条件的限制. 若增加背包体积限制为b，并设第i种物品每件的体积为b_i立方米，问应如何装法可使总价值最大，这就是二维"背包"问题. 其数学模型为：

$$\max Z = \sum_{i=1}^{n} c_i(x_i)$$

$$\text{s.t.} \begin{cases} \sum_{i=1}^{n} a_i x_i \leqslant a \\ \sum_{i=1}^{n} b_i x_i \leqslant b \\ x_i \geqslant 0 \quad 且为整数(i = 1, 2, \cdots, n) \end{cases}$$

二维问题也可以用动态规划方法求解，思路完全同于一维问题，不过状态变量是二维的，即有质量和体积两个条件，设为$s_k(W, V)$，$f_k(W, V)$表示当背包中允许物品总质量不超过W吨，总体积不超过V立方米，采取最优策略只装前k种物品时的最大使用价值. 则

$$f_k(W, V) = \max\{c_1(x_1) + c_2(x_2) + \cdots + c_k(x_k)\}$$

$$\text{s. t.} \begin{cases} \sum_{i=1}^{k} a_i x_i \leqslant W \\ \sum_{i=1}^{k} b_i x_i \leqslant V \\ x_i \geqslant 0, 且为整数 (i = 1, 2, \cdots, k) \end{cases}$$

因而它们的递推关系可表示为

$$\begin{cases} f_k(W, V) = \max\limits_{\substack{0 \leqslant x_k \leqslant \min([W/a_k],[V/b_k]) \\ x_k 为整数}} \{c_k(x_k) + f_{k-1}(W - a_k x_k, V - b_k x_k)\} (k = 1, 2, \cdots, n) \\ f_0(W, V) = 0 \end{cases}$$

用顺序解法最后求出$f_n(a, b)$即为所求.

[例 7-13]　有一辆最大运货量为 12 吨，最大容量为 10 立方米的某种类型卡车，用于装载两种货物A、B，它们的单件质量分别为 3 吨、4 吨，体积为 1 立方米、5 立方米，价值为 2、3，求合理装载的最大效益.

解　引用前述之符号可将问题的动态规划模型写出，并解出$f_2(12, 10)$即可：

$$\begin{aligned} f_2(12, 10) &= \max_{\substack{3x_1 + 4x_2 \leqslant 12 \\ x_1 + 5x_2 \leqslant 10 \\ x_i \geqslant 0, 整数, i = 1,2}} \{2x_1 + 3x_2\} = \max_{\substack{3x_1 \leqslant 12 - 4x_2 \\ x_1 \leqslant 10 - 5x_2 \\ x_i \geqslant 0, 整数, i = 1,2}} \{2x_1 + 3x_2\} \\ &= \max_{\substack{12 - 4x_2 \geqslant 0 \\ 10 - 5x_2 \geqslant 0 \\ x_2 \geqslant 0, 整数}} \{3x_2 + f_1(12 - 4x_2, 10 - 5x_2)\} \\ &= \max_{\substack{x_2 \leqslant 12/4 \\ x_2 \leqslant 10/5 \\ x_2 \geqslant 0, 整数}} \{3x_2 + f_1(12 - 4x_2, 10 - 5x_2)\} \\ &= \max_{x_2 = 0,1,2} \{3x_2 + f_1(12 - 4x_2, 10 - 5x_2)\} \\ &= \max\{f_1(12, 10), 3 + f_1(8, 5), 6 + f_1(4, 0)\} \end{aligned}$$

先要计算$f_1(12, 10)$，$f_1(8, 5)$及$f_1(4, 0)$：

$$\begin{aligned} f_1(12,10) &= \max_{\substack{3x_1 \leqslant 12 \\ x_1 \leqslant 10 \\ x_i \geqslant 0, 整数}} \{2x_1\} = \max_{x_1 = 0,1,2,3,4} \{2x_1\} \\ &= 8 \qquad (x_1^* = 4) \end{aligned}$$

同理，

$$f_1(8, 5) = 4 \qquad (x_1^* = 2)$$

$$f_1(4, 0) = 0 \qquad (x_1^* = 0)$$

将上面算出的f_1值代入$f_2(12, 10)$中，则

$$\begin{aligned} f_2(12, 10) &= \max\{f_1(12, 10), 3 + f_1(8, 5), 6 + f_1(4, 0)\} \\ &= \max\{8, 3 + 4, 6 + 0\} \\ &= 8 \quad (当\ x_1 = 4, x_2 = 0) \end{aligned}$$

因此，最优方案为：装A种货 4 件，不装B种货，最大价值为 8.

上机计算可用列表法，计算出$f_1(0, 0)$，$f_1(0, 1)$，…，$f_1(0, 10)$，$f_1(1, 0)$，…，$f_1(1, 10)$，…，$f_1(12, 0)$，…，$f_1(12, 10)$，然后求出$f_2(12, 10)$.

由背包问题的动态规划解法可知，凡具有正系数不等式约束的整数线性规划问题，都可以类似求解. 若有 m 个约束条件则认为是相应的 m 维背包问题.

7.5.5 货郎担问题

货郎担问题一般提法为：一个货郎从某城镇出发，经过若干个城镇一次且仅一次，最后仍回到原出发的城镇，问应如何选择行走路线可使总行程最短，这是运筹学的一个著名问题，实际中很多问题可以归结为这类问题.

设 v_1，v_2，…，v_n 是已知的 n 个城镇，城镇 v_i 到城镇 v_j 的距离为 d_{ij}，现求从 v_1 出发，经各城镇一次且仅一次返回 v_1 的最短路程.

若对 n 个城镇进入排列，有 $(n-1)!/2$ 种方案，所以穷举法是不现实的，这里介绍一种动态规划方法.

货郎担问题也是求最短路径问题，但与最短路径问题有很大不同，建动态规划模型时，虽然也可按城镇数目 n 将问题分为 n 个阶段. 但是状态变量不好选择，不容易满足无后效性. 可按以下方法建模：

设 S 表示从 v_1 到 v_i 中间所有可能经过的城市集合，S 实际上是包含除 v_1 与 v_i 两个点之外其余点的集合，但 S 中的点的个数要随阶段数改变.

状态变量 (i, S) 表示从 v_1 点出发，经过 S 集合中所有点一次最后到达 v_i.

最优指标函数 $f_k(i, S)$ 为从 v_1 出发经由 k 个城镇的 S 集合到 v_i 的最短距离.

决策变量 $P_k(i, s)$ 表示从 v_1 经 k 个中间城镇的 S 集合到 v_i 城的最短路线上邻接 v_i 的前一个城镇，则动态规划的顺序递推关系为：

$$\begin{cases} f_k(i, S) = \min\limits_{j\in S}\{f_{k-1}(j, S\backslash\{j\}) + d_{ji}\} \\ f_0(i, \varnothing) = d_{1i}, \varnothing\text{为空集}(k=1, 2, \cdots, n-1, i=2, 3, \cdots, n) \end{cases}$$

下面看一个 $n=4$ 的货郎担问题.

[例 7-14] 已知 4 个城市间距离如表 7-16 所示，从求 v_1 出发，经其余城市一次且仅一次的最短路径与距离.

表 7-16

距离 v_i \ v_j	1	2	3	4
1	0	6	7	9
2	8	0	9	7
3	5	8	0	8
4	6	5	5	0

解 由边界条件知：

$$f_0(2, \varnothing) = d_{12} = 6, f_0(3, \varnothing) = d_{13} = 7, f_0(4, \varnothing) = d_{14} = 9$$

当 $k=1$ 时，从城市 v_1 出发，经过 1 个城镇到达 v_i 的最短距离为：

$$f_1(2, \{3\}) = f_0(3, \varnothing) + d_{32} = 7 + 8 = 15$$

$$f_1(2, \{4\}) = f_0(4, \varnothing) + d_{42} = 9 + 5 = 14$$
$$f_1(3, \{2\}) = f_0(2, \varnothing) + d_{23} = 6 + 9 = 15$$
$$f_1(3, \{4\}) = f_0(4, \varnothing) + d_{43} = 9 + 5 = 14$$
$$f_1(4, \{2\}) = f_0(2, \varnothing) + d_{24} = 6 + 7 = 13$$
$$f_1(4, \{3\}) = f_0(3, \varnothing) + d_{34} = 7 + 8 = 15$$

当 $k=2$ 时，计算从城市 v_1 出发，中间经过 2 个城镇到达 v_i 的最短距离为：

$$\begin{aligned} f_2(2, \{3, 4\}) &= \min[f_1(3, \{4\}) + d_{32}, f_1(4, \{3\}) + d_{42}] \\ &= \min[14+8, 15+5] \\ &= 20 \end{aligned}$$

所以有

$$P_2(2, \{3, 4\}) = 4$$
$$f_2(3, \{2, 4\}) = \min[14+9, 13+5] = 18$$
$$P_2(3, \{2, 4\}) = 4$$
$$f_2(4, \{2, 3\}) = \min[15+7, 15+8] = 22$$
$$P_2(4, \{2, 3\}) = 2$$

当 $k=3$ 时，即从城市 v_1 出发，中间经 3 个城市回到 v_1 的最短距离为：

$$\begin{aligned} f_3(1, \{2, 3, 4\}) &= \min[f_2(2, \{3, 4\}) + d_{21}, f_2(3, \{2, 4\}) + \\ &\quad d_{31}, f_2(4, \{2, 3\}) + d_{41}] \\ &= \min[20+8, 18+5, 22+6] \\ &= 23 \end{aligned}$$

所以 $$P_3(1, \{2, 3, 4\}) = 3$$

逆推回去，货郎的最短路线是 $1 \to 2 \to 4 \to 3 \to 1$，最短距离为 23.

当城市数目增加时，用动态规划方法求解货郎担问题，无论是计算量还是存贮量都会大大增加，所以本方法只适合于 n 较小的情况，本问题的其他解法可参见图论的有关介绍.

习 题 7

7-1 计算图 7-8 所示从 A 到 E 的最短路线及其长度.

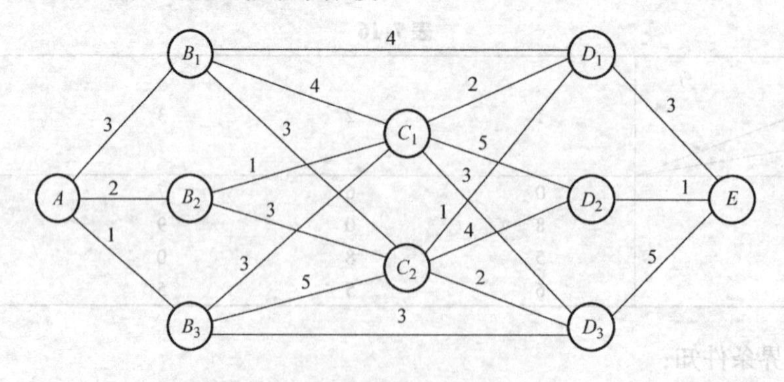

图 7-8

7-2 设某旅行者要从 A 点出发到终点 B，他事先得到一张路线图如图 7-9 所示，各阶段距离如图上所标数值. 旅行者沿着箭头方向行走总能到达 B 点. 试求出 A 到 B 两点间的最短旅行路线及距离.

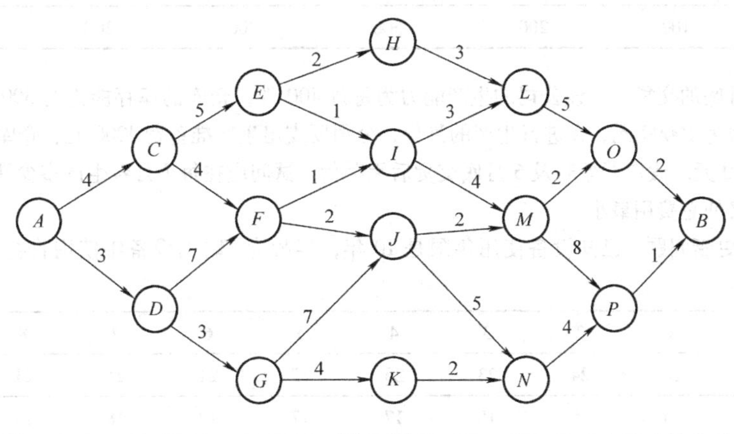

图 7-9

7-3 用动态规划方法求解下列各题:

(1) $\max Z = 7x_1 - x_1^2 + 11x_2 - 2x_2^2$

$$\text{s. t.} \begin{cases} x_1 + x_2 \leqslant 8 \\ x_i \geqslant 0,\ i = 1,\ 2 \end{cases}$$

(2) $\max Z = 4x_1 + 9x_2 + 2x_3^2$

$$\text{s. t.} \begin{cases} x_1 + x_2 + x_3 = 10 \\ x_i \geqslant 0,\ i = 1,\ 2,\ 3 \end{cases}$$

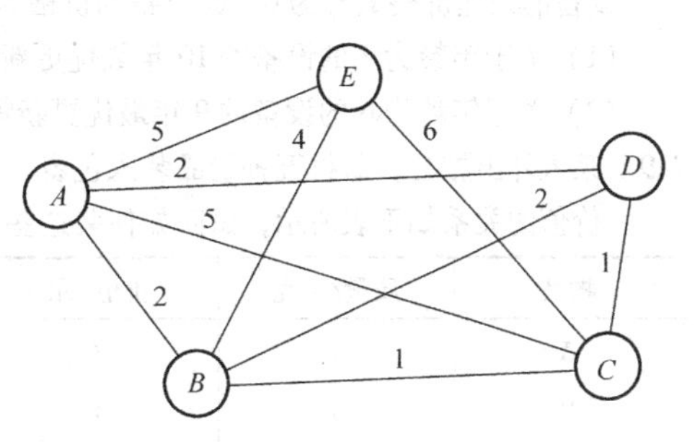

图 7-10

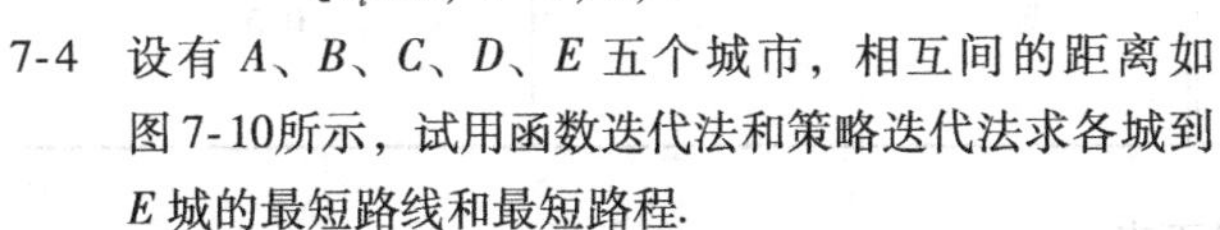

7-4 设有 A、B、C、D、E 五个城市，相互间的距离如图 7-10所示，试用函数迭代法和策略迭代法求各城到 E 城的最短路线和最短路程.

7-5 某企业有甲、乙、丙三个销售市场，其市场的利润与销售人员的人数分配有关，现有 6 个销售人员，分配到各市场所获利润如下表所示，试问应如何分配销售人员才能使总利润最大?

市场		甲	乙	丙
人数	0	0	0	0
	1	60	65	75
	2	80	85	100
	3	105	110	120
	4	115	140	135
	5	130	160	150
	6	150	175	180

7-6 某工厂有 100 台机器，拟分四期使用，在每一周期内有两种生产任务. 根据经验，把 x_1 台机器投入第一种生产任务，则在一个生产周期中将有$(1/3)x_1$ 台机器作废；余下的机器全部投入第二种生产任务，则有 1/10 机器作废. 如果实施第一种生产任务每台机器可收益 10 单位，实施第二种生产任务每台机器可收益 7 单位. 问应怎样分配机器才能使总收益最大?

7-7 某公司根据协议需要向对方交货的任务如下表:

月份	1	2	3	4	5	6
货物量/件	100	200	500	300	200	100

表中数字为月底的交货量. 该公司的生产能力为每月 400 件，仓库的库存能力为 300 件，已知每百件货物的生产费为 10000 元，在进行生产的月份，公司要支出生产准备费 4000 元，仓库保管费为每百件货物每月 1000 元. 假定开始时及 6 月底交货后无存货，试问应在每个月各生产多少件货物，才能既满足交货任务又使总费用最小?

7-8 现有一设备更新问题. 已知设备使用年限是 10 年，年龄为 t 时的设备年使用收益 $r(t)$ 与使用费用 $\mu(t)$ 如下表：

t	0	1	2	3	4	5	6	7	8	9	10
$r(t)$	24	24	24	23	23	22	21	21	21	20	20
$\mu(t)$	13	14	15	15	17	17	17	18	19	19	19

设备的处理价格 $s(t)$ 为 0，新设备的价格为 8 万元，试求：

(1) 关于年龄为 7 的设备的 10 年最优更新策略；

(2) 关于年龄为 6 的设备的 9 年最优更新策略以及最大收益.

7-9 某人外出旅游，需将五种物品装入包裹，但包裹质量有限制，总质量不超过 13 千克. 物品质量及其价值的关系如下表所示，试问如何装这些物品才使整个包裹的价值最大?

物品	质量/千克	价值/元	物品	质量/千克	价值/元
A	7	9	D	3	2
B	5	4	E	1	0.5
C	4	3			

7-10 求解 5 个城市的货郎担问题. 已知数据见下表：

距离 v_j \ v_i	1	2	3	4	5
1	0	10	20	30	40
2	12	0	18	30	25
3	23	9	0	5	10
4	34	32	4	0	8
5	45	27	11	10	0

第 8 章

应用实例及计算机应用举例

数学规划的理论和方法在工业、农业、交通运输、国防和经济管理等方面都有广泛的应用. 本章所选的实例 1 ~ 实例 14 均为广大运筹学工作者及工程技术人员所做的实际课题和研究成果，在引用时已做了适当的整理与修改.

近些年来，数学规划软件得到了迅速发展，为各类数学规划问题的求解提供了极大的方便. 本章结合计算机应用例 1 ~ 例 20 介绍几种数学规划软件（包括 Excel、Matlab、LINDO/LINGO、AMPL、GloptiPoly 以及 NEOS 服务器等）的使用方法及具体操作过程.

8.1 应用实例

实例 1 食品厂的罐头加工规划

某罐头食品厂是一家可以加工多种类型罐头食品的中型企业. 某年，按照预订合同将有 1500 吨西红柿到厂，其中大约 20% 可评为纯 A 等，其余为混 C 等. 价格平均为每千克 0.06 元. 工厂面临着一个关于西红柿加工问题. 在未运用线性规划以前，工厂的决策人员曾给出过两种具体方案. 方案 I 是根据下一年度中西红柿罐头方面的需求预测（见表 8-1）以及签订预订合同当年加工西红柿可获得的利润（见表 8-2），认为工厂应当把这批西红柿全部用于加工整番茄罐头，其利润远比加工其他产品的利润可观.

表 8-1 西红柿罐头需求预测

罐头食品	销售价格/元 · 罐$^{-1}$	果实耗量/千克 · 罐$^{-1}$	需求预测/万罐 · 年$^{-1}$
整番茄	0.8	0.75	800
番茄汁	0.85	1.0	50
番茄酱	0.69	1.25	80

表 8-2 西红柿罐头利润 （元/罐）

罐头产品		整番茄	番茄汁	番茄酱
销售价格		0.80	0.85	0.69
变动费用	直接劳动	0.22	0.26	0.14
	生产费用	0.06	0.07	0.05
	销售费用	0.11	0.17	0.08
	包装材料	0.14	0.13	0.12
	西红柿原料	0.09	0.12	0.15
	合计	0.62	0.75	0.54
固定费用		0.16	0.10	0.14
利润		0.02	0.00	0.01

但注意到这批西红柿原料中纯 A 等的所占比例太小. 根据该厂规定，西红柿原料及其制品的质量均按百分制评定：纯 A 等的每千克 180 分，混 C 等的平均每千克 80 分. 而用来制作整番茄罐头的西红柿原料的质量不得低于平均每千克 160 分，番茄汁不得低于 90 分，而番茄酱不得低于 80 分. 这一规定将会对整番茄罐头产品产生限制，但如能从农场以每千克 0.18 元的价格再购买 400 吨纯 A 等西红柿的话，方案Ⅰ是可以实现的.

方案Ⅱ认为利润的获得并非取决于整番茄罐头的生产，西红柿罐头的原料费用应是根据西红柿的质量与数量这两者来确定，而不是单纯取决于数量. 基于这种观点而计算出西红柿原料的费用为：

设 x = 纯 A 等西红柿的费用（元/千克），y = 混 C 等西红柿的费用（元/千克）

则有：
$$\begin{cases}300000x + 1200000y = 3000000 \times 0.06 \\ x/180 = y/80\end{cases}$$

解得：$x = 0.216$(元/千克)，$y = 0.096$(元/千克)

据此，再根据西红柿罐头的原料质量标准，得出每种西红柿罐头的原料费用与利润（见表 8-3）.

表 8-3 （元/罐）

罐头产品	整番茄	翻茄汁	番茄酱
销售价格 A	0.80	0.85	0.69
变动费用（不包括西红柿费用）B	0.53	0.63	0.39
$A-B$	0.27	0.22	0.30
西红柿费用	0.144	0.108	0.12
固定费用	0.16	0.10	0.14
利润	−0.034	0.012	0.04

根据以上计算结果，方案Ⅱ认为应取 1000 吨混 C 等西红柿用于生产番茄酱，余下的 200 吨混 C 等西红柿和所有的纯 A 等西红柿用于生产番茄汁. 若预测的需求量得以实现的话，则工厂将可以在本年度期望获利 38000 元.

A 规划的建立

在规划建立以前，我们先对以上提出的方案Ⅰ和方案Ⅱ以及可能还会提出的方案Ⅲ，分别分析如下：

关于方案Ⅰ：该方案即把全部西红柿用于生产整番茄罐头这一种产品. 由表 8-1 可知，整番茄罐头的需求量为 800 万罐，共需用西红柿原料：0.75（千克/罐）×8000000（罐）= 6000（吨），远远超过这批西红柿的数量 1500 吨，这说明方案Ⅰ在产品销路方面没有问题. 由表 8-2 可知，整番茄罐头的利润为 0.02 元/罐，大大高于其他两种罐头的利润指标，这说明方案Ⅰ的利润指标为最大. 但是，把这批西红柿全部用于生产整番茄罐头是不可能的，因为它不能满足这种罐头的质量管理标准，按标准可用于加工整番茄罐头的西红柿原料最多不超过 300 吨.

若设 u_1、u_2 分别表示每罐整番茄所用纯 A 等、混 C 等西红柿的数量（千克）则有：
$$\begin{cases}u_1 + u_2 = 0.75 \\ (180u_1 + 80u_2)/(u_1 + u_2) = 160\end{cases}$$

解得：
$$\begin{cases}u_1=0.6\text{（千克/罐）}\\u_2=0.15\text{（千克/罐）}\end{cases}$$

由于 $u_2/u_1=0.15/0.6=0.25$，所以每投用1吨纯 A 等原料就可配以0.25吨混 C 等原料，而仍能保证整番茄罐头的质量．这样，除了300吨纯 A 等原料以外，还可配以混 C 等原料：$300\times0.25=75$（吨），两项合计为375吨，但这仍远远低于这批西红柿的数量1500吨，这意味着将有1125吨混 C 等西红柿未用，即便再另购400吨纯 A 等西红柿的计划能够实现，仍将有1025吨剩余未用，故方案Ⅰ是不好的方案．

关于方案Ⅱ：该方案即用1000吨混 C 等原料生产番茄酱，剩余的200吨混 C 等原料和所有的纯 A 等原料用于生产番茄汁．

关于整番茄罐头，由前已知其两个等级原料的用量分别为 $u_1=0.6$（千克/罐），$u_2=0.15$（千克/罐），故该罐头的原料费是：$0.216\times0.6+0.096\times0.15=0.144$（元/罐）；类似地，可算出番茄汁罐头的原料费为0.108元/罐，又已知番茄酱只使用混 C 等原料，其费用为：$0.048\times2.5=0.12$（元/罐）．这正好与表8-3中的相应数据一致．但是，方案Ⅱ可期望获利38000元这一结果则是不正确的．因为按照方案Ⅱ，投于番茄汁罐头的原料中纯 A 等、混 C 等的数量分别是300吨、200吨，两者比例为3/2，因此每罐的原料用量为：纯 A 等的0.6千克，混 C 等的0.4千克，从而番茄汁罐头的西红柿原料费用为：$0.216\times0.6+0.096\times0.4=0.168$（元/罐），这大大超过了表8-3中所示费用0.108元/罐，因此其利润也不是0.012元/罐，而是 -0.048 元/罐，故方案Ⅱ只能期望获利8000元，远远低于预算的38000元．

方案Ⅲ是在方案Ⅰ的基础上再提出一些补充方案，以下统称方案Ⅲ．对此，又有以下几种具体方案：

（1）把剩下的1125吨混 C 等西红柿全部用于生产番茄酱（简称方案Ⅲa）．这样其产量为90万罐，这就超过了预算需求量80万罐，因而可能造成滞销亏损，故不妥当．

（2）按番茄酱的预测需求量投产（简称方案Ⅲb）．这样需用1000吨混 C 等西红柿，还剩余125吨，而这批西红柿已按合同订购，不用就报废，这样将会白白亏损15000元，故也不妥当．

（3）将（2）中剩余的125吨混 C 等西红柿全都以0.096元/千克的价格卖出去（简称方案Ⅲc）．且不说这个方案是否可行，即使能全部卖出，由后面的分析可知，该方案也非最优．

通过以上的分析可以看到为了充分利用资源，争取最大利润，还应采用线性规划的方法来寻求最优方案．

设分配给生产三种罐头的两个等级的西红柿原料数量如表8-4所示．

表8-4　（吨）

原料＼产品	整番茄	番茄汁	番茄酱	原料＼产品	整番茄	番茄汁	番茄酱
纯 A 等	x_1	x_2	x_3	混 C 等	x_4	x_5	x_6

约束条件的建立有以下三部分：

（1）原料约束：$\begin{cases}x_1+x_2+x_3\leqslant 300\\x_4+x_5+x_6\leqslant 1200\end{cases}$

（2）需求约束：由表 8-1 所示三种罐头的预测需求量，可得：

$$\begin{cases}x_1+x_4\leqslant 6000\\x_2+x_5\leqslant 500\\x_3+x_6\leqslant 1000\end{cases}$$

但又由（1）中的两个约束可知：$x_1+x_2+x_3+x_4+x_5+x_6\leqslant 1500<6000$，故约束 $x_1+x_4\leqslant 6000$ 实际上不起作用，可予删去.

（3）质量约束：按照对三种罐头产品的原料质量要求，应有以下关系：

$$(180x_1+80x_4)/(x_1+x_4)\geqslant 160\Rightarrow 10x_1-4x_4\geqslant 0$$

$$(180x_2+80x_5)/(x_2+x_5)\geqslant 90\Rightarrow 45x_2-5x_5\geqslant 0$$

$$(180x_3+80x_6)/(x_3+x_6)\geqslant 80\Rightarrow 50x_3\geqslant 0$$

目标函数的建立如下：

由表 8-2 的数据，对工厂来说，它与农场关于西红柿的合同一经签订，这批原料费用就不再随三种罐头的产量而变化了，按财会知识解释，这相当于一笔沉没成本. 同样，固定费用（如厂房的损耗等）也相当于一笔沉没成本. 因此在研究产品的数量对利润的影响时可以不考虑这两项成本. 这样，每种产品的单位收益应等于销售价减去合计的变动费用再加上西红柿原料费，由此可算出生产三种罐头的原料可带来的单位收益为：

整番茄：$(0.8-0.62+0.09)/0.75=0.36$ 元/千克 $=360$ 元/吨

番茄汁：$(0.85-0.75+0.12)/1=0.22$ 元/千克 $=220$ 元/吨

番茄酱：$(0.69-0.54+0.15)/1.25=0.24$ 元/千克 $=240$ 元/吨

而总收益（元）为：$z=360(x_1+x_4)+220(x_2+x_5)+240(x_3+x_6)$

综合以上分析可得该问题的线性规划模型如下：

$$\max Z=360x_1+220x_2+240x_3+360x_4+220x_5+240x_6$$

$$\text{s.t.}\begin{cases}x_1+x_2+x_3\leqslant 300 & ①\\x_4+x_5+x_6\leqslant 1200 & ②\\x_2+x_5\leqslant 500 & ③\\x_3+x_6\leqslant 1000 & ④\\-x_1+4x_4\leqslant 0 & ⑤\\-9x_2+x_5\leqslant 0 & ⑥\\x_i\geqslant 0,\ i=1,2,3,4,5,6\end{cases}$$

B 计算结果

（1）最优解：$\boldsymbol{x}^*=(285.7143,14.2857,0,71.4286,128.5714,1000)^{\mathrm{T}}$.

$z^*=400000$（元）

（2）影子价格：$\boldsymbol{y}^*=(400,200,0,40,40,20)^{\mathrm{T}}$.

（3）参数的灵敏度分析：

目标函数的影响范围为：$x_1:(-\infty,710]$；$x_2:(-\infty,570]$；$x_3:(-\infty,440]$；$x_4:(-\infty,1760]$；$x_5:(-\infty,258.8889]$；$x_6:(-\infty,280]$.

约束右端项的影响范围为：对约束①：[22.22223，800]；对约束②：[1075，1512.5]；对约束③：［142.8572，$-\infty$］；对约束④：［687.5001，1125］；对约束⑤：［-500，277.7778］；对约束⑥：［-125，2500］.

(4) 结果分析：根据最优解，可知三种罐头的西红柿原料分配量为：整番茄 $x_1^*+x_4^*=357.1429$（吨）；番茄汁 $x_2^*+x_5^*=142.18571$（吨）；番茄酱 $x_3^*+x_6^*=1000$（吨），故这三种罐头的产量分别为476190罐，142857罐，800000罐，其总利润（未减去固定费用）为：

$$476190(0.80-0.62)+142857(0.85-0.75)+800000(0.69-0.54)=220000(\text{元})$$

最优方案的利润显然大于方案Ⅰ、Ⅱ和方案Ⅲa、Ⅲb 的利润，对方案Ⅲc，由于其西红柿原料分配量为整番茄375吨、番茄汁0吨、番茄酱1000吨、剩余125吨，故生产这两种罐头的数量分别为50万罐和80万罐，其利润为210000元，即使把剩余的125吨混 C 等西红柿能以每千克0.096元的价格全部卖出，由于其销价低于购价0.06元，故这125吨西红柿亏损 125×2000（$0.06-0.048$）$=3000$（元），因此方案Ⅲc 的最大利润不会超过207000元. 另外即使按净利润（减去固定费用后的利润）计算，仍是最优方案的所获利润（17523.8元）比方案Ⅲc 所获利润（15000元）要多.

(5) 最优方案的灵敏度分析：根据上述线性规划的计算结果，可以分析一下有无必要另外购买以及如何分配另购的西红柿原料.

对有无必要另购西红柿原料问题，由于纯 A 等西红柿原料的影子价格为 $y_1^*=400$ 元/吨 $=0.40$ 元/千克，混 C 等西红柿原料的影子价格为 $y_2^*=200$ 元/吨 $=0.20$ 元/千克，两者都大于这批西红柿原料购价（0.12元/千克），所以可以购买，但购买多少还需进一步分析.

对如何分配另购的西红柿原料问题，由于番茄汁原料的影子价格为 $y_3^*=0$，这意味着增加番茄汁的产量不会使总收益增加，故不应给它分配另购的原料. 虽然番茄酱原料的影子价格 $y_4^*=40$ 元/吨 $=0.04$ 元/千克，即每增加1千克番茄酱的原料就能使总收益增加0.04元，但它小于原料购价0.12元/千克，故不合算，况且番茄酱的产量已达预测的需求量80万罐，故也不应该给它分配另购的原料. 这样，另购的原料只能分配用于生产整番茄罐头这一唯一一种产品了，由于最优方案中该产品的产量为476190罐，远未达到其预测需求量800万罐，因此这种分配是合理的.

对另购多少西红柿原料问题，由于另购的原料只能用于整番茄罐头的生产，而整番茄罐头需用纯 A 等、混 C 等原料的比例是在4/1与5/0之间，这说明若要另购必须购买纯 A 等原料，而混 C 等原料可以不买. 根据两个等级西红柿原料的影子价格和表8-3，可以估算两个等级西红柿的边际利润分别为纯 A 等是 $0.40-0.216=0.184$ 元/千克，混 C 等是 $0.20-0.096=0.104$ 元/千克. 易见前者大于后者，因此，一种简单而有效的决策是只另购一批纯 A 等西红柿. 由于纯 A 等原料已有300吨，其影响范围［22.22223，800］的上限为800吨，这意味着在保持最优方案的最优基不变的条件下，最多只能再购买 $800-300=500$ 吨纯 A 等原料. 而只要购价 $P<y_1^*=0.40$ 元/千克，另购的这500吨原料就能使总利润增加 $(0.40-P)\times500\times2000$ 元，由此可见，方案Ⅰ中关于以0.18元/千克的价格再购买400吨纯 A 等西红柿的决策还是可取的.

实例2 线性规划在炼钢的合金调加优化中的应用

用若干多成分的原料生产各种多成分产品的生产模式在国民经济各产业部门中普遍存在. 以消耗有限的资源获取最大的经济效益是生产经营者普遍关心的问题. 某特殊钢铁公司

已在电弧炉炼钢生产中使用微机控制系统，用线性规划方法解决了合金成分调整问题.

A 生产情况分析

该公司炼钢厂电弧炉冶炼钢种数百个，合格产品的成分指标少则六七个，多则有十一个之多，通常使用的添加合金约五十种，合金提供的元素成分二十种左右. 每当炉内原料经熔化、氧化、还原之后至出钢之前，必须对钢水成分进行调整，使之符合规格要求. 一般地说，调整成分之前，钢水中合金成分的含量是低于规格要求的. 对于多种成分的差值，如何用各种合金添加进去历来是使工程技术人员感到困惑的难题，因为添加的各种合金都是多成分的.

该厂过去用“经验估算法”调整钢的成分，此方法有两个明显的缺点：第一考虑问题过于简单，使钢的合金成分有时波动较大，不能保证质量；第二由于钢的成分规格有个公差范围，“经验估算法”为了防止成分偏低造成报废，往往将主要合金成分调到上限，这样每炉钢要多加不少铁合金，而铁合金是很昂贵的，从而使钢的成本上升.

为了提高钢的质量、降低生产成本，经过系统分析与可行性研究，该厂决定甩掉“经验估算法”，采用线性规划方法解决合金成分调整问题.

B 模型的建立

(1) 已知数据：设炉内钢水重量为 G_0；钢水成分中的控制元素为 m 个；钢水成分的分析值为 a_1，a_2，…，a_m；各控制成分下限值为 b_1，b_2，…，b_m；各控制成分上限值为 c_1，c_2，…，c_m；设合金库中有 n 种合金，各合金的成分及其价格如表 8-5 所示.

表 8-5 合金成分及其价格

	合金 1	合金 2	…	合金 n
元素 1	d_{11}	d_{12}	…	d_{1n}
元素 2	d_{21}	d_{22}	…	d_{2n}
⋮	⋮	⋮		⋮
元素 m	d_{m1}	d_{m2}	…	d_{mn}
价格	e_1	e_2	…	e_n

(2) 决策变量：设某合金调加方案的 n 种铁合金耗量为 x_1，x_2，…，x_n.

(3) 目标函数：因为此合金调加方案的相关成本为 $e_1x_1+e_2x_2+\cdots+e_nx_n$，所以最优调加的目标函数为：$\min z=e_1x_1+e_2x_2+\cdots+e_nx_n$.

(4) 约束条件：约束条件来自根据物质平衡原则建立的两组联立方程. 钢水在进行合金调加前的成分是 a_1，a_2，…，a_m；按调加方案加入各种合金后，成分变为：f_1，f_2，…，f_m，它们之间必然存在下列关系：

$$\begin{cases} f_1=(G_0a_1+d_{11}x_1+d_{12}x_2+\cdots+d_{1n}x_n)/(G_0+x_1+x_2+\cdots+x_n) \\ f_2=(G_0a_2+d_{21}x_1+d_{22}x_2+\cdots+d_{2n}x_n)/(G_0+x_1+x_2+\cdots+x_n) \\ \vdots \\ f_m=(G_0a_m+d_{m1}x_1+d_{m2}x_2+\cdots+d_{mn}x_n)/(G_0+x_1+x_2+\cdots+x_n) \end{cases}$$

经变换可得：

$$\begin{cases}(d_{11}-f_1)x_1+(d_{12}-f_1)x_2+\cdots+(d_{1n}-f_1)x_n=(f_1-a_1)G_0\\(d_{21}-f_2)x_1+(d_{22}-f_2)x_2+\cdots+(d_{2n}-f_2)x_n=(f_2-a_2)G_0\\\quad\vdots\\(d_{m1}-f_m)x_1+(d_{m2}-f_m)x_2+\cdots+(d_{mn}-f_m)x_n=(f_m-a_m)G_0\end{cases}$$

此联立方程表明钢水成分中各元素的调和总量为各调加合金提供的各元素量的代数和. 调加之后的成分f_1，f_2，…，f_m显然应高于控制成分下限b_1，b_2，…，b_m；同时又须低于控制成分上限c_1，c_2，…，c_m. 因此，各元素调加量的低限为：$(b_1-a_1)G_0$，$(b_2-a_2)G_0$，…，$(b_m-a_m)G_0$，同时各元素调加量不能超出的高限为：$(c_1-a_1)G_0$，$(c_2-a_2)G_0$，…，$(c_m-a_m)G_0$. 这就构成了合金调加的双向约束条件：

$$\begin{cases}(d_{11}-b_1)x_1+(d_{12}-b_1)x_2+\cdots+(d_{1n}-b_1)x_n\geqslant(b_1-a_1)G_0\\(d_{21}-b_2)x_1+(d_{22}-b_2)x_2+\cdots+(d_{2n}-b_2)x_n\geqslant(b_2-a_2)G_0\\\quad\vdots\\(d_{m1}-b_m)x_1+(d_{m2}-b_m)x_2+\cdots+(d_{mn}-b_m)x_n\geqslant(b_m-a_m)G_0\\(d_{11}-c_1)x_1+(d_{12}-c_1)x_2+\cdots+(d_{1n}-c_1)x_n\leqslant(c_1-a_1)G_0\\(d_{21}-c_2)x_1+(d_{22}-c_2)x_2+\cdots+(d_{2n}-c_2)x_n\leqslant(c_2-a_2)G_0\\\quad\vdots\\(d_{m1}-c_m)x_1+(d_{m2}-c_m)x_2+\cdots+(d_{mn}-c_m)x_n\leqslant(c_m-a_m)G_0\end{cases}$$

于是可建立电炉炼钢合金调加的最优化数学模型为：

$$\min Z=\sum_{j=1}^{n}e_jx_j$$

$$\text{s. t.}\begin{cases}\sum\limits_{j=1}^{n}(d_{ij}-b_i)x_j\geqslant(b_i-a_i)G_0,i=1,2,\cdots,m\\\sum\limits_{j=1}^{n}(d_{ij}-c_i)x_j\geqslant(c_i-a_i)G_0,i=1,\cdots,m\\x_j\geqslant0,j=1,\cdots,n\end{cases}$$

C　计算结果示例

启动合金调加最优计算软件系统后，若技术条件、钢种规格、控制成分和合金数据没有变动，可直接选择最优调加模块进行调加方案的计算. 经计算后显示出最优调加方案的各种合金用量，以及加入这些合金以后的钢水成分.

以20CrMnTi为例，计算结果见表8-6. 表中对于同一种钢，提供了不同钢水量和不同的分析成分进行重新计算的功能. 由表8-6可知，对于Cr、Mn等元素的调加，选用了低Cr、中Mn等合金，这是由于钢水中C含量已配到上限的缘故. 低Cr、中Mn比高Cr、高Mn的C含量低，价格较贵，若钢水成分不同，即使Si、Mn等元素的补加量更大，但若C含量允许使用较为低廉的合金，将使合金调加方案的成本反而更低. 计算结果见表8-7.

上述调加方案比过去常用经验估算法的非优化计算结果每炉钢降低成本650元左右.

常用合金中提供N元素的仅有Cr-N这一种，冶炼含N钢种时，若钢水分析成分Cr含量已接近规格，而N含量相差甚远，这样的合金调加计算尤其成为现场工程技术人员的难题，使用优化调加系统的计算结果见表8-8.

表 8-6 合金调加最优化计算（一）

〈钢种〉 GB3077—88 20CrMnTi

〈规格〉	C 0.17 ~ 0.23		Si 0.17 ~ 0.37		Mn 0.80 ~ 1.10		P≤0.035	
	S≤0.035		Cr 1.00 ~ 1.30		Ni≤0.30		Cu≤0.30	
	其他元素		Ti 0.04 ~ 0.10					
控制元素	C	Si	Mn	P	S	Cr	Ni	Cu	Ti
控制成分上限	0.21	0.23	0.98	0.02	0.04	1.17	0.25	0.25	0.08
控制成分下限	0.20	0.20	0.94	0	0	1.13	0	0	0.07
分析成分	0.15	0.12	0.50	0	0	0.70	0	0	0
钢水量/千克	36000								
计算结果									
钢水总量/千克	36583.99								
计算成分	0.21 0.23 0.94 0 0 1.13 0 0 7.000001E - 02								
合金加入量/千克	583.9826 价值/元 1649.852								
其中	高 Cr 221.5236 千克 低 Cr 21.12936 千克 中 Mn45.3836 千克 Si - Mn 206.2793 千克 Fe - Ti89.66663 千克								

表 8-7 合金调加最优化计算（二）

〈钢种〉 GB 3077—88 20CrMnTi

〈规格〉	C 0.17 ~ 0.23		Si 0.17 ~ 0.37		Mn 0.80 ~ 1.10		P≤0.035	
	S≤0.035		Cr 1.00 ~ 1.30		Ni≤0.30		Cu≤0.30	
	其他元素		Ti 0.04 ~ 0.10					
控制元素	C	Si	Mn	P	S	Cr	Ni	Cu	Ti
控制成分上限	0.21	0.23	0.98	0.02	0.04	1.17	0.25	0.25	0.08
控制成分下限	0.20	0.20	0.94	0	0	1.13	0	0	0.07
分析成分	0.12	0.11	0.4	0	0	0.70	0	0	0
钢水量/千克	36000								
计算结果									
钢水总量/千克	36651.63								
计算成分	0.2081 0.2 0.94 0 0 1.13 0 0 7.000001E - 02								
合金加入量/千克	651.6289 价值/元 1628.056								
其中	高 Cr243.7448 千克 高 Mn163.5739 千克 Si - Mn154.4777 千克 Fe - Ti 89.83244 千克								

此类调加方案的经济效果更为突出，比过去的常用调加方案每炉钢降低成本 2500 元左右.

在计算中所用的合金成分及其价格列于表 8-9.

表8-8　合金调加最优化计算（三）

〈钢种〉GB 1221—84　5Cr21Mn9Ni4N								
〈规格〉	C 0.48～0.58		Si≤0.35		Mn 8.00～11.00		P≤0.040	
	S≤0.030		Cr 20.00～22.00		Ni 3.25～4.50		Cu	
	其他元素		N0.35～0.50					
控制元素	C	Si	Mn	P	S	Cr	Ni	N
控制成分上限	0.54	0.24	9.2	0.03	0.04	21	3.9	0.43
控制成分下限	0.52	0.18	9	0	0	20.8	3.8	0.42
分析成分	0.47	0.14	8.2	0	0	20.5	3.8	0.28
钢水量/千克	10500							
计算结果								
钢水总量/千克	11078.19							
计算成分	0.54　0.24　0.9　0　0　21　3.8　0.42							
合金加入量/千克	578.1853　价值/元　2530.5							
其中	N－Cr263.5135千克　高Mn147.1032千克　中Mn1.968014千克							
	Si－Mn　64.52813千克　3号Ni21.99303千克　工业纯铁79.07941千克							

表8-9　合金成分、价格表

合金	C	Si	Mn	P	S	Cr	Ni	Ti	N	单价/千克·元$^{-1}$
高Cr	8.05	1.30	0	0	0	66.53	0	0	0	2.50
低Cr	0.023	1.25	0	0	0	66.35	0	0	0	4.30
N－Cr	0	0	0	0	0	66.00	0	0	6.50	6.20
高Mn	6.14	1.01	64.34	0	0	0	0	0	0	1.60
中Mn	0.92	1.31	80.77	0	0	0	0	0	0	3.48
Si－Mn	2.19	16.08	61.68	0	0	0	0	0	0	1.76
3号Ni	0.04	0	0	0	0	0	99.90	0	0	21.00
Fe－Ti	0.06	4.50	0	0	0	0	0	28.56	0	5.40
工业纯铁	0	0	0	0	0	0	0	0	0	1.00

合金调加的线性规则方法与“经验估算法”相比有明显的优点，第一，合金元素成分控制在操作规定标准的下限，从而能够节约昂贵的铁合金投放量，使每炉钢成本下降600～2500元，以每昼夜平均冶炼4炉，每年生产300天计算，成本降低额是非常可观的；第二，合金元素成分控制的准确度提高，大大节约了反复调整的时间，以每炉钢平均节约10分钟计算，每年可增加生产时间200小时左右（相当于生产1440吨钢），所增加的盈利极为显著.

实例3　一种市场需求－库存规划模型

用线性规划编制企业最优生产计划时，一般是以生产资源（如劳动力、设备加工能力、原材料、动力和资金等）的约束去考虑的，而本例则属于生产资源基本上不受约束，仅根据市场需求预测和库存变化等因素建立的线性规划模型.

某化肥厂生产一种化肥，销售部门预测来年的月销售量如表 8-10 所示. 如果从某月开始增加产量，每吨化肥要增加成本 10 元，如果减少产量，则每吨化肥要增加成本 5 元. 本年度 12 月份的生产计划是 2000 吨，预测下一年度的 1 月份将有 1000 吨库存. 仓库的最大容量为 5000 吨. 根据这些条件，用线性规划模型，编制一个下一年度的月生产计划，要求因产量变化引起的成本增加总额最少，同时又保证有足够的库存来满足各月份的销售需求.

表 8-10

月份	1	2	3	4	5	6	7	8	9	10	11	12
销量/千吨	2	3	4	6	8	10	10	6	4	3	2	2

因为预测下年度的月销售量由 1 月份的 2000 吨，逐渐上升到 6、7 月份的 10000 吨，然后又逐月下降到 12 月份的 2000 吨；同时，考虑到产量的变化，影响成本的增加，因此，各月的生产量基本也呈与销售量同步的趋势. 究竟是以 5 月份，还是以 6、7 月份作为产量转折点，可通过试算去解决.

设每个月的产量为 x_i（吨），$i=1, 2, \cdots, 12$，若以 6 月份作为产量升、降的转折，则首先列出产量转折约束：

$x_2 - x_1 \geqslant 0$ ①　　$x_3 - x_2 \geqslant 0$ ②

$x_4 - x_3 \geqslant 0$ ③　　$x_5 - x_4 \geqslant 0$ ④

$x_6 - x_5 \geqslant 0$ ⑤　　$x_6 - x_7 \geqslant 0$ ⑥

$x_7 - x_8 \geqslant 0$ ⑦　　$x_8 - x_9 \geqslant 0$ ⑧

$x_9 - x_{10} \geqslant 0$ ⑨　　$x_{10} - x_{11} \geqslant 0$ ⑩

$x_{11} - x_{12} \geqslant 0$ ⑪

其次，考虑每个月的生产量、销售量和库存量的关系，统一为每月的销售后余量的库存约束：

本月销售后余量 = 本月生产量 + 上月库存量 − 本月预计销售量

总的要求为：0≤本月销售后余量≤5000

由此，逐个列出每个月的约束：

第 1 个月：　$0 \leqslant x_1 + 1000 - 2000 \leqslant 5000$

第 2 个月：　$0 \leqslant \sum_{i=1}^{2} x_i - 1000 - 3000 \leqslant 5000$

第 3 个月：　$0 \leqslant \sum_{i=1}^{3} x_i - 4000 - 4000 \leqslant 5000$

第 4 个月：　$0 \leqslant \sum_{i=1}^{4} x_i - 8000 - 6000 \leqslant 5000$

第 5 个月：　$0 \leqslant \sum_{i=1}^{5} x_i - 1400 - 8000 \leqslant 5000$

第 6 个月：　$0 \leqslant \sum_{i=1}^{6} x_i - 22000 - 10000 \leqslant 5000$

第 7 个月：　$0 \leqslant \sum_{i=1}^{7} x_i - 32000 - 10000 \leqslant 5000$

第 8 个月：　$0 \leqslant \sum_{i=1}^{8} x_i - 42000 - 6000 \leqslant 5000$

第 9 个月：　$0 \leqslant \sum_{i=1}^{9} x_i - 48000 - 4000 \leqslant 5000$

第 10 个月：　$0 \leqslant \sum_{i=1}^{10} x_i - 52000 - 3000 \leqslant 5000$

第 11 个月：　$0 \leqslant \sum_{i=1}^{11} x_i - 55000 - 2000 \leqslant 5000$

第 12 个月：　$0 \leqslant \sum_{i=1}^{12} x_i - 57000 - 2000 \leqslant 5000$

把以上 12 个约束化简成如下 24 个约束：

$x_1 \leqslant 6000$　⑫　　$x_1 \geqslant 1000$　⑬

$\sum_{i=1}^{2} x_i \leqslant 9000$　⑭　　$\sum_{i=1}^{2} x_i \geqslant 4000$　⑮

$\sum_{i=1}^{3} x_i \leqslant 13000$　⑯　　$\sum_{i=1}^{3} x_i \geqslant 8000$　⑰

$\sum_{i=1}^{4} x_i \leqslant 19000$　⑱　　$\sum_{i=1}^{4} x_i \geqslant 14000$　⑲

$\sum_{i=1}^{5} x_i \leqslant 27000$　⑳　　$\sum_{i=1}^{5} x_i \geqslant 22000$　㉑

$\sum_{i=1}^{6} x_i \leqslant 37000$　㉒　　$\sum_{i=1}^{6} x_i \geqslant 32000$　㉓

$\sum_{i=1}^{7} x_i \leqslant 47000$　㉔　　$\sum_{i=1}^{7} x_i \geqslant 42000$　㉕

$\sum_{i=1}^{8} x_i \leqslant 53000$　㉖　　$\sum_{i=1}^{8} x_i \geqslant 48000$　㉗

$\sum_{i=1}^{9} x_i \leqslant 57000$　㉘　　$\sum_{i=1}^{9} x_i \geqslant 52000$　㉙

$\sum_{i=1}^{10} x_i \leqslant 60000$　㉚　　$\sum_{i=1}^{10} x_i \geqslant 55000$　㉛

$\sum_{i=1}^{11} x_i \leqslant 62000$　㉜　　$\sum_{i=1}^{11} x_i \geqslant 57000$　㉝

$\sum_{i=1}^{12} x_i \leqslant 64000$　㉞　　$\sum_{i=1}^{12} x_i \geqslant 59000$　㉟

根据以上假设，以六月份为产量增减的转折点，可以算出由于每个月产量的增减而发生成本增加的总和：

$$
\begin{aligned}
S &= 10[(x_1 - 2000) + (x_2 - x_1) + \cdots + (x_6 - x_5)] + \\
&\quad 5[(x_6 - x_7) + (x_7 - x_8) + \cdots + (x_{11} - x_{12})] \\
&= 15x_6 - 5x_{12} - 2000
\end{aligned}
$$

因此，目标函数为：

$$\min S = 15x_6 - 5x_{12} - 2000$$

此目标函数在上述35个约束条件和决策变量为非负约束条件下用单纯形法求解，经计算机运算，可求得下一年度每个月的生产计划为：

$$x_1 = x_2 = x_3 = 2666.7(\text{吨}),\ x_4 = x_5 = 9500(\text{吨})$$

$$x_6 = 10000(\text{吨}),\ x_7 = x_8 = 5500(\text{吨})$$

$$x_9 = x_{10} = x_{11} = x_{12} = 4000(\text{吨})$$

目标函数的最小值，即由于各月产量的变化而引起成本的增加总额为：$S^* = \min S = 15 \times 10000 - 5 \times 4000 - 20000 = 110000$（元）.

以上计算结果是以六月份作为产量转折点而计算出来的，同样可以进一步把五月份或七月份作为产量转折点，进行试算后同六月份的结果进行比较，从中得出所需的最优解.

实例4　资源的最优利用与经济评价

资源的最优利用是一个国家、一个地区经济发展中的重要问题，也是企业管理人员需要研究的实际问题. 如何在现有资源（如原材料、劳动力、厂房、设备等）的条件下，使经济发展速度最快，或如何规划和调配有限的资源，既能达到生产的目的，又能取得最大的经济效益，这是企业非常关心的问题. 某纸浆厂根据本厂的生产情况，用线性规划的方法进行了新产品的开发，从而大大提高了工厂的产品产量，获得了可观的经济效益.

某纸浆厂虽是一个重点造纸企业，但是，该厂某些经济技术指标尚未达到国内同行业先进水平，各系统的生产能力不平衡，能源和材料消耗较高，工厂产品单一，市场应变能力差. 为此，该厂提出了进一步提高生产能力，开发新产品的设想. 然而，如何开发新产品，开发什么新产品，如何使企业的生产能力、资源和企业的产品相匹配，这就成为研究的中心问题.

从该厂生产线的最大流量分析，洗浆与三台造纸机的生产能力接近平衡，原料供应充足. 削片、蒸煮工序尚未达到生产能力. 倘若洗浆与造纸工序扩大生产能力实现整体平衡，就可能增产1.5万吨以上，该厂自备电站所提供的水、电、汽及碱回收能力都能满足增加1.5万吨的生产能力，其他生产服务性部门的潜力也很大，对形成4.5万吨生产能力不会产生制约. 另外，该厂所用的造纸原料以落叶松为主，约占90%，桦木占10%，根据资源情况，桦木资源比较丰富，因此应该利用桦木的优势. 根据上述的分析，该厂确定生产漂白松木浆、包装纸（水泥、松木包装纸、松木本色纸）、漂白桦木纸和胶版纸等四种产品，年产量达到4.5万吨，创利润3500万元.

A　模型的建立与最优值的求解

根据该厂多年的生产经验，并对现状做充分调查研究的基础上，得到了表8-11的资料数据. 根据表中资料数据，可建立如下数学模型：

$$\max Z = 780x_1 + 800x_2 + 700x_3 + 850x_4$$

$$\text{s. t.}\begin{cases} 4x_1 + 5x_2 + 2x_4 \leqslant 155000 & (\text{松木约束}) \\ x_1 + x_2 + 5x_3 + 3.5x_4 \leqslant 100000 & (\text{桦木约束}) \\ 190x_1 + 440x_2 + 390x_3 + 440x_4 \leqslant 18000000 & (\text{水的约束}) \\ 920x_1 + 880x_2 + 880x_3 + 1340x_4 \leqslant 45000000 & (\text{电的约束}) \\ 7x_1 + 8x_2 + 8x_3 + 9x_4 \leqslant 375000 & (\text{汽的约束}) \\ x_1,\ x_2,\ x_3,\ x_4 \geqslant 0 & (\text{非负约束}) \end{cases}$$

表8-11　不同产品的资源需用量

产品名称		漂白松木浆 x_1	包装纸 x_2	漂白桦木浆 x_3	胶版纸 x_4	资源可供量
所需资源	松木 A	4	5	0	2	155000m^3
	桦木 B	1	1	5	3.5	100000m^3
	水 C	190	440	390	440	18000000m^3
	电 D	920	880	880	1340	45000000 千瓦·时
	汽 E	7	8	8	9	375000 吨
单位产品利润/元·吨$^{-1}$		780	800	700	850	

用单纯形法求解，求解过程见表8-12. 经计算求得该厂应生产松木浆6930吨，包装纸21535吨，桦木浆7443吨，胶版浆9787吨，总产量达到45697吨，可创最大利润即 $\max z =$ 36，164，581元，从而达到了工厂提出的预期目标.

表8-12　单纯形法迭代过程

	x	b	x_1	x_2	x_3	x_4	x_5	x_6	x_7	x_8	x_9
分表一初始单纯形表	x_5	155000	4	5	0	2	1	0	0	0	0
	x_6	100000	1	1	5	3.5	0	1	0	0	0
	x_7	18000000	190	440	390	440	0	0	1	0	0
	x_8	45000000	920	880	880	1340	0	0	0	1	0
	x_9	375000	7	8	8	9	0	0	0	0	1
	$-z$	0	780	800	700	850	0	0	0	0	0
分表二	x_5	97858	3428	4.428	-2.86	0	1	-0.572	0	0	0
	x_4	28571	0.286	0.286	1.43	1	0	0.286	0	0	0
	x_7	5428760	64	314	-239	0	0	-126	1	0	0
	x_8	6714860	537	497	-1036	0	0	-383	0	1	0
	x_9	117861	4.43	5.43	-4.87	0	0	-2.57	0	0	1
	$-z$	-24285350	537	557	-516	0	0	-243	0	0	0
分表三	x_5	38031	-1.354	0	6.37	0	1	2.838	0	0.0089	0
	x_4	24707	-0.023	0	2.026	1	0	0.500	0	0.00057	0
	x_7	1186306	-275.12	0	416.5	0	0	115.78	1	-0.628	0
	x_8	13511	1.08	1	-2.085	0	0	-0.77	0	0.002	0
	x_9	44496	-1.43	0	6.449	0	0	1.611	0	-0.011	1
	$-z$	-318180977	-64.56	0	645	0	0	186	0	-1.114	0
分表四	x_5	198438	2.863	0	0	0	0	1.061	-0.0153	0.00066	0
	x_4	18923	1.318	0	0	1	0	-0.059	-0.0049	0.0025	0
	x_3	2855.13	-0.662	0	1	0	0	0.279	0.0024	-0.0015	0
	x_2	19462.5	-0.299	1	0	0	0	-0.188	0.0050	0.001	0
	x_9	26083.3	2.839	0	0	0	0	-0.188	-0.0155	-0.0013	1
	$-z$	-33652535.9	362.43	0	0	0	0	-6.045	-1.548	-0.1465	0
分表五最终单纯形表	x_2	6931.12	1	0	0	0	0.349	0.371	-0.0053	0.00023	0
	x_4	9787.78	0	0	0	1	-0.460	-0.546	0.0021	0.0022	0
	x_3	7443.5	0	0	1	0	0.231	0.5246	-0.0011	-0.0013	0
	x_9	21535	0	1	0	0	0.1044	-0.077	0.0034	-0.0009	0
	x_2	6405.85	0	0	0	0	0.9908	-1.2413	-0.00045	-0.0006	1
	$-z$	-36164581.7	0	0	0	0	-126.49	-128.4	0.3720	-0.0631	0

B　资源的经济估价

由对偶理论，原问题求总利润的最大值：

$$\max Z = 780x_1 + 800x_2 + 700x_3 + 850x_4$$

其对偶问题便是求资源的总用价的最小值：

$$\min Z' = 155000y_1 + 100000y_2 + 18000000y_3 + 45000000y_4 + 375000y_5$$

由表8-12中分表五最终单纯形表上可得到对偶问题的解 $\boldsymbol{y}^* = (126.49, 128.4, -0.372, 0.0631, 0)^{\mathrm{T}}$，因此可以得到如下结论：

(1) 资源 E（汽）尚有剩余6405.85吨，其影子价格为0，这说明汽的增加不会给企业带来新的利润.

(2) 资源 C（水）和 D（电）已得到充分利用，没有剩余，其影子价格近似为零，其增加也不会给企业带来新的利润. 结合由 (1) 的结论可得出，水、电、汽是本厂自备电站提供的，可根据需要调剂，对企业的生产不产生大的影响.

(3) 资源 A（松木）和 B（桦木）已得到充分利用，没有剩余，松木的影子价格为126.49元，桦木的影子价格为128.4元，这说明：增加一个立方米的松木或桦木，给工厂带来的价值分别为126元和128元. 由这一点得到启示，企业可以根据松木和桦木这两种资源的来源情况和产品的销售情况来及时调整产量.

当然，并不是资源的无限增加都会给企业带来新的利润，也就是说，资源的影子价格是有一定的存在域的，例如对松木来说，由最终单纯形表可知：

$$\begin{pmatrix} 0.349 & 0.371 & -0.0058 & 0.000230 \\ -0.466 & -0.548 & 0.0021 & 0.00220 \\ 0.2319 & 0.5246 & -0.0011 & 0.00130 \\ 0.1044 & -0.077 & 0.0034 & -0.00090 \\ 0.9908 & -1.2413 & -0.00045 & 0.00060 \end{pmatrix} \begin{pmatrix} 155000+\Delta b_1 \\ 100000 \\ 18000000 \\ 45000000 \\ 375000 \end{pmatrix} = \begin{pmatrix} 6145+0.349\Delta b_1 \\ 10700-0.460\Delta b_1 \\ 127104.5+0.2319\Delta b_1 \\ 29182+0.1044\Delta b_1 \\ 423344+0.9908\Delta b_1 \end{pmatrix}$$

根据可行解的要求有：

$$\Delta b_1 \geqslant -17607, \Delta b_1 \leqslant 232600, \Delta b_1 \geqslant -548100.47,$$
$$\Delta b_1 \geqslant -279521, \Delta b_1 \geqslant -427275$$

解之得：

$$-17607 \leqslant \Delta b_1 \leqslant 23260$$

这就说明，如果松木资源丰富，那么它增加不超过23260米^{2}的条件下，仍可以保持影子价格为126元.

(4) 在利用单纯形法求解的过程中，可以从单纯形表中的一些数字得到启示，以便在生产能力和资源的条件下随时调整生产以保证获得预定的利润. 例如，从表8-12的分表二中可看出：只生产胶版浆 $x_4 = 28571$ 吨时，能获得利润24285350元；在资源方面，还有剩余松木97858米^3，水5428760米^3，电6714860千瓦·时，汽117861吨，但桦木已经全部用完. 在这个条件下，如果要再生产1吨松木浆或包装纸应减少生产胶版浆0.280吨，而要多生产1吨桦木浆，即要减少生产1.43吨胶版浆. 从表8-12的其他数据中还可得到类似的参考数据.

有了以上这些参考数据，企业就可以根据生产能力，资源状况，特别是可以根据市场的行情随时调整产品产量，以便适应市场需要保证完成目标利润.

实例 5　上海某钢管厂车间生产调度模型

本实例的模型是为上海某钢管厂第二冷拔车间计算机生产调度系统而建立的.

上海某钢管厂第二冷拔车间每天处理约 150 种在制品，该系统的任务是在适当的时间，将每一个在制品分配给一适当的设备进行加工，从而达到均衡生产的目的. 该车间主要的工种有酸洗、磷化、皂化、退火、回火、正火、冷拔、改头、精整等，原料进入车间后根据产品的加工规格不同要经过若干次（3 ~ 7 次）冷拔，每次冷拔之前要通过退火、酸洗（磷化、皂化）、改头等工序，当拔至成品尺寸后还要经过回火、精整等工序. 由于车间每天待加工的品种很多，设备又有限，所以就有一个合理安排工件对应于设备的问题，如果安排不当就会前松后紧，到月底加班加点，拼设备拼人力，不仅产量不高而且质量也不能保证.

本例显示的是用 0 - 1 规划建立的生产调度模型，可以达到合理安排、均衡生产的目的.

记 $P=\{p_1, p_2, \cdots, p_m\}$ 为产品的集合；$J=\{j_1, j_2, \cdots, j_m\}$ 为产品对应工艺的集合；$J_i=\{\alpha_{i1}, \alpha_{i2}, \cdots, \alpha_{in_i}\}$ 为第 i 项产品所需加工的工序的排列；$D=\{d_1, d_2, \cdots, d_l\}$ 为车间现有设备的集合；α_{ij} 为第 i 项产品的第 j 道工序；t_{ij} 为完成 α_{ij} 所需的作业时间；β_{ij} 为完成 α_{ij} 所需的设备（$\beta_{ij}\in D$）；T_{ij} 为 α_{ij} 完成的时刻. 其中 $1\leqslant i\leqslant m$，$1\leqslant j\leqslant n_i$.

该车间的目标是使所有的产品在尽可能短的时间内完成，即使工序 $\{\alpha_{ij}\}$ 中最后完成的工序最早结束，亦即目标函数为：

$$\min Z=\max_{\substack{1\leqslant i\leqslant m\\1\leqslant j\leqslant n_i}}\{T_{ij}\}$$

模型的约束条件建立如下：对第 i 项产品，其 $j+1$ 道工序必须在 j 道工序完成之后才能开始，即：

$$T_{i,j+1}-T_{ij}\geqslant t_{i,j+1},\ 1\leqslant i\leqslant m,\ 1\leqslant j\leqslant n_i-1$$

由于在一台设备上不能同时加工两个以上的产品，假设产品 p_{i1} 中的 j_1 道工序与产品 p_{i2} 中的 j_2 道工序需使用同一台设备. 若 p_{i1} 先加工，则有 $T_{i_2j_2}-T_{i_1j_1}\geqslant t_{i_2j_2}$；若 p_{i2} 先加工，则有 $T_{i_1j_1}-T_{i_2j_2}\geqslant t_{i_1j_1}$，现引入 k 个 0 - 1 变量 $y_k(k=1, 2, \cdots, K)$，则上述条件可以表述为当 $\beta_{i_1j_1}=\beta_{i_2j_2}$，且 $i_1\neq i_2$ 时，有：

$$T_{i_2j_2}-T_{i_1j_1}+My_k\geqslant t_{i_2j_2}$$

$$T_{i_1j_1}-T_{i_2j_2}+M(1-y_k)\geqslant t_{i_1j_1}$$

其中，M 为一足够大的正实数. 又由于工序的完成时间不能出现负数，还需引入非负条件：$T_{ij}\geqslant 0$，$1\leqslant i\leqslant m$，$1\leqslant j\leqslant n_i$.

综上分析得到如下的数学模型：

$$\min Z=\max_{\substack{1\leqslant i\leqslant m\\1\leqslant j\leqslant n_i}}\{T_{ij}\}$$

$$\text{s. t.}\begin{cases}T_{i,j+1}-T_{ij}\geqslant t_{i,j+1} & 1\leqslant i\leqslant m,\ 1\leqslant j\leqslant n_i-1\\ \left.\begin{array}{l}T_{i_2j_2}-T_{i_1j_1}+My_k\geqslant t_{i_2j_2}\\ T_{i_1j_1}-T_{i_2j_2}+M(1-y_k)\geqslant t_{i_1j_1}\end{array}\right\}\beta_{i_1j_1}=\beta_{i_2j_2} & i_1\neq i_2\end{cases}$$

$$\begin{cases}T_{ij}\geqslant 0,\ 1\leqslant i\leqslant m,\ 1\leqslant j\leqslant n_i\\ y_k\in\{0, 1\},1\leqslant k\leqslant K\end{cases}$$

这是一个混合 0 - 1 规划模型，求解的方法有很多，但是在实际问题中由于工件的品种数大，有150个左右，引入的0-1变量个数将达到10^4级. 显然这是无法计算的，故采用启发式算法. 所谓启发式算法是先抽一定的算法给产品的每道工序赋予一个权数W_{ij}，然后按各工序的先后顺序依次把工序安排到对应的设备上；当某一台设备上有两个以上的产品发生冲突时，优先安排对应权数较大的产品. 显然，W_{ij}的算法不同，得到的优化结果是不一样的. 该车间的技术人员针对此模型在以下不同的假定下进行试算：

(1) 以每个工序α_{ij}的最迟开工时间为W_{ij}；

(2) 加工周期长的产品优先安排；

(3) 加工周期短的产品优先安排；

(4) 加工周期长的产品安排在中间，加工周期短的产品安排在两端.

试算的结果是采用（4）权数的算法比较切合实际. 实践表明，该车间在使用此系统之后，生产效率和产品质量有了明显的提高.

实例6 混凝土水坝的砂石料场优选模型

混凝土水坝是重要的大型水工建筑物，在建造中需要大量的砂石料，通常称为骨料. 水坝的造价在很大程度上取决于骨料的成本，而骨料的成本又取决于料场的选择及相应的开采、运输、加工、施工方案. 选择料场受到多种条件的制约，影响因素很多. 例如，要受到产地位置、自然条件、骨料的自然级配（即各种粒径石料存在的自然比例）、质量等因素的限制；同时又必须满足工程对骨料的数量、质量、级配及强度等方面的要求；另外还希望骨料的成本尽可能低谦. 因此要确定一个好的料场开采方案，由于条件复杂，因素繁多，矛盾错综，工作量大，用人工计算很难在短时间内得到结果. 现在利用整数规划方法，通过建立数学模型，利用计算机取得了较好的结果.

A 模型的建立

(1) 过程描述：一般较大混凝土坝所需的骨料有成千上万吨. 大多数混凝土为四级配料，最大粒径为150毫米，称为特大石，连同砂子一起分为五级：砂、小石、中石、大石、特大石，其需量分别由工程设计时给出. 这些骨料主要由坝址上、下游的天然料场供给. 根据地质部分提供的资料，先确定若干个可供取料的候选料场，这些料场的天然储量以及骨料粒径的天然级配都是已知的. 一个料场一旦选定开采，则要花一笔一次性的基建费用，还要配建将骨料进行清洗、筛分和破碎的碎石厂. 可以根据地理情况，由某个碎石厂负责包加工几个指定料场的骨料，建碎石厂也要花一次性基建费. 一般天然骨料粒径分级除建坝所需的五级外，还有一级叫超径石. 超径石可通过破碎机产生可用的骨料，破碎过程又分初碎和细碎两种. 所有骨料经碎石厂加工后分级连同附配的石碴一起运往坝前.

(2) 目标函数：料场优选的总目标是使采运加工的总费用最低. 其数学表达式为：

$$\min F = \sum_{i=1}^{7} s_i u_i + \sum_{h=1}^{4} t_h V_h + \sum_{h=1}^{4} t'_h V'_h + \sum_{i=1}^{7} p_i x_i + \sum_{h=1}^{4} \sum_{l=1}^{2} \sum_{k=3}^{6} q_l Y_{hlk} + \sum_{h=1}^{4} \sum_{j=1}^{5} r_{hj} Z_{hj} + \sum_{h=1}^{4} r'_h Z'_h$$

式中 s_i——i号料场的基建费用；

u_i——i料场选与不选的整变量，$u_i=1$表示该料场被选用，$u_i=0$表示该料场不选用；

i——场的编号，本次规划计算中连同石碴在内，最多时考虑有7个料场；

t_h——第h号筛洗厂的基建费；

h——加工厂的编号，本次优选设计中共考虑了4个加工厂，故 $h=1, 2, 3, 4$；

V_h——第 h 号筛洗厂建造与否的整变量，$V_h=0$ 表示不建，$V_h=1$ 表示建厂；

t'_h——在 h 号加工厂增设碎石工艺的基建费；

V'_h——h 号加工厂设有碎石工艺与否的整变量，$V'_h=1$ 表示设碎石工艺，$V'_h=0$ 表示不设碎石工艺；

p_i——第 i 号料场采运筛洗的单价；

x_i——第 i 号料场开采筛洗加工量；

q_l——第 l 级碎石机的运行单价；

l——碎石机的级别，$l=1$ 代表粗碎机，$l=2$ 代表中碎机，$l=3$ 代表细碎机；

Y_{hlk}——第 h 号加工厂中第 l 级碎石机破碎 k 种粒径骨料的数量；

k——骨料粒径的整变量，$k=3$ 代表中石，$k=4$ 代表大石，$k=5$ 代表特大石，$k=6$ 代表超径石；

r_{hj}——从 h 号加工厂运 j 种骨料到混凝土工厂的运输单价，本次计算中各级骨料的运输单价采用相同数值；

Z_{hj}——从 h 号加工厂运出的 j 种骨料；

j——骨料的粒径的整变量，$j=1$ 代表砂，$j=2$ 代表小石，$j=3$ 代表中石，$j=4$ 代表大石，$j=5$ 代表特大石；

r'_h——从 h 加工厂运出弃料的单价；

Z'_h——从 h 加工厂运出的弃料量.

（3）约束方程包含8个方面：

① 料场的开采量应小于或等于该料场可能获得的开采量（即储量），数学表达式为：

$$x_i \leqslant G_i u_i$$

式中 G_i——i 号料场可能获得的开采量；

u_i——i 料场是否开采的整变量，当 $x_i \neq 0$ 时，u_i 就不能为零，此时 $u_i=1$，目标函数中就要产生 i 料场的基建费；当 $x_i=0$ 时，从目标函数的最小化要求出发，$u_i=0$，此时无 i 料场的基建费.

通过这一组约束可把 u_i 整变量与 i 料场的 x_i 开采连续变量及储量 G_i 相互联系起来.

② 各加工的骨料生产量应大于该加工厂的骨料运出量. 骨料的生产量包括开采得到的与加工厂制造得到的骨料，同时扣除加工所用掉的. 其表达式为：

$$\sum_{i \in h} a_{ij} x_i + \sum_{k=j+1}^{8} b_{kj} r_{lk} - (1 - b_{jj}) r_{lj} \geqslant Z_{hj}$$

式中 a_{ij}——i 料场含 j 种骨料的百分比. 如考虑损耗则选用的 a_{ij} 值应小于所得的料场骨料百分比；

$\sum_{i \in h} a_{ij} x_i$——属于 h 加工厂范围内的所有料场开采得到的 j 种骨料的总和；

b_{kj}——破碎 k 级石料获得的 j 级骨料的百分比，在计算中未考虑筛分效率的影响，b_{kj} 值可由碎石机的排矿口开度及排矿特性曲线中求得；

b_{jj}——破碎 j 种骨料仍可获得 j 种骨料的数量. $1-b_{jj}$ 表示破碎 j 种骨料后 j 种骨料减少的百分比；

r_{lj}——l 级碎石机破碎 j 级骨料的数量；

Z_{hj}——h 加工厂运出 j 种骨料的数量.

这组方程式表示了产运之间的平衡关系.

③ 各碎石加工厂破碎超径石的数量应小于或等于该加工厂所能得到的最大值，即：

$$r_{hl6} \geqslant \sum_{i \in h} G_{i6} x_i$$

式中 C_{i6}——i 料场含超径石的百分比；

r_{hl6}——h 加工厂粗碎机破超径石的数量.

④ 各加工厂运出骨料之和应满足工程对该级骨料的需要量，即：

$$\sum_{h=1}^{4} Z_{hj} \geqslant D_j$$

式中 D_j——工程对 j 种骨料的总需要；

Z_{hj}——h 加工厂运出的 j 种骨料量，在本处需计算 4 座加工厂运出 j 种骨料之总和.

⑤ 第 h 加工厂的筛洗量应小于属于该加工厂范围内各料场贮量之和，即：

$$\sum_{i \in h} x_i \leqslant C_h V_h$$

式中 C_h——h 加工厂范围内各料场的总贮量；

V_h——是否设筛洗厂的整变量，与约束①相似，当筛洗量不为零时，V_h 就不能是零，这时 $V_h = 1$，在目标函数中就会出现筛洗厂的基建费；当 $\sum\limits_{i \in h} x_i = 0$ 时，表示该加工厂无筛洗量，故也就不需要设置筛洗厂，$V_h = 0$，目标函数中无筛洗厂基建费.

⑥ 第 h 加工厂的碎石量的界限：

$$\sum_{k} r_{hlk} \geqslant C'_h V'_h$$

式中 C'_h——h 加工厂范围内各料场的砾石总量乘以 1.2~1.5 求得，因为一般碎石工艺常设计成闭路，碎石机实际通过的砾石量有可能大于砾石总量；

r_{hlk}——h 加工厂各级碎石量之总和；

V'_h——意义同①，当 $r_{hlk} = 0$ 时，V'_h 亦应为零；当 $r_{hlk} \neq 0$ 时，$V'_h = 1$，则在目标中出现碎石工艺的基建费.

⑦ 第 h 加工厂废弃料数量应等于获得量与运出量之差，即：

$$\sum_{j=1}^{5} \sum_{i} a_{ij} x_i + \sum_{j=1}^{5} \sum_{k=j+1}^{6} b_{kj} Y_{lk} - \sum_{j=3}^{6} (1 - b_{ij}) Y_{lj} - \sum_{j=1}^{5} Z_{hj} = Z'_h$$

式左第一大项为在天然料场中开采到的各级骨料之总和，第二大项为在加工厂中破碎各级骨料后得到的从小石到特大石的总和. 第三大项为破碎各级骨料的总耗用量，第四大项为 h 加工厂的总运出量. Z'_h 为 k 加工厂的废弃料量.

⑧ 规划总费用的界限：这一约束是由分枝定界法本身提出来的附加约束. 有了它可以缩小寻优的范围，加快寻优的速度，节省计算机运算时间，其表达式如下：

$$\sum_{i} s_i u_i + \sum_{h} t_h V_h + \sum_{h} t'_h V'_h + \sum_{i} p_i x_i + \sum_{h} \sum_{l} \sum_{k} q_l Y_{hlk} + \sum_{h} \sum_{j} r_{hj} Z_{hj} + \sum_{h} r'_h Z'_h \leqslant F'$$

式中 F'——目标的界限.

其他各项与目标函数的各项相同. 在计算开始时估计一个可能的目标值 F' 作为起始界

限，随着迭代寻优计算开始，程序会自动用得到的比 F'_{I} 为优的解值替代已陈旧的界限，从而缩小寻优范围，凡是超过目标界限 F'_{I} 的均认为不可行. F'_{I} 即为第 I 次所取得的最优解，直到寻优完毕，如没有比 F'_{I} 更好的解存在，F'_{I} 即为最优解.

综合以上讨论，把目标函数与约束条件①～⑧联立起来就构成了一个混合整数规划模型.

B 天然砂石料的不同利用方案

根据以上建立的模型，利用分枝定界法在计算机上进行计算. 现按照某水电工程砂石骨料系统优选的总设想，天然砂石料的利用共考虑如下四种情况：

(1) 全部工程都用天然骨料，不考虑利用石碴来调剂级配. 这一设想的优点是砂石生产系统及混凝土系统工艺流程简单，水泥需用量低，此时要求的骨料总量为 1751.66 万吨，其中河砂 300.59 万吨，各级骨料的需要量见表 8-13.

表 8-13 全部用天然砂石料的骨料需求量

级配	总量	0.15～5	5～20	20～40	40～80	80～150
含量百分比/%	100	17.16	18.62	18.62	22.17	23.43
需求量/万吨	1751.66	300.59	326.16	326.16	388.34	410.42

(2) 大坝用天然砂石料，地下工程利用石碴制备人工砂石料. 这时要求设两个独立的砂石生产系统及相应的混凝土系统. 现只对大坝使用天然骨料的情况进行优选计算. 此时天然骨料的总需求量为 1425.267 万吨，其中河砂 231.61 万吨，骨料总量下降，但相对来说颗粒粗化，各级骨料的需要量见表 8-14. 本设想的突出特点是想利用部分开挖的石碴.

表 8-14 大坝需要量天然骨料数量表

级配	总量	0.15～5	5～20	20～40	40～80	80～150
含量百分比/%	100	16.25	17.81	17.81	21.61	26.52
需求量/万吨	1425.267	231.61	253.84	253.84	308.00	377.98

(3) 大坝用天然骨料，地下工程用石碴制备粗骨料而楞骨料用河砂. 此方案可充分利用天然料场含砂量高的特点，并使机制骨料的工艺简化，现只对大坝用天然料并增加地下工程用河砂的情况加以计算. 此方案要求的天然骨料总量为 1520.35 万吨，其中河砂 326.69 万吨. 各级骨料的需要量见表 8-15.

表 8-15 大坝用天然骨料，地下工程用河砂方案需要天然骨料数量表

级配	总量	0.15～5	5～20	20～40	40～80	80～150
需求量/万吨	1520.35	326.69	253.84	253.84	308.00	377.98

(4) 天然料与石碴混合使用方案：前述三个方案经计算后发现对骨料的利用均不充分，不仅石碴只能利用 200 万吨，而且天然砂石料的利用率只有 60%，需要大量废弃. 针对上述情况拟定利用石碴机制碎石用以调剂天然级配的混合利用方案. 采用这样的方案势必增加施工控制上的复杂性，但在节约采运费用方面有突出的优越性. 本方案仍沿用第 (1) 种情况的骨料需要量.

根据天然砂石料的利用所考虑的四种情况，采用分枝定界法对四种方案分别进行了计算，其计算的结果和这四种方案的比较均见表 8-16.

表 8-16 天然砂石料利用方式比较表

计算情况	方案（1）：全部工程用天然砂石料	方案（2）：大坝用天然砂石料	方案（3）：大坝用天然砂石料，地下工程用河砂	方案（4）：利用石碴调整级配
选用料场及开采量/万吨	红旗河坝：1879.03 大草坝：789.9	红旗河坝：1660.93 大草坝：789.9	红旗河坝：1660.93 大草坝：789.9	红旗河坝：1352.94 石碴 270
总开采量/万吨	2668.93	2450.83	2450.83	21220.04
总利用量/万吨	1751.66	1425.26	1520.35	1751.66
弃料量/万吨	543.93	697.01	594.11	30.95
骨料利用百分比/%	65.63	58.15	62.03	82.55
弃料百分比/%	20.38	28.44	24.24	1.46
筛洗厂	设北 1 号筛洗厂	设北 1 号筛洗厂	设北 1 号筛洗厂	北 1 号筛洗厂坝头加工厂
碎石厂	设北 1 号碎石厂	设北 1 号碎石厂	设北 1 号碎石厂	北 1 号碎石厂坝头碎石厂
碎石量/万吨	206.65	188.04	188.04	1046.29
碎石百分比/%	7.74	7.67	7.67	49.31
总投资/万元	308037.57	27438.15	28100.83	24858.1
平均骨料成本/元·吨$^{-1}$	17.59	19.25	18.48	14.19

实例 7　0－1 规划在投资决策上的运用

众所周知，由于建设投资方案失误所带来的损失有时已达到惊人的地步. 一项工程该否投资，投资数量如何决定；工程有多种方案投资时，如何作出正确选择；设备该不该更新，更新的自动化程度如何；与国外联合投资的收入或产品分配率如何决定等都存在一个经济分析的最优投资决策问题. 本例运用了运筹学中的投资论及 0－1 规划的方法，以解决投资方案的选择问题.

A　现值分析

投资涉及到一次性投资、经常性投资及引用贷款投资等. 下面对它们之间的关系及资金对时间的差距等作出现值分析，并导出了一系列公式，其中用得较多者为：

$$P_{oY}=P_Y=[(1+i)^n-1]/i(1+i)^n$$

式中，i 为年利率；n 为计息期次数；P_Y 为每年支出或收入的一定金额；P_{oY} 为 n 年内 P_Y 折合成现值的总和.

利用不同性质投资的关系，即可以此为基础，作出推导、分析与比较，从而能优选出合理的投资方案.

B　投资方案的简单优选

(1) 与国外联合投资对所得分配率的优选：关键在于要找到该项投资的利润率. 投资利润率 i 应满足：

$$f(i)=\{i(1+i)^n/[(1+i)^n-1]\}\cdot P_{oY}-P_Y=0$$

借助于电子计算机求解，即可判断国外所提之分配率是否合理，至于对方可能接受的最低分配方案可通过相当于平均利润率的年收益与全年所得之关系求得.

例如：我国与某国资方在中国合办某一产品规模为6万吨/年的工厂，我国提供原材料及工人，国外提供设备，其费用为1880万美元，另有专利费用356万美元；某国资方提出，5年后全部设备、产品归中国所有，而5年以内的产品，每年由某国资方分得30%在其国内市场上出售. 现在需要决策的是这样的分配方案对我国是否合适，我们应提出一个对方可以接受的最低分配方案又是什么.

根据前述方法，首先要知道某国的平均利润率，这可通过谈判时他们所提出的条件进行推算或根据确切的国外行情而得，现知其为10%. 另外要掌握该产品在其国内出售的单价，现知为850美元/吨，则每年国外资方在其国内市场上出售可得：

$$P = 60000 \times 30\% \times 850 = 15300000(\text{美元})$$

国外资方投资为：

$$P_{oY} = 18800000 + 3560000 = 22360000(\text{美元})$$

由前述可知现 $n=5$，将有关数据代入到投资利率的计算公式中有：

$$f(i) = \{i(1+i)^5/[(1+i)^5-1]\} \times 22360000 - 15300000 = 0$$

用所编的程序在微机上求解，可得 $i=0.623611 \approx 62.36\%$，即如按这样的投资方案，国外资方得到的利润率高达62.36%，这比他本国的平均利润10%高出太多，显然我方是不应该接受的. 比如对于平均利润率10%而言，其年收益则为：

$$\begin{aligned} P_Y &= \{i(1+i)^n/[(1+i)^n-1]\}P_{oY} \\ &= \{10\%(1+10\%)^5/[(1+10\%)^5-1]\} \times 223600000 \\ &= 5898509.8 \end{aligned}$$

所以对方最低可能接受的分配率为：

$$5898509.8/(60000 \times 850) = 11.57\%$$

这与某国资方所提分配方案之差距是非常大的，说明在联合投资的收入或产品分配的谈判上，我们不能为“5年之后设备、专利归贵国所有”所迷惑，而应通过投资理论的应用，作出定量分析，方可作出决策.

（2）经常性与一次性投资方案的优选：关键在于如何把需逐年增加的经常性投资合理地转化为一次性投资. 可分两步考虑：第一步，先不考虑经常性投资中每年追加的差 G，可称为梯度，算出 n 年后所有的每年投资 P_Y 折合成现在的价值总和 P_1；第二步，计算根据 G 所导出的按等额梯度折算现值公式的值 P_2；将两步结果加起来即为所求方案，其公式为：

$$\begin{aligned} P = P_1 + P_2 = P_Y\{[(1+i)^n-1]/i(1+i)^n\} + \\ (G/i)\{[(1+i)^n-1]/i-n\} \times [1/(1+i)^n] \end{aligned}$$

例如，某一具有腐蚀介质的大跨度厂房结构设计，如用钢结构方案，则每年应有一笔防腐蚀处理费用：第1年为1万元，以后每年增加1500元（梯度）；如用掺和一种密实剂的钢筋混凝土的结构方案，尽管一次费用可能较大，但可省去逐年增加的费用，设资金年利率为5%，计算期定为10年，现要决策如何把此经常性的防腐投资转化为一次性投资，以纳入方案投资计算的比较中去.

根据前述，现 $i=5\%$，$n=10$，则：

$$\begin{aligned} P_1 &= 10000\{[(1+5\%)^{10}-1]/5\%(1+5\%)^{10}\} \\ &= 10000 \times 7.723 = 77230(\text{元}) \end{aligned}$$

$$\begin{aligned} P_2 &= 1500\{[(1+5\%)^{10}-1]/5\%-10\} \times [1/5\%(1+5\%)^{10}] \\ &= 47478.07(\text{元}) \end{aligned}$$

从而得 $P=P_1+P_2=124708.07$（元）

（3）多种类型投资方案的优选：在多种出口投资方案中，由于受资金限制，不可能全部选用，现要解决的是如何择优选用及考虑吸收国外存款转为投资的问题，计算步骤为：①计算每一方案的利润率 i；②把低于平均利润率及低于国外存款付出利息率的方案弃去；③按 i 高低的次序连同相应的投资排列成表，并逐项累计投资数.

例如，今有10种出口商品的投资方案，投资费用及每年收益（包括折旧费用）如表8-17所示. 现有资金3000万元，设备寿命为10年，平均利润率 i 为10%，如吸取国外存款时，则需付出利息率为8.5%. 现要决策两个问题：一是对现有资金来说，应如何优选出口产品投资方案；二是若吸取国外存款转为投资时，投资方案进一步选择又将如何，吸取国外存款为多少才合适.

表8-17 投资费用与每年收益

方案	①	②	③	④	⑤	⑥	⑦	⑧	⑨	⑩
投资费用 P/万元	900	250	500	500	800	600	400	650	1000	100
每年收益 P_Y/万元	380.86	65.40	230.45	105.60	195.50	85.00	150.20	95.00	325.80	40.80

根据上述的计算步骤，经计算得到如表8-18所示的结果. 在表8-18中，No. 为按利润率高低排列次序；J 是方案编排号；I 是利润率；P 为投资数；$\sum P$ 为逐项累计投资数. 由表中可知，方案⑥、⑧由于利润低于8.5%，所以已在计算结果中被排除了. 显然，累计投资不超过现有资金3000万元且利率 i 不低于10%的方案都可入选，其按利率高低排列的次序如表所示，选用方案为③、①、⑩、⑦及⑨，需用资金2900万元，尚余投资3000－2900＝100万元. 如考虑吸取国外存款为投资时，因利率低于8.5%的方案已排除，则其余方案皆可入选，即可考虑②、⑤、④，应吸取国外存款数为4450－2900－100＝1450万元.

表8-18

No.	J	I	P	$\sum P$	No.	J	I	P	$\sum P$
1	③	0.44889	500.0000	500.0000	5	⑨	0.30264	1000.0000	2900.0000
2	①	0.40389	900.0000	1400.0000	6	②	0.22807	250.0000	3150.0000
3	⑩	0.38889	100.0000	1500.0000	7	⑤	0.20259	800.0000	3950.0000
4	⑦	0.35788	400.0000	1900.0000	8	④	0.16556	500.0000	4450.0000

（4）考虑充分利用现有资金的多种投资方案的优选：现有资金已定，需建一工程可能有几种方案. 由于现有资金一般不恰好等于方案投资费，现要考虑整个资金利用问题，让整体收益最高. 计算步骤为：

① 求出第一方案的利润率，并排除低于平均利润率的方案.

② 使用剩余投资按平均利润率算出每年的纯利，即：

$$M_{j1}=(P-P_j)\{i(1+i)^n/[(1-i)^n-1]\}$$

式中，$\dot{M}_{j1}$ 为使用第 j 方案的剩余资金所得每年纯利；P 为现有资金；P_j 为第 j 方案的投资；i 为平均利润率；n 为工程寿命.

例如，某厂有一改建项目，有资金1000万元可予利用，现提出了五个投资方案以供选择，方案①是充分利用原有设备，对其进行大修使用，寿命为10年，只需投资

200万元，但产量有限，每年可获纯利130.5万元；方案②、③、④、⑤是引进类型不同的设备，投资顺序为570、750、860、1000万元，相应纯利为186.8、250.7、263.3、275.4万元，寿命均为10年，平均利润为8.5%，现要选用何种方案使现有资金获得经济效益为最大.

根据上述的计算步骤，经计算得到表8-19的计算结果. 在表8-19中，J是方案序号；PJ、MJ、IJ、MJI、$\sum MJ$依次表示为第j方案的投资、每年纯利、利润率、剩余资金的每年纯利、每年总纯利. 从表中可看出，所有方案的利润率均大于8.5%，故无排除. 总收益最高的为表中打*号者，相应的第③方案，即为应选用之最优投资方案.

表8-19

J	PJ	MJ	IJ	MJI	$\sum MJ$
①	200.0000	103.5000	0.509050	121.9261	225.4261
②	570.0000	186.8000	0.304809	65.5353	252.3353
③	750.0000	250.7000	0.312179	38.1019	*288.8019
④	860.0000	263.3000	0.280289	21.3371	284.6371
⑤	1000.0000	275.4000	0.244495	0.0000	275.4000

C　0-1规划解决投资问题

应用数学规划可作出多种不同要求（多约束）下的投资方案选择，如计划经济（需连续几年投资）投资项目的选择等. 本例在以上投资方案简单优选的基础上列出0-1规划在多类型（产品）、多方案投资情况下的实际应用.

现有一笔资金P，对k种产品投资，第i种产品有m_i个投资方案；第i种产品的第j种投资方案需要投资为P_{ij}，相应每年收益为M_{ij}，$i=1, 2, \cdots, k$，$j=1, 2, \cdots, m_i$. 投资项目均为n年，如资金总额用不完，则以平均利润i作为普通投资（或作其他企业投资）. 现要考虑如何作出最优投资决策.

设x_{ij}为选用第i种产品的第j种方案，由于最多只能在i产品的m_i方案中选用一个且资金$\sum_{i=1}^{n}\sum_{j=1}^{m_i} x_{ij}P_{ij}$应不超过$P$，故约束条件为：

$$\sum_{j=1}^{m_i} x_{ij} \leqslant 1, i=1,2,\cdots,k$$

$$\sum_{i=1}^{k}\sum_{j=1}^{m_i} x_{ij}P_{ij} \leqslant P$$

每年的投资收益有两部分，一部分为需用投资资金的收益：

$$f_1(x) = \sum_{i=1}^{k}\sum_{j=1}^{m_i} x_{ij}M_{ij}$$

另一部分为剩余资金的收益，剩余资金为（$P-\sum\sum x_{ij}P_{ij}$），因为将其转化为普通投资（以平均利率i计算），故剩余资金的收益只需将剩余资金乘以资金回收系数即可，即：

$$f_2(x) = \left(P - \sum_{i=1}^{k}\sum_{j=1}^{m_i} x_{ij}P_{ij}\right)\{i(1+i)^n/[(1+i)^n-1]\}$$

故目标函数即每年的总收益为：

$$Z = f_1 + f_2 = \sum_{i=1}^{k} \sum_{j=1}^{m_i} x_{ij} M_{ij} + (P - \sum_{i=1}^{k} \sum_{j=1}^{m_i} x_{ij} P_{ij}) \{ i(1+i)^n / [(1+i)^n - 1] \}$$

所以该投资问题即为求 x_{ij}：

$$x_{ij} = \begin{cases} 1 & \text{选用第 } i \text{ 种产品的第 } j \text{ 种方案} \\ 0 & \text{不选用第 } i \text{ 种产品的第 } j \text{ 种方案} \end{cases}$$

在满足约束条件下使目标函数 Z 达到最大，即 $\max Z$.

例如，现有金额550万元，拟对三种产品投资，第一种产品有两个投资方案，第二、三种产品各有1个投资方案，各方案需投资数及其利润率如表8-20所示，剩余资金作普通投资用，其 $i=10\%$，$n=5$，现需作出使收益取得最大的决策.

表8-20

产品方案	第一种产品		第二种产品	第三种产品
	1	2	1	1
投资额 P_{ij}/万元	300	280	260	240
达到的利润率 i/%	30	28	28	26

用0－1规划的算法，经上机计算可得结果如下：

$$x_{11} = 1, x_{12} = 0, x_{21} = 0, x_{31} = 1, Z^* = \max Z = 231$$

实例8 钻井技术的优化

在蕴藏石油的地区里，先根据探明的地质情况确定井位、井深，然后由钻井队在确定的井位上用钻机钻井. 钻井的速度依赖于地质情况和技术水平，在我国盘锦地区，一口三千米深的井，需换用十多个钻头，历时几十天，耗资上百万元. 一般影响钻井速度的可控因素有以下四个：

(1) 钻头的选择：钻头有各种不同的质地和型号，其价格、寿命、技术特性有很大的差别. 关于钻头的各种技术数据一般由制造厂家提供，均为已知的.

(2) 钻压：在钻井时外加在钻上的压力.

(3) 转速：钻头旋转的速度.

(4) 水力参数：钻井时需通过钻杆的空心，不断向钻头输送加压的泥浆，由钻头上的喷眼喷出，然后循已钻好的井筒返回地面. 其作用一是加压喷射对岩石有一定粉碎作用；二是把钻碎的岩屑夹在泥浆中带出井筒，起清岩的作用；三是平衡井壁的压力. 与此相关的参数，诸如泥浆成分、泵压、流量、泵水功率的分配等等称为水力参数.

钻井的成本很高，若对一些可控因素进行优化选择以提高钻井速度、降低成本，会带来很大的经济效益与社会效益. 但钻井工程受诸多因素的影响，是一项综合的工艺技术，优化必须在掌握规律的基础上进行. 我们的任务是分析那些影响钻井过程的主要参数和钻井速度、成本的关系，通过钻井过程的数学模型，借助于最优化方法和计算机技术以实现钻井过程的优化.

A 模型的建立

(1) 优化目标的选择：一种考虑是以成本最小为目标，当然成本要和效益相结合. 所以常采用单钻的每钻进一米的平均成本作为目标函数，并且为简单和突出工艺参数优选的目的，成本可只考虑直接费用. 另外考虑到成本牵涉到价格和管理，在某些情况下成本最小可能会导致速度放慢，因而未必能体现经济效益. 同时除考虑经济效益外还要考虑社会效益，因此可以采取使钻井速度最大作为优化的目标.

(2) 决策变量的选择：根据下述四条来选择决策变量：①可以人为控制的；②对钻井速度有明显影响和有交互作用的；③该变量和目标之间关系的探索已有一定基础的；④相互依赖的变量中选择较易表达规律的. 由此选择了钻井时间 t、钻压 W、转速 R、钻头水功率 Ne、排量 q、泵压 P 作为决策变量.

(3) 建立模型：

① 钻速方程：通过对国内外钻井速度的大量研究与方程的分析，采用较简洁的形式：$v_0 \sim (W-W_0)R^b$，其中 v_0 为初始钻速，W_0，b 均为常数. 另外水力条件对钻井的速度的影响是显著的，而水力条件有许多量，诸如泵压、排量、钻头压降、比水马力、环空压降、循环压耗、钻头水功率以及一些泥浆参数等，现根据实验和已有的成果，分析挑出易于表达的 P、q、Ne 反映在钻速方程中：$v_0 \sim \exp(-a_1 \Delta Paq^m)N_e^f$，其中 a_1、m、f 为常数；ΔPa 为依赖于 q 的已知函数. 最后确定的初始钻速方程为：

$$v_0 = \{k_0(W-W_0)R^b \exp(-a_1 \Delta Paq^m)N_e^f\}/(1+a_3P^{a_2})$$

其中，系数 k_0 实际上是设计的一个大口袋，它纳入一切未包含在这模式中而又对钻速有影响的因素. 分母上的加项是水力系统的故障率，它依赖于泵压 P，a_2，a_3 为常数.

一般作业中单钻井的时间均取为钻头的寿命，而现在把钻井时间作为决策变量，于是考虑钻速随井尺 F 而衰减，由实际钻井曲线归纳出瞬时钻速方程：$v=v_0 \mathrm{e}^{-kF}$，利用微分方程 $v=\dfrac{\mathrm{d}F}{\mathrm{d}t}=v_0\mathrm{e}^{-kF}$，解出 $F=(1/k)\ln(1+kv_0t)$，从而可得从0至 t 钻井时间间隔内的平均钻速方程为：

$$\bar{v} = \ln(1+kv_0t)/k(t+t_0+t_w)$$

式中，t 为纯钻时间；t_0 为起下钻时间；t_w 为故障时间.

② 成本方程：参照通常采用的直接成本模式是：

$$C = [B_C + R_C(t+t_r)]/F$$

式中 C——每米井尺直接成本；

B_C——钻头价格；

R_C——单位时间内钻机总运转费用；

t——纯钻时间；

t_r——钻井辅助时间.

考虑到 R_C 还可分拆成与水力参数无关的单位消耗 C_0 及与输入功率有关的消耗，与泵压有关的修理费用，即 $R_C = C_0 + C_1(N_S) + C_2(P)$，又根据钻井专家的经验及内燃机原理和单位油耗的变化状况，把 $C_1(N_S)$ 修改为 $[C_0' + C'(N_S - N_Z^0)^2]N_S$，修改以后的结果综合了诸多的因素，是切实可行的.

③ 优化模型：利用②中的成本方程建立目标之一 $\min C$，为在可行的工艺条件下去追求这一目标，还必须对工艺条件进行数学描述，建立优化模型中的约束条件，通过对现场统计资料的分析及用优化钻井软件反复计算分析，真正影响优选结果的约束条件有以下几个：

- 钻进尺约束：下钻以后要保证最低限度的进尺，即 $\ln(1+kv_0t)/k > F_{\min}$；

- 纯钻时间约束：包括钻头牙齿和轴承的寿命极限，即：$t \leqslant 189.2C_t/\exp(0.01R + 0.7055W/D_n)$ 和 $t \leqslant C_b(4536D_n/WR - 2.2046W/D_n)$；
- 钻头轴承负荷条件，即 $WR \leqslant B_n$；
- 泵功率约束，即 $P_SQ/7.5 \leqslant N^0$；
- 简单约束，即 W、R、q 有上、下界，P 有上界，t 有下界.

综上所述，得到整个最小每米进尺直接成本的优化模型为下面的非线性规划：

$$\min C = (B_C + \{C_0 + [C_0' + C'(N_S - N^0Z)^2]N_S + C''P_S^u\}(t + t_r))/F$$

$$\text{s.t.}\begin{cases} F = \ln(1 + kv_0t)/k \\ v_0 = k_0(W - W_0)R^b\exp(-a_1\Delta Paq^m)N_e^f \\ N_S = P_Sq/7.5 \\ P_b = P_S - (m_0H + n)q^m \\ Ne = P_bq/(7.5\pi(D_n/2)^2) \end{cases}$$

若要最大限度地提高机械钻速为目标的优化模型，则只需把上述的非线性规划的目标函数改为：

$$\max\bar{v} = \ln(1 + kv_0t)/k(t + t_0 + t_w)$$

在优化模型中包含有不少系数和常指数，它们的确定要根据不同情况采用以下一些办法：有的根据已有的研究成果加以采用；有的可通过实验确定；有的可根据已有的生产记录进行统计分析而得；有的通过统计试验由专家确定等等.

B　优化方法

针对优化模型是具有等式和不等式约束的非线性规划，本实例选用了增广 Lagrange 乘子法. 因它能克服惩罚函数法的病态性，在计算上具有数值稳定和计算时间短等优点. 增广 Lagrange 乘子法简述如下：

$$\min c(X)$$

$$\text{s.t.}\begin{cases} h_j(X) = 0, & j = 1,2,\cdots,m \\ g_i(X) \geqslant 0, & i = 1,2,\cdots,p \end{cases}$$

引入乘子 λ_i，$i=1$，…，p 和 μ_j，$j=1$，2，…，m，构造 Lagrange 函数：

$$M(x,\lambda,\mu) = c(x) + (1/2)c\sum_{i=1}^{p}\{[\max(0,\lambda_i - cg_i(x))]^2 - \lambda_i^2\} - \sum_{j=1}^{m}\mu_jh_j(x) + (c/2)\sum_{j=1}^{m}(h_j(x))^2$$

然后选定一个充分大的 c 值，对 $\lambda^{(k)}$，$\mu^{(k)}$ 求解：

$$\min M(x,\lambda^{(k)},\mu^{(k)})$$

得 $x^{(k)}$，若 $x^{(k)}$ 满足原约束条件即为原非线性规划的解，否则按下式校正乘子：

$$\lambda^{(k+1)} = \max(0,\lambda_i^{(k)} - cg_i^{(k)}(x)), \quad i = 1,2,\cdots,p$$

$$\mu_j^{(k+1)} = \mu_j^{(k)} - ch_j^{(k)}(x), \qquad j = 1,2,\cdots,m$$

再解 $\min M(x, \lambda^{(k+1)}, \mu^{(k+1)})$. 如此继续. 在解无约束规划时可采用 BFGS 变尺度算法.

C　全井优化

全井优化是在单钻头参数优选的基础上，对于给定的一口井，按照全井直接成本最小的目标，确定出全井钻头序列的最佳排列方案和相应的钻井参数. 在解决全井优化时可采用动态规划方法，此时可逐步将全井离散化，按一定井距分全井为若干井段，并自井口至井底编上井段序号. 整个钻井钻头序列的选择符合动态规划的最优性原理，于是可设 $F(k, P_i)$ 为从第 i 段换上 P_i 号钻头，利用单钻头优选参数的模型，计算出的最优进尺（段数）；$V(k, P_i)$ 为相应的最优直接成本；$P(k)$ 为在第 k 段换钻头时，按最优策略所应换用的钻头号码. 这样，就有递推关系：

$$\min_i\{V(k,P_i)+V^*(k+F(K,P_i))\}=V(k,P_j)V^*(k+F(k,P_i))=V^*(k)$$

和

$$P(k)=P_j$$

利用逆序动态规划解法，自最大的段号 k 开始计算，逐段计算出 $V^*(\bar{k})$，$V^*(\bar{k}-1)$，…，$V^*(k)$，…，$V^*(0)$ 和 $P(\bar{k})$，…，$P(k)$，…，$P^*(0)$ 以及相应的最优工艺参数和进尺. $V^*(0)$即为全井最优直接成本. $\{P(0), P(0+F(0, P(0))), \cdots\}$ 就是最优钻头序列. 若把全井分成100段，有8种不同的钻头供选择，则按上述方法共需 8×100 次单钻头优选的计算，远少于穷举法指数型的计算次数，而且可以得到从任何一个井段开始的最优策略，因此更具有实用价值，即一旦钻井实际和理论有差别时可马上提供调整的策略.

实例9　网络方法在造汽车间大修中的应用

某化肥厂是1976年建成的小化肥厂，生产碳氨和氨水. 某年厂方正准备检修两台锅炉，计划用13天时间，某大学数学系的师生们利用网络方法进行安排，结果每台锅炉修理时间只用了34小时，于是厂方又将编制造汽车间年度大修的计划交给了该校师生. 师生们针对化肥厂的实际情况，采取了列项目，梳辫子，找关系的方法，建立了网络模型，用双标号法把它们有机地联系起来，在编制网络计划时，抓住了吊车、瓦工、焊工和更换阀门四条线，施以广义平行作业方式，在需要较长时间内完成相邻几道工序时，只要条件允许就采用交叉作业法缩短工期，该造汽车间的大修项目情况见表8-21.

表8-21　造汽车间大修项目表

工序名称	代号	编号	时间/天	人力/人	前工序
检修各汽压阀	a	①→②	3	20	无
更换1~4号炉所有 D_g25 阀门	b	②→⑧	1	4	a
检修或更换1~4号炉蒸汽减压阀	c	⑧→⑪	1	2	b
改造气柜水封排污为 D_g25 旋塞阀	d	⑧→⑮	1	2	b
更换洗气塔、烟囱所有 D_g100，D_g80，D_g50 闸阀	e	②→⑦	2	8	a
更换1~4号所有 D_g200，D_g150 闸阀	f	②→⑮	2	8	a
检修或更换汽包废热锅炉	g	①→③	2	10	无
检修或更换4号废热锅炉烟管	h	③→⑥	2	4	g
更换1~3号炉水膜除尘	i	⑥→⑫	1	4	h
检修4号炉蒸汽水热器	j	⑫→⑮	1	4	i，k
检修3号炉上行管道	k	③→⑤	3	6	g
检修或更换1~4号炉夹套	l	①→④	5	10	无
补砌1~4号炉底，上行管道耐火砖	m	④→⑭	2	8	l

（续）

工 序 名 称	代 号	编 号	时间/天	人力/人	前 工 序
清理 1 ~4 号炉集尘器，洗气塔，水除尘等设备脏物	n	⑭→⑱	2	8	m
更换去高压水腐蚀严重的 D_g25 高压蒸汽管	o	④→⑬	1	2	l
检修 3 ~4 号炉油泵	p	⑬→⑲	1	2	o
改造 3 号炉管道 D_g300 蒸汽管道 200	q	⑲→⑳	1	2	p
检修或更换气柜	r	①→⑨	6	10	无
检修或更换 4 号小集尘器	s	⑨→⑩	1	8	r
检修 1 ~4 号自动机	t	⑩→⑯	2	8	s
更换 1 ~4 号炉 $\phi529$ 煤气管道	u	⑯→⑰	0.5	8	t
补修气柜、导轮全部换成轴承式	v	⑨→㉑	4.5	2	r
检修造气 1 ~4 号油压下灰装置	w	⑱→⑳	0.5	2	n
夹套汽包废热锅炉蒸汽缓冲缸测厚	x	⑰→⑳	0.5	8	u
检修 1 ~4 号炉底炉条机	y	⑮→⑳	5	30	c, d, e, f, j, k
清理车间全部地沟，沉积物	z	⑳→㉑	0.5	50	q, v, w, x, y

在表 8-21 的基础上，利用网络方法绘制了大修网络图，见图 8-1. 在图上求出了有关的时间参数，并标出了主要矛盾线.

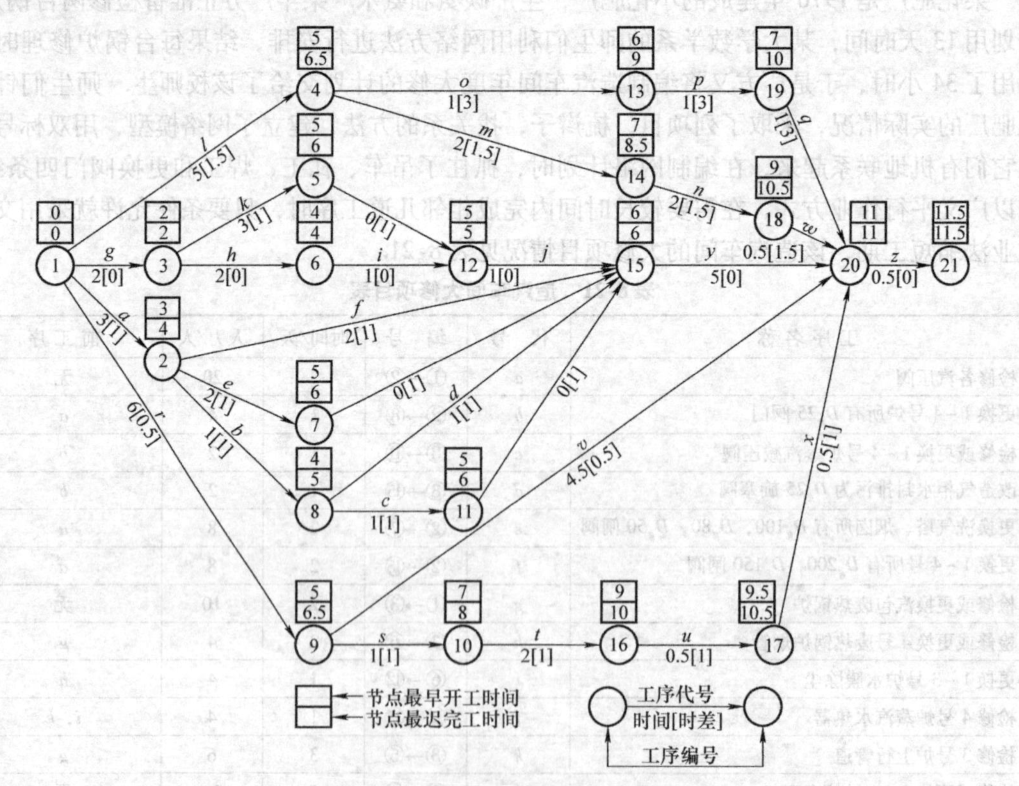

图 8-1　造汽车间大修计划网络图

同时进一步考虑到生产指挥的方便以及人力、物力的调配，达到人力的均衡安排，又编制了有时间坐标的计划进度图（Gantt图），见图8-2，在该图上也协调安排了人力.

造汽车间大修任务当年只用了11天半时间即完成了任务，比不用网络方法提前了8天半，可增产化肥600吨，增收人民币24000元，得到了厂方的充分肯定与好评，也充分体现了网络方法的应用前景.

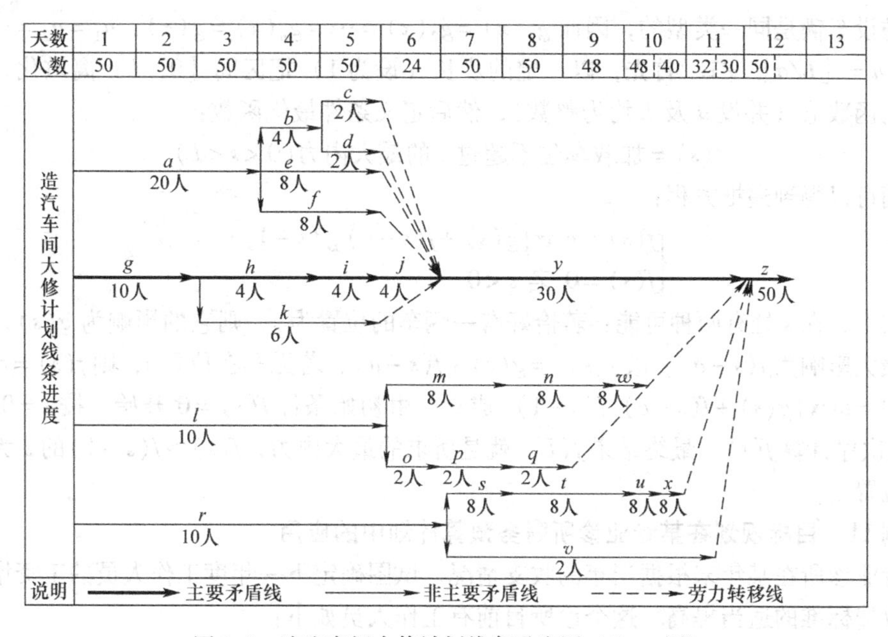

图8-2　造汽车间大修计划线条进度图（Gantt图）

实例10　桥梁设计中的加载问题

1979年某省交通厅设计院在黄河公路设计工作中，曾用动态规划方法对车辆加载所产生的极限影响进行分析计算，这是一个很有启发性的实例.

A　问题和模型

在公路桥梁设计中，必须分析车辆在桥上行驶时桥梁所产生的最大内力. 现设有一列汽车共n辆在桥上. 对于桥的某个断面来说，第i辆车加载时所产生的内力为$g_i(x)$，$0\leqslant x\leqslant L$，这里x表示汽车在桥上的纵向位置（比如以最左边的作用点表示）. 在工程上，$g_i(x)$是由实测数据表示的函数，称为内力影响线函数. 在区间$[0, L]$之外，影响线值为零，故可认为函数$g_i(x)$定义在$(-\infty, +\infty)$之内，于是n辆车加载所产生的总内力就是：

$$F(x_1,x_2,\cdots,x_n)=\sum_{i=1}^{n}g_i(x_i)$$

其中，x_i为第i辆车的位置. 由于第i辆车与第$i+1$辆车之间有一个最小间距a_i（不小于车的长度），诸变量必须满足条件：$x_i+a_i\leqslant x_{i+1}$，$1\leqslant i\leqslant n-1$，于是桥梁设计中的加载问题的数学模型为：

$$\max F(x_1,x_2,\cdots,x_n)=\sum_{i=1}^{n}g_i(x_i)$$

$$\text{s.t.}\quad x_i+a_i\leqslant x_{i+1},\quad 1\leqslant i\leqslant n-1$$

F 的最大值就是最大内力，最优解 x_1，x_2，…，x_n 称为车辆的最不利位置.

B 计算方法

这是一个典型的多阶段决策问题，可以用通常的递推算法（定期过程的函数空间迭代法）求解，但计算量较大，本例采用一种不定期过程处理在算法实现上更为有效. 故采取它为编制程序的依据，此方法简介如下：

不妨设车辆是同一类型的，因而 $g_1(x)=g_2(x)=\cdots=g_n(x)=g(x)$，$a_1=a_2=\cdots=a_n=a$，并设 $n=[L/a]+1$. 首先，以一定的步长（设为1）把区间 $[0, L]$ 离散化，只考虑整数点的函数值（并设 a 及 L 均为整数），然后定义条件最优函数：

$$f(s)=\text{加载车位不超过 } s \text{ 的最大内力}(0<s<L)$$

从而可以得到递推方程：

$$\begin{cases}f(s)=\max\{g(s)+f(s-a),f(s-1)\}\\ f(s)=0,\text{若 } s<0\end{cases}$$

事实上，在 s 处有两种可能：若恰好有一辆车的位置为 s，则它的影响为 $g(s)$，而随后的车的最大影响为 $f(s-a)$，故 $f(s)=g(s)+f(s-a)$；若无车在位置 s，则 $f(s)=f(s-1)$，故有 $f(s)=\max\{g(s)+f(s-a),f(s-1)\}$ 成立. 由初始条件 $f(s)=0$ 开始，按 $s=0,1,2,\cdots,L$ 的次序计算 $f(s)$，最终结果 $f(L)$ 就是所求的最大内力；$f(s)>f(s-1)$ 的 s 为车辆的最不利位置.

实例 11 目标规划在某专业诊所财务预算计划中的应用

某专业诊所在某年末根据当年的收支情况，试图确定下一年度工作人员的工资增加额和对病员收费标准的适当提高. 这个诊所目前有工作人员如下：

医生	6 人	护士	1 人
兼职护士	2 人	X 光医师	1 人
兼职 X 光医师	2 人	所长	1 人
秘书	6 人	行政人员	4 人
接待人员	2 人	维修人员	2 人

表 8-22 ~ 表 8-25 给出了讨论这个问题的当年的有关信息. 即各类人员的每周工作时间、工资，增加工资的百分比和权系数，病员数，收费情况以及其他有关费用.

表 8-22 诊所工作人员、工作时间和工资

职 务	人数/个	每周每人工作时间/小时	每年每个职务上工作总时间/小时	每小时工资/元	增加 7% 以后的每小时工资/元	增加工资的权系数
医生	6	65	20280	14.25	15.27	
护士	1	40	2080	2.5	2.68	6
兼职护士	2	20	2080	2.48	2.65	5
X 光医师	1	40	2080	2.19	2.34	10
兼职 X 光医师	2	20	2080	2.20	2.35	4
所长	1	40	2080	5.31	5.68	2
秘书	6	40	12480	2.08	2.23	9
行政人员	4	40	8320	1.97	2.11	7
接待人员	2	40	4160	1.94	2.08	8
维修人员	2	16	1456	1.24	1.33	3

表 8-23　病员

当年病员总人次数	27850
下一年预计病员增加数（5%）	1393
下一年预计病员总人次数	29243
当年每个病员每人次平均收费/元	19.89

表 8-24　医疗成本费

	当年总费用	平均每人次	增加5%以后
X光费/元	11784.64	0.42	0.44
药费/元	10538.08	0.38	0.39
杂费/元	95113.64	3.42	3.59

表 8-25　储备金

X光机更新费/元	20000	退休基金/元	工资总额的15%
购打字机费/元	2163.20	再教育基金/元	10000（当年为8000）
购特种录音机费/元	1359		

全年的工作时间是按每年52周计算. 每小时的工资是按同职务人员平均计算. 希望下一年度增加工资的百分比是7%. 在考虑各类人员增资权系数时，给X光医师、秘书、接待人员等以较大的权系数，而医生与所长取最小的权系数.

设有关变量如下：

x_1：医生的每小时工资（元）；

x_2：护士的每小时工资（元）；

x_3：兼职护士的每小时工资（元）；

x_4：X光医师的每小时工资（元）；

x_5：兼职X光医师的每小时工资（元）；

x_6：所长的每小时工资（元）；

x_7：秘书的每小时工资（元）；

x_8：行政人员每小时工资（元）；

x_9：接待人员每小时工资（元）；

x_{10}：维修人员每小时工资（元）；

x_{11}：退休基金（元）；

x_{12}：再教育基金（元）；

x_{13}：购买新的X光机费（元）；

x_{14}：购买新的打字机费（元）；

x_{15}：购买特种录音机费（元）；

y_1：医生每年需工作的总时数（小时）；

y_2：护士每年需工作的总时数（小时）；

y_3：兼职护士每年需工作的总时数（小时）；

y_4：X光医师每年需工作的总时数（小时）；

y_5：兼职X光医师每年需工作的总时数（小时）；

y_6：所长每年需工作的总时数（小时）；

y_7：秘书每年需工作的总时数（小时）；

y_8：行政人员每年需工作的总时数（小时）；

y_9：接待人员每年需工作的总时数（小时）；

y_{10}：维修人员每年需工作的总时数（小时）；

z_1：病人每人次的X光透视成本费（元）；

z_2：病人每人次的药费成本（元）；

z_3：病人每人次的摊派杂费（元）；

z_4：病人每人次的平均收费（元）.

以上所有变量均为非负，下面来建立这个问题的目标规划模型.

A 约束条件

（1）工作人员工资增加约束：即各类工作人员在下一年度中，工资均比当年增加7%：

$x_1 + d_1^- - d_1^+ = 15.27$；　　$x_2 + d_2^- - d_2^+ = 2.68$；

$x_3 + d_3^- - d_3^+ = 2.65$；　　$x_4 + d_4^- - d_4^+ = 2.34$；

$x_5 + d_5^- - d_5^+ = 2.35$；　　$x_6 + d_6^- - d_6^+ = 5.68$；

$x_7 + d_7^- - d_7^+ = 2.23$；　　$x_8 + d_8^- - d_8^+ = 2.11$；

$x_9 + d_9^- - d_9^+ = 2.08$；　　$x_{10} + d_{10}^- - d_{10}^+ = 1.33$

（2）费用约束：退休基金要占工资总额的15%，即有：

$$x_{11} - 0.15(20280x_1 + 2080x_2 + 2080x_3 + 2080x_4 + 2080x_5 + 2080x_6 + 12480x_7 + 8320x_8 + 4160x_9 + 1456x_{10}) + d_{11}^- - d_{11}^+ = 0$$

再教育基金：

$$x_{12} + d_{12}^- - d_{12}^+ = 10000$$

X光机更新费：购买一台新的X光机需22000元，而旧X光机的残值为2000元，所以X光机更新费为20000元，有：

$$x_{13} + d_{13}^- - d_{13}^+ = 20000$$

打字机更新费：购买一台新的打字机需590.80元，购买四台需2363.20元，而旧的打字机总的残值为200元，所以打字机的更新费为2163.20元，有：

$$x_{14} + d_{14}^- - d_{14}^+ = 2163.20$$

特种录音机：需新购买三台，每台453元，总计1359元，有：

$$x_{15} + d_{15}^- - d_{15}^+ = 1359$$

（3）工作人员需求约束：根据当年对各类人员工作量的确定以及对下一年度病员人数增加的估计，目前各类工作人员的工作时数可以满足下一年度工作的需要，故有：

$y_1 + d_{16}^- - d_{16}^+ = 20280$；　　$y_2 + d_{17}^- - d_{17}^+ = 2080$；

$y_3 + d_{18}^- - d_{18}^+ = 2080$；　　$y_4 + d_{19}^- - d_{19}^+ = 2080$；

$y_5 + d_{20}^- - d_{20}^+ = 2080$；　　$y_6 + d_{21}^- - d_{21}^+ = 2080$；

$y_7 + d_{22}^- - d_{22}^+ = 12480$；　　$y_8 + d_{23}^- - d_{23}^+ = 8320$；

$y_9 + d_{24}^- - d_{24}^+ = 4160$；　　$y_{10} + d_{25}^- - d_{25}^+ = 1456$

（4）病人每人次费用约束：即治疗每人次的病人所需的成本费用，它可分为X光成本费、药成本费和杂费．预计这些费用分别比上一年度相应增加5%：

X光费：$z_1 + d_{26}^- - d_{26}^+ = 0.44$；

药　费：$z_2 + d_{27}^- - d_{27}^+ = 0.39$；

杂　费：$z_3 + d_{28}^- - d_{28}^+ = 3.59$.

（5）收支平衡约束：保持收支平衡是十分重要的，而诊所的收入主要来源于对病员的收费，即：

$$29243z_4-[(20280x_1+2080x_2+2080x_3+2080x_4+2080x_5+2080x_6+12480x_7+8320x_8+4160x_9+1456x_{10})+(x_{11}+x_{12}+x_{13}+x_{14}+x_{15})+(29243z_1+29243z_2+29243z_3)]+d_{29}^- -d_{29}^+=0$$

第一方案：所考虑的决策目标如下：

P_1：充分利用各类人员的正常工作时间；

P_2：保证各类人员得到7%的工资增加，各类人员之间的权系数见表8-22；

P_3：保证在医治病人时的各项成本费用的支出；

P_4：保证有充分的设备更新费用；

P_5：保证有足够的退休基金；

P_6：保证有足够的再教育基金；

P_7：财务收支平衡.

B 数学模型

由上述的讨论，得到如下的达成函数：

$$\min F=P_1\sum_{i=16}^{25}d_i^- +P_2(10d_4^- +9d_7^- +8d_9^- +7d_8^- +6d_2^- +5d_3^- +4d_5^- +3d_{10}^- +2d_6^- +d_1^-)+P_3(d_{26}^- +d_{27}^- +d_{28}^-)+P_4(d_{13}^- +d_{14}^- +d_{15}^-)+P_5d_{11}^- +P_6d_{12}^- +P_7(d_{29}^- +d_{29}^+)$$

经目标规划的算法计算，得结果如下：

$x_1=15.27$； $x_2=2.68$； $x_3=2.65$；
$x_4=2.34$； $x_5=2.35$； $x_6=5.68$；
$x_7=2.23$； $x_8=2.11$； $x_9=2.08$；
$x_{10}=1.33$； $x_{11}=59684.98$； $x_{12}=10000$；
$x_{13}=20000$； $x_{14}=2163.20$； $x_{15}=1359$；
$y_1=20280$； $y_2=2080$； $y_3=2080$；
$y_4=2080$； $y_5=2080$； $y_6=2080$；
$y_7=12480$； $y_8=8320$； $y_9=4160$；
$y_{10}=1456$； $z_1=0.44$； $z_2=0.39$；
$z_3=3.59$； $z_4=21.21$

所有的七个目标均能实现，总的收支额为620341.12元. 此时$z_4=21.21$元，即每人次治疗的收费为21.21元，它比上一年的收费标准19.89元增加了6.6%. 由于在上述讨论中，没有顾及到每人次病员的收费标准提高的限额，所以各级目标的实现都是建立在提高收费的基础上，因此各级目标都能实现，但同时收费标准也提得较高了. 这里是根据预计的支出，应用目标规划来确定病员的收费标准.

第二方案：这个方案限制了对病员收费的增加额不得超过原来的5%，即不得超过20.88元/每人次，故需引进新的约束条件：

$$z_4+d_{30}^- -d_{30}^+=20.88$$

且把它作为P_1级目标. 如此的限制必然引起收支的不平衡，所以将收支平衡由原来的P_7级提高到P_2级目标. 同时，将所长与医生的工资增加额的比例降为5%，作为最低级别的目标. 因此需将原来关于x_1与x_6的约束改为：

$$x_1+d_{31}^- -d_{31}^+=14.96;\ x_6+d_{32}^- -d_{32}^+=5.58$$

第二方案的目标如下：

P_1：病人每人次收费增加额不超过原来的5%；

P_2：财务收支平衡；

P_3：充分利用各类人员的正常工作时间；

P_4：保证除医生与所长外各类人员有7%的工资增加. 相应的权系数见表8-22；

P_5：保证在医治病人时的各项成本费用支出；

P_6：保证有充分的设备更新费用；

P_7：保证有足够的退休基金；

P_8：保证有足够的再教育基金；

P_9：医生与所长增加工资5%，且它们之间的权系数为1比2. 此时的达成函数为：

$$\begin{aligned}\min F = {} & P_1 d_{30}^+ + P_2(d_{29}^- + d_{29}^+) + P_3 \sum_{i=26}^{25} d_i^- + P_4(10d_4^- + 9d_7^- + 8d_9^- + \\ & 7d_8^- + 6d_2^- + 5d_3^- + 4d_5^- + 3d_{10}^-) + P_5(d_{26}^- + d_{27}^- + d_{28}^-) + \\ & P_6(d_{13}^- + d_{14}^- + d_{15}^-) + P_7 d_{11}^- + P_8 d_{12}^- + P_9(2d_{32}^- + d_{31}^-)\end{aligned}$$

经计算得如下结果：

$x_1 = 14.72$； $x_2 = 2.68$； $x_3 = 2.65$；

$x_4 = 2.34$； $x_5 = 2.35$； $x_6 = 5.58$；

$x_7 = 2.23$； $x_8 = 2.11$； $x_9 = 2.08$；

$x_{10} = 1.33$； $x_{11} = 59684.98$； $x_{12} = 10000$；

$x_{13} = 20000$； $x_{14} = 2163.20$； $x_{15} = 1359$；

$y_1 = 20280$； $y_2 = 2080$； $y_3 = 2080$；

$y_4 = 2080$； $y_5 = 2080$； $y_6 = 2080$；

$y_7 = 12480$； $y_8 = 8320$； $y_9 = 4160$；

$y_{10} = 1456$； $z_1 = 0.44$； $z_2 = 0.39$；

$z_3 = 3.59$； $z_4 = 20.88$

这个结果除了P_9级目标外，其他所有目标都可实现. 在P_9级目标中，所长的工资增加也达到了5%，只有医生的工资由原来的14.25元增加到14.72元，增加了3.3%.

如果不断改变各种参数，改变各个目标的优先级别与权系数，即进行灵敏度分析，则可得到一系列的决策优化方案，可供决策者参考.

实例12　一所美国大学使用目标规划确定各类教职员工人数的例子

在某大学内有各类教职员工如下：助研、助教、讲师、教授助理、副教授、教授、兼职教师、专家及职工. 各类人员所承担工作的性质、工作量和工资各不相同. 预计在下一个学年要招收一定数量的本科生与研究生，现应用目标规划来确定雇用各类人员的人数，既要保持各类人员之间的适当比例，以能完成学校的各项工作，同时又要取得最好的经济效益.

设雇用的各类人员的人数如下：

x_1：助研（由研究生兼任）；

x_2：助教（由研究生兼任）；

x_3：讲师；

x_4：教授助理（无博士学位）；

x_5：副教授（无博士学位）；

x_6：教授（无博士学位）；

x_7：兼职教师（无博士学位）；

x_8：专家（无博士学位）；

x_9：职工；

y_1：教授助理（有博士学位）；

y_2：副教授（有博士学位）；

y_3：教授（有博士学位）；

y_4：兼职教师（有博士学位）；

y_5：专家（有博士学位）；

w_1：所有教职员工的工资总基数；

w_2：所有教职员工的工资比上一年的总增加数.

以上所有变量均为非负.

各类人员承担的工作量、工资及所占比例见表 8-26.

表 8-26　各类人员承担的工作量、工资及所占比例

变量	承担的教学工作量		所占教师的百分比/%		年工资/美元	变量	承担的教学工作量		所占教师的百分比/%		年工资/美元
	本科生	研究生	最大	最小			本科生	研究生	最大	最小	
x_1	0	0			3000	x_8	0	3 学时/周		1	30000
x_2	6 学时/周	0	7		3000	x_9					4000
x_3	12	0	7		8000	y_1	6	3		21	13000
x_4	9	0	15		13000	y_2	6	3		14	15000
x_5	9	0	5		15000	y_3	3	3		23	17000
x_6	6	0	2		17000	y_4	0	3	2		2000
x_7	3	0	1		2000	y_5	0	3		2	30000

由校方确定的各级决策目标为：

P_1：要求教师有一定的学术水平. 即要求 75% 的教师是专职的；要求担任本科生教学工作的教师中，至少有 40% 的人具有博士学位；要求担任研究生教学工作的教师中，至少有 75% 的人具有博士学位.

P_2：要求各类人员增加工资的总额不得超过 176000 美元，其中 x_1、x_2 和 x_9 增加的工资数为其原工资基数的 6%，而其他人员为 8%.

P_3：要求能完成学校的各项教学工作. 即学校计划招收本科生 1820 名，研究生 100 名. 要求为本科生每周开课共 910 学时；要求为研究生每周开课共 100 学时；要求本科生教师与学生人数比为 1∶20，即为本科生上课的教师数不超过 1820/20 = 91 人；要求研究生教师与学生人数比为 1∶10，即为研究生上课的教师数不超过 100/10 = 10 人.

P_4：要求各类教学人员之间有适当的比例. 即 x_2 所占全体教师的比例不超过 7%，x_3 不超过 7%，x_4 不超过 15%，x_5 不超过 5%，x_6 不超过 2%，x_7 不超过 1%，x_8 不低于 1%，y_1 不低于 21%，y_2 不低于 14%，y_3 不低于 23%，y_4 不超过 2%，y_5 不低于 2%.

P_5：要求教师与行政管理职工 x_9 之比不超过 4∶1.

P_6：要求教师与助研 x_1 的比不超过 5∶1.

P_7：要求所有人员总的工资基数尽可能的小.

从而可得到约束条件如下：

（1）教师学术水平约束：75% 的教师是专职的

$$\sum_{i=3}^{6} x_i + x_8 + \sum_{i=1}^{3} y_i + y_5 - 0.75\left(\sum_{i=1}^{8} x_i + \sum_{i=1}^{5} y_i\right) + d_1^- - d_1^+ = 0$$

在本科生教师中，至少有 40% 的人应有博士学位.

$$\sum_{i=1}^{3} y_i - 0.40\left(\sum_{i=2}^{7} x_i + \sum_{i=1}^{3} y_i\right) + d_2^- - d_2^+ = 0$$

在研究生教师中，至少有 75% 的人应有博士学位

$$\sum_{i=1}^{5} y_i - 0.75\left(x_8 + \sum_{i=1}^{5} y_i\right) + d_3^- - d_3^+ = 0$$

（2）完成学校教学工作约束：计划招收本科生 1820 名，平均每个本科生每周听课 10 学时，且平均以 20 名学生为一个班级，则学校总共每周要开设学时数为：

$$(1820 \times 10)/20 = 910(\text{学时})$$

根据各类教师的每周教学时数，得

$$6x_2 + 12x_3 + 9x_4 + 9x_5 + 6x_6 + 3x_7 + 6y_1 + 6y_2 + 3y_3 + d_4^- - d_4^+ = 910$$

对研究生，计划每周开设 100 学时课程，得

$$3x_8 + 3y_1 + 3y_2 + 3y_3 + 3y_4 + 3y_5 + d_5^- - d_5^+ = 100$$

要求本科生与其教师之比不超过 20∶1，即 1820/20 = 91 人，即为本科生上课的教师不超过 91 人，得

$$\sum_{i=2}^{7} x_i + \sum_{i=1}^{3} y_i + d_6^- - d_6^+ = 91$$

要求研究生与其教师之比不超过 10∶1，100/10 = 10 人，即为研究生上课的教师不超过 10 人，得

$$x_8 + \sum_{i=1}^{6} y_i + d_7^- - d_7^+ = 10$$

（3）各类教学人员之间适当的比例约束：

$$0.07T - x_2 + d_8^- - d_8^+ = 0$$
$$0.07T - x_3 + d_9^- - d_9^+ = 0$$
$$0.15T - x_4 + d_{10}^- - d_{10}^+ = 0$$
$$0.05T - x_5 + d_{11}^- - d_{11}^+ = 0$$
$$0.02T - x_6 + d_{12}^- - d_{12}^+ = 0$$
$$0.01T - x_7 + d_{13}^- - d_{13}^+ = 0$$
$$0.01T - x_8 + d_{14}^- - d_{14}^+ = 0$$
$$0.21T - y_1 + d_{15}^- - d_{15}^+ = 0$$
$$0.14T - y_2 + d_{16}^- - d_{16}^+ = 0$$
$$0.23T - y_3 + d_{17}^- - d_{17}^+ = 0$$

$0.02T - y_4 + d_{18}^- - d_{18}^+ = 0$

$0.02T - y_5 + d_{19}^- - d_{19}^+ = 0$

这里的 $T = \sum_{i=2}^{8} x_i + \sum_{i=1}^{5} y_i$.

（4）教师与职工 x_9 之比不超过4∶1约束：

$$T - 4x_9 + d_{20}^- - d_{20}^+ = 0$$

（5）教师与助研 x_1 之比不超过5∶1约束：

$$\sum_{i=3}^{8} x_i + \sum_{i=1}^{5} y_i - 5x_1 + d_{21}^- - d_{21}^+ = 0$$

（6）全体人员工资增加总额约束：

$$0.06(3000x_1 + 3000x_2 + 4000x_9) + 0.08(8000x_3 + 13000x_4 + 15000x_5 + 17000x_6 + 2000x_7 + 30000x_8 + 13000y_1 + 15000y_2 + 17000y_3 + 2000y_4 + 30000y_5) + \tilde{w}_2 + d_{22}^- - d_{22}^+ = 0$$

这里助研 x_1，助教 x_2 和职工 x_9 的工资增加率为6%，其他人员的工资增长率为8%，$\tilde{w}_2 = 176000$，为 w_2 的期望值.

（7）全体人员工资总基数约束：

$$3000x_1 + 3000x_2 + 8000x_3 + 13000x_4 + 15000x_5 + 17000x_6 + 2000x_7 + 30000x_8 + 4000x_9 + 13000y_1 + 15000y_2 + 17000y_3 + 2000y_4 + 30000y_5 + \tilde{w}_1 + d_{23}^- - d_{23}^+ = 0$$

其中，$\tilde{w}_1 = 1850000$，为 w_1 的期望值.

根据前面所确定的各目标优先级别，且校方认为在 P_3 级目标中，有关研究生开设的课与师生之比的重要性是本科生的两倍. 故达成函数如下：

$$\min F = P_1 \sum_{i=1}^{3} d_i^- + P_2 d_{22}^+ + P_3(2d_5^- + 2d_7^- + d_4^- + d_6^-) + P_4\left(\sum_{i=8}^{13} d_i^- + d_{18}^- + \sum_{i=14}^{17} d_i^+ + d_{19}^+\right) + P_5 d_{20}^+ + P_6 d_{21}^+ + P_7 d_{23}^+$$

经计算，可得到这个问题的解为：

$x_1 = 32$；　$x_2 = 10$；　$x_3 = 10$；

$x_4 = 22$；　$x_5 = 7$；　$x_6 = 0$；

$x_7 = 1$；　$x_8 = 1$；　$x_9 = 38$；

$y_1 = 42$；　$y_2 = 20$；　$y_3 = 34$；

$y_4 = 0$；　$y_5 = 3$；　$w_1 = 2471000$；

$w_2 = 176000$

各级目标实现的情况：

P_1 级：教师的学术水平实现.

P_2 级：增加的工资总额实现.

P_3 级：完成学校的各项教学工作目标实现．师生人数之比例目标实现．

P_4 级：各类教师之间的比例目标实现．

P_5 级：教师与行政人员之比例目标实现．

P_6 级：教师与助研人员之比例目标实现．

P_7 级：全体人员工资总基数超过了预期目标．

由于将工资总基数目标放在最低的 P_7 级，以上计算说明：只要有充分的经费，即达到 2471000 美元，前面的六个级别的目标均能实现．

如果校方无法得到多于 1850000 美元的经费，则必须提高控制全体人员工资总基数这一目标．如将它提高到 P_2 级而将原 $P_2 \sim P_6$ 级的目标均降低一级，再将无博士学位的教授占全体教师的百分比由最多为 2% 改为至少 2%．因为在前面的解中 $x_6=0$．则新的达成函数为：

$$\min F = P_1\sum_{i=1}^{3} a_i^- + P_2 d_{23}^+ + P_3 d_{22}^+ + P_4(2d_5^- + 2d_7 + d_4^- + d_6^-) +$$
$$P_5\Big(\sum_{i=8}^{11} d_i^- + d_{13}^- + d_{18}^- + d_{12}^+ + \sum_{i=14}^{17} d_i^+ + d_{19}^+\Big) + P_6 d_{20}^+ + P_7 d_{21}^+$$

经计算，得这个问题的解为：

$x_1=0$； $x_2=9$； $x_3=20$；
$x_4=20$； $x_5=7$； $x_6=1$；
$x_7=1$； $x_8=0$； $x_9=0$；
$y_1=28$； $y_2=18$； $y_3=30$；
$y_4=0$； $y_5=0$； $w_1=1850000$；
$w_2=135000$

各级目标实现情况：

P_1 级：教师学术水平目标实现．

P_2 级：全体人员工资总基数目标实现．

P_3 级：全体人员工资增长总数目标实现．

P_4 级：学校各项工作任务完成目标实现．师生之人数比例目标实现．

P_5 级：教师中各类人员的比例目标没实现．

P_6 级：教师与职工人数比例目标没实现，现在 $x_9=0$，即没有职工．

P_7 级：教师与助研人数比例目标也没实现，同样 $x=0$，即没有助研．

以上结果已不能保证学校正常工作的进行了．假设校方又争取到 120000 美元，即 $\tilde{w}_1$ 现为 1850000 + 120000 = 1970000 美元，同时为保证教学工作的正常开展，将教师与职工人数的比例目标提为 P_4 级，将教师与助研人数比例目标提为 P_5 级，将完成学校日常工作及师生人数的比例目标降为 P_6 级，将教师中各类人员之比例目标降为 P_7 级．则得达成函数：

$$\min F = P_1\sum_{i=1}^{3} d_i^- + P_2 d_{23}^+ + P_3 d_{22}^+ + P_4 d_{20}^+ + P_5 d_{21}^+ + P_6(2d_5^- + 2d_7^- + d_4^- + d_6^-) +$$
$$P_7\Big(\sum_{i=8}^{11} d_i^- + d_{13}^- + d_{18}^- + d_{12}^+ + \sum_{i=14}^{17} d_i^+ + d_{19}^+\Big)$$

对有关约束方程作适当调整，经计算，得这个问题的解为：

$x_1=26$；　$x_2=9$；　$x_3=22$；
$x_4=19$；　$x_5=6$；　$x_6=1$；
$x_7=0$；　$x_8=0$；　$x_9=32$；
$y_1=27$；　$y_2=18$；　$y_3=26$；
$y_4=0$；　$y_5=0$；　$w_1=1970000$；
$w_2=144000$

对这个解的分析可见，P_1 至 P_6 级目标均能实现. 只有 P_7 级目标——即教师中各类人员之比例目标没有实现. 在现有经费的条件下，这不失为一个较好的决策方案.

从这个例子我们可以看到：应用目标规划方法，可以方便地进行决策分析. 通过改变目标的优先等级及有关参数，得到不同的决策方案，供有关人员决策. 因此说，目标规划是一种较好的辅助决策的工具.

实例 13　某市公用事业公司，向外提供电能和煤气

为制定下一年度的财政计划，公司考虑到的各项收入与支出如表 8-27 与表 8-28 所示.

公司的收入主要是电费收入、煤气费收入、非生产性收入. 此外还可得到折旧、待摊等，也可以发行公债，得到顾客赞助. 也可动用各类基金和项目费.

公司的支出首先要保证生产的正常进行，即支付生产费，工资福利费. 也要根据公司的债务偿还本金与利息. 由于该公司由市政府所有，被允许向市政当局上缴一定的收入以代替税收. 上缴分两次进行. 第一次上缴其总财产的 1.51%，第二次上缴后的总上缴数要达到当年度毛收入的 14%. 公司还必须提取年度收入的 12.5% 作为改造与意外需求基金. 它的重要程度，低于第一次上缴市政当局费而高于第二次上缴市政当局费. 如果收入还有盈余，则仍可提为改造与意外需求基金，直到它达到固定资产值的 25%. 再多余的收入作为公司盈余，供各种特殊需要.

这是一个有 7 个决策变量，26 个偏差变量和 13 个约束条件的目标规划问题.

各有关的决策变量及参数见表 8-27、表 8-28 和表 8-29.

表 8-27　收入变量

收入	常数与变量	数值	收入	常数与变量	数值
电费收入	a_1x_1		待摊/千元	a_5	6.0
每千瓦·时单价/千元	x_1		建设基金		
估计的需求量	a_1	4455440.0	公债/千元	x_3	0
单价的期望值	a_{12}	0.0144 元/(千瓦·时)	发行公债的期望值/千元	a_6	0.0
煤气收入	a_2x_2		改造与意外需求基金/千元	x_4	
每千立方米单价/千元	x_2		占收入的比率/%	a_7	12.5
估计的需求量	a_2	28292.0	顾客赞助/千元	a_8	1230.0
单价的期望值	a_{13}	0.492 元/千立方米	残值/千元	a_9	354.0
非生产性收入/千元	a_3	2275.0	项目Ⅶ/千元	a_{10}	52.0
折旧/千元	a_4	9425.0	其他/千元	a_{11}	58.0

表 8-28 支出变量

支出	常数与变量	数值	支出	常数与变量	数值
债券回收/千元	b_1	3130.0	第二次上缴费/千元	x_6	
利息/千元	b_2	2601.2	占总收入的百分比/%	b_7	14
生产费/千元	b_3	16709.0	基本建设/千元	x_7	
工资福利/千元	b_4	18200.0	基本建设的期望值/千元	b_8	41220.0
技术改造费/千元	x_5		债券储备金/千元	b_9	3220.0
占收入的比率/%	b_5	0.5	利息储备金/千元	b_{10}	2514.7
第一次上缴费/千元	b_6c_1	0			
占总财产的百分比/%	b_6	1.51			

表 8-29 期末与期初尾数

	常数与变量	数值		常数与变量	数值
年初财产总额/千元	c_1	463000.0	公积金占总财产百分比/%	c_3	25
年初余额/千元	c_2	30509.0			

有关的约束条件如下：

（1）生产费用与工资福利约束：

（电费收入 + 煤气收入 + 公债 + 年初余额 + 非生产性收入 + 折旧 + 待摊 + 顾客赞助 + 残值 + 项目Ⅶ + 其他）－（生产费 + 工资福利）≥0，即

$$(a_1x_1 + a_2x_2 + x_3 + c_2 + a_3 + a_4 + a_5 + a_8 + a_9 + a_{10} + a_{11}) - (b_3 + b_4) \geqslant 0$$

$$(4455440.0x_1 + 28292.0x_2 + 0 + 30509.0 + 2275.0 + 9425.0 + 6.0 + 1230.0 + 354.0 + 52.0 + 58.0) - (16709.0 + 18200.0) \geqslant 0$$

得约束方程：

$$4455440.0x_1 + 28292.0x_2 + d_1^- - d_1^+ = 21509.0$$

（2）基本支出、利息、储备金约束：

（电费收入 + 煤气收入 + 公债 + 年初余额 + 非生产性收入 + 折旧 + 待摊 + 顾客赞助 + 残值 + 项目Ⅶ + 其他）－（债券回收 + 利息 + 生产费 + 工资福利 + 债券储备金 + 利息储备金）≥0，即

$$(a_1x_1 + a_2x_2 + x_3 + c_2 + a_3 + a_4 + a_5 + a_8 + a_9 + a_{10} + a_{11}) - (b_1 + b_2 + b_3 + b_4 + b_9 + b_{10}) \geqslant 0$$

$$(4455440.0x_1 + 28292.0x_2 + 0 + 30509.0 + 2275.0 + 9425.0 + 6.0 + 1230.0 + 354.0 + 52.0 + 58.0) - (3130.0 + 2601.2 + 16709.0 + 18200.0 + 3220.0 + 2514.70) \geqslant 0$$

得约束方程：

$$4455440.0x_1 + 28292.0x_2 + d_2^- - d_2^+ = 27240.2$$

（3）第一次上缴费约束：

（电费收入 + 煤气收入 + 公债 + 年初余额 + 非生产性收入 + 折旧 + 待摊 + 顾客赞助 + 残值 + 项目Ⅶ + 其他）－（债券回收 + 利息 + 生产费 + 工资福利 + 债券储备金 + 利息储备

金+第一次上缴费）≥0，即

$$(a_1x_1+a_2x_2+x_3+c_2+a_3+a_4+a_5+a_8+a_9+a_{10}+a_{11})-$$
$$(b_1+b_2+b_3+b_4+b_9+b_{10}+b_6c_1)\geqslant 0$$

$$(4455440.0x_1+28292.0x_2+0+30509.0+2275.0+9425.0+6.0+1230.0+$$
$$354.0+52.0+58.0)-(3130.0+2601.2+16709.0+18200.0+$$
$$3220.0+2514.7+0.0151(463000.0))\geqslant 0$$

得约束方程：

$$4455440.0x_1+28292.0x_2+d_3^- -d_3^+ =34231.5$$

（4）提取改造与意外需求基金约束：

（电费收入+煤气收入+非生产性收入）-［债券回收+利息+生产费+工资福利+债券储备金+利息储备金+第一次上缴费+改造与意外需求基金提取的比例×（电费收入+煤气收入+非生产性收入）］≥0，即

$$(a_1x_1+a_2x_2+a_3)-[b_1+b_2+b_3+b_4+b_9+b_{10}+b_6c_1+a_7(a_1x_1+a_2x_2+a_3)]\geqslant 0$$

$$(4455440.0x_1+28292.0x_2+2275.0)-[3130.0+2601.2+16709.0+$$
$$18200.0+3220.0+2514.7+0.0151\times 463000.0+0.125(4455440.0x_1+$$
$$28292.0x_2+2275.0)]\geqslant 0$$

得约束条件：

$$3898510.0x_1+24755.5x_2+d_4^- -d_4^+ =51375.1$$

（5）第二次上缴费约束：

（第二次上缴费+第一次上缴费）≥上缴费的百分比×（电费收入+煤气收入+非生产性收入），即

$$x_6+b_6c_1\geqslant b_7(a_1x_1+a_2x_2+a_3)$$

$$x_6+0.0151(463000.0)\geqslant 0.14(4455440.0x_1+28292.0x_2+2275.0)$$

得约束条件：

$$623761.6x_1+3960.8x_2-x_6+d_5^- -d_5^+ =6672.8$$

（6）收入与支出平衡约束：

（电费收入+煤气收入+公债+改造与意外基金+非生产性收入+折旧+待摊+顾客赞助+残值+项目Ⅶ+其他）-（技术改造费+第二次上缴费+基本建设费+债券回收+利息+生产费+工资福利+债券储备金+利息储备金+第一次上缴费）=0，即

$$(a_1x_1+a_2x_2+x_3+x_4+a_3+a_4+a_5+a_8+a_9+a_{10}+a_{11})-$$
$$(x_5+x_6+x_7+b_1+b_2+b_3+b_4+b_9+b_{10}+b_6c_1)=0$$

$$(4455440.0x_1+28292.0x_2+x_3+x_4+2275.0+9425.0+$$
$$6.0+1230.0+354.0+52.0+58.0)-$$
$$(x_5+x_6+x_7+3130.0+2601.2+16709.0+18200.0+$$
$$3220.0+2514.7+6991.3)=0$$

得约束条件：

$$4455440.0x_1+28292.0x_2+x_3+x_4-x_5-x_6-x_7+d_6^- -d_6^+ =40052.5$$

（7）发行新公债约束：由于发行公债要经市民表决，且必须由市政府同意，公司不打

算在高利率市场上发行公债.

公债发行额≤期望值，即

$$x_3 \leqslant a_6$$
$$x_3 \leqslant 0.0$$

得约束条件：

$$x_3 + d_7^- - d_7^+ = 0.0$$

（8）电费单价约束：

电费单价≥期望值，即

$$x_1 \geqslant a_{12}$$
$$x_1 \geqslant 0.0144$$

得约束条件：

$$x_1 + d_8^- - d_8^+ = 0.0144$$

（9）煤气单价约束：

煤气单价≥期望值，即

$$x_2 \geqslant a_{13}$$
$$x_2 \geqslant 0.492$$

得约束条件：

$$x_2 + d_9^- - d_9^+ = 0.492$$

（10）技术改造费约束：

技术改造费≥技改费占收入的百分比×（电费收入+煤气收入+非生产性收入），即

$$x_5 \geqslant b_5(a_1x_1 + a_2x_2 + a_3)$$
$$x_5 \geqslant 0.005(4455440.0x_1 + 28292.0x_2 + 2275.0)$$

得约束条件：

$$x_5 - 22277.2x_1 - 141.5x_2 + d_{10}^- - d_{10}^+ = 11.4$$

（11）最终提取改造与意外需求基金约束：

最终提取改造与意外需求基金≥它占收入的百分比×（电费收入+煤气收入+非生产性收入）+（折旧+待摊+顾客赞助+残值+项目Ⅶ+其他），即

$$x_4 \geqslant a_7(a_1x_1 + a_2x_2 + a_3) + (a_4 + a_5 + a_8 + a_9 + a_{10} + a_{11})$$
$$x_4 \geqslant 0.125(4455440.0x_1 + 28292.0x_2 + 2275.0) + (9425.0 + 6.0 + 1230.0 + 354.0 + 52.0 + 58.0)$$

得约束条件：

$$x_4 - 556930.0x_1 - 3536.5x_2 + d_{11}^- - d_{11}^+ = 11409.4$$

（12）基本建设约束：

基本建设费≥期望值

$$x_7 \geqslant b_8$$
$$x_7 \geqslant 41220.0$$

得约束条件：

$$x_7 + d_{12}^- - d_{12}^+ = 41220.0$$

（13）基本建设费必须来源于建设基金，即来源于公债和改造与意外需求基金. 同时至

少要留出5000.0（千元）以满足各意外需求．即

$$x_7 = x_3 + (x_4 - 5000.0)$$

得约束条件：

$$x_3 + x_4 - x_7 + d_{13}^- - d_{13}^+ = 5000.0$$

公司考虑的各目标及其优先级别如下：

P_1：由于在上一年已发行过公债，公司把本年度不发行新的公债作为首要目标，故将 d_7^- 和 d_7^+ 列入 P_1 级目标，即 $P_1(d_7^- + d_7^+)$．

P_2：为保证正常生产，要保证支付生产费、工资福利费以及其他基本支出、利息和债券储备金等．其前者的重要性是后者的两倍．故要将 d_1^- 与 d_2^- 列入 P_2 级，即 $P_2(2d_1^- + d_2^-)$．

P_3：满足上缴市政府的费用．第一次上缴不少于要求的比例，而第二次上缴不高于要求的比例．且前者的重要性是后者的两倍．故要将 d_3^- 与 d_5^+ 列入 P_3 级，即 $P_3(2d_3^- + d_5^+)$．

P_4：要避免改造与意外需求基金的短缺，即将 d_{11}^- 列入 P_4 级目标，得 $P_4(d_{11}^-)$．

P_5：要保证公司生产的技术改造费用．即将 d_{10}^- 列入 P_5 级目标，得 $P_5(d_{10}^-)$．

P_6：要满足基本建设的需要及储备足够的意外需求基金，且前者的重要性是后者的两倍，即 $P_6(2d_1^- + d_{13}^-)$．

P_7：至少保持电费和煤气目前的单价（即期望值）．即将 d_8^- 和 d_9^- 列入 P_7 级目标，得 $P_7(d_8^- + d_9^-)$．

综上分析，可得达成函数如下：

$$\min F = P_1(d_7^- + d_7^+) + P_2(2d_1^- + d_2^-) + P_3(2d_3^- + d_5^+) + P_4 d_{11}^- + P_5 d_{10}^- + P_6(2d_{12}^- + d_{13}^-) + P_7(d_8^- + d_9^-)$$

经计算，得最优解见表8-30和表8-31．

表8-30　收入变量　（元）

电费单价（x_1）	0.01646元/(千瓦·时)
煤气单价（x_2）	0.492元/千立方米
公债（x_3）	0
改造与意外需求基金（x_4）	46220000.0
公积金	23902560.0

表8-31　支出变量　（元）

技术改造费（x_5）	447741.0
最终上缴费（x_6）	5544180.0
基本建设费（x_7）	41220000.0

在以上的分析与计算中，没有列入收支平衡这一目标，它可被认为是 P_8 级目标，即 $P_8(d_6^- + d_6^+)$．这个目标与实现收入目标是一致的．对上述解的分析可知：

（1）电费单价为0.01646元/(千瓦·时)，高于期望值．因为它被列在 P_7 级目标，为了实现较高级别的目标，而不得不提高电费单价．

（2）煤气单价尽管也是 P_7 级目标，但它实现了期望值．

（3）收支平衡目标（P_8 级）实现．

（4）P_6 级的基本建设费目标实现．

（5）P_5 级目标技术改造费实现．

（6）P_4 级改造与意外需求目标实现．

（7）P_3 级上缴市政府费用目标实现．

（8）P_2 级支付生产费、工资福利及其他费用目标完全实现.

（9）P_1 级不发行新公债的目标也实现.

（10）从解中可知公司盈利（即公积金）23902560 元.

从中我们不难看出，由于电费单价的提高，使收入增加了，从而可满足各项费用的需要. 但电费单价的提高将产生较大的影响，且要得到市政府的同意. 因此公司领导希望分析一下如果保持目前的电价，将会产生什么结果. 这只需将保持电价与煤气价目标的优先级别提高. 例如把它提高到 P_2 级. 同时将收支平衡目标列入 P_3 级，而将其他目标依次降低两个优先级，可以得到新的达成函数如下：

$$\min F = P_1(d_7^- + d_7^+) + P_2(d_8^- + d_8^+ + d_9^- + d_9^+) + P_3(d_6^- + d_6^+) + P_4(2d_1^- + d_2^-) + P_5(2d_3^- + d_5^+) + P_6 d_{11}^- + P_7 d_{10}^- + P_8(d_{12}^- + d_{13}^-)$$

经计算，得新最优解见表 8-32 和表 8-33.

表 8-32 收入变量 （元）

电费单价（x_1）	0.0144 元/(千瓦·时)
煤气单价（x_2）	0.492 元/千立方米
公债（x_3）	0
改造和意外需求基金（x_4）	38365590
公积金	17196460

表 8-33 支出变量 （元）

技术改造费（x_5）	401810
最终上缴费（x_6）	4258070
基本建设费（x_7）	33365590

对这个解的分析可知：

（1）保持电费与煤气单价目标实现.

（2）收支平衡目标正好实现.

（3）基建费 x_7 为 33365590，低于目标值 7854410，这个目标没有实现.

（4）技术改造费 x_5 为 401810，实现目标值.

（5）改造与意外需求基金 x_4 为 38365590，实现目标.

（6）第二次上缴市政府的费用 x_6 为 4258070. 加上第一次上缴的 6991300，总计上缴 11249370.

（7）支付生产费、工资福利及其他费用目标（P_4 级）实现.

（8）发行公债数为零，最高级目标（P_1 级）实现.

（9）公积金 17196460，超过改造和意外需求基金的需要.

保持电费的价格、改变目标的优先级别引起了解的明显的改变. 改造与意外需求基金减少了 7854410. 这是因为它的提取数是公司毛收入的 12.5%. 而保持原电价，影响了公司的收入，从而影响到基金的提取. 这说明公司将减少改进为顾客服务的费用，这影响到公司的主要目的.

同样，保持电费影响到技术改造费的支出. 因为它占公司毛收入的 0.5%. 它将减少 45932. 它将影响到公司的技术改造能力，影响到公司生产效率的提高.

此外，还影响到上缴市政府的费用，影响到基本建设费以及公司的公积金.

总之，对各个目标优先级别的不同分析，可得到一系列不同的方案，以供决策者参考和选用.

下面是一个具有更多决策变量和约束条件的应用案例.

案例 14　某市政府编制三年发展计划

该市政府的收入来源主要有两大类．其一是一般款项，另一个是自来水及下水道款项．其中一般款项包括：银行贷款，必要时发行公债，各类税收等，而自来水及下水道款项是为市民提供服务而得的收入．市政府在三年内计划要做的工作主要有：①修南、北两条主街．②修建 A、B 两个贮水塔．③筹备其他必要的经费．市政府必须根据经费的情况及各项任务的轻重缓急，制定三年发展计划．下面就是这个目标规划模型及其根据模型的计算与分析所制定的发展计划．它包括 29 个决策变量，70 个偏差和松弛变量，35 个约束条件．

有关变量及参数见表 8-34．

收支情况分析：

$$收入-支出+期初余额-期末余额=0$$

第一年：一般款项

（短期银行贷款＋新公债发行额＋财产税＋营业牌照税＋垃圾收费）＋固定收入－（南主街筑路费＋北主街筑路费＋新公债利息）－固定开支－转自来水及下水道款项＋期初余额－期末余额＝0

表 8-34　收入与支出变量

甲：收入				
项目	现值	第一年	第二年	第三年
一般款项				
一年为期银行贷款/千元	0	x_1	x_{12}	x_{21}
贷款限额/千元		100	100	100
新发行公债/千元	0	x_2	x_{13}	x_{22}
发行额上限/千元		0	200	250
财产税率/元・千元$^{-1}$	20	b_1	b_5	b_9
上限/元・千元$^{-1}$		20	25	25
营业牌照税率/元・千元$^{-1}$	2.10	b_2	b_6	b_{10}
上限/元・千元$^{-1}$		2.50	2.50	2.50
垃圾拉走一次平均收费/元	2.50	b_3	b_7	b_{11}
上限/元		2.50	2.75	3.00
不动产估价底值/千元	8503.05	a_1	a_1	a_1
营业收入总额/千元	20134.00	a_2	a_2	a_2
垃圾拉走次数/次	29800	a_3	a_3	a_3
自来水及下水道款项				
由一般款项转来/元	0	x_5	x_{16}	x_{25}
下限/元		0	0	0
自来水及下水道服务收费率/元・万升$^{-1}$	7.00	b_4	b_8	b_{12}
上限/元・万升$^{-1}$		7.00	7.50	8.00
自来水及下水道服务收费底数/元	47616.00	a_6	a_6	a_6
固定收入				
一般款项/元		a_{12}	a_{14}	a_{15}
使用金额/元		240493.00	240493.00	240493.00
自来水及下水道款项/元		a_{19}	a_{20}	a_{21}
使用金额/元		16459.00	16459.00	16459.00

（续）

乙：支出

项目	现值	第一年	第二年	第三年
一般款项				
南主街完成百分比		x_3	x_{14}	x_{23}
北主街完成百分比		x_4	x_{15}	x_{24}
转自来水及下水道款项/元		x_5	x_{16}	x_{25}
归还上年贷款/千元			x_1	x_{12}
第一年公债到期付本/千元			a_9x_2	a_9x_2
第二年公债到期付本/千元				a_9x_{13}
新发行公债流行息率	0.05	a_{18}	a_{18}	a_{18}
银行贷款流行息率	0.06	a_{11}	a_{11}	a_{11}
改进南主街成本/千元	87.4	a_4	a_4	a_4
改进北主街成本/千元	1018.9	a_5	a_5	a_5
每年新公债偿还百分比/%	10.0	a_9	a_9	a_9
自来水及下水道款项				
贮水塔 A 完成百分比		x_9	x_{18}	x_{27}
贮水塔 B 完成百分比		x_{10}	x_{19}	x_{28}
贮水塔 A 成本/千元	70.0	a_7	a_7	a_7
贮水塔 B 成本/千元	70.0	a_8	a_8	a_8
固定支出				
一般款项/元		a_{13}	a_{15}	a_{17}
已使用金额/元		637516.00	655816.00	653586.00
自来水及下水道款项/元		a_{22}	a_{23}	a_{24}
已使用金额/元		374161.00	374161.00	374161.00

丙：期初及期末余额

项目	第一年	第二年	第三年
期初余额			
一般款项/元	x_6		
自来水及下水道款项/元	x_8		
期末余额			
一般款项/元	x_7	x_{17}	x_{26}
自来水及下水道款项/元	x_{11}	x_{20}	x_{29}

$$1000x_1 + 1000x_2 + a_1b_1 + a_2b_2 + a_3b_3 + a_{12} -$$
$$a_4x_3 - a_5x_4 - a_{18}x_2 - x_5 + x_6 - x_7 + s_1 = 0$$

自来水及下水道款项：

自来水及下水道服务收费 - A 贮水塔费用 - B 贮水塔费用 + 由一般款项转来 + 固定收入 - 固定支出 + 期初余额 - 期末余额 = 0

$$a_6b_4 - a_7x_9 - a_8x_{10} + x_5 + a_{19} - a_{22} + x_8 - x_{11} + s_2 = 0$$

第二年：一般款项

（短期银行贷款 + 新公债发行额 + 财产税 + 营业牌照税 + 垃圾收费）+ 固定收入 -（第二年南主街筑路费 + 第二年北主街筑路费 + 第一年发行公债利息 + 第一年发行公债还本 + 第二年发行公债的利息 + 归还第一年银行贷款 + 第一年银行贷款的利息）- 固定开支 - 转自来水及下水道款项 + 期初余额 - 期末余额 = 0

$$1000x_{12} + 1000x_{13} + a_1b_5 + a_2b_6 + a_3b_7 + a_{14} - a_4(x_{14} - x_3) -$$
$$a_5(x_{15} - x_4) - a_{18}(x_2 - a_9x_2/1000) - a_9x_2 - a_{18}x_{13} -$$
$$1000x_1 - a_{11}x_1 - a_{15}x_{16} + x_7 - x_{17} + s_3 = 0$$

自来水及下水道款项：

自来水及下水道服务收费 - 第二年 A 贮水塔费用 - 第二年 B 贮水塔费用 + 由一般款项转来 + 固定收入 - 固定支出 + 期初余额 - 期末余额 = 0

$$a_6b_8 - a_7(x_{18} - x_9) - a_8(x_{19} - x_{10}) + x_{16} + a_{20} - a_{23} + x_{11} - x_{20} + s_4 = 0$$

第三年：一般款项

（短期银行贷款 + 新公债发行额 + 财产税 + 营业牌照税 + 垃圾收费）+ 固定收入 -（第三年南主街筑路费 + 第三年北主街筑路费 + 第一年发行公债利息 + 第一年发行公债还本 + 第二年发行公债利息 + 第二年发行公债还本 + 第三年发行公债利息 + 第三年发行公债还本 + 归还第二年银行贷款 + 第二年银行贷款利息）- 固定支出 - 转自来水及下水道款项 + 期初余额 - 期末余额 = 0

$$1000x_{21} + 1000x_{22} + a_1b_9 + a_2b_{10} + a_3b_{11} + a_{16} -$$
$$a_4(x_{23} - x_{14}) + a_5(x_{24} - x_{15}) - a_{18}(x_2 - 2a_9x_2/1000) -$$
$$a_9x_2 - a_{18}(x_{13} - a_9x_{13}/1000) - a_9x_{13} - a_{18}x_{22} - 1000x_{12} -$$
$$a_{11}x_{12} - a_{17} - x_{25} + x_{17} - x_{26} + s_5 = 0$$

自来水及下水道款项：

自来水及下水道服务收费 - 第三年 A 贮水塔费用 - 第三年 B 贮水塔费用 + 由一般款项转来 + 固定收入 - 固定支出 + 期初余额 - 期末余额 = 0

$$a_6b_{12} - a_7(x_{17} - x_{18}) - a_8(x_{28} - x_{19}) + x_{25} + a_{21} - a_{24} + x_{20} - x_{29} + s_6 = 0$$

综上分析，可得目标规划模型：

约束条件：

第一年：一般款项

$$1000x_1 + 950x_2 - 87.4x_3 - 1018.9x_4 - x_5 + x_6 - x_7 + s_1 = 47305$$

第一年：自来水及下水道款项

$$-x_5 - x_8 + 70x_9 + 70x_{10} + x_{11} + s_2 = 3129$$

第二年：一般款项

$$-1060x_1 - 145x_2 + 87.4x_3 + 1018.9x_4 + x_7 + 1000x_{12} + 950x_{13} - 87.4x_{14} -$$
$$1018.9x_{15} - x_{16} - x_{17} + s_3 = 1614$$

第二年：自来水及下水道款项

$$70x_9 + 70x_{10} + x_{11} + x_{16} - 70x_{18} - 70x_{19} - x_{20} + s_4 = 582$$

第三年：一般款项

$$-140x_2-1060x_{12}-145x_{13}+87.4x_{14}+1018.9x_{15}+x_{17}+1000x_{21}+$$
$$940x_{22}-87.4x_{23}-1018.9x_{24}-x_{25}-x_{26}+s_5=1934$$

第三年：自来水及下水道款项

$$-70x_{18}-70x_{19}-x_{20}-x_{25}+70x_{27}+70x_{28}+x_{29}+s_6=23226$$

其他约束：

$x_1+d_1^-=100$； $x_2+s_7=0$；
$x_3+d_2^-=1000$； $x_4+d_3^-=1000$；
$x_5-d_4^++s_8=0$； $x_6+s_9=0$；
$x_7-d_5^++s_{10}=0$； $x_8+s_{11}=0$；
$x_9+d_6^-=1000$； $x_{10}+d_7^-=1000$；
$x_{11}-d_8^++s_{12}=0$； $x_{12}+d_9^-=100$；
$x_{13}+d_{10}^+=200$； $x_{14}+d_{11}^-=1000$；
$x_{15}+d_{12}^+=1000$； $x_{16}-d_{13}^++s_{13}=0$；
$x_{17}-d_{14}^++s_{14}=0$； $x_{18}+d_{15}^-=1000$；
$x_{19}+d_{16}^-=1000$； $x_{20}-d_{17}^++s_{15}=0$；
$x_{21}+d_{18}^-=100$； $x_{22}+d_{19}^-=250$；
$x_{23}+d_{20}^-=1000$； $x_{24}+d_{21}^-=1000$；
$x_{25}-d_{22}^++s_{16}=0$； $x_{26}-d_{23}^++s_{17}=0$；
$x_{27}+d_{24}^-=1000$； $x_{28}+d_{25}^-=1000$；
$x_{29}-d_{26}^++s_{18}=0$

第一方案：认为完成新筑公路是最关切问题. 其结果列于表8-35.

第一目标 P_1：使所有松弛变量等于零. 以下第二、第三方案同（见本例之后的[注]）.

第二目标 P_2：完成银行贷款和发放公债，充分利用社会资金.

第三目标 P_3：完成南主街权数为2，北主街权数为1.

第四目标 P_4：完成A贮水塔权数为2，B贮水塔权数为1.

第五目标 P_5：充分动用一般款项尾数以补自来水及下水道款项的不足.

第六目标 P_6：使一般款项及自来水与下水道款项期末尾数减至最小.

达成函数：

$$\begin{aligned}\min F = {} & P_1\sum_{i=1}^{18}s_i+P_2d_1^-+P_2d_9^-+P_2d_{10}^-+P_2d_{18}^-+P_2d_{19}^-+2P_3d_2^-+\\ & 2P_3d_{11}^-+2P_3d_{20}^-+P_3d_3^-+P_3d_{12}^-+P_3d_{21}^-+2P_4d_6^-+2P_4d_{15}^-+\\ & 2P_4d_{24}^-+P_4d_7^-+P_4d_{16}^-+P_4d_{25}^-+P_5d_4^++P_5d_{13}^++P_5d_{22}^++\\ & P_6d_5^++P_6d_8^++P_6d_{14}^++P_6d_{17}^++P_6d_{23}^++P_6d_{26}^+\end{aligned}$$

约束条件：共35个，见上.

[答案]

P_1：完成.

P_2：完成——银行贷款和公债发行均到上限.

P_3：未完成——南主街完成，北主街到第三年仅完成 24.36%.

P_4：未完成——A 贮水塔完成 36.82%，B 贮水塔未动工.

P_5：完成——新筑公路已用尽一般款项，无余款转入自来水及下水道款项.

P_6：完成——全部款项用尽，期末无余额.

表 8-35　第一方案：结果

款项	计算值		
	第一年	第二年	第三年
甲：收入变量			
一般款项			
一年为期银行贷款额/千元	100	100	100
新发行公债/千元	0	200	250
自来水及下水道款项			
由一般款项转来/元	0	0	0
乙：支出变量			
一般款项			
南主街完成百分比/%	60.29	100.00	100.00
北主街完成百分比/%	—	14.49	24.36
期末余额	0	0	0
自来水及下水道款项			
A 贮水塔完成百分比/%	4.47	8.11	36.82
B 贮水塔完成百分比/%	—	—	—
期末余额	0	0	0

第二方案：市政府认为 B 贮水塔未着手进行非常不妥，于是试制订第二方案，建贮水塔从 P_4 提高到 P_3，将修公路从 P_3 下降到 P_4，其余目标维持原状不动. 其结果列于表 8-36.

表 8-36　第二方案：结果

款项	计算值		
	第一年	第二年	第三年
甲：收入变量			
一般款项			
一年为期银行贷款额/千元	100	100	100
新发行公债/千元	0	200	250
自来水及下水道款项			
由一般款项转来/元	52695.00	84757.75	0
乙：支出变量			
一般款项			
南主街完成百分比/%	—	100.00	100.00
北主街完成百分比/%		1.00	20.54
期末余额	0	200	0
自来水及下水道款项			
A 贮水塔完成百分比/%	79.75	100.00	100.00
B 贮水塔完成百分比/%	—	100.00	100.00
期末余额	0	0	0

[答案]

P_1：完成.

P_2：完成.

P_3：完成——A 贮水塔第一年完成 79.75%，第二年完成 100%．B 贮水塔第二年也完成 100%.

P_4：未完成——南主街第二年完成，北主街到第三年仅完成 20.54%.

P_5：完成.

P_6：完成.

第三方案：市政府对第二方案研究后认为 B 贮水塔于第二年完成并不必要．B 贮水塔最好只动用自来水及下水道款项去完成．将其他款项集中到新建公路上去，于是产生第三方案，其结果列于表 8-37.

P_1：如前.

P_2：如前.

表 8-37　第三方案：结果

款项	计算值		
	第一年	第二年	第三年
甲：收入变量			
一般款项			
一年为期银行贷款额/千元	100	100	100
新发行公债/千元	0	200	250
自来水及下水道款项			
由一般款项转来/元	52695.00	14757.98	0
乙：支出变量			
一般款项			
南主街完成百分比/%	0	100.00	100.00
北主街完成百分比/%	0	7.87	17.74
期末余额	0	0	0
自来水及下水道款项			
A 贮水塔完成百分比/%	79.74	100.00	100.00
B 贮水塔完成百分比/%		0	33.18
期末余额	0	0	0

P_3：完成 A 贮水塔权数为 2，完成南主街工程权数为 1.

P_4：完成北主街工程权数为 2，完成 B 贮水塔权数为 1.

P_5：如前.

P_6：如前.

达成函数：

$$\min F = P_1 \sum_{i=1}^{18} s_i + P_2 d_1^- + P_2 d_9^- + P_2 d_{10}^- + P_2 d_{18}^- + P_2 d_{19}^- +$$

$$2P_3d_6^- + 2P_3d_{15}^- + 2P_3d_{24}^- + P_3d_2^- + P_3d_1^- + P_3d_{20}^- +$$
$$2P_4d_3^- + 2P_4d_{12}^- + 2P_4d_{21}^- + P_4d_7^- + P_4d_{16}^- +$$
$$P_4d_{25}^- + P_5d_4^+ + P_5d_{13}^+ + P_5d_{22}^+ + P_6d_5^+ +$$
$$P_6d_8^+ + P_6d_{14}^+ + P_6d_{17}^+ + P_6d_{23}^+ + P_6d_{26}^+$$

约束条件：同前.

[答案]

P_1：完成.

P_2：完成.

P_3：完成——A贮水塔第二年完成100%．南主街亦于第二年完成.

P_4：未完成——北主街第三年完成17.74%，B贮水塔第三年完成33.18%.

P_5：完成.

P_6：完成.

市政府认为第三个方案较好，能及时完成急需项目，并认为从财政收支和金额等条件考虑，要在三年内完成南北主街工程和A、B两贮水塔是不可能的．于是接受第三方案.

需要说明的是，如果在某一个约束方程中我们不能直接得到初始基变量，则可对它引进松弛变量 $s_i \geqslant 0$．在本例中一共引进了18个松弛变量．为了使原约束条件得以满足，即不改变原来的约束，必须松弛变量等于零．因此我们把各松弛变量等于零放入了 P_1 级别的目标．一旦 P_1 级目标满足，说明 $s_i = 0$，原约束条件成立．如果 P_1 级目标不能实现，则说明原问题无可行解.

在目标规划中使用这种松弛变量类似于线性规划中的人工变量，但它比线性规划中的人工变量更灵活，使用起来更方便.

8.2 计算机应用举例

应用例1 用Matlab求解剪裁问题

现有边长为6米的正方形铁板，欲在四个角剪去相等的正方形以制成方形无盖水箱，问：如何剪法才能使水箱容积最大？

解 设剪去的正方形边长为 x 米，则水箱的容积为 $x(6-2x)^2$．易知 x 不可能超过3米．可建立如下优化模型：

$$\max z = x(6-2x)^2$$
$$\text{s.t.} \quad 0 \leqslant x \leqslant 3$$

等价于

$$\min z = -x(6-2x)^2$$
$$\text{s.t.} \quad 0 \leqslant x \leqslant 3$$

这是一个非线性规划模型，约束中决策变量 x 有固定的上下界，可调用Matlab优化工具箱中的fminbnd函数来求解之．具体如下：

先编定M文件func1.m：

```
function z = func1 (x)
z = -x * (6 - 2 * x)^2;
```

在Matlab命令窗口键入：

```
>>[x_max, f_min] = fminbnd ('func1', 0, 3)
```

即得如下运算结果：

```
x_max =
    1.0000

f_min =
   -16.0000
```

因此，欲使水箱容积最大，四角剪去的正方形边长应为 1 米，相应的水箱最大容积为 16 立方米.

Matlab 的优化工具箱是求解函数极值问题的重要工具. 本例所采用的函数 fminbnd 主要是基于 0.618 法和二次插值法求解一元连续函数的极小值问题，此外，工具箱中还有函数 fminsearch 和 fminunc 用于求解无约束优化问题，函数 fmincon 用于求解带有线性约束的优化问题，函数 linprog 用于求解线性规划问题，函数 quadprog 用于求解二次规划问题，等等. 需要指出的是，非线性规划还没有统一的算法适用于所有的问题类型，每个算法都有特定的适用范围，也带有一定的局限性.

应用例 2　飞行管理问题的建模与 Matlab 求解

在约 10000 米的高空的某边长为 160 千米的正方形区域内，经常有若干架飞机作水平飞行. 区域内每架飞机的位置与速度向量均由计算机记录其数据，以便进行飞行管理. 当一架欲进入该区域的飞机到达区域边缘时，记录其数据后，要立即计算并判断是否会与区域内的飞机发生碰撞. 如果会发生碰撞，则应计算如何调整各架飞机（包括新进入飞机）飞行的方向角，以免发生碰撞.

基本假设：

(1) 不碰撞的标准为任意两架飞机的距离大于 8 千米；

(2) 飞机飞行方向角调整的幅度不应超过 30 度；

(3) 所有飞机飞行速度均为 800 千米/小时；

(4) 进入该区域的飞机在到达区域边缘时，与区域内飞机的距离应该 60 千米以上；

(5) 最多需考虑 6 架飞机；

(6) 不必考虑飞机离开此区域后的状况.

试建立避免发生碰撞的飞行管理问题数学模型，使飞机飞行方向角调整的幅度尽可能小，并根据以下数据进行求解.

设该区域 4 个顶点的坐标分别为 (0, 0)，(160, 0)，(0, 160)，(160, 160)，记录数据为：

飞机编号	横坐标 x	纵坐标 y	方向角（度）
1	150	140	243
2	85	85	236
3	150	155	220.5
4	145	50	159
5	130	150	230
6（新进入）	0	0	52

注：上述方向角为飞机飞行方向与 x 轴正向的夹角.

解　欲使飞机飞行方向角调整的幅度尽可能小，应以各飞机飞行方向角调整量的平方和作为目标函数．设 x_i 与 y_i 分别为第 i 架飞机的横纵坐标，θ_i 为第 i 架飞机的飞行方向角，$\Delta\theta_i$ 为第 i 架飞机的飞行方向角调整量，以 t 表示时间，$d_{ij}(t)$ 表示 t 时刻第 i 架飞机与第 j 架飞机的距离，记飞机的飞行速度为 v，由基本假设，$v=800\text{km/h}$.

目标函数为：$f=\sum_{i=1}^{6}\Delta\theta_i^2$

约束条件需考虑任意两架飞机的距离大于8千米，以及飞机飞行方向角调整的幅度不应超过30度（即 π/6）．可知

$$d_{ij}^2(t)=[x_i-x_j+vt(\cos(\theta_i+\Delta\theta_i)-\cos(\theta_j+\Delta\theta_j))]^2+[y_i-y_j+vt(\sin(\theta_i+\Delta\theta_i)-\sin(\theta_j+\Delta\theta_j))]^2$$

应大于64，故而建立数学规划模型如下：

$$\max f=\sum_{i=1}^{6}\Delta\theta_i^2$$

$$\text{s.t.}\begin{cases}d_{ij}^2(t)>64, & i,j=1,\cdots,6,i\neq j\\ |\Delta\theta_i|\leqslant\dfrac{\pi}{6}, & i=1,\cdots,6\end{cases}$$

进一步考虑 $d_{ij}^2(t)$ 关于 t 的导数

$$\frac{\mathrm{d}(d_{ij}^2(t))}{\mathrm{d}t}=2v(\cos(\theta_i+\Delta\theta_i)-\cos(\theta_j+\Delta\theta_j))[x_i-x_j+vt(\cos(\theta_i+\Delta\theta_i)-\cos(\theta_j+\Delta\theta_j))]+2v(\sin(\theta_i+\Delta\theta_i)-\sin(\theta_j+\Delta\theta_j))[y_i-y_j+vt(\sin(\theta_i+\Delta\theta_i)-\sin(\theta_j+\Delta\theta_j))]$$

根据原有数据所示，当前任意两架飞机距离均大于8千米，故而若上述导数值大于0，距离仍会增加，不会发生碰撞；而若上述导数值小于0，两架飞机的距离将减小，这是我们需要关注的.

令 $\dfrac{\mathrm{d}(d_{ij}^2(t))}{\mathrm{d}t}=0$，可得 $t=-\dfrac{a}{b}$，其中

$$a=(x_i-x_j)[\cos(\theta_i+\Delta\theta_i)-\cos(\theta_j+\Delta\theta_j)]+(y_i-y_j)[\sin(\theta_i+\Delta\theta_i)-\sin(\theta_j+\Delta\theta_j)],$$

$$b=v[\cos(\theta_i+\Delta\theta_i)-\cos(\theta_j+\Delta\theta_j)]^2+v[\sin(\theta_i+\Delta\theta_i)-\sin(\theta_j+\Delta\theta_j)]^2.$$

此时，第 i 架飞机与第 j 架飞机的距离达到极小，为避免发生碰撞，需要任意两架飞机的最小距离大于8千米，亦即，将 $t=-\dfrac{a}{b}$ 代入后，应满足 $d_{ij}^2(t)>64$.

下面基于所给数据利用 Matlab 进行求解.

首先编写目标函数 M 文件：

```
function f = airf(delta)
f = delta' * delta;
```

这里 delta 记由6架飞机飞行方向角的调整量所构成的列向量.

然后编写约束条件函数 M 文件：

```
function[g,ceq] = aircons(delta)
x0 = [150;85;150;145;130;0];
y0 = [140;85;155;50;150;0];
```

```
theta0 = [243:236:220.5:159:230:52] * pi/180;
v = 800;
coss = cos(theta0 + delta);
sinn = sin(theta0 + delta);
for i = 2:6
    for j = 1:i-1
        a = (x0(i) - x0(j)) * (coss(i) - coss(j)) + (y0(i) - y0(j)) * (sinn(i) - sinn(j));
        b = v * [(coss(i) - coss(j))^2 + (sinn(i) - sinn(j))^2];
        t(i,j) = -a/b;
        if t(i,j) <0
            D(i,j) = 1000;
        else
            D(i,j) = [(x0(i) - x0(j)) + v * t(i,j) * (coss(i) - coss(j))]^2 + [(y0
            (i) - y0(j)) + v * t(i,j) * (sinn(i) - sinn(j))]^2;
        end
    end
end
g = 64 - [D(2,1):D(3,1:2)';D(4,1:3)';D(5,1:4)';D(6,1:5)'];
ceq = [];
```

这里$D(i, j)$记录的是第i架飞机与第j架飞机的极小距离的平方.

由于调用函数 fmincon 对非线性规划问题进行求解往往对初始点的依赖较大，故而可在原点附近随机生成若干个初始点，以便获取可能的最有解和最优值. 可编写 M 文件如下：

```
function[delta,fval] = airfmin()
delta0 = zeros(6,1);
lb = -pi/6 * ones(6,1);
ub = pi/6 * ones(6,1);
options = optimset('LargeScale','off');
[deltal,f1] = fmincon(@airf,delta0,[],[],[],[],lb,ub,@aircons,options);
n = 10;
for i = 1:n
    delta0 = (rand(6,1) - 0.5) * 20;
    [delta2,f2] = fmincon(@airf,delta0,[],[],[],[],lb,ub,@aircons,options);
    if f2 < f1
        f1 = f2;
        deltal = delta2;
    end
end
delta = deltal;
fval = f1;
```

在 Matlab 命令窗口中运行上述 airfmin. m 文件，可得：

```
delta =
         0.0000
        -0.0000
         0.0360
        -0.0086
         0.0000
         0.0273


fval =
      0.0021
```

欲将飞机的飞行方向角调整幅度以单位“度”显示，则只需键入命令行

```
ddelta = 180 * delta/pi;
```

即得

```
ddelta =
         0.0000
        -0.0000
         2.0625
        -0.4955
         0.0000
         1.5670
```

应用例 3　用 Matlab 求解分类问题的逻辑回归（LR）模型

分类问题是机器学习领域中常见的一种需求. 假设我们有两个样本点的集合，习惯上分别称为“正类”和“负类”（一般而言，究竟哪个集合被称为正类对模型是没有影响的，不过在某些具体问题上，这种称呼的区分可能是约定俗成的）. 我们希望通过对已知样本点集合（称为训练集）的分析和学习，得到一个区分函数，使得我们对于新样本点的分类情况进行判断或预测. 由于这种学习是依赖于一些分类情况已知的样本点的，而这些已知的分类往往出于人工分析或者指定，因此分类问题是“有监督学习”的一类.

我们假定总共有 m 个样本点，而每一个样本点可以用一个 n 维向量进行描述. 那么全部已知的样本点可以记为点集 $\{u_1, u_2, \cdots, u_m\} \subset \mathbf{R}^n$. 对于这些样本点的分类情况，我们记：

$$v_i = \begin{cases} 1, & u_i\text{属于正类}; \\ 0, & u_i\text{属于负类}; \end{cases} \quad i = 1, 2, \cdots, m.$$

对于一个样本点 $u_i = (u_i^{(1)}, u_i^{(2)}, \cdots, u_i^{(n)})^{\mathrm{T}}$，逻辑回归（logistic regression，缩写为 LR）模型来拟合其对应的分类标签 v_i：

$$h_\theta(u_i) = \frac{1}{1 + \mathrm{e}^{-(\theta_1 u_i^{(1)} + \theta_2 u_i^{(2)} + \cdots + \theta_n u_i^{(n)} + \theta_{n+1})}}.$$

其中θ_1，θ_2，…，θ_{n+1}为一组待定参数. 为了书写方便，我们将样本点扩充为$n+1$维，记$\tilde{u}_i=(u_i^{(1)},u_i^{(2)},\cdots,u_i^{(n)},1)^{\mathrm{T}}$，及$\theta=(\theta_1,\theta_2,\cdots,\theta_{n+1})^{\mathrm{T}}$，则有：

$$h_\theta(\tilde{u}_i)=\frac{1}{1+\mathrm{e}^{-\theta^T\tilde{u}_i}}.$$

显然该判别函数有如下性质：

- 值域：$h_\theta(\tilde{u}_i)\in(0,1)$；
- 当$\theta^{\mathrm{T}}\tilde{u}_i\to+\infty$时，$h_\theta(\tilde{u}_i)\to1$；
- 当$\theta^{\mathrm{T}}\tilde{u}_i\to-\infty$时，$h_\theta(\tilde{u}_i)\to0$；
- 当$\theta^{\mathrm{T}}\tilde{u}_i=0$时，$h_\theta(\tilde{u}_i)=0.5$.

对于给定的训练集$\{\tilde{u}_1,\tilde{u}_2,\cdots,\tilde{u}_m\}$及对应的分类标签$v_1,v_2,\cdots,v_m$，我们希望选取参数$\theta$，使得$h_\theta(\tilde{u}_i)$与$v_i$尽可能接近. 不过注意到如果简单地使用欧氏距离的方法来衡量两者之间的差距，将得到这样的一个极小化问题：

$$\min_\theta\sum_{i=1}^m(h_\theta(\tilde{u}_i)-v_i)^2.$$

此处的目标函数不是凸函数，因此极小值点并不唯一. 因此在LR模型中，对于每一个样本点，我们选取下面的“代价函数”来衡量$h_\theta(\tilde{u}_i)$与v_i之间的差距：

$$Cost_\theta(\tilde{u}_i)=\begin{cases}-\log(h_\theta(\tilde{u}_i)), & v_i=1;\\ -\log(1-h_\theta(\tilde{u}_i)), & v_i=0.\end{cases}$$

注意这里$Cost_\theta(\tilde{u}_i)\geqslant0$，且随着$h_\theta(\tilde{u}_i)$与$v_i$之间距离增大而单调增大. 且当$\tilde{u}_i$给定时，该函数作为$\theta$的函数是凸的.

我们可以将两类样本点的代价函数统一写为如下形式：

$$Cost_\theta(\tilde{u}_i)=-v_i\cdot\log(h_\theta(\tilde{u}_i))-(1-v_i)\cdot\log(1-h_\theta(\tilde{u}_i)).$$

则可以建立如下问题来求解最优的参数θ：

$$\min_\theta J(\theta)=\frac{1}{m}\sum_{i=1}^m-v_i\cdot\log(h_\theta(\tilde{u}_i))-(1-v_i)\cdot\log(1-h_\theta(\tilde{u}_i)).$$

为了能够直观地作图，我们随机生成了两类呈二维正态分布的样本点. 其中正类（下图中以×标记的）中心点为（4，6），负类（图8-3中以○标记的）中心点为（7，5）. 每类点的个数均为300个.

如图8-4所示，我们将所有样本点的坐标存入两个Matlab矩阵A和B. 注意这两个矩阵的维度都是2×300，即每一列是一个样本点.

然后我们编写了两个Matlab函数文件h.m和J.m，分别用于计算$h_\theta(u_i)$和最终的目标函数$J(\theta)$. 其中h.m的内容如下：

注意这里我们使得h.m可以一次计算多个样本点对应的$h_\theta(u_i)$. 传入的参数theta应为列向量形式的θ. 若参数U是一个（扩展后的）列向量，函数返回一个浮点数；若参数U

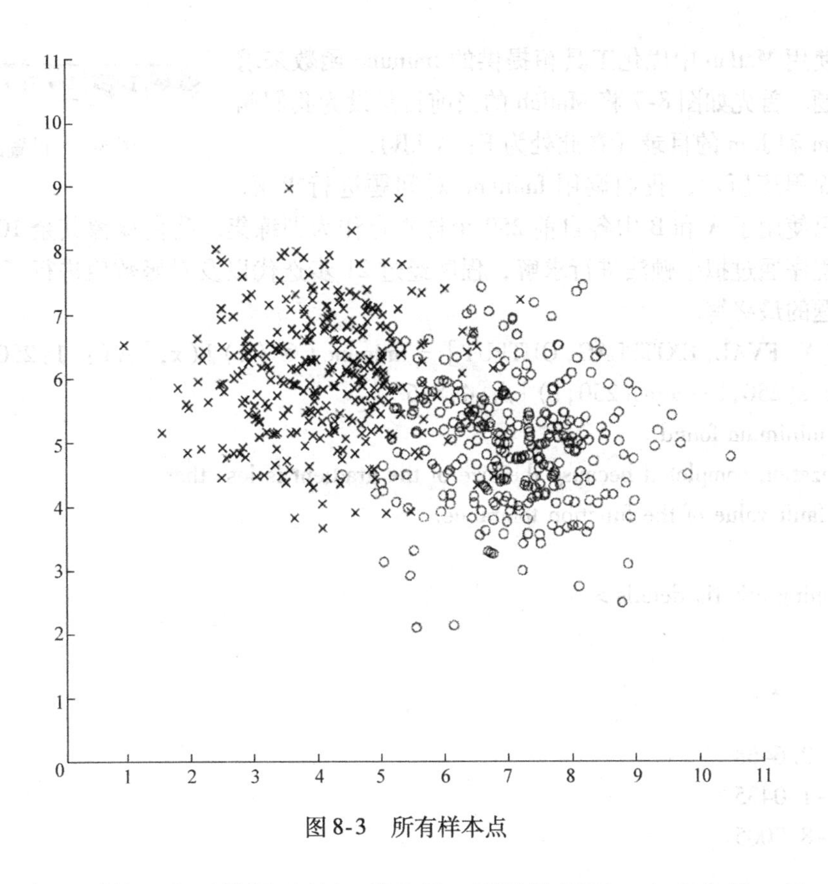

图 8-3　所有样本点

是一个矩阵，每一列是一个（扩展后的）列向量，则函数返回一个列向量，每一个元素分别对应相应样本点的 $h_\theta(u_i)$.

Workspace

Name ▲	Value
A	2x300 double
B	2x300 double

图 8-4　矩阵 A 和 B

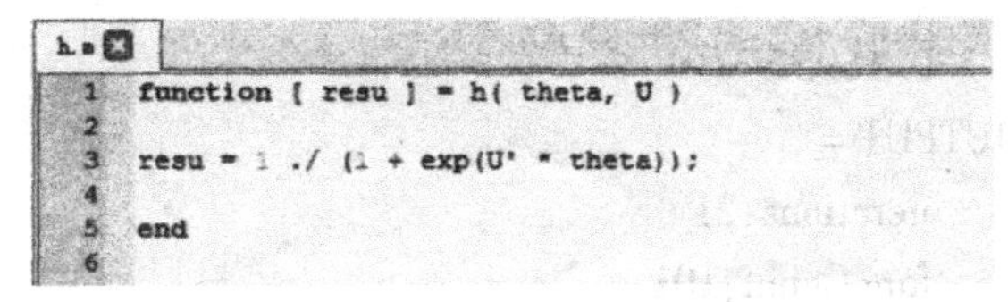

```
h.m
1  function [ resu ] = h( theta, U )
2
3  resu = 1 ./ (1 + exp(U' * theta));
4
5  end
6
```

图 8-5　函数文件 h.m

类似的，我们编写函数文件 J.m（图 8-5）来计算目标函数机器梯度（用于后面的求解）. 我们希望函数返回两个值 f 和 g，其中 f 是函数值 $J(\theta)$，而 g 为 $J(\theta)$ 的梯度（列）向量：

$$\nabla J(\theta) = \frac{1}{m}\sum_{i=1}^{m}(h_\theta(\tilde{u}_i) - v_i)\cdot\tilde{u}_i$$

相应的函数文件如图 8-6 所示：

```
J.m
1  function [ f, g ] = J( theta, U, v )
2
3  hvec = h(theta, [U; ones(1, size(U,2))]);
4  f = (-v' * log(hvec) - (1-v)' * log(1-hvec)) / length(v);
5  g = U * (hvec - v) / length(v);
6
7  end
8
```

图 8-6　函数文件 J.m

我们使用 Matlab 中优化工具箱提供的 fminunc 函数来求解这个问题. 首先如图 8-7 将 Matlab 的当前目录设为我们储存文件 h. m 和 J. m 的目录（在此处为 F: \ LR).

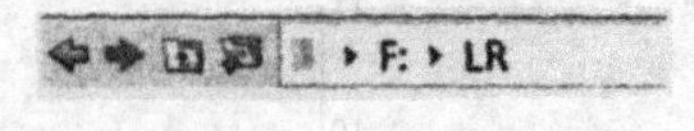

图 8-7 设置路径

如下面程序所示，我们调用 fminunc 对问题进行求解. 注意这里只使用了 A 和 B 中各自前 250 个样本点作为训练集. 我们保留其余 100 个点作为测试集. 程序通过拟牛顿法进行求解，程序经过 21 步迭代以及对函数值进行了 101 次计算后得到问题的最终解.

```
>> [X, FVAL, EXITFLAG, OUTPUT] = fminunc(@(x)J(x,[A(:,1:250),B(:,1:250)],[ones(250,1);zeros(250,1)]),[4;5;6])
Local minimum found.
Optimization completed because the size of the gradient is less than
the default value of the function tolerance.

<stopping criteria details>

X =

     2.6468
    -1.0435
    -8.8005

FVAL =

   0.16051
OUTPUT =
      iterations:21
      funcCount:101
      stepsize:1
firstorderopt:3.9235e-06
      algorithm:'quasi-newton'
      message:'Local minimum found.
Optimization completed because the size of the gradient is less than the def...'
```

当我们得到 θ 之后，就可以通过 $h_\theta(\tilde{u})$的值对 $\tilde{u}$ 的分类进行预测. 一般来说，我们采取如下判别准则：

- 若 $h_\theta(\tilde{u})>0.5$，则认为对应样本点 u 为正类；
- 若 $h_\theta(\tilde{u})<0.5$，则认为对应样本点 u 为负类.

按照这个准则，我们分别对训练集和测试集的样本点进行判别，在 500 个训练样本中，判别正确的点为467 个，准确率达到93.4%，如图 8-8 所示；在 100 个测试样本中，判别正确的点为 96 个，准确率为96%，如图 8-9 所示.

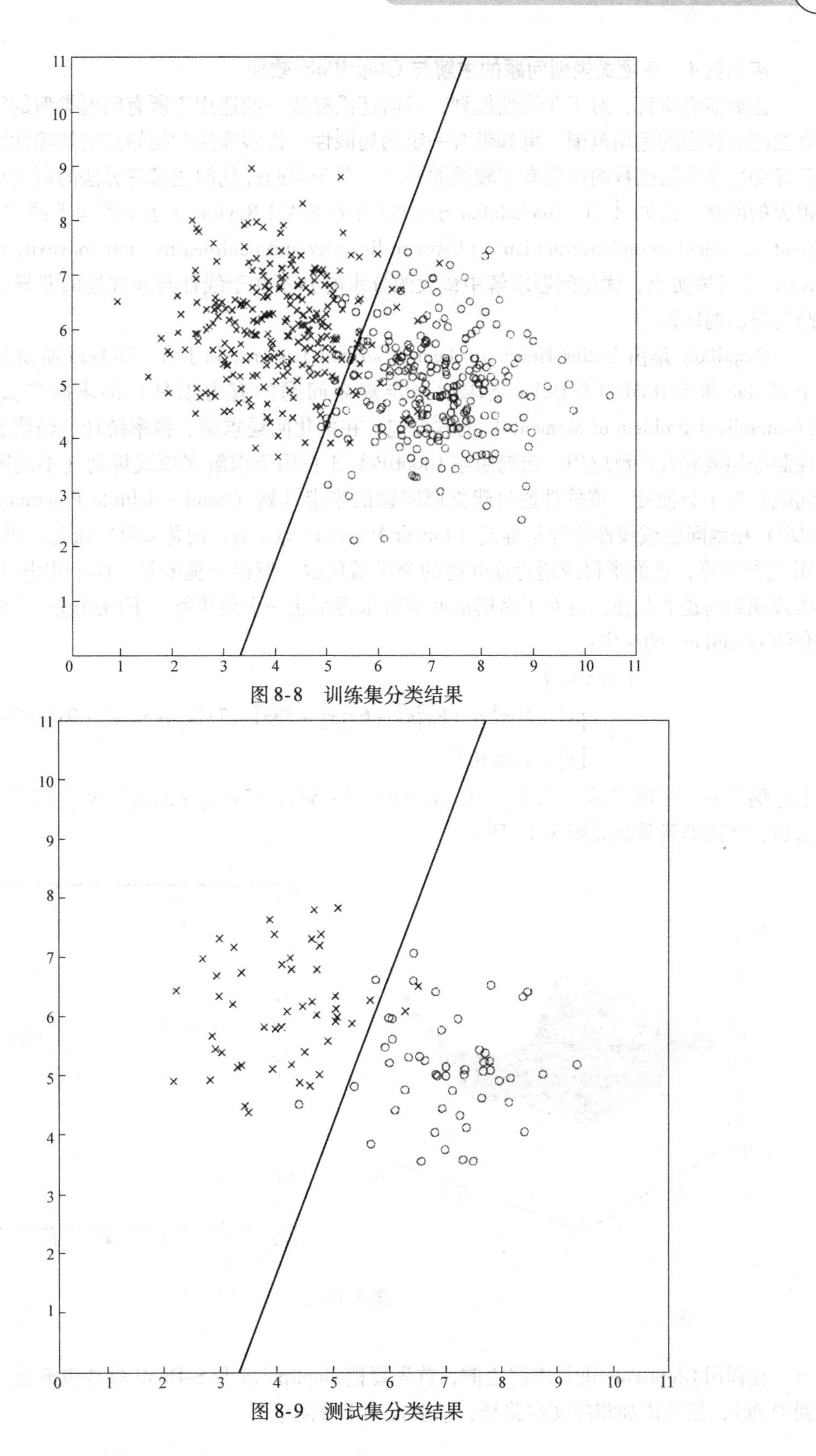

图 8-8　训练集分类结果

图 8-9　测试集分类结果

应用例 4　多项式规划问题的求解与 GloptiPoly 软件

正如前面所言，对于非线性规划，目前还没有统一的适用于所有问题类型的算法，每个算法都有特定的适用范围，也都带有一定的局限性：许多算法对初始点的依赖性很强，且对目标函数与约束函数的性质有着较强的要求. 关于非凸优化问题求解算法的研究更是存在着很大的困难，正如 R. T. Rockafellar 于 1993 年在 SIAM Review 杂志上所写下的“In fact, the great watershed in optimization isn’t between linearity and nonlinearity, but convexity and nonconvexity.”（事实上，优化问题求解中最大的分水岭并不在于线性与非线性的差异，而是在于凸与非凸的区别.）

GloptiPoly 是由 Didier Henrion，Jean - Bernard Lasserre 和 Johan Löfberg 所研发的一种基于 Matlab 和 SeDuMi（SeDuMi 是求解半定规划问题的有力工具）的求解广义矩量问题（Generalized Problem of Moments）的软件包，在优化问题求解、概率统计、经济金融、最优控制等领域有着广泛应用. 当前版本 GloptiPoly 3 在用于求解多项式规划（不局限于凸规划问题）时十分便捷. 该软件通过建立原问题的半定规划（Semi - definite Programming，简称 SDP）松弛问题或线性矩阵不等式（Linear Matrix Inequality，简称 LMI）松弛，再基于 SeDuMi 进行计算，进而求得或逼近原问题的全局最优解. 值得一提的是，GloptiPoly 并不要求多项式规划问题的凸性，且对于多解的问题可求得不止一个最优解. 下面通过一个例子来简单介绍 GloptiPoly 的应用：

$$\min z = x_1^2$$

$$\text{s. t.} \begin{cases} x_1^5 - 10x_1^4x_2 + 8x_1^2x_2^3 - 6x_1^2x_2^2 + 58x_1^3 - 7x_1^2x_2 + 3x_1x_2^2 - 9x_2^3 + 2x_1^2 + 1 \leqslant 0 \\ x_1^2 + x_2^2 \leqslant 10 \end{cases}$$

上述例子中，多项式 $x_1^5 - 10x_1^4x_2 + 8x_1^2x_2^3 - 6x_1^2x_2^2 + 58x_1^3 - 7x_1^2x_2 + 3x_1x_2^2 - 9x_2^3 + 2x_1^2 + 1$ 是非凸函数，其图形及等高线图 8-10 所示.

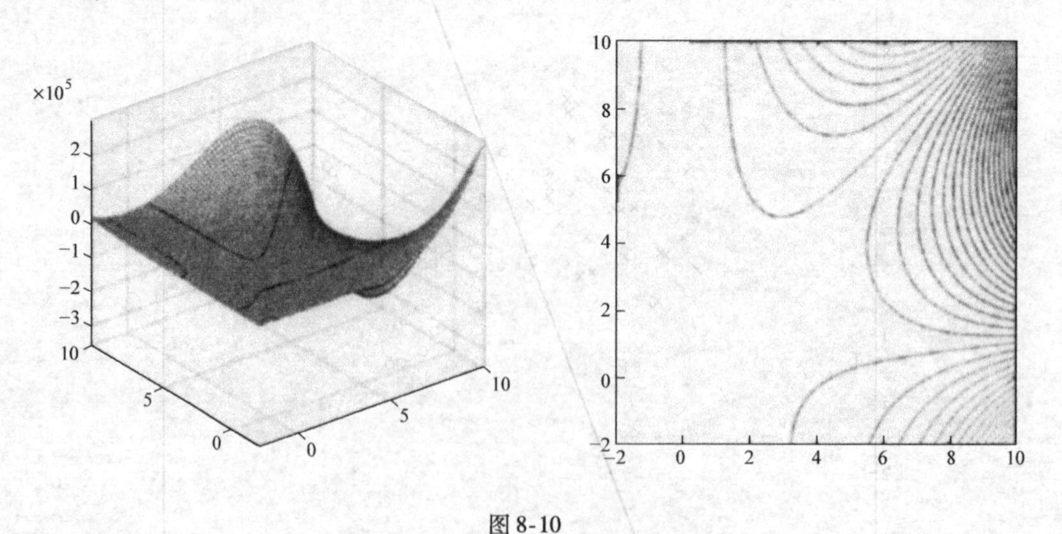

图 8-10

在调用 GloptiPoly 进行求解之前，首先要把 gloptipoly3 与 SeDuMi 软件包解压（例如解压到 D 盘），然后添加相应文件路径，求解代码十分简单：

```
addpath D:\gloptipoly3
addpath D:\SeDuMi_I_3
mpol x 2
RR=10;
R=[x(1)^5-10*x(1)^4*x(2)+8*x(1)^2*x(2)^3-6*x(1)^2*x(2)^2+5*x(1)^
    3-7*x(1)^2*x(2)+…+3*x(1)*x(2)^2-9*x(2)^3+2*x(1)^2+1<=0;x'
    *x-RR<=0];
P=msdp(min(x(1)^2),R,3);
[status,obj]=msol(P)
xx=double(x);
```

其中，mpol 用于定义多项式的自变量，这里定义的是2维变量 x；R = [⋯] 对应了约束条件；P = msdp（⋯）用于建立相应的SDP松弛问题，调用函数msdp时输入的最后一个参数是松弛阶数（Relaxation Order），这里输入的是3，通常松弛阶数选择为多项式最高次数的一半作上取整所得的数值；[status，obj] = msol（P）则用于求解刚刚所生成的SDP松弛问题. 本例计算结果如下：

```
2 globally optimal solutions extracted
Global optimality certified numerically

status =
    1


obj =
  8.0244e-12


xx(:,:,1) =
      -0.0000
       0.5517


xx(:,:,2) =

     0.0000
     2.2833
```

这里，status=1意味着对原问题求解成功（若无法获得最优解或是无法从数值上验证所得解的全局最优性，则会显示status=0）；obj与xx分别给出最优目标值和最优解，本例中GlopyPoly求得了两个最优解，这是由于非凸性导致原问题多解.

利用GloptiPoly求解多项式规划问题编码简单，方便快捷，无需选择初始点，对于规模不大的问题具有较高的计算效率；但若多项式幂次很高、变量个数很多，则松弛阶数较高，从而生成的SDP松弛中Moment数量过多，将导致内存不足无法求解.

应用例5　用Excel求解购买电视广告问题

某食品公司销售某种希望能吸引各年龄段男女消费者的低脂肪早餐谷类食物. 该公司准

备用多个30秒电视广告来宣传这类产品，这些广告可以投放在若干电视节目上. 不同节目中的广告价格（有些30秒时段比其他时段贵得多）和可能影响的观众类型都不同. 该公司已经将潜在的观众分为6个互不包含的组别：18 ~ 35岁的男性、36 ~ 55岁的男性、55岁以上的男性、18 ~ 35岁的女性、36 ~ 55岁的女性、55岁以上的女性. 已知评级服务可以提供观看特定电视节目上广告的各组观众的数量，每有一个这样的观众被称为一次曝光. 该公司已经求出希望获得的对各组观众的曝光次数，现在想知道在若干电视节目上各投放多少条广告，才能以最低成本获得满足要求的曝光次数. 每条广告的价格、每条广告的曝光次数和要求的最低曝光次数列于表8-38，其中曝光次数的单位是百万，价格的单位是万元. 该公司该如何做决策?

表8-38　广告问题的相关数据

电视节目 / 观众组	热播偶像剧	体育节目	综艺节目	军事评论	流行音乐	文化娱乐报道	新闻	电视连续剧	要求最低曝光次数
18 ~ 35岁男性	6	6	5	0.5	0.7	0.1	0.1	1	60
36 ~ 55岁男性	3	5	2	0.5	0.2	0.1	0.2	2	60
55岁以上男性	1	3	0	0.3	0	0	0.3	4	28
18 ~ 35岁女性	9	1	4	0.1	0.9	0.6	0.1	1	60
35 ~ 55岁女性	4	1	2	0.1	0.1	1.3	0.2	3	60
55岁以上女性	2	1	0	0	0	0.4	0.3	4	28
每条广告的成本	160	100	80	9	13	15	8	85	

解　通过分析不难知道，在此例中，需要决定的是在不同电视节目上投放的广告数量，要求广告总成本最小化，并达到对不同观众组的曝光次数要求.

于是，我们设 x_1，x_2，x_3，x_4，x_5，x_6，x_7，x_8 为决策变量，令它们依次表示在上述表中给出的各个电视节目上需投放的广告数量，则可建立如下LP模型：

$$\min \quad 160x_1+100x_2+80x_3+9x_4+13x_5+15x_6+8x_7+85x_8$$

$$\text{s.t.}\begin{cases}6x_1+6x_2+5x_3+0.5x_4+0.7x_5+0.1x_6+0.1x_7+x_8\geqslant 60\\3x_1+5x_2+2x_3+0.5x_4+0.2x_5+0.1x_6+0.2x_7+2x_8\geqslant 60\\x_1+3x_2+0.3x_4+0.3x_7+4x_8\geqslant 28\\9x_1+x_2+4x_3+0.1x_4+0.9x_5+0.6x_6+0.1x_7+x_8\geqslant 60\\4x_1+x_2+2x_3+0.1x_4+0.1x_5+1.3x_6+0.2x_7+3x_8\geqslant 60\\2x_1+x_2+0.4x_6+0.3x_7+4x_8\geqslant 28\\x_1,x_2,x_3,x_4,x_5,x_6,x_7,x_8\geqslant 0\end{cases}$$

对上述LP问题，可以很容易地利用Matlab中的Optimization Toolbox来求解，通过调用linprog程序，即可得到 $x_1=4.0697$，$x_2=0$，$x_3=0$，$x_4=79.8884$，$x_5=0$，$x_6=20.8368$，$x_7=0$，$x_8=2.8815$，总广告费用为 1.9276×10^3 万元.

下面介绍如何应用Excel电子表格中内构的优化程序Solver来求解这一线性规划问题.

A　开发电子表格模型

该案例的Excel电子表格模型显示在图8-11中，其开发步骤如下.

步骤1 输入值和区域名称：在电子表格的阴影区域输入表8-38中的数据，并按照图中所示命名各区域，例如，选定B20：I20区域后，单击鼠标右键并进入“命名单元格区域”选项，即可命名该区域为“投放广告数量”. 类似可命名该问题涉及的其他单元格区域，包括“实际曝光次数”（B24：B29）、“要求最低曝光次数”（D24：D29）和“总广告成本”（B32）.

步骤2 投放的广告数量：在B20：I20区域中先暂时输入任意的在各节目中投放广告数量值，如1，2，3，4，5，6，7，8，这些值在经Solver求解后会改变. B20：I20是该模型中仅有的可变单元格区域.

步骤3 实际曝光次数：投放广告的数量决定着对不同观众组的曝光次数. 为计算这些曝光次数，在单元格B24输入公式

=SUMPRODUCT（B7：I7，投放广告数量）

并将该公式向下复制到范围B24：B29.

步骤4 计算总成本：投放广告的数量还决定着广告总成本，在单元格B32用公式

=SUMPRODUCT（B15：I15，投放广告数量）

	A	B	C	D	E	F	G	H	I
1	Advertising model			Note: 曝光次数以百万为单位，成本价格以万元为单位。					
2									
3									
4	Inputs								
5	每条广告在不同观众组中曝光次数:								
6		热播偶像剧	体育节目	综艺节目	军事评论	流行音乐	文化娱乐报道	新闻	电视连续剧
7	Men 18-35	6	6	5	0.5	0.7	0.1	0.1	1
8	Men 36-55	3	5	2	0.5	0.2	0.1	0.2	2
9	Men >55	1	3	0	0.3	0	0	0.3	4
10	Women 18-35	9	1	4	0.1	0.9	0.6	0.1	1
11	Women 36-55	4	1	2	0.1	0.1	1.3	0.2	3
12	Women >55	2	1	0	0	0	0.4	0.3	4
13	总曝光次数	25	17	13	1.5	1.9	2.5	1.2	15
14									
15	每条广告成本	160	100	80	9	13	15	8	85
16	每百万次曝光成本	6.4	5.882352941	6.153846154	6	6.842105263	6	6.666666667	5.66666667
17									
18	Advertising plan								
19		热播偶像剧	体育节目	综艺节目	军事评论	流行音乐	文化娱乐报道	新闻	电视连续剧
20	投放广告数量	4.069735007	0	0	79.88842399	0	20.83682008	0	2.881450488
21									
22	Constraints								
23		实际曝光次数		要求最低曝光次数					
24	Men 18-35	69.32775453	>=	60					
25	Men 36-55	60	>=	60					
26	Men >55	39.56206416	>=	28					
27	Women 18-35	60	>=	60					
28	Women 36-55	60	>=	60					
29	Women >55	28	>=	28					
30									
31	Objective to minimize								
32	总广告成本:	1927.62901							
33									

图8-11 广告模型的最优解

计算广告总成本.

注意，上述公式中的“投放广告数量”是此前所命名的区域名，指单元格区域B20：I20，也可将之替换为“B20：I20”. 关于Excel电子表格的建模基础、区域命名以及Solver（规划求解）的详情，读者可参阅Excel的相关书籍或查看Excel帮助文档.

B 使用Solver求解

从Tools菜单中选择Solver（不同版本Excel中Solver的位置或有不同，具体可阅读相关帮

助文档)，Solver 主对话框如图 8-12 所示．按图示填写对话框，并点击选项按钮，设置为“采用线性模型”（Assume Linear Model）和“假定非负”（Assume Non - Negative）选项，再单击“求解”（Solver）按钮即可获得图 8-11 中的解：单元格区域 B20：I20 中显示了经 Solver 求解后在各节目中应投放广告的数量，单元格 B32 中则给出了总广告成本的最优值．

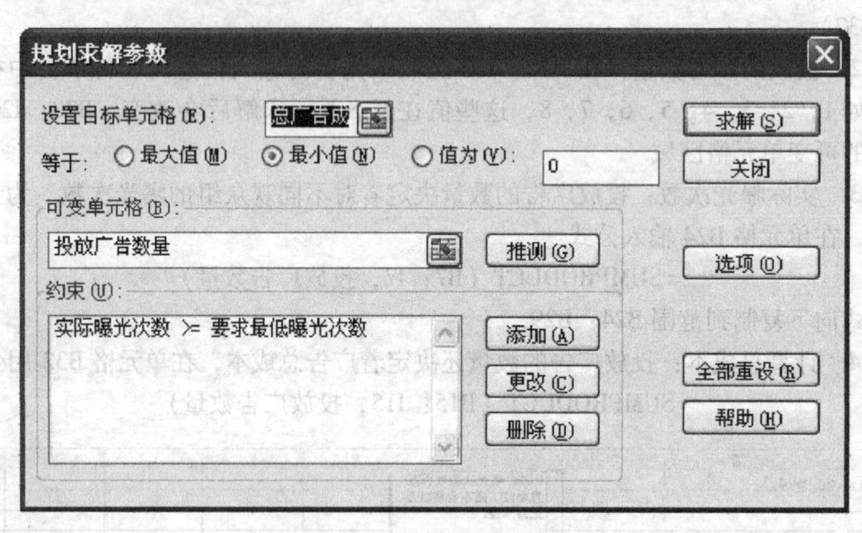

图 8-12　广告模型的 Solver 对话框

C　灵敏度分析

除了计算结果之外，要想进一步做灵敏度分析以得到关于该解决方案的更多信息，可以在规划求解结果报告中选择“敏感性报告”，则得到如图 8-13 所示的 Solver 敏感性报表.

Microsoft Excel 12.0 敏感性报告
工作表 [Adv1.xls]Sheet1
报告的建立：2008-5-19 16:47:33

可变单元格

单元格	名字	终值	递减成本	目标式系数	允许的增量	允许的减量
$B$20	投放广告数量 热播偶像剧	4.069735007	0	160	11.11702127	64.41176471
$C$20	投放广告数量 体育节目	0	1.377266385	100	1E+30	1.377266385
$D$20	投放广告数量 综艺节目	0	5.467224545	80	1E+30	5.467224545
$E$20	投放广告数量 军事评论	79.88842399	0	9	0.157245223	6.716216216
$F$20	投放广告数量 流行音乐	0	1.311715481	13	1E+30	1.311715481
$G$20	投放广告数量 文化娱乐报道	20.83682008	0	15	7.259259258	1.99494949
$H$20	投放广告数量 新闻	0	0.708856346	8	1E+30	0.708856346
$I$20	投放广告数量 电视连续剧	2.881450488	0	85	4.498861038	20

约束

单元格	名字	终值	阴影价格	约束限制值	允许的增量	允许的减量
$B$24	Men 18-35 实际曝光次数	69.32775453	0	60	9.327754533	1E+30
$B$25	Men 36-55 实际曝光次数	60	15.47419805	60	124.5	9.982089552
$B$26	Men >55 实际曝光次数	39.56206416	0	28	11.56206416	1E+30
$B$27	Women 18-35 实际曝光次数	60	9.163179916	60	54.18300654	19.9047619
$B$28	Women 36-55 实际曝光次数	60	3.465829847	60	37.56363636	18.44444444
$B$29	Women >55 实际曝光次数	28	8.622733612	28	30.18181818	9.412300683

图 8-13　广告模型的敏感性报表

该图中的敏感性报表给出了该解决方案的许多信息，比如：

- 该公司目前没有购买综艺节目上的任何广告. 该节目的递减成本值表明，若要使综艺节目上的广告进入最优解，则该节目的每条广告价格必须至少降低5.467万元.
- 该公司目前在军事评论节目上购买了差不多80条广告. 该节目的允许增量和允许减量值指出在该节目上的最优广告数量发生变化之前，每条广告的价格允许提高或降低多少.
- 对36~55岁男性观众的曝光次数约束有最高的影子价格15.474万元. 如果该公司放松这项约束，改为只要求5900万曝光次数而不是6000万，则总广告成本将节省15.474万元；反之，如果该公司要求对该观众组的曝光次数为6100万，则总广告成本将上升15.474万元.

应用例6　用LINDO求解香水生产问题

某公司生产两种型号香水. 生产每种香水所需原料的购买价格是每磅3美元，处理1磅原料需要1小时的实验时间. 每1磅经过处理的原料可以生产3盎司普通Ⅰ型香水和4盎司普通Ⅱ型香水，普通Ⅰ型香水的售价是7美元每盎司，普通Ⅱ型香水的售价是6美元每盎司. 该公司还可以选择进一步处理普通Ⅰ型香水和普通Ⅱ型香水，生产售价为每盎司18美元的高级Ⅰ型香水和售价为每盎司14美元的高级Ⅱ型香水. 1盎司普通Ⅰ型香水还需要3小时的实验时间以及4美元的处理费用才能生产出1盎司的高级Ⅰ型香水；而1盎司普通Ⅱ型香水还需要2小时的实验时间和4美元的处理费用才能生产出1盎司的高级Ⅱ型香水. 已知该公司每年可以使用的实验时间为6000小时，可以购买的原料最多为4000磅. 假定实验时间的费用为固定成本，问如何规划生产过程才能使该公司利润最大化？

解　该公司必须确定每年要购买多少原料以及每种香水各生产多少. 我们把决策变量定义为：x_1 表示普通Ⅰ型香水的年销量，x_2 表示高级Ⅰ型香水的年销量，x_3 表示普通Ⅱ型香水的年销量，x_4 表示高级Ⅱ型香水的年销量（单位均为盎司），x_5 表示原料的年采购量（磅）. 经分析可以得到如下LP来表述此问题.

$$\max \quad 7x_1+(18-4)x_2+6x_3+(14-4)x_4-3x_5$$

$$\text{s. t.}\begin{cases} x_5 \leqslant 4000 \\ 3x_2+2x_4+x_5 \leqslant 6000 \\ x_1+x_2-3x_5=0 \\ x_3+x_4-4x_5=0 \\ x_i \geqslant 0, \quad i=1,2,3,4,5 \end{cases}$$

应用LINDO软件可以很方便地求解这一LP问题，首先按照图8-14所示输入此问题的LINDO模型.

注意，建立LINDO模型时，第一条语句总是要输入目标，其中的MAX表示要最大化目标函数，之后再由SUBJECT TO逐行引出各约束条件，在每条语句结束的时候不需要加任何标点符号，最后以END语句结束.

下面来求解这一模型. 从Solve菜单中选择Solve命令，或单击工具栏中相应按钮，则得到如下Reports Window给出的输出结果报告（图8-15）：

由上述计算结果的前一部分可以看出，该公司应当购买4000磅原料，生产约11333.333盎司普通Ⅰ型香水，666.667盎司高级Ⅰ型香水，16000盎司普通Ⅱ型香水，这

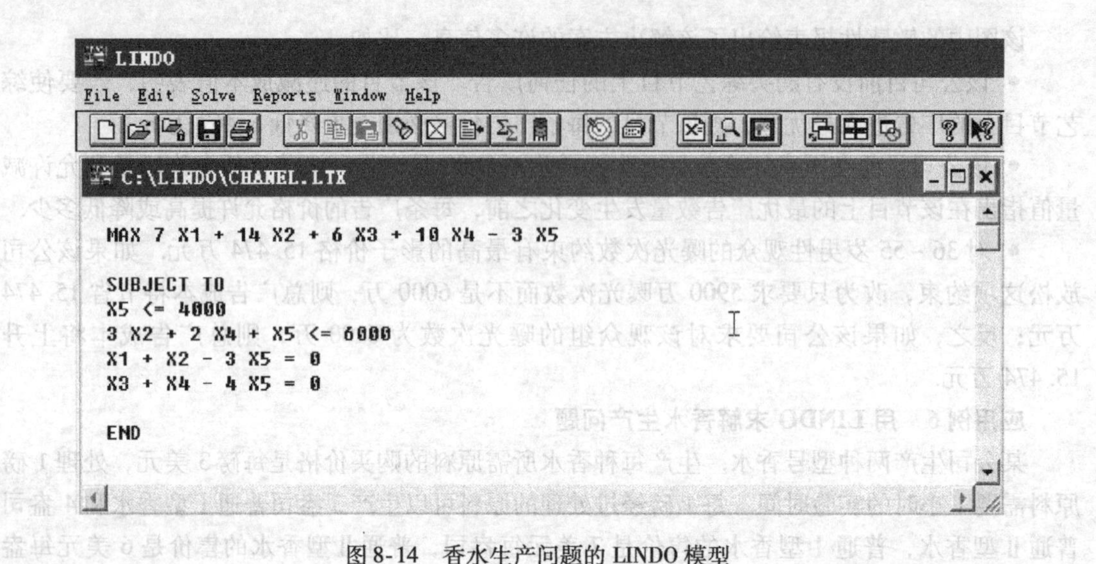

图 8-14 香水生产问题的 LINDO 模型

样的生产计划为公司带来的利润为 172666.7 美元. 由于我们在询问是否需要作灵敏度分析的对话框中选择了“是”，因而在结果报告的后一部分中也包含有灵敏度分析的内容，即当前基保持最优时目标函数中系数的允许变化范围，以及右端项的范围.

LINDO/LINGO 是由美国 LINDO 系统公司（LINDO System Inc.）所开发的一套专门用于求解数字规划问题的软件包. LINDO 一般用于求解线性规划和二次规划，而 LINDO 除了具有 LINDO 的全部功能外，还可以用于求解非线性规划，也可以用于线性和非线性方程组的求解以及代数方程组求根等. LINDO 和 LINGO 软件的最大特点是可以允许优化模型中的决策变量是整数（即整数规划），而且执行速度很快. 读者可登录 LINDO 系统公司网站 http://www.lindo.com 免费下载 LINDO 和 LINGO 软件包（学生版）.

需指出的是，尽管 LINDO（又称为线性交互和离散优化器）软件包可以用来很方便地求解线性规划，但是许多线性规划的实际应用问题中包含成百上千个约束和决策变量，很少有用户愿意逐字输入约束条件和目标函数，这就需要引入矩阵生成器来简化 LP 的输入. LINGO 软件包是一种高级的矩阵生成器，也是最优化问题的一种建模语言，它包括许多常用的函数可供使用者在建立优化模型时调用，并提供与其他数据文件（如文本文件、Excel 电子表格文件、数据库文件等）的接口，更易于方便地输入、求解和分析大规模最优化问题. 我们将通过下面的实例来说明 LINGO 的基本工作方式.

应用例 7　用 LINGO 求出生产调度方案

某摩托车公司正在确定今后 4 个季度的生产调度方案. 摩托车的需求量：第 1 季度 40 辆，第 2 季度 70 辆，第 3 季度 50 辆，第 4 季度 20 辆. 该公司的成本分为 4 种：

（1）每辆摩托车的生产成本是 400 美元；

（2）每季度末，每辆摩托车的仓储成本是 100 美元；

（3）从一个季度到下一季度时增加产量将产生培训员工的成本. 据估计，从一个季度到下一季度时增加产量将使每辆摩托车的成本达到 700 美元；

（4）从一个季度到下一季度时减少产量将产生解雇费、士气低落等成本. 据估计，从一个季度到下一季度时减少产量将使每辆摩托车的成本达到 600 美元.

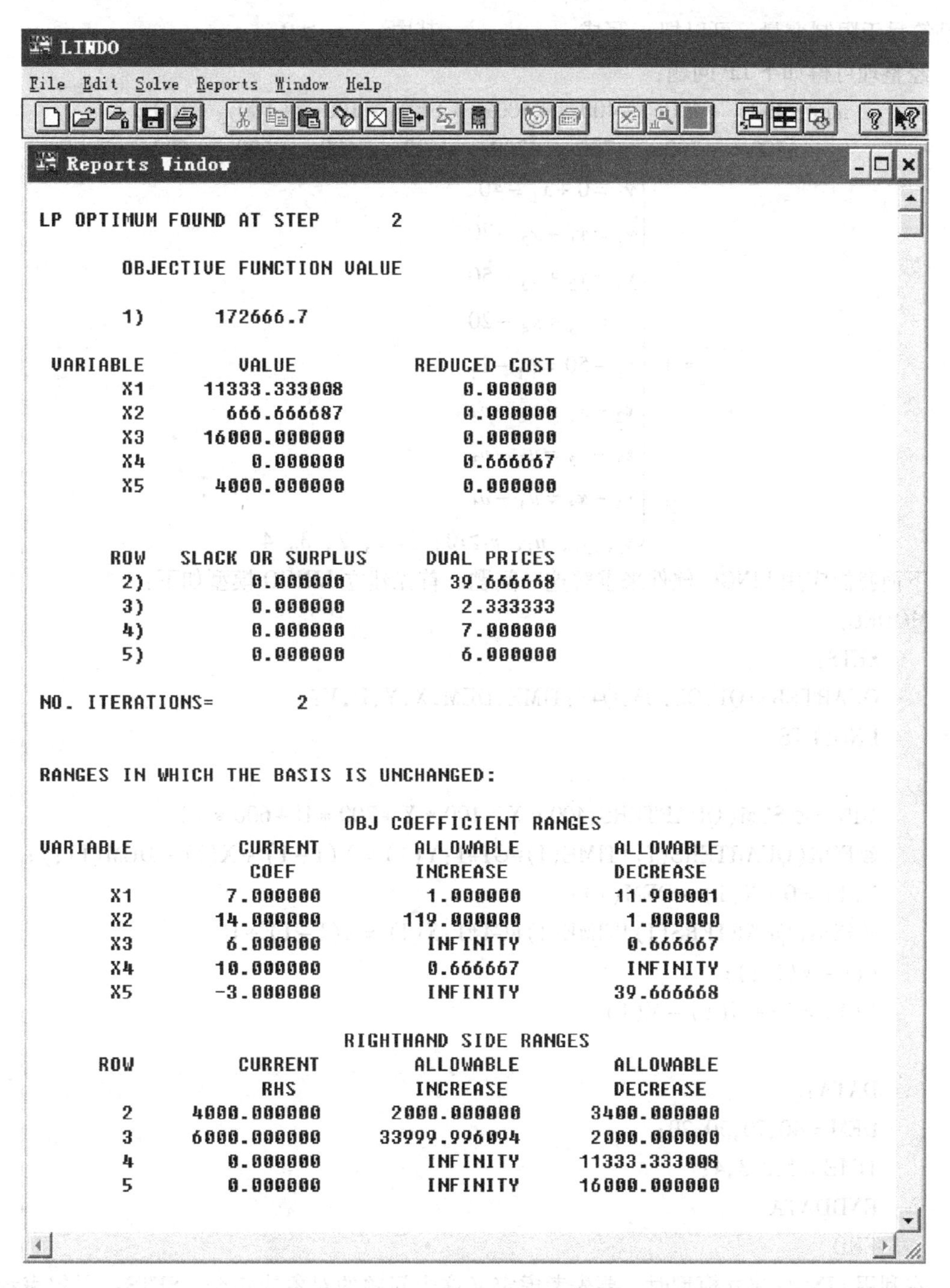

```
LINDO
File Edit Solve Reports Window Help
Reports Window

LP OPTIMUM FOUND AT STEP      2

       OBJECTIVE FUNCTION VALUE

       1)      172666.7

 VARIABLE        VALUE          REDUCED COST
       X1      11333.333008          0.000000
       X2        666.666687          0.000000
       X3      16000.000000          0.000000
       X4          0.000000          0.666667
       X5       4000.000000          0.000000


      ROW   SLACK OR SURPLUS     DUAL PRICES
       2)          0.000000        39.666668
       3)          0.000000         2.333333
       4)          0.000000         7.000000
       5)          0.000000         6.000000

NO. ITERATIONS=        2


RANGES IN WHICH THE BASIS IS UNCHANGED:

                           OBJ COEFFICIENT RANGES
VARIABLE         CURRENT        ALLOWABLE        ALLOWABLE
                   COEF          INCREASE         DECREASE
      X1        7.000000         1.000000        11.900001
      X2       14.000000       119.000000         1.000000
      X3        6.000000         INFINITY         0.666667
      X4       10.000000         0.666667         INFINITY
      X5       -3.000000         INFINITY        39.666668

                           RIGHTHAND SIDE RANGES
     ROW         CURRENT        ALLOWABLE        ALLOWABLE
                   RHS           INCREASE         DECREASE
       2     4000.000000      2000.000000      3400.000000
       3     6000.000000     33999.996094      2000.000000
       4        0.000000         INFINITY     11333.333008
       5        0.000000         INFINITY     16000.000000
```

图 8-15　香水生产问题的 LINDO 输出结果

假设所有需求必须按时满足，且一个季度的产量可以满足当前季度的需求量. 在第 1 季度前的那个季度，该公司生产了 50 辆摩托车；且在第 1 季度开始时，该公司没有库存. 请给出生产调度方案使得该公司今后 4 个季度的总成本最少.

解　为了表示库存成本和生产成本，对 $i=1, 2, 3, 4$，我们定义：x_i 表示第 i 季度摩托车的产量；y_i 表示第 i 季度末的库存量；z_i 表示第 i 季度超过第 $i-1$ 季度的产量. 可知，

z_i 是符号无限制变量，可以把 z_i 写成 $z_i = u_i - v_i$，其中 u_i，$v_i \geqslant 0$.

经整理可得如下 LP 问题：

$$\min \quad 400x_1 + 400x_2 + 400x_3 + 400x_4 + 100y_1 + 100y_2 + 100y_3 + 100y_4 + 700u_1 + 700u_2 + 700u_3 + 700u_4 + 600v_1 + 600v_2 + 600v_3 + 600v_4$$

$$\text{s.t.} \begin{cases} y_1 = 0 + x_1 - 40 \\ y_2 = y_1 + x_2 - 70 \\ y_3 = y_2 + x_3 - 50 \\ y_4 = y_3 + x_4 - 20 \\ x_1 - 50 = u_1 - v_1 \\ x_2 - x_1 = u_2 - v_2 \\ x_3 - x_2 = u_3 - v_3 \\ x_4 - x_3 = u_4 - v_4 \\ x_i,\ y_i,\ u_i,\ v_i \geqslant 0,\ i = 1,\ 2,\ 3,\ 4 \end{cases}$$

下面我们应用 LINGO 软件来求解这一问题. 首先建立 LINGO 模型如下：

```
MODEL:
    SETS:
    QUARTERS/Q1,Q2,Q3,Q4/:TIME,DEM,X,Y,U,V;
    ENDSETS

    MIN = @ SUM(QUARTERS:400 * X + 100 * Y + 700 * U + 600 * V);
    @ FOR(QUARTERS(I)|TIME(I)#GT#1:Y(I) = Y(I-1) + X(I) - DEM(I););
    Y(1) = 0 + X(1) - DEM(1);
    @ FOR(QUARTERS(I)|TIME(I)#GT#1:X(I) = X(I-1) + U
    (I) - V(I););
    X(1) = 50 + U(1) - V(1);

    DATA:
    DEM = 40,70,50,20;
    TIME = 1,2,3,4;
    ENDDATA
    END
```

在利用 LINGO 建立模型时，要先考虑定义这个问题的对象或集合. SETS：语句表示开始建立这个问题的模型所需集合的定义，并以 ENDSETS 语句结束定义. 对该摩托车公司来说，4 个季度，以 Q1、Q2、Q3、Q4 表示，将帮助定义这一问题. 对每个季度，都创建了 TIME（时间）来表明这个季度是第 1、2、3 季度还是第 4 季度，DEM 则表明这一季度的需求量，X 是 x_1，x_2，x_3，x_4 形成的 4 维向量，Y、U、V 类似.

在下一行创建目标函数，MIN = 表示将进行目标函数的最小化计算，@ SUM（QUARTERS：…）表示将所有季度的相应项求和. 接下来创建约束条件，用到了两条@ FOR 语句，分别对应了LP问题的第2、3、4和第6、7、8个约束条件，其中语句“TIME（I）#GT #1”表明循环条件是TIME（I）的值大于1．注意，与LINDO不同，LINGO语句要以分号结束，且LINGO的约束条件前面没有SUBJECT TO来引导，关于LINDO/LINGO的详细用法可查阅相关书籍.

在后面一部分，以DATA：语句开始来输入需要的数据，分别输入每个季度的需求量和季度的编号，并以ENDDATA语句结束．最后，与LINDO相同，LINGO程序也以END语句结束.

该模型的求解只需在LINGO下拉菜单中选择Solve命令，或者点击相应的快捷按钮，即可得到下面的输出报告：

```
Global optimal solution found.
  Objective value:                              95000.00
  Total solver iterations:                             7

      Variable             Value            Reduced Cost
     TIME (Q1)          1.000000            0.000000
     TIME (Q2)          2.000000            0.000000
     TIME (Q3)          3.000000            0.000000
     TIME (Q4)          4.000000            0.000000
      DEM (Q1)          40.00000            0.000000
      DEM (Q2)          70.00000            0.000000
      DEM (Q3)          50.00000            0.000000
      DEM (Q4)          20.00000            0.000000
        X(Q1)           55.00000            0.000000
        X(Q2)           55.00000            0.000000
        X(Q3)           50.00000            0.000000
        X(Q4)           50.00000            0.000000
        Y(Q1)           15.00000            0.000000
        Y(Q2)           0.000000            900.0000
        Y(Q3)           0.000000            500.0000
        Y(Q4)           30.00000            0.000000
        U(Q1)           5.000000            0.000000
        U(Q2)           0.000000            600.0000
        U(Q3)           0.000000            1300.000
        U(Q4)           0.000000            1200.000
        V(Q1)           0.000000            1300.000
        V(Q2)           0.000000            700.0000
        V(Q3)           5.000000            0.000000
        V(Q4)           0.000000            100.0000
```

Row	Slack or Surplus	Dual Price
1	95000.00	-1.000000
2	0.000000	1100.000
3	0.000000	300.0000
4	0.000000	-100.0000
5	0.000000	1000.000
6	0.000000	100.0000
7	0.000000	-600.0000
8	0.000000	-500.0000
9	0.000000	700.0000

上面的输出结果表明，LINGO 通过 7 步迭代得到了最优目标值 95000.00，后面的变量 X，Y，U，V 对应的值即为所求 LP 的最优解；此外，在输出报告的 Dual Price 部分的第i+1行中可以找到第 i 个约束条件的影子价格. 当然，我们还可以在 LINGO 菜单中选择 Range 命令，则进一步得到如下的灵敏度分析，分别给出了在当前基保持最优的情况下目标函数系数以及右端项的允许变化范围：

Ranges in which the basis is unchanged:

Objective Coefficient Ranges

Variable	Current Coefficient	Allowable Increase	Allowable Decrease
X(Q1)	400.0000	1200.000	1400.000
X(Q2)	400.0000	1400.000	1200.000
X(Q3)	400.0000	900.0000	500.0000
X(Q4)	400.0000	100.0000	500.0000
Y(Q1)	100.0000	1200.000	1400.000
Y(Q2)	100.0000	INFINITY	900.0000
Y(Q3)	100.0000	INFINITY	500.0000
Y(Q4)	100.0000	100.0000	250.0000
U(Q1)	700.0000	1200.000	1300.000
U(Q2)	700.0000	INFINITY	600.0000
U(Q3)	700.0000	INFINITY	1300.000
U(Q4)	700.0000	INFINITY	1200.000
V(Q1)	600.0000	INFINITY	1300.000

V(Q2)	600.0000	INFINITY	700.0000
V(Q3)	600.0000	500.0000	600.0000
V(Q4)	600.0000	INFINITY	100.0000

Righthand Side Ranges

Row	Current RHS	Allowable Increase	Allowable Decrease
2	-70.00000	10.00000	INFINITY
3	-50.00000	30.00000	5.000000
4	-20.00000	INFINITY	30.00000
5	-40.00000	10.00000	30.00000
6	0.0	10.00000	10.00000
7	0.0	INFINITY	5.000000
8	0.0	INFINITY	30.00000
9	50.00000	5.000000	INFINITY

应用例 8　用 LINGO 和 Excel 求解运输问题

设有 3 个电厂，它们为 4 个城市供电．每个电厂可以供应下列数量的电力（kW · h，即千瓦 · 小时）：电厂 1 为 100 万～3500 万 kW · h；电厂 2 为 200 万～5000 万 kW · h；电厂 3 为 300 万～4000 万 kW · h（见表 8-39）．这些城市的用电高峰期同时出现，高峰用电量分别是：城市 1 为 100 万～4500 万 kW · h；城市 2 为 200 万～2000 万 kW · h；城市 3 为 300 万～3000 万 kW · h；城市 4 为 400 万～3000 万 kW · h．从电厂把 100 万 kW · h 电力输送到城市的费用取决于输电距离．如何做出决策使 3 个电厂满足每个城市高峰用电量的总费用最少？

表 8-39　各电厂到各城市每 100 万 kW · h 电力的输电费用、最大供电量和需求量

	城市 1	城市 2	城市 3	城市 4	供电量/100 万 kW · h
电厂 1	8	6	10	9	35
电厂 2	9	12	13	7	50
电厂 3	14	9	16	5	40
需求量/100 万 kW · h	45	20	30	30	

解　经分析，定义决策变量 x_{ij} 表示从电厂 i 输送到城市 j 的电量（单位是 100 万kW · h），$i=1, 2, 3$；$j=1, 2, 3, 4$，则可以建立如下 LP 来表述这一问题：

$$\min 8x_{11}+6x_{12}+10x_{13}+9x_{14}+9x_{21}+12x_{22}+$$
$$13x_{23}+7x_{24}+14x_{31}+9x_{32}+16x_{33}+5x_{34}$$

$$
\text{s. t.} \begin{cases} x_{11}+x_{12}+x_{13}+x_{14} \leqslant 35 \\ x_{21}+x_{22}+x_{23}+x_{24} \leqslant 50 \\ x_{31}+x_{32}+x_{33}+x_{34} \leqslant 40 \\ x_{11}+x_{21}+x_{31} \geqslant 45 \\ x_{12}+x_{22}+x_{32} \geqslant 20 \\ x_{13}+x_{23}+x_{33} \geqslant 30 \\ x_{14}+x_{24}+x_{34} \geqslant 30 \\ x_{ij} \geqslant 0,\ i=1,\ 2,\ 3; \quad j=1,\ 2,\ 3,\ 4 \end{cases}
$$

利用 LINDO 或 LINGO 可以来求解这一运输问题，比如，可构造如下 LINGO 模型：

```
MODEL:
    SETS:
    PLANTS/P1, P2, P3/: CAP;
    CITIES/C1, C2, C3, C4/: DEM;
    LINKS(PLANTS,CITIES):COST,SHIP;
    ENDSETS

    MIN = @ SUM(LINKS:COST * SHIP);
    @ FOR(CITIES(J):@ SUM(PLANTS(I):SHIP(I,J)) > DEM(J));
    @ FOR(PLANTS(I):@ SUM(CITIES(J):SHIP(I,J)) < CAP(I));
    DATA:
    CAP = 35,50,40;
    DEM = 45,20,30,30;
    COST = 8,6,10,9,9,12,13,7,14,9,16,5;
    ENDDATA
END
```

在这个 LINGO 模型中，首先创建了 3 个电厂，并以三维向量 CAP 表示每个电厂的最大生产能力，创建了 4 个城市，并以三维向量 DEM 表示每个城市的最高需求量，还创建了对象 LINKS（I，J），这里每个 LINK 有两个属性：单位运输成本 COST 和运输量 SHIP；然后给出目标函数和约束条件；最后列出这个问题需要的数据．程序完成之后，只需在 LINGO 菜单中选择 Solve 命令求解即可，这里不再详述．

另一方面，使用 Excel 的 Solver 来求解运输问题也是十分方便的．对这一实例，我们首先按照给出的值输入电厂生产能力（最大供电量）、城市需求量和单位运输成本，见图 8-16，再在范围 B9：E11 内输入从每个电厂输送到各城市的电量的试验值．然后，把公式 = SUM（B9：E9）从 F9 复制到范围 F9：F11，计算从每个电厂输出的总电量；再把公式 = SUM（B9：B11）从 B12 复制到 C12：E12，计算每个城市得到的总电量．之后，把单位运输成本的范围 B4：E6 命名为 Costs，再利用公式 = SUMPRODUCT（B9：E11，Costs）在单元格 F2 中计算总运输成本.

	A	B	C	D	E	F	G	H	I
1		Optimal solution for Power-Trans				总运输成本			
2	单位运输成本		CITIES			1020			
3	PLANTS	城市 1	城市 2	城市 3	城市 4				
4	电厂 1	8	6	10	9				
5	电厂 2	9	12	13	7				
6	电厂 3	14	9	16	5				
7	输送方案		CITIES			输送量		最大供电量	
8	PLANTS	城市 1	城市 2	城市 3	城市 4				
9	电厂 1	0	10	25	0	35	<=	35	
10	电厂 2	45	0	5	0	50	<=	50	
11	电厂 3	0	10	0	30	40	<=	40	
12	得到总电量	45	20	30	30				
13		>=	>=	>=	>=				
14	需求量	45	20	30	30				
15									

图 8-16 运输问题的 Excel 求解

最后，按照图 8-17 所示，在 Solver 窗口中设置参数，并点击选项按钮，设置为“采用线性模型”（Assume Linear Model）和“假定非负”（Assume Non - Negative）选项，再点击“求解”按钮，即可得到该运输问题的最优解了，见图 8-16 中黑框中的单元格以及单元格 F2.

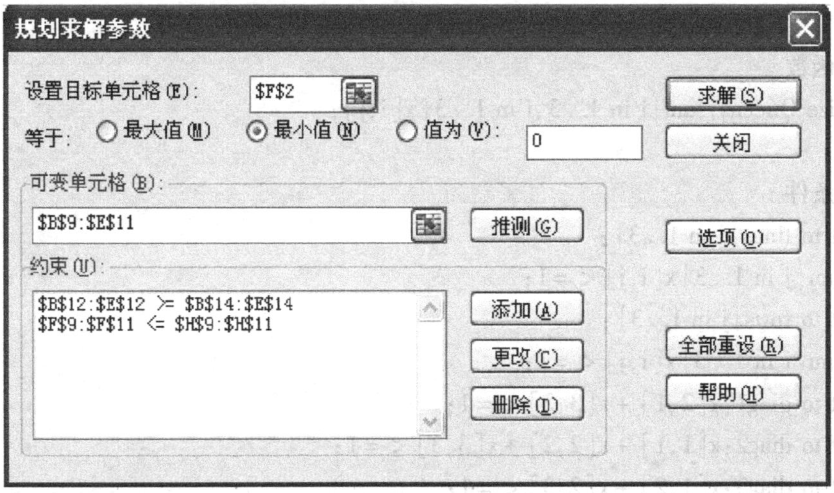

规划求解参数

设置目标单元格(E): $F$2

等于: ○最大值(M) ⊙最小值(N) ○值为(V): 0

可变单元格(B): $B$9:$E$11

约束(U):

$B$12:$E$12 >= $B$14:$E$14

$F$9:$F$11 <= $H$9:$H$11

求解(S) 关闭 推测(G) 选项(O) 添加(A) 更改(C) 删除(D) 全部重设(R) 帮助(H)

图 8-17 Solver 参数设置

应用例 9 用 AMPL 求解三皇后问题

在 3×3 的棋盘（图 8-18）上尽可能多地放入国际象棋的皇后，要求它们彼此不能互相攻击到，即每行、每列以及每条斜线上都最多只能有一颗棋子. 求此棋盘上能够放下的皇后的最大数目.

图 8-18 3×3 棋盘

解 建立如下 0 - 1 型规划问题来解决此问题，其中若第 i 行第 j 列的格中摆有棋子，则 $x_{ij}=1$，否则 $x_{ij}=0$.

$$\min \quad \sum_{i=1}^{3}\sum_{j=1}^{3} x_{ij}$$

$$\text{s. t.} \begin{cases} \sum_{j=1}^{3} x_{ij} \leqslant 1, \quad i = 1,2,3 \\ \sum_{j=1}^{3} x_{ij} \leqslant 1, \quad j = 1,2,3 \\ x_{21} + x_{32} \leqslant 1 \\ x_{11} + x_{22} + x_{33} \leqslant 1 \\ x_{12} + x_{23} \leqslant 1 \\ x_{21} + x_{12} \leqslant 1 \\ x_{13} + x_{22} + x_{31} \leqslant 1 \\ x_{32} + x_{23} \leqslant 1 \\ x_{ij} \in \{0, 1\}, \quad i,j = 1,2,3 \end{cases}$$

为了使用 ampl 描述并解决这个 0－1 型规划问题，首先建立如下纯文本文件并将之命名为 Queen3. mod. txt：

```
#定义变量
var x {1..3, 1..3} binary;

#目标函数
maximize Queens:sum{i in 1..3,j in 1..3}x[i,j];

#约束条件
subject to lines{i in 1..3}:
    sum{j in 1..3}x[i,j] <=1;
subject to rows{j in 1..3}:
    sum{i in 1..3}x[i,j] <=1;
subject to diag1:x[2,1] +x[3,2] <=1;
subject to diag2:x[1,1] +x[2,2] +x[3,3] <=1;
subject to diag3:x[1,2] +x[2,3] <=1;
subject to diag4:x[2,1] +x[1,2] <=1;
subject to diag5:x[3,1] +x[2,2] +x[1,3] <=1;
subject to diag6:x[3,2] +x[2,3] <=1;
```

这里 x 是 3×3 的 0－1 型变量．目标是极小化函数 Queens，而约束条件以“subject to”进行声明．注意目标函数和约束条件的表达式都以冒号开头，而以分号结尾．

下面使用 ampl 及其自带的 cplex 求解器求解这个问题．我们运行 ampl 所提供的窗口工具 sw. exe：

如图8-19中所示，先使用“ampl”命令启动ampl环境. 此后在ampl中，每一行命令都必须以分号结尾. 随后“option solver cplex;”命令指定使用cplex求解器，这是一个可以用来求解整数规划的工具. “model queen3. mod. txt;”载入模型文件. 随后输入“solve;”命令进行求解. 可以看到程序求得整数最优解，最优值为2，即最多只能放入两颗皇后. 此后用“display x;”命令查看求解所得的最优解. 用图8-20来显示此处所得的最优解（此处得到的是若干个可行解之中的一个）.

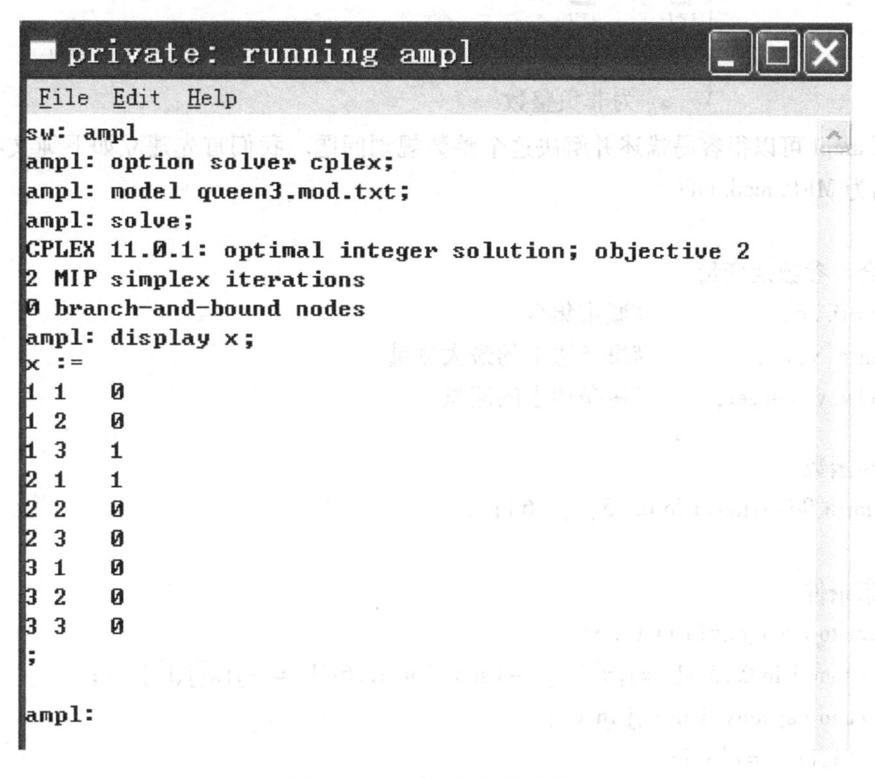

图8-19 三皇后问题的求解

应用例10 用AMPL求解最大流问题

现有P0，P1，P2，P3，P4，P5，P6共七个城市，如图8-21所示，城市间连线上的数字表示城市间道路的最大流量，且货物以整数个进行运输. 现要设计一个运输方案，尽可能多地将货物从起点城市P0经过其余5座城市运至终点城市P6.

图8-20 三皇后问题最优解图示

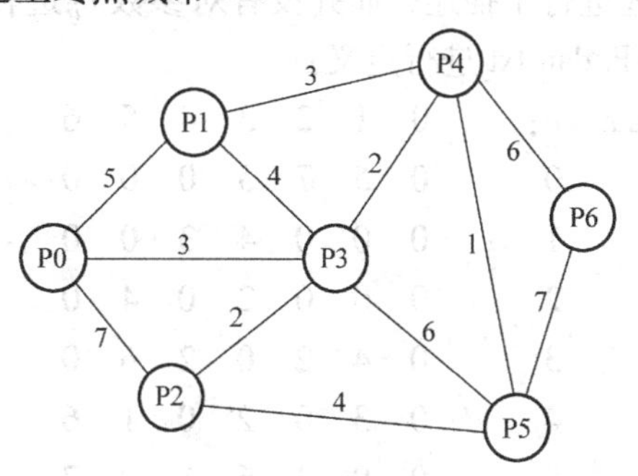

图8-21 七城市分布图

解 以 c_{ij}表示城市 Pi 与城市 Pj 之间道路的最大容量（若两城市之间没有道路则最大容量为 0，且令从 P6 运出以及向 P0 运入的最大容量为 0），以 x_{ij}表示从城市 Pi 到城市 Pj 的运量．由此可以得到如下整数规划问题：

$$\min \sum_{i=0}^{5} x_{i6}$$

$$\text{s.t.} \begin{cases} \sum\limits_{i \neq j} x_{ij} - \sum\limits_{i \neq j} x_{ji} = 0, & j = 1,2,3,4,5 \\ x_{ij} \leqslant c_{ij}, & i = 0,1,\cdots,6; j = 0,1,\cdots,6; i \neq j \\ x_{ij} \text{ 为非负整数} \end{cases}$$

使用 ampl 可以很容易描述并解决这个整数规划问题．我们首先建立如下纯文本文件并将之命名为 MFP. mod. txt：

```
#集合、参数及变量
set v =0..6;              #城市集合
param c{v,v};             #每条边上的最大流量
var x{v,v} integer;       #每条边上的流量

#目标函数
maximize flow:sum{i in 0..5}x[i,6];

#约束条件
subject to each_city{j in 1..5}:
    (sum{i in 0..5:i!  =j}x[i,j])-(sum{i in 1..6:i!  = -j}x[j,i]) =0;
subject to capacity{i in v,j in v}:
   x[i,j] < =c[i,j];
subject to nonnagetive{i in v,j in v}:
   x[i,j] > =0;
```

这里首先定义了问题中城市的集合 v，然后声明参数 c_{ij}以及整型变量 x_{ij}. Maximize 表明此处对目标函数 flow 求最大值．而三组约束则分别用 subject to 进行说明．在这个文件中只是对问题进行了描述，而并没有对参数 c_{ij}进行赋值．由于此处 c_{ij}分量较多，另建一个数据文件 MFP. dat. txt 进行定义：

```
param   c:    0  1  2  3  4  5  6   : =
        0     0  5  7  3  0  0  0
        1     0  0  0  4  3  0  0
        2     0  0  0  2  0  4  0
        3     0  4  2  0  2  6  0
        4     0  3  0  2  0  1  6
        5     0  0  4  6  1  0  7
        6     0  0  0  0  0  0  0   ;
```

此处第一列和第一行分别标明 c_{ij} 的第一个和第二个脚标．由于要求不能有向起点城市 P0 流入的货物以及从终点城市 P6 流出的货物，因此对应表中第二列的 $c_{i,0}$ 以及最后一行的 $c_{6,j}$ 值为 0.

下面使用 ampl 及 cplex 解这个问题．如图 8-22 所示，运行 sw. exe，启动 ampl 并指定使用 cplex 求解器：

```
private: running ampl
File Edit Help
sw: ampl
ampl: option solver cplex;
ampl: model mfp.mod.txt;
ampl: data mfp.dat.txt;
ampl: solve;
CPLEX 11.0.1: optimal integer solution; objective 13
2 MIP simplex iterations
0 branch-and-bound nodes
ampl: display x;
x [*,*]
:   0   1   2   3   4   5   6    :=
0   0   4   6   3   0   0   0
1   0   0   0   1   3   0   0
2   0   0   0   2   0   4   0
3   0   0   0   0   2   4   0
4   0   0   0   0   0   0   6
5   0   0   0   0   1   0   7
6   0   0   0   0   0   0   0
;

ampl: |
```

图 8-22　最大流问题的求解

“model mfp. mod. txt;” 和 “data mfp. dat. txt;” 分别用于载入模型文件和数据文件．然后输入 “solve;” 命令进行求解．我们可以看到程序求得整数最优解，最优值为 13，也就是整个网络的最大流量．再用 “display x;” 命令查看求解所得的最优解．图 8-23 中显示了此处所得的最优解，其中每条路径上括号中的数字为此路径的实际流量.

应用例 11　用 NEOS 服务器求解旅行商问题

现有一个旅行商要乘火车在北京、上海、广州、大连、西安、昆明、重庆、南京、宁波、青岛、成都、桂林、杭州、开封、长春这 15 个城市之间做一次环游，每个城市都到达一次且仅到达一次，并最终回到出发的城市．这些城市之间火车的票价（元）如表 8-40 和表 8-41 所示．假定这名旅行商要求必须从一个城市直达另一个城市而不能从第三地转车，因此没有直达列车的城市之间票价定位为 9999 元．求解一条花费最小的环游路线.

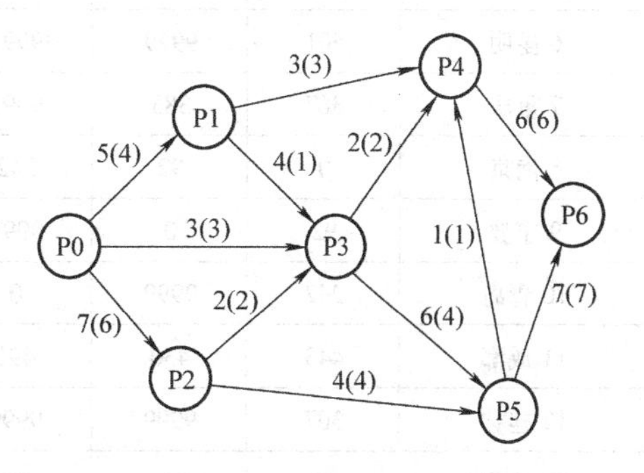

图 8-23　最大流问题最优解图示

表 8-40 旅行商问题票价表 1

出发＼到达	1 北京	2 上海	3 广州	4 大连	5 西安	6 昆明	7 重庆
1 北京	0	283	402	214	237	487	376
2 上海	283	0	332	376	289	447	383
3 广州	402	332	0	9999	376	307	307
4 大连	214	376	9999	0	9999	9999	9999
5 西安	237	289	376	9999	0	332	142
6 昆明	487	447	307	9999	332	0	248
7 重庆	376	383	307	9999	142	248	0
8 南京	237	47	376	349	243	501	367
9 宁波	9999	51	322	9999	307	9999	383
10 青岛	184	268	465	9999	321	9999	9999
11 成都	405	422	391	9999	178	198	51
12 桂林	376	307	184	9999	395	250	250
13 杭州	307	29	307	9999	166	430	357
14 开封	154	190	9999	9999	129	9999	243
15 长春	206	402	564	46	411	9999	9999

表 8-41 旅行商问题票价表 2

出发＼到达	8 南京	9 宁波	10 青岛	11 成都	12 桂林	13 杭州	14 开封	15 长春
1 北京	237	9999	184	405	376	307	154	206
2 上海	47	51	268	422	307	29	190	402
3 广州	376	322	465	391	184	307	9999	564
4 大连	349	9999	9999	9999	9999	9999	9999	46
5 西安	243	307	321	178	395	166	129	411
6 昆明	501	9999	9999	198	250	430	9999	9999
7 重庆	367	383	9999	51	250	357	243	9999
8 南京	0	92	242	443	307	73	51	395
9 宁波	92	0	9999	430	9999	29	243	9999
10 青岛	242	9999	0	491	9999	9999	183	232
11 成都	443	430	491	0	301	391	307	9999
12 桂林	307	9999	9999	301	0	283	9999	9999
13 杭州	73	29	9999	391	283	0	190	457
14 开封	51	243	183	307	9999	190	0	332
15 长春	395	9999	232	9999	9999	457	332	0

解　为此问题建立 0 - 1 型规划：

$$\min \quad \sum_{i=1}^{15}\sum_{j=1}^{15} c_{ij}x_{ij}$$

$$\text{s. t.}\begin{cases}\sum\limits_{\substack{j=1\\ j\neq i}}^{15} x_{ij} = 1, i = 1,\cdots,15;\\ \sum\limits_{\substack{j=1\\ j\neq i}}^{15} x_{ji} = 1, i = 1,\cdots,15;\\ x_{ij} + x_{ji} \leqslant 1,\ i,j \in \{1,\cdots,15\};\\ \sum\limits_{j_1,j_2 \in Q} x_{j_1j_2} \leqslant 2, \forall Q \subset \{1,\cdots,15\}, |Q| = 3;\\ \sum\limits_{j_1,j_2 \in Q} x_{j_1j_2} \leqslant 3, \forall Q \subset \{1,\cdots,15\}, |Q| = 4;\\ \sum\limits_{j_1,j_2 \in Q} x_{j_1j_2} \leqslant 4, \forall Q \subset \{1,\cdots,15\}, |Q| = 5;\\ \sum\limits_{j_1,j_2 \in Q} x_{j_1j_2} \leqslant 5, \forall Q \subset \{1,\cdots,15\}, |Q| = 6;\\ \sum\limits_{j_1,j_2 \in Q} x_{j_1j_2} \leqslant 6, \forall Q \subset \{1,\cdots,15\}, |Q| = 7;\\ x_{ij} \in \{0,1\}, i,j \in \{1,\cdots,15\}.\end{cases}$$

其中 c_{ij} 为从第 i 个城市到第 j 个城市的路费. x_{ij} 为 0 - 1 型变量，若环游路线中包含从城市 i 到城市 j 的旅行，则 x_{ij} 取 1；否则 x_{ij} 取 0.

同样，按照 ampl 的格式为此问题建立模型文件 tsp15. mod. txt：

```
#集合、参数及变量
param N = 15;                    #城市数量
set v = 1..N;                    #城市集合
param c{v,v};                    #边权重，具体数值在数据文件中
var x{v,v} binary;               #0 - 1 型规划变量

#目标函数
minimize Total_leghth:sum{i in v,j in v} c[i,j] * x[i,j];

#约束条件
subject to ecch_city_one_in{i in 1..N}:
    sum{j in v:j! =i} x[j,i] = 1;
subject to each_city_one_out{i in 1..N}:
    sum{j in v:j! =i} x[i,j] = 1;
subject to K2{i1 in v,i2 in v:i2 > i1}:
```

```
        x[i1,i2] + x[i2,i1] < = 1;
    subject to K3{i1 in v,i2 in v,i3 in v:i3 > i2 > i1}:
        sum{j1 in{i1,i2,i3},j2 in({i1,i2,i3}diff{j1})}
            x[j1,j2] < = 2;
    subject to K4{i1 in v,i2 in v,i3 in v,i4 in v:i4 > i3 > i2 > i1}:
        sum{j1 in{i1,i2,i3,i4},j2 in({i1,i2,i3,i4}diff{j1})}
            x[j1,j2] < = 3;
    subject to K5{i1 in v,i2 in v,i3 in v,i4 in v,i5 in v:15 > i4 > i3 > i2 > i1}:
        sum{j1 in{i1,i2,i3,i4,i5},j2 in({i1,i2,i3,i4,i5}diff{j1})}
            x[j1,j2] < = 4;
    subject to K6{i1 in v,i2 in v,i3 in v,i4 in v,i5 in v,i6 in v:
    i6 > i5 > i4 > i3 > i2 > i1}:
        sum{j1 in{i1,i2,i3,i4,i5,i6},
            j2 in({i1,i2,i3,i4,i5,i6}diff{j1})}
            x[j1,j2] < = 5;
    subject to K7{i1 in v,i2 in v,i3 in v,14 in v,i5 in v,i6 in v,i7 in v:i7 > i6 > i5 > i4 > i3 >
    i2 > i1}:
      sum{j1 in{i1,i2,i3,i4,i5,i6,i7},
        j2 in({i1,i2,i3,i4,i5,i6,i7}diff{j1})}
        x[j1,j2] < = 6;
```

将 c_{ij}的值放在数据文件 tsp15. dat. txt 中．由于篇幅限制，此处不再给出完整的文件．读者可以根据表格中的数字按照实例 9 中 MFP. dat. txt 的格式进行录入．

NEOS 是美国 Argonne 国家实验室设立的一个用于求解优化问题的在线服务．任何人都可以通过网页上传文件、电子邮件或者下载客户端的方式将自己的问题传递给 NEOS 服务器，服务器调用用户指定的求解器，并将结果以相应的方式反馈给用户．NEOS 服务器的主页是 http：//neos. mcs. anl. gov．可以点击“NEOS Solvers”的链接查看服务器上当前可用的求解器．如图 8-24 中所示，对混合整数线性规划问题 NEOS 提供了 Cbc、feaspump、Glpk 等 8 个求解器．

选择 scip 求解器，点击它后面的“AMPL Input”，然后如同图 8-25 中所示，在“AMPL model”和“AMPL data”所示的框中分别填入模型文件 tsp15. mod. txt 和数据文件 tsp15. dat. txt 的路径，在下方的“e－mail address”中填入自己的电子邮箱．点击“Submit to NEOS”按钮，就可以将问题提交相应的服务器进行求解．

随后 NEOS 服务器将求解此问题并向我们发送一封电子邮件来详细说明问题的求解情况．在此截取部分内容进行说明．报告的开头部分将包括服务器的版本号、任务号、密码、所选用的求解器、任务提交时间、结束时间以及进行运算的服务器等信息．随后求解器对问题进行预求解，尽可能消去多余的变量和重复的约束条件，得到如下结果：

图 8-24　NEOS 上的求解器

Presolve eliminates 0 constraints and 15 variables.

Adjusted problem:

210 variables, all binary

16398 constraints, all linear; 500220 nonzeros

1 linear objective; 210 nonzeros.

……

Presolving Time: 17.60

我们看到，这个问题最终有 210 个 0－1 型变量和 16398 个线性约束. 预求解问题用时为 17.6 秒. 随后在报告中会给出问题的解和最优值:

SCIP > solution status: optimal solution found

objective value:	2215	
x[1,5]	1	(obj:237)
x[2,8]	1	(obj:47)
x[3,9]	1	(obj:322)
x[4,1]	1	(obj:214)
x[5,7]	1	(obj:142)
x[6,12]	1	(obj:250)
x[7,11]	1	(obj:51)
x[8,14]	1	(obj:51)

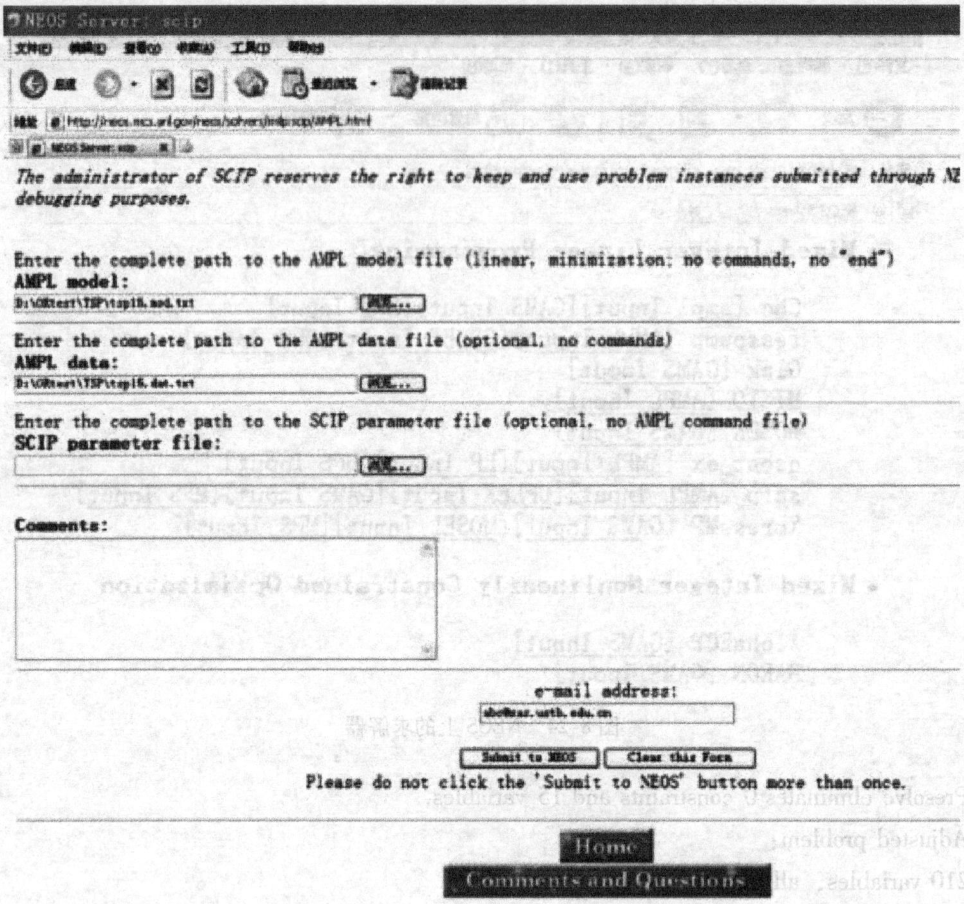

NEOS Server: scip

The administrator of SCIP reserves the right to keep and use problem instances submitted through NE debugging purposes.

Enter the complete path to the AMPL model file (linear, minimization; no commands, no "end")
AMPL model:
D:\ORtest\TSP\tsp15.mod.txt

Enter the complete path to the AMPL data file (optional, no commands)
AMPL data:
D:\ORtest\TSP\tsp15.dat.txt

Enter the complete path to the SCIP parameter file (optional, no AMPL command file)
SCIP parameter file:

Comments:

e-mail address:
abc@mas.ustb.edu.cn

Submit to NEOS | Clear this Form

Please do not click the 'Submit to NEOS' button more than once.

Home

Comments and Questions

图 8-25　向 NEOS 服务器上传旅行商问题

```
x[9,13]            1        (obj:29)
x[10,15]           1        (obj:232)
x[11,6]            1        (obj:198)
x[12,3]            1        (obj:184)
x[13,2]            1        (obj:29)
x[14,10]           1        (obj:183)
x[15,4]            1        (obj:46)
SCIP Status      : problem is solved [optimal solution found]
Solving Time     : 18.20
```

可以看到求解本问题所使用的总共时间为 18.2 秒．最优值，也就是最小的环路费用是 2215 元．对比前表可以得到图 8-26 中的环游路线．

应用例 12　用 Matlab 求解距离几何问题

考虑坐标平面上的 7 个点，坐标及两个点之间的实际距离如表 8-42 中左下部分所示．由于实际测量中存在误差，点之间的测量距离如表 8-42 右上部分所示．

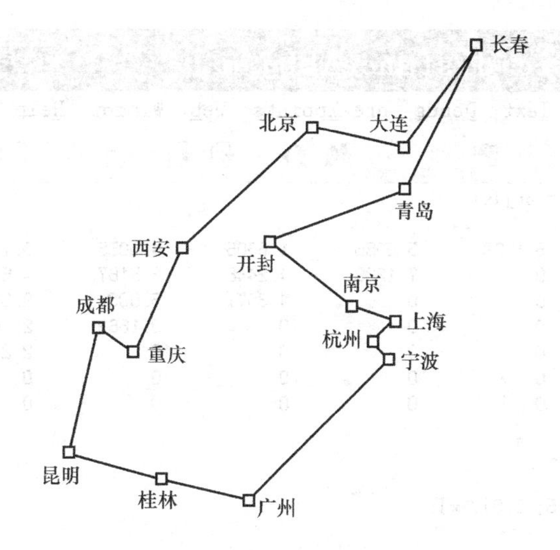

图 8-26 旅行商问题的最优解

表 8-42 实际距离及测量距离

	$X_1(0,0)$	$X_2(0,5)$	$X_3(5,0)$	$X_4(1,1)$	$X_5(2,4)$	$X_6(3,2)$	$X_7(5,1)$
$X_1(0,0)$		5.1369	5.0056	1.6606	4.6055	3.7902	5.3366
$X_2(0,5)$	5		7.1239	4.2448	2.5167	4.5177	6.5262
$X_3(5,0)$	5	7.0711		4.3671	5.003	2.8701	1.0608
$X_4(1,1)$	1.4142	4.1231	4.1231		3.1669	2.4601	4.1335
$X_5(2,4)$	4.4721	2.2361	5	3.1623		2.2969	4.4443
$X_6(3,2)$	3.6056	4.2426	2.8284	2.2361	2.2361		2.4489
$X_7(5,1)$	5.099	6.4031	1	4	4.2426	2.2361	

假设现在遗失了后四个点的坐标，只知道前三个点分别是 $X_1(0,0)$、$X_2(0,5)$、$X_3(5,0)$，以及7个点之间的实际测量距离. 据此求后四个点的坐标.

解 设后四个点的坐标为(x_{i1}, x_{i2})，$i=4, 5, 6, 7$. 希望这四个点以及一致的三个点之间的距离尽可能接近实际测量值 d_{ij}，$i, j=1, 2, \cdots, 7$. 由此建立无约束问题：

$$\min F = \sum_{i=1}^{7}\sum_{j\neq i}\left((x_{i1}-x_{j1})^2+(x_{i2}-x_{j2})^2-d_{ij}^2\right)^2$$

首先建立 m 文件“obj. m”来计算目标函数值. 在 Matlab 菜单中选择文件——新建——M－file，并如图 8-27 所示，建立函数文件“obj. m”. 注意为了防止 Matlab 在每一步都将结果输出到命令窗口，每一个语句都应当以分号结尾. 一般来说，m 文件的文件名应当同文件第一行所定义的函数名相同，否则在 Matlab 进行调用时将会以文件名为准. 此处函数的自变量为 4×2 阶矩阵：

$$\boldsymbol{x}=\begin{pmatrix} x_{41} & x_{51} & x_{61} & x_{71} \\ x_{42} & x_{52} & x_{62} & x_{72} \end{pmatrix}^{\mathrm{T}}$$

使用 Matlab 中优化工具箱提供的 fminunc 函数来求解这个问题. 首先如图 8-28 将 Matlab 的当前目录设为我们储存文件“obj. m”的目录（在此处为 F：\ geometric distance）.

F:\geometric distance\obj.m

File Edit View Text Debug Breakpoints Web Window Help

```
function f = obj(x)

D=[  0    5.1369   5.0056   1.6606   4.6055   3.7902   5.3366
     0    0        7.1239   4.2448   2.5167   4.5177   6.5262
     0    0        0        4.3671   5.003    2.8701   1.0608
     0    0        0        0        3.1669   2.4601   4.1335
     0    0        0        0        0        2.2969   4.4443
     0    0        0        0        0        0        2.4489
     0    0        0        0        0        0        0        ];



x=[[0,0; 0,5; 5,0]; x];

f=0;
for i=1:6
    for j=i+1:7
        D1(i,j) = sqrt( (x(i,1)-x(j,1))^2 + (x(i,2)-x(j,2))^2 );
        f = f + (D(i,j)-D1(i,j))^2;
    end
end

return
```

图 8-27 函数文件“obj. m”

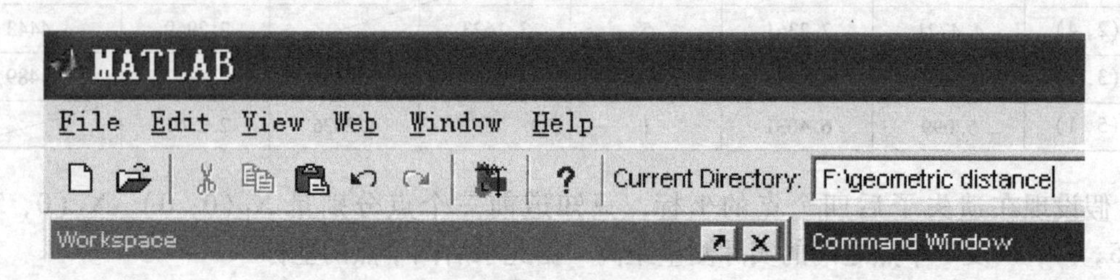

图 8-28 设置路径

如图 8-29 所示，我们选取初始点 X0，令所求四个点的坐标都为（0，0）. 然后如图 8-29所示，使用求解无约束极小化问题的函数“fminunc”对问题进行求解.

程序通过拟牛顿法进行求解，程序经过 25 步迭代以及对函数值进行了 303 次计算后得到问题的最终解. 在图 8-30 中对比原本的四个点（以星号标出）以及求解所得的四个点（以圆圈表示），可以看到最终解 x 已经较为接近原本后四个点的坐标.

应用例 13 用 Matlab 求解逆向选择问题

考虑一个需要决定销售什么质量的酒，以及每种酒类的定价的酒吧老板，酒的质量 q 和售价 p 都是非负实数. 对于酒吧老板来说，质量为 q 的酒的成本为 $e^{\mu q}$，其中 $\mu=0.5$ 为一个非常负数. 假设老板将要面对 7 类不同的客人，质量为 q 的酒对于第 i 类客人来说其价值为 $\theta_i q$. 每一类客人的人数 n_i 及其对应的 θ_i 值如表 8-43 中所列. 设计一组定价方案使得每种类型的客人都自愿选择相应类型的酒品，且酒吧的总利润最大.

```
Command Window
>> x0=zeros(4,2)

x0 =

     0     0
     0     0
     0     0
     0     0

>> [x,fval,exitflag,out]=fminunc('obj',x0);
Optimization terminated successfully:
 Current search direction is a descent direction, and magnitude of
 directional derivative in search direction less than 2*options.TolFun
>> x,fval,out

x =

      1.017        1.0943
     2.1913        4.0887
     3.2032        2.0772
     5.2501       0.97184

fval =

    0.27273


out =

       iterations: 25
        funcCount: 303
         stepsize: 1.2487
    firstorderopt: 0.00068456
        algorithm: 'medium-scale: Quasi-Newton line search'

>>
```

图 8-29　用 Matlab 求解

解　可以看到，对于老板来说，成本是质量的严格增函数；对于任何一个给定的客人来说，酒的价值也是质量的严格增函数. 但是不同类型的客人对于酒质量的敏感程度是不同的，对 θ_i 越大的客人来说，质量 q 提高所带来的好处越多.

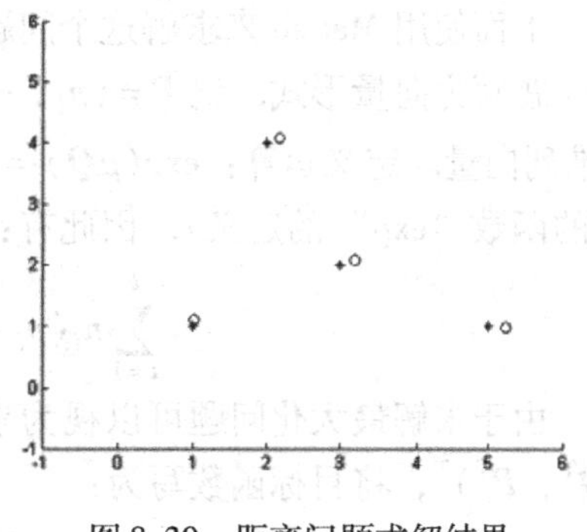

图 8-30　距离问题求解结果

若老板在面对一个客人时能够知道对方是哪一类客人，即可以知道对方 θ_i 的值，则只需选择提供一种质量为 p 的酒，其定价 q 在保证对方能够接受的情况下最大化自己的利润. 假设客人在酒的价值不低于价格的情况下就一定会购买. 因此此时老板面对的是如下的一个非线性规划问题：

$$\max \quad p - e^{\mu q}$$

$$\text{s.t.} \begin{cases} \theta_i q \geqslant p \\ p, \ q \geqslant 0 \end{cases}$$

表 8-43 不同类型客人的数量以及对酒品的鉴赏能力

i	1	2	3	4	5	6	7
n_i	5000	2000	1000	1000	500	100	5
θ_i	5	10	20	30	50	80	100

这个问题是凹函数的极大化，只有一个线性约束，可以很容易写出其最优性条件并求得最优解.

然而实际上并不能确定某一个客人究竟是哪一类的，而且酒的品种和价格都必须事先确定，不能等到客人上门之后再做更改，也就是说每位客人都将面对相同内容和价格的酒单. 因此希望能够针对 k 类客人设定 k 种不同质量和价格的酒品，使得所有人在比较这 k 种酒品之后自然地认定购买我们为对他所在类型设计的酒品确实能够给他带来最大的收益（即此种酒类在他个人看来的价值与售价之差 $\theta_i q - p$ 非负且最大化），从而自愿购买该类酒. 在此基础之上，希望能够最大化酒吧的收益. 这个问题在信息经济学中被称为逆向选择（adverseselect）模型，可以用如下的非线性规划问题对它进行描述：

$$\max \quad \sum_{i=1}^{k} n_i (p_i - e^{\mu q_i})$$

$$\text{s.t.} \begin{cases} \theta_i q_i & \geqslant t_i, i = 1, \cdots, k \\ \theta_i q_i - t_i & \geqslant \theta_j q_j - t_j, \quad \forall j \neq i, i = 1, \cdots, k \\ q_i, p_i & \geqslant 0 \end{cases}$$

可以看到目标函数中 $p_i - e^{\mu q_i}$ 是卖出每一份第 i 类酒时老板所获得的利润. 第一组约束条件保证对每 i 类客人而言，指定类型酒品所带来的价值高于其销售价格. 而第二组约束条件则要求对第 i 类客人而言，第 i 类酒价值与价格的差值不小于任何其他一类酒品. 两组约束条件加在一起保证了第 i 类客人一定会购买第 i 类的酒. 最后所有酒品的质量和售价都应为非负数.

下面使用 Matlab 来求解这个问题. 由于 Matlab 中主要使用矩阵和向量进行运算，因此，将问题写为向量形式. 记 $\boldsymbol{P} = (p_1, \cdots, p_k)^{\mathrm{T}}$，$\boldsymbol{Q} = (q_1, \cdots, q_k)^{\mathrm{T}}$ 以及 $\boldsymbol{N} = (n_1, \cdots, n_k)^{\mathrm{T}}$ 为 k 维列向量. 定义运算：$\exp(\mu \boldsymbol{Q}) = (e^{\mu q_1}, \cdots, e^{\mu q_k})^{\mathrm{T}}$（这也正是 Matlab 中对以向量为自变量的函数“exp”的定义）. 因此有：

$$\sum_{i=1}^{k} n_i (p_i - e^{\mu q_i}) = \boldsymbol{N}^{\mathrm{T}} (\boldsymbol{P} - \exp(\mu \boldsymbol{Q}))$$

由于求解最大化问题可以视为求解目标函数相反数的最小化问题，定义变量向量 $\boldsymbol{X} = (\boldsymbol{Q}^{\mathrm{T}}, \boldsymbol{P}^{\mathrm{T}})^{\mathrm{T}}$，将目标函数写为：

$$\min F(\boldsymbol{X}) = \boldsymbol{N}^{\mathrm{T}} (\exp(\mu \boldsymbol{Q}) - \boldsymbol{P})$$

为了使得 Matlab 能够更有效地解决此问题，需要提供目标函数的梯度. 根据目标函数表达式，可以很容易地求出对每一个分量的偏导数：

$$\frac{\partial f}{\partial q_i}=\mu n_i \mathrm{e}^{\mu q_i},\ \frac{\partial f}{\partial p_i}=-n_i,\ i=1,\cdots,k$$

因此目标函数的梯度为：

$$\nabla f=\begin{pmatrix}\boldsymbol{G}_q\\ -\boldsymbol{N}\end{pmatrix}$$

其中，$\boldsymbol{G}_q=\mu(n_1\mathrm{e}^{\mu q_1},\cdots,n_k\mathrm{e}^{\mu q_k})^{\mathrm{T}}$，可以视为向量$\boldsymbol{N}$与向量$\exp(\mu\boldsymbol{Q})$按分量相乘所得的向量再乘以实数$\mu$.

首先定义一个Matlab函数“profit”来计算目标函数和梯度. 在Matlab菜单中选择新建M－file，并如图8-31中建立函数文件“profit. m”. 文件中“n′”代表向量n的转置.

下面来考虑约束条件. 由于约束条件都是线性不等式，把它写为如下形式：

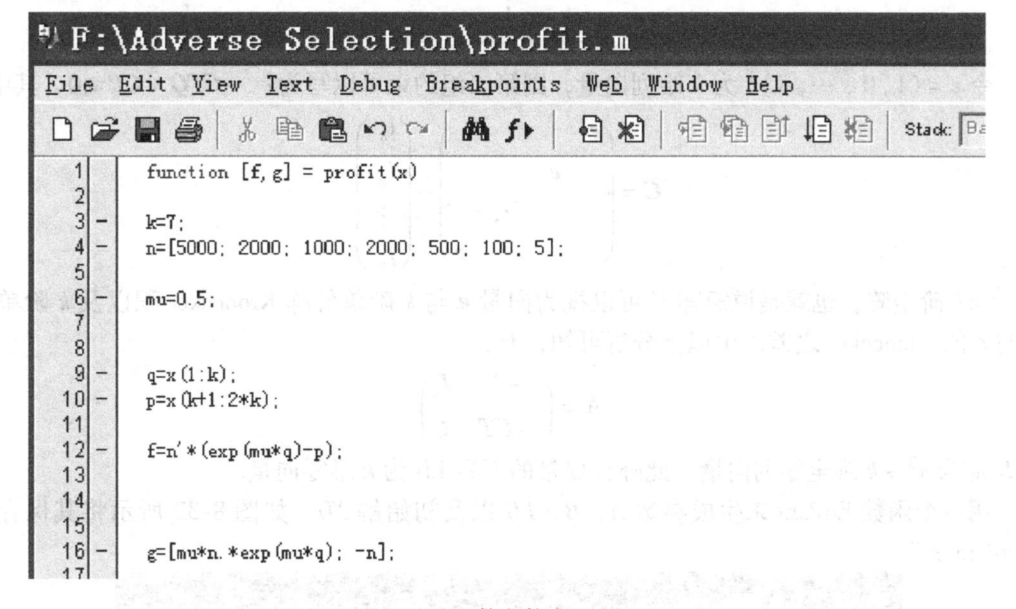

图8-31　函数文件“profit. m”

$$\boldsymbol{AX}=\begin{pmatrix}\boldsymbol{A}_{1q} & \boldsymbol{A}_{1p}\\ \boldsymbol{A}_{2q} & \boldsymbol{A}_{2p}\end{pmatrix}\begin{pmatrix}\boldsymbol{Q}\\ \boldsymbol{P}\end{pmatrix}\leqslant\begin{pmatrix}\boldsymbol{B}_1\\ \boldsymbol{B}_2\end{pmatrix}=\boldsymbol{B}$$

其中，$\boldsymbol{A}_{1q}\boldsymbol{Q}+\boldsymbol{A}_{1p}\boldsymbol{P}\leqslant\boldsymbol{B}_1$ 对应第一组约束 $\theta_i q_i\geqslant t_i$，$i=1,\cdots,k$，而另外一半约束 $\boldsymbol{A}_{2q}\boldsymbol{Q}+\boldsymbol{A}_{2p}\boldsymbol{P}\leqslant\boldsymbol{B}_2$ 则对应第二组约束条件 $\theta_i q_i-t_i\geqslant\theta_j q_j-t_j$，$\forall j\neq i$，$i=1,\cdots,k$.

对第一组约束，我们令

$$\boldsymbol{T}=\begin{pmatrix}\theta_1 & & & \\ & \theta_2 & & \\ & & \ddots & \\ & & & \theta_k\end{pmatrix}$$

为以θ_i为对角线元素的对角矩阵，$\boldsymbol{I}_k$为k阶对角阵. 显然第一组约束可以写为：$-\boldsymbol{TQ}+\boldsymbol{I}_k\boldsymbol{P}\leqslant 0$.

对于第二组约束，加入所有 $i=j$ 的情况（此时不等式中的等号恒成立，因此对问题的解没有影响），并且写为如下顺序：

$$
\begin{gathered}
-(\theta_1 q_1-\theta_1 q_1)+(t_1-t_1)\leqslant 0\\
-(\theta_1 q_1-\theta_2 q_2)+(t_1-t_2)\leqslant 0\\
\vdots\\
-(\theta_1 q_1-\theta_k q_k)+(t_1-t_k)\leqslant 0\\
-(\theta_2 q_2-\theta_1 q_1)+(t_2-t_1)\leqslant 0\\
-(\theta_2 q_2-\theta_2 q_2)+(t_2-t_2)\leqslant 0\\
\vdots\\
-(\theta_2 q_2-\theta_k q_k)+(t_2-t_k)\leqslant 0\\
-(\theta_3 q_3-\theta_1 q_1)+(t_3-t_1)\leqslant 0\\
\vdots\\
-(\theta_k q_k-\theta_k q_k)+(t_k-t_k)\leqslant 0
\end{gathered}
$$

令 $\boldsymbol{e}=(1,1,\cdots,1)^{\mathrm{T}}$ 为 k 维列向量，则第二组约束可以写为：$-\boldsymbol{CTQ}+\boldsymbol{CP}\leqslant 0$，其中

$$
\boldsymbol{C}=\begin{pmatrix}\boldsymbol{e} & & & \\ & \boldsymbol{e} & & \\ & & \ddots & \\ & & & \boldsymbol{e}\end{pmatrix}-\begin{pmatrix}\boldsymbol{I}_k\\ \boldsymbol{I}_k\\ \vdots\\ \boldsymbol{I}_k\end{pmatrix}
$$

为 $k^2\times k$ 阶矩阵，也就是说矩阵 $\boldsymbol{C}$ 可以视为向量 $\boldsymbol{e}$ 与 k 阶单价阵 Kronecker 积以及 k 阶单位阵与 $\boldsymbol{e}$ 的 Kronecker 之差. 由以上分析可知，有：

$$
\boldsymbol{A}=\begin{pmatrix}-\boldsymbol{T} & \boldsymbol{I}_k\\ -\boldsymbol{CT} & \boldsymbol{C}\end{pmatrix}
$$

而 $\boldsymbol{B}$ 应为 k^2+k 维全零列向量. 此外自变量的下界 LB 为 k 维零向量.

用一个函数 EqPara 来生成参数 A、B、LB 以及初始解 $X0$. 如图 8-32 所示将其保存为“EqPara. m”.

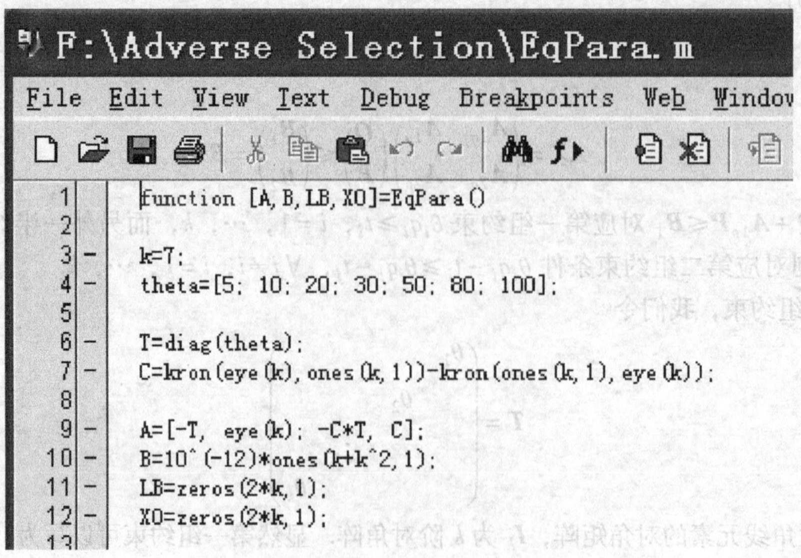

图 8-32 保存文件“EqPara. m”

最后，用 Matlab 中优化工具箱提供的 fmincon 函数来求解这个问题．首先如图 8-33 所示，将 Matlab 的当前目录设为储存以上两个 m 文件的目录（在此处为 F：\ Adverse Selection）．

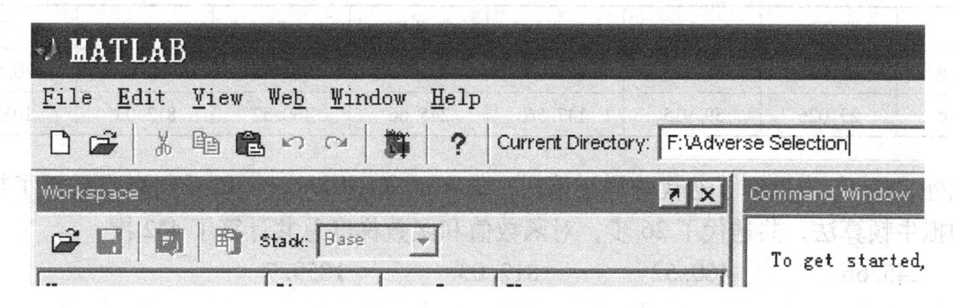

图 8-33　设置路径

如图 8-34 所示，先用函数“EqPara”来生成参数，用“options”设置程序求解的时候使用目标函数梯度信息，然后用函数“fmincon”进行求解．

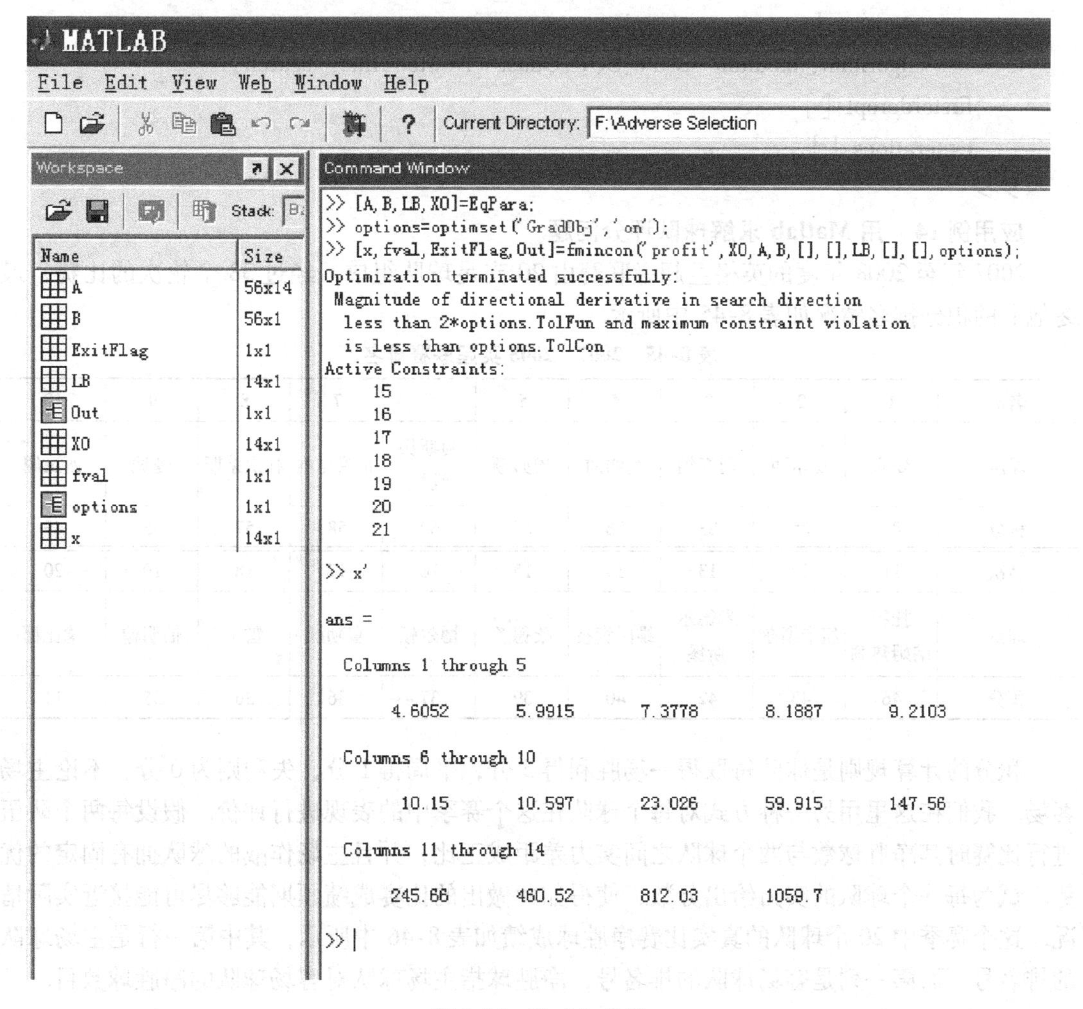

图 8-34　Matlab 求解

可以看到算法成功求得一个最优解 x，其中前 7 个元素分别是所需提供的 7 种酒品的质量，而后 7 个元素则是相应的定价，如表 8-44 中所示.

表 8-44 酒品质量及定价

i	1	2	3	4	5	6	7
质量 p_i	4.6052	5.9915	7.3778	8.1887	9.2103	10.15	10.597
价格 q_i	23.026	59.915	147.56	245.66	460.52	812.03	1059.7

此外"Out"中储存了迭代的详细情况，如下面程序所示，可以看到程序采用了带线性搜索的拟牛顿算法，共迭代了 26 步，对函数值和函数梯度总共计算了 442 次.

```
245.66          460.52          812.03          1059.7

>> out
Out =
        iterations:26
        funcCount:442
        stepsize:1
        algorithm:'medium - scale:SQP,Quasi - Newton,line - search'
    firstorderopt:[]
    cgiterations:[]
>>
```

应用例 14 用 Matlab 求解球队评分问题

2007 年至 2008 年度的英格兰超级联赛由 20 支足球队组成. 经过 38 个轮次的比赛，最终他们的积分排名情况如表 8-45 中所示.

表 8-45 2007～2008 英超联赛排名

名次	1	2	3	4	5	6	7	8	9	10
球队	曼联	切尔西	阿森纳	利物浦	埃弗顿	阿斯顿维拉	布莱克本	朴次茅斯	曼城	西汉姆
积分	87	85	83	76	65	60	58	57	55	49
名次	11	12	13	14	15	16	17	18	19	20
球队	托特纳姆热刺	纽卡斯尔	米德尔斯堡	维冈竞技	桑德兰	博尔顿	富勒姆	雷丁	伯明翰	德比郡
积分	46	43	42	40	39	37	36	36	35	11

积分的计算规则是球队每取得一场胜利得 3 分，平局得 1 分，失利则为 0 分，不论主场客场. 我们在这里用另一种方式对每个球队在这个赛季中的表现进行评价. 假设每两个队伍进行比赛时其净胜球数与两个球队之间实力差距成正比，并且主场作战的球队拥有固定的优势. 试为每一个球队的实力给出分数，使得如此做出的比赛成绩预期能够尽可能接近实际情况. 这个赛季中 20 个球队的真实比赛净胜球成绩如表 8-46 中所示，其中第一行是主场球队的排名号，而第一列是客场球队的排名号，净胜球指主场球队对客场球队的净胜球数目.

表 8-46　2007～2008 英超联赛净胜球

	1	2	3	4	5	6	7	8	9	10	11	12	13	14	15	16	17	18	19	20
1		2	1	3	1	4	2	2	−1	3	1	6	3	4	1	2	2	0	1	3
2	1		1	0	0	0	0	1	6	1	2	1	1	0	2	0	0	1	1	5
3	0	1		0	1	0	2	2	1	2	1	3	0	2	1	2	1	2	0	5
4	−1	0	0		1	0	2	3	1	4	0	3	1	0	3	4	2	1	0	6
5	−1	−1	−3	−1		0	0	2	1	0	0	2	2	1	6	2	3	1	2	1
6	−3	2	−1	−1	2		0	−2	0	1	1	3	0	−2	−1	4	1	2	4	2
7	0	−1	0	0	0	−4		−1	1	−1	0	2	0	2	1	3	0	2	1	2
8	0	0	0	0	0	2	−1		0	0	−1	0	−1	2	1	2	−1	3	2	2
9	1	−2	−2	0	−2	1	0	2		0	1	2	2	0	1	2	−1	1	1	1
10	1	−4	−1	1	−2	0	1	−1	−2		0	0	3	0	2	0	1	0	0	1
11	0	0	−2	−2	−2	0	−1	2	1	4		−3	0	4	2	0	4	2	−1	4
12	−4	−2	0	−3	1	0	−1	−3	−2	2	2		0	1	2	0	2	3	1	0
13	0	−2	1	0	−2	−3	−1	2	7	−1	0	0		1	0	−1	1	−1	2	1
14	−2	−2	0	−1	−1	−1	2	−2	0	1	0	1	1		3	1	0	0	2	2
15	−1	−1	−1	−2	−1	0	−1	2	−1	1	1	0	1	2		2	0	1	2	1
16	1	−1	−1	−2	−1	0	−1	−1	0	1	0	−2	0	3	2		0	3	3	1
17	−3	−1	−3	−2	1	1	0	−2	0	−1	0	−1	−1	0	−2	1		2	2	0
18	−2	−1	−2	2	1	−1	0	−2	2	−3	−1	1	0	1	1	−2	−2		1	1
19	−1	−1	0	0	0	−1	3	−2	2	−1	3	0	3	1	0	1	0	0		0
20	−1	−2	−4	−1	−2	−6	−1	0	0	−5	−3	1	−1	−1	0	0	0	−4	−1	

解　以 $x_i(i=1,2,\cdots,20)$ 表示每个球队的实力水平，而以 t 代表主场球队的优势水平. 因此根据球队实力水平预期球队 i 主场迎战球队 j 时的净胜球数应该为 x_i-x_j+t. 以 c_{ij} 表示这场比赛实际的结果，并记 $n=20$ 为球队数. 由此得到以 $x_i(i=1,2,\cdots,20)$ 和 t 为未知量的无约束二次问题：

$$\min \quad R=\sum_{i=1}^{n}\sum_{j\neq i}(x_i-x_j+t-c_{ij})^2$$

将目标函数展开我们可以得到：

$$R=2(n-1)\sum_{i=1}^{n}x_i^2-\sum_{i=1}^{n}\sum_{j\neq i}2x_ix_j+n(n-1)t^2-\sum_{i=1}^{n}2\Big(\sum_{j\neq i}(c_{ij}-c_{ji})\Big)x_j-$$

$$\Big(\sum_{i=1}^{n}\sum_{j\neq i}c_{ij}\Big)t+\sum_{i=1}^{n}\sum_{j\neq i}{c_{ij}}^2$$

注意到这个问题的解并不唯一，若我们把每个球队的评分都加上一个相同的常数，则目标函数值不变. 因此我们规定 $x_1=10$，也就是将排名第一的球队评为 10 分. 则目标函数可以转化为：

$$R=2(n-1)\sum_{i=2}^{n}{x_i}^2-\sum_{i=2}^{n}\sum_{j\neq i}2x_ix_j+n(n-1)t^2-\sum_{i=1}^{n}2\left(10+\sum_{j\neq i}(c_{ij}-c_{ji})\right)x_j-$$

$$
\left(\sum_{i=1}^{n}\sum_{j\neq i} c_{ij}\right)t + 200(n-1) + \sum_{i=1}^{n}\sum_{j\neq i} c_{ij}{}^{2}
$$

$$
= (x_2, x_3, \cdots, x_{20}, t)\boldsymbol{A}\begin{pmatrix} x_2 \\ x_3 \\ \vdots \\ x_{20} \\ t \end{pmatrix} + \boldsymbol{b}^{\mathrm{T}}\begin{pmatrix} x_2 \\ x_3 \\ \vdots \\ x_{20} \\ t \end{pmatrix} + 200(n-1) + \sum_{i=1}^{20}\sum_{j\neq i} c_{ij}{}^{2}
$$

其中，$\boldsymbol{A}$ 为 20 阶方阵，其中前 19 个对角线元素为 38，最右下角的元素为 380；第 20 行和第 20 列中除了右下角元素之外都为 0，而矩阵中所有其他元素为 -2. 而 $\boldsymbol{b}$ 为 20 维列向量，分别对应 $x_i(i=1,2,\cdots,20)$ 和 t 的一次项系数.

使用 Matlab 提供的共轭梯度算法来求解这个问题. 首先如图 8-35 中所示，将净胜球结果赋予矩阵 $\boldsymbol{C}$，并以此生成 Hesse 矩阵 $\boldsymbol{A}$ 和一次项系数向量 $\boldsymbol{b}$：

然后我们使用 PCG 函数来对问题进行求解. PCG 是指预条件件的共轭梯度算法（Preconditioned Conjugate Gradient method）. 若我们在算法中不给出预条件件矩阵，则此算法就是普通的共轭梯度方法. 图 8-36 显示了对问题的求解和求解的结果.

图中参数 1e－15 表示指定算法的精度要求为结束时梯度的模小于 10^{-15}. 可以看到经过 5 次迭代（由返回值 iter 表示）之后算法求得问题的解，在初始点以及每个迭代点的梯度模被储存在向量 resvec 中. 最终解如表 8-47 所示.

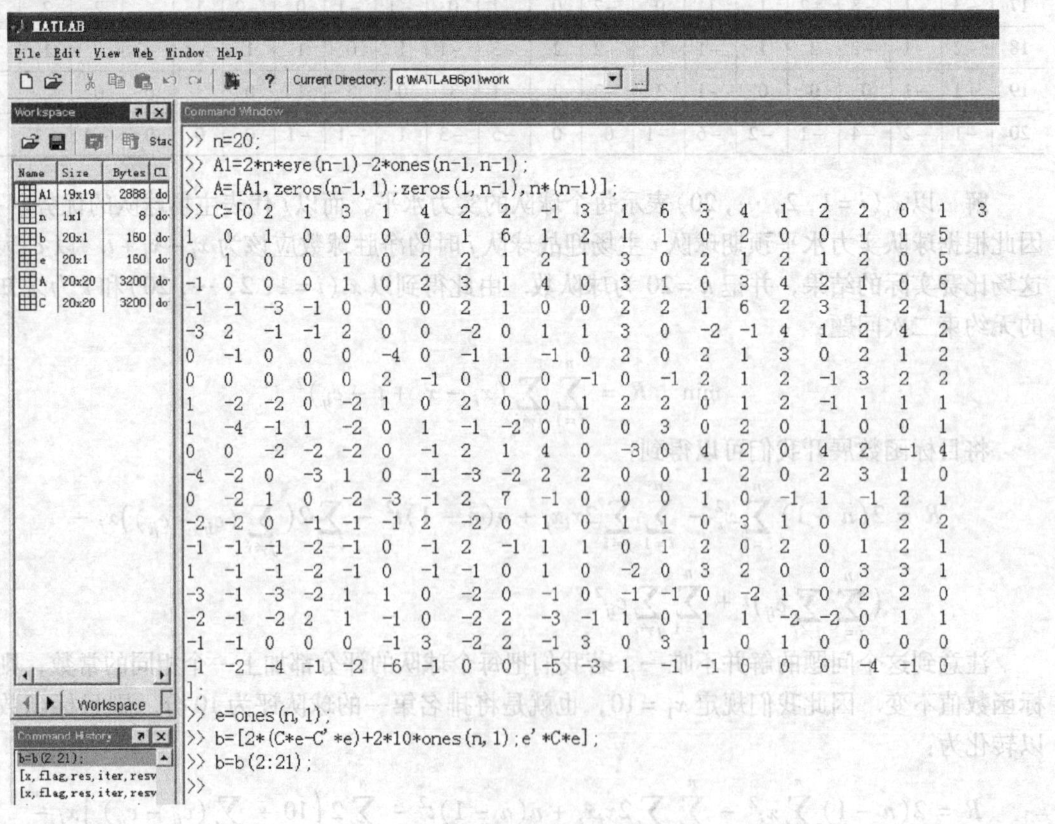

图 8-35　生成 Hesse 矩阵

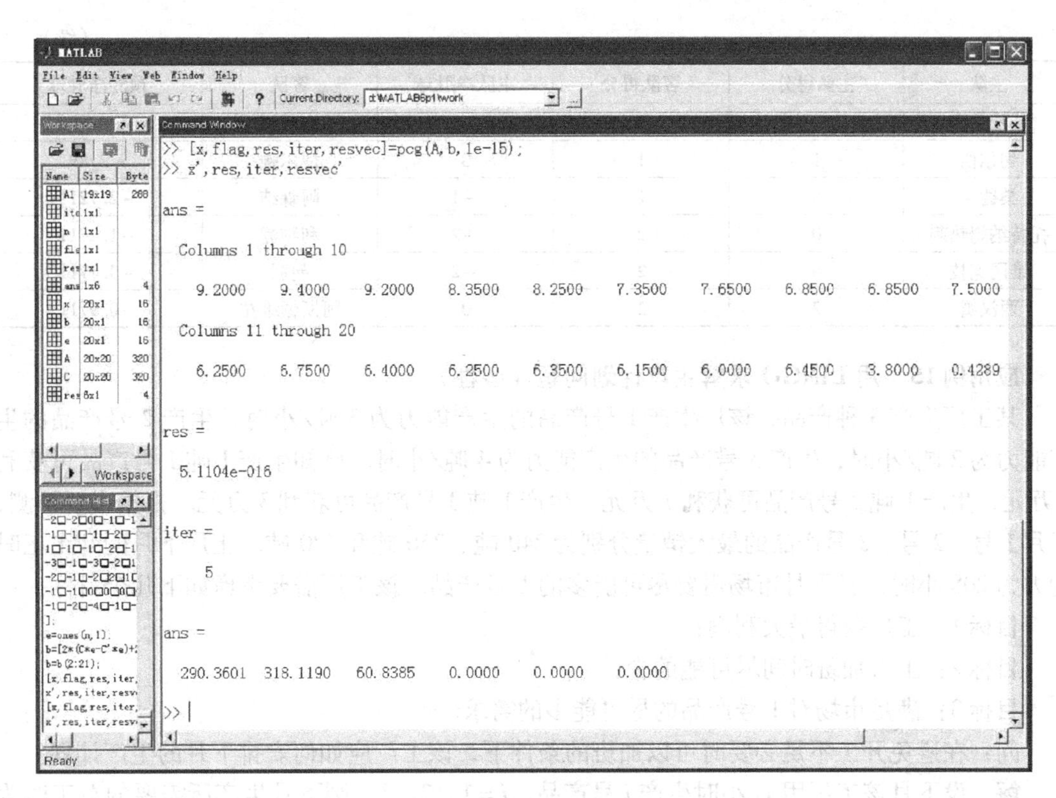

图8-36　问题求解

表8-47　球队评分结果

名次	1	2	3	4	5	6	7	8	9	10
球队	曼联	切尔西	阿森纳	利物浦	埃弗顿	阿斯顿维拉	布莱克本	朴次茅斯	曼城	西汉姆
积分	10.00	9.20	9.40	9.20	8.35	8.25	7.35	7.65	6.85	6.85
名次	11	12	13	14	15	16	17	18	19	20
球队	托特纳姆热刺	纽卡斯尔	米德尔斯堡	维冈竞技	桑德兰	博尔顿	富勒姆	雷丁	伯明翰	德比郡
积分	7.50	6.25	6.75	6.40	6.25	6.35	6.15	6.00	6.45	3.80

而所求解 x 的最后一个分量0.4289是主场优势 t 的值．可以看到除了个别球队（如联赛排名第11的托特纳姆热刺和第19名的伯明翰）之外，这一评分方法所得到的结果与联赛积分榜结果是基本吻合的．同时，可以使用这一评分结果对联赛最后一轮的结果进行“预测”，并与实际比赛结果进行比较（参见表8-48）．

表8-48　球队评分结果

主队	主队得分	客队得分	主队净胜球	客队	预测净胜球
埃弗顿	3	1	2	纽卡斯尔	2.5289
伯明翰	4	1	3	布莱克本	−0.4711
德比郡	0	4	−4	雷丁	−1.7711
米德尔斯堡	8	1	7	曼城	0.3289

（续）

主队	主队得分	客队得分	主队净胜球	客队	预测净胜球
朴次茅斯	0	1	−1	富勒姆	1.9289
切尔西	1	1	0	博尔顿	3.2789
桑德兰	0	1	−1	阿森纳	−2.7211
托特纳姆热刺	0	2	−2	利物浦	−1.2711
维冈竞技	0	2	−2	曼联	−3.1711
西汉姆	2	2	0	阿斯顿维拉	−0.9711

应用例 15　用 LINGO 求解生产计划问题（线性）

某工厂生产 3 种产品，该厂生产 1 号产品的生产能力为 3 吨/小时，生产 2 号产品的生产能力为 2 吨/小时，生产 3 号产品的生产能力为 4 吨/小时．已知生产 1 吨 1 号产品可获利 5 万元，生产 1 吨 2 号产品可获利 7 万元，生产 1 吨 3 号产品可获利 3 万元．根据市场预测，下月 1 号、2 号、3 号产品的最大销量分别为 240 吨、250 吨和 420 吨．工厂下月的开工工时能力为 208 小时，且下月市场需要尽可能多的 1 号产品．该工厂需要考虑如下几个目标：

目标 1：工厂获得最大利润；

目标 2：工人加班时间尽可能的少；

目标 3：满足市场对 1 号产品的尽可能多的需求．

问：在避免开工不足必要时可以加班的条件下，该工厂应如何安排下月的生产计划？

解　设下月该工厂用 x_i 小时生产 i 号产品，$i=1,2,3$，则下月生产所需要的总工时为 $x_1+x_2+x_3$ 小时，从而加班时间为 $x_1+x_2+x_3-208$ 小时，生产各产品可获利润为 $5\times3x_1+7\times2x_2+3\times4x_3$（万元），1 号产品的产量为 $3x_1$ 吨．利用题中所给数据，可建立如下多目标规划问题：

$$\min\quad(-15x_1-14x_2-12x_3,\ x_1+x_2+x_3-208,\ -3x_1)^{\mathrm{T}}$$

$$\text{s.t.}\begin{cases}240-3x_1\geqslant0\\250-2x_2\geqslant0\\420-4x_3\geqslant0\\x_1+x_2+x_3-208\geqslant0\\x_1,x_2,x_3\geqslant0\end{cases}$$

下面我们将通过几种求解多目标规划的方法来计算这一问题．

（1）我们首先采用最常用的线性加权和方法来求解这一多目标规划问题．假设决策者给出表示这 3 个目标重要程度的权系数依次为：$w_1=0.8$，$w_2=0.1$，$w_3=0.1$，则我们需求解如下单目标线性极小化问题：

$$\min\quad0.8(-15x_1-14x_2-12x_3)+0.1(x_1+x_2+x_3-208)+0.1(-3x_1)$$

$$\text{s.t.}\begin{cases}240-3x_1\geqslant0\\250-2x_2\geqslant0\\420-4x_3\geqslant0\\x_1+x_2+x_3-208\geqslant0\\x_1,x_2,x_3\geqslant0\end{cases}$$

对这一简单的线性规划问题，可以很方便地利用 Matlab、Mathematica 或 LINDO/LINGO 等软件来求解，以 LINGO 为例，我们先建立如下 LINGO 模型：

```
MODEL:
    DATA:
    w1 =0.8;
    w2 =0.1;
    w3 =0.1;
    ENDDATA

    MIN = -w1 * (15 * x1 +14 * x2 +12 * x3) + w2 * (x1 + x2 + x3 -208) - w3 * (3 * x1);

    240 -3 * x1 > =0;
    250 -2 * x2 > =0;
    420 -4 * x3 > =0;
    x1 + x2 + x3 -208 > =0;
END
```

进入 LINGO 菜单选择 Solve 选项，即可得如下求解结果：

```
Global optimal solution found.
Objective value:                -3381.800
Total solver iterations:        0

Variable        Value           Reduced Cost
  w1            0.8000000       0.000000
  w2            0.1000000       0.000000
  w3            0.1000000       0.000000
  X1            80.00000        0.000000
  X2            125.0000        0.000000
  X3            105.0000        0.000000

  Row           Slack or Surplus    Dual Price
  1             -3381.800           -1.000000
  2             0.000000            -4.066667
  3             0.000000            -5.550000
  4             0.000000            -2.375000
  5             102.0000            0.000000
```

从上述结果报告可以看出，该工厂下月应安排生产计划如下：生产 1 号产品 80 小时，生产 2 号产品 125 小时，生产 3 号产品 105 小时；由此可计算得总利润为 4210 万元，工人加班时间为 102 小时，1 号产品产量为 240 吨.

（2）如果采用极大模理想点法来求解这一问题，保持权系数不变，则需按照理想点法的步骤，首先利用 LINGO 或其他软件分别求解三个单目标各自在可行域上的极小值，可得如下理想点为 $F^* = (-4210, 0, -240)^T$. 然后，建立如下 LINGO 模型：

```
MODEL:
    DATA:
    w1 = 0.8;
    w2 = 0.1;
    w3 = 0.1;
    ENDDATA

    MIN = lambda;

    w1 * ( -15 * x1 - 14 * x2 - 12 * x3 + 4210) < = lambda;
    w2 * (x1 + x2 + x3 - 208 - 0) < = lambda;
    w3 * ( -3 * x1 + 240) < = lambda;
    240 - 3 * x1 > = 0;
    250 - 2 * x2 > = 0;
    420 - 4 * x3 > = 0;
    x1 + x2 + x3 - 208 > = 0;
END
```

经过 LINGO 求解后，可得到下面的计算结果报告：

```
Global optimal solution found.
Objective value:                10.09485
Total solver iterations:               2

    Variable            Value          Reduced Cost
          w1        0.8000000          0.000000
          w2        0.1000000          0.000000
          w3        0.1000000          0.000000
      LAMBDA         10.09485          0.000000
          X1         80.00000          0.000000
          X2         125.0000          0.000000
          X3         103.9485          0.000000
```

Row	Slack or Surplus	Dual Price
1	10.09485	-1.000000
2	0.000000	0.1030928E-01
3	0.000000	0.9896907
4	10.09485	0.000000
5	0.000000	-0.8247423E-02
6	0.000000	-0.8247423E-02
7	4.206186	0.000000
8	100.9485	0.000000

从这个结果报告可得出，该工厂下月应安排生产计划为：生产1号产品80小时，生产2号产品125小时，生产3号产品约104小时；由此可计算得总利润为4198万元，工人加班时间为101小时，1号产品产量为240吨. 与前面用线性加权和方法所得的生产计划方案稍有不同，生产3号产品的时间减少了1个小时，工人加班时间减少了1小时，总利润降低了12万元，但工厂的3个目标与理想值的偏差乘以相应的权系数后都控制在10.1之内.

（3）若利用平方加权的方法，设给出目标函数的下界为$(-4300,0,-240)^T$，权系数不变，则可构造如下LINGO模型：

```
MODEL:
    DATA:
    w1 =0.8;
    w2 =0.1;
    w3 =0.1;
    ENDDATA
    MIN = w1 * ( -15 * x1 -14 * x2 -12 * x3 +4300)^2 + w2 * (x1 + x2 + x3 -208 -0)^2 +
          w3 * ( -3 * x1 +240)^2;

    240 -3 * x1 > =0;
    250 -2 * x2 > =0;
    420 -4 * x3 > =0;
    x1 + x2 + x3 -208 > =0;
END
```

经20步迭代求解，仍得到x1 =80；x2 =125；x3 =105.

（4）应用安全法，我们任意指定3种产品的生产时间分别为80小时、100小时和100小时，则可建立下面的LINGO模型以得到生产计划：

```
MODEL:
    DATA:
    w1 =0.8;
    w2 =0.1;
    w3 =0.1;
    ENDDATA

    MIN = -w1 * (15 * x1 +14 * x2 +12 * x3) + w2 * (x1 + x2 + x3 -208) - w3 * (3 * x1);

    240 -3 * x1 > =0;
    250 -2 * x2 > =0;
    420 -4 * x3 > =0;
    x1 + x2 + x3 -208 > =0;
    -15 * x1 -14 * x2 -12 * x3 +3800 < =0;
    x1 + x2 + x3 -208 -72 < =0;
    -3 * x1 +240 < =0;
END
```

LINGO 求解此模型将得到 x1 =80；x2 =125；x3 =75. 这是因为我们最开始所指定的生产时间已将总工时控制在 280 小时之内.

应用例 16 用 LINGO 求解生产计划问题（非线性）

在上一实例中，如果该工厂除了前述 3 个目标外，还要考虑到生产过程中对机器的损耗尽可能地小. 假设机器损耗与生产的总吨数 u 有如下函数关系：

$$c(u)=\begin{cases}0.25+0.5u+0.06u^2, & u>0\\ 0, & u=0\end{cases}$$

其他数据不变，此时，在避免开工不足必要时可以加班的条件下，该工厂又应如何安排下月的生产计划？

解 设下月该工厂用 x_i 小时生产 i 号产品，$i=1,\ 2,\ 3$，考虑到实际生产中 x_1，x_2，x_3 不可能同时为 0，故可建立如下多目标规划模型：

$$\min\quad (-15x_1-14x_2-12x_3, x_1+x_2+x_3-208, -3x_1, 0.25+0.5u+0.06u^2)^{\mathrm{T}}$$

$$\text{s.t.}\begin{cases}240-3x_1\geqslant 0\\ 250-2x_2\geqslant 0\\ 420-4x_3\geqslant 0\\ x_1+x_2+x_3-208\geqslant 0\\ x_1,x_2,x_3\geqslant 0\end{cases}$$

其中，$u=3x_1+2x_2+4x_3$.

假设决策者给出表示这 4 个目标重要程度的权系数依次为：$w_1=0.7$，$w_2=0.1$，$w_3=0.1$，$w_4=0.1$，则通过线性加权和方法求解如下 LINGO 模型：

```
MODEL:
    DATA:
    w1 =0.7;
    w2 =0.1;
    w3 =0.1;
    w4 =0.1;
    ENDDATA
    MIN = -w1 * (15 * x1 +14 * x2 +12 * x3) +w2 * (x1 +x2 +x3 -208) -w3 * (3 * x1) +
w4 * (0.25 +0.5 * (3 * x1 +2 * x2 +4 * x3) +0.06 * (3 * x1 +2 * x2 +4 * x3)^2);

    240 -3 * x1 > =0;
    250 -2 * x2 > =0;
    420 -4 * x3 > =0;
    x1 +x2 +x3 -208 > =0;
END
```

经 LINGO 求解，可以得到如下生产计划：x1 = 80；x2 = 125；x3 = 3. 此时，总利润为 2986 万元，工人加班时间为 0 小时，1 号产品产量为 240 吨. 这是因为要降低机器损耗，就要减少总的工作时间，由于 3 号产品在总利润项中的系数值最小，而对机器的损耗程度却与 1 号和 2 号产品相同，故需大量削减 3 号产品的生产时间.

应用例 17　用 LINDO 求解优先级目标规划问题

某汽车公司正在制订为其产品做电视广告的计划，该汽车公司的目标如下：

第一优先级：它的广告至少应当被 4000 万高收入男士看到；

第二优先级：它的广告至少应当被 6000 万低收入人群看到；

第三优先级：它的广告至少应当被 3500 万高收入女士看到.

假设该公司可以购买在足球比赛和肥皂剧中间播放的两种广告. 已知其广告投资最多为 600 万元，表 8-49 中给出了每种广告一分钟的广告费和潜在观众数量. 该汽车公司应如何做出决策，以确定购买多少足球广告和肥皂剧广告？

表 8-49　每分钟广告费和观众数量

	高收入男士/百万人	低收入人群/百万人	高收入女士/百万人	每分钟广告费用/万元
足球比赛	7	10	5	100
肥皂剧	3	5	4	60

解　设 x_1 表示在足球比赛期间播放广告的时间，x_2 表示在肥皂剧期间播放广告的时间，则上述问题的优先目标规划表述为：

$$\min \quad P_1 s_1^- + P_2 s_2^- + P_3 s_3^-$$

$$\text{s. t.} \begin{cases} 7x_1 + 3x_2 + s_1^- - s_1^+ = 40 \\ 10x_1 + 5x_2 + s_2^- - s_2^+ = 60 \\ 5x_1 + 4x_2 + s_3^- - s_3^+ = 35 \\ 100x_1 + 60x_2 \leqslant 600 \\ x_1, x_2, s_1^-, s_1^+, s_2^-, s_2^+, s_3^-, s_3^+ \geqslant 0 \end{cases}$$

使用 LINDO 求解这个优先级目标规划问题，首先要求解下列 LP，使之达到最高优先级目标的偏离值最小：

$$\min \quad s_1^-$$

$$\text{s. t.}\begin{cases} 7x_1 + 3x_2 + s_1^- - s_1^+ = 40 \\ 10x_1 + 5x_2 + s_2^- - s_2^+ = 60 \\ 5x_1 + 4x_2 + s_3^- - s_3^+ = 35 \\ 100x_1 + 60x_2 \leqslant 600 \\ x_1,\ x_2,\ s_1^-,\ s_1^+,\ s_2^-,\ s_2^+,\ s_3^-,\ s_3^+ \geqslant 0 \end{cases}$$

经求解，LINDO 报告的最优值为 0，第一优先级目标可以达到，现在希望尽可能地接近于达到第二优先级目标，同时确保偏离第一目标的值保持在当前水平（为 0），因此加入约束条件 $s_1^- = 0$，并利用 LINDO 求解如下 LP：

$$\min \quad s_2^-$$

$$\text{s. t.}\begin{cases} 7x_1 + 3x_2 + s_1^- - s_1^+ = 40 \\ 10x_1 + 5x_2 + s_2^- - s_2^+ = 60 \end{cases}$$

$$\begin{cases} 5x_1 + 4x_2 + s_3^- - s_3^+ = 35 \\ 100x_1 + 60x_2 \leqslant 600 \\ s_1^- = 0x_1,\ x_2,\ s_1^-,\ s_1^+,\ s_2^-,\ s_2^+,\ s_3^-,\ s_3^+ \geqslant 0 \end{cases}$$

这个 LP 的最优值仍为 0，第一第二目标可以同时达到. 现在尽可能地接近第三个目标，同时使偏离第一和第二目标的值保持在它们当前的水平（均为 0），这就需要用 LINDO 来求解下列 LP：

$$\min \quad s_3^-$$

$$\text{s. t.}\begin{cases} 7x_1 + 3x_2 \ + s_1^- - s_1^+ = 40 \\ 10x_1 + 5x_2 \ + s_2^- - s_2^+ = 60 \\ 5x_1 + 4x_2 \ + s_3^- - s_3^+ = 35 \\ 100x_1 + 60x_2 \leqslant 600 \\ s_1^- = 0 \\ s_2^- = 0 \\ x_1,\ x_2,\ s_1^-,\ s_1^+,\ s_2^-,\ s_2^+,\ s_3^-,\ s_3^+ \geqslant 0 \end{cases}$$

最后，经 LINDO 计算得到的最优解是 $x_1 = 6$，$x_2 = 0$，$s_1^- = 0$，$s_2^- = 0$，$s_3^- = 5$，$s_1^+ = 2$，$s_2^+ = 0$，$s_3^+ = 0$. 结果表明，如果达到了第一和第二目标，该汽车公司能够做到最好的就是距离第三个目标差 5 百万观众.

需要说明的是：

（1）如果此题中目标 1 是无法达到的，假设我们在求解第一个 LP 时只得到 $s_1^- = 2$，那么在求解第二个 LP 时，我们加入的约束条件就是 $s_1^- = 2$，而不是 $s_1^- = 0$；

（2）对于一般的问题，可能有更多的目标和更多的变量，从第 i 个步骤进入第 $i+1$ 个步骤时，只需修改目标函数，使偏离第 $i+1$ 个优先级目标的值最小；然后加入约束条件，

使得偏离第 i 个优先级目标的值保持在当前水平即可；

（3）如果利用 LINGO 或 Matlab 等数学软件，即使目标或一些约束条件是非线性的，也可通过类似的步骤计算优先级目标规划问题.

应用例 18 用 LINGO 求解最短路线问题

现在 A，B1，B2，C1，C2，C3，D 共七个城市，如图 8-37 所示，圈间的连线表示城市间有道路相连，连线旁的数字表示道路的长度. 现要从城市 A 到 D 之间寻找一条最短路线.

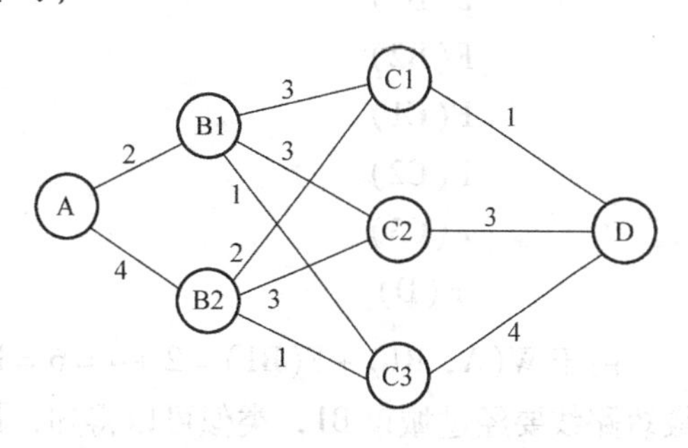

图 8-37 城市道路示意图

这里介绍应用 LINGO 软件来求解上述问题，其模型程序如下：

```
MODEL:

SETS:
CITIES/A,B1,B2,C1,C2,C3,D/:F;
ROADS(CITIES,CITIES)/A,B1 A,B2 B1,C1 B1,C2 B1,C3 B2,C1 B2,C2 B2,C3 C1,D
C2,D C3,D/:W;
ENDSETS

DATA:
W =24331231134;
ENDDATA

F(@SIZE(CITIES))=0;
@FOR(CITIES(i)|i#LT#@SIZE(CITIES):
F(i)=@MIN(ROADS(i,j):W(i,j)+F(j)));

END
```

其中，F(j)表示从城市 j 到达最终城市 D 的最短路线长度，ROADS（i，j）表示从城市 i 到城市 j 之间有道路连接，而 W（i，j）则表示从城市 i 到城市 j 的道路长度；函数@SIZE（CITIES）给出了城市的个数，语句 F（@SIZE（CITIES））=0 表明从城市 D 到城市 D 的最短线路长度为 0，而逻辑运算符#LT#表示左端小于右端，最后利用循环函数@FOR（...），当 i 小于总城市个数时计算该动态规划的基本方程.

经求解，LINGO 软件给出了各城市到城市 D 的最短路线长度如下：

```
Variable        Value
F(A)            6.000000
```

F(B1)	4.000000
F(B2)	3.000000
F(C1)	1.000000
F(C2)	3.000000
F(C3)	4.000000
F(D)	0.000000

由于 W(A, B1) + F(B1) = 2 + 4 = 6 = F(A)，而 W(A, B2) + F(B2) = 4 + 3 = 7，可知，最短路线要经过城市 B1，类似可以得知，最短路线经过城市 C1. 从而，城市 A 到 D 之间的最短路线为 A—B1—C1—D. 这一程序的缺点是并没有直接给出相应的最优策略.

应用例 19　用 Excel 求解背包问题

这里通过一个简单的示例来说明如何用 Excel 来求解背包问题. 设有 3 类物品，重量分别为 4 千克、3 千克和 5 千克，价值分别为 11、7 和 12 个单位，问应如何选择这些物品，使容量为 10 千克的背包中所装物品的价值最大?

解　对于这个问题，为了更具一般性，设 $g(w)$ 表示容量为 w 千克的背包中可装物品的最大价值，由前面内容可知：$g(w) = \max_j \{b_j + g(w - w_j)\}$，其中，$b_j$ 表示第 j 类物品的价值，w_j 表示第 j 类物品的重量.

如图 8-38 所示，在 Excel 电子表格的各行中计算各个容量值 w 所对应的最大价值 $g(w)$.

	A	B	C	D	E	F	G	H
1	KNAPSACK	ITEM1	ITEM2	ITEM3	g(SIZE)		KNAPSACK	
2	SIZE						PROBLEM	
3	0				0			
4	1				0			
5	2				0			
6	3				7			
7	4	11	7	-10000	11			
8	5	11	7	12	12			
9	6	11	14	12	14			
10	7	18	18	12	18			
11	8	22	19	19	22			
12	9	23	21	23	23			
13	10	25	25	24	25			
14	11	29	29	26	29			
15	12	33	30	30	33			
16	13	34	32	34	34			
17	14	36	36	35	36			
18	15	40	40	37	40			
19	16	44	41	41	44			
20	17	45	43	45	45			
21	18	47	47	46	47			
22	19	51	51	48	51			
23	20	55	52	52	55			
24	21	56	54	56	56			
25	22	58	58	57	58			
26	23	62	62	59	62			
27	24	66	63	63	66			
28	25	67	65	67	67			
29								

图 8-38　背包问题的求解

首先，在单元格 E3：E6 中分别输入 $g(0)=g(1)=g(2)=0$，以及 $g(3)=7$（因为3千克物品是适合3千克背包的唯一物品）. 标记 ITEM1、ITEM2 和 ITEM3 的列分别对应上述公式中的项 $j=1,2,3$. 因此，在 ITEM1 列中，应输入公式来计算 $b_1+g(w-w_1)$；在 ITEM2 列中，应输入公式来计算 $b_2+g(w-w_2)$；在 ITEM3 列中，应输入公式来计算 $b_3+g(w-w_3)$.

唯一的例外情况发生在 w_j 千克物品不适合 w 千克背包时，在这种情况下，输入一个较小的负数（如 -10000）来确保不考虑 w_j 千克物品. 更具体地讲，在第7行中，希望计算 $g(4)$. 为此在单元格 B7 中输入公式 =11 + E3，在单元格 C7 中输入公式 =7 + E4，在单元格 D7 中输入数值 -10000，因为5千克物品不适合4千克背包. 在单元格 E7 中输入公式 = MAX（B7：D7）来计算 $g(4)$. 在第8行中，通过输入下列公式来计算 $g(5)$：在 B8 中输入 =11 + E4，在 C8 中输入 =7 + E5，在 D8 中输入 =12 + E3，并在单元格 E8 中输入 = MAX（B8：D8）. 现在，简单地把公式从 B8：E8 复制到范围 B8：E13，就可以在 E13 中得到背包的容量为10千克时 $g(10)=25$. 查看表中第13行，可知物品1和物品2都得出了25，因此可以首先填充第1类或2类物品. 如选择首先填充第1类物品，则剩下 10 - 4 = 6 千克需填充，从表中第9行可知第2类物品对应着 $g(6)=14$，于是剩下 6 - 3 = 3 千克需要填充，还可以使用第2类物品得出 $g(3)=7$. 因此得出结论，通过以2件第2类物品和1件第1类物品填充容量为10千克的背包，可以获得25个单位的最大价值.

还需指出，如果有兴趣填充容量为25千克的背包，那么应该把公式从 B8：E8 复制到 B8：E28 的范围，更大容量的情况类推. 当然，也可以将背包问题转化为整数规划问题之后，利用 LINGO 软件来求解.

应用例20　在 Excel 表格上求解资源分配问题

在 Excel 上求解资源分配问题略为困难一些，这里举一个简单例子来加以说明. 设某人有6万元欲用于投资，可选的投资项目有三种. 如果将 d_j 的资金投在项目 j 上，那么可获得的净现值为 $r_j(d_j)$，其中 $r_j(d_j)$ 的值如下所示：

$$r_1(d_1)=7d_1+2 \quad (d_1>0)$$
$$r_2(d_2)=3d_2+7 \quad (d_2>0)$$
$$r_3(d_3)=4d_3+5 \quad (d_3>0)$$
$$r_1(0)=r_2(0)=r_3(0)=0$$

以上均以万元为单位，并要求在各项投资中投资的签署必须正好是1万元的倍数. 为了最大化从投资中获得的净现值，此人该如何分配这6万元资金？

解　对于这一实例，可规定阶段 t 表示必须将资金分配给投资项目 $t, t+1, \cdots, 3$ 的情况. 假设有 d 万元可用于投资 $t, \cdots, 3$，设 $f_t(d)$ 表示从项目 $t, t+1, \cdots, 3$ 中获得的最大净现值，则有 $f_t(d)=\max\limits_{0\leqslant x\leqslant d}\{r_t(x)+f_{t+1}(d-x)\}$，其中 $f_4(d)=0$，$d=0,1,2,3,4,5,6$. 为方便，令 $J_t(d,x)=r_t(x)+f_{t+1}(d-x)$.

首先通过将 $r_t(x)$ 输入 A4：H7 来构建电子表格，如图8-39所示. 例如，将 $r_2(1)=3*$ C4 + 7(= 10)输入单元格 C6 中. 然后在第18～20行，我们设置计算指令来求出 $J_t(d,x)$，这里要使用 Excel 中的 HLOOKUP 命令来查找 $r_t(x)$（在第5至7行）和 $f_{t+1}(d-x)$（在第11至14行）的值. 例如，要计算 $J_3(3,1)$，需要将下列公式输入单元格 I18 中：= HLOOKUP（I$17，$B$4：$H$7，$A18 + 1）+ HLOOKUP（I$16 - I$17，$B$10：$H$14，

\$A18 +1). 其中，该公式的前一部分 HLOOKUP（I\$17，\$B\$4：\$H\$7，\$A18 +1）表示在 B4：H7 中查找第一项与 I17 匹配的列，再取出该列的第 A18 +1 行中的项，返回值为 $r_3(1)=9$，命令中的 H 表示水平查找；后一部分 HLOOKUP（I\$16 - I\$17，\$B\$10：\$H\$14，\$A18 +1）在 B10：H14 中查找第一项于 I16 - I17 匹配的列，再取出该列第 A18 +1 行中的项，得到$f_4(3-1)=0$. 现在将 I18 中的 $J_t(d, x)$计算公式复制到范围 B18：AC20 中.

	A	B	C	D	E	F	G	H	I	J	K	L	M
1	RESOURSE ALLOCATION												
2													
3	Reward	(Input)											
4	Amount	0	1	2	3	4	5	6					
5	Item3	0	9	13	17	21	25	29					
6	Item2	0	10	13	16	19	22	25					
7	Item1	0	9	16	23	30	37	44					
8													
9	Resourse Allocation												
10	Amount	0	1	2	3	4	5	6					
11	Period4	0	0	0	0	0	0	0					
12	Period3	0	9	13	17	21	25	29					
13	Period2	0	10	19	23	27	31	35					
14	Period1	0	10	19	28	35	42	49					
15													
16	d	0	1	1	2	2	2	3	3	3	3	4	4
17	x	0	0	1	0	1	2	0	1	2	3	0	1
18	1	0	0	9	0	9	13	0	9	13	17	0	9
19	2	0	9	10	13	19	13	17	23	22	16	21	27
20	3	0	10	9	19	19	16	23	28	26	23	27	32

	N	O	P	Q	R	S	T	U	V	W	X	Y	Z
1													
2													
3													
4													
5													
6													
7													
8													
9													
10													
11													
12													
13													
14													
15													
16	4	4	4	5	5	5	5	5	5	6	6	6	6
17	2	3	4	0	1	2	3	4	5	0	1	2	3
18	13	17	21	0	9	13	17	21	25	0	9	13	17
19	26	25	19	25	31	30	29	28	22	29	35	34	33
20	35	33	30	31	36	39	42	40	37	35	40	43	46

	AA	AB	AC	AD	AE	AF	AG	AH	AI	AJ	AK	AL	AM
1													
2													
3													
4													
5													
6													
7													
8													
9													
10													
11													
12													
13													
14													
15													
16	6	6	6	0	1	2	3	4	5	6			
17	4	5	6	ft(0)	ft(1)	ft(2)	ft(3)	ft(4)	ft(5)	ft(6)	t		
18	21	25	29	0	9	13	17	21	25	29	3		
19	32	31	25	0	10	19	23	27	31	35	2		
20	49	47	44	0	10	19	28	35	42	49	1		

图 8-39　资源分配问题的求解

注意，在公式中某列或行地址前面加上美元符号\$表示这个地址是绝对地址，否则为相对地址，比如上面公式中的 I\$17 表示列是相对地址，行是绝对地址. 绝对地址在复制时不会改变，而相对地址在复制时会发生改变，在 Excel 公式中使用绝对地址和相对地址是为了方便复制.

其次，在 AD18：AJ20 中计算$f_t(d)$. 先将用于计算$f_3(0)$, $f_3(1)$, …, $f_3(6)$的如下公式手工输入到 AD18：AJ18 中：

AD18：=0
AE18：=MAX(C18:D18)
AF18：=MAX(E18:G18)
AG18：=MAX(H18:K18)
AH18：=MAX(L18:P18)
AI18：=MAX(Q18:V18)
AJ18：=MAX(W18:AC18)

现在把这些公式 MAD18：AJ18 复制到范围 AD18：AJ20 中.

要使电子表格工作，必须通过在第 11 ~ 14 行中查找合适的$f_t(d)$值来计算 $J_t(d, x)$. 因此，在 B11：H11 中的各单元格内输入 0，因为对所有的 d 都有$f_4(d)=0$. 在 B12 中输入 = AD18，再把这个公式复制到范围 B12：H14 中.

注意，该电子表格的第 11 ~ 14 行是根据第 18 ~ 20 行定义的，而第 18 ~ 20 行又是根据第 11 ~ 14 行定义的，这可以在电子表格中创建循环性或循环引用. 要解析 Excel 中的循环引用，只需选择 Tools、Options、Calculations，并选中 Iteration 复选框，这将使 Excel 解析所有的循环引用，直至解析循环性. 此外，也可通过几次按下 F9 键来解析循环引用.

要确定如何将 6 万元分配给三个投资项目，需要注意到$f_1(6)=49$. 因为由表中结果知 $J_1(6, 4)=f_1(6)=49$，因此应将 4 万元分配给项目 1；再由$f_2(6-4)=19=J_2(2, 1)$，可得出应将 1 万元分配给项目 2；最后由$f_3(2-1)=J_3(1, 1)$，可知应将剩余的 1 万元分配给项目 3.

应用例 21　用 Excel 求解生产 – 库存问题

某电子设备公司与客户签订的合同要求在接下来 4 个月内交付如下数量的电子产品：第 1 个月 100 件，第 2 个月 300 件，第 3 个月 200 件，第 4 个月 400 件. 在每个月的月初，公司必须确定当月该生产多少件产品（需为 100 件的整数倍). 在进行生产的月份内，所需要的装配费用为 3000 元，生产每件产品的可变成本为 100 元，在每个月的月末，现有库存的每件存储费用为 5 元. 由于生产能力所限，公司每个月最多能生产 500 件产品. 公司仓库的容量限制每个月的期末库存最多 400 件. 公司希望确定一个能够按时满足所有需求，并最小化 4 个月期间的生产和存储费用之和的生产计划（假设第一个月开始时的库存为 0).

对如上问题，我们将设计 Excel 电子表格，以确保各月的期末库存必定在 0 ~ 400 之间. 首先将各种可能生产水平 0，100，200，300，400，500 对应的生产成本输入 B1：G2 中，如图 8-40 所示，然后当第 t 个月月初的现有库存为 i 件时，规定$f_i(i)$为满足月份 t，$t+1$，…，4 的需求所需要的最少成本，如果第 t 个月的需求为 d_t，那么对于 $t=1, 2, 3, 4$，有：$f_t(i)=\min\limits_{x \mid 0\leqslant i+x-d_t\leqslant 400}\{0.005(i+x-d_t)+c(x)+f_{t+1}(i+x-d_t)\}$，其中 $c(x)$表示在一个月内生产 x 件产品所需要的成本（x 为 100 的整数倍)，并且对于任意 i，有$f_5(i)=0$.

为方便说明，令 $J_t(i, x)=0.005(i+x-d_t)+c(x)+f_{t+1}(i+x-d_t)$. 接下来我们在 A14：AF17 中计算 $J_t(i, x)$. 例如，要计算 $J_4(0, 200)$，需将下列公式输入 E14 中：

```
=HLOOKUP(E$12,$B$1:$G$2, 2) +
0.005 * MAX(E$11 + E$12 - $A14, 0) +
```

$$\text{HLOOKUP(E\$11 + E\$12 - \$A14, \$B\$4:}$$
$$\text{\$H\$8, 1 + (5 - \$AL14))}$$

	A	B	C	D	E	F	G	H	I	J	K	L	M
1	PROD COST	0	100	200	300	400	500						
2		0	13	23	33	43	53		（成本价格单位为：千元）				
3													
4	**VALUE**	-500	0	100	200	300	400	500					
5	Month 5	1000000	0	0	0	0	0	1000000					
6	Month 4	1000000	43	33	23	13	0	1000000					
7	Month 3	1000000	66	55	43	33.5	24	1000000					
8	Month 2	1000000	97	87	77	66	55.5	1000000					
9	Month 1		110	97	87.5	78	67.5						
10													
11		STATE	0	0	0	0	0	0	100	100	100	100	100
12		ACTION	0	100	200	300	400	500	0	100	200	300	400
13	**DEMAND**												
14	400		1000000	1000013	1000023	1000033	43	53.5	1000000	1000013	1000023	33	43.5
15	200		1000000	1000013	66	66.5	67	67.5	1000000	56	56.5	57	57.5
16	300		1000000	1000013	1000023	99	98.5	97	1000000	1000013	89	88.5	87
17	100		1000000	110	110.5	111	110.5	110.5	97	100.5	101	100.5	100.5
18													

	N	O	P	Q	R	S	T	U	V	W	X	Y	Z
1													
2													
3													
4													
5													
6													
7													
8													
9													
10													
11	100	200	200	200	200	200	200	300	300	300	300	300	300
12	500	0	100	200	300	400	500	0	100	200	300	400	500
13													
14	54	1000000	1000013	23	33.5	44	54.5	1000000	13	23.5	34	44.5	55
15	55	43	46.5	47	47.5	45	1000056	33.5	37	37.5	35	1000046	1000056
16	88	1000000	79	78.5	77	78	79	66	68.5	67	68	69	1000056
17	1000055.5	87.5	91	90.5	90.5	1000046	1000056	78	80.5	80.5	1000036	1000046	1000057
18													

	AA	AB	AC	AD	AE	AF	AG	AH	AI	AJ	AK	AL	AM
1													
2													
3													
4													
5													
6													
7													
8													
9													
10													
11	400	400	400	400	400	400							
12	0	100	200	300	400	500							
13							ft(0)	ft(100)	ft(200)	ft(300)	ft(400)		
14	0	13.5	24	34.5	45	1000056	43	33	23	13	0	4	
15	24	27.5	25	1000036	1000046	1000057	66	55	43	33.5	24	3	
16	55.5	57	58	59	1000046	1000056	97	87	77	66	55.5	2	
17	67.5	70.5	1000026	1000036	1000047	1000057	110	97	87.5	78	67.5	1	
18													

图 8-40 生产 - 库存问题的求解

该式中第一项得出 $c(x)$，第二项给出该月的存储费用，最后一项得出 $f_{t+1}(i+x-d_t)$，最后一项中的坐标 1 + (5 - $AL14) 可确保在正确的行中找出 $f_{t+1}(i+x-d_t)$ 的值，如果我们在单元格 AL14：AL17 中依次输入的是 1、2、3、4，而不是 4、3、2、1，那么此项应改为 1 + $AL14. 再将单元格 E14 中的公式复制到范围 C14：AF17 中，可以计算所有的 $J_t(i, x)$.

下面在 AG14：AK17 中计算 $f_t(d)$. 将下列公式输入单元格 AG14：AK14 中：

AG14：= MIN(C14:H14)

AH14：= MIN(I14：N14)

AI14：= MIN(O14：T14)

AJ14：= MIN(U14：Z14)

AK14：= MIN(AA14：AF14)

上面各式分别为计算$f_4(0)f_4(100)f_4(200)f_4(300)f_4(400)$的公式．要计算所有的$f_t(d)$，还需执行从范围 AG14：AK14 到范围 AG14：AK17 的复制，在此之前，我们还需在第 5～8 行的 B 和 H 列中输入任意较大的整数，如 1000000，来确保以库存为负值或超过 400 来结束的一个月将产生昂贵的费用，进一步确保各月的期末库存在 0～400 之间．在单元格 C6 中输入 + AG14，这可以输入$f_1(0)$的值，再通过将这个公式复制到范围 C6：G8，我们可以创建用于在第 14～17 行中查找$f_t(d)$值的$f_t(d)$表.

这一电子表格中也存在着循环引用，这是因为第 6～8 行引用了第 14～17 行，第 14～17 行也引用了第 6～8 行，仍是通过几次按下 F9 键即可解析此循环引用.

至此，可以计算最优生产计划了．由假定，第 1 个月月初的库存为 0．首先，查表可知$f_1(0)=110=J_1(0, 100)$,因此第 1 个月应生产 100 件产品；然后，从表中可查得$f_2(0+100-100)=97=J_2(0,500)$，因此第 2 个月应生产 500 件产品；接下来，查表可看到$f_3(0+500-300)=43=J_3(200, 0)$，因此第 3 个月应生产 0 件产品；最后由表中所示$f_4(200+0-200)=43=J_4(0,400)$，因此第 4 个月应生产 400 件产品.

事实上，对任意的初始库存水平（需为 100 的整数倍），均可以利用此表格得出相应的最优生产计划．例如，考虑初始库存为 100 件．首先查表得$f_1(100)=97=J_1(100, 0)$，表明第 1 个月应生产 0 件产品；再从表中得知$f_2(100+0-100)=97=J_2(0, 500)$，故第 2 个月仍应生产 500 件产品；接下来的情形与前面相同.

最后需要指出的是，对上述几个动态规划实例，采用 Excel 电子表格求解的不足之处，在于表中没有直接给出最优策略，而是需要利用表中计算所得的数据作分析，才能得到相应的最优策略.

部分习题答案

习　题　1

1-5　(1) $S=3$，$\boldsymbol{X}=(1,1)^{\mathrm{T}}$

(2) $S=-10$，$\boldsymbol{X}=(5/4,5/4)^{\mathrm{T}}$，全部解：$\left\{(x_1,x_2)\,\middle|\,x_1-5x_2=-5,\ x_1\geqslant\frac{5}{4}\right\}$

(3) $S=2350/7$，$\boldsymbol{X}=(18/7,5)^{\mathrm{T}}$

(4) $S=-36/11$，$\boldsymbol{X}=(4/11,20/11)^{\mathrm{T}}$

(5) $S=5$，$\boldsymbol{X}=(20/19,45/19)^{\mathrm{T}}$

(6) 无解

1-6　(1) 无解

(2) $S=-15$，$\boldsymbol{X}=(0,5,0,6,0,2)^{\mathrm{T}}$

(3) $S=-7/2$，$\boldsymbol{X}=(0,3,1,0,0,3/2)^{\mathrm{T}}$

1-7　(1) $S=-4/3$，$\boldsymbol{X}=(0,2,2/3)^{\mathrm{T}}$

(2) 无解

(3) $S=20$，$\boldsymbol{X}=(5,0,0)^{\mathrm{T}}$

1-8　(1) $S=-63/8$，$\boldsymbol{X}=(0,1/4,3/8)^{\mathrm{T}}$

(2) $S=-6$，$\boldsymbol{X}=(2,4,0,0)^{\mathrm{T}}$

习　题　2

2-2　(1) $S=10$，$\boldsymbol{X}=(6,2,0)^{\mathrm{T}}$

(2) $S=9$，$\boldsymbol{X}=(3,0,0,0)^{\mathrm{T}}$

2-3　$S=-100$，$\boldsymbol{X}=(0,20,0)^{\mathrm{T}}$

(1) 改变为：$S=-117$，$\boldsymbol{X}=(0,0,9)^{\mathrm{T}}$

(2) 改变为：$S=-90$，$\boldsymbol{X}=(0,5,5)^{\mathrm{T}}$

(3) 不变

(4) 不变

(5) 改变为：$S=-95$，$\boldsymbol{X}=(0,25/2,5/2)^{\mathrm{T}}$

(6) 不变

2-4　$x_{11}=3000$，$x_{14}=2000$，$x_{22}=0$，$x_{23}=2000$，$x_{24}=0$，$x_{32}=3000$，其余 $x_{ij}=0$

2-5　(1) $x_{14}=3$，$x_{21}=1$，$x_{22}=1$，$x_{23}=5$，$x_{31}=1$，$x_{34}=3$，其余 $x_{ij}=0$

(2) $x_{11}=3$，$x_{14}=6$，$x_{22}=5$，$x_{32}=3$，$x_{33}=4$，其余 $x_{ij}=0$

(3) $x_{13}=4$，$x_{14}=6$，$x_{22}=4$，$x_{31}=3$，$x_{32}=1$，$x_{35}=3$，其余 $x_{ij}=0$

习　题　3

3-2　(1) $Z=340$，$\boldsymbol{X}=(4,2)^{\mathrm{T}}$

(2) $Z=10$，$\boldsymbol{X}=(2,2)^{\mathrm{T}}$

3-3 (1) $Z=4$, $X=(1,3)^T$(或$(2,2)^T$,或$(0,4)^T$)

(2) $Z=1$, $X=(1,2)^T$

3-4 $x_{11}=x_{23}=x_{34}=x_{42}=1$, 其余 $x_{ij}=0$

3-5 $x_{11}=x_{23}=x_{32}=x_{45}=x_{54}=1$, 其余 $x_{ij}=0$

3-6 (1) 最优解: $(0,0,1)^T$, 最优值: $\min z=2$

(2) 最优解: $(0,1,0,0)^T$, 最优值: $\min z=4$

习 题 4

4-4 (1) $X=(9/2,3/2)^T$

(2) $X=(0.55,1.30)^T$

4-5 (1) $\nabla^2 f(x)=\begin{pmatrix}2&0&-4\\0&4&0\\-4&0&6\end{pmatrix}$;

(2) $\nabla^2 f(x)=\begin{pmatrix}x_2^2e^{x_1x_2} & 6x_2+e^{x_1x_2}+x_1x_2e^{x_1x_2}\\ 6x_2+e^{x_1x_2}+x_1x_2e^{x_1x_2} & 6x_1+x_1^2e^{x_1x_2}\end{pmatrix}$;

(3) $\nabla^2 f(x)=1/(x_1^2+x_1x_2+x_2^2)^2\times\begin{pmatrix}-2x_1^2-2x_1x_2+x_2^2 & -x_1^2-4x_1x_2-x_2^2\\ -x_1^2-4x_1x_2-x_2^2 & x_1^2-2x_1x_2-2x_2^2\end{pmatrix}$;

(4) $\nabla^2 f(x)=\begin{pmatrix}-1/x_1^2 & 1\\ 1 & -1/x_2^2\end{pmatrix}$.

4-6 $\sin x\cdot\sin y=1/2\left[1+(x-\pi/4)+(y-\pi/4)-\frac{1}{2}(x-y)^2\right]+0(\|P\|^2)$;

其中 $\|P\|^2=(x-\pi/4)^2+(y-\pi/4)^2$

4-9 $X=(0,0,0)^T$ 是严格局部极小点.

4-10 (1) 凸函数;

(2) 严格凸函数;

(3) 既不是凸函数也不是凹函数.

4-11 (1) 是凸集;

(2) 是凸集.

4-12 $X^*=2.944$; $f(X^*)=-6.997$.

4-14 $X^{(3)}=\begin{pmatrix}0.132\\-0.033\end{pmatrix}$.

4-15 (1) $X=(1,0,-1)^T$, $\min f(X)=-10$;

(2) $X=(1/2,1)^T$, $\min f(X)=-3/4$.

4-16 $X=(0,2)^T$.

4-18 (1) $X^*=(1,1)^T$, $\min f(X)=-1$

(2) $X^{(3)}=\begin{pmatrix}0.686450\\0.390578\end{pmatrix}$

4-19 $X=(0,0)^T$.

习 题 5

5-2 (1) K-T 条件为: $\begin{cases}2x_1-4+2\lambda x_1=0;\\ 2x_2-2+2\lambda x_2=0;\\ \lambda(1-x_1^2-x_2^2)=0;\\ \lambda\geqslant 0.\end{cases}$

$X=(2/\sqrt{5}, 1/\sqrt{5})^{T}$.

(2) K-T条件为：$\begin{cases} 2x_1-4+2\lambda x_2=0; \\ 2x_2-2+2\lambda x_2=0; \\ \lambda(9-x_1^2-x_2^2)=0; \\ \lambda\geqslant 0. \end{cases}$

$X=(2, 1)^{T}$.

5-3 (1) $X=(1, 0)^{T}$;

(2) $X=(2/3, 1/3)^{T}$;

(3) $X=(8/5, 4/5)^{T}$.

5-4 (1) $X=1$;

(2) $X=(1, 0)^{T}$.

5-5 (1) $X=(2, 1, 1)^{T}$

(2) $X=(1, 0)^{T}$

5-6 $X^{(1)}=(0.2083, 0.5417)^{T}$, $X^{(2)}=(0.5555, 0.8889)^{T}$

5-8 $X=(2, 1)^{T}$

习 题 6

6-6 $X=(0.8, 1.2)^{T}$, $f_1(X)=-10.40$, $f_2(X)=-6$.

6-8 设X_{ij}为产地A_i调运到销地B_j的产品单位数，($i=1, 2; j=1, 2, 3$) 则有：

$$\min F=P_1d_1^-+P_2(d_2^-+d_3^-+d_4^-)+P_3d_5^++P_4d_6^-+P_5(d_7^++d_8^+)+P_6(d_9^-+d_9^+)$$

$$\text{s.t.}\begin{cases} x_{11}+x_{12}+x_{13}=3000 \\ x_{21}+x_{21}+x_{23}=4000 \\ x_{11}+x_{21}\leqslant 2000 \\ x_{12}+x_{22}\leqslant 1500 \\ x_{13}+x_{23}+d_1^-=5000 \\ x_{11}+x_{21}+d_2^--d_2^+=1500 \\ x_{12}+x_{22}+d_3^--d_3^+=1125 \\ x_{13}+x_{23}+d_4^--d_4^+=3750 \\ x_{21}+d_6^--d_6^+=1000 \\ x_{13}-d_7^+=0 \\ x_{22}-d_8^+=0 \\ x_{11}+x_{21}-1.33x_{12}-1.33x_{22}+d_9^--d_9^+=0 \\ 10x_{11}+4x_{12}+12x_{13}+8x_{21}+10x_{22}+3x_{23}-d_{13}^+=0 \\ \text{对所有的} i, j \text{有} x_{ij}, d_i^-, d_i^+\geqslant 0 \end{cases}$$

6-9 (1) 最优解为：$x_1=30$, $x_2=\frac{20}{3}$.

$$d_1^-=d_1^+=0; d_2^-=\frac{25}{3}, d_2^+=0; d_3^-=680, d_3^+=0;$$

$$d_4^-=d_4^+=0; Z^*=\left(0, 0, 680, \frac{25}{3}\right)$$

（2）最优解为：$x_1=70, x_2=20$

$$d_1^-=d_2^-=d_{11}^-=d_{11}^+=0;\quad d_1^+=10, d_3^-=25$$

$$\mathbf{Z}^*=(0,\ 0,\ 75,\ 10)$$

（3）最优解为：$x_1=31$，$x_2=61$，$x_3=258$

$$d_1^-=d_2^-=d_2^+=d_3^-=d_4^-=0;$$

$$d_1^+=11, d_3^+=102, d_4^+=10$$

$$\mathbf{Z}^*=(0,\ 0,\ 214)$$

习 题 7

7-1 最短路线为：$A—B_2—C_1—D_1—E$，其长度为 8.

7-2 最短旅行路线为：$A—C—F—J—M—O—B$，
最短距离为 16.

7-3 （1）$\boldsymbol{X}=(7/2,\ 11/4)^{\mathrm{T}}$，$Z^*=27\frac{3}{8}$；
（2）$\boldsymbol{X}=(0,\ 0,\ 10)^{\mathrm{T}}$，$Z^*=200$.

7-4

最短路线	最短距离
$A—E$	5
$B—E$	4
$C—B—E$	5
$C—B—E$ $D—C—B—E$	6

7-5 最优分配表：

市场	分配人数	
甲	1	
乙	4	
丙	1	
	总收益	695

7-6 最优决策为：$u_1^*=0$，$u_2^*=0$，$u_3^*=81$，$u_4^*=54$；
总收益为：2680 单位.

7-7 各月份生产货物量的最优决策如下表所示：

月份	1	2	3	4	5	6
生产货物量（百件）	4	0	4	3	3	0

7-8 （1）最优更新策略为：{P，N，N，P，N，N，N，P，N，N}；
（2）最优更新策略为：{P，N，N，P，N，N，N，P，N}；
最大收益 $R^*=77$（万元）；
最优路线：{6，1，2，3，1，2，3，4，1}.

7-9 最优解为装 A，B，E 各一件，质量为 13 千克，最大价值为 13.5 元.

参 考 文 献

[1]《运筹学》教材编写组．运筹学［M］．3 版．北京：清华大学出版社，2005.

[2] 徐光辉．运筹学基础手册［M］．北京：科学出版社，1999.

[3] 施光燕，董加礼．最优化方法［M］．北京：高等教育出版社，1999.

[4] 魏权龄，王日爽，徐兵．数学规划引论［M］．北京：航空航天大学出版社，1991.

[5] 林锉云，董加礼．多目标优化的方法与理论［M］．长春：吉林教育出版社，1992.

[6] 席少霖．非线性最优化方法［M］．北京：高等教育出版社，1992.

[7] D G 鲁恩伯杰．线性与非线性规划引论［M］．夏尊铨，译．北京：科学出版社，1982.

[8] 薛毅．最优化原理与方法［M］．北京：北京工业大学出版社，2001.

[9] 李宗元．运筹学 ABC——成就、信念与能力［M］．北京：经济管理出版社，2000.

[10] 管梅谷，郑汉鼎．线性规划［M］．济南：山东科学技术出版社，1983.

[11] Sang M Lee. 决策分析的目标规划［M］．宣家骥，卢开，译．北京：清华大学出版社，1986.

[12] 罗伯特 E 拉森，约翰·L 卡斯梯．动态规划原理［M］．陈伟基，王永县，杨家本，译．北京：清华大学出版社，1984.

[13] Wayne L Winston. 运筹学应用范例与解法［M］．杨振凯，周红，等译．北京：清华大学出版社，2006.

[14] 胡运权．运筹学教程［M］．3 版．北京：清华大学出版社，2007.